www.shj.co.kr

정보전송개론공학

Introduction to Transfer Information Engineering

정현기 · 김일진

신화

머 리 말

정보와 관련된 용어 및 학문에 대한 중요도가 나날이 급변하고 있으며, 아울러 신기술이 실제 생활에 적용되고 있는 지금의 통신 환경에서 정보 통신에 대한 기본적인 개념과 관련 용어를 제한된 지면에 정리하여 처음으로 정보 통신을 접하는 독자에게 가능하면 광의의 의미를 전달할 수 있도록 애쓴 책임을 밝힌다.

최근 IT 관련 분야와 관련된 기술이 사회 각 분야에서 적용되고 활용되는 영역이 어디인지 모를 정도로 광범위하게 응용되고 있는 상황이다. 그래서 본서는 조금이라도 정보 통신에 관심 있는 독자를 위하여 가능하면 용어 중심으로 지면을 채워나갔으며, 본서를 기반으로 새로운 영역에 응용할 수 있다면, 본서를 기획한 목적이 달성된 것이라 할 수 있을 것이다.

1장에는 정보 통신과 관련된 기본적인 개념인 신호 변환 방식의 변조에 대해서 정리하였으며, 2장에서는 디지털 통신 방식에 대한 내용을 그리고 점차적으로 최근에 통신의 주체라고 할 수 있는 이동 통신에 대해서 정리하였고, 끝으로 정보 혹은 데이터에 대한 보안 관련된 내용과 신기술에 대한 내용을 정리하였다.

본서는 교양 혹은 전공과목으로 한 학기 강의 교재로 적합한 내용을 정리하였으며, 특히 각 장마다 주관식 및 객관식 문제와 각 문제에 대한 해설을 추가하여 독자들이 각 장의 내용을 온전히 파악하도록 하였다.

제한된 지면에 많은 내용을 다루다보니 부분적으로 미흡한 내용이 있을 것으로 생각되며, 부족한 내용은 추후 개정하는 과정에서 보완하도록 할 것이다. 또한 본서가 탈고될 수 있도록 도와주신 출판사에 감사를 표하며, 끝으로 항상 행운과 건강이 독자 여러분과 함께하길 바란다.

편저자

차 례

제1장 | 신호변환 방식

제2장 | 디지털 통신방식

제3장 | 전송매체

제4장 | 데이터 전송방식

제5장 | 전송제어

제6장 | 정보 보안

제7장 | Ubiquitous 신기술

제1장 | 신호변환 방식

1.1 | 변조의 정의

1.1.1 변조의 정의 및 원리

(1) 변조의 정의

변조(Modulation)에 대한 통신공학적인 정의는 고주파에 저주파를 포함시키는 과정 즉, "주파수 스펙트럼을 높은 쪽으로 이동하는 것"을 말한다. 변조가 일어나기 위해서는 다음에서 보이는 것처럼 저주파인 신호파와 고주파인 반송파 두 신호의 합성을 생각할 수 있어야 한다.

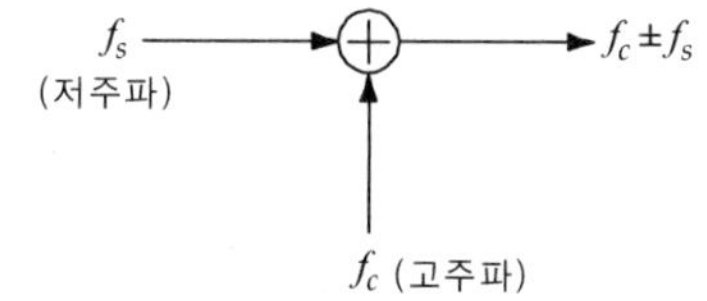

〈그림 1.1〉 변조의 원리

여기서 변조 과정에서 이용되는 파의 역할을 고려하면 다음과 같다.

① 신호파(Signal wave) f_s는 변조를 원하는 파라고 하여 변조파라고도 하며, 반송파에

가해지는 신호를 말한다. 일반적으로 변조를 원하는 신호파 혹은 변조파의 경우는 저주파로 우리의 음성 신호가 해당하게 된다.

② 반송파(Carrier wave) f_c는 신호파를 실어보내기 위해서 고주파 신호를 이용하게 된다.

③ 그리고 이들 신호의 합성 신호인 피변조파(Modulated wave)는 변조된 반송파를 말한다.

여기서 변조의 일반적인 개념으로 고려하면 전송하고자 하는 신호 $f(t)$의 주파수 스펙트럼을 ω_c만큼 이동시키려면 $e^{j\omega_c t}$를 곱하면 된다.

이와 같이 변조 조작을 실행하는 변조방법에 이용되는 형태로

- 아날로그 곱셈기를 이용하는 방법
- 비선형 소자를 이용하는 방법
- 그리고 시변특성을 이용하는 방법

등을 들 수 있다.

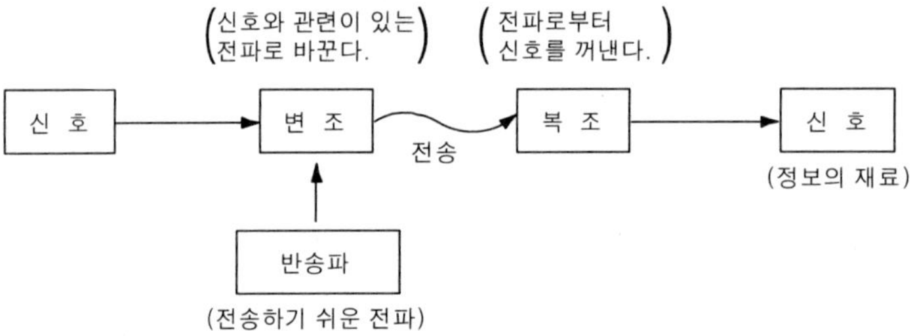

〈그림 1.2〉 통신 시스템 모델의 구성도

(2) 변조의 목적

변조를 행하는 필요성은 전송하고자 하는 신호파를 전송 매체(Media, Cable 등)에 적합하도록 변환하는 과정이라고 할 수 있다. 이외의 변조의 목적을 고려하면 다음과 같은 내용을 들 수 있다.

① 복사(Radiation)를 용이하게 하기 위해서이다. 즉 고주파 일수록 안테나에서 복사가 쉽게 일어난다.

② 변조 과정을 통해서 얻은 고주파 일수록 안테나의 길이를 짧게 할 수 있기 때문에

③ 간섭(Interference)이나 잡음(Noise)에 강하게 하기 위해 즉, 전송 대역폭을 넓게 한 광대역 변조의 경우에는 검파 과정에서 유해 잡음을 억제할 수 있다.

④ 다중화를 위해 즉, 기저 대역(Base band) 전송을 이용해서 통신하는 경우 통신 회선을 한 회선만 구성할 수 없는데, 다수의 반송파를 이용해서 각각의 신호를 변조할 수 있다

면 한 회선의 전송로에 다수의 회선을 구성하는 것이 가능하다.

⑤ 전송 매체에 적합하도록 신호를 정합(Matched)하기 위해 즉, 전송하고자 하는 신호를 매체에 적합하도록 변환하여 신호에서 손실이 발생하지 않도록 하기 위해서

⑥ 장비 제한의 극복을 위해 즉 상이한 주파수를 변환하여 장비 제한을 최소화하기 위해서 이다.

1.1.2 변조의 형태와 특징

고주파 전류를 음성 등의 신호파에 의해 변형되는 과정을 변조라고 하며, 이들 변조 방식의 형태는 대역폭을 나눈다는 개념으로 이용되는 다중화(multiplexing)를 들 수 있는데 여기서 하나의 회선 또는 전송로(케이블, 송수신기)를 분할하여 개별적으로 독립된 신호를 동시에 송수신할 수 있는 다수의 통신로(채널)를 구성하는 기술로서 다중화의 형태는 크게 주파수 분할 다중화(FDM)와 시간 분할 다중화(TDM) 등으로 분류하게 된다.

여기서 FDM의 형태는 반송파가 정현파인 경우의 다중화 방식으로 다시 AM(DSB, SSB, VSB), FM, PM 등으로 구분하게 된다.

(1) 진폭 변조(AM, Amplitude Modulation)

고주파 전류의 진폭을 신호파의 진폭에 싣는 과정으로 변조 과정에서 진폭의 변화를 보이게 되는 변조 방식을 말한다. 진폭 변조의 형태는 다시 변조의 출력 성분의 이용 방법에 따라 DSB, SSB, VSB 등의 형태로 구분된다.

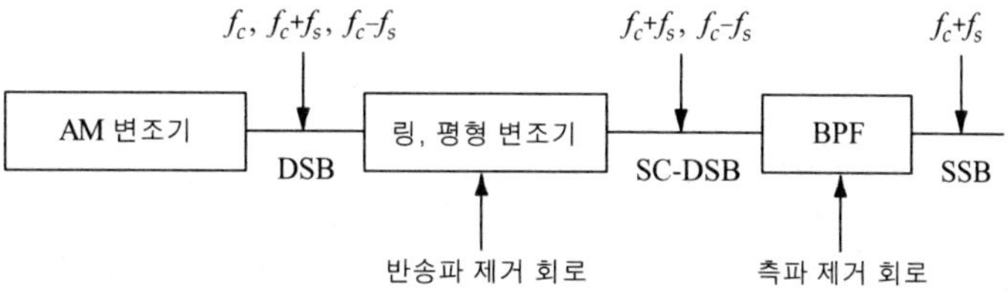

〈그림 1.3〉 AM 변조에서의 DSB와 SSB파 발생 구성도

① **양측파대 변조**(DSB)—LC(Large Carrier)

초기에 정립된 변조 이론으로서 AM의 대표 방식으로 피변조 신호의 대역폭이 변조파

의 대역폭의 2배가 되며, 높은 전력의 반송파를 가지므로 전력 소모가 큰 단점이 있으며, 포락선 검파기와 같은 비동기 검파를 통해서 쉽게 전파할 수 있어 수신 설비가 간단하게 되는 장점을 가지며 주로 AM 라디오 방송망에 이용된다.

② **단측파대 변조**(SSB, Single Side Band)

변조 신호에 대해서 평형 변조기를 이용하면 출력 피변조 신호의 반송파 성분을 억압(SC, Suppersed Carrier)함으로써 전체적으로 출력 전력의 소모량을 줄이는 효과를 주는 방식이다. 상용 방송망을 제외한 일반적인 진폭 변조에서는 피변조파의 점유 주파수대폭을 좁게 함으로서 상대적으로 주파수 이용 효율을 향상시키는 단측파대 통신을 권고하고 있다.

③ **잔류측파대 변조**(VSB, Vestigial Side Band)

TV 방송에서 VSB방식의 영상 송신기의 구성도와 주파수 스펙트럼에 대해 설명하기 위한 기술로 영상 신호의 경우는 DC ~ 4.5[MHz] 정도의 주파수를 포함하고 있기 때문에 AM하면 점유 주파수대폭이 9[MHz]로 되어 주파수 이용 상 좋지 않게 된다.

(2) 주파수 변조(FM)

반송파인 정현파의 순시 주파수를 신호파에 따라 변화시키는 변조 방식으로, FM에서 측파대의 수는 AM과는 달리 변조 지수에 따라 측파의 수가 여러 개가 될 수 있다는 것이다.

신호파에 따라서 반송파의 각 속도를 변화시키는 변조 방식을 각 변조라고 하며, 각 변조의 경우는 신호파의 변화에 따라서 다음과 같이 구분된다.

① 반송파의 주파수를 직접 변화시키는 직접 주파수 변조 방식

② 반송파의 위상을 변화시키는 방식을 간접 주파수 변조(PM) 방식

참고

TDM과 FDM의 비교

- TDM 방식의 경우 : TDM의 경우는 시간을 분할하여 운용하는 방식이므로 두 신호가 같은 시간대에 존재하지 않기 때문에 특정신호가 왜곡이 발생하여 고조파가 발생한다고 해도 다른 신호에 영향을 주지 않게 된다.
- FDM 방식의 경우 : FDM은 같은 시간대에 여러 채널이 동시에 존재하기 때문에 어떤 하나의 신호에 왜곡이 발생하여 그 고조파가 다른 채널에 영향을 줄 수 있게 된다.

1.1.3 다중화에 따른 변조 형태

다중화의 한 형태인 시분할 다중화(TDM)는 반송파가 펄스열인 경우의 다중화 방식으로 아날로그 펄스 변조와 디지털 펄스 변조 등의 형태로 구분할 수 있다.

(1) 아날로그 펄스 변조

① PAM(Pulse Amplitude Modulation)

진폭만을 입력 신호 전압에 따라 변화시키는 변조 방식으로 페이딩의 영향을 받기가 쉽다. 주로 PCM, PSK 그리고 QAM 등의 중간 단계의 변조 방식으로 사용된다.

② PWM(Pulse Width Modulation)

펄스에 대한 주기 및 폭은 일정하게 하고, 펄스의 폭만을 입력 신호에 따라서 변화시키는 방식을 말한다.

㉠ 진폭 제한기(Limiter)를 사용하여 레벨 변동을 제거하는 것이 가능하다.

㉡ 펄스의 상승 및 하강을 급격하게 하여 신호 대 잡음비를 개선하는 것이 가능하게 된다.

③ PFM(Pulse Frequency Modulation)

펄스의 진폭 및 폭은 일정하고 펄스의 반복 주파수에 대해서만 입력 신호에 따라 변화시키는 변조 방식을 말한다.

④ PPM(Pulse Position Modulation)

PFM은 펄스의 위상(위치)만을 입력 신호에 따라 변화시키는 방식을 말한다.

㉠ PPM의 경우는 시간 폭이 일정하므로 비 직선상의 영향을 받지 않는다.

㉡ PAM에 비해서는 신호 대 잡음비가 우수하다.

㉢ 진폭 제한기의 사용을 통하여 페이딩의 영향을 감소할 수 있다.

㉣ PPM은 펄스 위치를 변화시키므로 인접 채널과 누화를 일으킬 염려가 있으므로 채널 수를 가능한 한 제한해야 한다.

참고

페이딩(Fading)

■ 페이딩 현상은 전파의 전송 경로가 각기 다른 경로로 들어오는 신호들 간에 상호 간섭을 일으켜 이동체의 움직임에 따라 수신 신호 레벨(수신 전계의 크기)이 변화하는 현상을 말한다. 즉 두 개 이상의 전파가 간섭을 일으켜 진폭과 위상이 불규칙적으로 변하는 현상이라고 할 수 있다.

전자파는 전기력선과 자력선의 진동방향이 파의 진행방향과 직각을 이루며 전파하는 파동이므로 파동의 분류상 횡파에 속하며 다중경로를 발생하게 되는 원인으로 반사, 굴절, 회절 등을 들 수 있다.

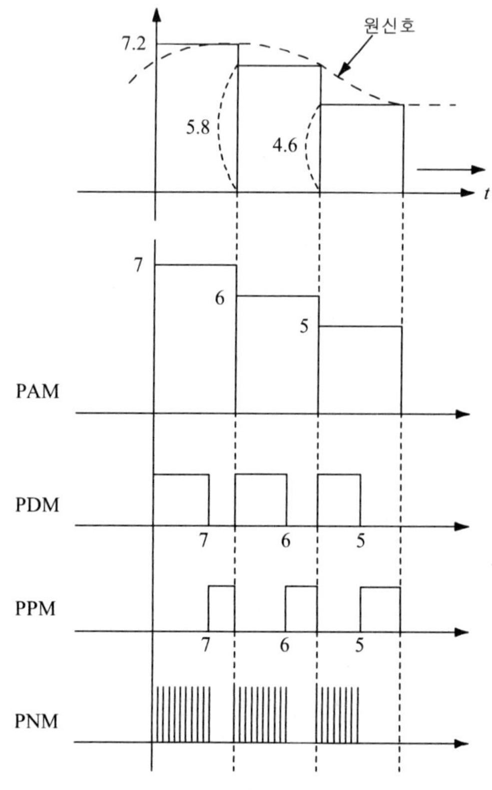

〈그림 1.4〉

(2) 디지털 펄스 변조

① PCM(Pulse Code Modulation)

신호파의 진폭을 양자화하여 그 양자화 된 값을 2진수로 표시하여 2진 부호에 따른 펄스로 만드는 변조 방식을 말한다.

② DPCM(Difference PCM)

현재의 표본화된 값과 다음 표본화된 값의 차를 이용해서 변조하는 방식을 말한다.

③ DM(Delta Modulation)

표본화된 값을 다음 표본화된 내용과 비교해서 부호화를 1bit로 나타내는 변조 방식을 말한다.

④ PNM(Pulse Number Modulation)

변조된 신호파의 진폭에 따라 단위 펄스를 일정한 시간 내에 그 수를 변화시키는 변조 방식을 말한다.

〈표 1.1〉 연속파 변조(Continuous Wave Modulation)

구분 종류	아날로그 변조	디지털 변조
진폭 변조 (AM)	• DSB(양측파대 변조) • SSB(단측파대 변조) • VSB(잔류측파대 변조)	ASK(진폭 편이 변조)
각도 변조	FM(주파수 변조)	FSK(주파수 편이 변조)
	PM(위상 변조)	• PSK(위상 편이 변조) • DPSK(차동 위상 편이 변조) • MSK (minimum shift keying)
복합 변조	AM−PM(진폭 위상 변조)	• APSK(진폭 위상 편이 변조) • QAM(직교 진폭 변조)
	SCFM(진폭 주파수 2중 변조)	

〈표 1.2〉 펄스 변조(Pulse Modulation)

구분 종류	펄스 아날로그 변조		펄스 디지털 변조
펄스 파라미터 변조	진폭 변조	PAM(펄스 진폭 변조)	
	펄스 시 변조 PTM	• PWM(펄스폭 변조) • PFM(펄스 주파수 변조) • PPM(펄스 위치 변조)	PNM(펄스 수 변조)
펄스 부호 변조			• PCM • ΔM(Delta 변조) • DPCM(차분 펄스 부호 변조)

1.1.4 PCM(Pulse Code Modulation)

PCM 방식은 아날로그 정보를 디지털 정보인 펄스부호로 바꾸어서 전송하고 수신단에서는 다시 아날로그 정보로 되돌려서 통신을 행하는 방식이다.

정보(음성신호, 영상신호 등은 전기 신호로 나타낸다.)는 시간 변화에 전압이나 전류가 변화하는 아날로그 신호로서 전송하거나 처리를 하게 되는데 아날로그 신호를 그대로 이용하는 경우에 잡음의 영향을 받기 때문에 이를 개선하는 방안으로 먼저 디지털 신호로 변환시키는 방식을 이용하게 된 것이다. 변환된 디지털 신호의 경우는 순간적인 전기신호인 펄스(pulse)의 유무를 구성한 것이기 때문에 전송이나 처리를 한 다음에 그 펄스에 대한 유무가 판정되면 재생이 가능하게 된다는 것이다. 일반적으로 디지털 신호의 경우는 잡음에 대해서 매우 강한 특성을 보이게 된다.

따라서 PCM은 아날로그 신호를 디지털 신호로 변조하여 전송하는 방식인 다중 통신수단의 하나이므로 이와 같은 기술을 방송이나 녹음에 응용하는 경우에 잡음에 강한 고품질의 정보전송이 가능하게 된다. 표준화와 양자화는 아날로그 신호에서 디지털신호를 생성하기위한 절대적인 과정이며, 디지털 신호는 아날로그의 일부 데이터만을 추출한 것이다.

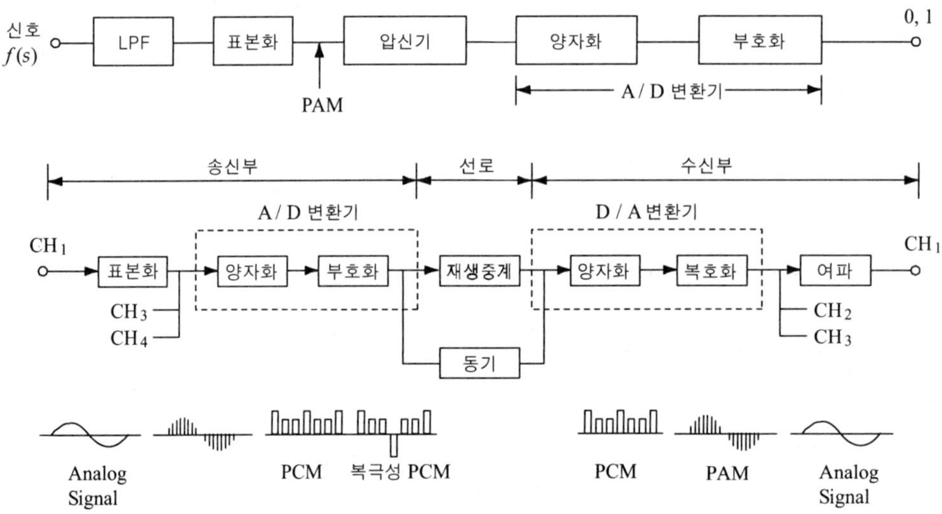

〈그림 1.5〉 PCM방식의 구성도

(1) 표본화(sampling)

연속적으로 변화하는 입력 파형을 일정 주기의 펄스 진폭으로 대표시키는 PAM(Pulse

Amplitude Modulation)조작을 표본화라고 한다.

즉, 표본화(Sampling)란 다수에서 특정시간대의 값을 추출하는 것이라고 할 수 있다. TDM 방식의 원리는 하나의 전송로를 전환하여 많은 통화로를 시간적으로 다르게 하여 각 통화로를 이용하여 전송하는 다중화 형태로 각 통화로의 입력 신호는 띄엄띄엄 추출되어 전송로에 송출된다. 이와 같이 추출한 펄스 진폭은 원 파형의 그 시점에 대한 진폭을 대표하는 표본이 된다. 이와 같은 조작을 표본화라고 하며, 표본화를 위한 구성은 다이오드, 트랜지스터에 의한 게이트 회로를 이용하여 얻게 된다.

① 표본화 정리

㉠ Nyquist 주파수(표본화 주파수) : 전송하려는 원신호의 상한 주파수를 f_m이라 하면, $2f_m$에 해당되는 주기 ($T_s \le \frac{1}{2f_m}$) 이하로 표본화하여 표본화된 신호만 전송하여도 원 신호를 그대로 재생이 가능하다. 따라서 연속적인 신호를 재생할 수 있는 최소 표본화 주기를 Nyquist 주기라고 하며,

$$f_s \ge 2f_m \,[\mathrm{Hz}]$$

인 관계식을 Nyquist 주파수(표본화 주파수)라고 하는데 이는 하나의 통화로에서 단위 시간 내의 표본화의 횟수를 표본화 주파수라고 하는 것이다.

㉡ Nyquist 주기(표본화 주기)

$$T_s \le \frac{1}{2f_m}[\mathrm{sec}]$$

인 관계를 Nyquist 주기(표본화 주기)라고 하는데 이는 표본화 주파수의 역수로 표본화 주기는 하나의 표본화로부터 다음 표본화까지의 시간을 나타내는 것이다

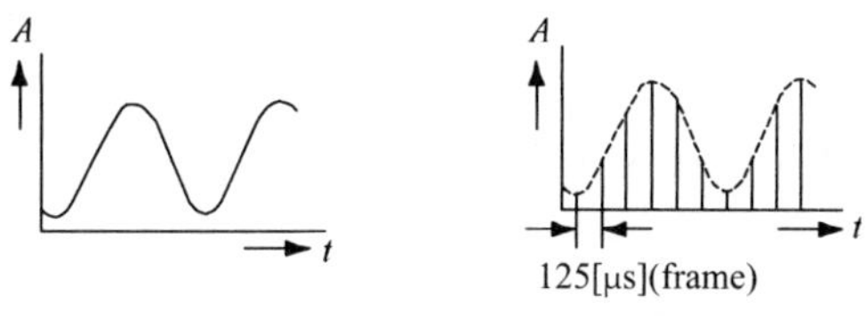

〈그림 1.6〉 표본화 파형(PAM)

② 표본화의 종류

㉠ 자연 표본화(natural sampling) : 자연 표본화는 신호의 표본 값에 따라 펄스 열의 진폭을 결정하는 것을 말한다. 즉, 표본화된 펄스가 원 신호 $f(t)$를 따라가기 때문에

각 펄스의 정점모양이 다르고, 신호 $f(t)$를 예측하는 경우에 사용한다.

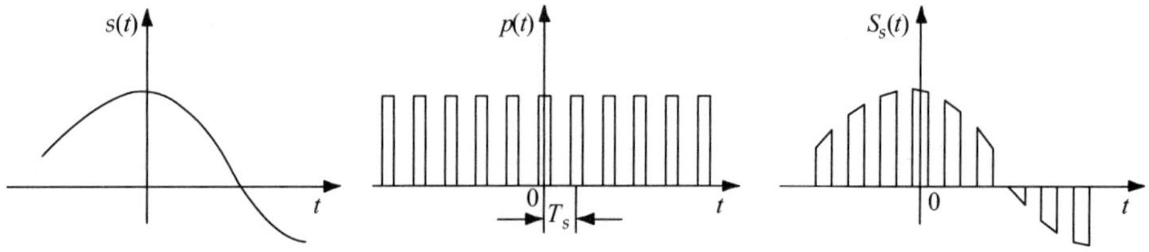

〈그림 1.7〉 자연 표본화와 그 파형

ⓛ 순시 표본화(instantaneous sampling) : 펄스의 진폭이 평탄한 표본화 방식으로 실제적으로 사용되고 있으며 Flat-top-sampling이라 한다.

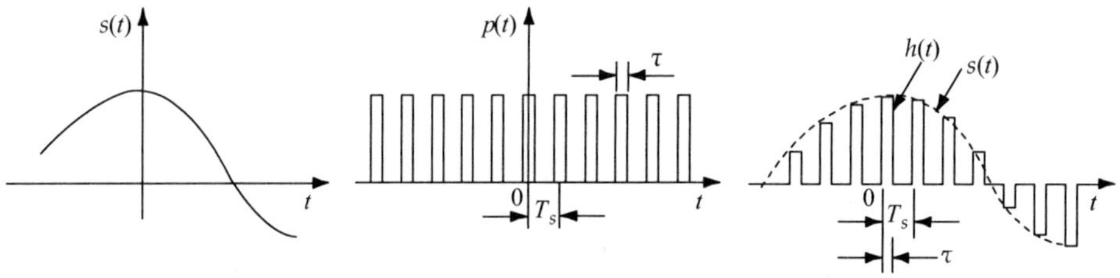

〈그림 1.8〉 순시 표본화 과정과 그 파형

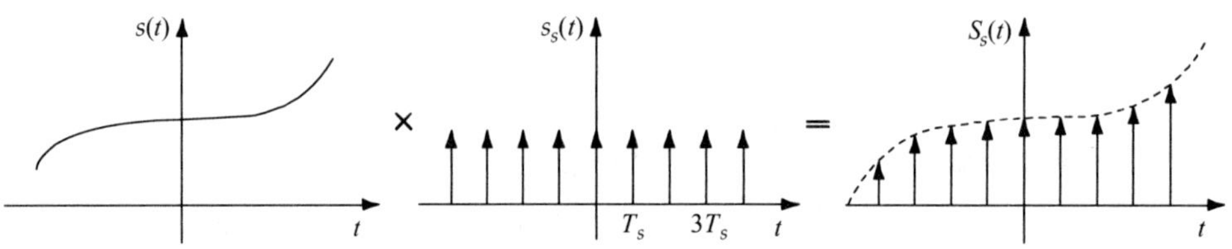

〈그림 1.9〉

ⓒ 이상적인 표본화에 의한 표본화 과정

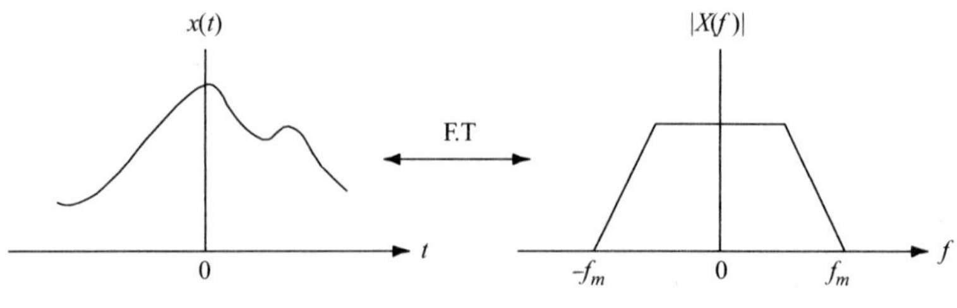

(a) 메시지 (b) 대역 제한된 스펙트럼

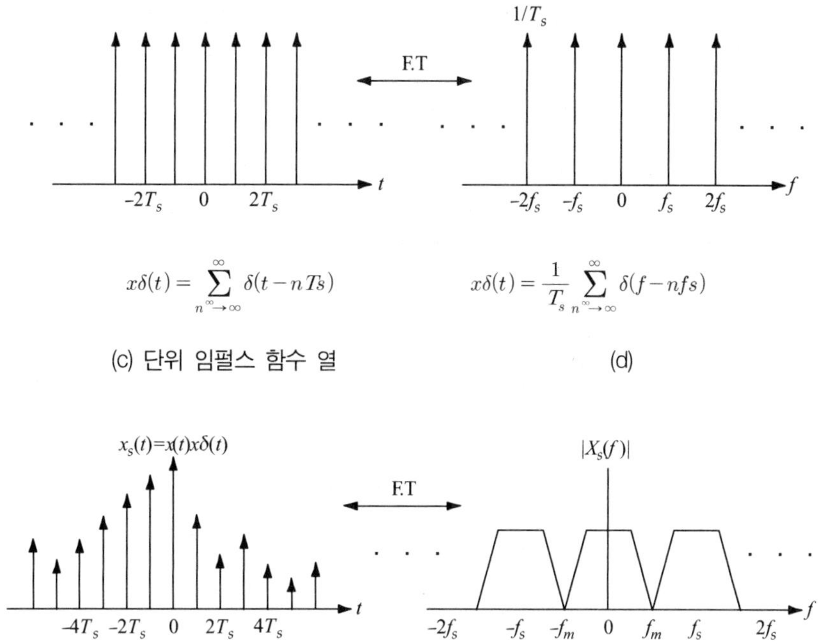

(c) 단위 임펄스 함수 열　　　　(d)

(e) 이상적인 표본화 신호　　　　(f)

〈그림 1.10〉

참고

> 펄스진폭변조 (PAM)의 종류에는 다음과 같은 것을 이용한다.
> - 자연 표본화에 의한 PAM
> - 순시 표본화에 의한 PAM
> - 이상적인 PAM

③ PCM에 의한 PAM 전송을 하지 않는 이유

PAM(펄스진폭 변조)신호를 전송로에 그대로 전송하면 원 신호를 그대로 송신하는 것 보다 고조파 함유가 높아 감쇠 특성이 불량하여 원 신호 재생이 어렵고 전송로의 외부 변화에 따라 진폭에 잡음이 많이 발생하여 전송 특성이 불량하기 때문에 전송하지 않는다.

④ 표본화 과정에서 발생하는 오차형태

㉠ 얼라이징(aliasing) 오차 : 스펙트럼이 겹쳐지므로 발생되는 오차로 표본화율 f_s이 Nyquist 주파수 보다 작은 경우에 일어난다. 즉, Nyquist율 이상($f_s \geq 2f_m$)으로 표

본화되지 않을 때 주기는 $2f_m$보다 작아지므로 스펙트럼이 중첩하여 원래의 스펙트럼에 왜곡을 유발시키는 현상을 말한다.

따라서 이와 같은 얼라이징 오차를 제거하거나 감소하기 위해 표본화 전 단계에 LPF(저역 여파기)를 설치한다.

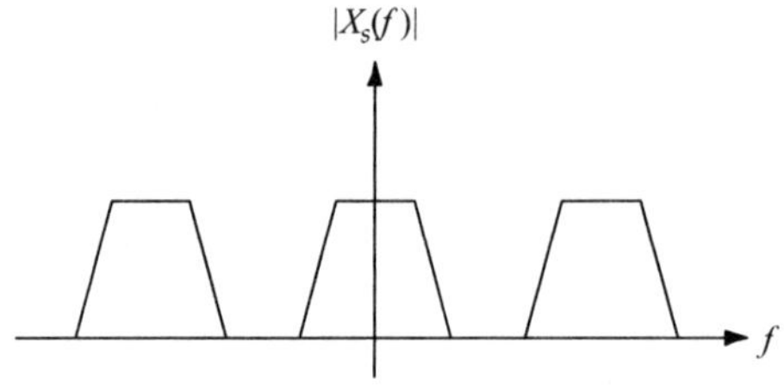

(a) $f_s > 2f_m$일 때의 이상적 표본화 스펙트럼

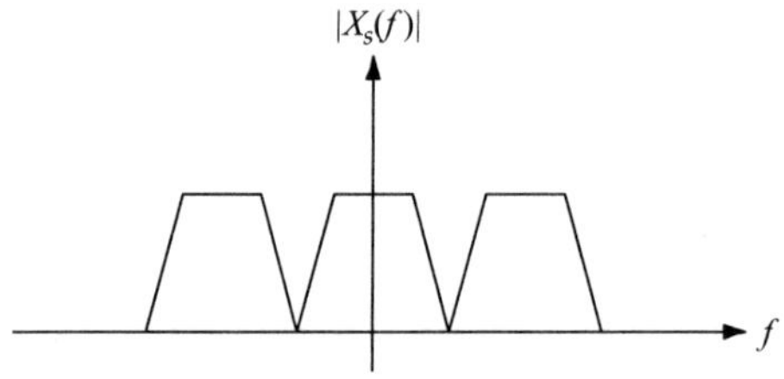

(b) $f_s = 2f_m$일 때의 이상적 표본화 스펙트럼

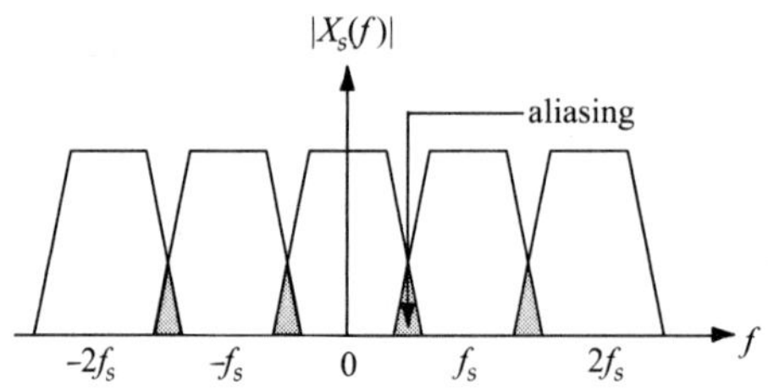

(c) $f_s < 2f_m$일 때의 이상적 표본화 스펙트럼

〈그림 1.11〉 스펙트럼 중첩

참고

표본화 과정에서 발생하는 얼라이징 효과를 감소시키는 방법

- 표본화 전 단계에서 LPF를 이용하여 고주파 성분을 감소시킨다.
- 대역제한 된 신호를 Nyquist 속도보다 더 높은 속도로 표본화한다.

㉡ 절단(truncation)오차 : 표본화 정리의 전제 조건은 표본값이 무한한 시간에 걸쳐 발생한다는 것을 기본적으로 이용한 것이지만 실제 시스템에서 취급하는 신호의 경우는 유한하다는 것 때문에 어떤 차를 발생하게 되는데 이를 오차라고 한다.

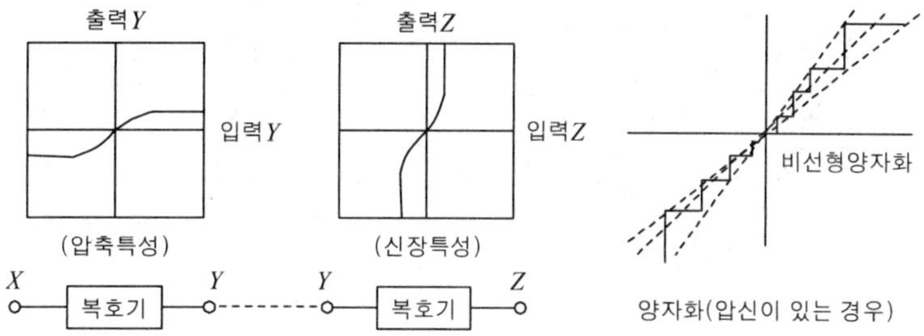

〈그림 1.12〉 압신을 위한 양자화의 특성

(2) 양자화(quantizating)

아날로그 신호를 PAM으로 변환하는 과정 즉, 표본화 단계를 거친 PAM의 진폭을 디지털양으로 변환하기 위하여 계단모양의 근사 파형으로 만드는 것이다.

① 선형과 비선형 양자화

㉠ 선형 (균일) 양자화(linear quantizing) : 양자화 특성의 스텝 폭이 전 입력 신호 레벨에 대해서 동일한 스텝 크기로 양자화하는 것으로 신호 대 잡음비(S/N)는 고 레벨 신호보다 저 레벨 신호가 악화된다.

㉡ 비선형 양자화(non-linear quantizing) : 진폭이 작을 때 양자화 스텝(Step) 간격을 좁게, 입력 신호 진폭이 큰 부분에서는 양자화 스텝 간격을 넓히는 것으로 전 범위의 진폭에 걸쳐 신호 대 잡음비(S/N)를 균일하게 할 수 있다.

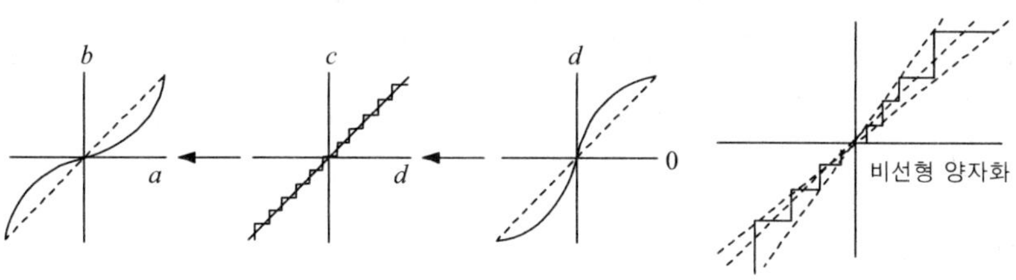

〈그림 1.13〉

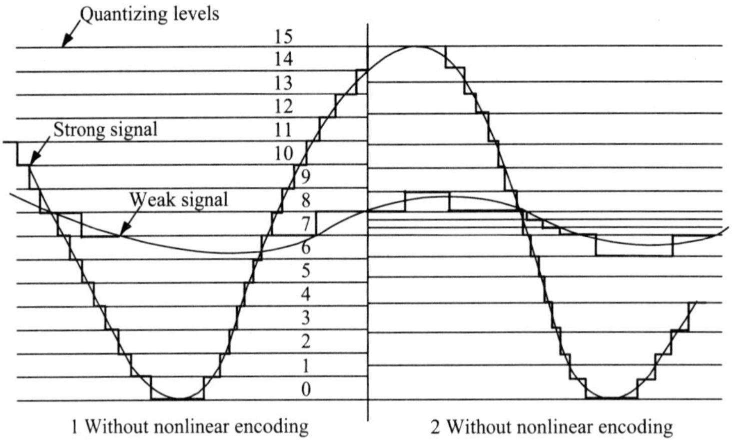

〈그림 1.14〉 불균형 양자화

② 양자화 스텝

스텝 수(간격)가 많을수록 원 파형에 가까워지나, 비트 수가 증가된다.

참고

양자화 스텝 수의 크기와 적용 형태를 나타내면 다음과 같다.

- 3bit(2^3=8, 3행 8 step) : 음성, 언어 이해
- 5bit(2^5=32, 5행 32 step) : TV 영상신호
- 7bit(2^7=128, 7행 128 step) : 전화
- 8bit(2^8=256, 8행 256 step) : PCM-24B 방식

③ 양자화 압축과 신장

입력 신호의 작은 진폭부분은 증폭을 하고 큰 진폭은 압축을 하는 압축기를 부호화하기 전에 사용하고 수신측에는 복호를 한 다음에 이것과 반대의 특성을 가진 신장기로써 원래 신호를 환원시키는 것이며, 압축기와 신장기를 1조로 하여 압신기라고 한다.

여기서 압축 특성으로 유럽 방식인 A-Law Type과 북미방식인 μ-Law Type 등으로 구분된다.

④ 양자화 잡음

양자화 스텝의 크기는 단계적 입력 특성으로 이루어지고, 출력은 양자화 특성에 의해서 사사오입이 되는 과정에서 원 파형과 오차가 생겨서 나타나는 잡음을 말하는 것으로 양자화 과정에서 오차에 따라 발생하는 톱니상의 오차 전압에 의해 생기는 잡음으로

음성 신호 입력이 있는 경우에만 발생한다.

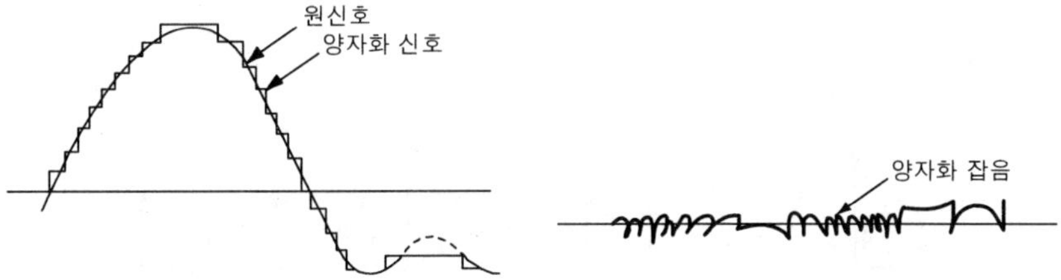

〈그림 1.15〉 양자화 잡음

㉠ $N_Q = \frac{\Delta V^2}{12}$: 여기서 N_Q는 양자화 잡음의 평균자승오차를, ΔV는 양자화 스텝(간격)을 각각 나타낸다. 따라서 N_Q는 입력진폭과는 무관하며 일정하다.

㉡ SNR=$\frac{3}{2}q^2$: 여기서 q는 양자화 레벨 수를 나타낸다.

⑤ PCM **과부하 잡음**

양자화 잡음은 입력신호가 양자화 과정의 최대 허용 범위 내에서 존재하는 경우에 발생하는 잡음을 나타내며 양자화 오차가 $\Delta/2$를 넘지 않아야 한다. 따라서 PCM과부하 잡음에 대한 크기를 나타내면

$$10\log[\frac{S}{N_Q}] = \frac{3}{2}(2^n)^2$$

$$10\log[\frac{S}{N_Q}] = 6n + 1.8[\text{dB}]$$

여기서 n은 전송비트수를 나타내며, 2^n은 양자화 레벨 수를 각각 나타낸다. 따라서 양자화를 위한 비트 수가 한 비트 증가할 때마다 S/N_Q는 6[dB]씩 개선됨을 알 수 있다.

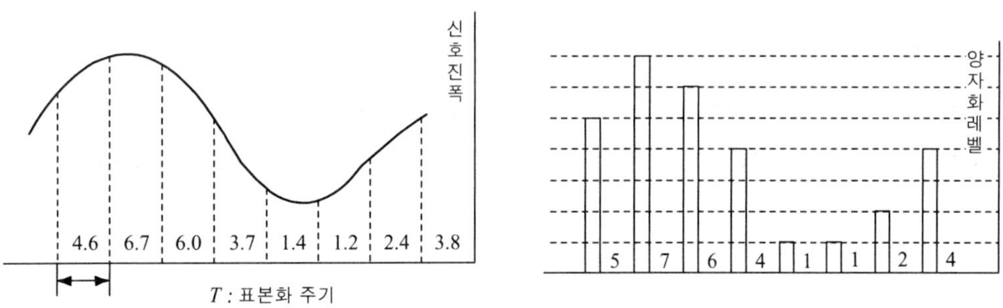

(a) 아날로그 입력신호 (b) 양자화 및 표본화 펄스 예

〈그림 1.16〉 양자화와 양자화 잡음

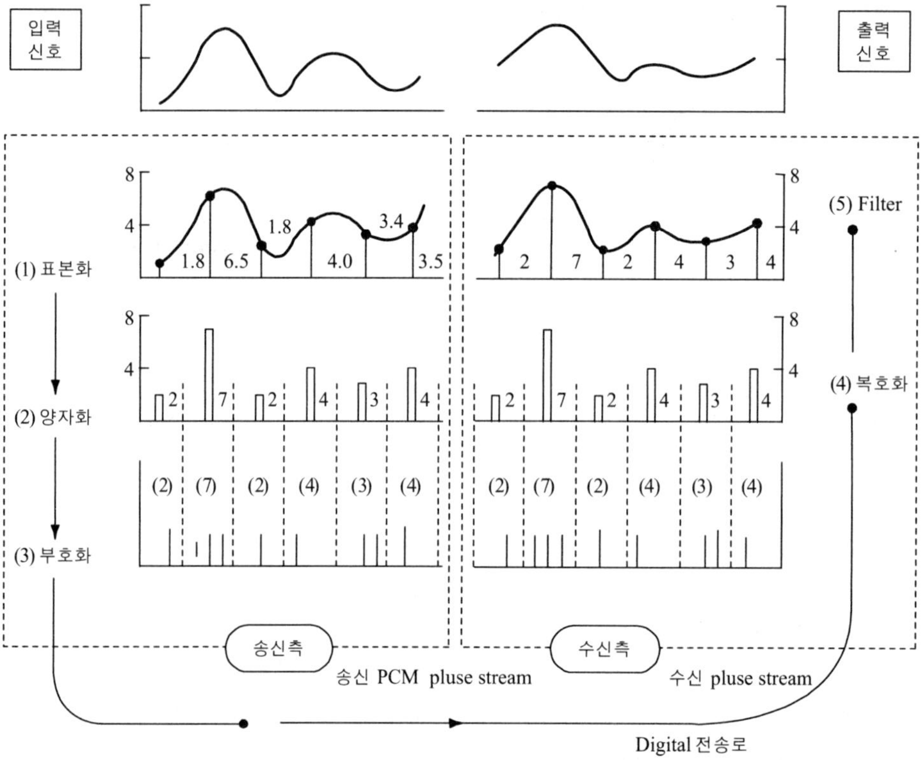

〈그림 1.17〉 PCM 송수신 과정

참고

양자화 잡음에 대한 개선방법

- 양자화 스텝 수를 증가시킨다.
- 비선형 양자화를 행한다.
- 불 균일 양자화를 행한다.
- 압신기(Companding)를 사용한다.

(3) 부호화(encoding)

표본화 된 PAM 펄스의 진폭 크기를 펄스의 유무(0, 1)로 표시되는 2진 부호의 조합으로 변환하는 조작을 말하며 (A/D변환) 오차가 적은 그레이(Gray) 부호로 나타내다.

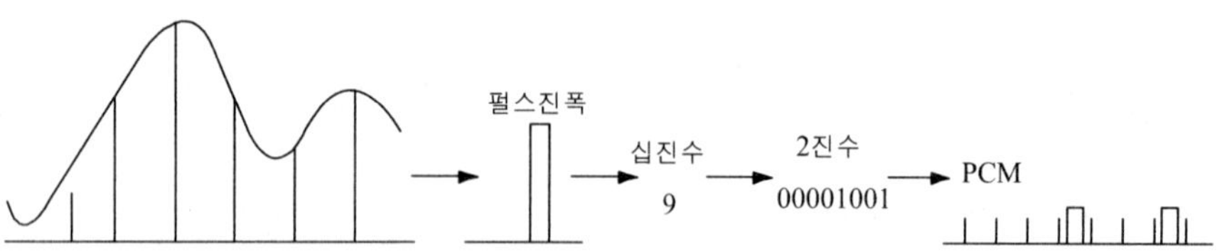

〈그림 1.18〉 부호화 과정

한편 부호화의 반대과정으로 수신된 디지털 신호를 PAM펄스로 만들며 재생된 아날로그 신호를 여파기(filter)를 통해 원 신호로 복원시킨다.

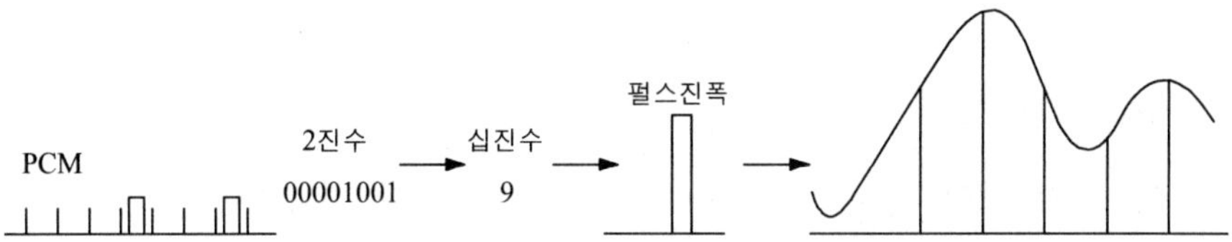

〈그림 1.19〉 복호화 과정

1.1.5 재생 중계기의 구성 및 3R 기능

PCM전송에서 전송 펄스는 펄스의 유무 또는 정부 신호의 조합으로 전송로로 송출되며, 전송로 상에서 왜곡, 잡음 등에 의해 열화를 받게 된다. 따라서 파형이 심한 왜곡을 받기 전에 일정한 간격으로 중계기를 설치하여 펄스 파형을 정형화함으로써, 최초에 송출된 펄스와 같은 파형을 손상시키지 않고 전송할 수 있다.

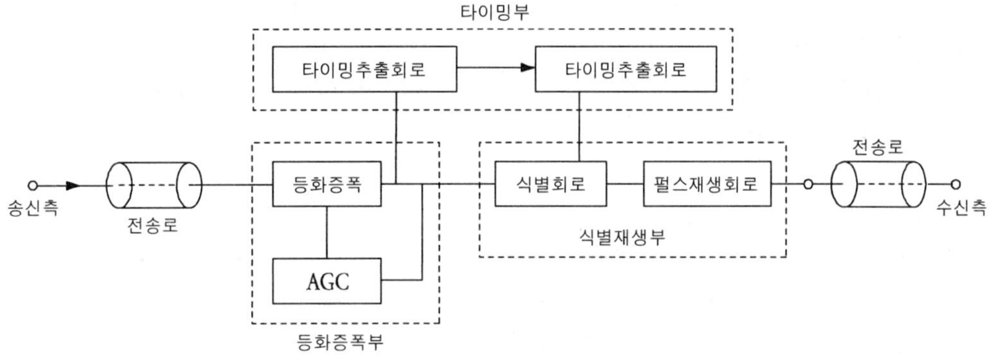

〈그림 1.20〉 펄스 재생중계기의 기본구성

(1) 등화증폭(Reshaping)

등화증폭은 타이밍 판별에 지장이 없을 정도로 주파수 특성을 등화 시키는 것으로 등화 출력 펄스열의 최대치를 일정하게 유지하는 AGC와 중계 간격의 편차를 보상해 주는 회로인 의사선로 회로망(BON, Buiding Out Network)이 있으며, 이는 주로 PCM-24[ch]방식에 사용된다.

(2) 식별재생(Regeneration)회로

등화증폭 된 신호에서 펄스의 유·무를 식별하고, 파형의 펄스를 재생한다.

(3) 타이밍(Retiming)회로

수신 신호에서 타이밍 파를 추출하여 식별 재생회로에 공급한다.

1.1.6 동기방식(Synchronization)

송신측과 수신측 클록 신호의 위상차가 일정한 범위 내에 유지되도록 항상 제어하는 것을 동기라 한다.

(1) 프레임 동기방식

송단에서 CH_1이 전송로에 접속되어 있을 때, 수단에도 CH_1이 연결되도록 1 프레임의 끝에 동기용 펄스를 넣어 두는 방식으로, 이 동기용 1프레임의 시작과 종료를 맞추는 것이 프레임 동기이다.

PCM-24채널 방식의 경우는 1 프레임의 구성은 8bit×24[CH]=192비트에 동기용 비트 1개를 추가하여 총 193개의 비트로 구성된다.

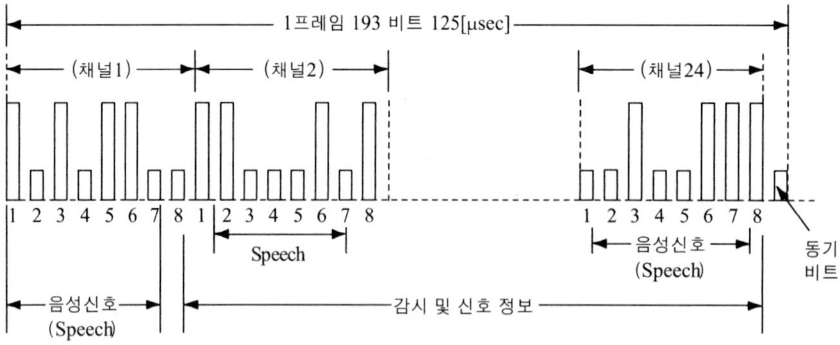

〈그림 1.21〉 PCM 24채널 프레임 형식

(2) 비트 동기방식(digit 또는 clock 동기)

입력 신호에서 빼낸 기본 주파수 성분의 주파수와 위상을 기준으로 하고 적당한 시간 위치에서 클록 펄스를 발생시켜, 송신단국과 중계 전송로 및 수신단국의 정보처리에 있어서 속도와 위상을 일치시키는 방식이다.

① 독립동기

각 국에 정도가 높은 발진기를 설치하여 각국 고유의 클록에 동기 시키는 방식을 말한다.

② 상호동기

각 국에 발진기를 설치하고 이것들의 상호작용에 따라 각 상호간의 클록을 동기 시키는 방식을 말한다.

③ 종속동기

특정의 국을 주국으로 하고 그 곳을 망의 동일 클록 원으로 정한 후, 고정도 발진기를 설치하여, 그 클록을 디지털 전송회선에 의해 전국의 종속국에 분배하여 동기 시키는 방식을 말한다.

1.1.7 PCM방식의 특징 및 잡음의 종류

(1) PCM방식의 특징

① 전송로에 의한 레벨 변동이 적으며, 점유 주파수 대역폭이 넓다.
② 전송로에 존재하는 잡음, 누화 등의 각종 방해 잡음에 강하므로 저질의 전송로에도 사용할 수 있다.
③ 디지털 신호의 전송에는 능률이 없으며, 고가의 여파기가 불필요하므로, 단국장치의 가격이 저하되고 소형화된다.
④ 회선전환과 경로(Route) 변경 등이 용이하며, 시내 음성 케이블의 다중화에 유리하다.
⑤ PCM 특유의 잡음이 발생한다.

(2) PCM방식에서 발생하는 잡음의 형태

① 무통화시의 잡음형태

8[kHz]의 표본화 주파수에 대한 누설 잡음과 중폭기의 열잡음으로 45[dBm]로 규정하고 있는 기본 잡음, 누화가 여러 개 겹쳐 서로 작용해서 누화가 들리지 않고 잡음으로 나타나는 것으로 근단 누화와 원단누화를 합쳐 300[pW] 이하로 규정하는 다중 누화잡음 그리고 양자화에 의한 무통화시 잡음 등이 있다.

② **유통화시의 잡음형태**

무통화시 잡음 전체가 그대로 유통화시의 기본 잡음으로 나타나는 잡음과 수신측 PAM 펄스의 복조에 사용되는 여파기의 억압 불충분에 의한 잡음으로 단국 수신 출력에 있어서 −51[dBm] 이하로 규정하는 여파잡음이 있으며 그 외에 다음과 같은 잡음이 존재한다.

㉠ 표본화 잡음

표본화 주파수의 $\frac{1}{2}$보다 높은 주파수 성분이 송신 여파기의 억압 불충분으로 남았을 경우 이것이 표본화 주파수에 의해서 출력에 나타나는 잡음이다.(여파 잡음에 비해서 20[dB] 정도 억압되므로 신호 대 표본화 잡음비가 50[dB] 이상이 된다.)

㉡ 양자화 잡음 및 과부하 잡음

양자화 스텝의 크기는 단계적 입력 특성으로 이루어지고 출력은 양자화 특성에 의해서 사사오입이 되므로 원 파형과 오차가 생겨서 나타나는 양자화잡음과 음성 신호가 피크 제한 레벨이라도 피크는 Clipping현상을 받아서 잡음이 발생하는 과부하 잡음을 말하며, 이외에도 잡음, 누화 등의 펄스의 유무를 잘못 판정함으로써 발생되는 부호에러 잡음 등이 있다.

참고

- **지터(Jitter) 잡음**
  전송로에서 방해를 받아 타이밍 편차가 야기되어 발생되는 잡음 또는 중계기 회로에서 부호간의 간섭, 진폭위상의 변환 동조회로의 이탈 등으로 펄스 열에 시간적인 변동이 생겨서 발생되는 잡음을 말한다.
- **백색 잡음(white noise)**
  백색 잡음이란 아주 넓은 주파수 대역에 걸쳐 나타나는 잡음(유색잡음은 특정 대역에서만 나타나는 잡음)을 말한다. 열잡음은 전기 · 전자 · 통신 장비 등이 도체로 되어 있고 이들 도체 내에서 자유전자가 불규칙적으로 운동함에 따라 발생되는 잡음으로 아주 넓은 주파수 대역에 걸쳐 나타나며 배경잡음(background noise)형태로 나타난다. 따라서 백색 잡음(white noise)에 가장 근사한 잡음은 열잡음이다.

1.2 PCM 방식의 형태

1.2.1 PCM-24(북미)방식

(1) 표본화 주파수

$f_s = 2f_m = 2 \times 4[\text{kHz}] = 8[\text{kHz}]$

여기서 실제의 경우 많은 채널을 구성하게 되는데 여파기의 특성이 이상적이지 못하기 때문에 실제에서는 여유를 고려하여 3,400[Hz]의 2배가 넘는 8,000[Hz] (1초당 8,000번 추출)로 표본화를 하게 된다.

(2) 표본화 주기(간격)

$$T = \frac{1}{f_s} = \frac{1}{8000} = 125[\mu s]$$

추출된 신호의 진폭을 표본값이라 하며, 이 표본값은 일정한 간격으로 추출되는데 이 간격을 프레임(frame) 또는 표본 간격(sampling interval)이라고 한다.

여기서 계산된 125[μs]의 크기를 표본화 간격(Frame)이라고 한다. 즉, PCM에서 이용되는 정보의 단위로 프레임(Frame)을 이용하게 된다.

(3) 1통화로[ch]당 주기

$$= \frac{125[\mu s]}{24ch} = 5.2[\mu s]$$

(4) 1펄스 당 점유 시간(1 time slot)

$$= \frac{5.2[\mu s]}{8\text{단위}} \fallingdotseq 0.65[\mu s]$$

(5) 1프레임에 수용되는 펄스의 수

8자리×24[ch]+1bit=193개

여기서 1bit는 동기용으로 이용된다.

(6) 부호 펄스의 주파수(클록 주파수)

193×8000[Hz]=1.544[MHz]

따라서 FDM의 경우와 비교하면 100~120[kHz]이므로 TDM 경우보다 13배 정도 넓게 됨을 알 수 있다.

1.2.2 PCM-32(유럽)방식

(1) 표본화 주파수

$$f_s = 2f_m = 2 \times 4[\text{kHz}] = 8[\text{kHz}]$$

(2) 표본화 주기

$$T = \frac{1}{f_s} = \frac{1}{8000} = 125[\mu\text{sec}]$$

여기서 125[μs]를 표본화 간격(Frame)이라고 한다. 즉, PCM에서 이용되는 정보의 단위로 프레임(Frame)을 이용하게 된다.

(3) 1통화로[ch]당 주기

$$= \frac{125[\mu s]}{32ch} = 3.9[\mu s]$$

(4) 1펄스 당 점유 시간(1 time slot)

$$= \frac{3.9[\mu s]}{8\text{단위}} \fallingdotseq 0.49[\mu s]$$

(5) 1프레임에 수용되는 펄스의 수

8자리×32[ch]=256개

여기서 별도의 동기용을 이용하지 않고 256번 째 bit가 동기용으로 이용된다.

(6) 부호 펄스의 주파수(클록 주파수)

256×8000[Hz]=2.048[MHz]

〈표 1.3〉 PCM-24(북미)방식과 PCM-32(유럽)방식의 비교

구분 \ 방식		북미방식		유럽방식	
클록 주파수		193[bit]×8[kHz]=1.544[Mb/s]		256[bit]×8[kHz]=2.048[Mb/s]	
프레임 당 bit수		24[ch]×8[bit]+1Framing[bit]=193		32[ch]×8[bit]=256	
표본화 주파수(sampling Rate)		8[kHz]		8[kHz]	
프레임 당 Channel수	음성전송용 채널수	24	24	32	30
	신호용 채널수		0		1(16번 Time Slot)
	동기용 채널 수		0		1(0번 Time Slot)
Time Slot		5.2[μs]		3.9[μs]	
Multi Frame	Frame수	12		16	
	주기	125[μs]×12=1.5[ms]		125[μs]×16=2[ms]	
companding(Encoding) Law		μ-Law μ=255		A-Law A=87.6	
데이터 전송 속도		56[kb/s]		64[kb/s]	
bit/sample		8		8	

〈표 1.4〉 PCM 전송 시스템의 계위 구조

지역 및 국가	디지털 계위	1계위	2계위	3계위	4계위	5계위	6계위
미국 (4×7×6계위구조)	64[kb/s]단위 채널수	24	96	672	4.032	–	–
	전체 bit rate[Mb/s]	1.544	6.312	44.736	274.176	–	–
유럽 (4×4×4×4계위구조)	64[kb/s]단위 채널수	30	120	480	1.920	7.680	–
	전체 bit rate[Mb/s]	2.048	8.448	34.368	139.264	564.992	–
일본 (4×5×3×4×4계위구조)	64[kb/s]단위 채널수	24	96	480	1.440	5.760	23.040
	전체 bit rate[Mb/s]	1.544	6.312	32.064	97.728	400.352	1.600
한국 (3×7×3×4계위 구조)	64[kb/s]단위 채널수	30	90	630	1.890	7.560	–
	전체 bit rate[Mb/s]	2.048	6.312	44.736	139.264	564.992	–

1.2.3 PCM관련된 변조방식

(1) 차동펄스 부호변조(DPCM, Differential PCM)

음정 신호의 특성 가운데 상관성(correlation)이 큰 것을 이용하여 이전의 표본값을 기준으로 입력될 신호를 예측하고 예측한 표본값과 실제의 표본값과의 오차를 부호화하므로

정보량이 감소된다.

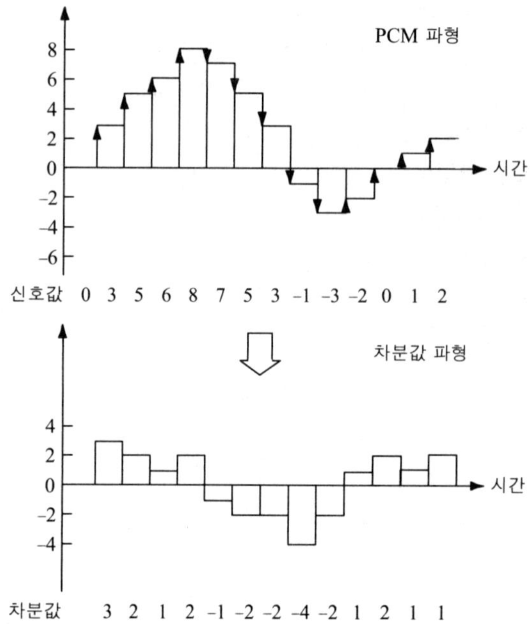

〈그림 1.22〉 차동 PCM 원리도

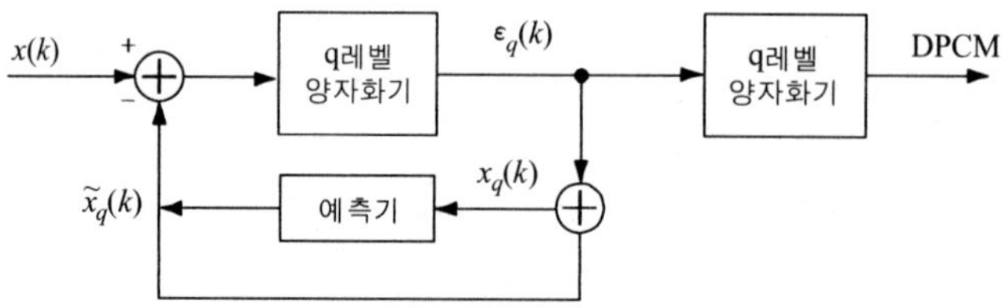

(a) DPCM 송신기

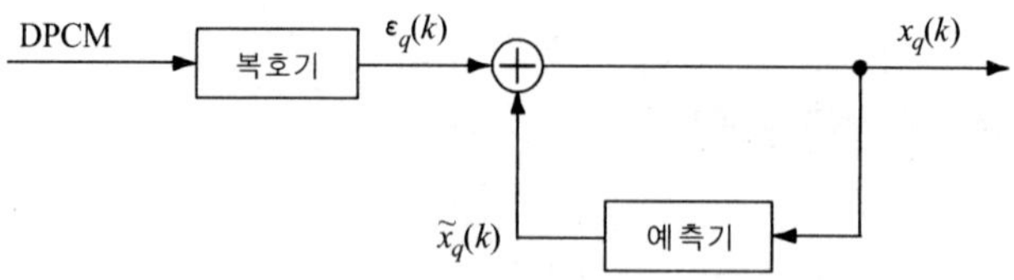

(b) DPCM 수신기

〈그림 1.23〉 DPCM 송수신기의 구성도

따라서 DPCM방식은 정보량의 압축이 가능하기 때문에 신호 대 양자화 잡음비(S/N_g)는 델타변조(DM)경우보다 2^N-1배만큼 개선되며, 전송 정보량 감소로 인해서 전송속도를 향상시킬 수 있다.

(2) 델타변조(DM, De1ta Modulation)

표본화 주파수가 Nyquist 주파수보다 어느 정도 높은 경우 현재의 표본치와 예측치와의 차(차동신호가 +이면 "1"로 부호화하고 −이면 "0"으로 부호화)를 1bit로 하여 전송하는 DPCM의 특별한 경우의 변조방식이다.

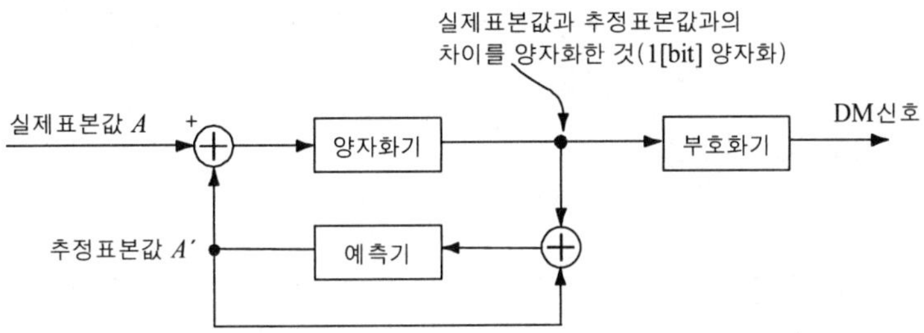

(a) DM 송신기

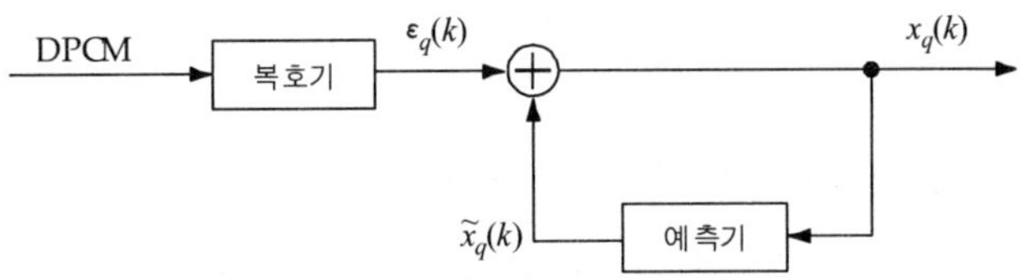

(b) DM 수신기

〈그림 1.24〉 DM 송수신기의 구성도

델타 변조기에 대한 파형을 고려하면 아날로그 파형이 급격하게 변화하는 경우 그 변화를 추적할 수 없을 때 경사 과부하잡음(slope over load noise)이 발생하고 반대로 완만하게 변화할 경우 그래뉼러(Granular) 잡음이 발생한다.

따라서 델타 변조는 정보량이 적고 회로 구성이 간단하여 신뢰성이 높으며 표본화 주파수는 Nyquist Rate의 2~4배이다(대역폭이 크다). 이외에도 다음과 같은 특징을 갖는다.

① 채널 상의 전송 임펄스 에러에 강하다.

② 표본화 주파수를 2배로 증가시키면 S/N_q이 9[dB] 개선된다.

③ 업 다운 카운터(up-down counter)가 필요하다.

④ 대역폭의 보존은 DM의 경우가 더 우수하다.

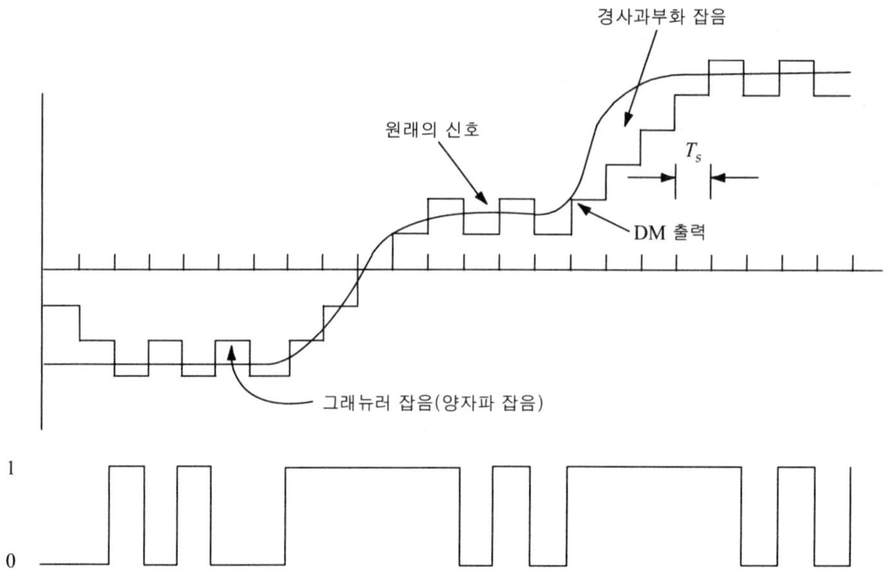

〈그림 1.25〉

(3) 적응 델타변조(ADM, Adaptive Delta Modulation)

입력 신호의 기울기가 급격하게 변화하면 양자화 계단의 크기를 증가시켜 Slope Overload Noise을 감소시키고, 입력 신호가 완만하게 변화할 경우 양자화 계단의 크기를 감소시켜 Granular 잡음을 감소시키는 변조 방식이다.

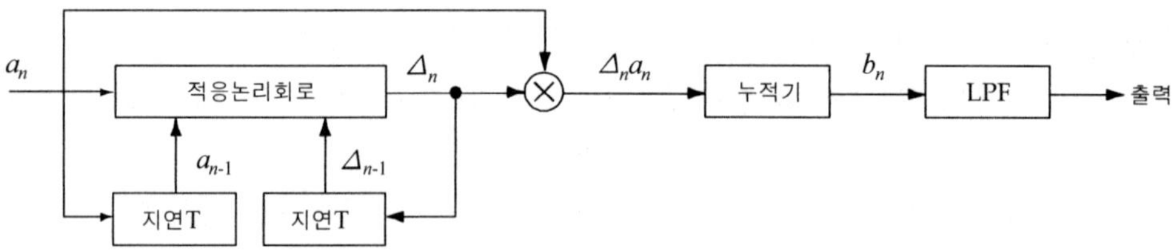

(a) ADM 송신기

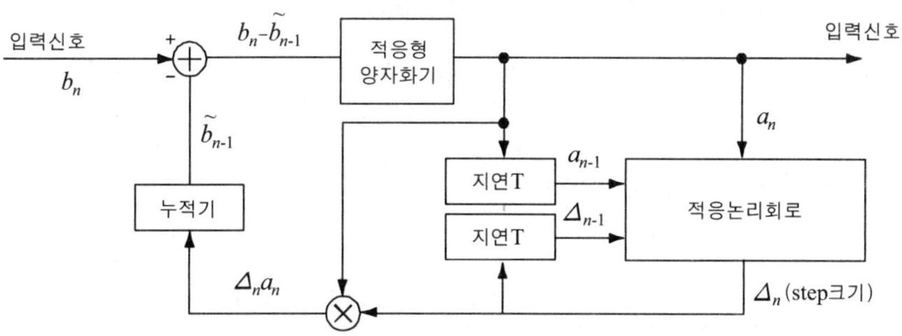

(b) ADM 수신기

〈그림 1.26〉 ADM 송수신기 구성도

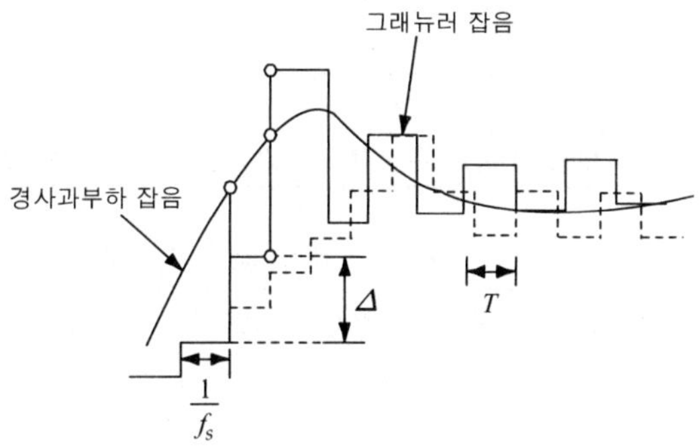

〈그림 1.27〉

① **경사 과부하 잡음**(Slope Overload Noise)

아날로그 파형이 급격하게 변하는 경우 그 변화를 추적할 수 없는 경우에 발생하는 잡음을 말한다.

$$\text{입력신호의 기울기} > \frac{\Delta}{T}(\text{계단의 기울기})$$

(여기서 Δ를 작게 하면 경사 과부하의 원인이 된다.)

② **그래뉴러 잡음**(Granular Noise)

경사 과부하 잡음의 반대로 신호가 완만하여 추적이 곤란한 경우에 발생하는 잡음을 말한다.

$$\text{입력신호의 기울기} < \frac{\Delta}{T}$$

(4) 적응 차분펄스 부호변조(ADPCM, Adaptive DPCM)

ADM 방식은 양자화기의 스텝 크기를 적응적으로 변화시키는 적응 양자화 방법을 사용하고 있으며 DPCM에서는 예측기를 사용한 예측 부호화 방법을 사용하므로 이들의 기본적인 개념을 조합하여 적응 양자화와 적응 부호화 개념을 동시에 사용하는 부호화방식을 적응 차분 펄스변조라고 한다.

〈표 1.5〉 ADM과 ADPCM의 특성 비교

	ADM	ADPCM
표본화 주파수	Nyquist rate의 2~4배 (16~32[kHz])	8[kHz]
PCM 단어	l[bit]	4[bit]
양자화 계단 수	2	16
전송속도	16[kbps], 32[kbps]	32[kbps]
시스템구성	간단하다	복잡하다
적용분야	일반 공중통신용	군사용, 이동통신, 특수분야
S/N비	5[kbps]이하에서 2,3[dB] 양호	35[kbps] 이상에서 양호

〈표 1.6〉 음성 부호화방식의 비교

부호화 방식	샘플링 레이트, [kHz]	샘플 당 비트수	비트 레이트, [kbps]
PCM	8	7~8	56~64
DPCM	8	4~6	32~48
ADPCM	8	3~4	24~32
DM	64~128	1	64~128
ADM	48~64	1	48~64
LPC	0.04~0.1	≈ 80	3~8

1.3 다중화(MUX, Multiplexer)

다중화란 하나의 통신회선을 통하여 결합된 형태로 신호를 전송하고 이것을 수신측에서 원래의 형태로 나누어주는 것을 말한다.

1.3.1 시분할 다중화(TDM, Time Division Multiplexing)

(1) TDM의 개요

한 개의 전송로에 여러 가입자의 신호를 동시에 전송 가능하도록 다중화를 취하는 방법으로 수용하고자 하는 가입자들에게 서로 다른 시간에 전송토록 함으로서 하나의 고속 전송로를 공유하는 방식으로 엄격한 의미에서 동시 전송보다는 짧은 시간 내의 순간적인 전송이 일어난다. 즉, 사용자들이 회선을 사용하는 시간을 나누어, 순서대로 돌아가며 짧은 시간씩 회선을 사용하게 된다.

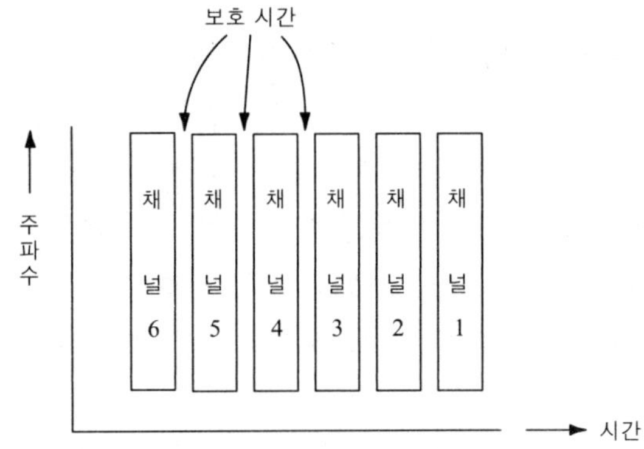

〈그림 1.28〉 시분할 다중화

(2) TDM의 특징

① 한 전송로를 일정한 시간 폭으로 나누어 사용한다.

② 신호들을 겹치지 않게 하기 위해서는 표본화 속도가 커야 한다.

③ 비트 삽입식과 문자 삽입식이 있다.

④ 송수신간의 동기를 맞추는 동기방식을 필요로 한다.
⑤ 통신망 형태는 PTP(point-to-point) 시스템에 이용한다.
⑥ 장거리 전화통신에 이용한다.

(3) TDM의 형태

동기형 TDM(STDM, Synchronous TDM)은 한 전송로의 데이터 전송 시간을 일정한 타임 슬롯으로 나누어 각 부 채널에 차례로 분배함으로써, 몇 개의 저속 부 채널이 1개의 고속 전송선로를 나누어 이용하는 것을 말하는 것으로 FDM의 경우에는 각 부 채널은 다른 주파수 대역에 할당되어 동시에 신호를 전송하나, TDM에서는 각 부 채널이 주기적으로 돌아오는 타임 슬롯에 자기의 데이터를 실어 보내게 되는데, 논리적으로는 각 부 채널이 고속 채널을 독점하는 것처럼 보이지만 실제로는 자기에게 할당된 타임 동안만 고속 채널을 이용하는 것이 된다.

각 저속의 단말기는 TDM 장치의 입출력 어댑터에 연결되는데, 어댑터는 버퍼의 역할과 데이터를 단말기와 주고받는데 필요한 제어 기능을 수행한다. 각 어댑터에는 단말기와 TDM 장치의 내부 동작 속도와의 차이를 보상하기 위한 버퍼 기억장치가 존재하는데

데이터는 단말기로부터 보통 110[bps]에서 720[bps]가지 각각 다른 속도로 입출력 어댑터로 전송된다.

그러나 데이터가 입출력 어댑터로부터 중앙 논리회로 또는 중앙 논리회로로부터 고속도 출력측 어댑터로 전달될 때에는 외부 속도와는 달리 높은 내부 속도로 전달된다.

수신측에서 데이터가 각 단말기로 전달되는 것은 반대 순서로 진행되며, TDM 장치의 형태에 따라 각 어댑터의 버퍼의 크기는 비트 또는 문자이다.

TDM 장치는 각 부 채널을 차례로 스캔(scan)해야 하며, 어떤 부 채널이 실제로 전송할 데이터가 없는 경우에도 타임 슬롯은 고정적으로 배정되며, 이러한 타임 슬롯은 무의미하게 지나가게 된다.

TDM의 경우에는 대역폭의 활용도가 높아 더 높은 통신 속도의 이용이 가능하여 음성대역 이용의 경우 고속 전송에는 보통 4800[bps]에서 9600[bps]까지의 속도가 이용된다.

FDM의 경우에는 저속 부 채널에 모두 비동기식 데이터만 이용 가능하나, TDM의 경우에는 동기식, 비동기식 데이터 모두가 이용 가능하며, 대체로 고속 채널측은 동기식 전송방법을 이용하게 된다.

따라서 정확한 시간 동기가 필수적이며 TDM 방식에는 비트 삽입식(bit interleaving)과 문자 삽입식(character interleaving)의 2가지가 있다.

① 먼저 비트 삽입식

각 부 채널에 할당되는 타임 슬롯이 비트로 주어지며,

② 문자 삽입식의 경우

타임 슬롯이 한 문자로 주어진다. 사용되는 단말기가 모두 시작-정지(start-stop) 방식인 경우에는 문자 삽입 방식이 더 효율적이다. 왜냐 하면, TDM 장치로 입력되는 저속 비동기식 데이터 중 시작 비트(start bit)와 정지 비트(stop bit)는 다중화시 제외시키고 전송하지 않으며, 순수한 문자 비트만 전송한 다음 수신측에서 원래의 문자로 분리해 낸 시작 비트와 정지 비트를 다시 붙여 전송 효율을 높일 수 있기 때문이다.

따라서 동기식 데이터의 다중화에는 보통 비트 삽입식 TDM 방식이 많이 사용되며, 여기서 비트 삽입식 TDM 방식은 버퍼의 크기가 적어도 되는 장점이 있으며, 문자 삽입식 TDM 방식에서 문자 재구성시에 소요되는 시간 지연이 없는 장점도 있다.

㉠ 여기서 비트 삽입식은 시간이 한 비트로 할당 즉 각 입력 채널의 비트를 번갈아 배열하는 다중화 방법을 말하며,

㉡ 문자 삽입식은 8비트의 PCM 워드 단위로 배열하는 다중화 방법으로 start, stop 방식에 적합하다. 왜냐하면 시간 폭이 한 문자로 할당되기 때문에 효과적이다.

일반적으로 문자 삽입법이 비트 삽입법(bit interleaving)보다 효과적인 이유는 문자 삽입식(character interleaving)방식을 이용하는 TDM에서는 데이터 중 start와 stop 비트는 다중화 시 제외시키고 전송하지 않으며 순수한 문자 비트만 전송한 다음 수신측에서 원래의 문자로 분리해낸 뒤 start, stop 비트를 다시 붙여 전송효율을 높일 수 있기 때문이다.

1.3.2 주파수 분할 다중화(FDM, Frequency Division Multiplexing)

(1) FDM의 개요

음성 등의 연속적인 신호를 전송하는 경우 한 개의 전송로에 여러 가입자의 신호를 동시에 전송 가능토록 다중화를 취하는 방법으로 수용하고자 하는 가입자들에게 각기 상이한 주파수 대역을 할당하여 한 개의 광대역 전송로에 전송하는 방식이다.

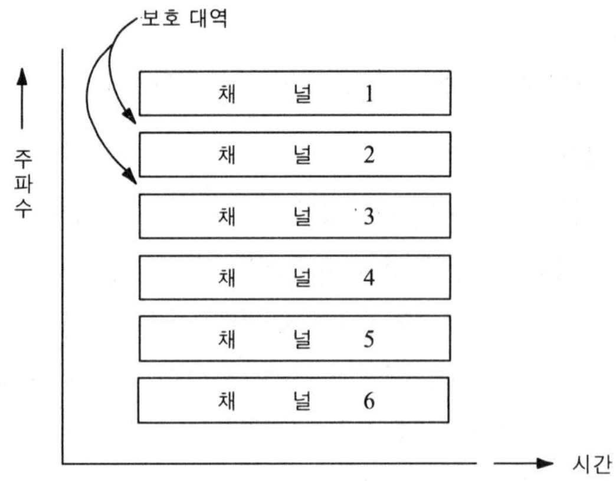

〈그림 1.29〉 주파수 분할 다중화

(2) FDM의 특징

FDM 방식의 경우는 다중 음성채널을 주파수 범위 내에서 각각의 주파수 분할하여 배열함으로 다중화 시키는 방식으로 각 주파수의 채널 간격은 4[kHz]으로 채널에 할당하는 방식이다. 그리고 다중화 방식의 구조는 계층 구조로써 개개의 음성채널을 운용하여 다중화를 행하게 된다.

① 간섭파의 영향에 강하며, 누화가 많이 발생한다.
② 광대역 전송이 가능하다.
③ 별도의 MODEM이 필요 없다.(왜냐하면 FSK를 이용하기 때문에)
④ 다중화 되는 채널 수에 비례하여 전송매체의 대역폭이 증가한다.
⑤ 비동기식만 가능 즉 동기를 필요로 하지 않는다.
⑥ 진폭 감쇠현상이 발생한다.(진폭 등화를 이용해서 보상한다.)
⑦ FDM 방식의 또 하나의 장점은 장거리 전송로에 소요되는 재생 증폭기가 각 부 채널별로 필요하지 않고 전체 채널 하나에만 필요하다는 사실이다.

〈표 1.7〉 FDM과 TDM의 비교

FDM	TDM
• 간섭파의 영향에 강하다. • 광대역 전송이 가능하다. • 초다중 신호의 전송에 적합 • Fading에 의해 통화신호 레벨은 변동하지 않는다.	• 지연 의곡 및 누화가 작다. • 통화회선이 적을 때 경제적이다. • 통신 속도가 높다. • 통화로 당 점유주파수 대역폭이 넓다. • 기존 유선망과 간단히 접속할 수 없다. • 통화로의 구성 단가가 저가

1.4 전송 부호로 이용되는 부호

1.4.1 Huffman Code

(1) 허프만 부호화의 개요

주어진 신호의 발생 확률 분포에 대하여 최소의 평균 부호 길이를 실현하는 부호화 기술로 발생 확률이 높은 기호에는 짧은 부호를, 낮은 기호에는 긴 부호를 할당하는 가변 길이 부호를 사용하여 전체 부호량을 압축할 수 있는 부호화 기술로 이는 디지털 전송에서 평균 부호의 길이를 가장 짧게 할 수 있는 가변 길이 부호(variable length code) 방식이다.

① 허프만 코드는 가변길이 부호화 방법으로써 정보의 통계적인 확률을 이용하여 사용이 빈번한 코드는 짧게 구성하고 사용이 드문 코드는 긴 코드로 바꾸어 압축하는 방법이다.

② 허프만 코드는 데이터 전체를 나타내는 정보별 발생 확률이 각각 다른 값의 확률로 발생하는 것을 이용한 부호화 방법이다.

(2) 허프만 부호의 생성 알고리즘

① 정보원의 문자를 발생확률이 큰 것부터 차례로 배열한다.

② 발생확률이 가장적은 두 개의 문자에 차례로 1과 0을 할당한다.

③ 확률이 가장적은 두개의 문자의 확률을 합해 새로운 확률 값을 만든다.

④ 만들어진 새로운 확률 값을 포함하여 확률이 큰 것부터 차례로 다시 배열한다.

⑤ 앞의 과정을 반복하여 최후의 확률이 1이 나올 때까지 반복한다.

⑥ 최후로 남은 2개의 확률에 할당한 1 또는 0을 시점으로 반대방향으로 0 또는 1을 읽어서 원하는 부호 어를 얻는다.

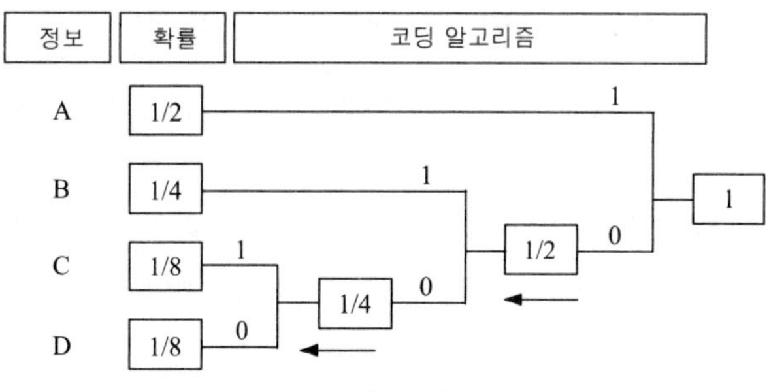

〈그림 1.30〉

(3) 허프만 부호의 특징

① 메시지 전체의 평균 전송비트는 평균 정보량(Entropy)으로써 각 정보의 발생 확률이 1/2의 거듭제곱 일 때는 허프만 부호의 평균길이는 엔트로피와 같다.

② 허프만 부호는 마지막 두 전문의 코딩 알고리즘이 끝나기 전까지는 각 문자에 부호를 결정할 수 없으므로 부호화 지연이 커지는 단점이 있다.

③ 허프만 부호는 FAX 전송이나 JPEG, MPEG 등과 같은 화상 정보의 압축 및 부호화를 행하는 표준 규격으로 사용하고 있다.

1.4.2 디지털 코딩을 이용한 에러 수정 부호

(1) 디지털 코딩의 형태

디지털 코딩에는 source code와 channel code로 구분되는데 channel code는 에러검출과 정정을 위한 것으로서 블록코드와 비 블록코드가 있다.

① 블록코드에는 Hamming code, BCH code가 있다.

② 비 블록코드에는 Convolution code가 있다.

ARQ 방법은 에러를 검출하여 재전송을 요구하여 에러를 수정하는 방법으로 전송로의 상태가 비교적 양호한 경우에 효율적이다. 그러나 무선의 경우는 다음의 이유로 인하여 부적절한 방법이다.

㉠ 무선연결에서의 에러 발생률이 매우 높기 때문에 재전송요구가 너무 많이 발생한다.

㉡ 특히 위성통신의 경우 전파지연이 길어 재전송으로 인한 소모시간이 많아 비효율적이다.

(2) 순방향 에러 수정(FEC, Forward Error Correction) 처리과정

① k 비트의 데이터 블록이 FEC를 사용하는 부호화기를 거치면서 n 비트의 부호 어(word)로 전송된다.

② 전송되는 중에 전송로에서 추가되는 잡음의 영향을 받게 되고 수신기는 에러가 포함되어 있는 원래의 부호와 비슷한 비트 열을 만들어 낸다.

(3) 블록부호(Block code)

부호화가 일정 길이의 블록 단위로 구성되며 각 블록에서의 부호화가 다른 블록에 의존하지 않는 부호로서 메시지 k 비트에 검사비트 m 비트를 추가하여 코드 워드(code word) n 비트로 구성한 n 비트의 코드 워드를 전송하는 방법이다.

실제 필요한 데이터보다 더 많은 데이터를 전송하는 이유는 오류 검출을 용이하게 하고 오류가 발생하는 경우에 재전송을 요구하지 않고도 논리적으로 오류정정이 가능하도록 하기 위해서이다.

(4) Reed-Solomon부호

비 2진 BCH 부호의 하나로서 군집(Burst)형태의 오류를 수정하는데 우수한 성능을 보이지만 BCH 부호는 랜덤에러를 수정하는 경우에 매우 유리한 특성을 갖는다.

RS(204,188)부호는 입력이 188 바이트일 때 16 바이트를 붙여 전송하면 8 바이트의 오류를 거의 100[%] 정정할 수 있다. 컨블루션 부호와 연결하여 산발오류와 군집오류가 동시에 발생하는 전파환경에서의 위성통신, 위성방송에 적용하여 채널 상에서 발생하는 오류를 제거하고 있으며 지상파 디지털방송의 경우에는 전송표준으로 채택하고 있다.

(5) 컨블루션 부호(Convolutional code)

Shift Register와 Modulo-2 연산기로 구성되며, 일정 길이의 블록 단위로 이루어지는 채널 부호화에서 각 블록에서의 부호화가 해당 블록뿐만 아니라 그 이전의 블록에도 동일한 선형 관계식으로 의존하는 부호. 즉 패리티 검사비트를 정보심벌 비트로부터 계산해서 붙이는 것이 아니라 1개의 심벌비트를 N개의 확장비트로 전송하는 방식이다. 이에 비해 오류정정이 해당 블록에만 의존하고 다른 블록과는 아무 관계가 없는 것은 블록부호라고 한다.

컨블루션 부호가 부호화된 계열에서 하나의 정보 점으로부터 영향을 미치는 길이를 구속장(k)이라 하며, 이는 블록부호에서의 블록길이에 해당한다. 컨블루션 부호의 구속 장이 클수록 에러 정정율은 높고 부호화기의 복잡도는 지수 함수적으로 증가한다.

① 기억 장치(Shift Register)를 필요로 하기 때문에 구조가 복잡하다.
② 연집 에러에 대한 정정 능력이 우수하다.
③ 에러 정정 능력이 우수하여 IS-95(CDMA) 계열 등의 이동 통신 분야에 사용하고 있다.

참고

CDMA(IS 95A)의 컨블루션 부호방식(rate=1/2, k=9)

- rate=1/2의 의미 : 1 bit를 전송하기 위해 실제로 2 bit를 만들어 보낸다는 것을 뜻한다.
- "k=9"라는 의미 : 현재의 출력이 K−1(=8)개의 과거 데이터의 영향을 받는다는 것을 의미한다.

CDMA시스템에서 일반적으로 사용하고 있는 컨블루션 부호의 경우 순방향에서는 rate=1/2, K=9를 사용하며 역방향에서는 rate=1/3, K=9를 사용한다. 역방향에서 rate=1/3을 사용하는 이유는 단말기의 출력을 낮게 하기 위해서(배터리를 오래 사용하기 위해서) 신호대 잡음비(Eb/No)가 낮아지는 관계로, 1 bit의 데이터를 전송하기 위해서 실제로 3 bit의 데이터를 보내 순방향에서 2 bit의 데이터를 보낼 때보다 오류정정 능력을 크게 하기 위한 것이다.

따라서 CDMA(IS-95A)의 경우 순방향 9600[bps] 음성 데이터는 19.2[Kbps]로, 역방향에서는 9600[bps] 데이터를 28.8[Kbps]로 변환하여 전송한다.

블록부호(block code)와 컨블루션 부호(convolution code)의 비교

오류 정정 부호는 블록부호(block code)와 컨블루션(convolution code)로 나누어진다.

- 블록부호(block code) : 0, 1을 각각 000, 111로 부호화 하는 것으로 일정 길이의 계열로 부호화 되는 것이 블록 부호라고 한다.
- 컨블루션(convolution code) : 부호화를 순차적으로 이루어지게 하여 이론적으로 무한 길이의 계열로 부호화 되는 것이다.

(6) Turbo 부호

채널 상에서 발생하는 비트 오류 확률을 최소로 유지하기 위한 오류정정 부호로 일종의 컨블루션 부호를 이용한 방식과 블록부호를 이용한 방식이 있다.

① 터보 코드의 성능은 부호기의 개수, 구속 장 및 블록크기, 인터리빙의 크기와 종류, 복호기의 복호 알고리즘, 반복 횟수 그리고 내부 매트릭의 처리 비트 수 등에 의해서 결정되는데

② 이와 같은 터보부호에 대한 성능은 데이터 율 40[Mbps]에서 BER=10^{-5}, 부호화 이득 =7dB/(E_b/N_o=2.7[dB]) 정도로서 Shannon의 이론적 한계에 근접하는 매우 우수한 오류정정 성능을 제공할 수 있으며

③ 고성능의 오류정정 방식이 요구되는 IMT-2000 및 위성통신 시스템에 적용되고 있다.

1.4.3 인터리빙(Interleaving)

(1) 인터리빙의 역할

디지털 통신 시스템의 장점 가운데 하나는 잡음에 영향을 받더라도 0과 1을 정확하게 구분해서 전송할 수 있다면 왜곡이 없이 전송할 수 있다는 것이다. 그러나 순간잡음으로 인하여 0이 1로 1이 0으로 되는 경우에는 심각한 오류가 발생하게 된다.

따라서 인터리빙은 이동 통신 시스템에서 무선 경로 상에서 페이딩 등에 의한 버스트(Burst) 에러를 방지하기 위하여 수신측에서 데이터를 일정한 규칙에 따라서 이산시키는 기술을 말한다. 즉, 순간 잡음에 대해서 강한 특성을 보이기 위한 방법으로 이용되는 기술이 Interleaving 이라고 할 수 있다. 여기서 Interleaving 기술은 데이터 열의 순서를 일정단위로 재배열하는 동작을 통해서 순간적인 잡음에 의해 데이터 열 중간의 일부 비트가 손실되는 경우에도 이를 복구가 가능하도록 하는 기술을 말한다.

CDMA에서는 통화 채널에서 블록 반복 인터리빙과 블록 인터리빙을 사용하고 있다.

(2) 인터리빙의 형태와 특징

① 블록 반복(Repeater) 인터리빙

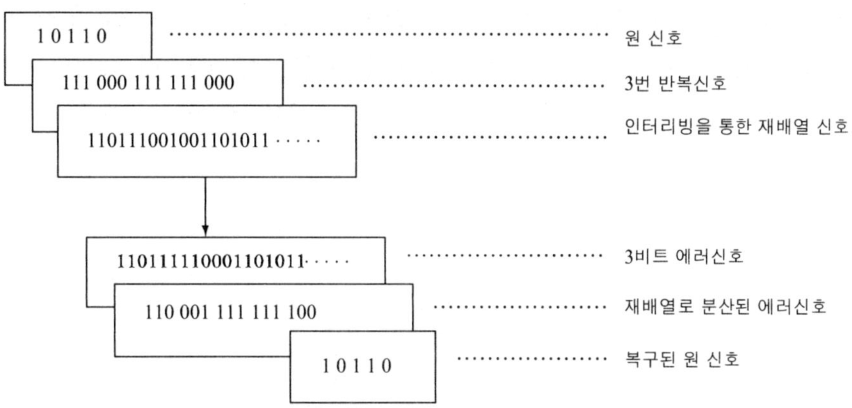

〈그림 1.31〉 블록 반복(Repeater) 인터리빙 절차

순간잡음에 대해 데이터 손실은 감소시키는 방법으로 블록 반복 인터리빙은 전송 신호를 반복적으로 이용하는 방식으로 예를 들어 신호 1011를 전송하는 경우 각 신호에 대해서 각 신호를 3번씩 반복한 111 000 111 111으로 전송하는 과정에서 발생한 에러

중 하나 정도는 완벽하게 정정하는 것이 가능하게 된다. 한편 전송량이 많게 되어 통신 효율이 떨어지게 되겠지만, 효율을 심하게 손상시키지 않는 범위에서 순간 잡음내성 강화법으로 이용하고 있다.

② 블록 인터리빙

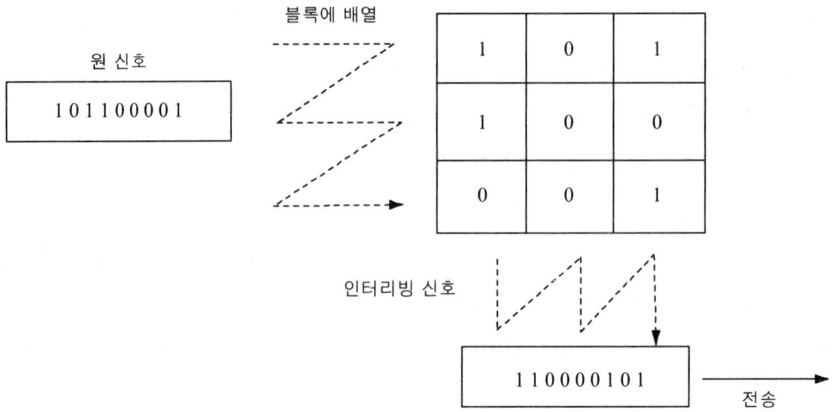

〈그림 1.32〉 블록 인터리빙 절차

블록 인터리빙은 발생하는 디지털 데이터 스트림에 대해서 일정한 블록 단위로 배열한 후 이에 대해서 열과 행을 서로 교환하여 전송하는 것을 말한다. 이와 같은 블록 인터리빙 방식은 데이터 열을 분산, 재배치라는 과정을 통하여 전송 상에서의 검파 우려를 제거할 수 있으며 에러가 한 곳에 집중되는 것을 예방할 수 있게 된다.

연 습 문 제 (주관식)

01. 변조의 대한 정의와 필요성에 대해서 설명하여라.

해설 변조란 변조신호에 따라 반송파의 진폭, 주파수 또는 위상을 변화시켜 전송하는 것으로 주파수 영역에서 보면 변조신호의 스펙트럼을 높은 쪽으로 옮기는 조작을 말하며, 변조를 행하는 목적을 고려하면 다음과 같다.

- 전송 신호를 전송 매체에 적합하도록 하기 위해서이다.
- 잡음 및 간섭의 영향을 줄이기 위해서이다.
- 장거리 전송을 하기 위해서이다.
- 주파수 분할 다중화를 하기 위해서이다.
- 안테나 제작문제를 해결하기 위해서이다.
- S/N비를 향상시키기 위해서이다.

02. 아날로그 신호를 전송하는데 이용되는 변조인 PCM에 대해서 설명하여라.

해설 PCM은 디지털 전송 방식으로 파형 부호화의 한 형태로 PPM은 변조 방식 중에서 양자화를 행하지 않는 방식이다.

전송하는 신호의 상한 주파수를 f_m라고 하는 경우에 표본화 주기 T_s는 Nyquist 조건을 만족해야 한다. 여기서 표본화 주파수란 초당 샘플 수를 의미하는 것으로 Nyquist 간격(주기)은 전송하려는 표본화 주기 T_s는 $\frac{1}{2f_m}$보다 작거나 같아야 한다. 즉 $T_s \le \frac{1}{2f_m}$을 만족해야 한다.

예를 들면 연속 신호에서 타임 슬롯 폭이 T초일 때 부호 간 간섭 없이 전송하기 위해서 필요한 대역폭은 $\frac{1}{2T}$가 된다. 따라서 원래 신호의 상한 주파수를 f_m, 표본화 주파수를 f_s로 하는 경우 $f_s = 2f_m$인 경우에 원래의 신호를 재생하는 것이 가능하게 된다.

따라서 신호 $v(t) = \cos 2\omega_0 t + \cos 8\omega_0 t$를 자연 표본화(Natural sampling)로 표본화하는 경우의 최소 표본화율(Minimum sampling rate) f_s의 크기는 신호 주파수의 2배이므로 $8w_o \times 2 = 16w_o$ 된다.

그리고 PCM 과정에서 아날로그 신호를 표본화한 경우에 얻게 되는 펄스 파형은 아날로그 신호를 표본화하면 펄스 진폭 변조(PAM)파를 얻게 되는데, PAM파는 규칙적으로 배열된 구형 펄스열의 진폭을 연속적인 정보 신호의 순시 표본값에 따라 1 : 1 형태로 변화시킨 신호로 PAM의 잡음 지수는 1이다.

03. 표본화(Sampling) 원리에 대해서 설명하여라.

해설 $T_s \le \frac{1}{2f_m}$(신호 최대 주파수의 2배 이상의 역수)이거나 $f_s \ge 2f_m$이어야하며 만일 표본화 주기가 짧으면 채널 용량이 작아진다.

따라서 표본화에 대한 설명을 좀 더 구체적으로 정리하면 다음과 같다.

• 원래 신호를 재생할 수 있는 최소 표본화 주기를 Nyquist 주기라 한다.

• 3.4[kHz] 대역의 음성을 PCM화하는 표본화 주기는 1/6800초이다.

• 표본화 주기가 신호 최대 주파수의 2배 이상이면 표본화한 신호를 원래 신호로 재생 가능하다.

예를 들어 20[kHz]까지 전송할 수 있는 PCM 시스템에서 요구되는 표본화 주파수는 $f_s = 2f_m = 2 \times 20 = 40[\text{kHz}]$이다.

04. Nyquist 조건에 대해서 간단히 설명하여라.

해설 다음과 같은 조건을 만족하는 경우에 송신측에서 전송된 원래의 신호를 수신측에서 재현하는 것이 가능하게 된다.

• Nyquist 주기(간격) : $T_s \le \dfrac{1}{2f_m}$

• Nyquist 주파수 : $f_s \ge 2f_m$

이와 같은 Nyquist 조건을 만족하지 못하는 경우 즉 Nyquist의 주파수보다 낮게 하여 표본화하였을 경우에 발생하는 것으로 얼라이징(aliasing) 현상이라고 한다. 이는 일종의 잡음으로 이를 해결하기 위해서는 가능하면 Nyquist의 주파수보다 높게 되도록 표본화하여야 하며, Dithering 등을 이용하여 개선하게 된다.

05. PCM 방식의 변형 방식에 대해서 예를 들고 특징에 대해서 간단히 설명하여라.

해설 PCM 방식은 아날로그 신호를 디지털 신호로 변형하는 것으로 흔히 디지털 신호로 표현하는데 8비트를 이용하게 된다.

• DPCM : DPCM은 4비트를 이용해서 부호화를 행한다. DPCM 방식은 차동 PCM의 구성 요소는 예측기(Predictor), 차분 증폭기(Difference amplifier), 양자화기(Quantizer) 등으로 구성되며, DPCM은 실제 표본값과 추정 표본값의 차이만을 양자화하는 방식으로, 통상 5[bit] 양자화를 수행하며 TV 신호 전송에 효과적인 방식이다. 예를 들면 k번째 표본화 시간에서의 표본값 m(t)와 표본 시간 (k−1)에서의 표본값 m(k−1) 사이의 차를 전송하는 변조 방식을 말한다.

• DM : DM 방식은 1비트를 이용해서 부호화를 행한다. 델타 변조는 실제 표본값과 추정 표본값의 차이만 양자화 하는 방식으로 1[bit] 양자화를 행하는 방식으로 일반적으로 DPCM에서 양자화 시 1[bit]를 사용 했을 때 DPCM과 DM의 신호 대 잡음비는 같다.

여기서 델타 변조의 특징으로는 시스템 구성이 간단하고 신뢰성이 우수하며, DM 송신기는 양자화기, 부호화기, 예측기 등으로 구성되며, DM은 DPCM의 가장 간단한 형태로 2레벨 양자화를 행한다.

06. 양자화 단계(Step)를 양자화를 보다 세분할수록 발생하는 현상에 대해서 설명하여라.

해설 양자화 잡음은 연속 신호의 진폭을 유한개의 불연속 신호로 분류하여 송신할 때 발생하는 오차(잡음)로 양자화 단계를 세분화할수록 양자화 잡음이 감소하게 된다. 일반적으로 양자화 간격에 따라 양자화의 형태를 분류하는 경우 선형 양자화, 비선형 양자화 그리고 적응형 양자화 등을 들 수 있다. 여기서 각 방식에 대한 특성 비교설명하면 다음과 같다.

• 선형 양자화 : 양자화 스텝 간격을 등 간격으로 설정하여 양자화하는 방식으로, 시스템의 구성이

간단하고 신호 대 잡음비가 좋지 않아 잘 사용하지 않는다.

- 비선형 양자화 : PCM의 양자화 잡음을 개선할 목적으로, 양자화 방법에서 입력 진폭이 작은 부분에서는 step 간격을 좁게 하고 입력 진폭이 큰 부분에서는 step 간격을 넓게 하는 것을 비선형 양자화라고하며 companding 방법을 사용하여 구현할 수 있다.
- 적응형 양자화 : 입력 신호의 레벨에 따라 양자화 단계의 최대값과 최소값이 시간에 따라 변화하는 양자화 방식이다.

07. 신호가 n-bit code로 양자화 되고 신호의 진폭이 가장 바깥 범위(Range)를 넘어서지 않으며, 양자화 영역 내에 신호가 존재하는 시스템의 출력 신호 대 양자화 잡음비의 크기는?

해설 신호에 대해서 양자화를 적용하는 경우에 발생하는 신호 대 잡음비는

$$\frac{S}{N_q} = 10\log\frac{S}{N_q} = 6n + 1.8[\text{dB}]$$

이며, 이를 6[dB]법칙이라고 하며, 여기서 n은 사용되는 정보 비트의 수를 나타낸다.
따라서 정보 비트 수가 클수록 신호 대 잡음비가 개선된다.
즉, 6[dB]법칙 $\frac{S}{N_q} = 6n + 1.8[\text{dB}]$인 관계식에서 사용 비트 수를 1[bit] 증가할 때마다 S/N비가 6[dB] 개선됨을 알 수 있다.

08. 주파수 다중화(FDM)에 대해서 설명하여라.

해설 FDM은 주파수 대역을 작은 대역폭으로 나누어 사용하는 것으로 고속 전자 스위치를 필요로 하지 않는다. 그리고 채널간의 간섭을 방지하기 위해 이용되는 보호 대역으로 주파수 이용 효율이 낮다. 여기서 FDM 방식의 특징을 고려하면 전송되는 각 신호의 반송 주파수는 동시에 전송되며, 반송 주파수는 각 신호의 대역폭이 겹치지 않도록 충분히 분리되어야 하며, 전송 매체를 지나는 신호는 아날로그 신호이다. 그리고 FDM 방식에서는 보호 대역을 필요로 하는데 여기서 보호 대역은 FDM에서 채널간의 간섭을 억제하기 위한 방법으로 이용하는 대역을 말한다.

09. 디지털 중계기에서의 3R 기능에 대해서 설명하여라.

해설 중계기의 3R 기능

- Retiming : 수신 신호에서 타이밍 파를 추출해서 식별 재생 회로에 공급한다.
- Regeneration : 2진 정보의 0과 1을 식별하여 송신 펄스와 같이 증폭 및 재생하는 과정
- Reshaping : 감쇠와 잡음에 의해 왜곡된 수신 파형을 등화 및 증폭하여 신호 대 잡음비가 개선된 부호 파형으로 재생하는 것

10. PCM 전송 과정에서 발생하는 지터(jitter)에 대해서 설명하여라.

해설 일반적으로 지터는 펄스열이 어긋나거나 벗어난 것으로 지터를 타이밍 편차 혹은 지터 잡음이라고 한다. 즉 지터는 펄스열이 왜곡되어 타이밍 펄스가 흔들리는 것으로 타이밍 회로의 동조가 부정확한 것에 의해 발생한다.

연 습 문 제 (객관식)

01. 다음 신호의 표본화에 대한 설명으로 적합하지 못한 것은?

㉮ 원래 신호를 재생할 수 있는 최소 표본화 주기를 Nyquist 주기라 한다.

㉯ 3.4[kHz] 대역의 음성을 PCM화하는 표본화 주기는 1/6800초이다.

㉰ 표본화 주기가 신호 최대 주파수의 2배 이상이면 표본화한 신호를 원래 신호로 재생 가능하다.

㉱ 표본화 주기를 짧게 하면 신호전송을 위한 채널 용량이 커져야 한다.

해설 $T_s \le \frac{1}{2f_m}$(신호 최대 주파수의 2배 이상의 역수)이거나 $f_s \ge 2f_m$이어야 하며 만일 표본화 주기가 짧으면 채널 용량이 작아진다. 예를 들어 20[kHz]까지 전송할 수 있는 PCM 시스템에서 요구되는 표본화 주파수는 $f_s = 2f_m = 2 \times 20 = 40[\text{kHz}]$이다.

답 ㉱

02. PCM 방식에서 원 신호 파형의 주파수가 1[kHz]이고, 표본화 주파수가 16[kHz]일 때 1 주기당 PAM 신호는 몇 개인가?

㉮ 64 ㉯ 32

㉰ 16 ㉱ 8

해설 표본화 주파수는 [개/sec]의 샘플로 나타내므로, 원 신호가 1[kHz]일 때 초당 16개의 샘플을 얻으려고 하는 경우에는 16[kHz]가 되어야 한다.

답 ㉰

03. 전화의 음성 주파수 대역(300∼3400[Hz])을 완전히 전송하기 위해서는 최소한 몇 초 간격의 표본이 되어야 하는가?

㉮ 125[μs] ㉯ 147[μs]

㉰ 300[μs] ㉱ 3400[μs]

해설 음성 주파수 대역을 완전히 전송하기 위해서는 최소한

$$T_s = \frac{1}{2f_m} = \frac{1}{2 \times 3400} = 147[\mu s]$$

정도의 간격을 필요로 한다.

답 ㉯

04. 각각 3.3[kHz]로 대역 제한된 25개의 신호가 PAM 시스템에서 8[kHz]로 표본화(sampling)되어 전송되었을 때 각 채널의 최대 펄스폭은 얼마인가?

㉮ 5[μs]　　㉯ 8[μs]
㉰ 10[μs]　　㉱ 16[μs]

해설 25개의 신호가 PAM 시스템에서 8[kHz]로 표본화되는 경우의 주파수는 8×25=200[kHz]이며 채널의 최대 펄스폭은 $\frac{1}{200[\text{kHz}]}=5[\mu s]$가 된다.

답 ㉮

05. 4개 신호 $f_1(t)=\cos 4\pi f_0 t, f_2(t)=0.5\cos 4\pi f_0 t, f_3(t)=2\cos 8\pi f_0 t, f_4(t)=\cos 16\pi f_0 t$ 가 TDM 방식으로 전송되었다. 각 신호의 표본화율이 같을 때 최소 표본화율 f_s의 크기는?

㉮ $2f_0$　　㉯ $4f_0$
㉰ $8f_0$　　㉱ $16f_0$

해설 나이퀴스트 조건을 고려한 최소 표본화율 f_s의 크기는 $f_s \geq 2f_m = 2\times 8f_0 = 16f_0$가 되어야 한다.

답 ㉱

06. 기계적으로 표본화하는 메카니컬 초퍼에서 표본점을 1[sec] 사이에 500회 취한다고 한다. 신호에 불필요한 고조파 성분을 미리 제거하는 여파기를 설계하고자 하는데 이 여파기의 특성은 어떤 것이 이상적인가?

㉮ 500[Hz]이하만 그대로 통과시킬 것
㉯ 1000[Hz]이하만 그대로 통과시킬 것
㉰ 200[Hz] 이하만 그대로 통과시킬 것
㉱ 250[Hz] 이하만 그대로 통과시킬 것

해설 신호 주파수 f_S의 크기는 $f_s = 2f_m = 500[\text{Hz}]$이며 이를 이용하여 최대 주파수의 크기를 구하면 $f_m = \frac{f_s}{2} = 250[\text{Hz}]$가 된다. 따라서 250[Hz]이하만 통과시킨다.

답 ㉱

07. 실제 사용되는 표본화방식으로 표본화한 후 일정 시간을 유지하는 표본화 방식을 무엇이라고 하는가?

㉮ flat-1op sampling　　㉯ instantaneous sampling
㉰ Pulse sampling　　㉱ natural sampling

해설 flat-1op sampling은 표본화한 후 일정 시간을 유지하는 표본화 방식을 말한다.

답 ㉮

08. PAM파의 스펙트럼의 포락선은 무엇에 따라 변화하게 되는가?

㉮ 표본화 펄스의 모양　　㉯ 신호 파형의 모양
㉰ 표본화 펄스의 주기　　㉱ 신호 파형의 주기

해설 PAM는 펄스의 진폭을 변화시켜서 변조하는 방식으로 신호 전송 중에 진폭에 잡음이나 왜곡의 영향을 많이 받기 때문에 단독으로 통신수단에는 거의 사용을 하지 않는다.

답 ㉮

09. 음성의 디지털 부호화 기술로 적합하지 못한 것은?

㉮ 파형부호화 방식　　㉯ 보코딩 방식

㉰ 압축 부호화 방식　　㉱ 혼합 부호화 방식

해설 압축 부호화 방식 : 데이터를 압축한다는 것은 다량의 멀티미디어 데이터의 효율적인 저장 및 전달을 위한 방법, 중복되거나 불필요 정보를 제거, 간략화 하여 데이터의 량을 기술 그리고 주어진 정보에서 중복성을 제거하여 필요로 하는 자료를 취하는 기술로 이 때 이용되는 방식을 압축 부호화 방식이라고 한다.

- 데이터 압축 : 소스 부호화
- 대역폭 압축 : 통신 방식에서 전송 대역폭을 줄이는 기술
- 영상 압축 : 시공간 화소배열을 통계학적으로 보다 관련성이 없는 데이터 집합으로 변환시켜 압축 부호화하는 것

답 ㉰

10. 얼라이징(aliasing) 현상이 발생하는 경우로 적합한 것은?

㉮ Nyquist의 주파수보다 높게 하여 표본화하였을 경우에 발생한다.

㉯ Nyquist 주파수로 표본화하였을 경우에 발생한다.

㉰ Nyquist 주파수보다 높거나 또는 낮게 표본화한 경우 모두 발생한다.

㉱ Nyquist의 주파수보다 낮게 하여 표본화하였을 경우에 발생한다.

해설 얼라이징(aliasing) 현상은 Nyquist 조건을 만족하지 못하는 경우에 발생하는 것으로 Nyquist의 주파수보다 낮게 하여 표본화하였을 경우에 발생한다.

답 ㉱

11. N채널 PAM/AM 신호를 전송할 때 필요한 주파수 대역폭은 얼마인가? 단, 신호는 W[Hz]로 대역제한 된 신호이다.

㉮ $B = NW$　　㉯ $B = 2NW$

㉰ $B = NW/2$　　㉱ $B = N^2 W$

해설 N채널 PAM/AM 신호를 전송할 때 필요한 주파수 대역폭 B은 대역 제한된 신호에 대해 $B = 2NW$[Hz]인 관계가 성립해야 한다.

답 ㉯

12. 신호가 N-bit code로 양자화되고, 신호의 진폭이 가장 바깥 범위를 넘어서지 않고 양자화 역내에 신호가 존재하는 시스템의 출력신호 대 양자화 잡음비 S_o/N_q는 얼마인가?

㉮ $2N$[dB]　　㉯ N^2[dB]

㉰ $6N^2$[dB]　　㉱ $6N$[dB]

해설 출력신호 대 양자화 잡음비 S_o/N_q에 관련된 관계식을 이용하여 크기를 구하면

$$\left[\frac{S_o}{N_q}\right][\text{dB}] = 10\log_{10}\frac{S_o}{N_q} = 10\log_{10}2^{2N} = 6N[\text{dB}]$$

가 된다.

답 ㉱

13. 흔히 DS-1이라고 불리는 다중화 채널 프레임은 북미에서 사용하는 초당 1.544[Mbit]의 전송 속도를 가진 채널 구조이다. 이 DS-1의 채널 구조를 설명한 것 중 옳은 부호 형식은?

㉮ 프레임 당 음성 슬롯 수 : 24, 초당 프레임 수 : 4000

㉯ 프레임 당 음성 슬롯 수 : 48, 초당 프레임 수 : 4000

㉰ 프레임 당 음성 슬롯 수 : 24, 초당 프레임 수 : 8000

㉱ 프레임 당 음성 슬롯 수 : 48, 초당 프레임 수 : 8000

해설 채널 구조의 형태와 특징

- 북미 방식에서의 디지털 계층은 24개 DS0 회선(64[kbps])을 다중화한 1.544[Mbps]의 디지털 회선 또는 전용선. T1 회선이라고도 한다.
- 유럽의 디지털 계층에서 30개의 DS0 회선(64[kbps])을 다중화한 2.048[Mbps]의 디지털 회선 또는 전용선 혹은 E1 회선이라고도 한다.

답 ㉰

14. 다음 델타 변조기의 입출력 파형이다. A, B의 잡음형태는?

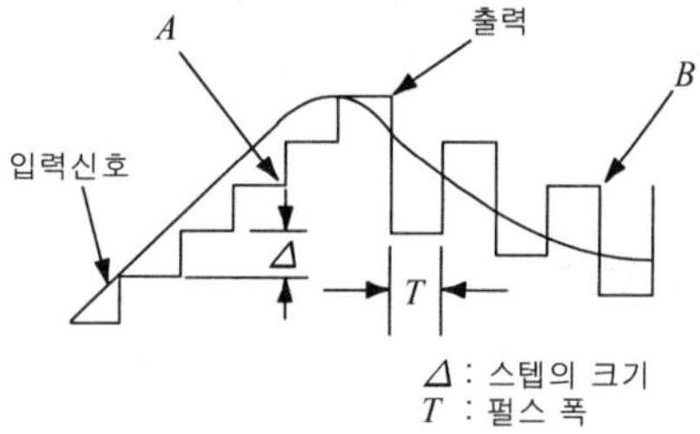

㉮ 산탄잡음, 그래뉴러 잡음　　㉯ 구배과부하 잡음, 산탄 잡음

㉰ 그래뉴러 잡음, 양자화 잡음　　㉱ 구배과부하 잡음, 그래뉴러 잡음

해설 잡음의 형태

- 경사 과부하 잡음(Slope Overload Noise) : 아날로그 파형이 급격하게 변하는 경우 그 변화를 추적할 수 없는 경우에 발생하는 잡음을 말한다.
- 그래뉼러 잡음(Granular Noise) : 경사 과부하 잡음의 반대로 신호가 완만하여 추적이 곤란한 경우에 발생하는 잡음을 말한다.

답 ㉱

15. 다음 각종 언어 부호기중 전송 비트 율[kb/s]이 가장 낮은 것은?

㉮ 채널 보코더(channel vocoder)　　㉯ 선형 예측 부호화(LPC)

㉰ 포만트 보코더(formant vocoder)　　㉱ APC(Adaptive Predictive Coding)

해설 전송 비트 율[kb/s]의 크기

- 채널 보코더 : 1.2~2.4[kbps],
- 선형 예측 부호화 : 2.4~4.8[kbps]
- 포만트 보코더 : 500~1200[bps]

답 ㉰

16. 다음 중 전송로 부호의 클록 주파수가 입력신호 주파수의 2배인 부호화 방식은?

㉮ AMI　　㉯ HDB_3

㉰ CMI　　㉱ 4B-3T

해설 HDB_3부호는 4개의 0 연속부호의 마지막에 V(000[V])를 넣는 것으로 다음에 또 4개의 0 연속부호가 나오면 000[V]가 되는데 이 때 첫 번째 자리의 0에 B펄스를 넣어 B00[V]가 되게 한다.

답 ㉯

17. 신호 처리한 결과를 선형 시스템으로 모델화할 수 있을 때 적합한 기술로서 파형의 중요한 특징만을 인코드하는 방식은?

㉮ Adaptive Delta Modulation　　㉯ Huffman Coding

㉰ Linear Predictive Coding　　㉱ Convolution Coding

해설 선형 예측 부호화(LPC, linear predictive coding)는 음성을 분석하는 기술로 음성파형의 표본값을 과거의 인접하는 표본값 계열로부터 선형 예측한 모델에 기초를 두어 파형의 중요한 특징만을 인코드하는 방식을 말한다. 이와 같은 기술은 음성 스펙트럼을 8~12개의 특정 파라미터로 효율적으로 표현할 수 있으며, 음성의 협대역 전송, 음성 응답 장치, 음성 인식 등의 분야에서 응용되고 있다.

답 ㉰

18. 다음은 TDM과 FDM의 비교설명으로 적합하지 못한 것은?

㉮ TDM방식이 FDM방식보다 회로 구성면에서 간단하다.

㉯ TDM의 동기 문제는 반송파 억제형 FDM의 경우보다 간단하다.

㉰ 급작스러운 광대역 Fading은 TDM이 FDM보다 유리하다.

㉱ TDM방식이 FDM방식에 비해 누화(cross talk)의 영향을 많이 받는다.

해설 누화(Cross talk)라고 하는 것은 서로 다른 전송 선로 상에서 신호가 전기적 결합(정전 및 전자 결합 등)에 의하여 다른 회선에 영향을 주는 현상으로 통신의 품질을 저하시키는 직접적인 원인이 된다.

답 ㉱

19. μ법칙에 사용되는 압축량의 크기는?

㉮ 150　　㉯ 200

㉰ 255　　㉱ 320

해설 양자화 압축과 신장에서 압축 특성의 형태는 A법칙과 μ법칙으로 구분할 수 있다.

- A법칙 : 유럽 PCM방식에서는 $A = 87.6$ 압축량을 적용하며, 적은 입력 신호에 대해서는 선형이며, 큰 입력에 대해서는 Logarithm 곡선을 지니며, 압축 곡선의 Segment 수는 13절선이다.
- μ법칙 : T1 시스템에서 $\mu = 255$의 압축량을 이용하는 법칙으로 적은 입력 신호, 큰 입력 모두에 대해서는 Logarithm 곡선을 보인다.

답 ㉰

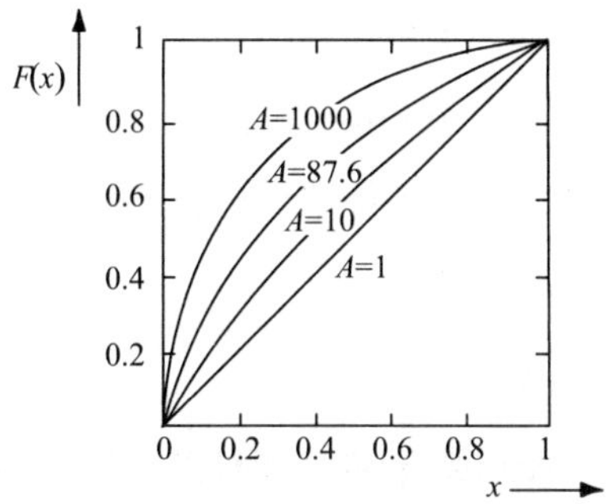

〈A 법칙 압축기의 특성 곡선〉

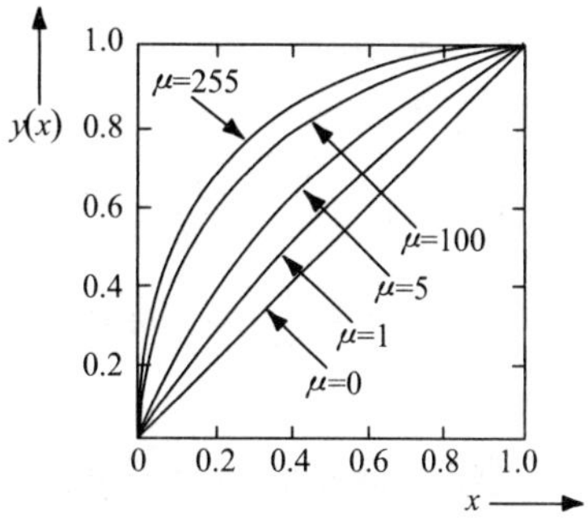

〈μ 법칙 압축기의 특성 곡선〉

20. 재생 중계기의 3R 기능에 해당되지 않는 것은?

㉮ Reshaping ㉯ Regenerating

㉰ Retiming ㉱ Repeating

해설 디지털 전송 시스템에서 중계기가 담당하는 3가지 기능

- 파형 정형(reshaping) : 일그러져 수신된 신호 파형을 복원하는 것
- 리 타이밍(retiming) : 수신된 신호로부터 클록 성분을 검출한 뒤 이를 기반으로 새로운 클록을 발생시켜 시간 기준을 재 정렬하는 것
- 식별 재생(regenerating) : 복원된 신호와 리타이밍 된 클록으로 데이터를 판별한 후 오류 정정 과정을 거쳐 원래와 동일한 데이터를 재생해 내는 것이다.

답 ㉱

21. 비트 동기 방식을 적용하지 않는 동기 방식은?

㉮ 독립 동기 ㉯ 상호 동기

㉰ 종속 동기 ㉱ 프레임 동기

해설 프레임 동기(frame synchronization) : TDM 방식에서 수신단의 데이터 정렬 신호를 위해 사용하는 프레임 데이터 처리하는 것으로 음성 이외의 신호를 시분할 다중화하는 경우에도 프레임 동기가 행해진다.

답 ㉱

22. 다음 중 PCM방식의 잡음의 종류에서 유통화시 잡음에 해당되지 않는 것은?

㉮ 다중음 누화 잡음 ㉯ 여파잡음

㉰ 양자화 잡음 ㉱ 과부하 잡음

해설 PCM방식의 잡음의 종류에서 유통화 시 잡음으로 양자화 잡음, 과부하 잡음 그리고 여파잡음 등을 들 수 있다.

답 ㉮

23. 전화 24회선을 시분할(TDM) 방식으로 펄스열로 만들어 1개의 케이블로 보내고자 한다. 통화의 최고 주파수를 5000[Hz]로 할 때 24회 선분을 했을 때의 펄스 열 간격은 몇 [sec]인가?

㉮ $2.82[\mu s]$　　㉯ $4.17[\mu s]$
㉰ $8.3[\mu s]$　　㉱ $16.6[\mu s]$

해설 표본점은 $\frac{1}{2\times 5000}[\text{sec}]=10^{-4}[\text{sec}]$이며, 따라서 24회 선분을 합했을 때의 펄스 열 간격은 $10^{-4}\times\frac{1}{24}[\text{sec}]=4.17[\mu s]$가 된다.

답 ㉯

24. PCM 24채널방식에서 표본화의 주기를 125[μsec]로 할 때 1 프레임 가운데 1채널에 해당하는 시간은?

㉮ $0.65[\mu s]$　　㉯ $2.7[\mu s]$
㉰ $5.2[\mu s]$　　㉱ $250[\mu s]$

해설 $125[\mu s]\div 24=5.2[\mu s]$이며, 여기서 PCM 부호 1펄스가 점유하는 시간은 $5.2[\mu s]\div 8=0.65[\mu s]$ 이다.

답 ㉰

25. PCM 24 채널방식에서 표본화의 주파수를 8[kHz]로 할 때 음성 7[bit], 신호 1[bit]로 부호화를 하는 경우 각 비트가 차지하는 시간은? (여기서 점유율은 50%이다.)

㉮ 5.2[μsec]　　㉯ 2.6[μsec]
㉰ 0.65[μsec]　　㉱ 0.32[μsec]

해설 PCM 부호 1 펄스가 점유하는 시간 0.65[μsec]을 이용하여 신호 1[bit]로 부호화를 하는 경우 각 비트가 차지하는 시간을 구하면 $0.65\times\frac{50}{100}=0.32[\mu s]$가 된다.

답 ㉱

26. 다음 펄스 변조방식 중 양자화를 하지 않는 방식은?

㉮ PPM　　㉯ PNM
㉰ PCM　　㉱ ΔM

해설 펄스 변조방식 중 아날로그 변조에는 PAM, PWM, PDM, PPM 등으로 구분할 수 있는데 이 중에서 PPM의 경우는 양자화를 하지 않는 것이 특징이다.

답 ㉮

27. 전송 신호방식에서 아날로그 변조방식이 아닌 것은?

㉮ PWM　　㉯ PPM
㉰ PAM　　㉱ PCM

해설 PCM은 디지털 변조방식(불연속 레벨 변조)의 한 형태이다.

답 ㉱

28. 펄스부호 전송을 위한 표본화(sampling)는 원 신호 파형이 포함하는 최고 주파수의 몇 배 이상의 빈도로 하여야 하는가?

㉮ 1배 ㉯ 1.5배

㉰ 2배 ㉱ 3배

해설 표본화 주파수(f_s) $\geq 2f_m$이며, 따라서 샘플링 주파수는 샘플되는 신호의 최고 주파수에 비하여 최소한 2배 이상이 되어야 한다. 답 ㉰

29. 시분할 변조방식에서 변조신호의 상한 주파수를 f_m으로 하고 표본화 주파수를 f_s로 표시할 경우 표본화 정리에 해당되는 주파수는?

㉮ $f_s = f_m$ ㉯ $2f_s = f_m$

㉰ $f_s = 2f_m$ ㉱ $f_s = 1/4f_m$

해설 표본화 정리에 해당되는 나이퀴스트 주파수는 $f_s = 2f_m$를 만족해야 한다. 답 ㉰

30. 주파수 대역폭이 W로 제한된 압축시킨 신호함수를 시간 축에 따라 표본화할 때 나이퀴스트 표본화율(Nyquist Sampling rate) f_c는?

㉮ $f_c = W$ ㉯ $f_c = 4W$

㉰ $f_c = 2W$ ㉱ $f_c = 3W$

해설 나이퀴스트 표본화율(Nyquist Sampling rate) f_c는 신호 주파수의 2배이므로 $f_c = 2W$가 되어야 한다. 답 ㉰

31. PCM방식에서 원 신호파형의 주파수가 1[kHz]이고 표본화 주파수가 8[kHz]일 때 1주기 당 PAM 신호는 몇 개 인가?

㉮ 64 ㉯ 32

㉰ 16 ㉱ 8

해설 표본화 주파수는 초당 몇 개의 샘플로 나타내며, 원 신호가 1[kHz]일 때 초당 8개 (8개/sec)의 샘플을 얻으면 8[kHz]가 된다. 답 ㉱

32. 표본화 정리(sampling theorem)에 의하면 주파수 대역이 300~3400[Hz]인 전화의 경우 다음 어느 시간마다 표본화하면 완전히 정보를 전송할 수 있는가?

㉮ 1/300초 ㉯ 1/3400초

㉰ 1/6800초 ㉱ 1/2000초

해설 나이퀴스트 간격(주기)의 조건을 만족하는 것으로 $T_s \leq \frac{1}{2f_m} = \frac{1}{f_s} = \frac{1}{6800}$가 되어야 한다. 답 ㉰

33. 시간 폭과 진폭이 일정한 펄스의 위치를 입력신호에 따라 변화시키는 변조방식은?

㉮ PCM　　㉯ PNM

㉰ PWM　　㉱ PPM

해설 PPM 변조 기술은 시간 폭과 진폭이 일정한 펄스의 위치를 입력 신호에 따라 변화시키는 변조방식을 말한다. **답** ㉱

34. 다음은 PCM 통신시스템의 블록다이어그램이다. 각 블록에 들어갈 기능이 옳게 짝지어진 것은?

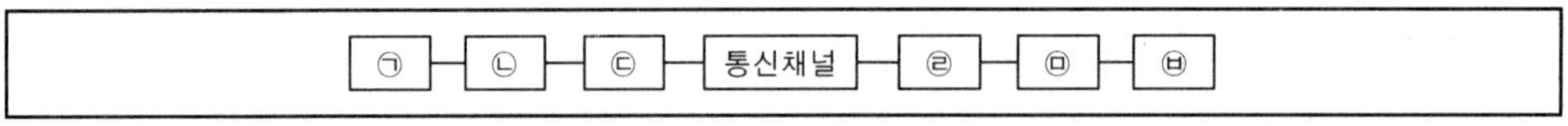

㉮ ㉠ 표본화 ㉡ 부호화 ㉢ 양자화 ㉣ 복호화 ㉤ 양자화 ㉥ 필터링

㉯ ㉠ 표본화 ㉡ 양자화 ㉢ 부호화 ㉣ 양자화 ㉤ 필터링 ㉥ 복호화

㉰ ㉠ 표본화 ㉡ 양자화 ㉢ 부호화 ㉣ 필터링 ㉤ 양자화 ㉥ 복호화

㉱ ㉠ 표본화 ㉡ 양자화 ㉢ 부호화 ㉣ 양자화 ㉤ 복호화 ㉥ 필터링

해설 PCM 통신 시스템의 전송과정 : "표본화 → 압축 → 양자화 → 부호화 → 재생중계 → 양자화 → 복호화 → 신장 → 필터링" **답** ㉱

35. 압신기의 설치 위치로 적합한 곳은?

㉮ 송단측에 설치한다.

㉯ 수단측에 설치한다.

㉰ 압축기는 송단측에 신장기는 수단측에 설치한다.

㉱ 압축기는 수단측에 신장기는 송단측에 설치한다.

해설 압신기(compander) : 압신기는 전송 시의 레벨 범위를 좁게 함으로써 잡음이나 누화를 경감하기 위해 사용되는 것으로 송신측에서의 압축기는 송신측 출력 신호의 레벨 변화를 압축하며, 수신측에 이용되는 신장기는 수신 측 입력 신호의 레벨 변화를 신장하여 신호를 원래의 상태로 복원하는 역할을 하게 된다. **답** ㉰

36. 음성신호에서 PCM 신호를 만드는데 필요하지 않은 것은?

㉮ PAM　　㉯ 부호화

㉰ 양자화　　㉱ PDM

해설 PAM(Pulse Amplitude Modulation)는 펄스 진폭 변조로 표본화 과정에서 얻어진다. **답** ㉱

37. 양자화 잡음은 다음 중 어느 과정에서 발생하는가?

㉮ 위상 편이키잉 변조(PSK)　　㉯ 주파수 편이키잉 변조(PSK)

㉰ 펄스 부호 변조(PCM)　　㉱ 펄스 폭 변조(PWM)

해설 양자화 스텝의 크기는 단계적 입력 특성으로 이루어지고, 출력은 양자화 특성에 의해서 사사오입이

되는 과정에서 원 파형과의 오차가 생겨서 나타나는 잡음을 양자화 잡음이라고 한다. 답 ㉰

38. 샘플값 자체를 양자화하는 방식이 아닌 것은?

㉮ 카운팅 양자화　　㉯ 직렬 양자화

㉰ 병렬 양자화　　㉱ 비선형 양자화

해설 비선형 양자화(nonlinear quantizing) : 양자화 잡음의 최대값의 크기는 입력 신호에 무관하게 언제나 ±V/2 으로 일정하다. 따라서 양자화 잡음의 신호 대 잡음비(S/N)는 입력 신호(S)가 크면(N이 일정하므로) 양호하지만 반대로 입력 신호가 작을 때는 불량하게 된다. 따라서 신호 대 잡음비를 개선 할 목적 혹은 일정한 S/N을 유지하기 위해 입력 신호가 작은 곳에서는 양자화 스텝을 보다 세분화하고 신호가 큰 곳에서는 간격을 보다 넓게 하여 운용하는 양자화 방법인 비선형 양자화 적용한다. 답 ㉱

39. 양자화 단계의 간격을 S라 할 때 평균 자승 양자화 오차는?

㉮ $S^2/12$　　㉯ $S^2/2$

㉰ $S^2/\sqrt{2}$　　㉱ $S^2/\sqrt{12}$

해설 입력전압에 대한 양자화 잡음 N_q 에 대한 관계식을 고려하면

$N_q = \frac{1}{\Delta V}\int_{-\frac{\Delta V}{2}}^{\frac{\Delta V}{2}} V^2 dv = \frac{\Delta V^2}{12}$ 가 된다. 여기서 ΔV 또는 S는 양자화 단계의 간격을 나타내는 것이다. 답 ㉮

40. PCM 펄스열은 다음 어느 단에서 2진부호로 전환되는가?

㉮ sampling　　㉯ decoder

㉰ coder　　㉱ expander

해설 코더(Coder)는 음성 또는 영상의 아날로그 신호를 디지털 신호로 변환하는 것을 말하며 그 반대의 동작인 디지털 신호를 음성 또는 영상으로 변환하는 디코더(Decorder)라고 한다. 여기서 Coder와 Decorder의 합성어를 Co+Dec이라고 하며 이는 부호기와 복호기의 역할을 동시에 수행하는 장치라고 할 수 있다. 따라서 부호화(Coder) 과정 에서 2진 부호(0, 1)로 전환된다. 답 ㉰

41. 부호화에 대한 설명으로 적합하지 못한 것은?

㉮ 부호화하면 전송로에서 중요한 것은 펄스의 유 · 무이다.

㉯ 부호화하면 잡음 등의 영향이 매우 적다.

㉰ 부호화장치에 의하여 아날로그신호를 일정한 간격의 크기로 자르는 것이다.

㉱ 전송로에서는 부호기에 변환장치를 두어 단극성을 복극성 펄스로 변환시키는 것이 좋다.

해설 코더(Coder)는 음성 또는 영상의 아날로그 신호를 디지털 신호로 변환하는 것을 말한다.

답 ㉰

42. 다음 디지털 전송방식에서 문제되지 않는 것은?

㉮ 표본화 잡음　　　　　　㉯ 양자화 잡음

㉰ 과부하 잡음　　　　　　㉱ 전송로 잡음

해설 디지털 전송 시 문제되는 잡음의 형태로 표본화 잡음 기본 잡음, 양자화 잡음 그리고 과부하 잡음 등을 들 수 있다.

답 ㉱

43. 시분할방식 스위치 회로망을 사용하는 디지털 교환기가 음성 32채널의 PCM신호처리 경우 부호속도 [Mbit/s]는?

㉮ 1.514　　　　　　㉯ 2.048

㉰ 6.312　　　　　　㉱ 8.192

해설 음성 32채널의 경우는 하나의 프레임을 32로 분할하고 분할된 Time slot를 8비트로 하면 32[ch]×8[bit]=256[bit]가 되며 이를 8000[Hz]로 전송하는 경우의 부호속도 [Mbit/s]는 256[bit]×8000[Hz]=2.048[Mbps] 으로 계산 된다.

답 ㉯

44. PCM 통신방식에서 부호화의 방법은?

㉮ 표본화된 펄스에서 일정한 주기로 나타나는 진폭의 폭을 바꾸어 준다.

㉯ 주기적으로 PAM 변조하여 나타나는 파형으로 표시한다.

㉰ 표본화된 펄스(PAM펄스)를 진폭의 크기에 따라 수 개의 단위 펄스의 유 · 무 조합(1, 0의 조합)으로 만든다.

㉱ 양자화 된 파형의 위치 및 폭을 일정한 크기의 진폭으로 연속, 불연속신호로 표시한다.

답 ㉰

45. 데이터를 압축하기 위한 부호화 기법으로 적합하지 못한 것은?

㉮ Run Length Encoding　　　　　　㉯ Differential Encoding

㉰ Predictive Encoding　　　　　　㉱ Diphase Encoding

해설 Diphase Encoding은 Manchester Code, Biphase Code, Diphase Code로 불리는 것으로 여기서 맨체스터 부호는 수신측 동기화의 용이성을 강조하도록 비트 중간에 극성 변화가 있게 한 선로 부호 방식을 말한다. 이와 같은 맨체스터 부호화 방식은 항상 각각의 비트 마다 펄스의 변화가 있도록 하여 수신측에서 동기 타이밍을 용이 하게 찾을 수 있으며. 직류성분이 없어 주로 LAN 이더넷(10Mbps) 방식에서 사용한다.

답 ㉱

46. 펄스부호 변조의 8비트 양자화에서 128레벨이 129레벨로 바뀌면 01111111 → 10000000의 2진부호가 된다. 가능한 1자리의 변화를 갖도록 하기 위한 변환코드를 나타내는 것은?

㉮ Gray 코드　　　　　　㉯ BCD 코드

㉰ 16진 코드　　　　　　㉱ ASCII 코드

해설 이웃하고 있는 부호 간에 오직 1비트만 변화되는 코드를 Gray 코드라고하며 주로 회전축의 제어에 이용되는 코드이다. 답 ㉮

47. 양자화 잡음의 비율은 입력 진폭에 대한 설명으로 적합한 것은?

㉮ 작을 때가 커진다.　　㉯ 클 때가 커진다.

㉰ 관계없이 일정하다.　　㉱ 관계없이 커진다.

해설 양자화 잡음은 신호 레벨이 높을 수록 작고 신호 레벨이 낮을수록 크다. 따라서 신호레벨이 낮을수록 S/N_q는 적어진다. 답 ㉮

48. 음성신호 $s(t) = 3\cos 500t$를 10bit PCM을 이용하여 양자화 했을 경우 신호 대 양자화 잡음비(signal to quantization noise ratio)는 몇 [dB]인가?

㉮ 62　　㉯ 64

㉰ 66　　㉱ 68

해설 사용 비트수에 따른 신호 대 양자화 잡음비의 관계식을 이용하면
$S/N_q = 6n + 2.0[\text{dB}] = 6 \times 10 + 2 = 62[\text{dB}]$이며 여기서 n은 사용 bit 수를 나타낸다. 따라서 사용 비트 수에 의해서 신호 대 양자화 잡음비의 크기가 결정된다. 답 ㉮

49. 다음에 열거한 것 중 음성 8[bit] 부호화방식의 이점에 가장 적합한 것은?

㉮ 표본화 주파수의 감축　　㉯ 부호화 잡음 감소

㉰ 양자화 잡음 반감　　㉱ 선로 전송 능률 저하

해설 7[bit]에서 8[bit]로 한 비트 증가시켜 양자화를 행하는 경우 압축특성 개선, 신장특성 개선 그리고 양자화 잡음은 2^7=126step → 2^8=256step 관계에 의해서 반으로 감소하게 된다. 답 ㉰

50. 펄스 코드 변조(PCM)에서 4[kHz] 가량의 대역폭을 갖는 음성정보를 7[bit] coding으로 표본화 한다면 음성을 전송하기 위해 얼마의 데이터 전송률이 요구되는가?

㉮ 4[kbps]　　㉯ 8[kbps]

㉰ 28[kbps]　　㉱ 56[kbps]

해설 음성 한 채널의 bit rate(정보 전송량)=8[kHz]×7[bit]=56[kbps] 답 ㉱

51. Nyquist 비를 만족하지 않았을 때 일어나는 현상을 설명한 것이다. 해당 사항이 아닌 것은?

㉮ Overlap　　㉯ Aliasing

㉰ Spectrum Folding　　㉱ Phase Shift

해설 Nyquist를 만족하지 않을 경우에 스펙트럼 상호간에 중첩(spectrum folding 또는 spectrum overlap)이 발생하게 되는데 이를 얼라이징(aliasing)이라 한다. 답 ㉱

52. 다음의 변조기법에서 원천코딩(source coding)과 관계가 없는 것은?

㉮ 차동PCM ㉯ 적응PCM

㉰ 비선형 코딩 ㉱ 선형 예측 코딩

해설 원천코딩(source coding)은 PCM으로 바뀐 디지털 신호를 보다 효율적인 전송을 위하여 압축하는 것으로 이때 이용되는 원천 부호화는 정보의 종류에 따라 음성 부호화나 영상 부호화(image coding) 등으로 구별된다. 따라서 변조기법에서 원천코딩(source coding)과 관계가 없는 것은 비선형 코딩이다.

답 ㉰

53. 다음 중 양자화잡음이 나타나지 않는 전송 변조방식은?

㉮ PCM ㉯ ADPCM

㉰ 델타변조 ㉱ SSB

해설 양자화 잡음은 파형부호화 방식에 해당하는 PCM, DM(델타변조), DPCM, ADM, ADPCM에서 나타난다. SSB는 한쪽 측파대만을 전송하는 진폭변조(AM)의 한 방식으로 좁음 주파수 대역을 사용하므로 잡음이나 선택성 페이딩의 영향이 적어 S/N비가 좋다.

답 ㉱

54. 펄스부호 변조(PCM) 방식의 특징에 대한 설명으로 적합하지 못한 것은?

㉮ 전송로에 의한 레벨변동이 없다.

㉯ 저질의 전송로에도 사용이 가능하다.

㉰ 단국장치에 고급여파기를 사용할 필요가 없다.

㉱ 점유 주파수 대역이 좁다.

해설 점유 주파수 대역폭이 넓다(1.544[MHz]). 따라서 데이터 전송을 PCM 방식으로 하는 이유로 데이터 전송은 본질적으로 부호의 유무의 전송이기 때문이며, FDM 회선은 본래가 음성용 의곡으로 인한 전송용량의 제한을 받기 때문이다. 그리고 데이터 신호와 PCM신호가 모두 디지털 신호이므로 전송이 유리하기 때문이다.

답 ㉱

55. PCM 전송방식에서 표본화 주파수가 8[kHz]이고, 1 프레임(frame)에 수용되는 펄스의 수가 193개일 때 전송로에 송출하는 부호 펄스의 주파수인 반복주파수(clock frequency)는 얼마인가?

㉮ 0.388[MHz] ㉯ 0.722[MHz]

㉰ 1.544[MHz] ㉱ 3.088[MHz1

해설 PCM 24채널 방식에서는 1 프레임(frame)에 수용되는 펄스의 수가 193개이며, 8000[Hz]를 이용하는 경우의 전송로에 송출하는 부호 펄스의 주파수인 반복 주파수는 193[bit]×8000[Hz]=1.544[MHz]으로 계산된다.

답 ㉰

56. 전송로에 송출되는 PCM 부호는?

㉮ 펄스 변조 2진 부호 ㉯ 펄스 변조 8진 부호

㉰ 펄스 진폭변조 부호 ㉱ 펄스 위치변조 부호

해설 전송로에는 펄스의 유 · 무(0, 1)로 표시되는 2진 부호가 송출된다. 답 ㉮

57. 24채널용 PAM 시스템이 있다. 각 채널의 입력 주파수가 0~10[kHz]이고 Nyquist 간격으로 동일하게 표본화하였다. 만일 SSB 변조방식을 사용하여 이를 주파수 분할 다중화 하였을 경우의 최소 주파수 대역폭은 몇 [kHz]인가?

㉮ 120 ㉯ 240

㉰ 360 ㉱ 480

해설 n개의 신호를 보내는데 필요한 주파수 대역폭을 고려하면

- AM-SSB=nf_m=24×10[kHz]=240[kHz]
- AM-DSB=$2nf_m$=2×24×10=480[kHz] 가 된다. 답 ㉯

58. 32채널 전송방식에 대한 설명 중 틀린 내용은?

㉮ 유럽에서 사용하기 시작한 방식이다.

㉯ 통화 채널의 8개 비트를 모두 정보전송에 사용할 수 있다.

㉰ 교환기와 정합이 곤란한 단점이 있다.

㉱ 프레임 간격은 1/8000초로 24채널 전송방식과 같다.

해설 32채널 전송 방식은 유럽방식으로 프레임 간격은 1/8000초로 24채널 전송방식과 같다.

답 ㉯

59. 펄스부호 변조(PCM) 전송에서 음성 1채널의 대역폭을 4[kHz]로 잡았다. 이 대역폭의 2배로 표본화(sampling)하고 8비트(bit)로 인코드(encode)했을 경우의 음성 1채널의 비트 레이트(bit rate)와 음성 24채널을 시분할 다중화 시켰을 경우의 최종 비트 레이트는 어느 것인가?

㉮ 4[Kb/sec], 96[Kb/sec] ㉯ 16[Kb/sec], 384[Kb/sec]

㉰ 32[Kb/sec], 788[Kb/sec] ㉱ 64[Kb/sec], 1544[Kb/sec]

해설 음성 1채널 bit rate=8000×8=64[kbps]
음성 24채널 bit rate=8000[Hz]×(8[bit]×24[ch]+1[bit])=1544[kbps] 답 ㉱

60. 지터(jitter)에 대한 설명 중 틀린 것은?

㉮ 일정 구간마다의 재생중계에 의해 제거되므로 누적되지 않는 잡음이다.

㉯ 펄스열이 왜곡되어 타이밍 펄스가 흔들려서 발생한다.

㉰ 타이밍 회로의 동조가 부정확하여 발생한다.

㉱ 타이밍 편차 또는 지터 잡음이라 한다.

해설 지터 현상의 원인은 타이밍 펄스가 흔들리기 때문이다. 이와 같은 원인은 타이밍회로에서의 동조의

부정확, 펄스열이 전송로의 잡음, 누화 등에 의해 일그러짐으로 인한 것이며, 또한 잡음에 의해 재생된 펄스가 올바른 위치에서 벗어나 오 부호를 일으키는 원인이 되는 현상을 말한다. 그리고 PCM 펄스를 재생 중계하는 경우 타이밍 편차가 발생한다. **답** ㉮

61. 펄스 코드 변조(PCM)는 아날로그신호의 크기를 표본화(sampling), 양자화(quantizing) 한 뒤 몇 개의 2진수 비트로 코드화(encoding)하여 각 비트를 전기신호로 송출하는 방식이다. 양자화란 어떠한 과정인가?

㉮ 원 신호의 전압 값을 평균하여 일정 값의 전기신호로 변화시키는 과정
㉯ 전기신호의 전류를 이에 비례하는 2진수 값으로 변환하는 과정
㉰ 아날로그 신호의 진폭을 일정한 시간 간격으로 추출하는 과정
㉱ 표본화 과정을 거친 신호의 진폭을 이산량으로 변화시키는 과정

해설 펄스 코드 변조(PCM)에서 양자화는 표본화 과정을 통해서 얻을 신호의 진폭을 이산량으로 변화시키는 과정을 말한다. **답** ㉱

62. 다음 중 n 비트로 구성된 부호어가 k비트로 구성된 현재의 정보 블록에 의존할 뿐만 아니라 과거의 정보 블록의 영향을 받는 부호는?

㉮ 블록부호(Block code) ㉯ 컨블루션 부호(Convolution code)
㉰ 순회부호(Cyclic code) ㉱ 선형부호(Linear code)

해설 부호화는 일정 길이의 블록 단위로 이루어지는데, 각 블록에서의 부호화가 그 블록뿐만 아니라, 그 이전의 블록에도 의존하는 부호를 비 블록 코드라 한다. 즉 n비트로 구성된 부호어가 k비트로 구성된 현재의 정보 블록에 의존할 뿐 아니라 과거의 정보 블록의 영향을 받는 부호로 convolution 코드가 대표적이다. **답** ㉯

63. 다음 변조 방식 중 데이터 통신 시스템에서 사용하지 않는 것은?

㉮ 강도 변조방식 ㉯ 주파수 변조방식
㉰ 위상 변조방식 ㉱ 직교 진폭 변조방식

해설 강도변조(IM, Intensity Modulation)는 0과 1의 디지털 신호에 따라 광원을 on, off시켜 광 펄스를 전송하는 방식으로 광통신 변조방식으로 사용된다. **답** ㉮

64. 다음 중 디지털 변조방식에 해당하지 않는 것은?

㉮ 펄스부호 편조(PCM) ㉯ 델타변조(DM)
㉰ 적응차분 펄스부호 변조(ADPCM) ㉱ 위상변조(PM)

해설 PCM, DM, ADM, DPCM, ADPCM 은 아날로그 신호를 디지털 신호로 바꾸어 전송하는 디지털 변조방식에 해당되나, PM(위상변조)는 아날로그 신호를 아날로그 형태의 피변조파로 바꾸어 전송하는 아날로그 변조방식에 해당된다. **답** ㉱

65. 다음 중 PCM과 비교하여 델타변조(DM)의 장점을 올바르게 기술한 것은?

㉮ 신호 대 잡음비가 우수하다. ㉯ 낮은 샘플링 주파수를 사용한다.

㉰ 하드웨어가 간단하다. ㉱ 해상도가 우수하다.

해설 DM(Delta Modulation)은 1bit 양자화를 수행하므로 PCM보다 하드웨어가 간단하다. 그러나 신호 대 잡음비가 낮아 해상도가 떨어지므로 이를 보완하기 위해 PCM보다 높은 샘플링 주파수를 사용한다.

답 ㉰

66. CEPT(32채널) 방식을 채택하고 있는 유럽방식 PCM의 표본화 주파수가 9[kHz]일 경우 1채널 당 점유되는 시간은?

㉮ 3.9[μs] ㉯ 5.2[μs]

㉰ 2.048[μs] ㉱ 125[μs]

해설 표본화 주파수가 8[kHz]이므로 표본화 주기 즉 한 프레임이 차지하는 시간은

$\frac{1}{8[\text{kHz}]} = 125[\mu s]$가 된다. 이 125[$\mu s$] 내에 32채널을 전송하므로, 한 채널이 점유하는 시간은

$\frac{125[\mu s]}{32} = 3.9[\mu s]$가 된다.

답 ㉮

67. 음성 비트(bit)를 7비트에서 8비트로 했을 때의 설명으로 맞지 않는 것은?

㉮ 압축 특성이 개선된다. ㉯ 신장 특성이 개선된다.

㉰ 양자화 잡음이 반(半)으로 감소된다. ㉱ 표본화 잡음이 반(半)으로 감소된다.

해설 PCM 과정에서 발생하는 잡음은 얼라이징 혹은 음성 신호에 섞여 들어오는 고조파에 의해 결정된다. 여기서 양자화 잡음이 반으로 줄어드는 이유는

- 7[bit]를 사용할 때는 126개의 양자화 step(간격)이,
- 8[bit]를 사용할 때는 256개의 양자화 step(간격)이 생기기 때문이다.

답 ㉱

68. 전송에서 다중화 방식을 사용하는 이유를 가장 적합하게 설명한 것은?

㉮ 누화를 줄이기 위해

㉯ 손실과 간섭을 줄이기 위해

㉰ 전송장치를 단순화하기 위해

㉱ 전송매체를 효율적이고 경제적으로 이용하기 위해

해설 전송과정에서 다중화 방식을 행하는 이유는 전송매체를 효율적이고 경제적으로 이용하기 위해서이며, 이와 같은 다중화 방식으로는 크게 TDM과 FDM이 있다.

- TDM은 전송로의 사용가능시간을 분할하여 여러 개의 채널을 같이 전송하는 다중화방식이고
- FDM은 사용가능한 주파수대역을 분할하여 여러 개의 채널을 같이 전송하는 다중화 방식이다.

답 ㉱

69. 변조에 대한 다음 설명 중 잘못된 것은?

㉮ 변조를 수행하는 것은 장거리 전송을 하기 위해서이다.

㉯ 변조신호에 따라 반송파의 진폭 또는 주파수 또는 위상을 변화시켜 전송하는 것이다.

㉰ 시분할 다중통신을 행하기 위해 필요하다.

㉱ 변조신호의 스펙트럼을 높은 쪽으로 옮기는 조작을 말한다.

해설 변조란 변조신호에 따라 반송파의 진폭 또는 주파수 또는 위상을 변화시켜 전송하는 것으로 주파수 영역에서 보면 변조신호의 스펙트럼을 높은 쪽으로 옮기는 조작을 말한다.
변조를 행하는 이유는 다음과 같다.

- 장거리 전송을 하기 위해서이다.
- 주파수 분할 다중화를 하기 위해서이다.
- 안테나 제작문제를 해결하기 위해서이다.
- S/N비를 향상시키기 위해서이다.

답 ㉰

70. 다중화 방식 중에서 사용되지 않는 타임 슬롯(time slot)들이 낭비되는 것을 효율적으로 이용하기 위하여 데이터를 송신할 단말장치에만 타임 슬롯을 동적으로 할당하는 방식은?

㉮ 동기 시분할 다중화 ㉯ 비동기 시분할 다중화

㉰ 주파수 분할 다중화 ㉱ 코드분할 다중화

해설 시분할 다중화(TDM)에는 동기식 TDM과 비동기식 TDM이 있다. 동기식 TDM이란 전송할 데이터가 있는 채널이나 없는 채널 모두 time slot을 할당하는 방식이고, 비동기식 TDM은 전송할 데이터가 있는 채널에만 time slot을 할당하는 방식이다. 비동기식 TDM을 전송할 데이터가 없는 채널에는 time slot을 할당하지 않음으로써 time slot이 낭비되는 것을 막아 time slot을 효율적으로 이용할 수 있게 된다.

답 ㉯

71. PCM 시스템에서는 ISI를 측정하기 위해 아이패턴(Eye Pattern)을 이용하는데 눈을 뜬 상하의 높이는 무엇을 나타내는가?

㉮ 잡음에 대한 여유도 ㉯ 시스템의 감도

㉰ ISI의 정도 ㉱ 전송되는 데이터의 양

해설 아이패턴(Eye Pattern)은 부호 간 간섭(Intersymbol Interference)이나 부가잡음(Additive Noise)에 의해 오염된 수신 신호의 품질을 평가하는 경우에 이용되는 것으로 눈을 뜬 상하의 높이는 잡음에 대한 여유도를 나타내며, 눈 모양이 점점 흐릿해지면서 닫히는 형상을 하게 될수록 신호 품질이 열화 되었다는 것을 나타내는 것이다.

답 ㉮

제2장 | 디지털 통신방식

2.1 베이스밴드 통신과 대역통과 통신

2.1.1 기저대역 전송(Baseband Transmission)

(1) 기저 대역 전송 방식의 개요

무 변조 방식으로 디지털 신호 파형을 그대로 전송하는 방법 즉, 디지털화된 정보나 데이터를 그대로 또는 전송로에 적합한 펄스 파형으로 변환시켜 전송하는 방식을 말하며, 이에 대해 반송대역 전송(Bandpass transmission)은 디지털 신호에 따라 반송파의 진폭, 주파수, 위상의 어느 하나를 변조시켜서 전송하는 방식을 말한다. 변조되기 이전의 컴퓨터나 단말기의 출력정보(0과 1)를 그대로 보내거나 또는 전송로의 특성에 알맞은 부호로 변환시켜 전송하는 방식으로 기저대역 전송에 이용되는 전송부호는 직류성분이 포함되지 않아야 하며, 타이밍 정보가 충분히 포함되어야 한다. 그리고 저주파 및 고주파 성분이 제한되어야 하며 전송로 상에서 발생한 에러 검출 및 교정이 가능해야 한다. 또한 전송에 필요로 하는 전송 대역폭이 적어야 한다.

(2) 기저대역 전송의 정의

기저대역 신호가 존재하는 주파수 대역을 기저대역(Baseband)이라고 하며, 디지털화 된 정보나 데이터를 그대로 또는 전송로에 적합한 펄스 파형으로 변환시켜 전송하는 방식으로 전송로의 특성에 알맞은 부호로 변환시켜 전송하는 방식으로 기저대역 신호는 아날로그 신호나 디지털 신호 모두에 비해 변조되지 않은 저주파 신호를 말한다. 즉, 무 변조방식으로 디지털 신호 파형을 그대로 전송하는 방법을 말한다.

여기서 기저 대역 전송의 개념을 정리하면 무 변조 방식으로 디지털 신호 파형을 전송로에 그대로 전송하는 방법으로 디지털화된 정보나 데이터를 그대로 또는 전송로에 적합한 펄스파형으로 변환시켜 전송하는 것을 말한다.

즉, 변조 없는 상태 이는 직류 펄스 형태로 전송하는 것으로 직류 또는 비교적 저주파에서 큰 비대역의 회선에 적합한 전송 방식이다. 여기서 비 대역은 최고 통과 주파수와 최저 통과 주파수의 비를 말한다.

(3) 기저대역 전송의 조건

변조되기 이전의 컴퓨터나 단말기의 출력 정보인 0과 1을 그대로 보내거나 전송로의 특성에 알맞은 부호로 변환시켜 전송하는 방식으로 전송에 필요한 조건으로 전송 부호는 직류(DC)성분이 포함되지 않아야 한다. 여기서 기저 대역 신호가 가져야할 조건 중에서 직류 성분이라고 하는 것은

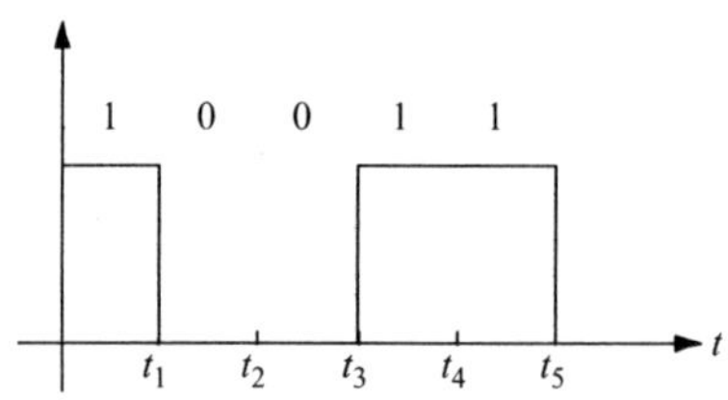

〈그림 2.1〉

$$DC\ 성분 = \frac{0에서\ \ t_5\ 사이의\ \ 비트\ 1의\ \ 면적}{t_5}$$

으로 정의되는 것으로 즉 DC 성분은 디지털 펄스 1을 나타내는 총 면적을 시간 t_5로 나눈 평균 면적을 나타낸다.

(4) 기저대역 전송의 특징

디지털 데이터의 기저대역 전송 시 부호 간 간섭이 클 경우 전송 품질을 높이기 위해

이용되는 부호 방식을 PRS(Partial Response Signalling) 방식이라고 하며, 베이스 전송 방식은 감쇠 등의 문제로 원거리 데이터 전송에는 사용되지 않으며, 디지털 신호 전송에 사용한다. 그리고 TDM을 이용하여 다중화를 행하며, 기저 대역을 전송하기 위한 대표적인 장비로 DSU(Digital Service Unit)를 필요로 하며, 감쇠 등의 문제가 있어 전송 거리가 짧은 중소 규모의 데이터 전송에 이용된다.

(5) 기저 대역 전송 방식의 장점

데이터 전송에 있어서 기저대역 전송 방식의 장점은 시내 구간에서는 모뎀이 필요하지 않아 회선 가격이 저렴하고, PCM 방식과의 정합이 용이하며, 전화국 등에 설치된 단국 장치는 복수의 가입자가 이용할 수 있는 점이다.

(6) 전송 부호 형식에 대한 요구 조건

디지털 기저대역 전송에서 0과 1에 어떠한 펄스 파형을 인가시키는가 하는 것을 전송 부호 형식이라고 한다. 전송 부호 형식에 대한 요구 조건은 다음과 같다.

① 직류(DC) 성분이 포함되지 않아야 한다.

② 전송 대역폭[Hz]이 좁아야 한다. 즉 전송 대역폭이 좁다는 것은 DC 성분이 포함되지 않는다는 것으로 좁을수록 바람직하다.
필터나 다원 레벨 전송 방식의 사용으로 디지털 신호의 대역폭을 감소시킬 수 있다(디지털 신호가 점유하는 대역폭이 가능한 좁을 것).

③ 누화, 간섭, 왜곡, 페이딩, 지터 등의 각종 방해에 강해야 한다. 그래서 복극성 부호를 이용하게 되는 것이다.
왜냐하면 복극성이 단극성 보다는 Noise margin이 좋기 때문이다.

④ 타이밍 정보가 충분히 포함되어야 하며, 저주파 및 고주파 성분이 제한되어야 한다.

⑤ 전송에 필요로 하는 전송 대역폭이 적어야 한다.

⑥ 적절한 동기 정보(Timing 정보)를 포함해야 한다. 디지털의 경우는 동기를 필요로 한다. 만일에 동기가 맞지 않으면 통신이 곤란하게 된다.

⑦ 동일한 레벨의 보호가 연속되는 것을 억제하는 부호 구성이 필요하며 자기 타이밍 방식이 널리 사용된다(부호에서 적절한 타이밍 정보 추출을 할 수 있어야 한다). 즉 타이밍 정보가 포함되어야 한다.(Self clocking)

⑧ 전송로 상의 감시를 위해 에러의 검출과 정정이 용이한 부호를 사용하는 것이 바람직하다.(가능한 에러 검출이 가능).

⑨ **스펙트럼의 모양**

데이터의 스펙트럼 모양을 전송 특성에 적합하도록 대역 압축 부호 구성이 필요하다.(스펙트럼 모양에서 주파수가 0인 DC성분이 적어야 한다).

즉, AC Coupling 전송로에서 정보 손실을 방지하기 위하여 신호의 전력 스펙트럼에서 DC성분이 포함되지 않도록 제거해야 한다.

⑩ 전력 밀도 스펙트럼 상에서 아주 낮은 주파수 성분과 아주 높은 주파수 성분이 제한되어야 한다.

⑪ 데이터를 구성하는 비트 스트림의 패턴에 제한이 없어야 한다.(Transparency)

⑫ 전송 부호의 코딩 효율이 양호해야 한다.

2.1.2 기저 대역 전송부호의 종류(Binary code)

(1) 2원 전송부호의 종류(Binary code)

NRZ(Non Return to Zero)에서는, '1'과 '0'의 2진 값 각각을 양(+)의 전압 값과 부(−)의 전압 값으로 변환한다. NRZ는 디지털 인코딩의 한 형태이며, 어떠한 신호를 물리 계층에서 전송하는 경우에 이용되는 부호이다. 단극 NRZ 부호(Unipolar NRZ)의 경우는 입력신호가 1이면 (+)전위 펄스를 전송하고, 0이면 펄스를 전송하지 않는 방식으로 송수신회로 구성이 간단하며, 잡음에 대한 성능이 좋지 않으므로 단거리 구간에 이용한다. 그리고 단극 부호에 대한 수신기의 동기가 용이하지 않다.

단극형 부호의 평균 진폭은 0이 아니다. 이 때문에 주파수가 0인 직류 성분이 생긴다. 신호에 직류 성분이 있게 되면 그 신호는 직류 성분을 다룰 수 없는 매체를 통과하지 못하게 된다.

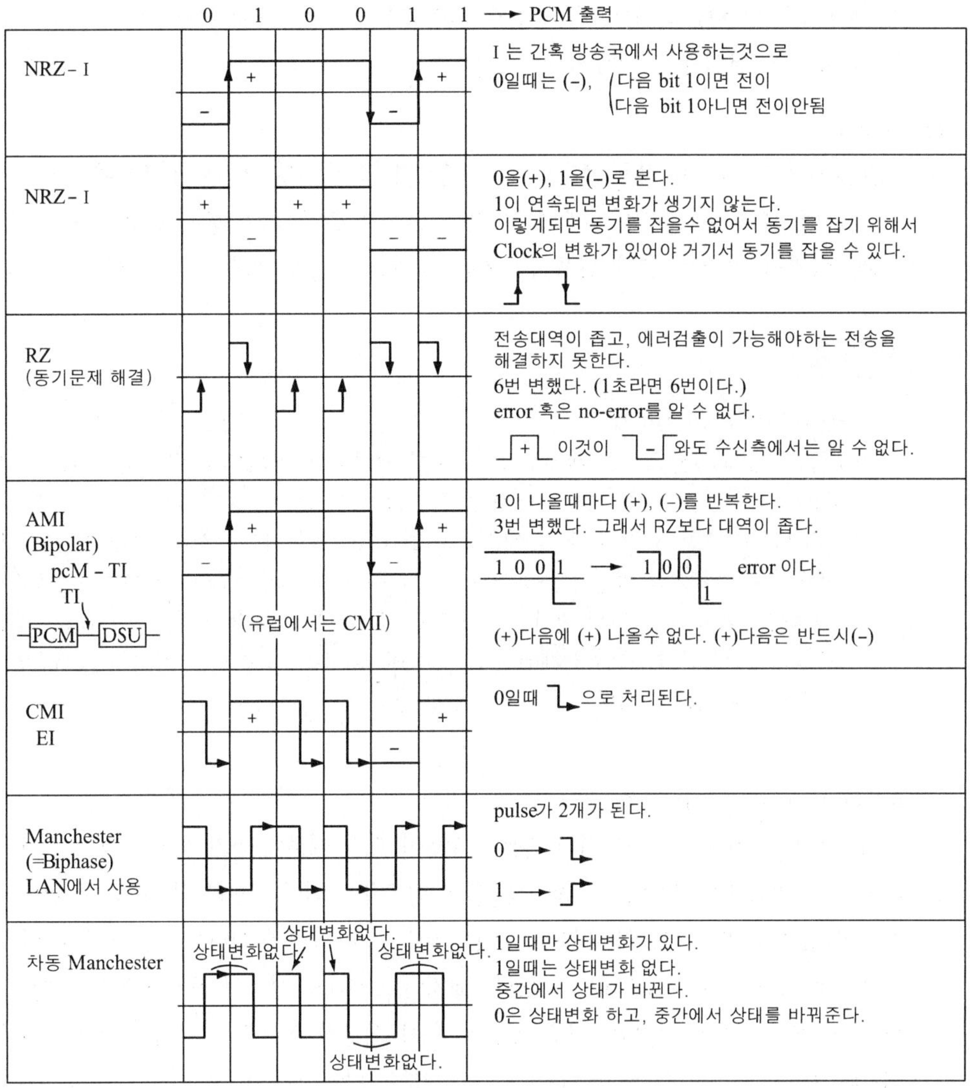

〈그림 2.2〉 baseband 신호의 종류

여기서 NRZ 부호 방식은 일반적으로 컴퓨터 내부서 사용되는 디지털 펄스는 단극 NRZ펄스 신호이지만 직류(DC)성분이 제일 많은 펄스이며, 1이나 0이 지속적으로 발생하는 경우 레벨 변동이 없게 되므로 타이밍 정보의 추출이 어렵게 된다. 이와 같은 NRZ 방식의 특징은 비트 신호의 변화에 따라 전압 레벨이 바뀌게 되는 것으로 신호를 보내는 매체의 누설에 무관하다.

① NRZ-I

방해 잡음 때문에 전송로에서는 단극성을 사용하지 않는다. 따라서 NRZ-I는 전송 부호 중에서 "0"일 때는 (−) 이며, 0 다음의 비트가 "1" 이면 천이가 발생하고, 다음 비트가 "1"이 아니면 천이가 발생하지 않는다.

② NRZ-L

잡음 문제를 해결한 전송 부호로 전송 부호가 "0" 일 때는 (+), "1" 일 때는 (−) 보는 것으로 이 전송 부호는 "1"이 연속인 경우 변화가 없게 되어 동기를 잡기가 곤란하게 된다. 여기서 동기를 잡기 위해서는 Clock 변화가 있어야 동기를 잡게 된다.

참고

NRZ-L과 NRZ-I의 차이점

- NRZ-L : 비트 1은 저 전압(low voltage)으로 비트 0인 경우는 고전압(high voltage)으로 Encoding하는 것으로 비트의 변화에 따라 전압이 변하게 된다.
- NRZ-I : 비트 1이 올 때 마다 저 전압과 고 전압으로 변화되는 것으로 비트 0 인 경우에는 변화가 없는 부호를 말한다. NRZ I를 differential encoding이라고 하는데 이는 valtage pulse에 signal element의 변화를 포함하고 있다는 것으로 클럭 정보를 가지고 있다는 것이다. 그리고 NRZ-L의 문제점인 synchronization capability를 어느 정도 해결할 수 있다는 것을 들 수 있다.

③ RZ(Return to Zero) 부호

어떤 비트 구간에서도 반드시 0 레벨로 되돌아 오기 때문에 동기 신호를 갖기 위한 샘플링이 따로 필요하지 않으며, 데이터 전송률과 변조율 간의 차이점을 알 수 있다. 단극 펄스 신호의 경우 1 비트 시간의 중간에서 레벨 변동이 반드시 일어나므로 단극 NRZ의 경우보다는 타이밍 정보 추출은 다소 개선은 되지만 직류(DC)성분이 존재하게 됨을 알 수 있다. 일반적으로 단극 펄스의 경우 송신과 수신 회로가 비교적 간단하고 용이하여 논리회로와 쉽게 인터페이스 될 수 있지만 직류 성분이 많기 때문에 전송용으로는 부적합하다.

여기서 RZ 부호가 지니는 특징을 고려하면 다음과 같다.

㉠ NRZ 코드의 동기화 문제가 해결된 부호 방식으로 NRZ보다 2배의 변조율이 필요하며,

㉡ RZ 부호는 1 비트 당 두 번의 신호 변화가 필요하므로 매우 넓은 대역폭을 차지하게 된다.

㉢ RZ 부호의 스펙트럼의 Zero Crossing 주파수는 NRZ 부호의 2배이다. 즉, RZ이 첫 번째 Zero crossing의 주파수가 NRZ의 2배 이기 때문이다. 그리고 한 비트의 점유율(Duty cycle)이 50[%]인 부호를 RZ라고 하며, 100[%]인 부호를 NRZ라고 한다.

④ AMI(Alternate Mark Inversion) **방식**

RZ방식에서 1의 부호가 교대로 바꾼 결과로서 첫 번째 1의 준위가 + *V*이면 두 번째 1은 − *V* 그리고 세 번째 1은 다시 + *V*준위로 바꾸게 되는 방식으로 여기서 Mark는 논리 신호 1을 의미하는 것으로 계속하여 1이 발생하여도 직류 성분이 축적 되지 않기 때문에 평균이 0이며, PCM에서 주로 이용한다. 일반적으로 단극 펄스의 경우 송수신 회로가 간단하여 논리 회로와 쉽게 인터페이스 될 수는 있지만 직류 성분이 많기 때문에 전송용으로는 부적합하다. 이와 같은 요인을 개선하기 위한 방법으로 제안된 펄스 부호로 복극 방식을 AMI 부호와 다음에 설명하는 맨체스터 부호 방식이다.

AMI방식과 맨체스터 방식의 공통은 DC성분이 최소가 되는 복극 방식이다.

여기서 AMI 부호의 특징을 고려하면 다음과 같다.

㉠ 파형의 평균값이 0이다.

㉡ 직류 성분이 포함되지 않는다. 이는 전송로에서 양극 펄스 형태로 전송하는 이유가 된다.

㉢ 저주파 차단 왜곡이 가장 적다.

㉣ 부호 에러의 검출이 가능하다.

㉤ AMI 부호의 경우 Mark를 나타내는 디지털 기저 대역 부호 1은 (+)면적과 (−)면적을 교대로 하며, 부호 0은 영 레벨을 유지하는 방식으로 부호 0이 계속적으로 되는 경우 타이밍 정보를 추출하는 것이 어렵게 되는 문제가 발생하게 된다.

따라서 바람직한 기저 대역 신호는 타이밍 정보의 추출이 용이하면서 대역폭은 넓지 않도록 해야 하므로 AMI 부호에서 0이 반복되는 것을 고려한 고밀도 부호(High density Code)가 등장하게 되었다.

⑤ CMI(Coded Mark Inversion)

디지털 전송계의 전송 부호의 한 방식으로 바이폴라 부호화 방식처럼 부호를 교대로 변환하고 0일 때 중앙점에서 T/2에서 0이면 상태 변화, 1이면 그대로 유지 하는 방식 즉, 원신호의 0, 1에 대응하여 0은 펄스 폭의 중앙에서 0에서 1로 반전하는 부호로, 1에 대해서는 1이 나타날 때마다 0, 1로 번갈아 반전을 반복하는 부호로 각각 변환하여 전송한다. 이렇게 함으로써 비트열 독립이 보장된다.

여기서 CMI의 특징은 한 비트 간격 마다 1을 넣어 상태를 바꾸어 주기 때문에 전송부호의 클럭 주파수가 입력 신호 주파수의 2배가 되며, 타이밍 효과가 NRZ 보다 우수하며, 디지털 교환기나 단국 장치 간 등의 국내 전송 및 광전송 방식 등에 사용된다.

⑥ **다이페이스**(Diphase)**부호**

입력신호가 1인 경우 한 펄스 구간의 반은 +전위를, 나머지 반구간은 −전위를 갖으며, 0인 경우는 1과 반대의 형태를 갖는다.

다이페이스 부호는 Biphase, Manchester부호라고도 한다. 맨체스터 코드는 정보통신에서 디지털 인코딩의 한 형태로 어떠한 신호를 물리 계층에서 전송하는 경우에 이용되는 부호로 맨체스터 코드에서는 하나의 비트가 전송될 때, 각 비트타임의 중앙에서 전압의 전이(transition)가 발생하는 것을 특징으로 하는 방식으로 이 때문에 수신자는 이렇게 전달된 신호만을 보고 전송속도를 알아낼 수 있다. 이는 송신자와 수신자의 동기화를 쉽게 하며, 오류를 줄일 수 있다는 장점이 있다.

여기서 다이페이저 부호의 특징을 고려하면 다음과 같다.

㉠ 동기화를 돕고 오류를 줄이는 장점이 있는 반면, NRZ나 NRZI로 만들어진 신호와 똑같은 정보를 보내기 위해 두 배의 대역폭을 사용해야한다는 단점이 있다.

㉡ 직류성분 억압 특성을 가지며, 파형의 대역폭이 증가하며,

㉢ Manchester부호는 0과 1에 따라 위상을 반전 시켜서 커서 전송하는 Biphase 부호라고 한다.

㉣ 맨체스터 부호는 별도의 타이밍 신호를 갖지 않으며, NRZ부호를 대신하여 LAN 등에서 충돌 검사 검출에 이용한다.

⑦ 차분(차동) Manchester 방식

"0" 일 때만 상태를 변화시키고 "1" 일 때는 상태의 변화가 없는 부호 방식으로 DMI (Differential Mark Inverse)라고도 한다.

⑧ 밀러 부호 혹은 지연 부호(Miller code, Delay modulation)

최소한 두 개의 비트 시간 간격 동안 한 번의 변이가 발생하는 부호 방식으로 동기화 능력을 가지고 있기 때문에 보다 낮은 변조율과 대역폭을 필요로 하는 부호이다. 즉 기저 대역 신호 중에서 가장 대역폭이 좁은 부호 방식이다.

⑨ 다이코드(Dicode)부호

0에서 1로의 변화는 +전위, 1에서 0으로의 변화는 −전위, 변화가 없으면 0전위를 주는 방식으로 바이폴라부호처럼 저주파 성분이 감소된다.

⑩ 고밀도 부호(High density Code)

고밀도 부호로 이용되는 형태로 BnZS, HDBn 등을 들 수 있다. 이들은 0 연속 억압 부호로 각 부호에 대한 특징을 고려하면 다음과 같다.

㉠ BnZS(Bipolar with n Zero Substitution Code)

B8ZS 부호는 n개의 연속된 0을 복극 부호의 위반(Violation) 펄스를 인위적 혹은

의도적으로 삽입시켜 구성한 부호이다.

여기서 위배(Violation) 펄스를 삽입하는 형태는 000V 또는 B00V 등과 같이 2가지를 이용하는데 초기에는 000V 형태가 n에 따라서 B00V 형태가 삽입되었다.

여기서 0은 0레벨, B는 양극 부호, V는 양극 부호의 분포 규칙을 따라지 않는 펄스를 말한다.

B8ZS 부호는 동기 제공 등의 목적으로 N개의 "0" 부호가 연속되는 경우 Bipolar 규격에 위반되는 Pulse(V로 표시, Violation)를 의도적으로 포함시킨 부호(6개의 연속된 "000000"을 "BOVBOV"로 치환)하는 방식으로 B8ZS의 인코딩 규칙은 연속적으로 0이 8개가 나오고, 바로 앞에 음의 펄스가 있으면 8개의 0은 000−+0+−로 인코드 되며, 연속적으로 0이 8개가 나오고, 바로 앞에 양의 펄스가 있으면 8개의 0은 000+−0−+로 인코드 된다.

즉, B8ZS는 AMI코드에서 두개의 코드 위반(Violation)을 갖는다.

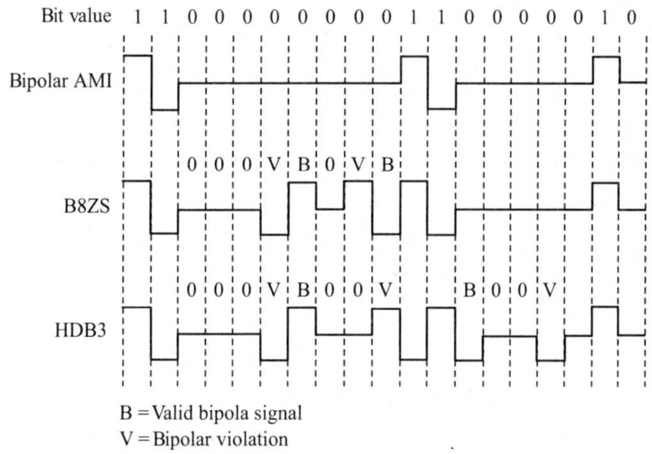

〈그림 2.3〉

"000000"의 경우처럼 0이 반복되는 경우 동기를 잃어버리는 일이 발생하는데 여기서 동기를 잃지 않도록 하기 위한 것으로 이와 같은 방법을 적용하면 수신기에서는 변화가 생기므로 동기를 잡을 수 있게 된다. 이를 0 연속 억압 부호라고 한다.

ⓛ HDBn (High Density Bipolar n Code) : 양극형 펄스에서 1의 분포를 +5[V]와 −5[V]를 교차하여 직류(DC) 성분을 줄일 수 있으며, 연속되는 0의 부호의 반복을 피하기 위한 고밀도 개념으로 HDBn을 들 수 있다. 여기서 n은 반복되는 부호 0의 길이를

제한하기 위하여 사용하는 상수 값을 말한다.

HDBn으로 이용되는 형태는 HDB2와 HDB3을 들 수 있는데 여기서 HDB3은 동기 제공 등의 목적으로 0이 연속되면 자기 타이밍 추출에 어려움이 있으므로 연속된 "0" 부호를 특수한 패턴으로 치환한 부호를 말한다.

참고

- 단극부호(unipolar)

  입력신호가 1이면 +전위 펄스를 전송하고, 0이면 펄스를 전송하지 않는 방식으로 송수신회로 군성이 간단하며, 잡음에 대한 성능이 좋지 않으므로 단거리 구간에 이용한다. 그리고 단극부호에 대한 수신기의 동기가 용이하지 않다.

- 양극(복극=복류)부호(polar)

  1과 0을 양(+)과 음(−)의 펄스에 대응시키는 방법으로 단극방식보다 파형 왜곡의 영향이 적으며, 저속도 전송의 표준방식으로 사용된다. 또한 RZ방식은 부호마다 펄스가 발생하므로 정보의 위치를 쉽게 알 수 있다.

- 바이폴라(bipolar)부호

  입력신호의 0은 0레벨로 1은 +전위, −전위, 2개 레벨의 펄스를 교대로 반전시키는 방식으로 파형의 평균값은 0이며, AMI(마크 반전부호)부호라고도 한다. 저주파 차단 특성이 적다. 왜냐하면 직류성분이 포함되지 않기 때문이며, 부호 에러의 검출이 용이하다. 그리고 영 부호 연속 억압 기능이 없어 수신기의 자기 타이밍 추출이 어렵다.

- 다이코드(dicode)부호

  0에서 1로의 변화는+전위, 1에서 0으로의 변화는 −전위, 변화가 없으면 0전위를 주는 방식으로 바이폴라부호처럼 저주파 성분이 감소된다.

- 다이페이스(diphase)부호

  입력신호가 1인 경우 한 펄스 구간의 반은 +전위를 나머지 반구간은 −전위를 갖으며, 0인 경우는 1과 반대의 형태를 갖는다. 따라서 다이페이스부호를 Biphase, Manchester 부호라고도 한다. 직류성분 억압 특성을 가지며, 파형의 대역폭이 증가한다.

한편 2원 부호에 대한 에러 확률 P_e에 관련된 식으로 나타내면 다음과 같다.

- 단극 NRZ $P_e = \frac{1}{2} erfc\sqrt{\frac{A^2}{8N}}$
- 양극 NRZ $P_e = \frac{1}{2} erfc\sqrt{\frac{A^2}{2N}}$
- Bipolar $P_e = \frac{3}{4} erfc\sqrt{\frac{A^2}{8N}}$

여기서 N은 평균잡음전력, $erfc$는 complementory error function, A는 부호 레벨

의 크기를 나타낸다.

(2) **다원부호**(multi-level code)

한 개의 신호를 다수의 bit로 나타내는 방식으로 다원부호의 목적은 주파수 대역을 보다 효율적으로 이용하기 위함이며, 이와 같은 다원부호의 특징으로는 전송 용량을 높일 수 있으며, 고속의 정보전송에 사용한다.

$$R_b = 2B\log_2 M = \frac{1}{T}\log_2 M$$

여기서 R_b는 정보전송 속도를 나타내며, M은 다원 레벨 수, B는 대역폭, $\frac{1}{T}$은 기호속도(단위 : Baud) 그리고 T는 기호 지속시간을 각각 나타낸다.

① 2원 부호

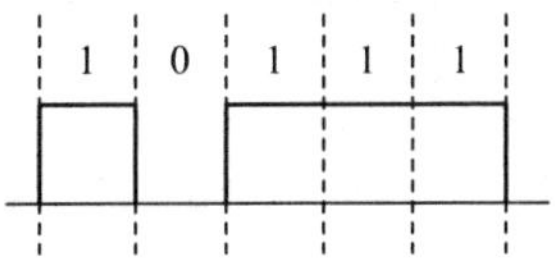

〈그림 2.4〉 2원 부호(0,1)의 예

② 다원 부호

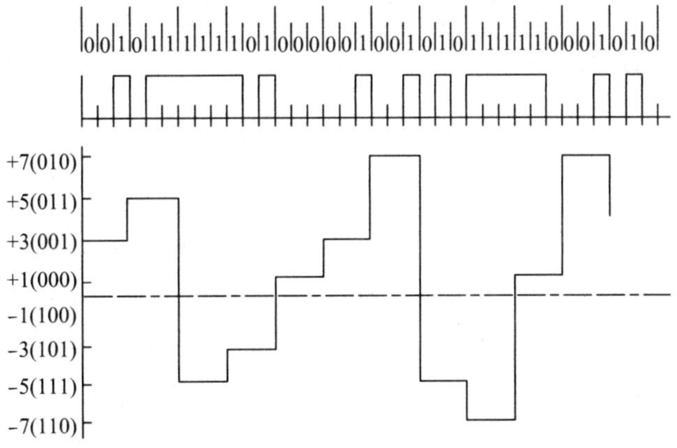

〈그림 2.5〉 다원부호 형식

2.2 | 디지털 변복조 및 형태

2.2.1 디지털 변복조의 개요

(1) 디지털 변복조 방식의 개념

디지털 변조방식은 반송파의 진폭, 주파수 위상을 데이터 비트(1, 0)에 따라 변화시키는 것으로 2개의 이산적인 상태를 사용하는 Binary Modulation(2진 변조)과 다수의 비트를 동시에 전송할 수 있는 Multi-Level Modulation(다원 변조) 방식이 있다.

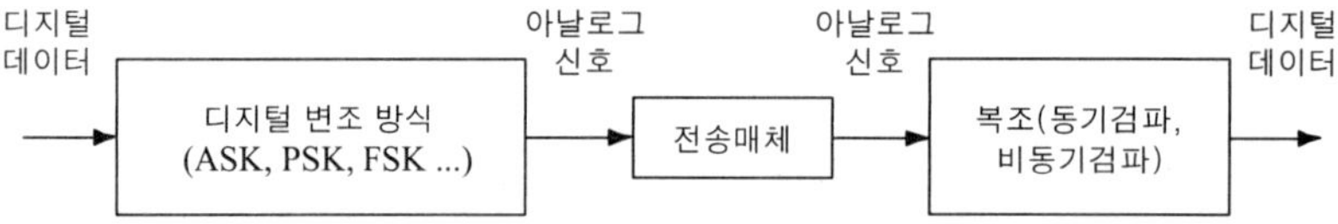

〈그림 2.6〉 디지털 변조, 복조 구성도

여기서 2진 변조(binary modulation)는 하나의 데이터 비트(1 또는 0)을 전송하기 위하여 두 개의 이산적 상태를 사용하는 변조방식으로 2조 ASK(BASK), 2진 FSK(BFSK), PSK(BPSK) 2진 등을 예로 들 수 있으며, 다원변조(multilevel modulation)방식은 다수의 비트를 한 번에 전송하기 위하여 많은 이산적 상태를 사용하는 변조이며, M-Level의 파형이 만들어지며 다음과 같은 관계가 성립한다.

$$2^n = M$$
$$n = \log_2 M$$

여기서 n은 메시지 비트이며, 예를 들면 QPSK, 8PSK 등이 다원변조방식에 해당한다.

디지털 통신 시스템 설계 시 유의 사항으로 다음과 같은 조건을 만족해야 한다.

① 먼저 데이터 전송률이 최대이어야 하며, 심볼 에러율이 최소이어야 한다.
② 채널 대역폭이 작을 것이며, 방해 신호에 강하여야 한다.
③ 그리고 회로 구성이 간단해야 하며 최소의 전력으로도 전송이 가능해야 한다.

(2) 디지털 변복조 방식의 형태

디지털 변조의 형태는 크게 ASK, FSK, PSK, QAM 등으로 구분된다.

① 진폭 편이 키잉(ASK, Amplitude Shift Keying)

정현파의 진폭에 정보를 싣는 방식으로 반송파의 유·무로 표현된다.

② 주파수 편이 키잉(FSK, Frequency Shift Keying)

정현파의 주파수에 정보를 싣는 방식으로 2가지(고주파, 저주파) 주파수를 이용한다.

③ 위상 편이 키잉(PSK, Phase Shift Keying)

정현파의 위상에 정보를 싣는 방식으로 2, 4, 8 위상 편이 방식이 있다.

④ QAM(Quadrature Amplitude Modulation)

APK(Amplitude Phase Keying)이라고도 하며, 반송파의 진폭과 위상을 동시에 변조하는 방식이다. 그리고 디지털 변조를 원인 혹은 특성에 따라 구체적으로 분류하면,

㉠ 스펙트럼 효율 개선을 위한 변복조 방식으로 QPSK, OQPSK, QAM 방식
㉡ 측파대 레벨을 낮추기 위한 변복조 방식으로 MSK, GMSK 방식
㉢ 경제성을 위한 변복조 방식으로 DPSK 방식
㉣ 경제성과 스펙트럼 효율 개선을 위한 DQPSK 방식

등으로 구분할 수 있다.

참고

디지털 변조 형태의 발전 및 변형 방식

■ FSK의 발전(개선) : FSK 변조 방식의 문제로는 스위칭 특성 때문에 위상 불연성을 보인다. 이와 같이 FSK위상 불연속성 문제를 해결한 변조 방식이 CPFSK(Continuous Phase FSK)이다. 한편 CPFSK 방식의 문제점으로 부엽(Side Lobe)이 넓어지는 문제를 보이는데 역시 이를 개선하기 위한 방법으로 MSK(Mininum Shift Keying)를 이용하게 된다. 따라서 MSK 방식은 Side Lobe가 넓어지는 문제를 해결한 변조 방식으로 대신에 주엽(Main Lobe)이 넓어지는 문제가 존재한다.

그리고 GMSK(Gaussian low pass filtered MSK) 방식은 측파대 레벨을 축소하기 위해 MSK 방식을 이용하는데 MSK 방식을 통하여 측파대의 레벨은 낮출 수는 있지만 보다 주엽이 넓게 되는 일이 발생하게 되는데 여기서 GMSK 방식은 측파대 레벨을 낮추면서 추가적으로 넓어지는 주엽의 폭을 보다 협대역화를 위한 방식이라고 할 수 있다. 이와 같은 GMSK에 대한 특징으로는 유럽의 TDMA 시스템(GSM)의 표준으로 이용되며, 대역의 스펙트럼에 대한 억압이 매우 높으며, 스펙트럼 집중도가 높다.

■ PSK의 발전(개선)

• QPSK(Quadrature PSK) : 전송 효율을 향상시키기 위한 방식이며, Constant Envelope 유지가 곤란하다.

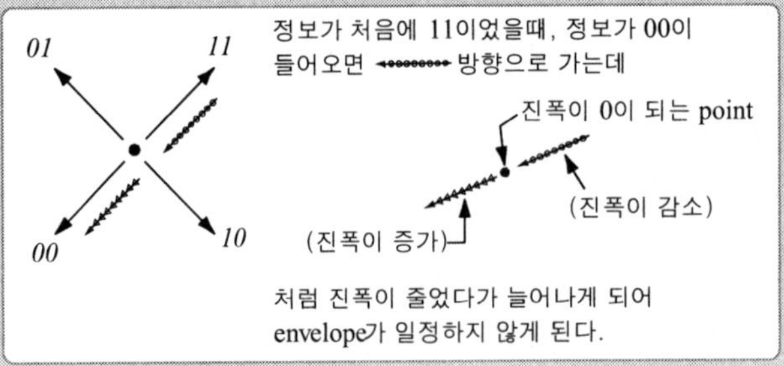

• OQPSK(Offset QPSK) : QPSK의 Constant Envelope 문제를 해결한 방식이다. 즉 Constant Envelope를 유지하는 변조 방식이라고 할 수 있다.

• MSK(Mininum Shift Keying) : OQPSK의 side Lobe의 협대역화 한 변조 방식이다.

■ QAM의 발전(개선)

PSK는 많은 정보를 전송할 수 있다.

• QAM(Quadrature Amplitude Modulation) : PSK 보다 더 많은 정보를 전송하기 위해서 즉 전송 효율 향상을 위한 변조 방식이다.

• QPRS(Quadrature Partial Response Signalling) : 스펙트럼 효율 향상을 위해 PRF (Partial Response Filter)를 사용하며, 부호 간 간섭에 통계적 성질이 존재하는 경우 이를 역으로 이용하여 전송 효율을 향상 시키는데 PRS를 사용한다.

2.2.2 디지털 변조 방식의 해석

(1) ASK(Amplitude Shift Keying)

① ASK 변조 과정

진폭 편이 키잉(ASK)은 변조 된 2진수인 0,1을 반송 주파수에 따라 진폭의 유무를 나타내는 방식으로 2진 비트의 하나는 일정 진폭의 반송 신호를 이용하는 경우와 다른 하나는 반송 신호를 이용하지 않는 방식으로 2진 ASK에 대한 변조 방법으로는 디지털 신호인 0과 1의 정보 내용에 따라서 반송파의 진폭을 변화시키는 방식을 말한다.

㉠ 2진 데이터가 1이면 반송파를 송출하고 0이면 송출하지 않게 되는 구조를 보이게 된다.

㉡ 따라서 단극 NRZ 형태의 2진 데이터에 대응하여 반송파를 On시키거나 Off시키는 방식이라 해서 OOK(On-Off Keying)이라고도 한다.

㉢ ASK는 변조 과정에서 대역폭이 2배가 되므로 최대 대역폭 효율은 16[bps/Hz]이다.

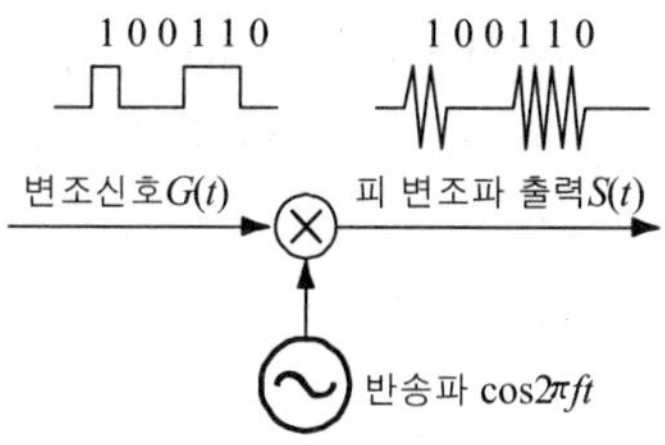

〈그림 2.7〉 ASK 변조기의 구성도

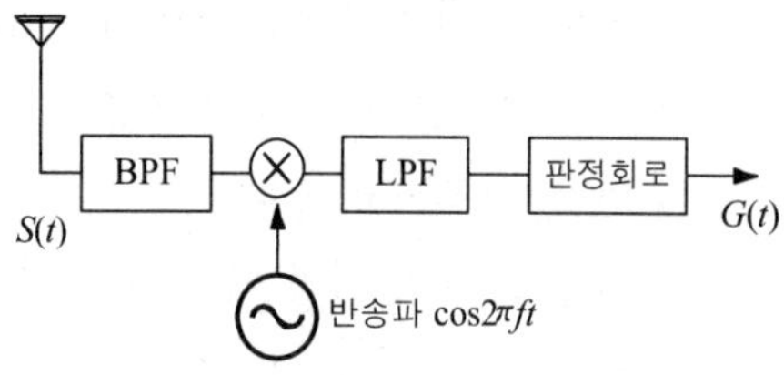

〈그림 2.8〉 ASK 복조기의 구성도

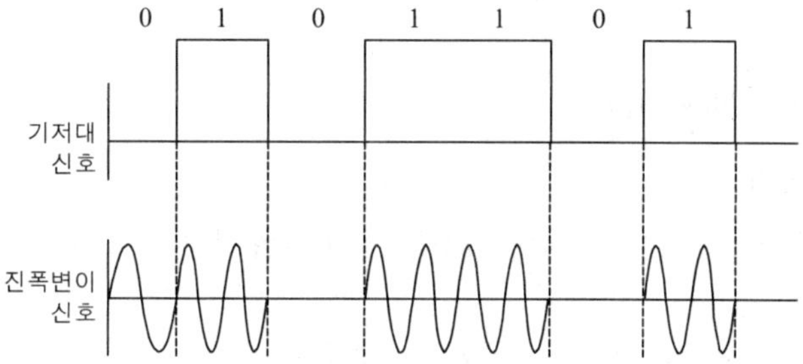

〈그림 2.9〉 ASK 변조 파형

② ASK 복조 과정

ASK의 복조동작은 비동기식의 포락선 검파기를 사용해야 한다. 왜냐하면 동기검파는 비동기 검파에 비해 1[dB]향상되기 때문이다. 따라서 S/N비가 큰 경우 비교적 회로 구성이 간단한 비동기 검파를 주로 사용한다.

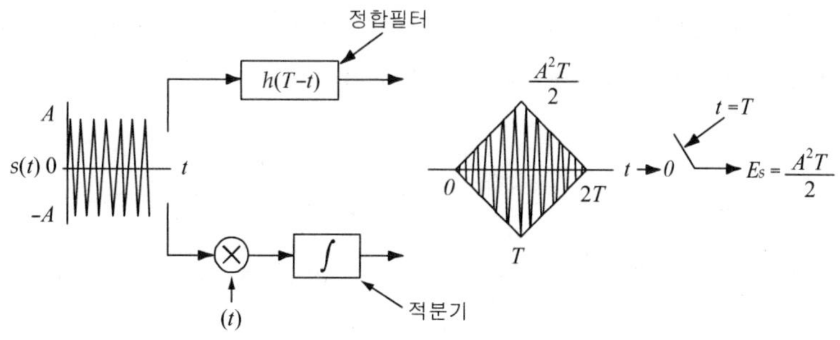

〈그림 2.10〉 2진 ASK복조 구성도

양극 NRZ 펄스에 의하여 변조된 신호 파형은 반송파의 위상이 메시지(정보)에 따라 180° 반전되는 것과 동일한 결과를 나타내므로 2진 PSK에 의한 방식과 같다. 2진 ASK방식은 비트 오류확률 특성이 좋으므로 저속의 데이터 전송에 많이 이용되며, 복조방식으로는 동기검파기(정합필터, 상관기)를 사용한다.

4원 복극 NRZ 형태(00, 01, 11, 10)의 2진 데이터를 반송파의 진폭 +3A, +A, −A, −3A 등으로 변화시키는 방식으로 APK(Amplitude Phase Keying)적용하며 복조는 동기검파를 채택하고 있다.

여기서 ASK 방식의 특징을 고려하면 다음과 같다.

㉠ 전송로의 주파수 변동에 강하고, 설계가 간단하다.

㉡ 단점으로는 잡음, level 변동에 약하기 때문에 수신부 Bias 왜곡 보정회로를 사용하여 반송파 단속 시에 level 편차를 충분히 키워야 한다.

(2) FSK(Frequency Shift Keying)

① FSK 변조 과정

2진 FSK의 변조는 디지털 신호 0 또는 1에 따라 반송파의 주파수를 달리 대응시키는 방식이다.

0을 전송하고자 하는 경우에는 낮은 주파수 반송파를, 1을 전송하고자 하는 경우에는 높은 주파수의 반송파를 전송하거나 또는 그 반대로 전송하는 방식(0과 1에 따라 진폭과 위상은 같은 주파수만 다른 반송파가 전송되는 방식)이다. 디지털 신호(2진 데이터)의 정보 내용에 따라서 반송파의 주파수를 두 개의 주파수로 변화시키며, 2개의 고주파수와 저주파수 상태를 사용하기 때문에 잡음에는 강하지만, 고속 전송에는 부적합하다.

따라서 FSK는 ASK에 비해 더 넓은 대역을 필요로 하며 오류확률은 OOK와 거의 동일하다. 이 때문에 BFSK가 OOK에 비해 최대 전력 면에서 3[dB]이득을 갖는다.

한편 FSK 방식의 특성을 평가하는 기준으로 이용되는 파라미터로 변조도와 피변조파의 주파수 대역폭을 이용하여 평가하게 된다.

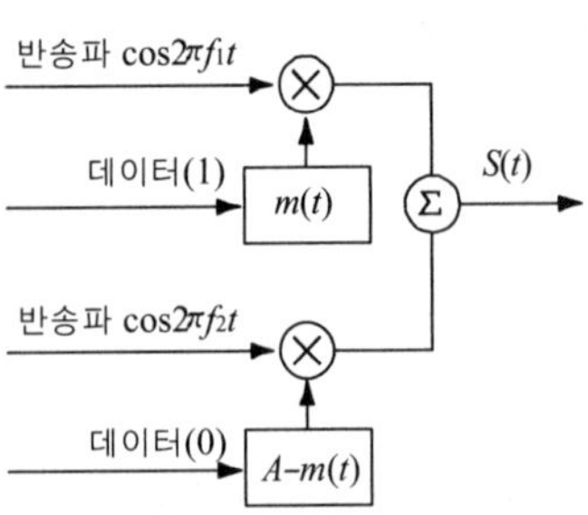

〈그림 2.11〉 FSK 변조기의 구성도

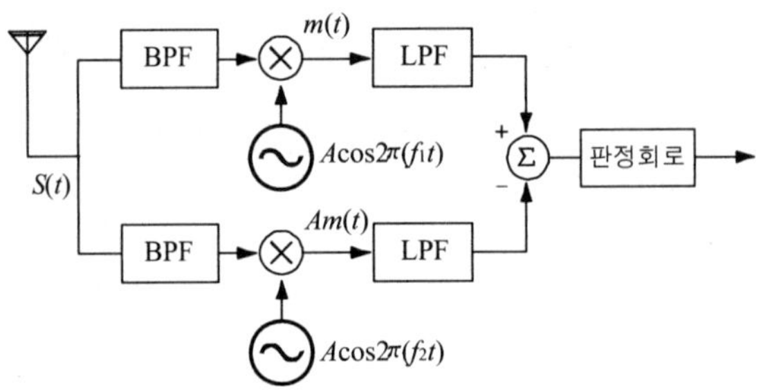

〈그림 2.12〉 FSK 복조기의 구성도

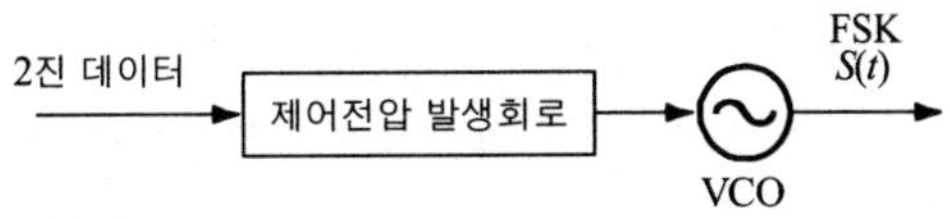

〈그림 2.13〉 FSK 변조기의 구성도

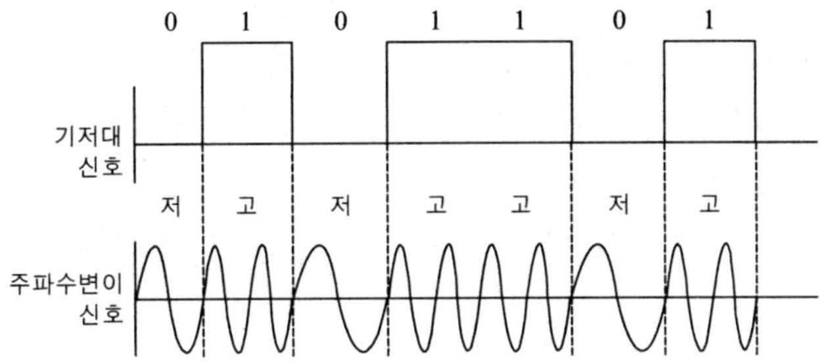

〈그림 2.14〉 FSK 변조 파형

② FSK 복조 과정

복조는 동기검파와 비동기검파가 사용되며, 변조 지수 m_f에 따라 전송 대역폭이 결정된다.

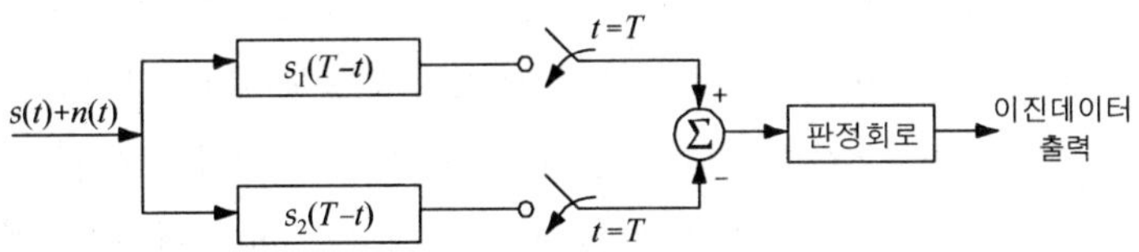

〈그림 2.15〉 정합필터(Matched filter)에 의한 FSK 동기 검파

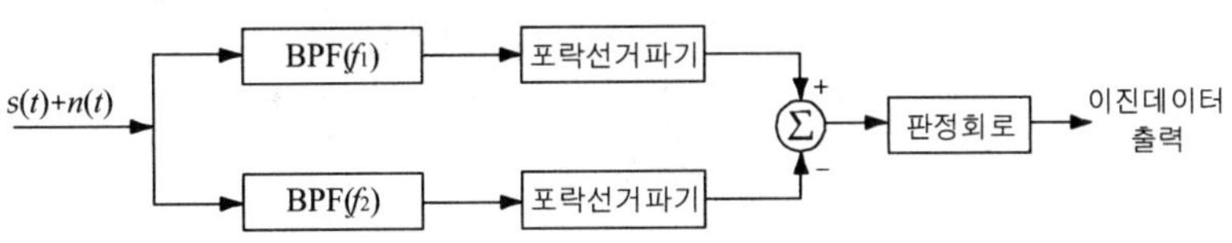

〈그림 2.16〉 FSK 비동기(In-coherent) 검파 방식

여기서 전송 대역폭 B에 대한 관계식을 나타내면

$$B = 2(\Delta f + f_s)$$

이며, Δf는 최대 주파수 편이를 그리고 변조 지수 $m_f = \dfrac{\Delta f}{f_s}$가 되는데 변조 지수

m_f의 크기에 따라 광대역 및 협대역 등으로 구분된다.

㉠ 광대역 변조 : $m_f \gg 1$인 경우로 $\Delta f \gg f_S$ 이므로 대역폭은 $B = 2 \cdot \Delta f$가 된다.

㉡ 협대역 변조 : $m_f \ll 1$인 경우로 $\Delta f \ll f_S$ 이므로 대역폭은 $B = 2 \cdot f_S$가 되며, 협대역 변조의 대역폭은 진폭 변조(AM)의 대역폭과 거의 동일한 크기를 보이게 된다.

여기서 FSK변조 방식의 특징을 고려하면 다음과 같다.

㉢ 잡음 및 level 변동에 강하며, 비교적 회로가 간단하다.

㉣ ASK에 비하여 전송대역이 넓다. 또한 신호 진폭이 일정하고 주파수 차와 전송로의 비선형에 대해서 강하다.

㉤ 단점으로는 주파수 변동에 약하기 때문에 AFC가 필요하다.

(3) PSK(Phase Shift Keying)

2진 PSK는 2개의 발진기를 이용하여 발생하는 디지털 신호 0 또는 1에 따라 반송파의 위상을 변화시키는 방식으로 입력되는 단극성 신호는 먼저 이극성 형식으로 변환한 후 국부 발진기의 출력 $\cos\omega t$와 곱해져 0° 혹은 180° 위상 편이를 일으킨다.

① 2진 PSK(BPSK, Binary Phase Shift Keying)

디지털 신호(2진 데이터)에 따라 반송파의 위상을 다르게 할당하는 방식으로 PRK(Phase Reversal Keying)라고도 하며, 여기서 전송부호가 +1이면 $A\cos\omega_c t$를, −1이면 $-A\cos\omega_c t$를 전송한다. BPSK에 대한 복조는 동기검파를 이용하며, 에러 확률은 비동기 ASK 및 비동기 FSK에 비해 S/N비가 4[dB], DPSK에 비해 1[dB] 유리하다.

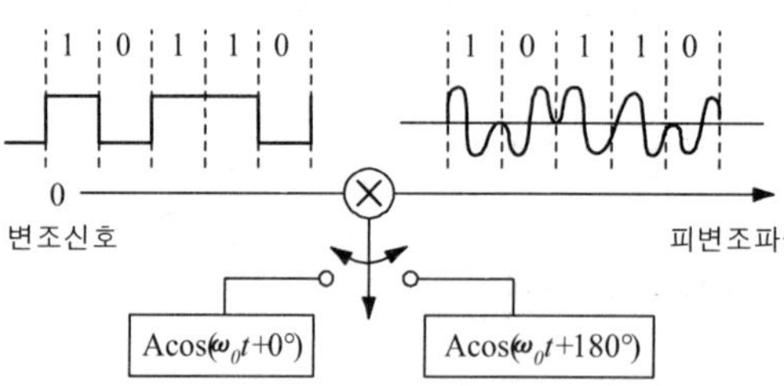

〈그림 2.17〉 BPSK 발생 구성도

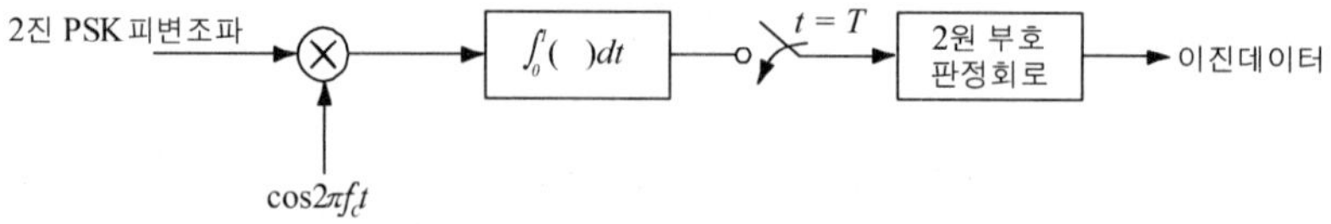

〈그림 2.18〉 BPSK 복조 구성도

② 4진 PSK(QPSK)

주파수가 같고 위상이 90° 다른 2개의 반송파를 각각 BPSK처럼 변조시킨 후 합성하는 변조방식이다.

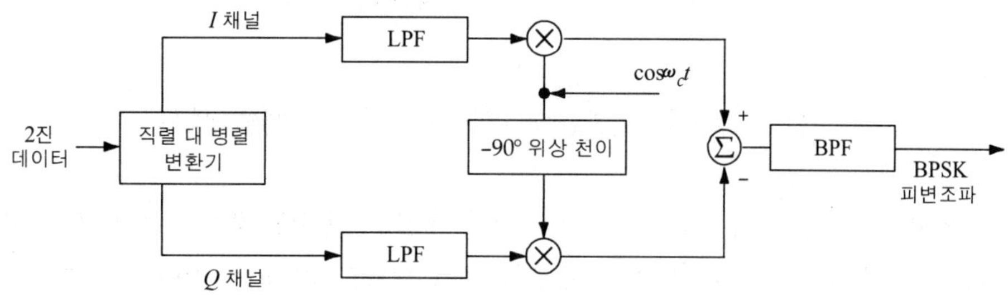

〈그림 2.19〉 QPSK 변조기의 구성

㉠ QPSK 변조기의 입력 데이터 열이 직병렬 변환기에 의해서 분배된다. 즉, 2원 부호를 나타내는 입력 데이터 열 $\{d_k\} = \{d_0, d_1, \cdots\cdots\}$을 다음과 같이 I채널과 Q채널로 나누어 이들을 각각 $\{d_I(t)\}, \{d_Q(t)\}$라 하면 다음과 같이 된다.

$$\{d_I(t)\} = d_0, d_2, d_4 \cdots\cdots \text{ (짝수 비트)}$$
$$\{d_Q(t)\} = d_1, d_3, d_5 \cdots\cdots \text{ (홀수 비트)}$$

여기서 $\{d_I(t)\}$와 $\{d_Q(t)\}$는 $d_k(t)$ 전송속도의 $\frac{1}{2}$이다.

㉡ I, Q 채널로 분리된 데이터는 90°의 위상차를 갖는 2개의 반송파를 각각 BPSK에서처럼 변조시킨 후 합성하면 QPSK신호가 얻어진다.

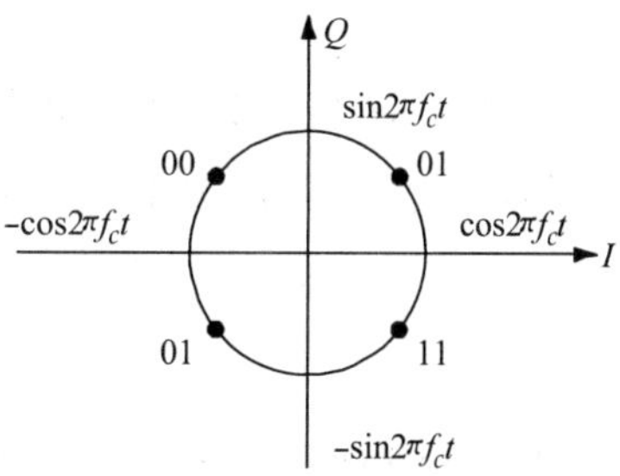

2진 데이터		Qpsk 출력위상
I채널	Q채널	
0	0	135°
0	1	−135°
1	0	45°
1	1	−45°

(a) (b)

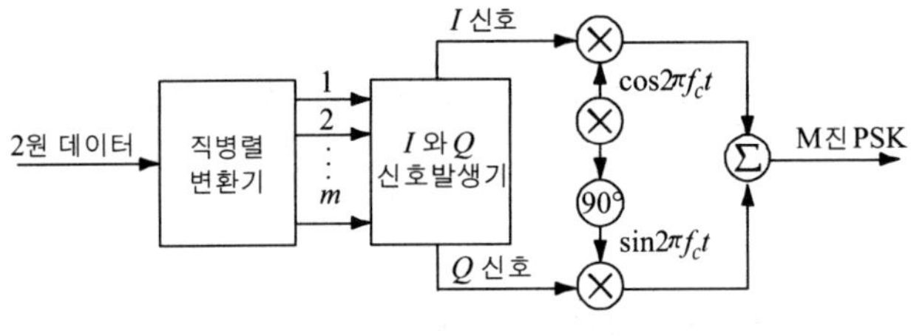

(c)

〈그림 2.20〉 $d_I(t)$와 $d_Q(t)$에 대한 출력위상과 I, Q발생 구성도

한편 QPSK수신기는 BPSK수신기 2개를 병렬로 연결한 것과 동일하며, 이와 같은 QPSK의 특징으로는 I채널과 Q채널의 에러 확률은 BPSK의 에러 확률과 동일하며, E_b/N_0 또는 S/N비는 BPSK보다 3[dB] 나쁘다. 그 외에 다음과 같은 특징을 갖는다.

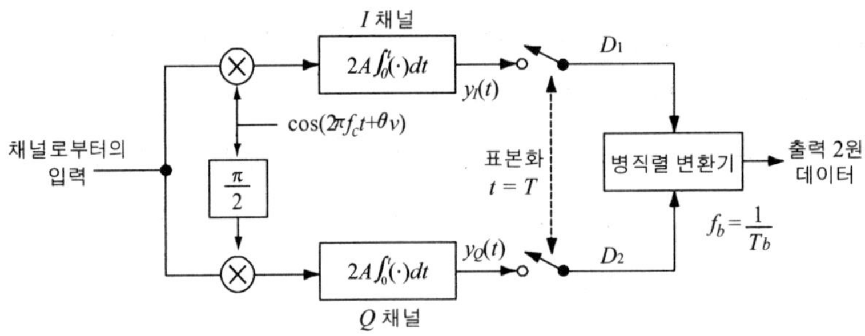

〈그림 2.21〉 QPSK 수신기의 구성도

㉢ 동일한 주기 T를 기준으로 하면 BPSK 보다 2배 속도로 비트를 전송할 수 있다.

㉣ 한 개의 심벌이 2개 bit를 표시하므로 I채널과 Q채널의 2진 데이터의 조합에 의해 위상이 정된다.

㉤ I채널과 Q채널의 데이터 모두가 변하면 $\pm 180^\circ$의 위상 변화가 생기고 두개의 채널 중 한개의 데이터가 변화하면 $\pm 90^\circ$의 위상 변화가 발생된다. 점유 대역폭은 BPSK의 1/2로 나타난다.

③ 8진 PSK(8-array Phase Shift Keying)

2진 데이터를 직병렬 변환기를 통과시켜 I채널, Q(Quadrature)채널, C(Control)채널 등의 3개 채널로 분리시킨 후 I채널과 C채널의 2진 데이터는 I채널의 레벨 변환기(2-to-L level converter)로 입력하고 Q채널과 C채널의 2진 데이터는 Q채널의 레벨 변환기로 입력하면 다음과 같은 특징을 갖는다.

㉠ 원주위에 $\frac{2}{8}\pi$ 위상차이로 균등하게 분포하며, 인접하는 신호점의 부호는 한 비트만 변화가 있으면 그레이 부호에 해당되므로 전송에러의 수를 감소시킬 수 있으며, 수신된 신호의 위상이 기준점에 대해 $\pm\frac{\pi}{8}$ 이내에 있으면 정확한 데이터를 복원할 수 있다.

㉡ 필요로 하는 점유대역폭은 BPSK의 $\frac{1}{3}$ 정도이며 8진 PSK의 복조는 동기검파를 행한다.

④ DPSK(Differentia1 PSK ; 차동 PSK)

PSK를 수신하여 검파하는데 동기 문제를 해결하기 위하여 1구간전의 기준파를 사용하여 PSK신호를 검파하는 방식으로 동기검파용 기준 반송파가 필요 없어 수신회로가 간단하지만, BPSK보다 성능은 떨어진다.

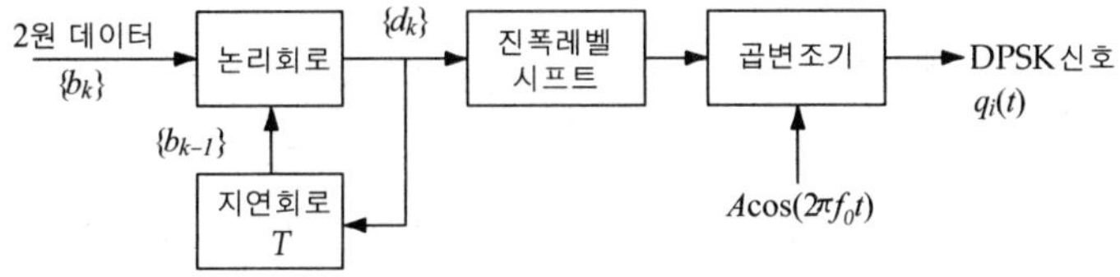

〈그림 2.22〉 DPSK 송신기

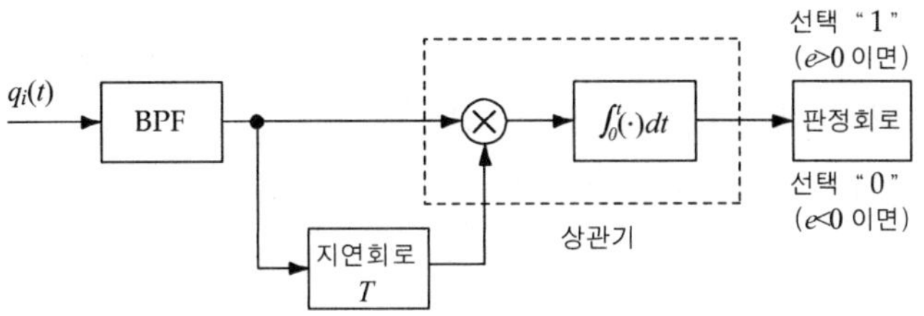

〈그림 2.23〉 DPSK 수신기

DPSK 신호의 발생(차동 부호화과정)과정을 고려하면 여기서 임의의 첫 비트를 기준 비트로 시작한 차동 부호화열 $\{d_k\}$는 다음과 같이 표현할 수 있다.

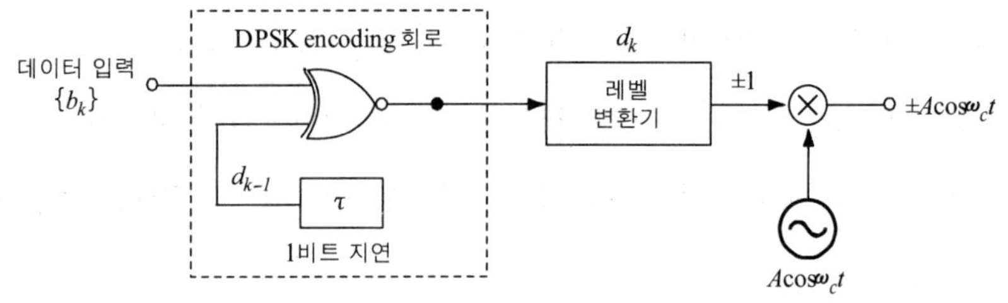

〈그림 2.24〉 DPSK 변조기

$$d_k = d_{k-1} \cdot b_k + \overline{d_{k-1}} \cdot \overline{b_k} = d_{k-1} \cdot b_k \oplus \overline{d_{k-1}} \cdot \overline{b_k}$$

b_k	1 0 0 1 0 0 1 1
d_{k-1}	1 1 0 1 1 0 1 1
d_k	1* 1 0 1 1 0 1 1 1
전송된 위상	0 0 π 0 0 π 0 0 0
위상비교출력	+ − − + − − + +
검파된 신호	1 0 0 1 0 0 1 1 (차동위상검파)

☞ *는 임의의 첫 비트

위상 비교출력은 d_k와 d_{k-1}의 위상 비교출력(차동위상 검파)을 의미하며 두개의 위상이 같으면 +, 다른 경우는 −로 나타내고 +는 1로 −는 0으로 처리하면 원래의 입력을 동기검파하지 않고도 찾아낼 수 있다.

따라서 DPSK는 1이 나타나면 출력상태에 변화가 없으나, 0이 나타나면 출력상태가 변한다.

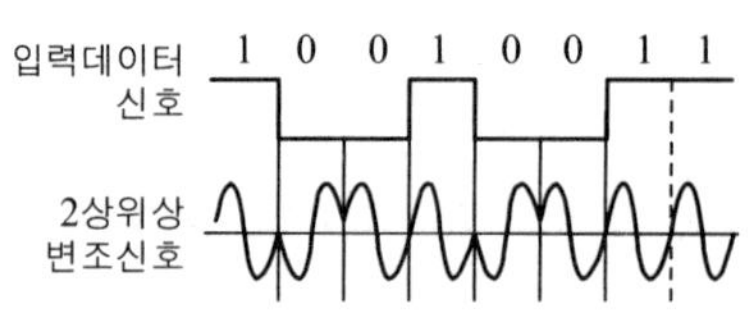

〈그림 2.25〉 2진 위상 변조파형

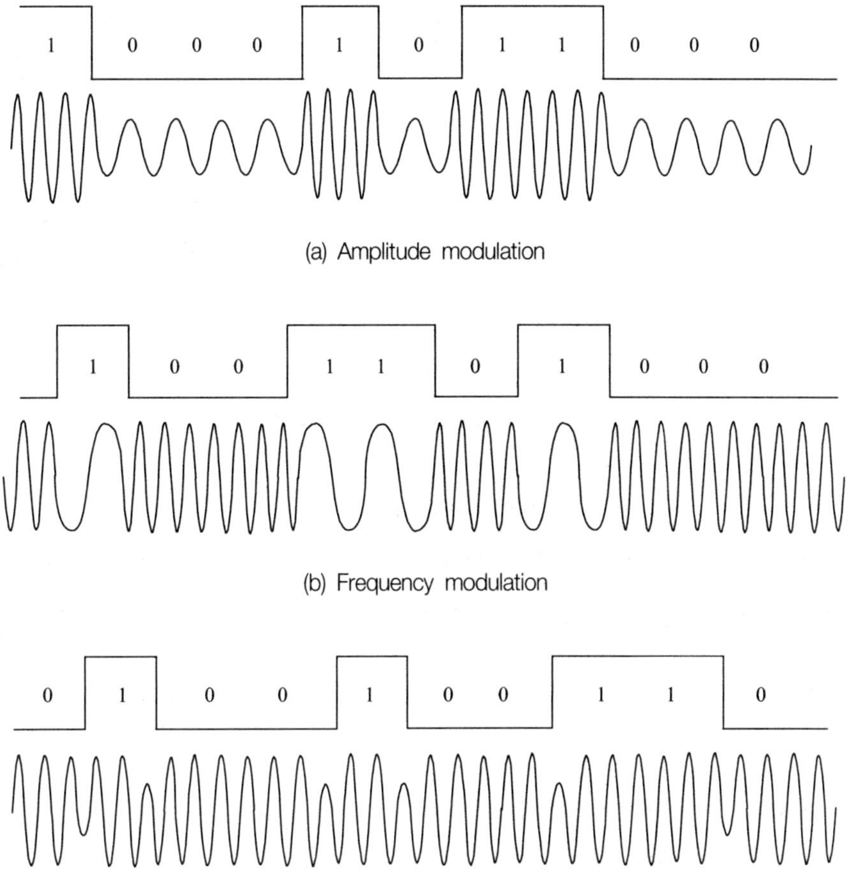

(a) Amplitude modulation

(b) Frequency modulation

(c) Phase modulation

〈그림 2.26〉 디지털변조 파형

PSK 방식의 형태는 PSK파의 고정 신호의 기준에 대하여 위상을 변화시키는 동기식 방식과 경제성을 고려하여 수신측에서 정확한 동기검파 검출을 위해 위상변화를 대응시키는 차동 위상변조(DPSK, Differential PSK) 방식 등으로 구분된다. 대부분 DPSK 변조 방식을 이용하며 DPSK파에서 신호파를 검파하는 방법은 서로 이웃하는 Time slot의 반송파의 위상을 비교하여 검출하게 된다. PSK 방식에서는 위상의 기준으로 몇 개의 위상 값을 사용하는가에 따라 2상 PSK(BPSK, Binary PSK), 4상 PSK(QPSK, Quaternary PSK), 8상 PSK(OFSK, Octal PSK) 등으로 구분된다.

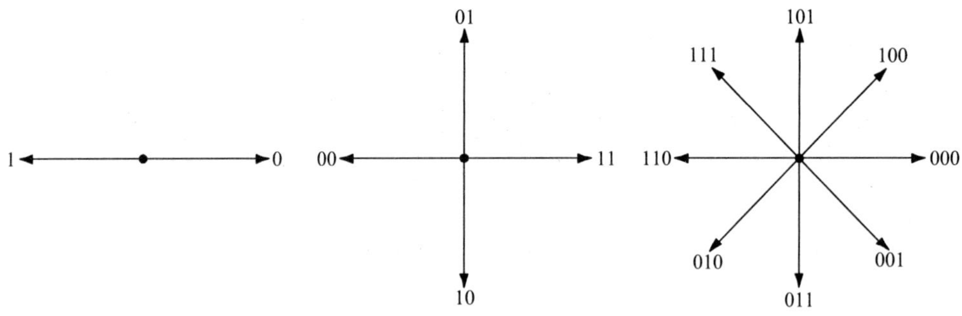

(a) BPSK (b) QPSK (c) OPSK

〈그림 2.27〉 PSK 방식의 형태

⑤ M진 PSK(M-array Phase Shift Keying)

PSK 방식을 사용하여 m개의 비트를 묶어 ($2^m = M$) M개 위상 중 하나의 위상을 할당하여 한꺼번에 많은 비트를 전송하는 방식으로 반송파간의 위상차는 $\frac{2\pi}{M}$ 이므로 수신기의 임계값은 $\pm\frac{\pi}{M}$ 내에 위치하여야 한다. 따라서 M진 PSK는 다음과 같은 특징을 갖는다.

㉠ M이 증가할수록 에러 확률은 증가하지만 전송 대역폭 효율이 좋아진다.

㉡ M진 PSK의 에러 확률 특성은 M진 DPSK 보다 우수하며, M진 PSK의 복조는 동기검파에 의한다.

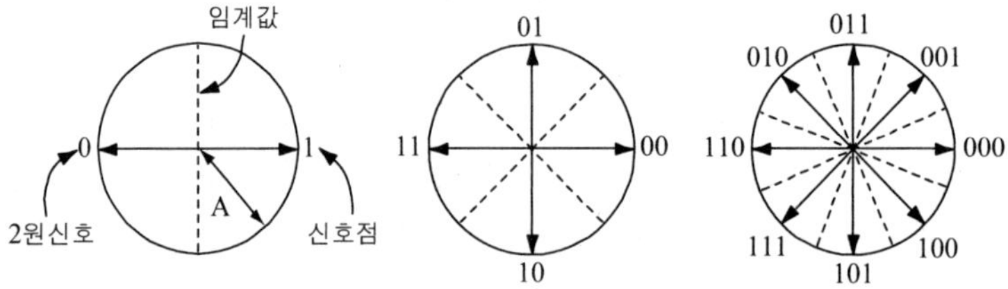

(a) M=2 (b) M=4 (c) M=8

〈그림 2.28〉 M진 PSK의 위상도

⑥ MSK(Minimum Shift Keying)

FSK 방식에서 2개의 반송파 주파수 (f_1, f_2)를 180°의 위상차가 유지되게 선택하여 2개의 주파수가 만나는 부분에서도 연속적인 위상 변화가 유지되게 하는 방식으로, 대역폭이 가장 좁은 경우에 해당되며 정 포락선, 위상연속, 동기검파 등의 장점으로 위성통신 또는 이동통신 등에 주로 이용되며 MSK를 FFSK(Fast FSK)라고도 한다. 따라서 MSK의 특징은 다음과 같다.

㉠ 포락선이 일정하며 비트의 변이점에서 반송파의 위상이 연속적이다.

㉡ 피변조파 스펙트럼의 부엽(Side Lobe)은 QPSK보다 좁으나 주엽(Main Lobe)는 더 넓은 단점이 있다.

㉢ 에러 확률은 QPSK와 동일하다.

⑦ OQPSK(Offset QPSK)방식

QPSK에서는 0°, ±90°, ±180°의 위상 변화가 발생하는데 이 중 위상 변화가 180°인 경우에는 위상이 갑자기 변해서 신호가 대역 제한된 채널을 통과할 때 왜곡이 발생한다. 즉 180°위상 변화의 경우는 PSK의 장점인 정 포락선(일정한 포락선)을 유지할 수 없게 된다. 따라서 변조 신호의 급격한 위상 천이를 줄이기 위해(즉 정 포락선을 유지할 목적으로 180°의 위상 변화를 제거하기 위해) I채널 혹은 Q채널 어느 한쪽을 $\frac{1}{2}T_s(=T_b)$만큼 시간 지연(offset)을 시켜 변조 신호 간 최대 위상 천이(Phase transition)를 90°로 감소시킨 방식을 OQPSK라고 한다.

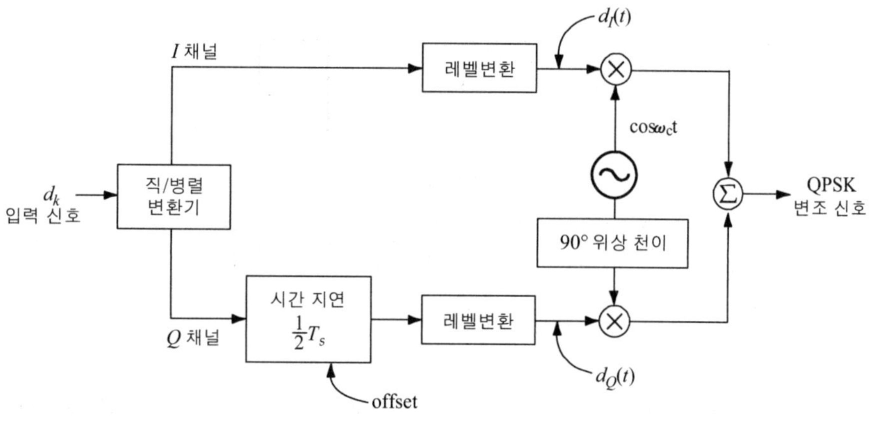

〈그림 2.29〉 OQPSK 변조기 구성도

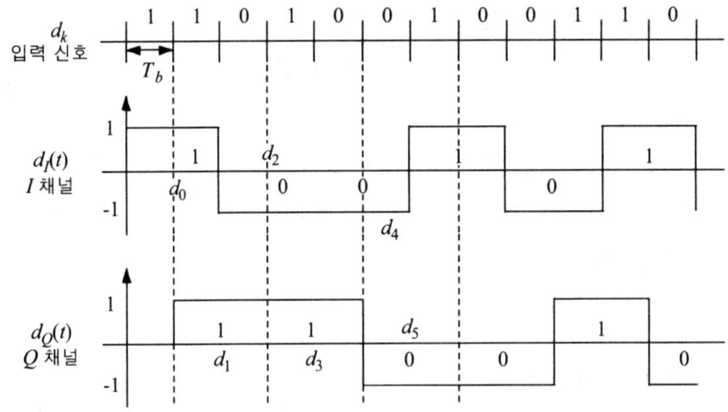

〈그림 2.30〉

OQPSK는 QPSK에서 Q channel을 한 bit 주기만큼 지연시켜 180° 위상 변화를 억제한 방식이다. 예를 들어 데이터의 변화에 따른 위상의 변화를 살펴보기 위하여 11000010 이라는 이진 data를 입력으로 하는 경우 데이터 형식이다.

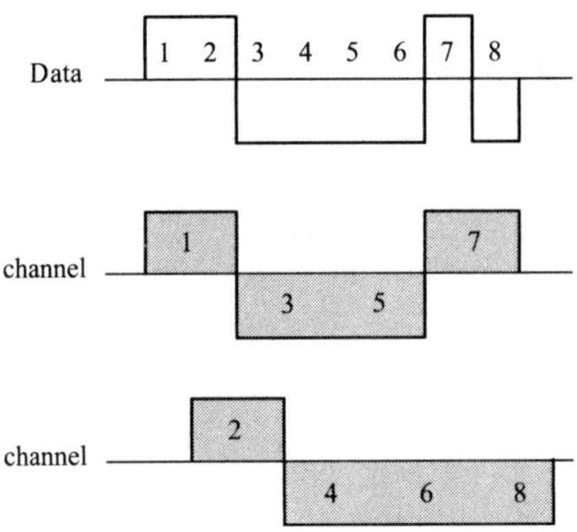

〈그림 2.31〉 QPSK의 I/Q data format

그러므로 그림 2.32와 같이 Q channel을 한 bit 주기 정도를 지연시킨 OQPSK를 사용하면 항상 위상변화가 90° 만큼 일어나게 된다. 이와 같은 결과를 통해서 OQPSK는 QPSK에 비해 적은 변조 대역폭을 갖게 된다.

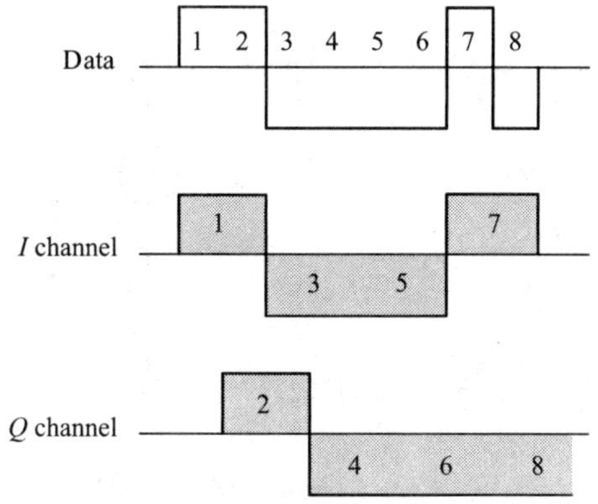

〈그림 2.32〉 OQPSK의 data format

여기서 OQPSK의 특징을 정리하면 다음과 같다.

㉠ OQPSK는 QPSK에 비해 진폭 변동이 적다.

㉡ 급격한 위상 변화로 인한 신호 스펙트럼의 부엽(Side lobe)이 커지지 않는다.

㉢ QPSK에서 부엽을 제거하기 위한 edge distortion으로 인하여 심벌 간 간섭(ISI)이 발생하지만 OQPSK에서는 180°에서 0°로 변화하는 일이 발생하지 않기 때문에 심벌 간 간섭이 발생하지 않는다.

이와 같은 이유로 IS-95 이동 통신 시스템에서는 역방향 링크의 변조 방식으로 OQPSK를 사용한다.

⑧ CQPSK(Complex QPSK)방식

CQPSK방식은 복합 확산 QPSK라고 부르는 것으로 이는 직교 대역확산 내용을 추가한 변조 방식으로 주로 CDMA-2000에서 적용하고 있다.

IS-95의 역방향 링크에서 Pilot 신호를 사용하지 않기 때문에 전력소모가 적다. CDMA-2000 경우에서는 기지국에서의 동기복조가 가능하도록 역방향 Pilot 신호를 사용하고 있다. 역방향신호는 Access, Pilot, Traffic 채널을 동시에 사용하기 때문에 Pilot 채널과 Traffic 채널 사이에 전력 차이가 크게 나타나 I/Q 채널 간 전력 불균형에 의한 누화가 발생하게 된다. 여기서 이와 같은 문제를 해결하기 위해 CQPSK 방식을 사용하고 있는 것이다. Pilot 채널은 변조되지 않은 확산신호로서 Traffic 채널에 비해 신호전력이 크고 I, Q의 한쪽 채널에 신호가 집중되는 특징을 지니게 된다.

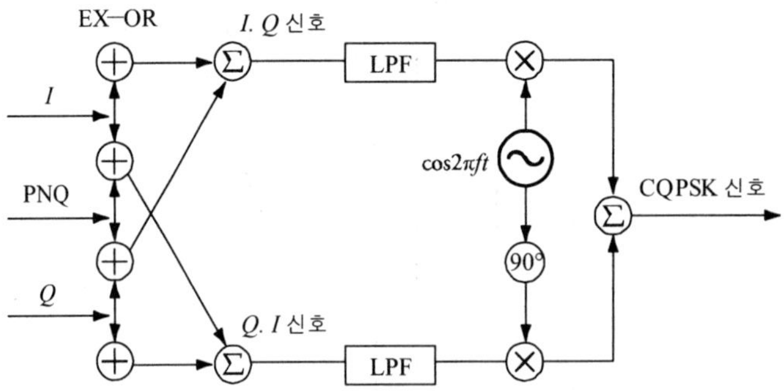

〈그림 2.33〉 CQPSK 변조기의 구성도

참고

QPSK와 CQPSK의 변조기의 차이점

- QPSK 방식의 경우는 I, Q채널에 PN 코드인 PNI와 PNQ를 직접 EX-OR(Exclusive-OR)시키지만 CQPSK 방식에서는 I, Q 채널에 PNI와 PNQ를 크로스시켜 EX-OR하는 구조를 보이고 있다. 따라서 이와 같이 I채널과 Q채널에 I채널용 PN 코드와 Q 채널용 PN 코드를 중복하여 확산변조(CQPSK) 구성하기 때문에 I채널과 Q채널 상호간의 누화 간섭을 최소화할 수 있어 전송효율을 향상 및 시스템 성능의 향상을 가져온다.

⑨ OCQPSK(Orthogonal Complex QPSK)방식

CQPSK방식을 이용함으로서 각 채널 사이에서 발생하는 전력 불균형 문제를 해결할 수 있지만 각 PN 칩 사이의 위상 천이가 180°의 범위로 발생하는 요인에 의해서 신호 포락선 변동범위가 넓어져서 대역폭이 넓어지게 되는데 이와 같은 원인을 해결하기 위해 Q 채널에 90° 지연을 주어서 사용하는 방식이 지연 직교 복합 확산(OCQPSK)방식이다.

(4) Sine filtered OQPSK

QPSK의 경우에는 원하지 않는 측파의 발생으로 인접 채널이나 다른 통신 시스템에 간섭을 일으키게 된다. 이와 같은 부엽(Side lobe) 주파수를 감소할 목적으로 필터를 사용하게 되는데 여기서 다시 필터의 사용으로 또 다른 진폭의 변동이 발생하게 된다.

따라서 필터를 사용하지 않고 부엽을 줄이는 방법으로 2승 여현 부호(Raised cosine pulse)를 사용할 수 있는데 이 방법 역시 정 포락선을 유지하지 못하게 된다.

이와 같은 문제 요인을 개선하기 위해 사용되는 변조 방식으로 sine filtered OQPSK 방식

을 들 수 있는데 이 변조 방식은 I채널과 Q채널 중 어느 한 채널을 시간 지연($\frac{1}{2}T_s$)만큼 행하고 각각 Sine pulse shaping을 한 것을 반송파와 곱한 것과 합해서 피변조파를 얻게 된다. 출력 신호를 Sine filtered OQPSK, MSK, Precoded MSK라고 한다.

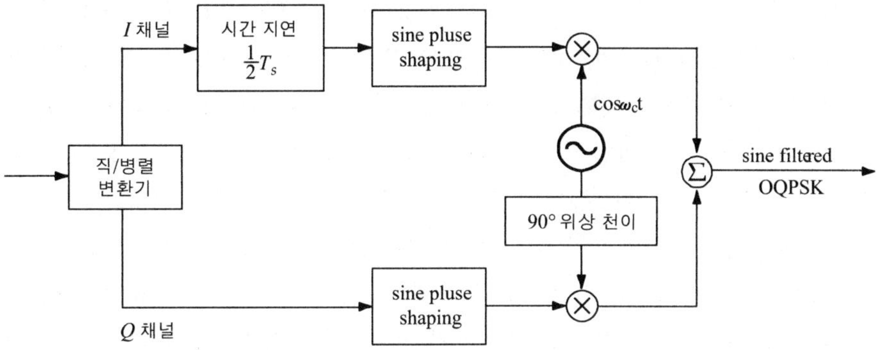

〈그림 2.34〉 sine-filtered OQPSK 변조기 구성도

(5) QAM(직교진폭 변조, Quadrature Amplitude Modulation)

2개의 채널(I-채널, Q-채널)이 독립이 되도록 한 것을 직교진폭변조라 한다. 디지털 신호(2진 데이터)의 전송 효율 향상, 대역폭의 효율적 이용, 낮은 에러율, 복조의 용이성을 얻기 위한 ASK와 PSK의 결합방식으로 APK(Amplitude Phase Keying)방식이라고도 하며, QAM은 완전히 독립된 2개의 베이스 밴드신호 계열로 직교하는 2개의 반송파(cosine, sine 파)를 각각 ASK로 변조한 것을 합성해서 동일한 통신로에 송출시키면 비트 전송속도를 2배 향상시킬 수 있다.

여기서 QPSK 변조기는 I-채널(In-Phase, 동상)과 Q-채널(Quadrature, 직교)상에서 2개의 레벨(±1)만을 가지나 QAM은 다수(4, 6, 8, 10……)의 레벨을 갖는다.

한편 4진 PSK와 4-QAM은 동일하며, QAM의 신호공간은 위상뿐만 아니라 진폭방향에도 변조가 되는 2차원 변조방식이다.

① QAM의 변조원리

2진 데이터를 직병렬 변환기에 통과시켜 2개의 채널로 분리하고 2개의 직교 채널에 들어온 비트를 2-to-L레벨 변환기에 의해 L레벨의 신호로 변환시킨 후 각 채널에서 L레벨의 신호는 cosine과 sine반송파를 갖는 곱셈 변조기에 인가되어 DCB-SC(Double Side-Suppressed Carrier) 변조된 후 합성하면 QAM 피변조파가 된다.

② QAM의 복조원리

QAM 복조기는 QPSK 복조기에 L레벨의 신호를 판별하는 (L-1)레벨 판정회로가 곱셈기 후단에 포함된다.

③ QAM의 특성

QAM의 대역폭효율은 $f_s = f_b/2$이므로 2[bps/Hz]($T_s = 2T_b$, f_s는 Simbol Rate 또는 Baud Rate라고 한다)이며, 여기서 QAM의 스펙트럼은 I와 Q채널의 베이스 밴드신호의 스펙트럼에 의해 결정된다. 따라서 페이저도(phasor diagram)상에서 M진 QAM의 신호점이 M진 PSK 피변조파의 신호점에 비해 거리가 더 크므로 오류 확률 면에서 다소 우수하다. 이와 같은 QAM의 특성은 이외에도 다음과 같은 것으로 설명할 수 있다.

㉠ QAM 신호는 2개의 직교성 DSB-SC 신호를 선형적으로 합성한 것이다.

㉡ M진 QAM과 M진 PSK의 전력 스펙트럼과 대역폭 효율은 동일하다.

㉢ M진 QAM(또는 M진 PSK)의 대역폭 효율은 $\log_2 M$[bps/Hz]이다.(16진 QAM의 최대 전송 대역폭 효율은 4[bps/Hz]이고, 64진 QAM의 최대 전송대역폭 효율은 6[bps/Hz]이다)

㉣ QAM의 소요 전송대역(B_R) = $2B$로서 DSB-SC의 경우와 동일하다(B는 베이스 밴드 대역폭으로 2배에 해당된다).

㉤ QAM의 스펙트럼 효율을 향상시키기 위하여 I와 Q채널에 PR(Partial Response Filter)를 사용한 QAM을 QPR(Quadrature Partial Response)이라 한다.

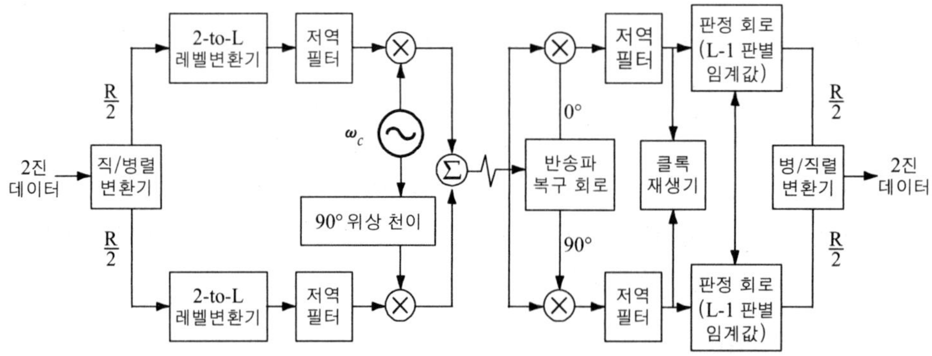

〈그림 2.35〉 QAM 변복조 구성도

참고

16진 QAM(L=4)은 4개의 레벨을 갖는 4개의 위상과, 2개의 레벨을 갖는 8개의 위상의 조합으로 구성된다. 다음의 그림은 16QAM(L=4)에 대한 위상도와 격자도를 나타낸 것이다.

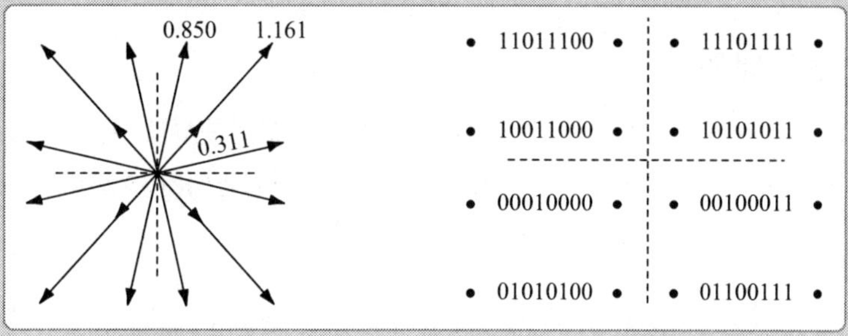

〈위상도〉 〈격자도〉

2.2.3 디지털 변조의 특성 비교

(1) 에러 확률(심볼 확률)

$$P_e = P_{be}\log_2 M$$

여기서 P_{be}는 비트 에러 율을 나타낸다.

〈표 2.1〉 각 변조방식에 대한 에러 확률 관계

ASK 변조	FSK 변조	DPSK 변조	PSK 변조	QAM 변조
ASK (2진 ASK)	FSK (2진 FSK)	2진 DPSK	2진 PSK	QAM
		4진 DPSK	4진 PSK	4진 QAM
		8진 DPSK	8진 PSK	8진 QAM
			16진 PSK	16진 QAM
		M진 DPSK	M진 PSK	M진 QAM

에러 확률 증가 ↓

에러 확률 감소 →

2진 PSK(BPSK)의 에러확률은 QPSK 에러확률의 $\frac{1}{2}$이다. 따라서 M진 에러확률과 2진 에러 확률간의 관계는 다음과 같다.

$$M\text{진 에러 확률} = 2\text{진 에러 확률} \times \log_2 M$$

한편 4진 DPSK, 4진 PSK, 4진 QAM의 에러 확률을 비교해 보면 4진 DPSK보다는 QPSK, QPSK보다는 QAM이 에러 확률이 작다.

(2) 전송 대역폭[Hz]

아날로그 통신에서의 대역폭은 디지털 통신에서는 통신로 용량과 유사한 개념이며, 전송 대역폭이라 하는 것은 점유 대역폭 또는 채널 대역폭이라고 한다. 따라서 전송 대역폭의 관계식을 나타내면 다음과 같다.

$$\text{전송 대역폭 } B_T = \text{신호 방식률 } r = \text{기호율} = \frac{1}{\text{기호 지속 시간}} = \frac{r_b}{n}$$

$$= \frac{r_b}{\log 2M}[\text{Baud}]$$

여기서 $n = \log_2 M$은 한 번에 보낼 수 있는 Bit 수를 나타내며, $r_b = \dfrac{1}{T_b}$[bit/s]는 bit rate를 나타낸다. 예를 들어 4진 PSK는 $n = 2$이며, 16진 PSK는 $n = 4$이므로 같은 bit rate일 때 16진 PSK는 4진 PSK보다 대역폭이 $\dfrac{1}{2}$로 줄어든다.

결국 전송 대역폭은 변조 방식(ASK, FSK, PSK)에는 관계없고 비트 수에 의해 결정됨을 알 수 있다.

(3) 대역폭 효율(스펙트럼 효율)

$$n = \frac{r}{B}\left[\frac{\text{bps}}{\text{Hz}}\right] = \frac{\text{비트율}}{\text{전송 대역폭}} = \log_2 M$$

동일한 전송 속도, r을 전송하는데 16진 QAM을 사용하면 QPSK보다 적은 대역폭으로 보낼 수 있다. 이 이유는 대역폭 효율 n이 적기 때문이다.

(4) 기호 에너지(M진 에너지)

$$E_s = E_b \log_2 M = nE_b$$

여기서 E_b는 비트 당 에너지를 나타낸다.

(5) 기호 지속시간

$$(T_s) = nT_b = \frac{n}{f_b}$$

〈표 2.2〉 디지털통신의 복조의 특징

방 식	특 징
ASK	장치가 간단하며, 근거리 전송, 전송로 레벨 변동에 약하다.
FSK	구성이 용이하며, 비교적 원거리 전송이 가능하다
PSK	고품질, 구성 및 동기의 정확성을 요구한다.
QAM	대량 정보 전송, 16-QAM이 일반적으로 사용된다.
APK	저 전력 소모, 대량 정보 전송이 가능하다.

2.2.4 디지털 통신의 복조

(1) 비동기검파(in-coherent 검파)

다이오드를 이용한 포락선검파기가 사용되며, 여기서 다이오드는 검파 특성이 완전한 직선이 아니어서 비 직선 왜율이 발생한다.

따라서 수신단에서 동기가 필요하지 않기 때문에 캐리어신호의 완전한 지식을 알 필요가 없다. 비동기검파는 주로 ASK와 FSK에 사용되며 PSK 파형복조에는 이용하지 않는다.

일반적으로 비동기검파는 동기검파보다 시스템이 간단한 반면에 동기검파보다 효율이 떨어진다.

(2) 동기검파(coherent 검파)

송신신호의 주파수와 위상에 동기 된 국부 발진 신호와 입력신호를 곱하게 하는 곱셈검파기이다. 즉, 송신측과 수신측이 동일한 반송파를 이용하는 경우로 PSK의 검파에 주로 사용된다. 한편 비슷한 잡음 성능에 대해 코히런트 시스템이 1[dB]정도의 신호전력 이득을 더 얻을 수 있으며, 정합 여파기검파는 일종의 동기검파방식이며, DPSK에서는 동기검파보다 차동위상 검파방식을 더 많이 사용한다.

2.3 통신용량과 통신 속도

2.3.1 전송 용량

(1) Shannon의 정리

$$C = W\log_2(1 + \frac{S}{N})\ [\text{bps}]$$

여기서 C는 채널용량, W는 채널의 대역폭, S/N는 신호 대 잡음비를 나타낸다. 일반적으로 $S/N = 30[\text{dB}]$이면 1000을 대입하고, 디지털 통신일 경우 S/N은 1을 대입 한다. 따라서 통신 용량 또는 채널 용량은 채널을 통하여 전송될 수 있는 신호 당 최대 평균 정보량을 나타내는 것이다.

한편 전송 용량 C를 늘리기 위한 방법으로는 신호 세력 S를 높이거나, 잡음 N을 적게 하거나 대역폭 W를 늘리는 방법 등을 이용한다.

(2) 잡음의 종류

통신채널에 유입되는 원치 않는 신호를 잡음이라 하며, 일반적으로 잡음은 고유잡음(Fixed Noise), 간섭(Interference), 왜곡(Distortion) 등을 모두 포괄하는 부정적인 영향의 의미로 많이 사용되며 잡음에 대한 형태와 특징을 고려하면 다음과 같은 것을 들 수 있다.

① 열잡음(thermal noise)

㉠ 저항체에 열을 가하는 경우 저항체 내의 전자가 불규칙한 열운동을 하므로 2점간에 향상되는 잡음 전압을 열잡음이라고 한다.

㉡ 전자회로에서 자연발생, 통신 이론에서 잡음을 모델링하는데 주로 사용한다.

㉢ 선로 상에서 볼 때 선 길이에 비례하여 증가한다.

② 임펄스 잡음(impulse noise)

임펄스잡음 즉 충격성 잡음은 선의 길이에는 관계없이 종단장치나 데이터 장비 등에서 주로 발생하는 잡음을 말한다.

③ 누화(cross-talk)

송수신자의 통화 내용 이외에 원하지 않는 외부소리가 들리는 현상으로 통화품질을 저하시키는 원인이 된다.

④ **상호변조 잡음**(inter-modulation noise)

상호변조 잡음은 주파수 간 상호 간섭에 의해서 발생하는 잡음을 말한다.

【예제】 음성급 채널의 사용 가능한 주파수 대역을 2600[Hz]로 볼 때 보통 환경에서 S/N비는 30[dB]이다. 이 채널의 이론적 용량을 결정하여라.

해설 전송 용량의 크기는 구하는 관계식을 이용하면
$C = 2600\log_2(1+1000) = 2500 \times 3.32\log_{10}(1001)$이며,
여기서 채널의 용량의 크기는 $C = 25900$[bps]가 된다.

【예제】 아날로그 전송회선에서 디지털 전송인 경우 2400[bps]의 전송속도로 전송할 때 필요한 주파수 대역폭의 크기를 결정하여라.

해설 $C = 2B\log_2 M$인 관계에서 $M = 1 + S/N$이며 여기서 디지털 통신의 경우는 $S/N = 1$이므로 이를 이용해서 대역폭을 구하면 $2B = \dfrac{2400}{\log_2 2}$인 관계식을 통해서 $B = 1200$[Hz]가 된다.

2.3.2 디지털 통신 시스템의 성능측정

디지털 통신 시스템에서 성능을 나타내는 파라미터로 E_b/N_o을 이용하는데 여기서 E_b/N_o의 의미를 고려하면 E_b는 비트당의 에너지로 단위는 [J/bit]이며, N_o는 잡음전력으로 1[Hz]에 들어 있는 전력[W]로 전력 밀도 스펙트럼이다. 여기서 E_b/N_o의 관계식을 고려하면

$$\frac{E_b\left[\frac{\mathrm{J}}{\mathrm{bit}}\right]}{N_o\left[\frac{\mathrm{W}}{\mathrm{Hz}}\right]} \times \frac{r\left[\frac{\mathrm{bit}}{\mathrm{sec}}\right]}{B_n[\mathrm{Hz}]} = \frac{C\,[\mathrm{W}]}{N\,[\mathrm{W}]}$$

이다.

(1) 아날로그 통신 시스템의 성능 측정

아날로그 통신 시스템의 성능 측정은 신호 대 잡음비(S/N)를 사용한다.
여기서 신호 대 잡음비는 신호 전력이 잡음 전력을 초과하는 데시벨을 나타내는 것으로

$$\frac{S}{N} = 10\log_{10}\frac{\text{평균신호전력}}{\text{평균잡음전력}}[\text{dB}]$$

인 관계식을 보인다.

(2) 디지털 통신 시스템의 성능 측정

디지털 통신 시스템의 성능 측정은 C/N(Carrier to Noise) 또는 BER을 이용하며 여기서 반송파 대 잡음비 C/N은 전송계에서 반송파와 잡음과의 크기의 비를 나타낸 것으로 데시벨[dB]로 나타낸다. C/N에 대해서 관계식으로 나타내면

$$C/N = \frac{E_b}{N_0} \cdot \frac{r_b}{B_n}$$

이며, r_b는 [bps]이며, B_n은 수신기의 잡음 대역폭[Hz], E_b/N_0는 BER(비트 에러율)을 각각 나타낸다. 그리고 반송파 대 잡음비의 크기는 충격성 잡음인 경우에는 피크 값을, 랜덤성 잡음인 경우에는 실효값을 취한다.

2.3.3 통신 용량과 통신 속도

(1) 통신 용량(채널 용량)

통신 용량(채널 용량)이란 주어진 조건하에서 통신 경로나 채널을 통해 전송될 수 있는 전송률 즉 채널을 통해 전송될 수 있는 신호 당 최대 평균 정보량으로 단위는 [bps]이다. 그리고 채널 대역폭은 채널의 수용 가능 주파수로 단위는 [Hz]이다.

따라서 채널 용량의 정의로 주어진 대역폭을 가능한 효율적으로 사용하려면, 가능한 에러율은 줄이고 데이터 전송률은 빠르게 해야 하지만, 잡음에 의해 효율성이 제한을 받는다. 잡음이 없는 경우를 먼저 생각하면, 데이터 전송률은 단지 신호의 대역폭에만 제한을 받으며, W로 주어졌을 때 전송될 수 있는 가장 높은 신호율은 $2W$[bps]임이 Nyquist에 의해 알려졌다.

데이터 전송률, 잡음, 에러율 사이의 관계를 생각해 보기로 하자. 잡음이 존재하면 하나 이상의 비트 에러가 생기고, 만약 데이터 전송률이 증가하면 비트는 더 짧아져서 더 많은 비트가 잡음의 영향을 받게 된다. 따라서 일정한 잡음 레벨에서 데이터 전송률이 증가하면 에러율도 높아진다는 것을 알 수 있고, Claude Shannon에 의해 수식으로 표현되었다.

① **잡음이 없는 경우의 채널 용량, C**

$$C = 2W\log_2 M$$

여기서 W는 대역폭, M은 전압 레벨로 서로 다른 수를 나타낸다. $M = 2$이면 1[bit]의 정보, $M = 8$이면 3[bit]의 정보량을 나타낸다.

② **열잡음(백색 잡음)을 고려한 경우의 채널 용량**

$$C = W\log_2\left(1 + \frac{S}{N}\right)\ [\text{bps}]$$

여기서 C는 채널 용량, W는 채널의 대역폭 그리고 S/N는 신호 대 잡음비를 나타낸다.

한편 전송 용량을 늘이는 방법으로는 신호 세력 S를 크게, 잡음 N은 적게 그리고 대역폭 W를 늘리는 방법을 이용한다.

【예제】 주파수 폭 f_m[Hz]인 통신로를 이용하여 펄스를 전송하는 경우 통신로 용량이 $8f_m$[bps]인 경우의 신호 대 잡음비의 크기는?

해설 샤논(Shannon)의 정리 식을 이용하면

$$8f_m = f_m\log_2\left(1 + \frac{S}{N}\right) = \log_2 2^8$$

이며, 여기서 신호 대 잡음비 $S/N = 255$가 된다.

(2) 통신 속도

부호가 어느 정도의 속도로 전송되고 있는가를 나타내는 척도를 통신 속도라고 하며, 이 방법에는 다음과 같이 변조 속도, 데이터 신호 속도, 데이터 전송 속도 등이 이용된다.

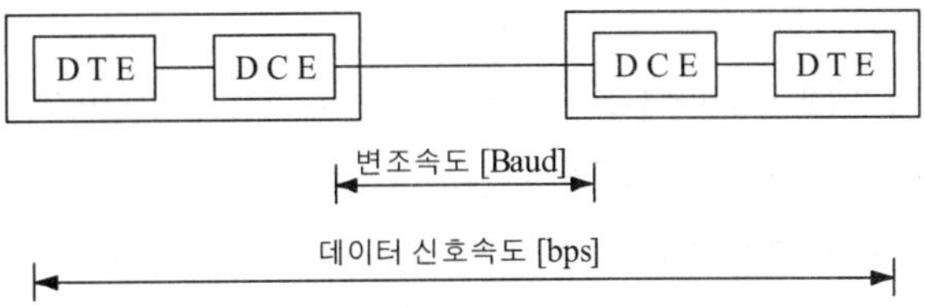

〈그림 2.36〉 통신 속도를 설명하기 위한 구성도

① **변조 속도**

1초간에 전송할 수 있는 최단 펄스(부호 단위)의 수를 나타내는 것으로 단위는 보오(Baud)를 이용한다.

$$B = \frac{1}{T}[\text{Baud}]$$

여기서 시간 T는 변환 점의 최단 펄스의 시간 길이를 나타내며, 둘 이상의 비트를 한 단위로 표현할 경우, 각 단위를 하나의 신호로 대응시켜 송수신하는 시스템에서 각각의 단위를 심벌(Symbol)이라 하며 이에 대한 속도를 심벌 전송률[symbol/s]이라고 한다.

【예제】 주파수 변조에서 0 또는 1을 나타내는 교류 신호의 1비트 분의 시간이 0.5[msec]인 경우 변조 속도는?

해설 변조 속도 $B = \frac{1}{T} = \frac{1}{0.0002} = 2000[\text{Baud}]$

② 데이터 신호 속도

1초간에 전송할 수 있는 비트수를 나타내는 것으로 단위는[bps]를 이용하며, 데이터가 데이터 단말 장치로 송신 EH는 수신되는 속도를 나타낸다. 하나의 변환 점에서 전달하는 비트수를 n비트, 변환 점의 최단 시간을 T라 하면 신호 속도 S는 다음과 같이 정의된다.

$$S = \frac{n}{T} = n \times B[\text{bps}]$$

따라서 변조 방식이 2진의 경우는 한 번에 보낼 수 있는 비트 수가 1개이므로 이 경우 변조 속도와 신호 속도는 동일하다.

【예제】 A진 위상 변조를 하는 동기식 모뎀의 변조 속도가 B(baud)일 경우 데이터 신호 속도(bps)를 구하는 관계식으로 나타내어라.

해설 데이터 신호 속도[bps]와 변조 속도[Baud] B의 관계를 고려하면

데이터 신호 속도 = nB[bps]

이다. 여기서 n(한 번에 전송하는 비트수)$=\log_2 M = \log_2 A$ 이므로 (여기서 M, A는 진수를 의미한다.) 데이터 신호 속도에 대한 관계식으로 나타내면 $B\log_2 A$가 된다.

③ 데이터 전송 속도

데이터 전송 속도는 초당 보낼 수 있는 문자(Character)수, 또는 Word수, Block수를 말하고, 단위는 [문자/초], [word/초], [block/초] 등으로 나타내며 이 관계를 나타내면

다음과 같다.

$$데이터\ 전송\ 속도 = \frac{B}{n}$$

여기서 B는 변조 속도, n은 한 문자를 구성하는 비트 수를 나타낸다.

④ 베어러(Bearer) 속도

기저대역 전송 방식에서 데이터 신호 이외에 동기 신호, 상태 신호 등을 포함하는 전송 속도, 즉 디지털 회선에서 동기를 취하는 프레임 비트와 통신의 상태를 상대에게 전하는 상태 비트를 맞춘 엔벨로프(Envelop)라 부르는 신호 형식으로 변형해서 전송한다.

⑤ TRIB(Transfer Rate of Information Bits)

정보의 발생원과 처리원 사이에서 관련된 Overhead(에러 제어 정보 등)를 제외한 순수한 정보 비트만의 전달 속도로 유효정보 비트 전달속도라고 한다.

데이터 링크의 시스템 효율 측정은 어떤 시스템의 성능을 판별할 수 있는 주요 수단이 된다. 미국국립 표준국(ANSI)은 시스템 효율을 TRIB로 정의하여 권고하고 있다. 여기서 TRIB(최선효율)를 산출하는 방법을 수식화한 관계식으로 나타내면 다음과 같다.

㉠ top-and-wait ARQ 제어에 대한 TRIB

$$TRIB = \frac{정보처리권이\ 수신한\ 정보\ Bit의\ 수}{수신정보\ Bit를\ 획득하는데\ 소요되는\ 총시간} = \frac{K_1(M-C)}{N_T[(M/R+\Delta T)]}$$

여기서 K_1는 문자의 정보 비트의 수, M은 메시지의 블록 길이, R은 회선전송속도, C는 블록 당 비 정보 문자의 평균수, ΔT는 블록간의 시간, N_T는 하나의 블록을 성공적으로 수신하는데 소요되는 평균 전송 횟수를 나타낸다.

한편 P를 하나의 블록을 재전송 해야만 하는 확률이라면 $N_T = \frac{1}{1-P}$이 된다.

따라서

$$TRIB = \frac{K_1(M-C)(1-P)}{(M/R)+\Delta T}$$

또한 블록 재전송 확률 P는 Bit-error rate, E와 블록의 길이 M에 관련된다.

$$TRIB \fallingdotseq \frac{K(M-C)(1-K_2K_3E)^M}{(M/R)+\Delta T}$$

연 습 문 제 (주관식)

01. 음성 신호를 디지털 부호화하는 경우에 이용되는 기술에 대해서 간단히 설명하여라.

해설 부호화 방식의 특징

- 파형 부호화 방식 : 음성 신호를 표본화, 양자화, 부호화하여 전송하는 디지털 부호화하는 기술
- 보코딩 방식(음원 부호화 방식) : 음성의 특징을 추출하여 전송하고 재생하는 디지털 부호화하는 기술
- 혼합 부호화 방식 : 파형 부호화 방식과 음원 부호화 방식을 혼합한 기술

02. 베이스밴드(baseband) 전송 방식에 대해서 간단히 설명하여라.

해설 데이터 신호 그 자체를 베이스밴드 신호라고 한다. 즉, 특정 반송파를 변조하기 위해 사용되는 모든 신호에 의해 얻어지는 주파수 대역을 말한다. 여기서 기저 대역이라고 할 수 있는 예를 들면

- TV 전송에서 복합 화상 신호에 의해 점유되는 6[MHz]를 기저 대역이라고 하며
- 반송 통신에서 변조된 모든 부반송파를 포함하는 주파수 대역 등을 들 수 있으며 베이스밴드 전송 방식이라고 하는 것은 PCM방식을 통해서 얻은 디지털 정보를 전송로에 직접 전송하는 방식으로 직류 전송 방식이라고도 한다.

03. 다음의 부호 형태에 대해서 간단히 설명하여라.

(1) Dicode
(2) Bipolar
(3) Miller code
(4) AMI

해설 (1) "0"에서 "1"로 변화할 때 (+)전위, "1"에서 "0"으로 변화할 때(−)전위, "1"에서 "1"또는 "0"과 같이 변화하지 않을 때 "0"전위로 전송하는 전송신호 방식 즉, 다이코드(Dicode)는 0 → 1로의 변화는 (+)전위, 1 → 0으로의 변화는 (−)전위를 주고, 변화가 없는 경우에는 0전위를 주는 전송부호로 bipolar 전송부호의 경우처럼 저주파 성분이 감소하는 특성을 보인다.

(2) 바이폴라는 AMI라고도 하며, AMI 부호는 1이 계속되는 경우 상반되는 정, 부 펄스로 교대로 반전하는 부호로 부호 전체 파형의 평균값이 0이 되어 저주파 영향을 받지 않는 부호이다. 즉, 바이폴라 방식은 1이 계속 상반되는 정, 부 펄스로 바뀌게 되므로 전체파형의 평균값이 0이 되어 저주파 차단 영향을 받지 않는다.

(3) 전송 부호 중 지연 변조(Delay modulation)에 대해서 설명한 것으로 Miller code라고도 하며, 이는 "최소한 2개의 비트 간격 동안에 한 번의 전이를 발생하며, 한 비트 간격에서는 최대한 한 번 전이가 발생한다." 라고 할 수 있으며, 전송 부호 중 소요 대역폭이 가장 좁은 부호이다.

(4) 입력 데이터 1은 +1과 −1로 반복하는 마크 부호로 변형하고, 입력 데이터 0은 스페이스 부호로 변형하는 부호 방식으로, ISDN S 인터페이스에 많이 사용되는 것으로 AMI 부호는 바이폴라

부호로 불리기도 한다.

여기서 바이폴라 신호 형태를 설명하면

- 정상적인 RZ 바이폴라 신호 방식에서 2진수 "0"은 0[V]로 전송된다.
- "0"의 상태가 6개 이상 오래 지속되면 "0"이 "0" 억제 부호로 대치된다.
- 선로가 어떤 한쪽 극성만 치우치는 것을 방지하기 위해서 교대로 하여 전송함으로써 선로상의 전압의 합이 "0"이 되도록 한다.

등을 들 수 있다.

04. 전송로에 디지털 신호를 양극 부호펄스 형태로 전송시키는 이유를 설명하여라.

해설 기저대역 전송에는 1에 (+)레벨을, 0에 (−)레벨을 부여하는 복극 혹은 복류 방식의 부호가 가장 많이 사용되고 있다.

전송로에 디지털 신호를 양극(복극) 전송부호 형태로 전송하는 이유는 양극 전송 부호의 위, 아래에 대한 평균값이 거의 0이 되므로 직류성분이 거의 없어 기저대역으로 부호를 전송하는 경우에 적합하기 때문이라고 할 수 있다.

05. 전송 부호가 지녀야 할 조건에 대해서 설명하여라.

해설 전송 부호 형식에 대한 요구 조건으로 다음과 같은 내용을 들 수 있다.

- 직류(DC) 성분이 포함되지 않아야 한다.
- 전송 대역폭[Hz]이 좁아야 한다. 즉, 전송 대역폭이 좁다는 것은 DC 성분이 포함되지 않는다는 것으로 좁을수록 바람직하다.
- 필터나 다원 레벨 전송 방식의 사용으로 디지털 신호의 대역폭을 감소시킬 수 있다. (디지털 신호가 점유하는 대역폭이 가능한 좁을 것).
- 누화, 간섭, 왜곡, 페이딩, 지터 등의 각종 방해에 강해야 한다. 그래서 복극성 부호를 이용하게 되는 것이다. 왜냐하면 복극성이 단극성 보다 Noise margin이 좋기 때문이다.
- 타이밍 정보가 충분히 포함되어야 하며, 저주파 및 고주파 성분이 제한되어야 한다.
- 전송에 필요로 하는 전송 대역폭이 적어야 한다.
- 적절한 동기 정보(Timing 정보)를 포함해야 한다. 디지털의 경우는 동기를 필요로 한다. 만일에 동기가 맞지 않으면 통신이 곤란하게 된다.
- 동일한 레벨의 보호가 연속되는 것을 억제하는 부호 구성이 필요하며 자기 타이밍 방식이 널리 사용된다(부호에서 적절한 타이밍 정보 추출을 할 수 있어야 한다). 즉, 타이밍 정보가 포함되어야 한다.(Self clocking)
- 전송로 상의 감시를 위해 에러의 검출과 정정이 용이한 부호를 사용하는 것이 바람직하다.(가능한 에러 검출이 가능).
- 스펙트럼의 모양 : 데이터의 스펙트럼 모양을 전송 특성에 적합하도록 대역 압축 부호 구성이 필요하다. (스펙트럼 모양에서 주파수가 0인 DC성분이 적어야 한다).
  즉, AC Coupling 전송로에서 정보 손실을 방지하기 위하여 신호의 전력 스펙트럼에서 DC성분이 포함되지 않도록 제거해야 한다.
- 전력 밀도 스펙트럼 상에서 아주 낮은 주파수 성분과 아주 높은 주파수 성분이 제한되어야 한다.

- 데이터를 구성하는 비트 스트림의 패턴에 제한이 없어야 한다.(Transparency)
- 전송 부호의 코딩 효율이 양호해야 한다.

06. 디지털 변조 방식의 형태를 들고 각 변조 방식에 대한 특징을 간단히 설명하여라.

해설
- ASK(Amplitude Shift Keying) : 디지털 신호(1, 0)의 정보 내용에 따라서 반송파의 진폭을 변화시키는 방식으로 단극 NRZ 형태의 2진 데이터에 대응하여 반송파를 On시키거나 Off시키는 방식이라 해서 OOK(On-Off Keying)라고도 한다. 즉, 2진 데이터가 1이면 반송파를 송출하고 0이면 송출하지 않는다. 이와 같은 ASK의 특징을 고려하면
  - 양극 NRZ 펄스에 의하여 변조된 신호 파형은 반송파의 위상이 메시지(정보)에 따라 180°반전되는 것과 동일한 결과를 나타내므로 2진 PSK에 의한 방식과 같다.
  - 2진 ASK 방식은 비트 에러확률 특성이 좋으므로 저속의 데이터 전송에 많이 이용되며, 복조방식으로는 동기 검파기(정합필터, 상관기)를 사용한다.

  한편, 이러한 변조 방식은 다른 변조 방식에 비하여 에러가 많고 갑작스런 이득의 변화에 민감하여 전송효율이 떨어지므로 디지털 전송의 경우에는 거의 사용하지 않고 음성급 회선에서는 1200[bps]이하의 전송 속도에 사용되며 광섬유로 디지털 데이터를 전송하는데 사용된다.
  - AM과 같이 민감하므로 비교적 저속 데이터 전송에 이용한다.
  - 채널의 상태에 민감하므로 단독으로는 거의 사용하지 않고 PSK와 함께 사용한다.
  - Baseband 방식에 비해 2배의 전송대역폭을 필요로 한다.
  - 매우 간단히 구성할 수 있으나 에러성능이 다소 떨어진다.
  - 비동기 검파를 이용한다.(일반적으로 비동기검파는 동기검파보다 간단한 반면에 효율이 떨어진다.)
- FSK(Frequency Shift Keying) : 디지털 신호(0,1)에 따라 반송파의 주파수를 변화시키는 방식으로 전송속도가 비교적 저속에 이용되며, 협대역이면서 잡음에 강한 모뎀의 전송방식에 이용되는 변조 방식이다

  즉, FSK 변조방식은 디지털 신호(2진 데이터)의 정보 내용에 따라서 반송파의 주파수를 변화시키는 방식을 말한다.
- PSK(Phase Shift Keying) : 디지털 신호(0,1)를 반송파의 위상을 다르게 할당하는 방식으로 PRK(Phase Reverse Keying)라고도 한다.

  PSK 변조방식은 디지털 신호(2진 데이터)의 정보 내용에 따라 반송파의 위상을 변화시키는 방식으로 2원 디지털 신호를 m개의 비트로 묶어서 $M=2^m$개의 위상으로 분할시킨 위상 변조방식을 M진 PSK(M-array PSK)라 하며 2진, 4진, 8진 PSK 등이 사용된다.

  일반적으로 PSK는 일정한 포락선(진폭)을 갖는 파형이기 때문에 전송로 등에 의한 레벨 변동의 영향을 적게 받는다. 따라서 심볼 에러(symbol error)가 우수하며, 변복조 회로가 비교적 간단하다.
- QAM(직교 진폭 변조, Quadrature Amplitude Modulation) : 2개의 채널(I-채널, Q-채널)이 독립이 되도록 한 것을 직교 진폭변조라고 하며, QAM방식은 디지털 신호 (2진 데이터)의 전송 효율 향상, 대역폭의 효율적 이용, 낮은 에러율, 복조의 용이성을 얻기 위해 ASK와 PSK의 결합방식으로 APK(Amplitude Phase Keying)방식이라고도 한다. QAM은 완전히 독립된 2개의 베이스 밴드 신호 계열로 직교하는 2개의 반송파 (cosine, sine 파)를 각각 ASK로 변조한 것을 합성해서 동일

한 통신로에 송출시키면 비트 전송속도를 2배 향상시킬 수 있다.

여기서 QPSK 변조기는 동상(I-채널, In-Phase)과 직교(Q-채널, Quadrature) 상에서 2개의 레벨 (±1)만을 가지지만 QAM은 다수(4, 6, 8, 10······)의 레벨을 갖는다.

한편 4진 PSK와 4-QAM은 동일하며, QAM의 신호공간은 위상뿐만 아니라 진폭방향에도 변조가 되는 2차원 변조방식이다.

07. 전송 대역폭[Hz]에 대해서 설명하여라.

해설 아날로그 통신에서의 대역폭은 디지털 통신에서는 통신로 용량과 유사한 개념이며 여기서 전송 대역폭이라 함은 점유 대역폭 또는 채널 대역폭이라고 한다. 따라서 전송 대역폭의 관계식을 나타내면 다음과 같다.

전송 대역폭 B_T = 신호 방식률 r = 기호율 $= \dfrac{1}{\text{기호 지속 시간}} = \dfrac{r_b}{n} = \dfrac{r_b}{\log 2M}$[Baud]

여기서 $n = \log_2 M$은 한번에 보낼 수 있는 Bit 수를 나타내며, $r_b = \dfrac{1}{T_b}$[bit/s]는 bit rate를 나타낸다.

예를 들어 4진 PSK는 $n = 2$이며, 16진 PSK는 $n = 4$이므로 같은 bit rate일 때 16진 PSK는 4진 PSK보다 대역폭이 1/2로 줄어든다.

따라서 전송 대역폭은 변조 방식(ASK, FSK, PSK)에는 관계없고 비트 수에 의해 결정됨을 알 수 있다.

08. 통신 용량과 통신 속도에 대해서 설명하여라.

해설
- 통신 용량 : 채널 용량을 나타내는 관계식인 샤논(Shannon)의 관계식은 채널 용량에 대한 설명으로 채널을 통해 보낼 수 있는 데이터 량은 채널의 대역폭에 비례하게 된다. 여기서 통신 용량 혹은 채널 용량은
  - ◦ 정보를 에러 없이 회선에 전송하여 전송할 수 있는 최대 속도이다.
  - ◦ 채널의 단위는 BPS를 사용한다.

  등을 들 수 있으며 예를 들면 음성급 채널의 사용 가능한 주파수 대역을 2600[Hz]로 볼 때 보통 환경에서 S/N비는 30[dB]이다. 이 채널의 이론적 용량은 샤논의 정리를 고려하면

  $$C = B\log_2\left(1 + \frac{S}{N}\right)$$

  인 관계식을 적용하면

  $$C = 2600\log_2(1 + 1000) = 2600 \times 3.32\log_{10}(1001) = 25900\,[\text{bps}]$$

  으로 계산된다.
- 통신 속도 : 부호가 어느 정도의 속도로 전송되고 있는가를 나타내는 척도를 통신 속도라고 하며 이 방법에는 다음과 같이 변조속도, 데이터 신호 속도, 데이터 전송속도 등이 이용된다.
  - ◦ 데이터 변조 속도[Baud] : 1초당(동안)에 몇 번의 변조가 행하여지는가를 나타내며, 또는 1초간에 전송할 수 있는 부호 단위 수를 나타내는 것으로 단위는 보오(Baud)를 이용한다.

    $$B = \frac{1}{T}[\text{Baud}]$$

    여기서 시간 T는 변환 점의 최단 펄스의 시간 길이를 나타내며, 둘 이상의 비트를 한 단위로

표현할 경우, 각 단위를 하나의 신호로 대응시켜 송수신하는 시스템에서 각각의 단위를 심벌(symbol)이라 하며 이에 대한 속도를 심벌 전송률[symbol/sec]이라고 한다.

09. M진 에너지와 2진 에너지의 관계에 대해서 설명하여라.

해설 M진 에너지와 2진 에너지의 관계는

$$M\text{진 에너지}=2\text{진 에너지}\times \log_2 M$$

이다. 예를 들어 8진 FSK 신호 에너지가 E_S일 때 비트 에너지는

$$2\text{진 에너지}=\frac{M\text{진 에너지}}{\log_2 M}=\frac{E_S}{\log_2 8}=\frac{E_S}{3}$$

가 된다.

10. 2400[Baud]의 4위상 변조의 경우 데이터 신호 속도는?

해설 S=2400×log24=2400×2=4800[bps]

따라서 변조방식이 4진의 경우는 한 번에 보낼 수 있는 비트 수가 2개이므로 이 경우 변조속도와 신호 속도는 2배 관계에 있다.

11. 디지털 통신 시스템의 성능 측정에 이용되는 기준에 대해서 설명하여라.

해설
- 아날로그 통신 시스템의 성능 측정 : S/N(신호 대 잡음비)를 기준으로 측정한다.
- 디지털 통신 시스템의 성능 측정 : C/N(Carrier to Noise)또는 BER을 이용하여 성능을 측정하며, C/N에 대한 정의는

$$C/N=\frac{E_b}{N_0}\cdot\frac{r_b}{B_n}$$

이며, 여기서 r_b는 bit rate[bps]이며, B_n은 수신기의 잡음 대역폭[Hz], E_b/N_0는 BER(비트 에러율)을 각각 나타낸다. 한편 디지털 정보 전송 시 전송 품질을 평가하는 것으로 BER(비트 오율)을 이용한다.

12. 간섭(ISI)을 실험적으로 측정하는 방식으로 오실로스코프를 사용한다. 이 때 관측 대상이 되는 것은 무엇인가?

해설 눈 패턴(eye pattern)은 시스템의 성능에 대한 정보를 설명한다.
- 눈을 뜬 좌우의 폭은 수신파를 ISI 간섭 없이 샘플링(Sampling)할 수 있는 주기이다.
- 눈을 뜬 상하의 높이(Height of the eye)는 특정 샘플링 시간에 대한 잡음 여유도(Noise Margin)를 나타낸다.
- 타이밍 오차에 대한 시스템의 감도(Sensitive)는 샘플링 시간의 변동에 따라 눈이 감기는 비율로 결정된다.
- ISI의 간섭이 매우 심한 경우에는 눈이 완전히 감긴 상태이다.

연 습 문 제 (객관식)

01. 디지털 정보 또는 데이터를 유선 전송로를 통해 전송하기 위해서 전송매체의 특성에 적합한 펄스 형태로 변환시켜 전송하는 방식을 나타낸 것은?

㉮ Broad Band전송　　㉯ Low Pass전송

㉰ Band Pass전송　　㉱ Pass Band전송

해설 Low Pass 전송방식을 Baseband 전송방식이라고도 한다.

- TV, FAX 신호, 데이터 등이 갖는 기저대역 그대로 변조 없이 무장한 심선 구조를 지닌 전송 매체(동축 케이블, 평형 쌍 케이블 등)를 이용하여 데이터를 전송하는 방식을 말한다.
- 직류 또는 비교적 저주파수의 큰 대역폭을 갖는 회선에 적합한 전송방식이다.
- 단거리 구간에서는 다른 전송방식에 비해서 비교적 경제적이어서 널리 적용되고 있다.
- 베이스밴드 전송은 전송회선에 이용되는 방식이므로 새로운 디지털 정보망인 가입자와 국 사이에 이용할 수 있다.

답 ㉯

02. 전송 시스템의 전송부호를 선정하는 경우, 고려되어야 할 요구조건이 아닌 것은?

㉮ Timing 정보　　㉯ DC 정보

㉰ 전력 스펙트럼　　㉱ 전송속도

해설 전송부호를 선정하는 경우 고려되어야 할 요구조건은 Timing 정보, DC정보, 전력 스펙트럼, 에러의 검출과 교정, 운용상태 감시, 투명성, 대역폭, 전송특성, 구성의 복잡도, Coding 효율 등을 들 수 있다.

답 ㉱

03. 전송 시스템 설계시의 전송부호를 선정하는 경우 고려해야 할 요구조건으로 적합하지 못한 것은?

㉮ 비트열로부터 타이밍 정보를 용이하고 정확하게 추출할 수 있어야 한다.

㉯ 전력 스펙트럼 상에 DC성분이 포함되어야 한다.

㉰ 전송부호의 전력 스펙트럼의 최대값이 중간 주파수 대역에 위치하여야 한다.

㉱ 전송 중에 발생하는 에러를 용이하게 검출하고, 에러 교정기능을 갖추어야 한다.

해설 DC성분이 존재하게 되는 경우 DC레벨이 변화하면 선형으로 유지되기 어렵고 AGC의 제어기준으로 펄스 진폭을 사용할 수 없게 된다. 또한 DC 레벨이 변화하면 중계기의 동작전원이 변동하게 된다.

답 ㉯

04. 디지털 신호의 전송 대역폭에 대한 설명 중 적합하지 못한 것은?

㉮ 신호의 대역폭이 감소되면 부호 간 상호 간섭량은 증가한다.

㉯ 신호의 대역폭이 감소되면 신호 대 잡음비는 증가한다.

㉰ 신호의 전송대역폭은 필터를 사용하여 감소시킬 수 있다.

㉱ 신호의 전송대역폭은 다원 레벨 부호화를 사용하여 감소시킬 수 있다.

해설 다원 부호화방식의 경우 1개의 symbol 당 정보 전송량은 $I = \log_2 M$ 이므로 일정한 전송 대역폭에 대해서 더 많은 정보의 전송이 가능하나 신호 대 잡음비는 감소된다. **답** ㉯

05. 다음 중 2진 데이터가 1이면 양(+) 전위의 펄스를 전송하고 0이면 펄스를 전송하지 않는 전송 부호는?

㉮ 단극부호 ㉯ 양극부호

㉰ 바이폴라부호 ㉱ 다이페이스부호

해설 단극 부호는 2진 데이터가 1이면 양(+) 전위의 펄스를 전송하고 0이면 펄스를 전송하지 않는 전송부호를 말한다. **답** ㉮

06. 2진 데이터가 1이면 펄스를 전송하고 0이면 펄스를 전송하지 않으나, 펄스의 송출을 +와 −의 2개 레벨의 펄스로써 교대로 변환시키는 방식은?

㉮ Unipolar ㉯ Diphase

㉰ AMI ㉱ CMI

해설 AMI(Alternate Mark Inversion)를 바이폴라(Bipalar)부호라고 하며, 예를 들어 전력 스펙트럼 밀도 상에서 DC성분이 존재하지 않고 $\frac{1}{T}$(RZ 파형의 경우)과 $\frac{2}{T}$를 (NRZ파형의 경우) 주파수에서 스펙트럼 성분이 존재하므로 수신회로 구성 시 교류결합이 가능하며 DC레벨의 변동문제를 해결할 수 있는 전송부호에 이용한다. **답** ㉰

07. 한 개의 부호 간격 T를 2개로 분할한 후 2진 데이터가 "1"이면 첫 반 구간 $\left(\frac{2}{T}\right)$은 양(+)의 펄스로, 남은 반 구간 $\left(\frac{2}{T}\right)$은 음(−)의 펄스로 대응시키고, "0"이면 첫 반구간 $\left(\frac{2}{T}\right)$은 음(−)의 펄스로, 남은 반 구간$\left(\frac{2}{T}\right)$은 양(+)의 펄스로 대응시키는 전송부호는?

㉮ 단극부호 ㉯ 바이폴라부호

㉰ 다이페이스부호 ㉱ 차동부호

해설 Di-phase 부호를 Manchester 부호라고도 불리는데 맨체스터 코드는 '1'과 '0'의 2진값 각각을 양(+)의 전압 값과 부(−)의 전압 값으로 변환하는 NRZ방식(또는 그 반대의 NRZI방식)으로 만들어진 신호를, 클록신호와 XOR 연산을 통하여 만들어지며, '0'는 High-Low로 표현되고, '1'은 Low-High로 표현되는(또는 그 반대의 표현) 신호가 만들어진다.

답 ㉰

08. 다음 중 0(또는 1)은 상태의 변화가 없고, 1(또는 0)은 상태의 변화가 있는 것으로 대응시키는 부호방식으로 적합한 것은?

㉮ AMI　　㉯ CMI

㉰ 단류방식　　㉱ DM1

해설 0(또는 1)은 상태의 변화가 없고, 1(또는 0)은 상태의 변화가 있는 것으로 대응시키는 부호방식을 DMI(Differential mark Inversion)라고 한다.

답 ㉱

09. 다음 중 부호 간 상호간섭이 발생되지 않기 위하여 통신채널의 통과 대역폭이 신호의 최대주파수와 같은 이상적인 구형 필터의 주파수 전달함수의 특성을 가져야 하는 전송부호로 적합한 것은?

㉮ 파셜 응답 부호　　㉯ 다원부호

㉰ 차동부호　　㉱ 단극부호

해설 파셜 응답 부호는 이상적인 구형 필터의 주파수 전달함수의 특성을 가져야 하는 전송부호를 말한다.

답 ㉮

10. 다음 중 CMI(Code Mark Inversion)부호에 대한 설명 중 틀린 것은?

㉮ 직류에너지가 존재하지 않는다.

㉯ 한 bit간격마다 1을 넣어 상태를 바꾸어 준다.

㉰ 전송부호의 클록 주파수가 입력신호 주파수의 2배가 된다.

㉱ 교호반전부호라고도 한다.

해설 부호화 마크 반전(CMI, Coded Mark Inversion) : 0 (space)은 펄스 폭의 중앙에서 0에서 1로 천이하고, 1(mark)에 대해서는 이전 상태에 의존하며 이전 상태가 1이면 0으로, 0이면 1로 나타낸다. 즉, 1이 나타날 때마다 0, 1로 교대로 반전을 반복하게 되는 부호라고 할 수 있다.
따라서 1의 경우에는 bipolar NRZ 형태의 AMI와 같으나, 0인 경우에는 맨체스터 코드 형태의 반주기의 사각 파형을 취하는 부호이다. 이와 같은 CMI 부호가 지니는 특징으로는 직류성분이 없으며, 타이밍 추출이 NRZ 방식 보다 우수하다는 것이다.

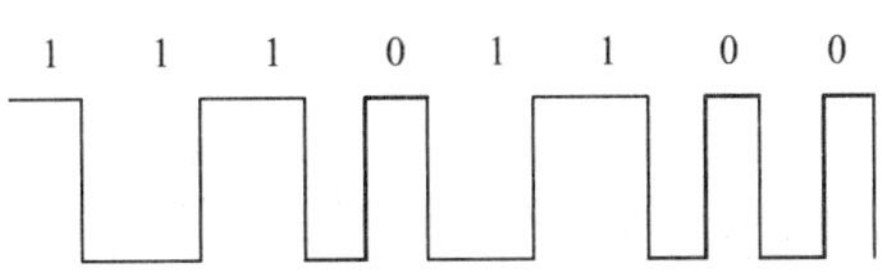

답 ㉱

11. Baseband 전송부호 중, 소요대역폭이 $2R_b$(R_b : Bit rate)에 해당되는 것은?

㉮ NRZ　　　　㉯ RZ

㉰ Diphase RZ　　　　㉱ Bipolar RZ

해설 NRZ 부호는 '1'과 '0'의 2진 값 각각을 양(+)의 전압값과 부(−)의 전압값으로 변환하는 것으로 이는 디지털 인코딩하는 하나의 방식으로 어떠한 신호를 물리 계층에서 전송하는 경우에 이용되는 부호라고 할 수 있다. NRZ 부호는 비트 율의 크기를 R_b로 하는 경우 소요 대역폭은 $2R_b$에 해당한다.

답 ㉮

12. 다음 중 직류를 억압하는 부호에 해당되지 않는 부호는?

㉮ 양극 pulse　　　　㉯ Bipolar

㉰ Manchester　　　　㉱ CMI

해설 양극성 펄스는 단극성 펄스의 경우와 같이 PCM방식에서의 전송펄스 형식의 일종으로 펄스가 존재하는 경우 그의 극성을 교대로 +, −를 변화시킨 부호를 나타내는 것으로 양극 펄스는 직류를 억압하는 부호와는 거리가 멀다.

답 ㉮

13. 다음 디지털 PAM 파형은 2진 메시지 10110100이다. 이 중 Uni-polar RZ 파형을 나타낸 것은?

㉮ 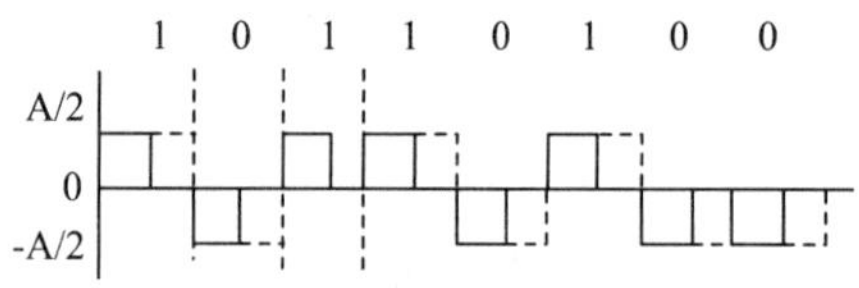

㉯ 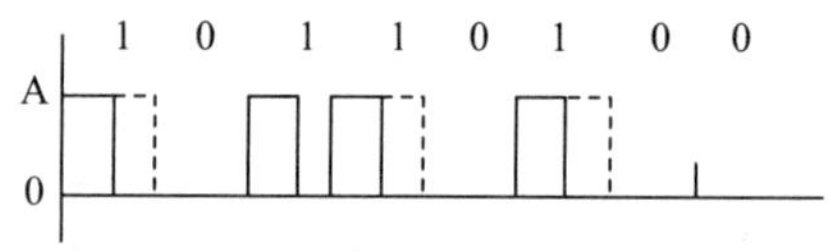

㉰ 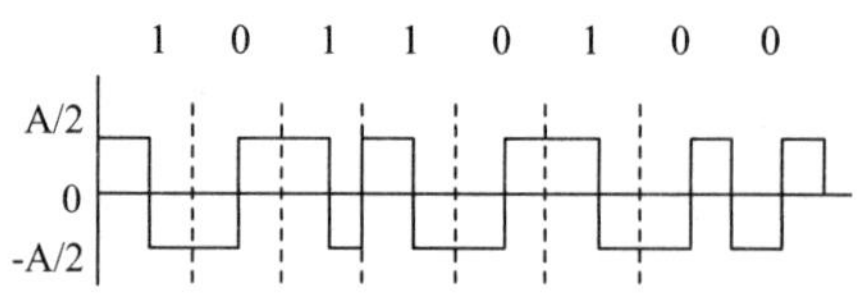

㉱ 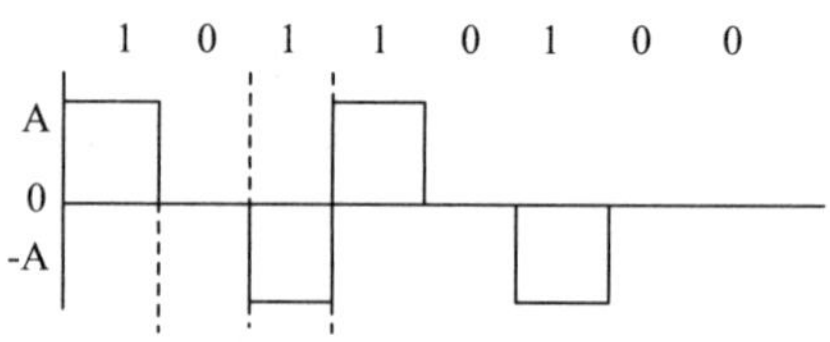

해설 디지털 신호 부호의 구성 방법 중 RZ 부호는 펄스 간격보다 짧은 시간 폭의 펄스파형으로 구성하는 것이 RZ이다.

일반적으로 펄스 파형 중 구형파를 평가하는 경우에 이용되는 용어로 충격 계수를 이용하게 되는데 여기서 충격 계수(Duty Cycle)는

$$\text{Duty Cycle} = \frac{\text{펄스 폭}}{\text{펄스 주기}} \times 100[\%]$$

으로 정의되며 충격 계수 50[%]인 신호가 RZ 부호이다.

답 ㉮

14. 파형 왜곡이 작고 송수신간에 특별한 타이밍을 필요로 하지 않는 것으로 자기클록신호(self clocking signal)라고도 하는 전송 신호방식은?

㉮ 단극방식　　　　㉯ 복극방식

㉰ 복극 RZ 방식　　　　　　　　　　　　　㉱ 바이폴라방식

해설 복극 RZ 방식은 신호 1에 대해 정(+)의 전류를, 신호 0에 대해 부(−)의 전류를 주어 신호 간에는 반드시 전류가 0의 상태를 취하는 방식을 말한다. 각 단위가 각각 조보식 비트 타이밍으로 되어 있다.

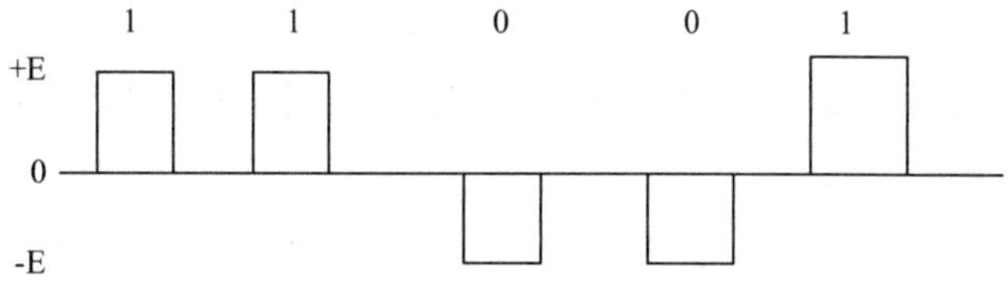

답 ㉰

15. 다음 전송방식 중 전송로 상에서 저주파 차단의 영향을 받지 않은 것은?

㉮ 바이폴라(bipolar)　　　　　　　　　　㉯ 단류(RZ)

㉰ 복류(RZ)　　　　　　　　　　　　　　㉱ 단류 NRZ

해설 펄스의 유무 또는 극성으로 그 내용을 표현하는 디지털 신호의 구성 방식으로 Mark를 전압 +V[V]와 −V[V], Space를 전압 0[V]에 대응시켜 마크가 생길 때마다 전압 +V, −V를 교대로 변환하는 펄스 구성을 바이폴라 신호라고 한다. 이와 같은 바이폴라 부호는 전송방식 중 전송로 상에서 저주파 차단의 영향을 받지 않게 된다.

답 ㉮

16. M 진법 신호 방식률(M-array signalling rate)은 얼마인가?(여기서 r_b는 2진 방식(M=2)에 대한 비트 율[bits/sec]이다.)

㉮ $r = r_b/\log_2 M$　　　　　　　　　　㉯ $r = r_b \log_2 M$

㉰ $r = 2r_b/\log_2 M$　　　　　　　　　　㉱ $r = r_b 2M$

해설 M 진법 신호 방식률(변조속도)=r_b(bps)/$\log_2 M$(bit수)

이며, 예를 들어 n비트의 경우 $2^n = M$개의 가능한 호를 만드는 경우

B_T(전송 대역폭) $\simeq r$(변조 속도)=$r_b/\log_2 M$

T_S(기호지속 시간)=nT_b

기호 에너지 E_S=$nE_b = \log_2 M\, E_b$

인 관계를 보이며, 여기서 E_b는 비트 에너지를 나타낸다. 따라서 전송 대역폭 B_T의 크기는

$$B_T = \frac{r_b}{n} = f_s = \frac{1}{T_s} = \frac{1}{nT_b}$$

이므로 사용 비트 n이 증가하면 에너지는 증가하고 전송 대역폭은 감소한다.

답 ㉮

17. FSK에 대한 다음 설명으로 적합하지 못한 것은?

㉮ 오류확률은 OOK와 같다.

㉯ ASK에 비해 더 좁은 대역을 필요로 한다.

㉰ 복조는 동기검파와 비동기검파가 사용된다.

㉱ 변조지수(β_f)에 따라 전송 대역폭이 결정된다.

해설 FSK는 ASK에 비해 더 넓은 대역을 필요로 하며, BFSK가 OOK에 비해 최대 전력 면에서 3[dB] 이득을 갖는다. 그리고 스펙트럼 확산 통신방식에는 M진 FSK 방식을 많이 사용한다. **답** ㉯

18. 일정한 포락선(진폭)을 갖는 전송방식 중 전송로 상에서 저주파 차단의 영향을 받지 않은 것으로 적합한 것은?

㉮ ASK　　㉯ FSK

㉰ PSK　　㉱ QAM

해설 PSK 방식은 위상의 변화를 보이며 진폭은 일정한 전송방식 중 전송로 상에서 저주파 차단의 영향을 받지 않은 디지털 변조 방식이다. **답** ㉰

19. QPSK에 대한 설명이다. 다음 중 잘못 설명된 것은?

㉮ I채널과 Q채널의 에러 확률은 4진 PSK와 동일하다.

㉯ E_b/N_o, 또는 S/N비는 BPSK보다 3[dB]나쁘다.

㉰ 동일한 주기 T를 기준으로 하면 BPSK보다 2배 속도로 비트를 전송할 수 있다.

㉱ 점유대역폭은 BPSK의 $\frac{1}{2}$이다.

해설 4진 FSK의 에러 확률은 BPSK와 동일하다. **답** ㉮

20. PSK를 수신하여 검파하는데 동기 문제를 해결하기 위하여 1구간 전의 기준파를 사용하여 PSK 신호를 검파하는 방식을 나타낸 것은?

㉮ 2진 PSK　　㉯ 4진 PSK

㉰ M진 PSK　　㉱ DPSK

해설 DPSK(Differential PSK)는 부호화와 신호화가 결합된 변조 방식으로 PSK 방식의 동기 검파 문제를 해결하기 위해서 PSK 신호를 기준파로 사용하여 검파하는 차동 위상 검파 방식을 사용하는 PSK를 DPSK라고 한다. 이와 같은 DPSK 방식은 기준파를 사용하여 PSK 신호를 검파하는 방식을 말한다. **답** ㉱

21. 대역폭이 가장 좁은 경우에 해당되며 정 포락선, 위상연속, 동기검파 등의 장점으로 위성 통신 또는 이동 통신 등에 사용되는 방식은?

㉮ 2진 PSK　　㉯ 4진 PSK

㉰ MSK　　㉱ QAM

해설 MSK(Minimum shift keying) 경우에는 포락선이 일정하며 비트의 변이점에서 반송파의 위상이 연속적인 방식으로 FFSK(Fast FSK)라고 한다. 여기서 MSK에 대한 특징을 고려하면 다음과 같다.

- FSK 방식 중 대역폭이 가장 좁다.
- 정 포락선, 위상 연속 등의 장점으로 위성 통신, 이동 통신에 이용된다.
- MSK를 FFSK(Fast FSK)라고도 한다.
- 위상 연속이므로 MSK를 FSK의 일종으로 볼 수 있다.
- 일정한 포락선(정 포락선)이므로 MSK를 PSK의 일종으로 볼 수 있다.
- 비동기 검파를 이용한다.
- MSK 피변조파의 스펙트럼의 부엽(side lobe)은 QPSK나 OQPSK에 비해 좁으나 주엽(main lobe)는 더 넓어지는 단점이 있다.
- MSK의 오류 확률은 QPSK 및 OQPSK와 동일하다.

답 ㉰

22. QAM(직교진폭 변조)의 특징으로 볼 수 없는 것은?

㉮ 대역폭 효율은 1[bps/Hz]이다.

㉯ QAM 신호는 2개의 직교성 DSB-SC 신호를 선형적으로 합성한 것이다.

㉰ M 진 QAM의 대역폭 효율은 $\log_2 M$[bps/Hz]이다.

㉱ QAM의 스펙트럼 효율을 향상시키기 위하여 I와 Q 채널에 PR(Partial Response Filter)을 사용한 QAM을 QPR이라 한다.

해설 QAM 방식은 제한된 전송 대역을 이용한 데이터의 전송 효율을 향상시키기 위해 반송파의 진폭과 위상을 동시에 변조하는 방식으로 PSK에서는 I, Q채널의 각 데이터 신호 값의 합성은 일정하기 때문에 독립적이 아니다. 그러나 2개의 채널(I채널 Q채널)이 독립이 되도록 한 것을 직교 진폭 변조라 한다. 디지털 신호(2진 데이터)의 전송 효율 향상, 대역폭의 효율적 이용, 낮은 에러율, 복조의 용이성을 얻기 위한 ASK와 PSK의 결합 방식으로 APK(Amplitude Phase Keying)방식이라고 한다. 그리고 QAM의 대역폭 효율은 2[bps/Hz]이다.

답 ㉮

23. 에러 확률에 대하여 설명으로 타당하지 못한 것은?

㉮ BPSK의 에러 확률은 QPSK 에러 확률의 $\frac{1}{2}$이다.

㉯ M 진 에러 확률=M 진 에러 확률$\times \log_2 M$ 이 성립된다.

㉰ 4진 DPSK보다는 QPSK의 에러 확률이 작다.

㉱ QPSK보다는 QAM이 에러 확률이 작다.

해설 M진 에러확률과 2진 에러 확률 사이에는

$$M\text{진 에러 확률}=2\text{진 에러 확률}\times \log_2 M$$

인 관계를 보인다.

답 ㉯

24. 디지털 통신의 복조에 대하여 설명한 것 중 잘못된 것은?

㉮ 비동기검파는 포락선 검파기를 사용한다.

㉯ 비동기검파는 동기검파보다 시스템이 간단하다.

㉰ 정합 여파기 검파는 비동기 검파이다.

㉱ DPSK에서는 동기 검파보다 차동위상 검파방식을 더 많이 사용한다.

해설 동기 검파는 변조된 신호를 그 변조용 반송파에 동기 시킨 스위치 작용을 이용하여 검파하는 방법을 말한다. 정합 여파기 검파는 일종의 동기검파 형식으로 취급한다. **답** ㉰

25. 전송용량을 늘리기 위한 방법으로 부적합한 내용은?

㉮ 신호세력을 낮춘다. ㉯ 잡음 세력을 줄인다.

㉰ 대역폭을 늘린다. ㉱ 신호 대 잡음비를 크게 한다.

해설 $C=2B\log_2(1+S/N)$ 관계식에서 전송용량을 늘리기 위한 방법으로 신호세력은 높게 하거나, 잡음 세력을 줄이고 대역폭을 늘리는 방법을 이용한다. **답** ㉮

26. 통신채널에 유입되는 원하지 않는 신호를 잡음이라고 할 때 해당되지 않는 것은?

㉮ 열잡음 ㉯ 임펄스 잡음

㉰ 기생 진동 ㉱ 누화

해설 잡음의 형태는 열잡음, 임펄스 잡음, 누화, 상호변조 잡음 등이 있다. **답** ㉰

27. 아날로그 전송회선에서 디지털 전송인 경우 1200[bps]의 전송속도로 전송할 때 필요한 주파수 대역폭은?

㉮ 600[Hz] ㉯ 1200[Hz]

㉰ 1800[Hz] ㉱ 2400[Hz]

해설 $C=2B\log_2(1+S/N)$ 디지털 통신이므로 S/N은 1이므로 이를 이용하여 계산하면

$$1200[\text{bps}]=2\text{B}\log_2(1+1),\ 1200[\text{bps}]=2\times\text{B}[\text{Hz}]$$

관계식에서 대역폭의 크기는 $B=600[\text{Hz}]$가 된다. **답** ㉮

28. 0과 1을 각각 1/2의 확률로 일어나는 과정에서 엔트로피(entropy)는?

㉮ 0.5[bit] ㉯ 1[bit]

㉰ 2[bit] ㉱ 4[bit]

해설 Entropy는 평균 정보량을 나타내는 것으로 여기서 Entropy의 크기는

$$E(X)=-\frac{1}{2}\log^{\frac{1}{2}}-\frac{1}{2}\log^{\frac{1}{2}}=1[\text{bit}]$$가 된다. **답** ㉯

29. 디지털 정보 전송신호의 전송품질을 평가하는 척도는?

㉮ S/N(신호 대 잡음비) ㉯ BER(비트 오율)

㉰ P_o/P_i(출력전력 대 입력전력) ㉱ CER(문자오율)

해설 디지털 통신 시스템에서 전송 품질 등의 성능을 측정하는 경우에 이용되는 기준으로 C/N 혹은 BER을 이용하게 된다. 답 ㉯

30. 2진수의 경우 사건의 발생확률은 P, 사건발생에 따른 정보량을 I라고 할 때 정보량 I를 구하는 공식을 나타낸 것은?

㉮ $I=\log_2(1/P)$　　㉯ $I=\log_2 P$

㉰ $I=\log_2 P^2$　　㉱ $I=\log_2(1/P^2)$

해설 2진수의 경우 사건의 발생확률은 P, 사건발생에 따른 정보량을 I라고 할 때 정보량 I에 대한 관계식은 $I=\log_2(1/P)=-\log P$로 나타낸다. 답 ㉮

31. 2개의 전력 증폭기가 직렬로 접속되어 있다. 제 1단의 전력 증폭도는 12[dB], 제 2단의 증폭도는 13[dB]이다. 입력 전력이 3[mW], 주파수 대역을 10[MHz], 잡음 출력을 1[W]라고 할 때 통신로 용량은 얼마인가?

㉮ 5.9×10^6[bps]　　㉯ 7.1×10^6[bps]

㉰ 8.5×10^6[bps]　　㉱ 9.9×10^7[bps]

해설 종합 증폭도 $=25[\text{dB}]=10\log_{10}x$ 관계에서 $x=316$이 된다.

출력 $=316\times3\times10^{-3}=0.948\fallingdotseq 1[\text{W}]$으로 구해지며 이를 이용하여 통신로 용량 C를 구하는 관계식을 이용하면

$$C=W\log_2(1+S/N)\fallingdotseq 10^7\log_2\left(\frac{1}{10^{-3}}\right)=10^7\times3.32\log_2 10^3=10^7\times3.32\times3=9.9\times10^7[\text{bps}]$$

가 된다. 답 ㉱

32. DPSK를 이용하여 2진 비트열 1001010001이 전송된다. 부호화된 열(encoded sequence)를 구하면? (여기서 각 항의 첫 비트(*)는 기준비트이다.)

㉮ 1*100011011　　㉯ 1*011100100

㉰ 1*101100100　　㉱ 1*011101100

해설 0이 나타나면 출력상태가 변하고 1이 나타나면 출력상태가 변하지 않는다. 답 ㉰

33. 다음 중 디지털 통신 시스템의 성능을 측정할 때 실제에 있어 가장 편리한 것은?

㉮ 신호 대 잡음 전력비(SNR)

㉯ 부호 에러 확률(probability of error)

㉰ 매 비트 당 에너지 대 잡음 전력 밀도 비(E_b/N_o)

㉱ 평균 반송파 전력 대 잡음 전력비(C/N)

해설 통신 시스템의 성능 측정의 기준

- 아날로그 통신 시스템의 성능 측정은 S/N을 사용한다.
- 디지털 통신 시스템의 성능 측정은 C/N 혹은 BER을 사용한다. **답** ㉣

34. 아날로그 데이터 전송을 위해 디지털 기법이 점차 일반화되고 있는 이유라고 볼 수 없는 것은?

㉮ 증폭기(amplifier)를 사용하므로

㉯ 부가적 잡음이 발생하지 않으므로

㉰ 강력한 디지털 교환기술을 활용할 수 있으므로

㉱ 변조 잡음이 없으므로

해설 디지털화가 일반화 되는 이유로는 잡음에 강하며, 강력한 제어 방법이 이용되며, 변조 과정에서 비교적 발생하는 잡음이 적기 때문에 등을 들 수 있다. **답** ㉮

35. 다음의 디지털 전송방식에 대한 설명 중 틀린 것은?

㉮ 신호를 변환하지 않고 전송하는 방식이 베이스밴드 전송이다.

㉯ 베이스밴드 전송방식은 대역폭이 좁은 반면 전송 가능한 거리가 길다.

㉰ 브로드밴드 전송은 신호의 주파수를 변환하여 전송하는 방식이다.

㉱ 동축 케이블은 브로드밴드 전송과 베이스밴드 전송에 모두 이용된다.

해설 기저대역 전송은 변조되기 이전의 컴퓨터나 단말기의 출력정보(0,1)를 그대로 보내거나 또는 전송로의 특성에 알맞은 부호로 변환시켜 전송하는 방식으로 감쇠 등의 문제로 원거리 데이터 전송에는 사용되지 않는다. **답** ㉯

36. 디지털 신호의 펄스열을 그대로 또는 다른 형식의 펄스파형으로 변환시켜 전송하는 방식을 나타낸 것은?

㉮ 베이스밴드 전송방식　　㉯ 반송대역 전송방식

㉰ 광대역 전송방식　　㉱ 협대역 전송방식

해설 기저 대역 전송 방식(Baseband transmission system) : 컴퓨터나 단말장치 등에서 발생하는 디지털 출력신호를 변조하지 않고 전송로에 그대로 전송하는 전송방식을 말한다. 주로 단말장치 사이의 통신이나 LAN, PCM 방식의 통신에서 사용한다. 변조 과정이 없는 직류 방식이므로 신호감쇠의 문제가 발생할 수 있기 때문에 1[km] 이내의 데이터 전송에서 이용하고 있다. **답** ㉮

37. 데이터 전송에 있어서 베이스 밴드(baseband) 전송방식의 장점이 아닌 것은?

㉮ 시내 구간에서는 모뎀이 필요 없어 회선 가격이 싸다.

㉯ PCM 방식과의 정합이 용이하다.

㉰ 전화국 등에 설치된 단국장치는 복수의 가입자가 이용할 수 있다.

㉱ 통화와 데이터를 혼합 사용할 수 있다.

해설 베이스 밴드는 전송로에 디지털 변조된 데이터를 직접 전송하기 때문에 통화와 데이터를 혼합해서 사용하기가 곤란하다.

답 ㉱

38. 다음 그림의 전송부호 형식은?

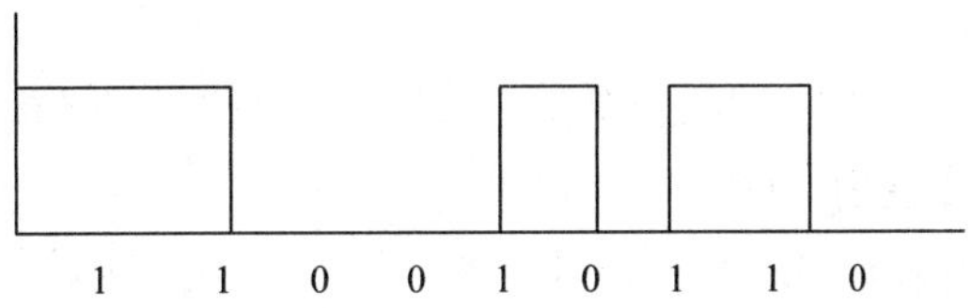

㉮ 단극방식 ㉯ 복극방식
㉰ 복극 RZ방식 ㉱ 바이폴라방식

해설 단극 NRZ 방식은 비트 0,1의 값을 전압으로 표시한 후에 0의 전압이 0[V]로 되돌아오지 않는 방식을 말한다.

답 ㉮

39. 다음 내용은 디지털 신호 부호화(encoding)의 어떤 형식을 설명한 것인가?

"최소한 두 개의 비트시간 간격동안에 최대한 한번 전이가 발생한다."

㉮ NRZ방식 ㉯ RZ방식
㉰ 2단계 (biphase) ㉱ 지연변조(delay modulation)

해설 RZ 방식은 비트신호 1이 전송되는 경우 비트시간 길이의 약 1/2시간 동안 양 또는 음의 전압을 유지하고 그 나머지 구간은 0 상태로 돌아오는 방식을 말한다.

답 ㉱

40. 다음 그림의 전송부호 형식은?

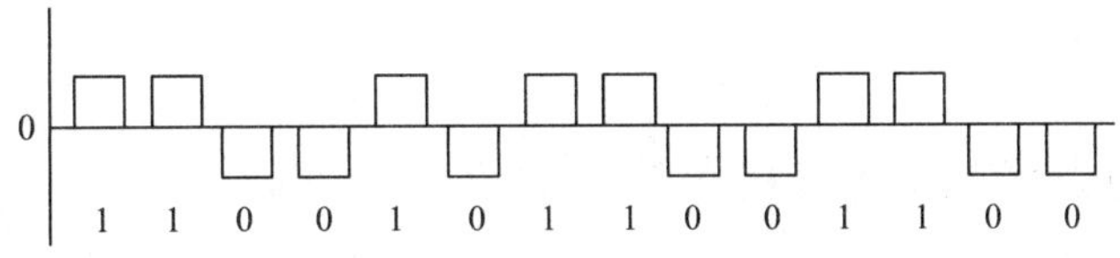

㉮ 단극방식 ㉯ 복극방식
㉰ 복극 RZ방식 ㉱ 바이폴라방식

해설 복극 RZ 방식 : 신호 1에 대해서 정(+)의 전류를, 신호 0에 대해서는 부(−)의 전류를 주어 신호 간에는 반드시 전류가 0의 상태를 취하는 방식으로 '1'이나 '0'이 연속되어도 각각의 신호를 구별할 수 있기 때문에 식별하기가 용이하다.

답 ㉰

41. 다음의 베이스밴드 전송방식 중 저주파 차단 왜가 가장 적은 신호방식은?

㉮ 단류방식 ㉯ 단류 RZ 방식
㉰ 바이폴라방식 ㉱ 복류방식

해설 Bipolar 방식은 1이 계속 상반되는 정, 부 펄스로 변화하기 때문에 전체 파형의 평균값이 0이 되어 저주파의 차단 영향을 적게 받는다. 저주파 차단 특성이 적다. 왜냐하면 직류 성분이 포함되지 않기 때문이며, 부호 에러의 검출이 용이하며, 영 부호 연속 억압 기능이 없어 수신기의 자기 타이밍 추출이 어렵다. 답 ㉰

42. 디지털 전송신호 중 "1"을 나타내는 펄스가 '+', '−' 방향에 교대로 극성이 변화하는 복극성 펄스에 대한 설명 중 틀린 것은?

㉮ 직류성분이 제거되고 저주파성분이 적어 저주파차단 영향이 적다.

㉯ 에러 검출이 쉬우나 타이밍 회복이 어렵다.

㉰ 단극성 펄스에 비해 전송 시 누화방해가 적다.

㉱ 전송로상의 주파수가 1/2로 감소한다.

해설 영 부호 연속 억압 기능이 없어 수신기의 자기 타이밍 추출이 어렵다. 답 ㉯

43. 다음 그림의 전송부호를 갖는 부호 형식은?

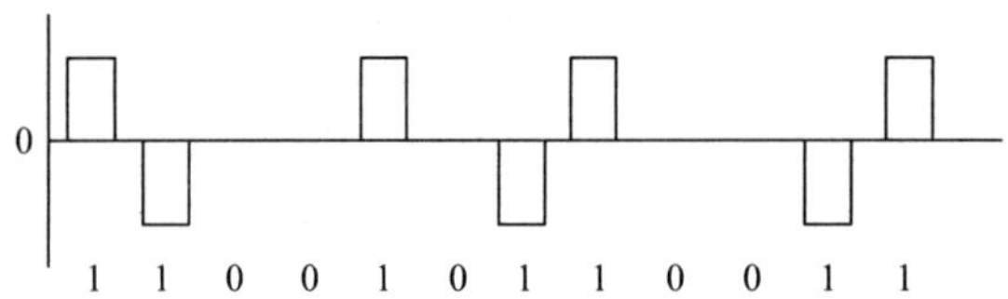

㉮ 단극방식 ㉯ 복극방식

㉰ 복극 RZ방식 ㉱ 바이폴라방식

해설 문제의 전송 부호는 디지털 전송신호 중 "1"을 나타내는 펄스가 '+', '−' 방향에 교대로 극성이 변화하는 바이폴라방식이다. 답 ㉱

44. 베이스밴드 신호전송에 가장 많이 쓰이는 것은?

㉮ 복류방식 ㉯ 단류방식

㉰ RZ방식 ㉱ NRZ 방식

해설 1을 (−) 전압에, 0을 (+) 전압에 대응시키는 부호를 복류방식이라고 한다. 답 ㉮

45. 전송부호 형식 중 단극성부호의 '1', '0' 펄스 중 '1' 펄스 외 극성을 교대로 반전시켜 복극성으로 만드는 부호 형식은?

㉮ RZ ㉯ NRZ

㉰ AMI ㉱ PST

해설 교호 마크 반전(AMI, Alternative mark Inversion)는 바이폴라 부호라고도 한다. 답 ㉰

46. 베이스밴드 전송에서 "1"이 상반적인 정부펄스로 바뀌는 신호방식은?

㉮ 바이폴라　　　㉯ 디포렌시얼

㉰ 다이코드　　　㉱ 다이펄스

해설 바이폴라 방식은 1일 때에만 (+)전위와 (−)전위상태가 교대로 나타나게 되는 방식이다.

답 ㉮

47. 다음 그림은 어떤 변조방식에서 얻을 수 있는 변조 파형인가?

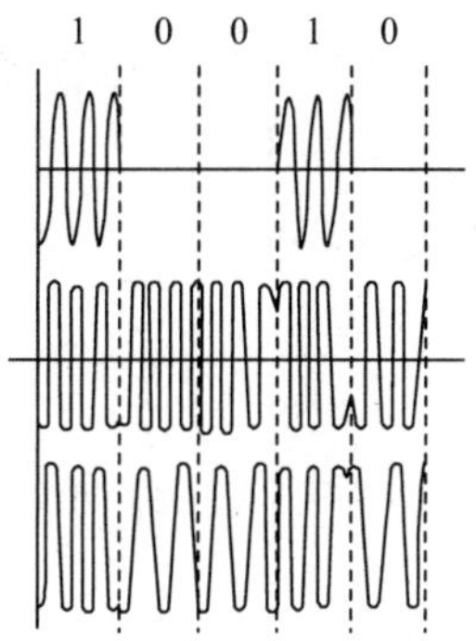

㉮ ASK　　　㉯ PSK

㉰ FSK　　　㉱ QAM

해설 문제의 파형은 ASK와 PSK 파형을 동시에 고려한 QAM 파형을 나타낸 것이다. 답 ㉱

48. 다음 중 전송로 부호의 클록 주파수가 입력신호 주파수의 2배인 부호화방식은?

㉮ AMI　　　㉯ HDB

㉰ CMI　　　㉱ 4B-3T

해설 CMI은 유럽 PCM 방식의 제4계위 전송로의 전송부호로 사용되는 것으로 주파수에 스펙트럼이 존재하지 않으며, 타이밍 정보가 충분하다라는 특징을 지닌다. 답 ㉰

49. 디지털 광 단국 장치의 부호(code) 변환회로에서 전송로에 적합하도록 부호를 변환하여 전송로에 송출하는데 그림과 같은 부호 변환방식은?

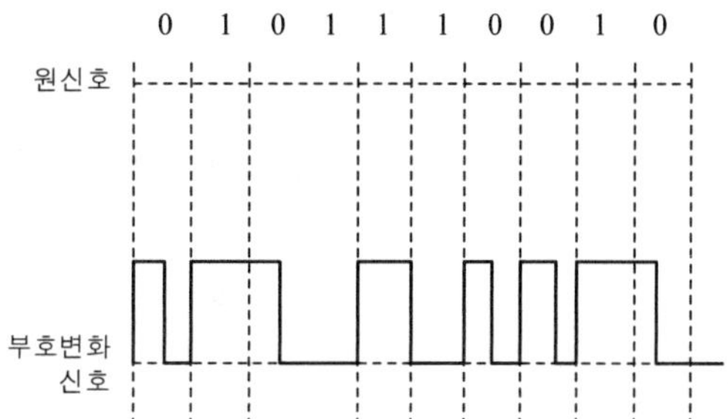

㉮ 단극성 RZ(Return to Zero) ㉯ CMI(Code Mark Inversion)
㉰ 단극성 NRZ(Non Return to Zero) ㉱ DMI(Differential Mark Inversion)

해설 CMI는 2진 데이터가 "1"이면 이전 펄스와 반대 극성의 NRZ 파형으로 "0"이면 한 피트 폭(T)의 중앙점$\left(\frac{T}{2}\right)$에서 특정의 위상을 갖는 −, + 또는 +, −의 반주기 $\left(\frac{T}{2}\right)$ 구형파로 부호화한다. 따라서 한 bit 간격마다 1을 넣어 상태를 변환하기 때문에 전송부호의 클록 주파수가 입력신호 주파수의 2배가 된다.

답 ㉯

50. 다음 베이스밴드 전송의 다이코드 방식에 대한 설명 중 틀린 것은?

㉮ 0에서 1의 변화가 있을 때는 +전위
㉯ 1에서 0의 변화가 있을 때는 −전위
㉰ 0에서 1로 변화가 있을 때는 0전위
㉱ 1에서 1로 변화가 없을 때는 +전위

해설 다이코드 방식은 0에서 0 또는 1에서 1과 같이 변화가 없을 때는 0전위로 하는 방식이다.

답 ㉰

51. 디지털 데이터를 전송하는 방법 중 아날로그 전송방식으로 볼 수 없는 것은?

㉮ NRZ(Non Return to Zero)
㉯ FSK(Frequency Shift Keying)
㉰ PSK(Phase Shift Keying)
㉱ QAM(Quadrature Amplitude Modulation)

해설 ㉯ ㉰ ㉱는 아날로그 반송파를 사용한다.

답 ㉮

52. 디지털 데이터의 기저대역 전송 시 부호 간 간섭이 클 경우 전승 품질을 높이기 위해 사용하는 부호방식으로 적합한 것은?

㉮ PRS(Partia1 Response Signaling)방식 ㉯ 다이펄스(dipulse)방식
㉰ MSK(Minimum Shift Keying)방식 ㉱ APK(Amp1itude phase keying)방식

해설 PRS는 QAM의 변조기 전 · 후단 LPF나 BPF를 설치하여 Partial Response Filtering 함으로써 전송효율[bps/Hz]을 증가시킨다.

답 ㉮

53. 다중신호 $s_t(t)=a_i\cos\omega_0 t+b_i\sin\omega_c t$의 a_i, b_i를 다중부호의 값으로 대응하는 변조방식을 나타낸 것은?

㉮ PSK ㉯ FSK
㉰ APK ㉱ ASK

해설 APK(Amp1itude Phase keying)는 제한된 전송대역을 이용한 데이터의 전송효율을 향상시키기 위해서 반송파의 진폭과 위상을 동시에 변조하는 방식으로서 ASK와 PSK가 결합된 방식이다.

답 ㉰

54. 반송파로 아날로그 신호를 ON-OFF하는 방식으로 전송대역을 유효하게 할 수 있으며 비동기 전송이 가능한 이점을 가진 변조방식은?

㉮ 주파수 변조방식(FM) ㉯ 진폭 변조방식(AM)
㉰ 위상 변조방식(PM) ㉱ 진폭위상 변조방식(AM-PM)

해설 AM, ASK는 반송파로 아날로그 신호를 ON-OFF하는 방식을 통하여 진폭이 변화하는 변조 방식을 말한다.

답 ㉯

55. 양측파대(Double side Band) 중 상측파대는 억제하고 하측파대만을 송신하는 것을 하잔류파대 변조라고 한다. 이와 같이 파대를 이용한 변복조방식은?

㉮ ASK ㉯ PSK
㉰ FSK ㉱ QAM

해설 진폭 변조방식에 본래의 신호를 제일 원상태 가까이 복조할 수 있는 장치로 잔류측대파 진폭 변조 방식을 이용한다.

답 ㉮

56. 다음 중 정보에 따라 주파수를 변환시키는 디지털 변조방식은?

㉮ ASK ㉯ FSK
㉰ PSK ㉱ QAM

해설 FSK는 진폭과 위상의 변화 없이 2진 정보의 주파수를 변환시키는 디지털 변조방식을 말한다.

답 ㉯

57. 비동기식 변복조기는 주로 지능이 없는 낮은 속도의 터미널에서 많이 사용되고 통신속도는 1800[bps]이다. 이 때 주로 사용하는 변조방식은?

㉮ ASK ㉯ PSK
㉰ FSK ㉱ QAM

해설 FSK는 1200[bps]이하의 저속도 모뎀에서 사용되고 있는 변조방식이다.

답 ㉰

58. 상호 혼신과 외래 잡음을 적게 하는데 가장 적당한 변조 방법은?

㉮ 위상변조 ㉯ 주파수 변조
㉰ 펄스 변조 ㉱ 진폭 변조

해설 화상이나 음성 등에 관련된 정보 신호를 전달하고자 하는 신호를 반송파에 실어 전송하는데 주파수 변조는 반송파의 진폭은 일정하게 한 상태에서 신호를 주파수의 변화로 변환해 송신하는 방법으로 이와 같은 주파수 변조의 경우는 대역폭이 넓고, 상호 혼신 및 외래 잡음 등에 매우 강한 특성을 보인다. **답** ㉯

59. 다음의 그림은 어떤 변조방식에서 얻을 수 있는 파형인가?

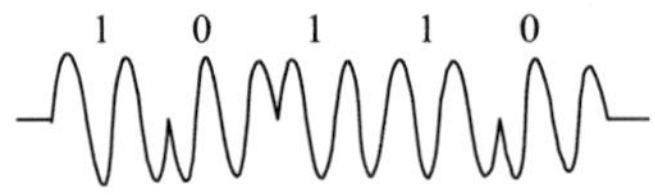

㉮ 폭 천이 변조
㉯ 위치 천이 변조
㉰ 주파수 천이 변조
㉱ 위상 천이 변조

해설 문제의 파형은 0과 1에 따라 위상이 반전되는 형태를 보이는 위상 천이 변조(PSK) 파형을 나타내고 있는 것이다. **답** ㉱

60. 다음 BPSK 방식과 QPSK 방식을 비교한 것 중 틀린 것을?

㉮ 심벌 에러는 BPSK 방식이 QPSK 방식에 비례 우수하다.
㉯ 비트 에러는 두 방식이 같다.
㉰ 전송속도는 QPSK방식이 BPSK 방식에 비례 2배이다.
㉱ QPSK방식의 스펙트럼 폭은 BPSK방식에 비례 2배이다.

해설 QPSK방식의 스펙트럼 폭은 BPSK방식의 $\frac{1}{2}$배이다. **답** ㉱

61. 다음과 같은 신호 공간 다이어그램을 나타내는 변조방식은?

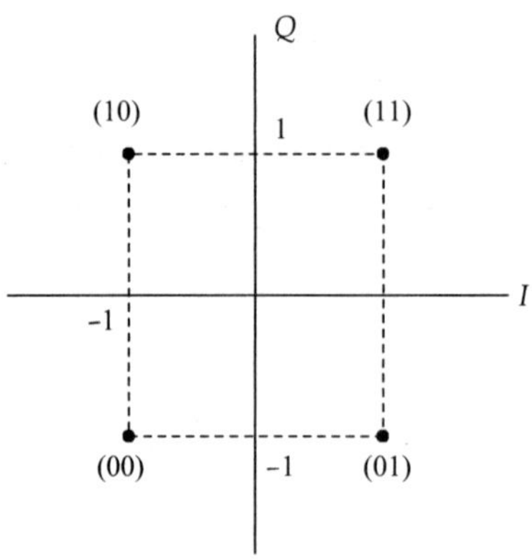

㉮ ASK
㉯ BPSK
㉰ FSK
㉱ QAM

해설 직교 진폭 변조(QAM, Quadrature Amplitude Modulated) 신호 방식 : 반송파의 진폭과 위상을

동시에 변조하는 방식으로 디지털 진폭 변조(ASK)와 디지털 위상 변조(PSK)를 조합한 방식이라고 할 수 있다. 즉 In phase와 Quadrature인 두 개의 직교 반송파를 이용하여 각각 ASK로 변조한 것을 합성, 동일 전송로에 송출시켜 비트 전송 속도 2배 향상이 가능하다. **답** ㉣

62. 전송하는 데이터 신호를 연속되는 3비트의 조합(TRIBIT)으로 분할해서 직전에 전송한 반송파의 위상을 기준으로 하여 다음에 전송할 TRIBIT의 종류에 의해 결정되는 각도만큼 위상을 변화시키는 방식은?

㉮ 2위상 편이 변조방식　　㉯ 4위상 편이 변조방식
㉰ 8위상 편이 변조방식　　㉱ 16위상 편이 변조방식

해설 2^3=8이므로 따라서 8진 PSK(OPSK)을 말한다. **답** ㉰

63. 변조된 신호의 bit rate와 baud rate가 같은 디지털 변조 방식은?

㉮ BPSK　　㉯ QPSK
㉰ 8PSK　　㉱ 16PSK

해설 데이터 신호 속도는 bit rate라 하며 단위로는 bps를 사용한다. 변조속도는 baud rate라 하며 단위로는 baud를 사용한다.

데이터 신호 속도=n*변조속도

의 관계를 가지며 여기서 n은 한 번에 전송하는 비트 수를 나타내는 것으로 n=1 즉, 2진 일 때는 두 개가 서로 같게 된다. 따라서 답은 2진 PSK인 BPSK가 된다. **답** ㉮

64. 16QAM에 관한 설명으로 옳지 못한 것은?

㉮ 2차원 벡터공간에 신호를 나타낼 수 있다.
㉯ 진폭과 위상이 변화하는 변조방식 이다.
㉰ Noncoherent 방식으로 신호를 검출할 수 있다.
㉱ 16PSK 변조방식보다 동일한 전송에너지에 대해 오류 확률이 낮다.

해설 QAM은 동기검파를 이용하여 신호를 검출한다. **답** ㉰

65. 다음은 변복조방식에 대한 설명이다. 이중 맞지 않는 것은?

㉮ 진폭 편이변조(ASK)는 정현파의 진폭에 정보를 싣는 방식으로 2내지 4진폭을 이용한다.
㉯ 직교진폭 변조(QAM)는 정현파의 진폭에 정보를 싣는 방식으로 저속도 변조방식에 이용한다.
㉰ 주파수 편이변조(FSK)는 정현파의 주파수에 정보를 싣는 방식으로 2가지의 진폭을 이용한다.
㉱ 위상 편이변조(PSK)는 정현파의 위상에 정보를 싣는 방식으로 2, 4, 8 위상편이 변조방

식 이다.

해설 QAM은 진폭과 위상에 정보를 싣는 2차원 변조방식으로 고속도의 변조 방식이라고 할 수 있다.

답 ㉯

66. 8개의 위상과 2개의 진폭을 혼합하여 어느 신호를 변조해야 할 경우에 적합한 방법은?

㉮ FSK(Frequency Shift Keying)

㉯ FSK+AM

㉰ DPSK(Differential Phase Shift Keying)+AM

㉱ DPSK

해설 8개의 위상과 2개의 진폭을 혼합하여 변조하는 방식을 QAM이라고 할 수 있는데 문제의 보기 중에는 위상 변조(DPSK)와 진폭 변조(AM)를 고려한 것을 변조 방법으로 이용하게 된다.

답 ㉰

67. 다음 중 변조방식과 복조방식의 조합으로 적합하지 못한 것은?

㉮ FSK - 포락선검파 ㉯ DPSK - 동기검파

㉰ QAM - 동기직교검파 ㉱ QPSK - 동기직교 검파

해설 DPSK는 차동위상 검파를 행한다.

답 ㉯

68. 잡음이 존재하는 통신로에서 부호 에러의 특성이 좋은 디지털 변조방식은?

㉮ 16QAM ㉯ 16FSK

㉰ 16PSK ㉱ 16ASK

해설 통신로에서 부호 에러의 특성은 동일한 레벨인 경우 QAM 방식이 우수한 특성을 보이게 된다.

답 ㉮

69. 다음 디지털 통신방식 중 에러율(error probability)이 가장 적은 것은?

㉮ DPSK ㉯ FSK

㉰ ASK ㉱ PSK

해설 BPSK가 DPSK보다 에러 확률이 적다.

답 ㉱

70. 다음 변조방식들 중에서 데이터 통신 시스템에서 사용하지 않는 것은 어느 것인가?

㉮ 강도 변조방식 ㉯ 주파수 변조방식

㉰ 위상 변조방식 ㉱ 직교 진폭 변조방식

해설 광변조에 이용되는 기술로 변조에 강도 변조 방식을 사용하고 복조에 대해서는 직접 검파 방식을 사용한다. 따라서 강도 변조방식은 데이터 통신 시스템에서 사용하지 않는 것으로 보아야 한다.

답 ㉮

71. 정보비트의 전송률[bit/s]이 일정할 때 채널 대역폭이 가장 넓은 변조방식은?

㉮ BFSK　　㉯ 16FSK
㉰ 4FSK　　㉱ 8ASK

해설 채널 대역폭 $B_T = \dfrac{1}{nT_b}$ 관계에서 사용 비트 수 $n(=\log_2 M)$이 작을수록 더 넓은 대역폭이 소요된다.

답 ㉮

72. 다음과 같은 펄스열을 전송하기 위한 전송로의 최소 소요 대역폭은?

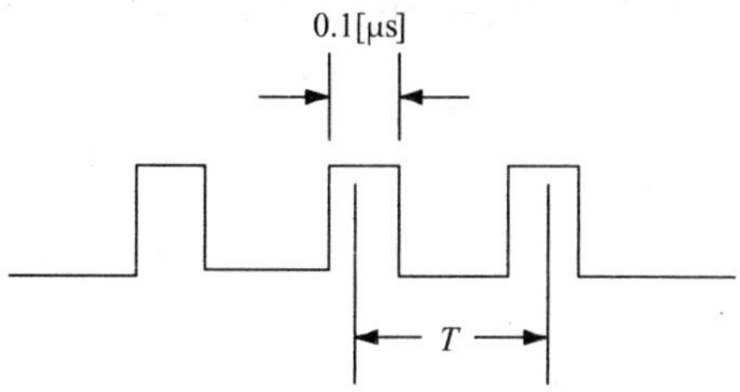

㉮ 1[HMz]　　㉯ 5[HMz]
㉰ 3[HMz]　　㉱ 10[HMz]

해설 전송로의 최소 소요 대역폭으로 $B = \dfrac{1}{0.1 \times 10^{-6}} = 10[\text{MHz}]$가 필요하게 된다.

답 ㉯

73. 선로 장애현상을 적절한 보완책을 구사하였을 때라면 Shannon의 법칙에 의하여 그 가능한 최대비트 속도를 산출할 수 있다. 이때의 식은? (여기서 W는 주파수대역폭, S/N은 신호 대 잡음 비이다.)

㉮ $C = 2W\log e(1 + S/N)$　　㉯ $C = 2W\log e(S/N)$
㉰ $C = W\log e(1 + S/N)$　　㉱ $C = W\log_2(1 + S/N)$

해설 전송채널(channel)의 단위 시간당 전송할 수 있는 bit 수는 샤논(Shannon)의 식에 의하여 정립되는데 여기서 S/N비가 가장 관련이 높은 파라미터이다.

답 ㉱

74. 보오[Baud]에 관한 설명으로 적합하지 못한 것은?

㉮ 단점 주파수의 2배에 상당한다.
㉯ $\tau_P = 0.02$초이면 40[Baud]가 된다.
㉰ 부호의 단위 펄스수를 n이라 하면 1분간 보내지는 자수는 60[B/n]이다.
㉱ 인쇄전신의 공로자 Baudot씨의 이름을 따서 붙인 것이다.

해설 전송에서 1회선이 1초 동안에 전송할 수 있는 symbol의 수를 나타내는 것으로 여기서 심벌은 상태나 레벨의 천이를 의미하는 것이다. 여기서 보오 B의 크기는 변조된 신호에서 최소 간격 T초의

역수인 속도를 표시하는 것으로

$$B = \frac{1}{T}$$

이며 이 관계식을 이용해서 $\tau_P = 0.02$초인 경우

$$B = \frac{1}{T} = \frac{1}{\text{한주기의 절반}} = \frac{1}{\frac{t}{2}} = \frac{2}{t} = 2f = \frac{1}{\tau_p} = \frac{1}{0.02} = 50[\text{Baud}]$$

으로 계산된다.

답 ㉯

75. N위상 위상변조를 하는 동기식 모뎀의 신호 속도가 M[baud/초]인 경우 비트속도를 구하는 식을 나타낸 것은?

㉮ $N\log_{10}M$　　㉯ $M\log_{10}N$

㉰ $N\log_2M$　　㉱ $M\log_2N$

해설 신호 전송 속도와 변조 속도의 관계는

비트속도(bps) $= M \times \log_2 N$

인 관계를 보인다.

답 ㉱

76. bps(bits per second)의 설명으로 올바르지 않는 것은?

㉮ 정보의 유통 단위이다.

㉯ 마이크와 스페이스와 같이 서로 상반되는 부호의 정보량은 1[bit]이다.

㉰ 단위 부호의 정보량은 $\log_2 2^5 = 5$[bit]이다.

㉱ 4진 신호레벨에는 Baud와 동일하다.

해설 2진 신호레벨에서는 Baud와 bps는 동일하다.

답 ㉱

77. 통신 속도가 4800[bit/s]인 회선에서 부호 에러는 50분간 전송했을 때 에러 비트가 36[bit]였다면, 이 회선의 평균 에러율은?

㉮ 2.5×10^{-7}　　㉯ 7.5×10^{-7}

㉰ 2.5×10^{-6}　　㉱ 7.5×10^{-6}

해설 평균 에러율 $= \frac{\text{에러비트수}}{\text{총전송비트수}} = \frac{36}{4800 \times 50 \times 60}$

답 ㉰

78. 데이터 전송에서 변조속도가 2400[baud]일 때 하나의 유의 순간에 4비트를 전송하는 위상변조 방식을 사용하는 경우의 데이터 신호 속도는 몇 [bps]인가?

㉮ 2400　　㉯ 7200

㉰ 9600　　㉱ 12000

해설 신호 속도[bps]=변조속도[baud]×4[bit]=2400×4=9600[bps]

답 ㉰

79. 50[Baud]의 통신 속도를 100[Baud]로 향상시켰다. 단위 펄스의 시간길이는 얼마로 변하는가?

㉮ 20[ms] ㉯ 40[ms]

㉰ 10[ms] ㉱ 30[ms]

해설 $[Baud]=\frac{1}{기호지속시간}$ 이며 여기서 기호지속 시간 $=\frac{1}{100[Baud]}=10[ms]$가 된다.

답 ㉰

80. 16상식 위상 변조방식에서 변조속도가 1200보오(Baud)일 때 신호 속도는?

㉮ 600[bit/s] ㉯ 1200[bit/s]

㉰ 2400[bit/s] ㉱ 4800[bit/s]

해설 신호속도=Baud×사용 비트 수$=1200\times\log_2 16=1200\times\log_2 2^4=4800$[bps]

답 ㉱

81. 1600[Baud]의 변조속도로 4상 차분 위상 변조된 데이터의 신호 속도는 몇[bps]인가?

㉮ 800[bps] ㉯ 1200[bps]

㉰ 3200[bps] ㉱ 6400[bps]

해설 신호 속도=변조 속도×사용 비트 수=1600[Baud]×2=3200[bps]

답 ㉰

82. 4상 PSK 변조방식을 사용한 모뎀에서 데이터 신호 속도가 2400비트/초일 때 변조속도는 얼마인가?

㉮ 1200[Baud] ㉯ 1200비트/초

㉰ 2400[Baud] ㉱ 2400비트/초

해설 $변조속도=\frac{신호속도}{\log_2 4}=\frac{2400}{2}=1200[Baud]$

답 ㉮

83. 4이상 변조방식에 의한 2400[bit/s] 모뎀에서 단위 펄스의 시간장이 $T=833\times10^{-6}$[sec]인 경우 변조속도는?

㉮ 2400[Baud] ㉯ 9600[Baud]

㉰ 4800[Baud] ㉱ 1200[Baud]

해설 $[Baud]=\frac{2400[bps]}{2}=1200[Baud]$

답 ㉱

84. 통신 속도가 300[Baud]이고, 보오 당 신호레벨이 4일 때 1분간의 송신 가능 속도를 계산하면?

㉮ 36000[bit] ㉯ 72000[bit]

㉰ 18000[bit] ㉱ 4500[bit]

해설 보오 당 신호레벨=4(2bit)
300×2=600[bps]×60=36000[bit]

답 ㉮

85. 00을 −135°, 01을 −45°, 11을 45°, 10을 135°로 변조하고 또한 위와 반대로 복조하려 한다. 만일 1초에 변조 혹은 복조를 1200회를 할 때 얻어지는 [bps]는?

㉮ 600[bps] ㉯ 1200[bps]

㉰ 2400[bps] ㉱ 4800[bps]

해설 bps=$1200\times\log_2 4 = 2400$[bps]

답 ㉰

86. 통신 속도가 1200[Baud]일 때 4상식 위상변조를 하면 데이터 속도는?

㉮ 1200[b/s] ㉯ 2400[b/s]

㉰ 4800[b/s] ㉱ 9600[b/s]

해설 [bps]=$1200\times\log_2 4 = 2400$[bps]이며, 예를 들어 Baud 속도가 1200[Baud]이고 Quadbit를 사용하는 경우 1초 당 전송속도는 4bit$\times 1200 = 4800$[bps]가 된다.

답 ㉯

87. 8PSK 변조방식에서 변조속도가 2400[Baud]일 때 정보신호의 속도는 몇[bits/s]인가?

㉮ 7200 ㉯ 4800

㉰ 2400 ㉱ 800

해설 $2400\times\log_2 8 = 7200$[bps]이며, 예를 들면 역으로 통신 속도 50[Baud]인 전송부호 최단 펄스의 시간 길이는 50[Baud]=$\frac{1}{T}$ 관계에서 $T=1\div 50=0.02$초와 같이 구해진다.

답 ㉮

88. PCM 전송방식에서 4[kHz] 가량의 대역폭을 갖는 음성 정보를 8[bit]코딩(coding)으로 표본화 한다면 음성을 전송하기 위한 데이터 전송률은?

㉮ 16[Kbps] ㉯ 32[Kbps]

㉰ 64[Kbps] ㉱ 128[Kbps]

해설 음성 1채널을 표본화한 후 8비트 양자화 및 부호화하여 전송하는 경우 데이터 전송률(즉, 한 채널의 정보 전송량)인 관계식을 이용하여 계산하면
표본화주파수×양자화(부호화)시 사용하는 비트수 = 8K × 8bit = 64[Kbps]
가 된다.

답 ㉰

89. 다음은 주파수 분할 멀티플렉스(FDM) 방식에 대한 설명이다. 맞지 않는 것은?

㉮ 전송되는 각 신호의 반송주파수는 동시에 전송된다.

㉯ 전송하려는 신호의 필요 대역폭보다 전송 매체의 유효 대역폭이 작을 때 사용한다.
㉰ 반송 주파수는 각 신호의 대역폭이 겹치지 않도록 충분히 분리되어야 한다.
㉱ 전송매체를 지나는 혼성신호는 아날로그 신호이다.

해설 FDM에서는 전송로(전송 매체)의 유효대역이 전송하려는 신호(채널)의 필요 대역폭보다 커야하며, 전송매체를 통과해 가는 신호는 이미 반송파로 변조되어 있으므로 아날로그 신호이다.

답 ㉯

90. 디지털 신호의 펄스열을 그대로 또는 다른 형식의 펄스 파형으로 변환시켜 전송하는 방식은?

㉮ 베이스밴드 전송방식　　㉯ 반송대역 전송방식
㉰ 광대역 전송방식　　㉱ 협대역 전송방식

해설 digital 데이터의 전송방법에는 크게 기저대역 전송(baseband transmission)과 반송대역 전송(bandpass 또는 broadband transmission) 방법이 있다. 기저대역 전송이란 digital화된 정보나 데이터를 그대로 보내거나 또는 전송로의 특성에 알맞은 부호(전송부호)로 변화시켜 전송하는 방식이고 반송대역 전송이란 digital 신호를 가지고 반송파의 진폭, 주파수 또는 위상을 변화시켜 (즉, digital 변조하여) 전송하는 방식이다.

답 ㉮

91. BPSK의 에너지는 16진 PSK 에너지의 몇 배인가?

㉮ 0.25배　　㉯ 0.5배
㉰ 2배　　㉱ 4배

해설 M진 에너지와 2진 에너지의 관계를 고려하면

M진 에너지=2진 에너지 × log2M

인 관계를 갖게 되며, 이를 이용하여 2진 PSK 에너지 관계식으로 나타내면

$$\frac{M\text{진 에너지}}{\log_2 M} = \frac{16\text{진}\,PSK\text{에너지}}{\log_2 16} = \frac{1}{4}\times 16\text{진 } PSK\text{ 에너지}$$

이다. 따라서 2진 PSK의 에너지는 16진 PSK 에너지의 0.25배가 됨을 알 수 있다.

답 ㉮

92. 16진 PSK에서 반송파간의 위상차는?

㉮ 12도　　㉯ 22.5도
㉰ 25도　　㉱ 42.5도

해설 PSK에서 반송파간의 위상차는 $\frac{2\pi}{M}$이므로 16진의 경우 위상차는 $\frac{2\pi}{16}=22.5$도가 된다.

답 ㉯

93. "0"에서 "1"로 변화할 때 (+)전위, "1"에서 "0"으로 변화할 때 (−)전위, "1"에서 "1" 또는 "0"과 같이 변화하지 않을 때 "0" 전위로 전송하는 전송신호방식은?

㉮ NRZ　　㉯ AMI
㉰ Dicode　　㉱ CMI

해설 dicode는 0에서 1로의 변화는 (+)전위, 1에서 0으로의 변화는 (−)전위를 주고, 변화가 없는 경우에는 0전위를 주는 방식의 전송부호로 bipolar 전송부호처럼 저주파 성분이 감소된다. **답** ㉰

94. 다음 전송 신호 방식 중 전송로에서 발생하는 저주파 차단 영향을 받지 않는 방식은?

㉮ 복류 NRZ
㉯ 단류 RZ
㉰ 복류 RZ
㉱ 바이폴라(Viploar)

해설 바이폴라(biploar)는 AMI 라고도 하며 1이 계속 상반되는 정, 부 펄스로 바뀌게 되므로 전체 파형의 평균값이 0이 되어 저주파 영향을 받지 않는다. **답** ㉱

96. 상호변조 왜곡(intermodulation distortion)의 방지대책으로 적절하지 않은 것은?

㉮ 다중화 방식을 TDM에서 FDM으로 변경한다.
㉯ 필터를 이용하여 통과대역 밖의 신호를 잘라낸다.
㉰ 입력신호의 크기를 너무 크게 하지 않는다.
㉱ 송수신장치 및 전송매체를 선형 영역에서 동작시킨다.

해설 상호변조 왜곡 : 희망 신호 주파수끼리 서로 가감되어 전혀 다른 방해 주파수를 만들어 내는 것으로 다중화 방식으로 FDM을 사용하는 시스템에서 발생 된다. 상호변조 왜곡이 생기지 않도록 하려면 입력신호의 크기를 너무 크게 하지 않거나, 송수신 장치를 선형 영역에서 동작시켜야 하며, 다중화 방식으로는 TDM을 사용하여야 한다. **답** ㉮

제3장 | 전송매체

3.1 | 통신로(Channel)

3.1.1 전송 매체의 개념

(1) 전송 매체의 역할

데이터 전송은 전송매체를 통해 송수신 간에 발생하는 것으로 전송매체는 물리적인 데이터 전송을 나라낸다.

여기서 전송매체란 통화전류 또는 레이저 광선을 원거리에 위치한 목적지에 전달시키는 집합체로 전기신호를 통신선로를 통하여 전송하는 선로 전송방식인 유선 전송방식과 자유공간을 매개로 전파를 전파시키는 전계 전파방식인 무선 전송방식이 있다.

(2) 선로의 분포정수회로

전송선로에 고주파의 전류가 흐르는 경우 R, L, C 등의 회로정수가 한 곳에 집중적으로 분포하고 있는 집중회로의 개념을 적용할 수 없으므로 회로정수를 단위 길이 당 균일하게 분포되어 있다고 해석되는 회로를 분포정수회로라 한다. 일반적으로 집중정수는 에너지의 소모가 있지만 분포정수는 에너지소모는 없고 에너지를 발사하는 기능을 갖는다.

따라서 신호를 전송하는 경우에 이용되는 송전선, 급전선 등에는 미소한 저항과 인덕턴스가 직렬로 선로 사이에는 누설 저항과 정전용량이 선로 전체를 등가적으로 분포하고 있다고 보고 이들로 구성된 회로를 분포 정수회로라고 한다. 선로를 등가회로로 나타내는 경우에 나타나는 저항 R[Ω/m], 인덕턴스 L[H/m], 정전용량 C[F/m], 그리고 누설 컨덕턴스 G[℧/m]를 1차 정수라고 한다.

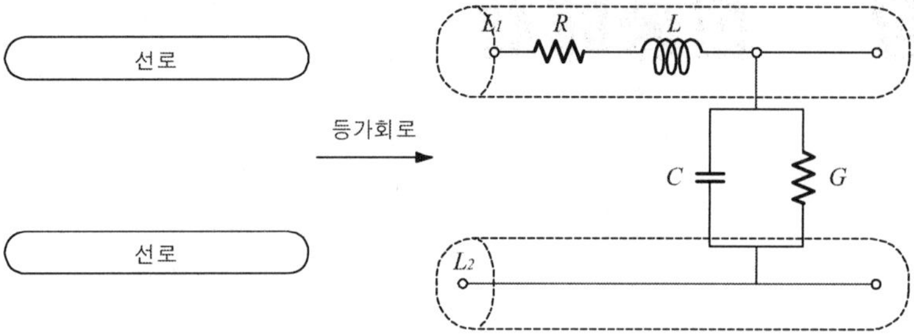

〈그림 3.1〉 1차 정수회로로 나타낸 등가회로

① **선로의 직렬 임피던스와 병렬 어드미턴스의 표현**

㉠ 직렬 임피던스 $Z = R + j\omega L$

㉡ 병렬 어드미턴스 $Y = G + j\omega C$

② **전송로에서 발생하는 손실의 원인**

㉠ 표피작용(skin effect)

전송로로 이용되는 도체의 심선에 교류가 흐르면 도체 내부의 각 부의 전류가 서로 반발하여 전류가 도체 표면에 집중되는 현상을 말하는 것으로 사용주파수가 높아지면 표피작용이 심하게 나타나 전송로 상에서 손실이 증가된다.

㉡ 근접작용(proximity effect)

근접 병행하는 두 도체의 전류가 각기 동일방향이면 서로 반발하고 반대방향이면 흡인하기 때문에 왕복 두 도체의 전류가 안쪽으로 집중되는 현상 즉, 선로의 선간 근접부분에서 주파수 증가에 따라 전류 밀도가 증대되는 현상을 말한다.

㉢ 와류(유전체)손실

도체, 연피, 차폐대 등에 유전체에 의한 와류현상이 생기는데 이 와류에 의하여 생기는 전력 손실을 말하며, 이것을 누설 컨덕턴스의 증가를 초래하며 이외에도 에너지 복사저항에 의한 복사손실 등을 들 수 있다.

참고

집중 정수와 분포 정수

- 집중 정수(concentrated constant) : Lumped 소자라고도 하며 보통 실험실에서 회로를 구성하는 경우에 이용되는 저항기의 저항, 코일의 인덕턴스, 커패시터의 정전 용량 등을 말한다. 이들 소자에 매우 낮은 주파수 영역에서는 동작시키면 회로의 어느 한곳에 전기 정수가 집중된다고 할 수 있다.
- 분포 정수(distributed constant) : 전송 선로(동축선, 레헤르선, 도파관, 스트립 선로 등)에 고주파 전류가 흐르는 경우에 저항, 인덕턴스, 커패시턴스 등의 회로 정수가 한곳에 모인 집중 정수 회로의 개념을 적용할 수 없기 때문에 단위 길이 당의 값으로 선로 전체에 걸쳐서 균일하게 분포하고 있는 용량으로 보는 정수를 말한다.

(3) 2차 정수(secondary constant)

① 특성 임피던스(characteristic impedance)

도선의 등가회로에서 코일 L은 도선에 전류가 골고루 흐리지 않게 되는데 이것을 유도되어 전류가 표피 쪽으로 흐르게 되는 이유로 이때의 저항 성분을 코일로 나타나는 것이며, 컨덕턴스 G는 누설 전류에 의해 전류가 적게 되는데 이 저항 성분이 컨덕턴스로 나타나게 된다. 여기서 특성 임피던스 Z_0의 관계식을 나타내면

$$Z_0 = \sqrt{\frac{Z}{Y}} = \sqrt{\frac{R+j\omega L}{G+j\omega C}}\,[\Omega]$$

가 된다.

② 전파정수(propagation constant), γ

선로 상에 존재하는 전압과 전류는 지수 함수적으로 감쇠하는데 이 때 감쇠하는 지수 값을 전파 상수 γ 로 나타내며, 이 상수 γ 값을 알게 되면 파의 감쇠나 위상 변화를 알 수 있게 된다. 직렬 임피던스와 병렬 어드미턴스를 이용하여 전파 상수 γ에 대한 관계식을 나타내면

$$\begin{aligned}\gamma = \alpha + j\beta &= \sqrt{\dot{Y}\dot{Z}} = \sqrt{(G+j\omega C)(R+j\omega L)} \\ &= \frac{1}{2}\sqrt{LC}\left(\frac{R}{L}+\frac{G}{C}\right)+jw\sqrt{LC}\end{aligned}$$

가 된다. 여기서 α를 감쇠 정수($\alpha = \sqrt{RG}$[dB/km])라고 하며, β는 위상 정수를 나타낸다. 한편 $\alpha = 0$ 일 때는 감쇠가 없는 경우로 위상정수는 $\beta = \omega\sqrt{LC}$가 된다. 이와

같은 위상정수를 이용하여 파장 λ를 고려하면

$$\lambda = \frac{2\pi}{\beta} = \frac{2\pi}{\omega\sqrt{LC}} = \frac{1}{f\sqrt{LC}}$$

가 되며, 여기서 선로를 따라 진행되는 파의 속도를 전파(위상) 속도 v_p라고 하면

$$v_p = \frac{\omega}{\beta} = \frac{1}{\sqrt{LC}} = \lambda f$$

가 된다.

참고

일반적으로 전송로에서는 특성 임피던스는 선로 특유의 정수에 의해 정해지는 선로의 임피던스로서 무한히 연속되는 전송 선로의 임의의 점에서의 전압과 전류와의 비를 나타낸 것으로 어떤 임의의 주파수에서도 임피던스가 선로의 길이나 부하에 무관하며 선로의 종류에 따라 일정한 값을 가진다.

(4) 무왜 선로와 무 손실 선로

① 무 손실 선로(lossless line)

손실이 전혀 없는 선로를 무 손실 선로 또는 이상적인 선로라고 부른다.
이 경우 $R = G = 0$이므로

$$Z = j\omega L$$
$$Y = j\omega C$$

따라서

$$\gamma^2 = ZY = (j\omega L)(j\omega C)$$
$$\gamma = \sqrt{(j\omega L)(j\omega C)} = j\omega\sqrt{LC}$$

또는 다음과 같이 생각하면

$$\gamma = \alpha + j\beta = 0 + j\omega\sqrt{LC}$$

여기에서 α와 β의 값은

$$\alpha = 0,\ \beta = \omega\sqrt{LC}$$

즉, $\alpha = 0$, β는 ω에 비례하는 결과로 나타난다. 이때의 위상속도 β를 식 $dx/dt = \omega/\beta$

에 대입하면

$$\frac{dx}{dt}=\frac{\omega}{\omega\sqrt{LC}}=\frac{1}{\sqrt{LC}}$$

이 관계에서 주파수에는 무관한 일정한 값이 존재한다. 따라서 자유공간에 있어서 평행 2선조의 경우에는 위상속도 $1/\sqrt{LC}$는 광속도 C와 동일하게 된다. 즉, 전압 및 전류의 파는 감쇠 없이 $\frac{1}{\sqrt{LC}}$의 속도(광 속도)로 전파된다. 또한 이때의 특성 임피던스 Z_0를 생각하면

$$Z_0=\sqrt{\frac{Z}{Y}}=\sqrt{\frac{j\omega L}{j\omega C}}=\sqrt{\frac{L}{C}}$$

로서 주파수와는 무관하며 실수부만 존재하므로 전압과 전류의 위상은 동상이 된다. 즉, 파동방정식을 풀면 전류가 양쪽방향으로 나가는 것을 알 수 있다.

② **전송선로 상에서 요구되는 감쇠량 최소 조건**

선로 상에 존재하는 감쇠량의 정도를 결정하는 데는 2차 정수 중 α의 크기에 의해 결정 된다. 반송파가 30[kHz] 이상인 고주파의 경우에 1차 정수와 2차 정수의 근사식에 대한 관계식은 다음과 같다. 이 관계식을 이용해서 감쇠량을 적게 함과 동시에 신호가 변함없이 전송되는 경우에 대한 조건을 해석해 보기로 한다.

〈표 3.1〉 고주파에 따른 전파상수의 값

구 분	α와 β값
고주파의 경우에 대한 전파상수	$\alpha \fallingdotseq \frac{R}{2}\sqrt{\frac{C}{L}}+\frac{G}{2}\sqrt{\frac{L}{C}}$
	$\beta=\omega\sqrt{LC}$
고주파의 경우에 대한 특성 임피던스 ($R \ll \omega L, G \ll \omega C$)	$\lvert Z_0\rvert \fallingdotseq \sqrt{\frac{L}{C}}$
	$\phi=\frac{1}{2}\left(\frac{G}{\omega C}-\frac{R}{\omega L}\right)$

여기서 고주파에 대한 전파상수 α를 이용한 선로 상에서의 감쇠 최소조건을 생각하면 다음과 같다.

R, G를 증가시키는 경우 R, G는 α를 증가시키는 함수이기 때문에 따라서 α를 최소로 하기 위해서는 $R=G=0$되면 $\alpha=0$이 되어 감쇠가 전혀 일어나지 않는다. 즉, 전기저항이 없는 도체와 같은 성질을 갖게 된다.

또한 L, C에 대한 경우 L을 증가하면 제1항은 감소, 제2항은 증가한다. 반대로 C를 증가시키면 제1항은 증가, 제2항은 감소한다. 따라서 L과 C를 이용해서 α를 최소화하기 위해서 α를 L의 변수로 해서 미분하고 그 결과를 0으로 하면

$$\alpha = \frac{R}{2}(C^{\frac{1}{2}} \cdot L^{-\frac{1}{2}}) + \frac{G}{2}(L^{\frac{1}{2}} \cdot C^{-\frac{1}{2}})$$

$$\frac{d\alpha}{dL} = \frac{R}{2}\left(-\frac{1}{2}L^{-\frac{3}{2}} \cdot C^{\frac{1}{2}}\right) + \frac{G}{2}\left(\frac{1}{2}L^{-\frac{1}{2}} \cdot C^{-\frac{1}{2}}\right)$$

$$= -\frac{1}{4}L^{-\frac{1}{2}}\left(R\sqrt{C}L^{-1} - \frac{C}{\sqrt{L}}\right) = 0$$

따라서 괄호안의 값을 0으로 하면

$$\frac{R\sqrt{C}}{L} = \frac{G}{\sqrt{C}}$$

$$LG = RC$$

가 되며 선로에 있어서 L, R, C, G의 사이에

$$\frac{R}{L} = \frac{G}{C}$$

인 관계식이 성립하는 경우를 선로에서의 감쇠량 최소조건이라고 한다. 동일한 방법으로 α를 C에 대해 미분하고 그 결과를 0으로 하면

$$L\sqrt{G^2 + (\omega C)^2} = C\sqrt{R^2 + (\omega L)^2}$$

이며, 여기에서도 다음과 같은 결과를 얻는다.

$$LG = RC$$

따라서 감쇠량 최소조건에 고주파에 대한 전파상수 α에 대입하면

$$\alpha = \sqrt{RG}$$

이와 같이 감쇠량이 최소가 되기 위한 조건들을 2차 정수와 관계시켜 정리하면 다음과 같은 조건을 만족해야 한다.

$$\alpha = R\sqrt{C/L} = \sqrt{RG}$$

$$\beta = \omega\sqrt{LC}$$

$$|Z_0| = \sqrt{\frac{R}{G}} = \sqrt{\frac{L}{C}}$$

$$\phi = 0$$

【예제】 감쇠량 최소조건을 만족하는 경우의 선로에서의 감쇠량은 어떻게 되는가?

해설 $\alpha = R\sqrt{\frac{C}{L}} - G\sqrt{\frac{L}{C}} = \sqrt{RG}$ 관계에서 감쇠량 α는 R과 G에 의해서 지배되며, L과 C는 실제 무관한 것으로 생각한다.

참고

선로의 감쇠량이 최소일 경우

- 모든 주파수의 정현파는 선로의 길이에 따라 동일하게 감소된다.
- 전파속도와 감쇠정수는 주파수와 무관하게 일정하다.

③ 무왜 전송 조건

한편 선로에서 발생하는 1차 정수인 R, L, C, G의 관계식은 전송되는 신호가 무 왜곡이 되는 선로 조건이 되기 위해서는 $RC = LG$인 조건을 만족해야 하는데 이 조건을 무왜 조건이라고 한다.

그러나 일반적으로 통신 선로에서는 $RC > LG$이므로 장거리 통신 선로의 경우에는 인위적으로 코일 L을 증가시켜서 무왜가 되도록 해야 한다.

즉 적당한 거리마다 철심 코일을 삽입하여 코일 L의 크기를 크게 하면 $RC = LG$이 된다. 이 때 삽입되는 코일을 장하(Loading)이라고 한다.

여기서 무왜 조건을 고려하면 임의의 파형의 파를 송전단에서 보낸 경우 선로 도중에서 파형은 일반적으로 송전단의 파형과 달라지게 되는데 이를 파형에서 왜곡이 발생하였다고 한다.

일반적으로 파형에서 왜곡이 발생하는 원인으로는 감쇠정수 α 와 위상속도 β가 주파수에 의해 달라지는 것을 들 수 있다. 이와 같은 원인에 의한 파형의 변형을 전파 변형이라고 한다. 즉, 신호전송에 있어서 전송된 신호를 수신단에서 원형 그대로 재현이 가능한 것이 가장 바람직하다. 따라서 전송계에 있어 무왜 전송이 일어나기 위한 조건들은 유효 주파수 대역에서 다음과 같은 상태이어야 한다.

㉠ 임피던스가 일정해야 한다.($Z =$ const.)

㉡ 감쇠정수가 일정해야 한다.($\alpha =$ const.)

㉢ 위상정수가 주파수에 비례해야 한다.($d\beta / d\omega =$ const.)

3.1.2 무 손실 선로의 공진

(1) 입력 임피던스

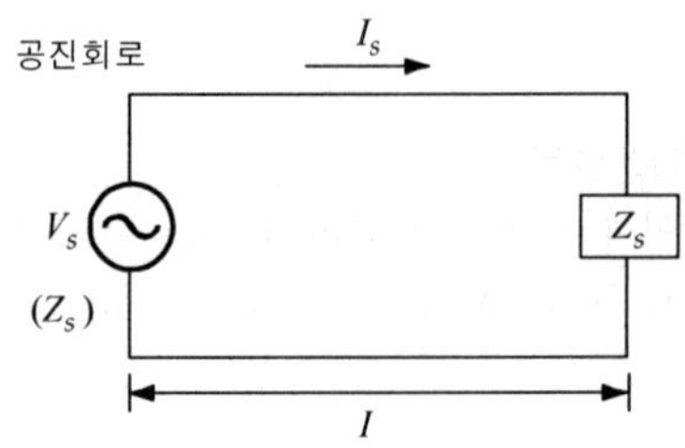

〈그림 3.2〉

Z_R은 종단 부하 임피던스, V_S는 송전단 전압, l 은 선로의 길이 그리고 β는 위상 정수를 나타내는 것으로 송전단에서 바라본 임피던스를 Z_S는

$$Z_S = \frac{V_S}{I_S} = Z_0 \frac{Z_R + Z_0 \tan\beta l}{Z_0 + jZ_R \tan\beta l}$$

이며, 수전단(신호를 뽑아내는 단자) 단락의 경우 즉, $Z_R = 0$인 경우

$$Z_S = jZ_0 \tan \beta l [\Omega]$$

이며, 수전단 개방인 경우 즉, $Z_R = \infty$인 경우

$$Z_S = -jZ_0 \cot \beta l [\Omega]$$

가 된다. 그리고 $Z_0 = Z_R$인 경우에는

$$Z_S = Z_1 = Z_R$$

가 된다. 예를 들어 종단 개방 선로에서 개방 단으로 부터 $d = \frac{\lambda}{4}$ 지점에서의 임피던스는

$$Z_S = -jZ_0 \cot\beta l = -jZ_0 \cot\frac{2\pi}{\lambda} l = -jZ_0 \cot\frac{\pi}{2} = 0$$

가 된다.

(2) 수전단 단락선로의 경우($Z_l = 0$)

$$Z = Z_o \cdot \frac{Z_l + jZ_o \tan\beta l}{Z_o + jZ_l \tan\beta l} = Z_o \cdot \frac{\frac{Z_l}{Z_o} + j\frac{Z_o}{Z_o} \cdot \tan\beta l}{\frac{Z_o}{Z_o} + j\frac{Z_l}{Z_o} \cdot \tan\beta l} = jZ_o \tan\beta l$$

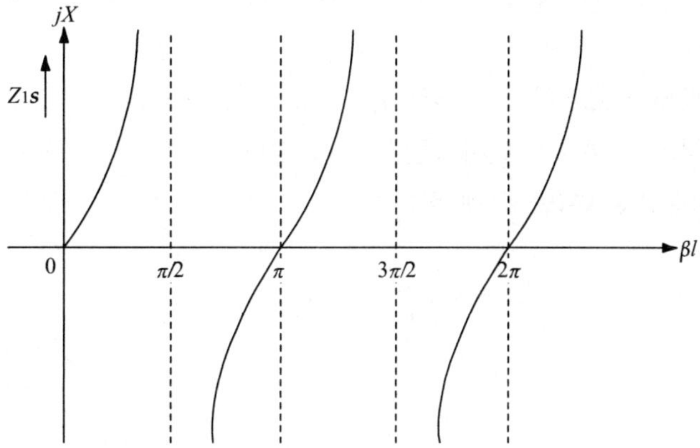

〈그림 3.3〉 수전단 단락 시 입력 임피던스

(3) 수전단 개방선로의 경우($Z_l = \infty$)

$$Z = Z_o \cdot \frac{Z_l + jZ_o \tan\beta l}{Z_o + jZ_l \tan\beta l} = Z_o \cdot \frac{\frac{Z_l}{Z_l} + j \cdot \frac{Z_o}{Z_l} \cdot \tan\beta l}{\frac{Z_o}{Z_l} + j \cdot \frac{Z_l}{Z_l} \cdot \tan\beta l}$$

$$= Z_o \cdot \frac{1}{j \tan\beta l} = -jZ_o \cot\beta l$$

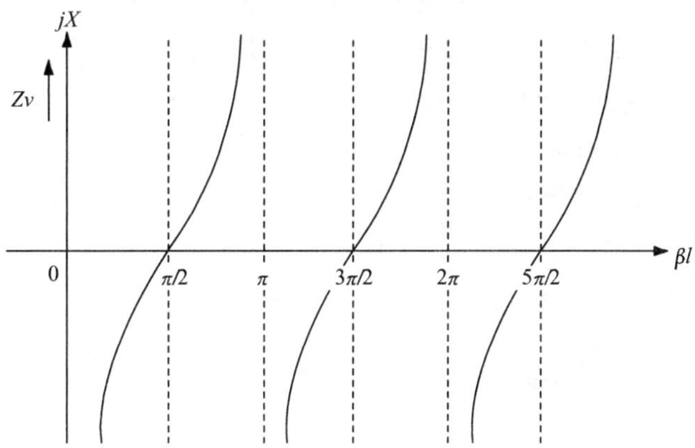

〈그림 3.4〉 수전단 개방 시 입력 임피던스

특히 고전압을 장거리 전송을 위해 이용되는 송전선에서 무 부하 또는 경 부하 시에 선로의 정전용량으로 인하여 선로의 충전 시 생기는 진상 충전전류의 영향으로 수전단이 개방된 선로에서 수전단 전압의 최대값이 송전단 전압의 절대값 보다 커지는 현상으로

수단의 |전압| 〉 송단의 |전압|

가 일어나는 현상을 페란티 현상(ferranti phenomenon)이라고 하며 다음과 같은 특징을 나타낸다.

① 수단의 개방된 선로에서만 존재한다.
② 송단의 투사파와 수단의 반사파는 동상이 된다.
③ 무 손실 전송선로에서만 존재 한다.

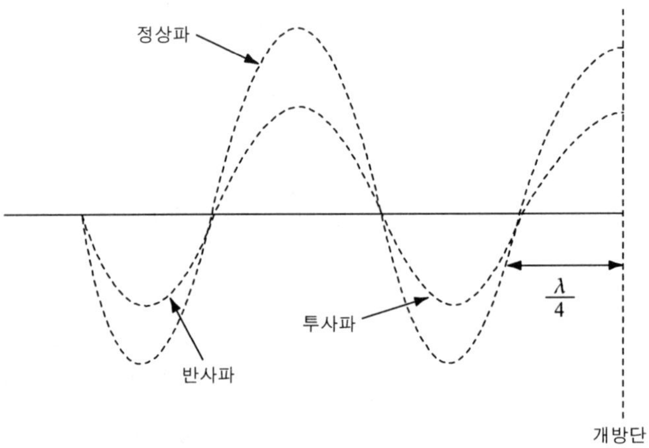

〈그림 3.5〉 Ferranti 현상

【예제】 수전단 개방의 무 손실 선로에서 입력 임피던스의 절대값의 크기를 특성 임피던스와 동일하게 하기 위한 선로 길이의 크기를 구하여라.

해설 수전단을 개방하는 경우의 입력 임피던스의 크기는

$$Z_S = -jZ_0 \cot \beta l$$

이며, 무손실인 경우에는

$$R = G = 0$$

이므로 임피던스는 $Z_0 = \sqrt{\frac{L}{C}}$ 를 이용하여 정리하면

$$Z_S = -j\sqrt{\frac{L}{C}} \cot \beta l = Z_0 = \sqrt{\frac{L}{C}}$$

가 된다. 여기서

$$Z_S = -j \cot \beta l = Z_0 = 1$$

가 된다. 따라서

$$l = \frac{\pi}{4\beta} = \frac{\pi}{4 \times \frac{2\pi}{\lambda}} = \frac{\lambda}{8}$$

가 된다. 즉, 무 손실 선로에서 입력 임피던스의 절대값의 크기를 특성 임피던스와 동일하게 하기 위한 선로 길이는 $\frac{\lambda}{8}$배가 되어야 한다.

참고

분포 정수 회로가 무 손실 선로 $(R=G=0)$의 경우

- 특성 임피던스, Z_0

$$Z_0 = \sqrt{\frac{Z}{Y}} = \sqrt{\frac{R+jwL}{G+jwC}} = \sqrt{\frac{L}{C}}$$

- 전파 상수, γ

$$\gamma = \alpha + j\beta = \sqrt{ZY} = \sqrt{(R+jwL)(G+jwL)} = jw\sqrt{LC}$$

- 파장, λ

$$\lambda = \frac{2\pi}{\beta} = \frac{2\pi}{w\sqrt{LC}} = \frac{1}{f\sqrt{LC}}$$

- 전파 속도, v

$$v = f\lambda = \frac{2\pi f}{\beta} = \frac{w}{\beta} = \frac{1}{\sqrt{LC}}$$

3.1.3 전송선로의 전송과정에서 발생하는 현상

특성이 다른 2개 이상의 복합된 선로의 접속점에서 임피던스 부정합이 존재하여 반사파가 발생, 전송 손실을 가져 오게 되는 현상을 복합선로의 반사현상이라고 하며, 이로 인해 전송손실이 증대되며 간접누화의 원인이 된다. 또한 동축케이블에서 파형전송을 하는 경우 파형왜곡의 원인이 되며 불균등 반사 손실이 생겨 2선식 음성회선 증폭기의 명음 안정도를 저하시킨다. 따라서 복합선로의 반사현상은 영상신호 전송의 경우에는 고스트(ghost)의 원인이 된다.

이와 같은 반사현상에 대한 값의 표현으로 반사계수, 투과계수 그리고 정재파비 등의 크기를 이용하여 나타낸다.

(1) 반사계수, m

반사는 임피던스가 서로 다른 전선의 경우에 발생하는 것으로 반사로 인하여 전압 혹은

전류가 송단 쪽으로 뒤돌아 가는 현상으로 반사 정도를 반사 계수라고 하면 반사 계수 m은 입사파와 반사파의 비에 의해서 반사의 크기가 결정된다.

$$m = \frac{\text{수전단 반사파 진폭}}{\text{수전단 진행파 진폭}} = \frac{Z_R - Z_0}{Z_R + Z_0}$$

여기서 Z_R은 종단 임피던스, Z_0는 선로의 특성임피던스를 나타내는 것이며 반사 계수의 성질은 입사파와 반사파가 같으면 완전 반사라고 하며 반사 계수는 1이 된다.

(2) 투과계수

투과계수가 1일 때 임피던스가 정합된 선로가 되어 부하에 최대 출력이 공급된다.

$$\text{전압투과계수}(1+m) = \frac{\text{투과전압}}{\text{입사전압}} = \frac{2Z_l}{Z_l + Z_o}$$

【예제】 무 손실 선로에서 인덕터의 크기가 1[μH/m]이고, 커패시턴스의 크기가 400[pF/m]으로 구성되는 회로에서 25[Ω]인 부하 저항을 수전단에 접속하는 경우 이곳에서의 반사 계수는?

해설 무손실인 경우에는

$$R = G = 0$$

이므로 임피던스는 $Z_0 = \sqrt{\frac{L}{C}}$ 를 이용하여 계산하면

$$Z_0 = \sqrt{\frac{L}{C}} = \sqrt{\frac{10^{-6}}{400 \times 10^{-12}}} = 50[\Omega]$$

이며, 반사 계수는

$$m = \frac{Z_R - Z_0}{Z_R + Z_0} = \frac{250 - 50}{250 + 50} = \frac{2}{3}$$

가 된다.

(3) 정재파비(standing wave ratio)

정재파란 정합되지 않은 전송선로에서 입사파와 반사파의 합성에 의해서 동일한 위상을 이루는 파를 말한다.

정재파는 $Z_R \neq Z_0$인 선로 상에서 진행파와 반사파가 서로 간섭을 일으켜 마치 선로 상에 정지되어 있는 것처럼 보이는 파를 말하는 것으로 정재파가 생기게 되는 원인은 임피던스

가 정합되지 않았을 경우($Z_R \neq Z_0$)에 발생하게 되며, 정재파가 크면 클수록 그 만큼 전송 손실이 크며, 전류, 전압의 위상은 선로 상 어느 점에서나 같다.

여기서 전압 정재파비 S 는

$$S = \frac{\text{최대 전압}}{\text{최소 전압}} = \frac{|V^+|+|V^-|}{|V^+|-|V^-|} = \frac{1+m}{1-m} = \frac{1+\dfrac{Z_R - Z_0}{Z_R + Z_0}}{1-\dfrac{Z_R - Z_0}{Z_R + Z_0}}$$

으로 나타나며, V^+는 진행파, V^-는 반사파를 나타낸다.

따라서 임피던스가 정합되지 않았을 경우($Z_R \neq Z_0$)에 대한 특성을 고려하면

① $Z_0 > Z_R$의 경우 $S = \dfrac{Z_0}{Z_R}$

② $Z_0 < Z_R$의 경우 $S = \dfrac{Z_R}{Z_0}$

이며, 한편 정합 상태($Z_R = Z_0$)인 경우 $S = 1$이고 반사 계수 $m = 1$이므로 진행파만 존재하게 된다.

(4) 전송선로의 누화(Cross talk)

일반적으로 통신선로에는 많은 왕복도체가 근접, 병행하고 있으므로 이들 도체 간에는 전기적 결합(정전결합, 전자결합)이 다른 근접한 선로에서 통신에 영향을 주는 현상을 말한다.

즉, 어느 한 통신선로에 다른 통신회선의 통신 에너지가 유도되어 되돌아오는 것을 누화라 한다. 누화의 정도에 따라 통신에 방해를 주며 넓은 의미에서 누화도 잡음의 일종이라고 할 수 있다. 또한 누화를 일으키는 원인이 되는 회선을 유도회선, 누화를 받는 회선을 피유도회선이라고 한다.

① 누화의 분류

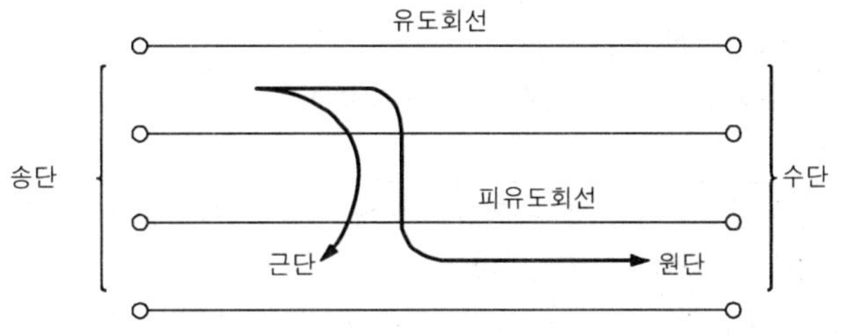

〈그림 3.6〉 유도회선과 피 유도회선의 관계

㉠ 근단 누화(near-end cross talk) : 유도회선의 송단측에서 피 유도회선의 송단측에 누화가 발생되는 현상

㉡ 원단누화(far-end cross talk) : 유도회선의 송단측에서 피 유도회선의 수단측에 누화가 발생되는 현상

〈표 3.2〉 누화의 형태와 특성

구분	특징
직선성 누화의 유도 원인	정전유도 누화
	전자유도 누화
누화 방향	근단 누화 : 유도회선의 송단측에 나타나는 피유도 회선의 누화
	원단 누화 : 유도회선의 수신단에 나타나는 피유도 회선의 누화
누화 발생 성질	직접 누화 : 정전, 전자결합 등에 의한 직접 결합 누화
	간접 누화 : 제3회선을 매체로 하여 발생하는 누화

② 누화의 단위

㉠ CTU : 유도전류와 피 유도전류의 대수의 비로 표현한 단위

$$\mathrm{CTU} = \frac{\text{피유도회선의 전류}}{\text{유도회선의 전류}} \times 10^6$$

㉡ CTU와 dB의 관계

$$N[\mathrm{dB}] = 20\log_{10}\frac{10^6}{[\mathrm{CTU}]} = 120[\mathrm{dB}] - 20\log_{10}[\mathrm{CTU}]$$

$$1[\mathrm{dB}] = \left[\frac{\mathrm{Nep}}{8.686}\right] = 0.115[\mathrm{Nep}]$$

〈표 3.3〉 케이블 선로의 누화 방지책

방 법	특 성	
시험접속	선로의 접속점에서 상하측의 정전용량을 측정하여 서로 상쇄되도록 두 회선을 교차시키는 방식이다.	
압신기	송전단에서 음성신호를 1/2로 압축하여 보내고, 수전단에서 이것을 2배로 신장한다.	
누화보상	사용 주파수 대역중의 회선을 이와 동등한 특성을 가진 집중 결합을 역 위상이 되도록 삽입하는 방식이다.	
프로징 (frogging)	주파수 프로징	고군과 저군을 변환하는 군별 2선식 방식이다.
	케이블 프로징	반송파를 사용하는 쌍을 중계기마다 바꾸어 넣는 방법이다.

3.2 전송 매체의 형태와 특징

3.2.1 평형 케이블(Balanced Cable, Twisted Pair)

(1) 평형 케이블의 구조와 특성

절연된 두 가닥의 구리선이 균일하게 서로 감겨 있는 형태를 2(Pair) 또는 4선(quad)의 도선을 연합하여 한 개 또는 다수의 집합을 묶음으로 만든 통신선로로 케이블의 심선용(cable core) 도체는 연동선이 주로 사용된다.

이와 같은 심선의 절연 방법으로는 종이테이프 절연, 펄프 절연 그리고 플라스틱 절연 방법을 이용한다. 따라서 평형 케이블은 아날로그 선로 및 디지털 신호 전송에 적합하며 건물 내의 통신수단으로 사용되며 다음과 같은 특징을 갖는다.

① 대역폭, 거리, 데이터 전송에 상당한 제약점을 가진다.
② 간섭 및 잡음에 민감하다.
③ 근접한 Pair 끼리는 누화현상을 감소시키기 위하여 피치를 달리하여 꼰 것을 사용한다.

(2) 장하(loading)

케이블 선로의 경우 선로간의 사이가 매우 근접해있어 C가 크므로 $RC > LG$가 되어 선로에서는 손실이 증대된다. 따라서 선로에 임의적으로 L값을 증가시켜 $RC \fallingdotseq LG$가 되도록 하는 것을 장하라고 한다.

이와 같은 장하의 종류에는 자성 재료를 도체 상에 균일하게 감아 주는 장하방식인 연속장하(평등장하, krarup 장하)와 일정 간격(약 1.83l[km])마다 집중적으로 코일을 삽입하는 장하방식인 집중 장하(coil장하, pupin장하) 등이 있다. 이에 대한 예로 반 구간 방식, 반 코일 방식을 들 수 있다.

〈표 3.4〉 평형 케이블의 2차 정수

분 류	내 용
저주파	α, β는 $\sqrt{f}$에 비례하여 증가한다.
고주파	α는 $\sqrt{f}$ 비례, β는 f에 비례하여 증가한다.

3.2.2 동축 케이블(Coaxial Cable)

(1) 동축 케이블의 구조

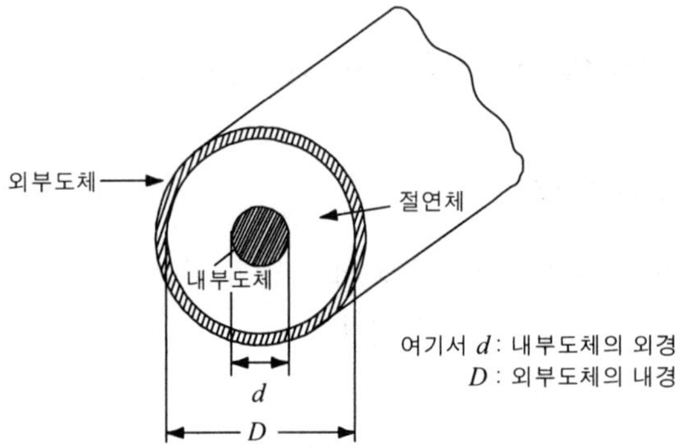

〈그림 3.7〉 동축 케이블의 구조

〈표 3.5〉 동축 케이블의 구조 내용

분 류	내 용
내부도체	임피던스가 균등할 것
	고주파 저항이 적을 것
	가요성을 가질 것
외부도체	임피던스가 균등할 것
	내경이 정확하게 원형을 유지할 것
	충분한 강도, 절연내력이 있을 것
	양도체이며 전자누설이 적을 것
절연체	감쇠량이 적을 것
	비유전율, 유전체 손실이 작을 것
	기계적 강도가 충분할 것
	동심원을 유지할 것

동축 케이블에서 가장 감쇠가 적게 하기 위한 내부도체 외경 d과 외부도체 내경 D의 비를 최적 비라 하며 그 값의 크기는 $D/d=3.59$(약 3.6) 일 때이다.

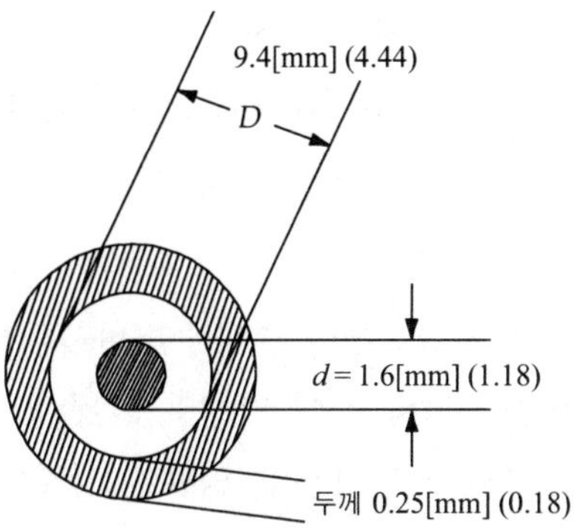

〈그림 3.8〉 내부도체와 외부도체의 규격

〈표 3.6〉 동축 케이블의 전기적 특성

	내 용
1차 정수	저항 $R=83\sqrt{f}\left(\frac{1}{d}+\frac{1}{D}\right)[\Omega]$
	인덕턴스 $L=0.2\log_e\left(\frac{D}{d}\right)[H/m]$
	정전용량 $C=\frac{2\pi\epsilon}{\log_e\frac{D}{d}}[F/m]$
	컨덕턴스 $G=2\pi fc\tan\delta[\mu℧/km]$
2차 정수	$Z_0=\sqrt{\frac{L}{C}}=74.13[\Omega]\fallingdotseq 75[\Omega]$
	$\alpha=\frac{\sqrt{f}}{d}$
	$\beta=\omega\sqrt{LC}$
	$V=\frac{\omega}{\beta}=\frac{1}{\sqrt{LC}}=\frac{3\times10^5}{\sqrt{\epsilon}}[km/sec]$

(2) 동축 케이블의 장 · 단점

① 장점

㉠ 전송손실이 적다. : 평형 케이블은 전송되는 주파수에 정비례하여 증가하며 동축 케이블은 전송되는 주파수의 평방근에 비례하여 증가한다.

㉡ 고주파에서는 외부도체의 차폐가 우수하며 누화 특성이 개선된다.

㉢ 평형 케이블보다 주파수 특성이 우수하며 광대역 초 다중화 전송에 이용된다.

㉣ 평형 케이블보다 간섭 및 누화 특성이 양호하다.

㉤ 전송 특성이 양호하며 넓은 주파수 대역에 걸쳐 등화가 용이하고, 내부도체와 외부도체의 절연이 극히 좋아 전력 전송이 가능하다.

② 단점

㉠ 선로의 중간에 임피던스 불균등점이 존재하면 반사현상이 일어나 반사와 재 반사가 되풀이 되어 경음 또는 Ghost 등이 발생하게 된다.

㉡ 저주파에서는 표피효과와 근접작용의 영향이 감소되어 누화가 발생하기 때문에 60[kHz] 이하에서는 사용하지 않는다.

㉢ 근거리 및 소규모 회선 구간에 적합하다.

(3) 일반적으로 동축 케이블의 용도

① 근거리 네트워크의 구성

② TV 신호 분배

③ 광대역 전송로로 사용

④ 단거리 시스템 링크

참고

와류 손실

■ 동심선 케이블에서 발생되는 손실로 여기서 와류 손실이란 동심선 케이블에 전파가 와서 닿으면 그곳에 자계가 형성되고 이 자계에 의해 전류가 생기가 되어 손실이 발생되는 것을 말한다.

3.2.3 광섬유 케이블(Optical Fiber Cable)

(1) 광섬유 케이블 통신의 기본적인 개요

광통신은 송신측에서 전기신호를 발광 소자를 이용해서 전광 변환한 광파를 만들어 전송매체인 광섬유 케이블에 송출하고 수신단에서는 광파로 전송된 광 신호를 수광 소자를 이용하여 광전 변환을 하여 원래의 신호로 재생하는 통신방식으로 빛의 전반사 원리를 이용하고 있으며 일반적으로 광파영역의 범위는 적외선(10^{11}[Hz])~가시광선(10^{15}[Hz])이다.

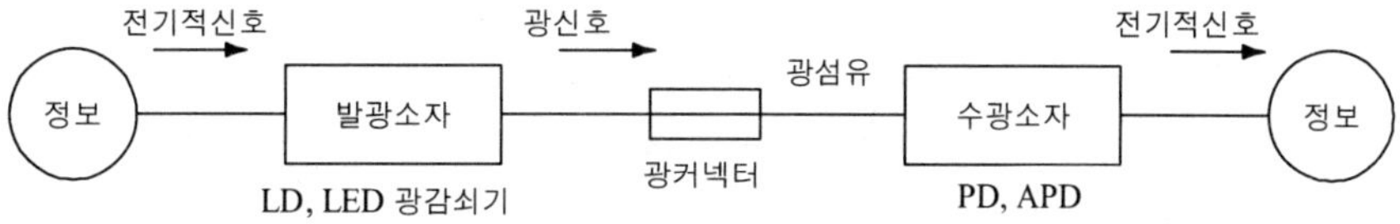

〈그림 3.9〉 광통신 시스템의 구성

① 발광 소자

전기 신호를 광 신호로 변환하는 전광 변환으로 발광 소자(광원)에는 발광 다이오드(LED)와 분사 레이저 다이오드(ILD)등을 이용하게 된다.

㉠ LED (Light emitting diode) : 위상이 무질서한 incoherent 광으로 자연 방출을 이용한 것으로 100[Mbps] 정도의 저속 전송에 사용된다. LED는 저가로 넓은 온도 범위에서도 동작이 가능하며, 수명도 길다.

㉡ ILD (Injection laser diode) : 반도체의 유도 방출을 이용한 incoherent 광으로 LED보다는 구조가 다소 복잡한 [Gbps]급 정도의 고속 데이터를 전송하는 경우에 사용된다.

② 수광 소자

광 신호를 전기적인 신호로 변환하는 광전 변환 소자로 Photo diode, Avalanche Photo diode를 이용한다.

㉠ PD (Photo diode) : 소 용량 및 저속의 저가 시스템으로 S/N비가 낮고 출력 전력도 낮다. 그리고 증배 작용이 없다는 것이다.

㉡ APD (Avalanche Photo diode) : 높은 바이어스 전압이 필요로 하게 된다. 그러나 avalanche 증배(점차적으로 증가되는 현상)파에 의해 큰 출력을 얻을 수 있다는 것과 S/N 비를 향상시킬 수 있어 장거리 전송과 대용량 고속 전송에 적합하게 된다.

(2) 광섬유의 구조

① 코어(core)

광이 전파하는 광섬유의 중심 물질로 레이저 광선이 통과하는 영역이다.

② 클래드(clad)

광섬유에서 코어를 둘러싸고 있는 영역으로 코어에 입사된 광 에너지를 광섬유 밖으로 빠져 나가지 못하도록 전파를 격리하는 부분이다.

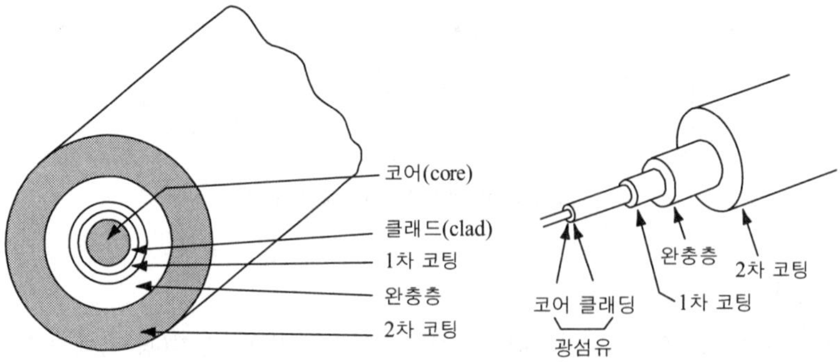

〈그림 3.10〉 광섬유의 구조

(3) 광섬유에 대한 도파원리

① 도파원리

일반적으로 빛은 직진·굴절·반사·간섭 등의 현상이 있으며, 코어 내에 광선이 입사될 때 코어와 클래드의 경계면에서 입사각이 임계각 보다 크게 되면 전반사를 반복하면서 도파한다. (코어의 굴절률 〉 클래드 굴절률)

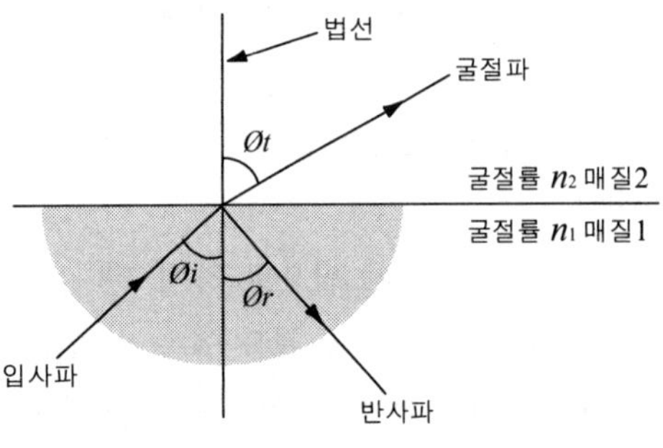

〈그림 3.11〉 두 매질의 경계면에서의 굴절 및 반사현상

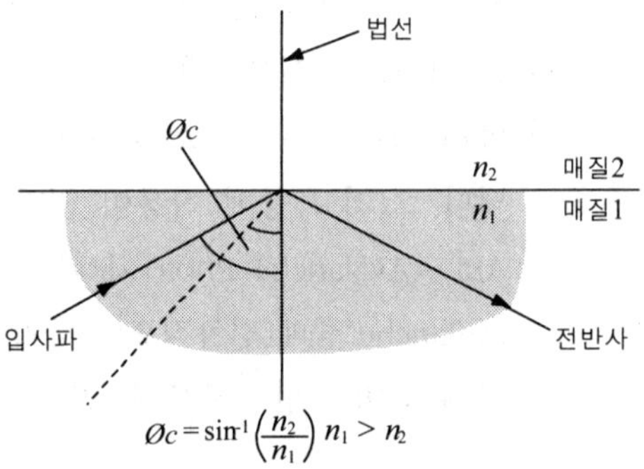

〈그림 3.12〉 전반사현상

【예제】 광섬유 통신의 근본 원리는 빛의 어떤 성질을 이용한 것인가에 대해서 설명하여라.

해설 광섬유는 광의 전반사(광케이블의 코어를 따라 모두 반사하면서 진행한다는 의미) 성질을 이용한 전송매체이다.

② 스넬의 법칙(Snell's)

굴절률과 입사각의 관계를 나타낸 법칙을 스넬의 법칙이라고 한다.

$$n_1 \sin\phi_i = n_2 \sin\phi_t = n_1 \sin\phi_r$$

여기서 n_1은 core의 굴절률, n_2는 clad의 굴절률, ϕ_i는 입사각, ϕ_t는 굴절각, ϕ_r는 반사각을 각각 나타낸다.

여기서 임계각(ϕ_c)과 굴절률의 관계를 고려하면

$$\phi_c = \sin^{-1}\frac{n_2}{n_1}$$

이다. 따라서 임계각 ϕ_c는 $n_1 > n_2$인 경우에 굴절각 ϕ_t가 직각이 되어 매질 2(clad)에서 굴절현상이 생기지 않는 각을 말하며, 여기서 전반사는 $n_1 > n_2$인 경우로 임계각 ϕ_c보다 큰 각도로 경계면에 닿는다.

③ 도파각

광선이 섬유 축과 이루는 각에 도파되는 각

$$\theta \leq \sqrt{2\Delta}$$

여기서 Δ(비 굴절률 차)$= \dfrac{n_1 - n_2}{n_1}$을 말하며, 전파 모드 수는 Core경, 빛의 파장, 굴절률 차에 의해 결정된다.

(4) 광섬유의 광학적 파라미터(1차 정수)

① 비원율

㉠ 코어의 비원율$(\epsilon_1) = \dfrac{\alpha_{max} - \alpha_{min}}{\alpha} \times 100[\%]$

㉡ 클래드의 비원율$(\epsilon_2) = \dfrac{d_{max} - d_{min}}{d} \times 100[\%]$

여기서 α는 코어 표준 직경, d는 클래드의 표준 직경, $\alpha_{max(min)}$는 코어의 최대직경 그리고 $d_{max(min)}$는 클래드의 최대직경을 각각 나타낸다.

② 균등률

㉠ 코어의 균등률$(\alpha_1) = \dfrac{\alpha_{max} - \alpha}{\alpha} \times 100[\%]$

㉡ 클래드의 균등률$(d_1) = \dfrac{d_{max} - d}{d} \times 100[\%]$

③ 편심률

$$\text{편심률}(\delta) = \frac{C}{\alpha} \times 100[\%]$$

여기서 C는 코어의 중심점과 클래드의 중심점 간격, 그리고 α는 코어의 표준직경을 나타낸다.

④ 개구수(numerical aperture)

$$\text{개구수(NA)} = n_1 \sin\theta_c = \sqrt{n_1^2 - n_2^2} \fallingdotseq n_1\sqrt{2\Delta}$$

일반적으로 NA의 값이 큰 개구각일수록 많은 모드의 광이 입사될 수 있으나 NA가 너무 크면 광섬유의 모드 간 분산과 접속 손실이 커지게 된다.

⑤ 비 굴절률 차

$$\text{비 굴절률 차}(\Delta) = \frac{n_1^2 - n_2^2}{n_1^2} \fallingdotseq \frac{n_1 - n_2}{n_1} \times 100[\%]$$

여기서 Δ가 클수록 광이 코어 내에 입사하기 쉬워지나 전송손실이 증가하게 된다.

⑥ 수광각

$$\text{수광각}(\theta_{max}) = \sin^{-1}\sqrt{2\frac{n_1^2 - n_2^2}{n_1^2}} \fallingdotseq \sin^{-1}\sqrt{2\Delta}$$

$$\text{최대 수광각}(2\theta_{max}) = \sin^{-1} 2n_1\sqrt{2\Delta}$$

여기서 광선의 입사각이 수광각(θ_{max})보다 크게 되면 코어와 클래드의 경계면에서 전반사가 되지 않기 때문에 광파는 코어로부터 클래드로 손실된다.

⑦ 규격화 주파수(V)

광 심선에 어느 만큼 많은 모드가 전파할 수 있는가의 정도를 말한다.

$$V = \frac{2\pi a}{\lambda} \cdot \text{NA} = \frac{2\pi a n_1\sqrt{2\Delta}}{\lambda}$$

(5) 광섬유의 광학적 2차 정수

① 광파손실

광전송시 광섬유 심선의 전체적인 손실을 나타내는 것으로 그 관계는 다음과 같다.

$$광파손실\ A = 10\log_{10}\frac{P_1}{P_2}[\mathrm{dB}]$$

여기서 P_1는 입광력을, P_2는 출광력을 나타낸다.

② **광 파장 손실**

광전송시 파장에 의해 발생하는 손실로, 레일리 산란손실, 흡수손실, 구조불완전 손실, 마이크로 밴딩 손실, 만곡 손실 등이 있다.

③ **분산특성**

광전송시 도파되는 거리에 따라 전파의 시간차에 의해 발생하는 것으로 이로 인한 파형의 분산형태는 모드분산, 구조분산, 재료분산 등이 있다.

(6) 광섬유의 전송특성

① **광파손실의 종류**

㉠ 레일리 산란손실(rayleigh 산란) : 광섬유 재료의 밀도 및 성분이 국소적으로 불균일하게 변화하는데 기인한 불가피한 손실로 레일리 산란손실은 고유손실에 해당된다. 따라서 산란되는 광파 또는 빛 파장(λ)의 4승에 반비례하므로 파장이 길수록 레일리 산란손실은 적게 된다.

㉡ 흡수 손실 : 광 섬유 속을 전파하는 광파가 광섬유의 분자, 원자의 특성에 의해 광파가 흡수되어 감쇠되는 손실로 예를 들면 OH^-기 흡수손실, 자외선 흡수손실, 적외선 흡수손실 등이 이에 해당한다.

㉢ 마이크로 밴딩(micro banding)에 의한 손실 : 광섬유를 케이블로 만드는 과정에서 광섬유의 측면에 어떤 힘이 가해져 광심선의 도파로 불균등에 의해 모드분산에 의해 발생되는 손실이다.

㉣ 구조불완전에 의한 손실 : 코어와 클래드의 경계면에 미세한 구조 불완전에 의해 산란 및 복사현상에 의한 손실을 말한다. 즉, 동심성이 유지되지 않아 발생하는 손실을 말한다.

㉤ 만곡 손실 : 광 섬유가 구부러졌을 때 임계각 이하에서 입사하는 빛이 섬유 밖으로 방사하기 때문에 발생하는 손실을 말한다.

② **베이스 밴드 주파수특성(분산특성)**

광섬유를 도파하는 광 펄스의 모양이 달라지고 입사한 빛의 펄스 시간 폭보다 벌어지는 현상으로 광섬유의 전송 용량이 제한된다.

㉠ 분산의 종류

모드 분산	전파모드에 의해서 전파속도가 다르기 때문에 발생하는 파형의 벌어짐으로 SI형 MM의 경우는 크다.
재료 분산	재료인 클래드의 굴절률이 전파하는 빛의 파장에 따라서 변화하는 것에 기인하는 파장의 벌어짐으로 어떤 종류의 광섬유에 있어서나 생기는 성질의 것이다.
구조 분산	광원에서 방출되는 빛의 파장에 폭이 있는 경우에 생기는 파장의 벌어짐이다.

ⓒ 분산특성

- 단일모드 광섬유는 색 분산만 있고 모드분산은 없으며, 단일모드에서는 색 분산이 다중모드에서는 모드분산이 중심이 된다.
- 분산의 크기는 모드분산, 재료분산, 구조분산의 순이다.
- 모드분산은 광원에 의존하지 않고 광섬유의 형태에 따라서 결정된다.
- 광섬유가 전송할 수 있는 정보량은 분산이 작을수록 커진다.

【예제】 멀티모드에서 그레이드 인덱스형 광섬유(Graded Index Fiber)를 사용하여 줄일 수 있는 분산에 대해서 설명하여라.

해설 GIF(Graded Index Fiber) 광섬유는 다중모드 파이버에서 발생되는 모드 분산(모드 사이의 전파 속도 차 때문에 광 펄스가 퍼지는 현상)을 줄이기 위해 사용한다.

(7) 광섬유 케이블의 종류

① **전파모드에 의한 분류**

㉠ 단일모드 광섬유(SMF, Single Mode Fiber) : 광섬유 내를 통과하는 전파모드가 단 하나이며, 코어의 직경이 무척 적어 접속이 어렵고 고속 대용량 전송이 가능하다.

ⓒ 다중모드 광섬유(MMF, Multi Mode Fiber) : 광섬유 내를 통과하는 전파모드가 여러 개이므로 코어의 직경이 커 접속이 용이하지만 여러 개의 모드의 도파시간이 달라 전송대역이 제한된다.

② **굴절률에 따른 분류**

㉠ 계단형(step index) : 코어와 클래드의 경계가 클래드 부분에서 계단적으로 변화하는 형으로 전파 모드 수는 복수 개가 존재한다.

ⓒ 언덕형(graded index) : 클래드의 경계면에서 코어의 중심축으로 갈수록 굴절률이 커지는 연속 굴절률 분포형이며 모드간의 전파속도차가 작으므로 모드분산을 줄일 수 있다.

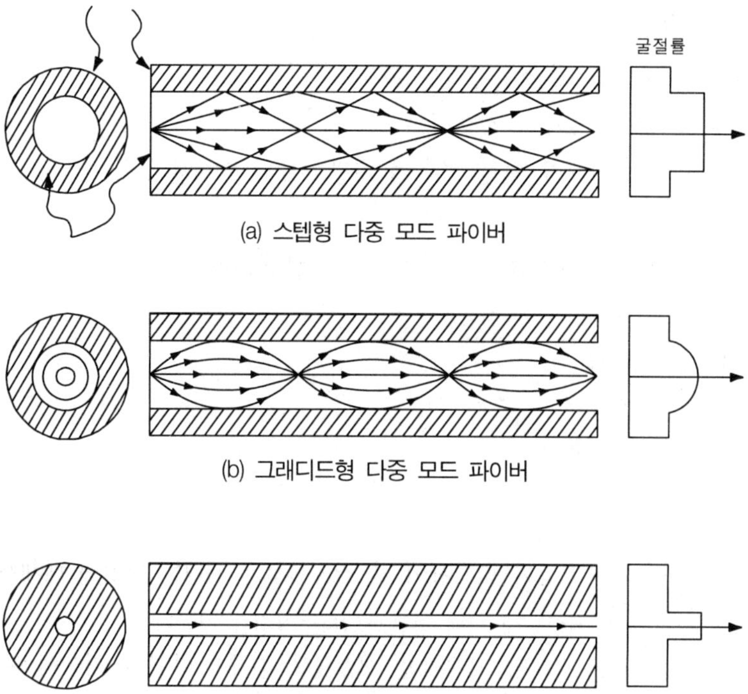

(a) 스텝형 다중 모드 파이버

(b) 그래디드형 다중 모드 파이버

(c) 단일 모드 파이버

〈그림 3.13〉 각종 광파이버와 광의 전파

③ **재료에 따른 분류**

㉠ 석영 유리계

㉡ 다성분 유리계

㉢ 플라스틱계

(8) 광섬유 케이블의 장점

① 저손실성이며 광전송 손실이 적어 중계 구간을 길게 할 수 있다

② 광대역성이며 대용량의 정보전송 10[Gbps]이다.

③ 전기적 무 유도성(비전도성)인 비 전도체로서 전파간섭, 누화 및 혼선의 피해가 없다.

④ 가요성이 있으나 구부림 허용반경은 동축 케이블보다 작다.

⑤ 세심 경량성이며 광심선이 가늘어 다대화가 가능하며, 가설 시 작업이 용이하다.

⑥ 자원이 풍부하며 수명이 길다.

(9) 광섬유 케이블의 단점

① 광케이블 간 접속이 어렵다(세경성 때문).

② 중계기에 급전선이 별도로 필요하다.

③ 광섬유의 표면에 상처가 있는 경우에 파단고장이 발생한다.

【예제】 광케이블에 의해 야기되는 손실에 대해서 설명하여라.

해설 광케이블에서 발생되는 손실로는

- 레일리 산란손실
- 적외선 흡수손실
- 구조 불완전 손실

등을 들 수 있다.

【예제】 동선 케이블 전송선로와 비교하여 광 전송선로가 지니는 특징에 대해서 설명하여라.

해설 광케이블은 동축 케이블에 비해 다음과 같은 장점을 갖는다.

- 세경성, 경량성, 경제성, 광대역성, 저손실성, 전자파 및 외부 잡음에 대한 무유도성
- 그러나 광케이블은 내구성이 약해 일정 이상 구부리면 내부의 심선이 끊어져 버릴 수 있다.

〈표 3.7〉 재생 중계 구간

전송 매체	구 간
케이블	시내 : 1.5~2[km], 시외 : 2~3[km]
광 케이블	• 단파장 다중모드 : 10[km] • 장파장 단일모드 : 50[km] • 장파장 다중모드 : 20[km]

참고

RPR(Resiliency Packet Ring)

■ 차세대 이더넷(Ethernet) 기술로 기존의 SONET/SDH 망이 지니는 이중 링 구조(FDDI)를 그대로 유지하면서 패킷 데이터 전송에 적합하도록 이더넷의 장점을 결합한 신 기술의 Layer2 기술이다. 여기서 Resiliency는 동일한 목적지에 대해서 두 개 이상의 경로(Path)를 구성하여 Node나 Link의 장애에도 연속적인 서비스 제공이 가능하다는 것을 말한다.

3.2.4 무선 전송로

무선통신방식에서 이용되는 통신형태는 지상 마이크로파통신, 이동통신, 위성통신 등으로 분류해서 설명할 수 있다.

(1) 마이크로파(M/W)통신

마이크로파라 함은 1~30[GHz] 정도의 영역을 전자파를 나타내는 것으로, 광대역성을 얻기 용이하므로 초다중 통신에 이용되어 한 개의 무선회선으로 수백, 수천 채널을 중계할 수 있어 다중 전화회선, 텔레비전중계 그리고 위성중계 회선 등에 널리 사용되고 있다.

〈표 3.8〉 전파의 주파수 범위와 용도

주파수 범위	파장 범위	주파수 명칭	약어	관용어
30[kHz]이하	10[km]이하	VLF BAND 4	Very Low Frequency	초장파
30~300[kHz]	1~10[km]	LF BAND 5	Low Frequency	장파
300~3000[kHz]	100~1000[m]	MF BAND 6	Medium Frequency	중파
3~30[MHz]	10~100[m]	HF BAND 7	High Frequency	단파
30~300[MHz]	1~10[m]	VHF BAND 8	Very High Frequency	초단파
300~3000[MHz]	10~100[cm]	UHF BAND 9	Ultra High Frequency	극초단파
3~30[GHz]	1~10[cm]	SHF BAND 10	Supper High Frequency	마이크로파
30~300[GHz]	1~10[mm]	EHF BAND 11	Extra High Frequency	밀리파

① 전파통로

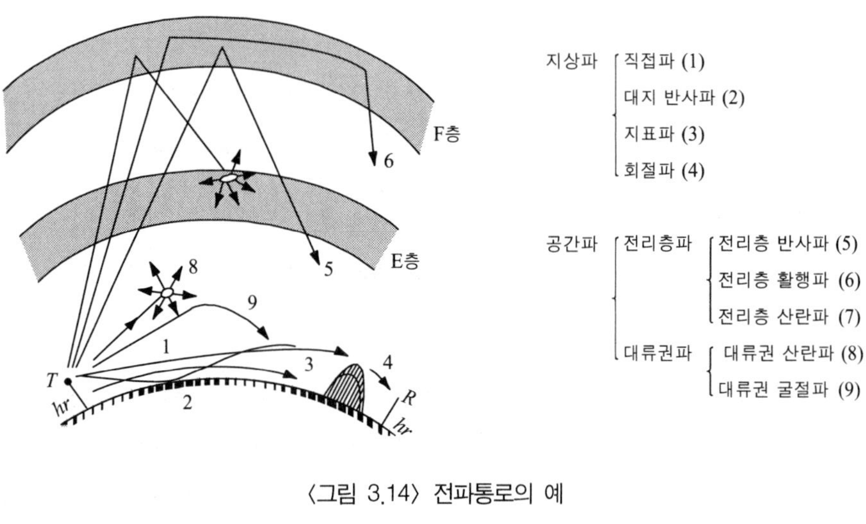

〈그림 3.14〉 전파통로의 예

〈표 3.9〉 공간파 및 지상파의 특성 비교

직접파	송신점에서 전리층을 거치지 않고 수신점에 직접 도달하는 전파
대지 반사파	대지, 건물, 반사판, 산악 등에서 반사한 후 수신점에 도달하는 전파
지표파	도전성인 지표를 따라서 전파하여 가는 전파
회절파	지상에 있는 전파 장애물을 넘어서 수신점에 도달하는 전파
전리층 반사파	E층이나 F층 같은 전리층에서 반사되어 수신점에 도달하는 전파
전리층 활행파	전리층을 따라서 전파하는 전파
전리층 산란파	E층 하부의 전자 밀도의 불균일에 의한 산란 현상에 의한 전파
대류권 산란파	대기 유전율의 급격한 변동으로 인한 산란 현상에 의한 전파
대류권 굴절파	초굴절 현상에 의하여 수신점에 도달하는 전파

이와 같은 전파는 하나의 통로를 이용하지 않고 실제 두 가지 이상의 통로가 동시에 존재하여 전파하는 것이 일반적이다.

② M/W 중계방식의 형태와 그 특성

㉠ 검파 중계 방식

수신한 마이크로파를 먼저 검파하고 원 신호로 만든 다음에 다시 주파수 변조하여 마이크로파로 송출하는 방식으로 통화로의 분기 및 삽입을 간단히 행할 수 있으며, 변복조장치의 비 직선성에 의한 특성의 열화가 생긴다. 비디오 증폭에서 잡음이 증가되는 일이 발생하며, 장치가 복잡하고 근거리 중계에 주로 이용되며, Base Band 중계방식이라고도 한다.

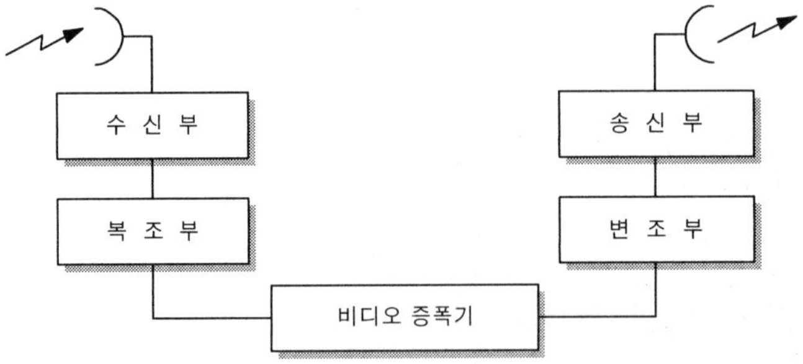

〈그림 3.15〉 검파 중계방식의 구성도

㉡ IF Heterodyne 중계 방식

수신한 마이크로파를 증폭하기 쉬운 중간 주파수(보통 70[MHz])로 변환하고, 중간 주파 증폭기로 증폭한 다음 다시 마이크로파로 변환하여 송신하는 방식으로 변복조를 부가하지 않아 장치가 비교적 간단하며 변복조를 중계시마다 반복하지 않으므로 열화 특성이 더해지지 않으며 레벨 변동이 없다. 또한 중간 주파수를 동일하게 하면 주파수가 상이한 무선 회선, 예를 들면 4000[MHz] 방식과 6000[MHz] 방식사이의 상호 접속이 가능하며, TV 중계 시 중간 주파수로 분기하는 것이 용이하다. 따라서 장거리 중계에 주로 이용한다.

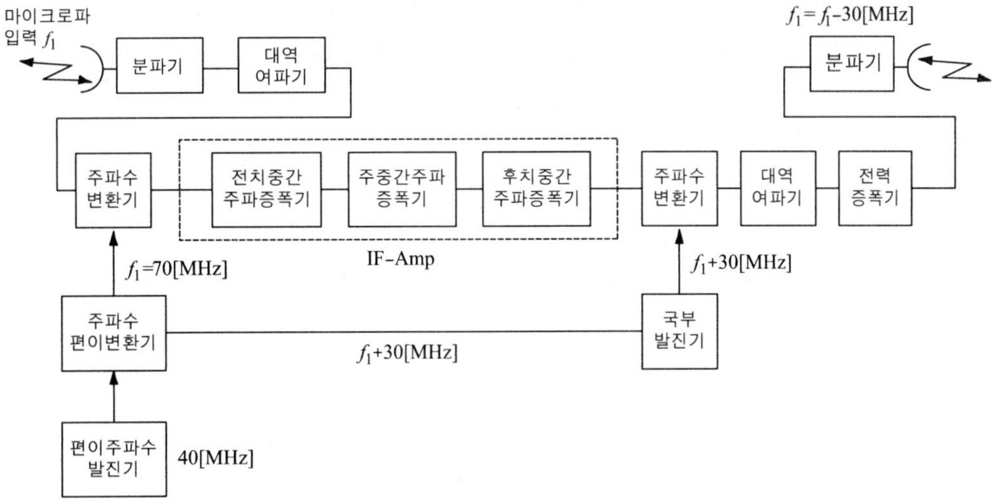

〈그림 3.16〉 헤테로다인 중계방식의 구성도

㉢ 직접 중계 방식

수신한 마이크로파를 다른 주파수대로 변환하지 않고 그대로 증폭하여서 중계하는 방식이다. 송수신간의 간섭을 적게 하기 위해서 송수신 주파수는 헤테로다인의 경우와 마찬가지로 일정치의 편이를 갖는다.

이와 같은 직접 중계방식의 특징으로는 저주파 또는 중간주파용으로서의 많은 진공관 또는 트랜지스터를 필요로 하지 않으며, 신호 전송계 마이크로파만으로 구성되므로 특성이 좋고 안정하다. 한편 결점으로써 헤테로다인중계 방식과의 접속이나 중계국에 있어서의 분기나 삽입이 곤란한 점이다.

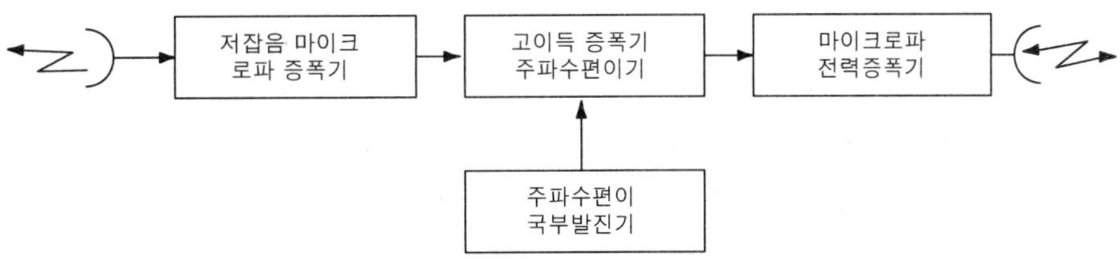

〈그림 3.17〉 직접 중계방식의 구성도

㉣ 무 급전 중계 방식

이 방식은 마이크로파의 직진성을 이용하고 금속 반사판이나 안테나에 의해서 그 진행로를 변화시키는 방법으로 중계용의 전력을 필요로 하지 않으며, 비교적 근거리의 간파할 수 없는 두 지점간의 중계에 쓰인다. 무 급전 중계방식은 중계에 의한 전력손실은 중계구간이 짧을수록 적으며, 반사판을 사용하는 경우 그 크기가 클수록 손실이 적다. 따라서 반사각도가 직각에 가까울수록 손실이 적게 발생한다.

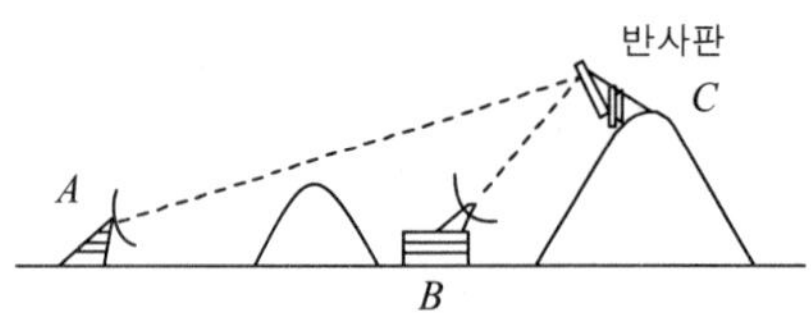

(a) 반사판 한 장에 의한 방법

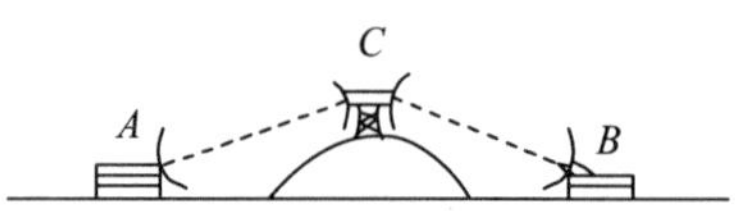

(b) 안테나를 앞뒤에 맞추는 방법

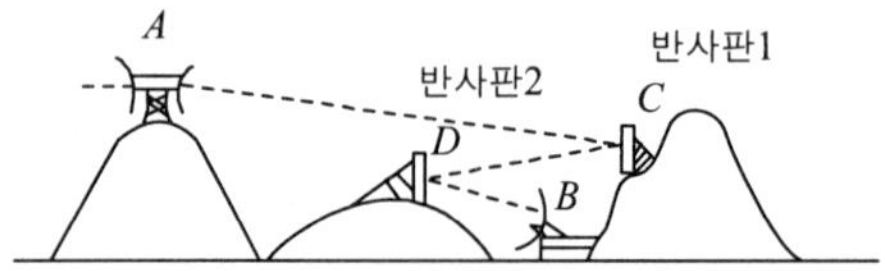

(c) 반사판 두 장에 의한 방법

〈그림 3.18〉 무 급전 중계방식

③ M/W통신의 특징

㉠ 파장이 짧으며, 광대역이며, 가시거리통신이다,

㉡ S/N가 크며, 전파손실 적으며, 보안면에서는 다수 취약하다.

㉢ 통신 범위는 특수한 경우를 제외하고는 큰 장애물이 없는 가시거리 범위 내에서 가능하며, 장거리 통신일 경우에는 몇 개의 중계소를 필요로 한다.

㉣ 예민한 지향성 고 이득을 지닌 공중선이 소형으로 된다.

$$G = n\left(\frac{\pi D}{\lambda}\right)^2 \quad G : \text{이득},\ \eta : \text{효율},\ D : \text{직경},\ \lambda : \text{파장}$$

㉤ 전파손실이 적다. 즉, 안전한 전파 특성이 나타나기 때문에 S/N비가 크게 개선된다.

㉥ 마이크로파를 반송파로 쓰면 신호 주파수 대역을 매우 넓게 취할 수 있어 초다중 전화신호, TV신호 등의 광대역 신호도 쉽게 전송이 가능한 광대역성이 가능하며, 외부의 영향이 적다(주파수가 높아지면 외부 잡음의 영향을 거의 무시할 수 있다. 또, 고 이득 안테나를 사용하므로 예민한 지향성을 갖게 되어 다른 회선으로부터의 간섭을 적게 받기 때문에 외부의 영향이 적다).

ⓢ 전리층을 통과하여 전파가 가능하다. 즉, 파장이 짧아 전리층을 통과하기 때문에 위성통신이나 우주통신을 행할 수 있으며, 회선건설 기간이 짧고 또 그 경비가 저렴하여 재해 등의 영향이 적다.

④ **주파수의 배치**

마이크로파에서는 안테나의 지향성이 매우 좋기 때문에 송신파는 정면으로만 발사되고 그 밖의 방향으로는 거의 발사되지 않는 특징을 가지고 있지만 회선의 사용목적이나 장치의 상호 간섭 등을 고려하여 다음과 같은 2가지 방식으로 주파수를 배치하여 사용하는 경우가 많다.

㉠ 2주파 중계방식(two frequency relay system)

단일 통신로의 통신에서 송신 주파수와 수신 주파수가 다른 것으로 다음과 같은 2주파 중계방식의 구성도에서 마이크로파 중계소에서 상행(A)과 하행(B)에 동일한 주파수의 수신 마이크로파 f_1과 송신 마이크로파 f_2를 사용할 수 있다. 즉, 중계소의 양쪽 방향으로 송신 및 수신 주파수를 각각 동일하게 하여 1왕복 루트에 2개의 주파수밖에 사용하지 않는 2주파중계 방식이 널리 채용되고 있다.

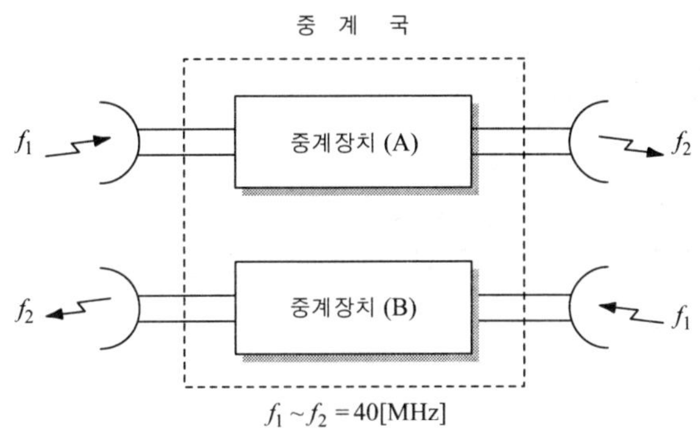

〈그림 3.19〉 2주파 중계방식의 구성도

㉡ 4주파 중계방식(four-frequency relay system)

4주파 중계방식 구성도에서 상행의 송수신 주파수와 하행의 송수신 주파수를 각각 적당한 주파수만큼 차이를 둔 4주파수를 사용하는 4주파 중계방식이 사용되는 경우가 있다. 이것은 비교적 주파수가 낮은 초단파대의 중계에서 회절 간섭을 방지하기 위하여 사용되며, 이 때문에 지향특성이 예민한 마이크로파 회선에서는 일반적으로 2주파 중계방식을 사용하여 주파수대를 유효하게 이용한다.

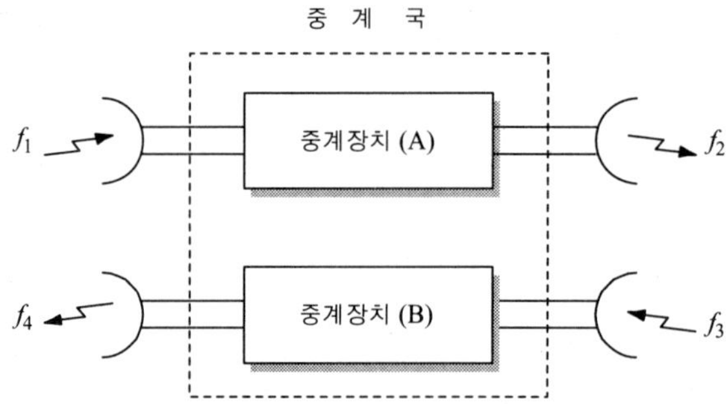

〈그림 3.20〉 4주파 중계방식의 구성도

3.3 아날로그 전송로 상에서 발생하는 왜곡 특성

3.3.1 우연적인 왜곡 형태

전송로 상에서 동적으로 발생하는 불안정한 왜곡 형태로 발생하는 왜곡의 예측이 불가능하며, 제어가 어려운 왜곡형태로 다음과 같은 것들이 있다.

- 백색잡음(white noise)
- 충격성 잡음(spike noise)
- 혼선
- 상호변조 잡음
- 반향(Echo)
- 진폭의 변화(비트의 어긋남)
- 전송로상의 순간적인 장애현상
- 무선 페이딩 현상
- 위상의 변화(phase jitter, Phase hit)

3.3.2 시스템적인 왜곡 형태

전송로의 불안에 의한 왜곡으로 전송로 상에서 언제나 발생하는 잡음형태이다. 이와 같은 왜곡은 전자적인 보상장치에 의해 왜곡을 최소화하거나 감소가 가능하다.

- 손실(Loss)
- 진폭감쇠 왜곡
- 고조파 왜곡
- 지연 왜곡
- 주파수 편이
- 바이어스 왜곡
- 특성 왜곡

3.4 위성 통신

3.4.1 위성 통신 서비스

(1) 위성 통신의 개요

① **위성 통신의 개념**

위성통신에서 주로 이용되는 전파는 SHF이며, 위성 통신은 우주 공간에 존재하는 물체를 이용하여 행하는 모든 종류의 무선 통신, 또는 지구 주위를 회전하는 인공위성에 의하여 중계되는 통신과 방송을 가리키며, 우주 비행체를 대상으로 하는 무선 통신을 총칭하여 우주 통신이라 한다.

㉠ 위성 통신의 원리는 SHF 주파수를 이용하여 통신 위성의 중계를 거쳐 통신을 하는 방식이다.

㉡ 지구의 정지 궤도에 떠 있는 통신 위성이 중계소 역할을 담당한다.

㉢ 마이크로웨이브 통신 방식에서 사용하는 주파수를 이용한 가시거리 통신이 특징이다.

㉣ 지상의 지구국으로부터 발사된 전파를 수신 증폭하여 다시 지상으로 전파를 발사하여 통신하는 형태를 말한다.

일반적으로 위성 통신 시스템 설계 시 고려 사항으로는

- 전파 손실, 전송 지연 그리고 잡음 및 간섭 등을 고려해야 하며,
- 특히, 위성 통신 시스템 설계 시 전파가 빗방울에 부딪치면 산란되면서 전력이 감쇠되는데 이러한 영향은 10[GHz]에서 현저하다. 이러한 현상을 막기 위해서 AGC 회로를 필요로 한다.

② **위성통신 주파수**

초기 위성을 이용한 통신에서 위성이 사용하는 주파수는 전리층에서 반사나 흡수가 적은 3~30[GHz]대역인 SHF 대역을 주로 사용하였으며 3~30[GHz]대역 중에서 비교적 감쇠 등이 적게 발생하는 주파수로 1~10[GHz]대를 많이 사용하게 되었다. 그래서 이 대역을 전파의 창이라고 불리었다. 그러나 최근은 다수의 통신 수단으로 인하여 주파수 소요 대역폭이 급증하고 위성 통신기기가 소형화, 대용량화 되면서 20~30[GHz]대(Ka 밴드)까지 사용하고 있으며 이동 통신용 주파수는 휴대 단말기의 제약조건 등을 고려하여 S 또는 L 밴드의 비교적 낮은 주파수대를 사용하고 있다.

여기서 사용되는 주파수 대역에 따른 주파수 특징과 적용 시스템에 대해서 살펴보면 다음과 같다.

㉠ VHF/UHF

- 휴대 단말의 실용화가 용이하고 다른 서비스와 주파수 공용이 가능하고 주파수를 확보하는 것이 곤란하다.
- 데이터전송, 비 정지위성, 우주 연구 응용 등에 적용된다.

㉡ L 밴드(1.5~1.6[GHz])

- 페이징 영향이 크며, 휴대단말의 실용화가 용이하며, 중 저궤도 위성통신에서 이용되는 주파수이다.
- 이동전화 서비스, INMARSAT의 선박 지구국 서비스 등에 적용된다.

㉢ S 밴드(2.5~2.6[GHz])

- 페이징 영향 받기 쉬우며, 휴대단말의 실용화가 가능하게 된다.
- 공동수신 방송서비스(음악방송), DMB의 Down link 등에서 이용한다.

㉣ C 밴드(4~6[GHz])

- 강우에 의한 감쇠 영향이 적으며, 대구경 지구국 안테나를 필요로 한다.
- INMARSAT의 해상지구국 서비스, INTELSAT의 고정위성 서비스 그리고 국제통신

용 등에 적용하고 있다.

ⓜ Ku 밴드(12~15[GHz])

- 국내 DBS 서비스용으로 강우에 의한 감쇠의 영향이 크며, 소형 안테나를 이용하는 것이 가능하며, 저가로 기기를 제조하는 것이 가능하다.
- 무궁화위성 3,5호(방송 및 통신용), DMB의 Up link 등에 적용하고 있다.

ⓗ Ka 밴드(20~30[GHz])

- 국내 광대역 서비스용으로 강우에 의한 감쇠의 영향이 크며, 소형 안테나를 이용하는것이 가능하며, 비교적 기기 제조비용이 고가이다.
- 무궁화위성 3,5호(광대역 서비스)에 적용하고 있다.

참고

전파의 창의 범위(1~10[GHz])를 결정하는 요소

- 전리층의 영향
- 대류권의 영향
- 대기잡음의 영향
- 정보 전송량의 문제
- 송수신계 문제

③ 위성 통신 지구국의 기본 구성

위성 통신을 운용하는 지구국의 구성 요소

㉠ 안테나계, 송수신계, 변복조계, 인터페이스계, 감시제어계, 전원계 그리고 저 잡음 증폭기(LNA) 등으로 구성된다.

㉡ 위성의 1차 전원으로는 태양전지를 이용한다. 위성 통신의 1차 전원은 태양 전지(solar cell)이고 태양과 위성 사이에 지구나 달이 끼어드는 상태, 즉 위성 일식(eclipse) 현상으로 위성이 태양 전지판으로부터 주동력을 공급받지 못할 때를 대비하여 위성에 예비 전지를 탑재한다.

참고

위성 통신에서 다운 링크(Down link)는 위성으로부터 수신 지구국으로의 회선을 말한다.

④ 통신 위성체 TT&C 시스템에서 행하는 일

위성의 자세 및 궤도 제어, 위성에 이는 각 장치의 원격 조정을 위한 명령을 전송하거나 기지국 안테나가 위성을 추적할 수 있는 기능과 Telemetry 정보의 수집, 위성 관제소의 명령을 수행 그리고 Telemetry 정보의 수행을 한다.

⑤ **위성 자세를 제어하기 위해서 3개의 기준 축을 이용**

㉠ Yaw 축은 위성 안테나가 지구국 또는 관계소를 향하는 방향을,

㉡ Roll 축은 위성 자체의 회전 방향을

㉢ 그리고 Pitch 축은 위성의 날개를 제어하는 축으로 이용된다.

〈표 3.10〉 통신 위성체 구성부

<table>
<tr><th>시스템</th><th colspan="2">구성부</th><th>기 능</th></tr>
<tr><td rowspan="3">통신계</td><td colspan="2">안테나계</td><td>신호의 송수신</td></tr>
<tr><td colspan="2" rowspan="2">중계기계
(Transponder)</td><td>신호를 수신한 후 주파수 변환하여 재송신</td></tr>
<tr><td>수신부, 주파수 변환부, 송신부로 구성</td></tr>
<tr><td rowspan="8">공통
기기계</td><td rowspan="3">전력계</td><td rowspan="2">전원 발생부</td><td>태양 정지 패널로 전원 생성</td></tr>
<tr><td>배터리 전원 연결</td></tr>
<tr><td>전원 공급부</td><td>발전된 전력을 각 전자 장치에 요구하는 전압으로 변환하여 공급</td></tr>
<tr><td colspan="2">텔리메트리 명령계</td><td>위성 상태를 보고하는 텔리메트리 신호 송신
위성 관제소로부터의 명령신호 수신</td></tr>
<tr><td colspan="2">자세 제어계</td><td>위성의 궤도상 위치 및 자세 제어</td></tr>
<tr><td colspan="2">추진계</td><td>위성발사 시 및 자세 변동 시 궤도 위치</td></tr>
<tr><td colspan="2">열 제어계</td><td>위성 각 부품의 열적 안정을 위한 장치</td></tr>
<tr><td colspan="2">구 체계</td><td>각 기기들을 유지하는 기본 구조체</td></tr>
</table>

〈표 3.11〉 위성통신 주파수 대역

<table>
<tr><th>대역</th><th>주파수[GHz]</th><th>up-link주파수[GHz]</th><th>down-link 주파수[GHz]</th></tr>
<tr><td>C band</td><td>4~6</td><td>5.925~6.425</td><td>3.7~4.2</td></tr>
<tr><td>Ku band</td><td>12~14</td><td>14~14.5</td><td>11.7~12.2</td></tr>
<tr><td>K band</td><td>18~26</td><td rowspan="2">24.5~31</td><td rowspan="2">17.7~21.2</td></tr>
<tr><td>Ka band</td><td>26~40</td></tr>
</table>

(2) 위성 통신의 특징

① 위성 통신은 PTP(Point to Point) 네트워크 구성만 가능한 것으로 특징은 광역성, 광대역성, 동보성 등을 들 수 있는데 여기서 각각의 특징을 고려하면 다음과 같다.

㉠ 광역성 : 이론적으로 세 개의 정지 궤도 위성으로 지구 전역을 커버할 수 있어 장거리 광역 통신에 적합하다.

㉡ 광대역성 : [GHz]대의 통신으로 대용량 전송이 가능하다.

㉢ 회선 구성의 융통성과 효율성 : TDMA 등의 기술로 회선을 효율적으로 사용할 수 있다.

㉣ 동보성 : 통일 내용의 정보를 복수 지점에서 동시에 수신할 수 있다.

㉤ 전송 지연 : 위성국과 지구국 거리가 멀어 0.25초 정도의 전송 지연이 발생한다.

② **위성 통신을 통한 장점 및 단점을 정리하면 다음과 같다.**

㉠ 위성 통신의 장점

- 안정하고 대용량 고품질 광대역의 통신이 가능하며 광범위한 지역 및 해역에 있어서 고정 업무 및 이동 업무를 할 수 있기 때문에 통신 가능 범위가 제한없이 넓다.
- 설치비, 운용비 및 보수비가 통신 거리와 무관하여 경제성을 가져 유연한 회선 설정이 가능하다.
- 다중 접속이 가능하다. 즉, 어느 한 지구국에서 발생된 신호는 그 위성의 가시 범위 내에 있는 모든 지구국에서 동시에 수신할 수 있기 때문에 다중 접속이 가능하게 된다.
- 이동 통신에 적합하고, 점점 이용 분야가 넓어지고 있으며, 향상된 Error rate 및 통신비용의 감소 효과 등을 들 수 있다.

㉡ 위성 통신의 단점

- 통신의 비밀이 곤란하여 스크램블(Scramble)을 필요로 하게 된다.
- 위성 회선 중계의 경우 전파 시간이 길기 때문에 지연 시간이 문제가 되어 약 0.25초의 전송 지연이 발생한다.
- 위성체가 지구의 그림자 영역에 들어가는 춘분과 추분 기간에는 태양 전력을 얻을 수 없다.
- 위성체의 위치가 태양의 방향에 근접되는 시기에는 태양 잡음이 발생하여 지구국에서 수신 상태가 나빠지는 문제가 발생한다.
- 지구국에서의 대 전력 송신 장치, 대형 안테나, 저 잡음 수신 장치 등 고성능 설비를 필요로 하게 된다.
- 불특정 다수인이 수신 가능하기 때문에 특별한 암호 장치를 설치해야 하는 번거로움이 있다.

⑶ 통신 위성의 분류

① 수동 위성과 능동 위성

㉠ 수동 위성 : 위성에 설치된 반사판으로 전파를 반사시키기 위한 인공위성으로 지상 중계 방식의 무급전 중계 방식과 그 기능이 같은 위성을 수동 위성이라고 한다.

㉡ 능동 위성 : 지상으로부터의 전파를 수신하여 증폭하고 주파수 변환한 후 지상으로 전파를 재발사하는 중계 기능을 갖는 위성을 능동 위성이라고 한다. 이와 같은 능동 위성의 형태는 다시 위치 제어 위성인 Syncom 위성, 랜덤 궤도 위성인 Telstar, Relay, Echo 등을 들 수 있다.

② 궤도에 따른 위성

㉠ 저궤도 위성(LEO, Low Earth Orbit) : 2,000[Km]이하의 원 또는 타원궤도 위성으로서 주로 500~1,500[Km]의 궤도상의 위치에 쏘아 올려서 일정 시간마다 지구를 일주하도록 한 위성을 저궤도 위성이라 하고, 극도 지구에 근접하여 사진 촬영을 하거나 정밀 지도 작성 등 군사적 목적에 주로 사용된다.

특히 저궤도 위성은 90분 주기로 동기 되고 15분 지속 관측하여 60개 이상 위성이 소요된다.

여기서 저궤도 위성의 특징을 정리하면 다음과 같다

- 궤도 주기는 1.5~2시간이다. 따라서 지구상의 한 지점에서 위성을 볼 수 있는 시간은 최대 시간은 20분 정도로서 하나의 궤도에 다수의 위성을 배치하고 위성 간 Hand off를 필요로 한다.
- 정지 궤도에 비해 위성의 전력 감소, 안테나 크기를 감소할 수 있다.
- 저 궤도 위성은 기압의 영향을 받기 때문에 궤도가 점차 쇠퇴하므로 수명이 짧다.
- 서비스 범위는 직경 약 3,000[Km] 정도이다. 따라서 지구 전체를 커버하기 위해서 10개 정도의 위성 궤도를 운용하고 있으며 하나의 위성궤도에는 6~7개의 위성을 배치하고 있다.
- 왕복 지연시간은 10[ms]이내로 짧아 음성통신에 적합하다.
- 한 지점에서 관찰되는 위성의 이동이 크기 때문에 시스템은 도플러 현상을 해결할 수 있어야 한다.
- 수신감도가 GEO보다 높아 이동 단말기 등의 통신에 적용가능하고 VSAT(Very Small Aperture Terminal)서비스로 HUB국을 경유하지 않고 시스템 종단 간 직접통신이 가능하다.
- 보다 강력한 Beam구성에 의한 점 대 점 통신이 가능하여 주파수 이용효율을 높이

는 기술을 적용할 수 있다.

- Big LEO 위성(음성, 데이터, 팩스, 페이징 등 다양한 서비스를 제공하기 때문에 Big-LEO라고도 한다.)에는 IRIDIUM, GLOBALSTAR, ODYSSEY, ICO 등이 있으며, Little LEO의 위성에는 오브콤(ORBCOMM), STARSYS 등이 해당한다.

한편 저궤도 위성의 장점을 정리하면 다음과 같다.

- 전파지연시간이 적어 전화음성 서비스 제공에 큰 불편이 없다.
- 위성 및 이동국의 적은 EIRP가 요구된다.
- 소형 발사체로 이용해서 발사가 가능하다.

그리고 저궤도 위성의 단점을 정리하면 다음과 같다.

- 관문국은 전 방향 위성추적속도가 빠른 안테나를 필요로 한다.
- 도플러 천이에 의한 주파수 편이 보상장치를 필요로 한다.
- 위성 망 간 간섭조정이 난이하다.
- 위성 망 제어가 복잡하다.

ⓛ 중궤도 위성(MEO, Medium Earth Orbit) : 중궤도 위성은 위성이 태양이 떠 있을 때 출현하도록 하므로 태양 동기 위성이라고도 하는데 적도상의 5,000~12,000[Km] 궤도상에 위치한 위성으로서 지상의 HUB국을 경유하여 지구 반대편과 통신할 수 있다.

여기서 중궤도위성에 대한 특징을 살펴보면 다음과 같다.

- 궤도주기는 약 6시간 정도이다.
- 서비스가 가능한 영역은 직경 약 8,000[Km]이며, 10개 정도의 위성을 이용하여 지구 전체를 커버하게 된다.
- 왕복 지연시간은 약 50[ms]이다.
- 지구상의 한 지점으로부터 관찰시간은 수 시간으로 LEO에 비해 Hand off가 적어 서비스가 비교적 안정적이다.
- 지구상에 다수의 HUB국을 운용하므로 지구 반대편과 통신하는 경우 전파지연이 발생하고 HUB국 운용에 따른 비용이 증가하게 된다.

한편 중 궤도 위성이 지니는 장점을 정리하면 다음과 같다.

- 전파지연 시간이 적당하게 발생한다.
- 위성 및 이동국의 유효등방성 복사전력(EIRP, effective isotropically radiared power)가 적절하다. 여기서 EIRP는 송신 시스템에 대한 출력 성능을 나타내는 기준으로 송신기 출력, 안테나 이득, 송신시스템의 손실 등을 종합한 값을 말한다.
- 위성에 의해 커버할 수 있는 영역이 다소 넓다.

그리고 중 궤도 위성이 지니는 단점을 정리하면 다음과 같다.

- 관문국은 전 방향 위성추적속도가 빠른 안테나를 필요로 한다.
- 도플러 천이에 의한 주파수 편이 보상 장치를 필요로 한다.
- 위성 망 간 간섭조정이 어렵다.

㉢ 고 궤도 위성(GEO, Geostationary Earth Orbit) : 고 궤도 위성을 정지 궤도 위성이라고도 불리며 지구 적도상 35,863[Km]의 원 궤도에서 지구와 같은 각속도로 회전하여 지구상에서 보면 정지궤도상에 위치하는 위성을 말한다.

여기서 정지궤도위성의 특징을 정리하면 다음과 같다.

- 저궤도 위성에 비교해서 위치추적이 단순하다.
- 위성 3개를 등 간격(120도)으로 배치하여 전 세계를 커버할 수 있는 경제적인 위성통신 방식이다.
- 지구에 대해 상대적으로 정지해 있으므로 주파수변환 즉 도플러 현상이 없다.
- 남극과 북극 일부를 제외하고 지구의 1/3~1/4 정도의 영역을 커버할 수 있어 3~4개의 위성으로 지구 전체의 서비스가 가능하지만 남, 북극의 일부지역에 대해서는 서비스가 미치지 못할 수 있다.
- 설치비와 보수비가 통신 거리와는 관계가 없으며, 다원 접속이 가능하고, 광역 통신에 적합하며, 고품질, 광대역 통신에 적합하며, 전파 손실이 가장 적다.
- 원거리이므로 신호세력이 약하다.
- 전파 지연을 계산하면 2×35,863 / 300,000≒0.24초로서 실제 통화에서는 송신과 수신 사이에 0.5초의 지연이 발생하기 때문에 음성통신에 이용하는 것은 곤란하다.

한편 정지 궤도 위성이 지니는 장점을 정리하면 다음과 같다.

- 위성에 의한 커버리지가 넓다.
- 현재 상용화된 기술을 이용할 수 있다.
- 위성망간 간섭 조정이 용이하다.
- 위성 망 제어가 용이하다.
- 도플러 천이 효과에 의한 주파수 편이를 무시할 수 있다.

그리고 정지 궤도 위성이 지니는 단점을 정리하면 다음과 같다.

- 전파지연이 크다.
- 위성 및 이동국의 큰 EIRP가 요구된다.
- 극지방을 커버할 수 없다.
- 대규모의 위성 안테나가 요구되며 대형 발사체를 필요로 한다.

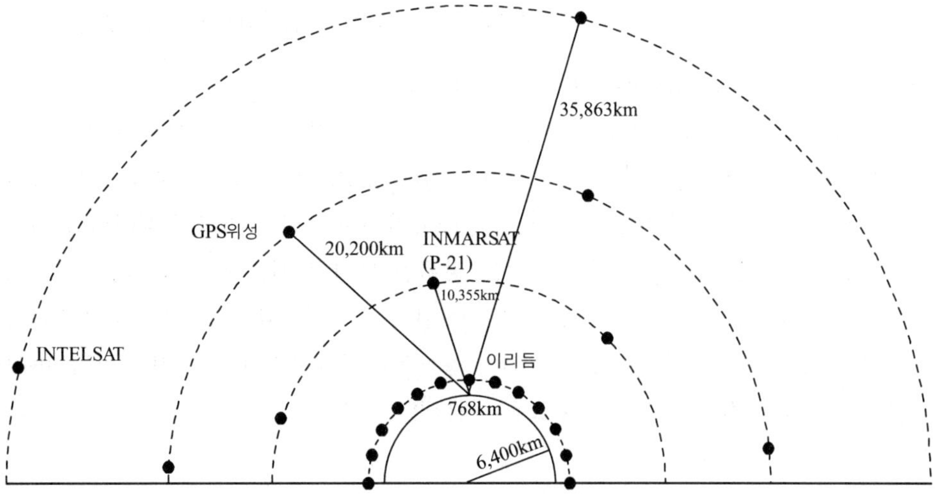

〈그림 3.21〉 통신용 궤도위성의 종류

③ **용도에 따른 위성**

위성을 사용하는 용도에 따라서 위성의 용도가 일반적인 통신용이면 통신 위성(CS, Communication Satellite), 방송용이면 방송 위성(BS, Broadcasting Satellite), 해상 통신용이면 해사 위성(MS, Maritime Satellite), 기상 위성, 지구 관측 위성, 군사 위성 등으로 구분된다.

(4) 위성 통신 방식

① **랜덤 위성 방식**(Random satellite system)

초기의 위성 통신 방식으로 지구 상공 수 백~수 천[km]의 궤도상을 수 시간의 주기로 선회하는 위성을 이용하는 방식으로 통신을 행하는 지구국 사이에 위성이 존재하는 기간만 사용할 수 있으므로 항상 통신 회선을 확보하기 위해서는 많은 위성을 사용하여야 한다. 지구국에서도 2~3개의 안테나를 설치하여 위성을 추미해야 하기 때문에 정지 위성 방식으로 대체되고 있다. 이 방식은 건설비가 비싸고 운용 능률이 낮은 결점이 있으므로 각종 관측(기상, 해양 등) 위성에서만 사용되고 있다.

② **위상 위성 방식**(Phased satellite system)

지구 상공에 등 간격으로 여러 개의 통신 위성을 배치하고, 지구국은 안테나를 사용하여 차례로 위성을 추미하여 항상 통신망을 확보하는 방식으로 이와 같은 방식을 사용하면 정지 위성 방식에서 통신 불능인 극지방과의 통신이 가능하게 되어, 정지 위성의 경우보다 고도를 낮게 할 수 있기 때문에 전파 지연 시간이 짧은 이점이 있지만 지구국을 포함한

총비용이 크게 되는 것 등의 결점이 있기 때문에 아직 실용화되지 않고 있는 방식이다.

③ **정지 위성 방식**(Stationary satellite system)

현재 주로 사용되고 있는 위성 통신 방식으로서, 지구의 적도 상공 35860[km]의 원 궤도에 쏘아 올려진 3개의 위성에 의하여 항상 통신망을 확보하는 위성 통신 방식으로 여기서 이용되는 위성의 공전 주기는 지구의 자전 주기와 동일하게 제어되어 지구상에서 위성을 바라보면 마치 정지해 있는 것처럼 보이기 때문에 정지 위성이라고 한다.

정지 위성을 중계국으로 하는 지구국의 설비는 안테나와 통신 장치가 필요하다. 이때 이들을 배치하는 방식은 신호의 전송 형식으로 분류하면 베이스 전송 방식, 마이크로파 전송 방식, IF 전송 방식 등으로 구분된다.

참고

직접 위성 방송의 특징

- 위성과 수신 안테나 사이에 장애물이 있으면 방송 수신에 영향을 준다.
- 태양 잡음, 폭우, 강설 등에 의해 잡음이 발생한다.
- 정지 궤도 위성을 이용해야한다.

DBS(Direct Broadcasting Satellite)

- 방송 위성은 정지궤도 위성을 이용한다.
- 한 개의 위성으로 한반도 전체에 서비스할 수 있다.
- 가정에서는 소형 파라볼라 안테나를 사용한다.

3.4.2 위성 통신 범위와 전파 지연

(1) 통신 거리

하나의 위성을 이용하여 통신 가능한 지구상의 범위는 지구의 반경 R, 위성의 고도 h, 지구국 안테나의 통신 가능한 최저 앙각 θ 및 커버리지(coverage)의 중심각 β 그리고 지구 반경 R을 이용하여 통신 영역에 대한 관계식으로 나타내면

$$\frac{R}{R+h} = \frac{\cos(\beta+\theta)}{\cos\theta}$$

이며, 지구국 안테나의 최저 앙각 θ는 안테나 잡음의 증가와 페이딩의 영향을 피하기 위하여 5^o내외로 확보하는 것이 보통이며, 국제 공중 통신 업무에 사용되는 INTELSAT의 경우

는 θ=5°로 하고 있다. 여기서 일정한 θ값에 대하여 h가 높을수록 통신 가능 범위(Coverage range)는 넓어진다. 그러나 h가 높아지면 필연적으로 l도 크게 되어 전파 시간이 길어지게 되므로 무선 통신에 있어서 무시할 수 없을 정도로 크게 된다. 최대 전송 지연시간 T_m의 일반식은

$$T_m = \frac{2l}{c} = \frac{2(R+h)}{c} \cdot \frac{\sin\beta}{\cos\theta}$$

이다. 여기서 c는 광속이며, 최대 통신 거리 l에 대한 관계식은

$$l = (R+h) \cdot \frac{\sin\beta}{\cos\theta} = (6378 + 35789) \cdot \frac{\sin 76.33^\circ}{\cos 5^\circ}$$

으로 구해진다.

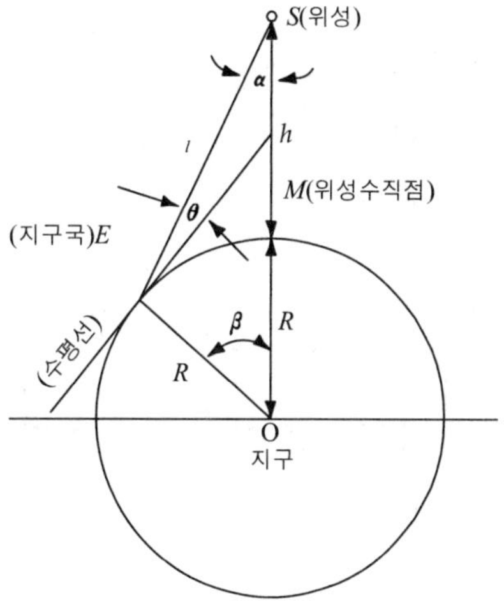

〈그림 3.22〉 위성과 지구와의 기하학 배치 구성도

(2) 전파의 지연 시간

인공위성이 적도 상공의 원 궤도 내에서 지구의 각 속도와 동일한 각 속도로 지구를 선회하게 되는 정지 위성 궤도인 경우, 적도면과 정지 위성 궤도면이 이루는 경사각은 0°이며, 정지 궤도의 고도는 지구의 중심으로부터 42164[km]의 상공으로서 지구의 반경 6378[km]를 뺀 지구 표면으로부터의 고도는 35786[m]가 된다. 그리고 정지 궤도는 원 궤도이므로 근지점과 원지점에 대한 거리가 동일하며 이심률은 1이 된다.

위성에서 발생하는 전파의 지연 시간은 실제로 위성 통신에서 매우 중요한 요소로 다음과 같이 허용 가능한 전파 지연 시간을 고려해야 한다. 먼저 최소 지연 시간은 약 238[ms]이며,

$$P_{dt} = \frac{2h}{c} = \frac{2 \times 35786}{c} = 238[\mathrm{ms}]$$

최대 지연 시간은 278[ms]이다.

$$P_{dt} = \frac{2(R+h)}{c} cos \frac{17.34^{\circ}}{2} = 278[\mathrm{ms}]$$

이들 지연 시간을 넘게 되는 경우에는 송수신에 동기를 잃어 송수신이 불가능하게 될 수 있다.

3.4.3 다중화 위성통신 방식

위성통신 시스템은 위성통신 지구국과 위성을 이용하는 사용자 시설 사이에 음성, 데이터 또는 영상신호를 처리하는 기술이라고 할 수 있다.

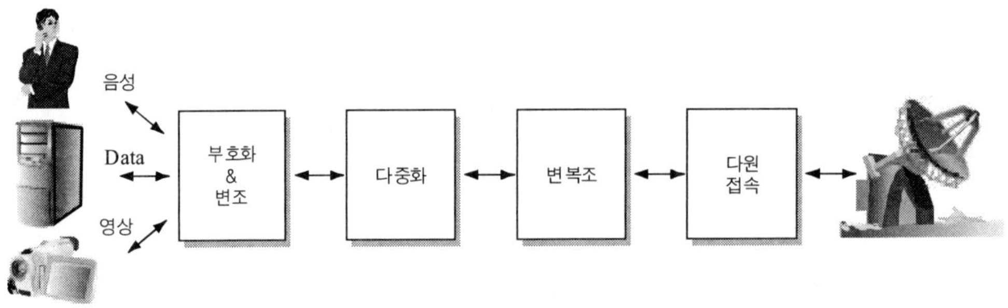

〈그림 3.23〉 위성통신의 다중 신호처리 과정을 4단계로 구분

위성통신에서 이용되는 다중 신호로는 음성, 영상, 데이터 등을 이용하거나 취급하게 된다.

(1) 음성 신호의 경우

일반 전화에서 이용되는 음성 신호는 주파수 대역폭 300 ~ 3,400[Hz] 정도를 요구하며, 신호 대 잡음비는 50[dB], 간섭 레벨은 60 ~ 65[dB] 정도를 요구하게 된다.

(2) 데이터 신호의 경우

300[bps] 이하의 협대역 데이터, 300[bps] ~ 16[kbps]의 음성 대역 데이터 그리고, 16[kbps]

이상의 광대역 데이터 등을 고속으로 우수한 효율로 전송할 수 있어야 한다.

(3) 영상 신호의 경우

NTSC, PAL 방식의 TV 신호와 최근에는 고화질 TV(HDTV) 그리고 화상회의용 신호등을 들 수 있으며 영상 신호를 취급하는 이들 TV는 고 해상도, 고 품질, 고속으로 데이터를 전송하는 것이 가능해야 한다.

3.4.4 위성 안테나의 형태와 특징

(1) 위성 통신용 안테나의 조건

위성 통신용으로 이용되는 안테나의 경우는 다른 위성 시스템 또는 지상의 무선 시스템에 간섭을 주거나 그로부터 간섭을 받지 않아야 하기 때문에 가능하면

- 안테나의 이득이 높은 것을
- 잡음이 적은 것을 이용해야 하며
- 특히 안테나의 지향성을 강조해야 한다.

여기서 위성 통신용으로 이용되는 안테나 조건 등을 보다 구체적으로 정리하면 다음과 같은 것들을 들 수 있다.

① 송신 및 수신 공용으로 사용하기 위해서 광대역성을 가져야 한다.

② 지구국용으로 이용되는 안테나는 지구국에서 발사된 Beam이 정확하게 위성을 향하도록 높은 정밀도의 구동제어와 위성 추적을 위한 자기 추미(Tracking) 기능이 있어야 한다.

③ 위성통신용 안테나로 적합한 기능을 갖도록 하기 위해서는 안테나의 반사경 지름이 입사파 파장의 10배 이상이 되어야 한다. 만일에 파장의 100배 이상이 되면 반사경은 광학기기 정도의 성능을 발휘하게 된다. 예를 들어 주파수 3[GHz]의 신호는 파장이 10[cm]이며, 반사경의 직경이 최소 1[m] 이상은 되어야 안테나로서의 역할을 하게 된다.

(2) 위성 통신에 사용하는 안테나 종류

위성통신 안테나는 지상국과 위성체의 송신 및 수신 이득을 증대하기 위해서 가능하면 송신출력의 증가와 지향성이 높은 안테나를 선택해야 한다.

따라서 안테나는 사용 목적에 따라 다양한 형태의 지향성을 갖는 안테나를 사용하고 있다. 위성 안테나의 선택 조건으로 빔 폭, 지향성, 안테나의 크기, 그리고 우주잡음, 태양잡음, 강우

량, 위성의 종류 및 구조 등의 조건과 환경을 고려하여 안테나의 종류를 채택하게 된다. 위성통신에서 주로 사용되는 안테나의 형태는 Horn 안테나와 반사경 안테나인 Parabola, Cassegrain 등이 사용되는데 기타 용도에 따라 다음과 같은 안테나를 사용하게 된다.

① **글로벌 안테나**(Global antenna)

일반적으로 원추형 혼 안테나로서 지구 전역을 상태로 방사할 수 있도록 하여 지구 중심으로 Beam을 향하게 설계된 안테나라고 할 수 있다. Global 안테나는 주로 4[GHz]대와 6[GHz]대의 주파수대에서 사용하고 있다.

② **비이컨 안테나**(Beacon antenna)

Beacon 신호용으로써 Global 안테나와 동일한 지향성을 보이지만 주파수 대역폭이 좁다. 즉, 무선 측위용으로 이용되는 지향성을 갖는 원추형 안테나로서 Global 안테나보다 빔 폭은 대단히 넓고, 사용 주파수는 주로 11[GHz]대를 주로 사용하고 있다.

여기서 Beacon은 지리적인 정위치를 표시하기 위해 사용되는 등화 또는 표지를 나타내는 것이다.

③ **무지향성 안테나**(Non direction antenna)

무지향성 안테나는 위성에 대한 명령이나 원격 제어에 관련된 제어 정보를 전송하기 위한 전송용 안테나에 주로 사용되는 형태로 설치가 용이하고, 일종의 로드형 안테나로 무지향성을 갖는다. 그리고 일반 안테나 보다는 이득이 낮다는 것이 단점이다. 우리별 1호와 2호 위성에서 사용된 안테나이다.

④ **헤리컬 안테나**(Helical antenna)

안테나의 형태는 나선형으로 UHF대에 주로 사용하는 안테나이다.

⑤ **파라볼라 안테나**(Parabola antenna)

회전 포물면 반사기를 이용하는 접시형 안테나로 Pencil beam을 얻을 수 있어서 마이크로파 통신이나, 위성통신 등의 대용량 무선통신에 가장 보편적으로 사용된다.

파라볼라 안테나의 원리는 반사 망원경의 원리를 이용한 것으로 초점에서부터 나온 빛이 렌즈를 통과하여 평행광선이 되는 것과 같은 원리로서 이를 위해서 렌즈의 직경이 빛의 파장보다 충분히 커야 한다. 그 때문에 파라볼라 안테나는 주로 마이크로파 전파에서 이용된다.

파라볼라 안테나는 반사기의 초점에 급전장치가 설치되므로 초점 급전형(prime focus feed type)이라고 불리며 1차 복사기에 $\lambda/2$ 다이폴, 각추형 혼, 혼추형 혼, slot 안테나 등을 사용하며, 1차 복사된 전파는 파라볼라 반사기에서 렌즈의 원리로 반사되므로 적당한 초점거리를 유지한다.

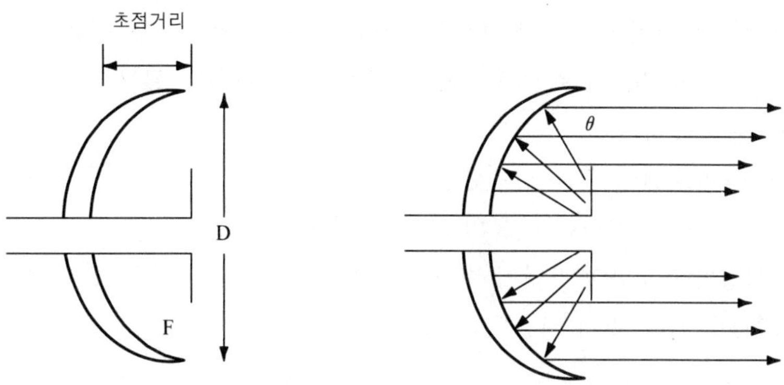

〈그림 3.24〉 파라볼라 안테나의 구조

⑥ **카세그레인(Cassegrain) 안테나**

카세그레인 안테나는 접시모양의 반구형 반사경을 가진 구조이다.

반사면은 전파를 위성을 향해 가는 Beam으로 만들어 보내거나, 위성에서 온 전파를 한 점으로 모아 수신하며, 큰 쪽이 전파를 많이 모을 수 있다.

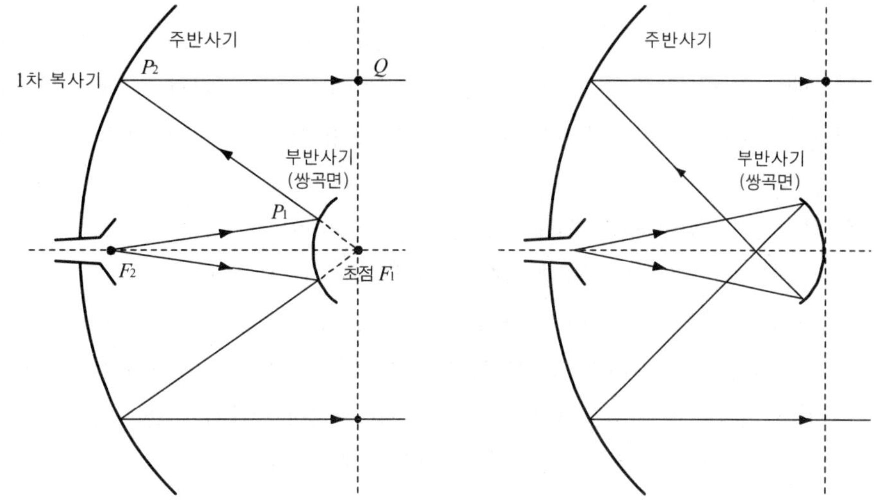

(a) 카세그레인형 (b) 그레고리형

〈그림 3.25〉

여기서 카세그레인 안테나에서 전파의 복사 동작을 고려하면 구성하는 회선 쌍곡면의 다른 하나의 초점 F_2에서는 1차 반사기의 위상 중심이 위치하고 F_2에서 나온 전파는 쌍곡면 상의 점 P_1에서 반사되어 포물면 상의 점 P_2에서 또 다시 반사되어 거울면계의 축과 평행한 방향으로 진행하여 개구면상의 점 Q에 도달한다.

한편 카세그레인 안테나가 지니는 장점에 대해서 살펴보면 다음과 같다.

㉠ 실효적 초점 거리와 직경의 비가 파라보라 안테나보다 훨씬 크기 때문에 교차편파 특성이 우수하다.

㉡ 급전용 도파관이 짧아 급전손실이 적다.

㉢ spill over에 의한 잡음온도의 증가가 적다.

㉣ 축 대칭이 우수하여 제작이 비교적 용이한 쪽에 해당하므로 현재 위성통신 지구국 안테나로 가장 많이 사용되고 있다.

⑦ 다중 빔 위상 배열 안테나

0.5 ~ 1도의 Beam 폭을 갖는 고 이득, 고 효율의 Beam 급전들을 보이는 Beam 안테나를 가로 세로로 여러 개 배열로 구성하여 큰 이득을 얻기 위한 안테나로 차세대 위성 안테나 기술에 이용하기 위한 안테나이다.

(3) 위성 안테나의 성능

① 안테나 이득(Antenna Gain)

주어진 방향에 대해서 동일 거리, 동일한 전계 강도를 얻기 위해 주어진 안테나의 입력부에 공급되는 전력과 기준 안테나의 입력부에 필요한 전력의 비율을 이득(Gain)이라고 하면 사용되는 기준 안테나에 따라 이득의 형태를 절대이득, 상대이득, 지상이득 등으로 구분한다.

위성통신을 위해 이용되는 안테나의 이득으로는 상대이득과 절대이득으로 나눌 수 있다.

㉠ 상대이득은 무 손실 반파장 다이폴 안테나를 기준으로 한 것

㉡ 절대이득은 무 손실 등방성 안테나(Isotropic antenna)를 기준으로 한 것이다.

마이크로파 통신에서는 절대이득을 사용하며 절대이득이란 임의의 방향으로 단위 체적당 실제로 방사되는 전력과 그와 동등한 전력이 공급되고 있는 등방성 안테나로부터 단위 체적 당 방사되는 전력의 비로 정의한다.

$$G_t = \eta\left(\frac{\pi d}{\lambda}\right)^2 = \eta\frac{4\pi f^2 A_e}{c^2}$$

여기서 c는 광속도, f 는 사용 주파수, Ae는 송신 안테나의 개구면적(실효 개구면적 $\frac{\pi d^2}{4}$), η는 안테나 효율, d는 안테나 직경 그리고 λ는 파장을 나타낸다.

한편 위성통신에서 사용되는 파라보라 안테나의 경우는 절대이득을 기준으로 정의할 수 있다.

참고

안테나 이득이 높다는 것은 전자파 전달을 원하는 특정한 방향으로 더욱 강한 전자파를 보낼 수 있다는 의미이며, 별도의 규정이 없을 경우에는 최대 복사 방향에서의 이득을 가리키며, 이득의 단위로 데시벨[dB]을 이용한다.

- $[dB_i]$: 등방성(Isotropic) 안테나를 기준으로 하는 경우의 단위
- $[dB_d]$: 쌍극(Diopole) 안테나를 기준으로 이득을 계산하는 경우의 단위

② 실효 등방성 복사 전력

실효 방사 전력(EIRP, Effective Isotropic Radiated Power)은 안테나에서 실제로 복사된 전력으로 송신 안테나 이득 G_t에 송신출력 P_t을 곱한 값으로

$$EIRP = P_t \cdot G_t$$

으로 정의되며 이를 [dB]로 나타내면 다음과 같다.

$$EIRP[\mathrm{dB}] = P_t[\mathrm{dB_w}] + G_t[\mathrm{dB}]$$

참고

ERP와 EIRP

- EIRP(Effective Isotropic Radiated Power) : 실효 등방성 복사전력이라 하며 안테나에 공급되는 송신기의 전력(급전계의 손실은 제외)과 안테나 절대이득의 곱의 크기로 나타난다. 여기서 절대이득은 기준 안테나로 등방성 안테나를 사용하는 경우에 대한 전력이득을 말한다. 즉, 시스템에 등방성 안테나를 사용했을 때 얻어지는 전력이득이다.

$$EIRP_W = P_t \times G_i$$
$$EIRP_{dB} = P_t[\mathrm{dB}] + G_i[\mathrm{dB}]$$

여기서 Pt는 급전선의 전력을 G_i는 안테나의 이득을 나타낸다. 안테나 이득 단위로 $[dB_i]$를 이용하며, 적용 범위는 1[GHz] 이상이다.

- ERP(Effective Radiated Power) : 실효 복사전력이라 하며 시스템에 Dipole 안테나를 기준으로 하는 경우에 얻어지는 상대 이득이다. EIRP는 실제로 존재하지 않는 이상적인 패턴을 사용하므로 실제 사용에서는 시스템에 Dipole 안테나를 사용하게 되고 ERP를 사용하여 나타낸다. 안테나 이득단위로 $[dB_d]$를 이용하며 적용 범위는 1[GHz] 이하이며, Dipole 안테나의 이득은 1.64이므로 ERP와 EIRP는 아래와 같은 수식관계를 갖는다.

$$EIRP_W = EIRP_W / 1.64$$
$$ERP_{dB} = EIRP[\mathrm{dB}] - 2.15[\mathrm{dB}]$$
$$dB_d = dB_i - 2.15$$

③ **반송파 전력 대 잡음비**(C/N)

안테나의 전력 대 잡음비는 전송과 잡음에 대해 수신 시의 수신기의 잡음 폭을 말하며 다음과 같이 정의된다.

$$\frac{C}{N} = \frac{C}{N_0} - B[\mathrm{dB}]$$

여기서 C 는 전송 전력[dB], N_o는 잡음전력 밀도[dB] 그리고 B는 수신기의 잡음 대역폭[dB]을 나타낸다.

한편 안테나의 특성을 나타내는 파라미터로 지향성, 부엽, 잡음온도 그리고 G/T(안테나 성능지수) 등을 이용하여 평가하게 된다.

㉠ 지향성(Orientation) : 일정한 방향으로 전파가 집중되는 정도를 나타내는 것을 안테나의 지향성이라고 하며, 그리고 복사전력이 최대방향의 값에 대해서 1/2이 되는 각을 반치 각이라고 한다.

㉡ 부엽(Side lobe) : 안테나에서 복사되는 주된 빔(주엽) 이외에 안테나 주변으로 발생하는 복사를 부엽이라고 한다. 여기서 부엽을 억제하는 방법을 살펴보면

- 반사경의 가장자리에 조사되는 레벨을 낮게 한다.(중심전계의 −9∼−10[dB] 정도)
- 반사거울면의 정밀도를 높인다.
- 부 반사경, 지지물 등에 의한 Blocking을 적게 한다.

등을 들 수 있으며 이와 같은 기능을 실현하기 위하여 1차 방사기의 특성과 반사면 수정 기술이 필요하며 반사경의 Blocking을 줄이기 위하여 1차방사기의 지지물을 소형화 하거나 off set feed type을 사용해야 한다.

㉢ 잡음 온도 : 온도를 가진 물체는 열에너지를 전자파로서 주위에 방출하게 된다. 우주공간, 대기, 대지 등도 열을 전자파로서 방출하게 된다. 안테나의 반사경에는 원하는 신호 외에도 외부에서 발생된 열잡음 등을 수신하게 된다. 잡음온도를 수신하게 되는 내용을 좀 더 구체적으로 정리하면 다음과 같은 요인으로 설명할 수 있다.

- 만일 안테나가 위로 하늘을 향하고 있다면 공간의 열잡음만이 입사되지만
- 안테나가 지표면을 향하고 있을 때 안테나의 앙각(Elevation)이 작아지면 안테나의 부엽 방향으로 지표면의 높은 열잡음이 입사되어 전반적인 잡음온도가 높아지게 된다.

따라서 잡음온도에 대한 영향을 고려하여 위성통신의 경우는 수신전파가 매우 미약하기 때문에 저 잡음 수신기를 사용해야 하며 안테나의 부엽 방향으로 입사하는 대지 또는 대기의 열잡음을 충분히 낮게 하여야 한다.

여기서 안테나의 잡음온도를 결정하는 중요한 파라미터로 안테나 앙각의 크기를 들 수 있는데 잡음 온도는 안테나의 앙각이 작을수록 그리고 안테나의 크기가 작을수록 커진다.

따라서 C 밴드(4 ~ 6[GHz])의 경우 최소 앙각이 5°이상이어야 하고, Ku 밴드(12 ~ 15[GHz])를 사용하는 경우에는 최소 앙각이 10°이상이 되어야 한다.

④ **안테나 성능지수 G/T**

위성통신용 안테나 수신기의 수신 성능을 나타내는 파라미터로 G/T가 있다.

$$G/T = G_r / T\,[\mathrm{dB/K}]$$

여기서 G_r은 수신 안테나 이득 [dB]이고, T는 수신기의 잡음온도 [K]를 나타낸다.

G/T(안테나 성능지수)는 위성 통신용 안테나의 성능을 나타내는 경우에 이용되는 파라미터로 이득 G(절대이득, [dBi])와 안테나 잡음 온도 T를 이용해서 평가하게 되는데 안테나 잡음 온도인 G/T가 클수록 우수한 안테나라고 할 수 있다. 단위는 [dB/°K]이며, 1[°K]를 0[dB]로 정하고 있다.

잡음온도는 온도에 의해 발생하는 잡음이라고 한다면 절대온도(1도 = 273.4[°K])로 표현하며 상시 절대온도를 290[°K]로 한다.

$$\text{잡음온도(T)}=290\times(10^{(\text{잡음지수}/10)}-1)[\mathrm{K}]$$
$$\text{잡음지수}=10\times\log F\ [\mathrm{dB}]$$

여기서 F는 시스템에 대한 잡음 정도를 나타내는 잡음 지수(Noise factor)를 나타내는 것이다.

(4) 위성 중계기(Transponder)

① **위성 중계기**

1개 이상의 Transponder로 구성되어 있으며 여기서 Transponder라고 하는 것은 Up link 신호를 저 잡음 증폭기(LNA)로 증폭한 후 주파수 변환부를 통하고 다시 중계기(Transponder)에서 Down link 주파수로 변환한 다음 고전력 증폭기(HPA)로 증폭하여 지구국으로 송신하는 역할을 담당한다.

㉠ 비재생 중계기 : 수신 된 신호를 변조과정을 거치지 않고 직접 Down link 신호로 변환하여 중계하는 일반적인 중계기를 말한다.

㉡ 재생 중계기 : 지구국으로 부터 수신한 신호를 복조과정을 통하여 일단 검파를 행하

고 검파된 신호를 디지털 처리한 후 다시 변조하여 송신하는 중계기로서 디지털 전송신호의 성능을 개선할 목적으로 사용한다.

㉢ 단일 변환 Transponder : 수신된 주파수를 직접 Down link 주파수로 변환

㉣ 2중 변환 Transponder : 수신된 주파수를 중간 주파수(IF)로 변환한 다음 Down link 주파수로 변환하는 것으로 증폭기의 잡음특성과 이득을 높이고자 또는 위성에서 스위칭을 할 경우(SS/TDMA등)에 사용한다.

참고

위성 지구국에서 전력 증폭기를 설계하는 경우 고려해야 할 변수

- 입력 출력 비의 크기로 결정되는 이득
- 안정도
- 위성의 경우는 전송 거리가 길기 때문에 최대 전력 출력이 클수록 바람직하다.

② 주파수 변환 횟수

㉠ 단일 변환형 중계기 : Up link된 수신 주파수를 중간 주파수 변환 과정 없이 직접 Down link 주파수로 변환하여 중계하는 중계기를 말한다.

㉡ 이중 변환형 중계기 : Up link된 수신 주파수를 먼저 적당한 중간 주파수(IF)로 변환한 다음 이를 Down link 주파수로 변환하여 중계하는 중계기를 말한다.

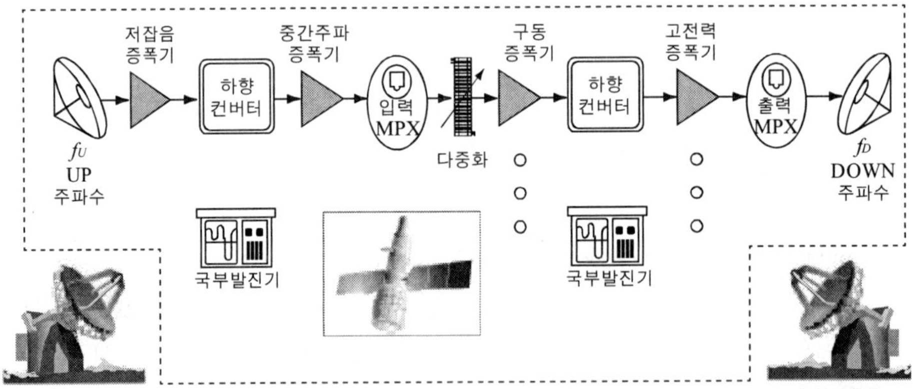

〈그림 3.26〉 이중 변환 형태 중계기(Transponder)

3.5 | GPS(Global Positioning System)

3.5.1 GPS 위성의 기본적인 개념

(1) GPS 위성의 정의

GPS는 현재 위치결정, 항법, 시각동기 등에 관측하는 경우에 이용되는 위성 시스템으로 군사목적을 위해 개발되었으나 현재는 민간분야의 여러 영역에서 다양한 형태로 이용되고 있다. GPS 위성은 지표면으로부터 20,200[Km]상공에 위치하며 적도와 55도 경사를 이루는 6개의 궤도면에 각 궤도마다 4~5개씩의 위성을 배치(전체 24개 정도)하며 공전주기를 11시간 58분으로 하여 위성이 하루에 지구를 2번 회전하도록 하여 지구상 어디에서나 항상 4개 이상의 위성을 추적할 수 있도록 하고 있다.

여기서 GPS는 측위 시스템으로서 지니는 특성을 정리하면

① GPS 위성은 지표면으로부터 20,200[Km]상공에 위치하여 6개의 궤도에 각 궤도마다 4개씩의 위성을 배치(전체 24개정도)하며 공전주기를 12시간을 주기로 해서 위치, 속도, 시간 정도 등을 제공한다.
② 인공위성에서 발사된 전파를 수신해 자기 자신의 위치를 정확하게 감지하는 시스템
③ 표준 준위를 위한 반송파는 약 1.575[GHz](L1)이다.
④ 항상 4개 이상의 위성이 시계 내에 배치된다.
⑤ 수동적이며 무제한 사용 가능하고 24시간 연속적으로 서비스를 제공한다.
⑥ GPS 시스템은 위성 부분, 지상관제 부분, 사용자 부분으로 구성된다.
⑦ 측위 정밀도를 향상시킨 GPS를 DGPS라고 한다.

(2) GPS 시스템의 구성 요소

GPS는 위성부분과 제어부분, 이용자부분으로 구성된다.

① 위성부분은 위성 자체를 말하는 것이다.
② 제어부분은 위성의 궤도를 추적하고 필요한 제어를 하는 부분으로써 1개의 중앙 제어국과 4개의 감시 국으로 구성된다.
③ 이용자 부분은 이용자의 GPS 수신기로서 여러 개의 위성으로부터 정보를 수신하여 위치

결정 알고리즘을 수행한다.

(3) GPS의 위치측정 원리

① **GPS 데이터를 이용한 위치측위는 3차원 단독측위와 상대측위가 있다.**

㉠ 단독측위 : 1개의 수신기로 수신기의 위치를 결정하는 방법으로써 정확도가 떨어질 수도 있다.

㉡ 상대측위 : 두 개 이상의 수신기로 동시에 관측하여 두 수신기 간의 오차를 보정하는 방법으로 정밀도를 향상시키는 방법이다.

② **GPS의 측위 방법**

GPS에서 측위는 거리측정 방법에 의한 삼각법을 이용하는데 위성에서 발생한 신호와 수신기에 도달한 신호의 시각차를 이용하여 거리를 구하게 된다.

위성~수신기간의 거리=빛의 속도×시간차

GPS 수신기는 4개의 위성을 관측, 거리를 측정하여 위치를 계산하는데 먼저 3개의 위성으로 3차원 측위 점을 계산하고 1개의 위성으로 시간오차를 계산함으로써 정확한 위치를 결정한다.

③ **GPS에서 사용되는 주파수**

㉠ GPS 위성에서 사용되는 주파수는 L1, L2 두 개의 주파수를 사용한다.

- L1 : 1575.42[MHz]
- L2 : 1227.6[MHz]

㉡ GPS 위성으로 부터의 관측 데이터는 의사거리(Pseudorange)와 반송파 위상(Carrier Phase)를 이용한다. 여기서 반송파는 C/A(Coarse/Acquisition)코드와 P(Precision) 코드라고 하는 두 개의 PRN(Pseudo Random Number)코드로 변조된다.

㉢ GPS 코드에는 C/A와 P코드 외에도 Y코드가 있다. 여기서 Y코드는 일반 사용자는 사용할 수 없고 군사용 GPS 수신기에만 사용할 수 있는 정밀측위 서비스용이다.

(4) GPS 오차요인

GPS 측위 결과에서는 다양한 형태의 오차가 존재하게 된다. 우선 서비스 형태에 따른 근본적인 오차를 고려하면 다음과 같은 것을 들 수 있다.

① SA(Selective Availability)

SA는 위성에서 보내주는 정보에 오차가 발생하게 하여 측위오차를 유발하는 것으로 측위정보는 위성의 궤도에 관련된 좌표 정보와 시각정보가 필수적인데 이 정보를 의도적으로 조작하여 정확도를 저하시키는 것이다. 현재는 사용하지 않는다.

② 전파의 손상에 의한 오차

위성에서 사용하는 L 밴드는 전리층의 간섭의 정도가 주파수에 따라 변화하므로 이를 보정할 수 있는 방법이 있어야 한다. 따라서 L1, L2 두 개의 주파수를 사용하는 수신기는 전리층의 간섭에 의한 오차를 제거할 수 있다.

㉠ 일반인이 흔히 사용하는 저가형 수신기에서는 L1 주파수 하나만을 사용하기 때문에 전리층 오차가 생기게 된다. 이와 같은 오차를 보정하는 방법으로 DGPS(Differential GPS)와 같은 상대측위 방법을 적용할 수 있다.

㉡ 다른 전파손상에 의한 오차로서 대류권 오차와 다중경로에 의한 오차를 들 수 있는데 대류권 오차는 L 밴드의 주파수 특성과 무관하게 발생하므로 이중 주파수 수신기로는 제거할 수 없고 대신에 DGPS와 같은 상대 측위법을 이용하여 보정할 수 있다.

③ 궤도오차

위성에서 발생하는 오차 중에서 궤도 특성에 의해서 발생하는 궤도오차로 이는 수 [m]로 발생하게 된다. 궤도 오차를 수정하는 방법으로는 DGPS와 같은 방법을 사용하거나 위성의 궤도를 추정하여 보정하는 방법을 이용하고 있다.

(5) GPS의 서비스

GPS 서비스의 형태는 일반측위 서비스와 정밀측위 서비스를 들 수 있다.

① 누구나 무료로 이용할 수 있는 일반측위 서비스(SPS, Standard Positioning Service)

② 특별한 이용자 그룹에만 허용되는 정밀측위 서비스(PPS, Precise Positioning Service)

3.5.2 GPS의 응용분야

(1) 육상 수송부문

① 지능형 교통 시스템(ITS)

GPS와 항법, 통신, 멀티미디어 등을 결합 형태로서 교통 및 도로 상황에 대한 정보를 지능화한 시스템이다.

② **차량항법 시스템**(CNS, Car Navigation System)

GIS(지리정보 시스템)에 GPS와 항법 기능을 연동시켜 운행 중인 차량에 대한 위치 정보를 제공하여 목적지까지 유도하는 운행안내 시스템이다.

③ **자동차량 위치 추적시스템**(AVLS, Automatic Vehicle Location Service)

이동 중인 차량의 위치를 추적하여 전자 지도상에 표시해주는 서비스로 건설 교통부의 종합 물류정보 전산망을 들 수 있다.

(2) 항공부문

현재 운용중인 MLS(Microwave Landing System)기능에 GPS를 응용한 것으로 각국에서 운용하고 있는 항공기 이착륙에 관련된 서비스에 통합 응용이 가능하게 된다.

(3) 해양부문

기존의 항법장치인 레이더 추적 장치를 GPS로 대체할 수 있어 해상 안전과 환경보호를 위하여 해안 경비대가 제공하는 GPS 보정 시스템에 응용할 수 있다.

(4) 측량 및 과학부문

GPS를 이용한 측량기술로 도로 시설물의 건설, 원유개발에 사용할 수 있으며, 헬리콥터에 GPS 수신기를 탑재하여 복잡한 지형 환경에서도 1[%]이내의 오차로 측정할 수 있다.

(5) 기타

요트경기, 낚시터 정보 등과 같은 레저부문에 응용할 수 있다.

(6) LBS(Location Based Service)

GPS의 응용 시스템으로 LBS 정의에는 다소 차이는 보이지만 이동 통신망을 기반으로 사람이나 사물의 위치를 정확하게 파악하고 이를 활용하는 응용시스템 및 서비스를 말한다.

즉, LBS 시스템을 기반으로 하여 사물의 위치를 찾고, 찾은 위치를 활용해 제공할 수 있는 다양한 서비스도 포함하고 있다는 것이다.

3.6 위성의 형태와 특징

3.6.1 VSAT(Very Small Aperture Terminal)

(1) VSAT의 기본적인 개념

대형 지구국의 경우는 C 밴드(4~6[GHz])대의 주파수를 이용하여 지상 마이크로파와의 간섭을 배제하기 위해서 도시에서 떨어진 장소에 지구국을 설치 운용되고 있다.

여기서 말하는 VSAT는 사용되는 위성 안테나의 직경이 1~2[m]정도인 소형 안테나를 이용한 지상 장치로 소형 지구국을 말한다. 그러나 최근에선 지상파와의 간섭이 적은 Ku 밴드(12~15[GHz])의 주파수 대역을 이용하게 되면서 도시 내에 소형, 경량화 된 지구국의 건설이 가능하게 된 것이다.

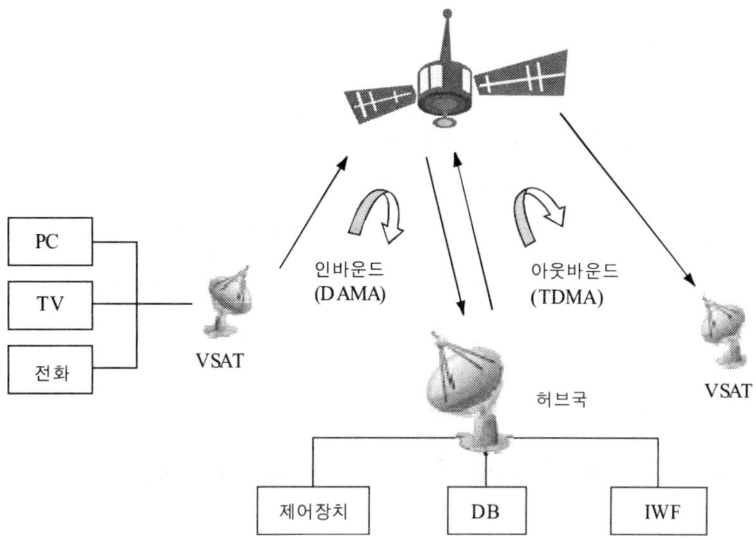

〈그림 3.27〉 VSAT 통화 링크 구성도

(2) VSAT 시스템의 구성

VSAT는 다수의 소형단말과 하나의 허브 국으로 구성되는 성형 구조의 사설 통신망으로서 위성의 EIRP가 크고 G/T가 크면 작은 지구국 간에 허브(Hub)를 경유하지 않고 직접교신이 가능한 망형의 통신망을 구성하는 것이 가능하게 된다.

소형 지구국의 구성 요소로 TV 수신 전용국(TVRO 국), 데이터 수신전용 단말기, 구내장비에 설치된 송신 및 수신 소형 단말기 등을 들 수 있다.

(3) VSAT 통신방식

VSAT에서 이용되는 안테나의 직경을 작게 하는 방법을 위해서 변조방식으로 BPSK, QPSK를 주로 많이 사용하며 에러정정을 위한 부호화 방식으로 Convolution code가 대부분 사용하게 된다.

① VSAT 시스템에서 허브 국으로의 회선을 인 바운드 회선이라고 하며 인 바운드의 회선은 2.4K~56/64[Kbps] 정도의 낮은 전송속도의 회선으로 요구에 따라 회선을 할당하는 DAMA 방식을 사용하고 있다.

② 허브 국에서 위성으로의 회선을 아웃 바운드라고 하며, 아웃 바운드 회선은 인 바운드에 비하여 비교적 대용량의 회선(보통 256[Kbps])이므로 PAMA 방식을 적용하고 있다.

(4) VSAT의 특징

① 설비가 간단하고 저속 데이터 전송에 적합하다.

② 기업 통신망 구축에 유리하다.

③ 12~18[GHz]주파수를 사용하므로 사용되는 안테나의 이득이 크다.

④ Hub Station을 사용하여 위성 등을 연결함으로 VSAT와 VSAT간의 통신이 가능하게 된다.

3.6.2 저궤도 위성(LEO, Low Earth Orbit-satellite) 통신

(1) 저궤도 위성 통신의 기본적인 개념

저궤도 위성통신은 저 궤도상에 존재하는 수 십 개의 위성을 이용하여 세계적으로 음성, Data, FAX, 위치정보 등과 같은 이동통신 서비스에 관련된 정보를 제공하는 것을 목적으로 하는 GMPCS(Global Mobile Personal Communication System)이라고 할 수 있다.

(2) 저궤도 위성 통신의 특성

일반적으로 이용되는 정지위성(GEO)의 경우는 약 0.25초 정도의 전파지연이 발생하므로 2개 이상의 위성을 연결하여 음성통화를 하는 경우에 통화가 곤란하게 된다. 그러나 LEO의 경우는 전파지연이 적기 때문에 음성 전화 서비스를 제공하는데 그다지 영향을 받지 않는다.

여기서 저 궤도 위성이 보이게 되는 특성을 살펴보면 다음과 같다.

① 높은 전력을 필요로 하지 않기 때문에 지상 이동 통신망과의 연계가 간단하다.

② 관문국에서는 위성 추적속도가 빠른 전 방향 안테나를 이용하기 때문에 위성을 제어하는 것이 다수 복잡하다.

③ 위성을 지속적으로 추적(Tracking)하는 장치가 필요하다.

④ 위성 간 Hand off가 빈번히 발생하여 위성 상호간을 링크하거나 교환기능이 있어야 한다.

(3) 저궤도 위성 시스템의 형태

① Iridium System

㉠ TDMA를 적용하고 있으며 고도 789[Km]의 원 궤도에 66개(6개에 각각 11개의 위성)를 운용하며 위성 내에 교환기를 탑재하여 위성 상호간 직접 전파를 송수신함으로서 지상국을 경유하지 않고도 지구 반대편에 존재하는 지구국까지 통신이 가능한 위성을 말한다.

㉡ 지구를 일주하는 시간은 2시간 내이며 지상으로부터는 약 20분마다 다른 위성이 나타나므로 위성 간 Hand off기능을 수행한다.

② Global star System

㉠ 고도 1,414[Km]에 48개의 위성을 이용하는 것으로 이리듐 위성과 같이 전 세계를 균일하게 커버하지 않고 궤도를 양극으로 어느 정도 경사지게 하여 인구밀도가 높은 지역을 중점적으로 커버하며 지역 간 망 구성은 기존 국제 전화망을 최대한 이용하는 위성 시스템이다.

- L 밴드(1610~1626.5[MHz])의 16.5[MHz] 대역 중 일부가 위성과 이용자 사이에 제공된다.
- C 밴드(5199.5~5216[MHz], 6525~6541.5[MHz])의 33[MHz] 대역이 위성과 관문국에 Feeder Link로 제공된다.

㉡ 호 손실을 감소할 목적으로 하나의 이동국을 최대 3개의 위성과 연결하는 Soft Hand

off 방식을 사용한다.

③ ICO(intermediate circular orbit system)

㉠ 고도 10,355[Km]의 중궤도에서 정지위성 12개를 운용하며 위성 간 링크가 없어 세계적으로 200여개의 관문국을 설치하여 서비스를 제공한다.

㉡ Hand off가 적어 서비스가 안정적이지만 전파지연이 있다.

㉢ 망구조 및 프로토콜은 기본적으로 GSM을 기반 기술로 한다.

㉣ 위성 1기당 회선 용량은 음성급 약 4,500채널이며 사용 주파수대는 S 밴드(1.9~2.2[GHz])이다.

㉤ ICO의 특징으로 다음과 같은 것을 들 수 있다.

- INMARSAT에서 주관하는 세계적인 휴대 이동전화 시스템이다.
- 시스템 구축비용이 저렴하고, Iridium이나 기타 시스템에 비해 위성 수가 적어 위성 제어가 용이하다.
- 필요 위성 접속 지구국 수가 적고, 위성 수명이 10년 이상으로 길다.

3.6.3 위성 통신 서비스 제공을 위한 국제기구

(1) INTELSAT(INTernational TELecommunication SATellite organization)

국제 통신위성인 해사 위성 통신(INMASAT) 위성은 해상에서의 조난 및 인명의 안전에 관한 통신을 목적으로 한다. 해상에서의 조난 및 인명의 안전에 관한 통신을 목적으로 사용하는 위성으로 이 위성에서 사용하는 주파수 대역은 L 및 C 밴드이며, 적도 상공 약 36,000[Km]의 높이에 위치하고 있으며, 다원 접속 방식의 적용이 가능하며, 정지 위성으로 상용 통신 위성으로 사용한다.

① 현재 이 위성은 항공 위성서비스도 제공하고 있으며, INTELSAT 시스템에서 많이 사용되고 있는 방식은 FDM/FM/FDMA 방식이다.

② 한편 INTELSAT 시스템에서 제공하는 서비스의 형태는 항공 통신 서비스, 육상 이동 통신 서비스 그리고 해상 안전 통신 서비스 등을 들 수 있다.

(2) 위성의 종류와 특징

① INTELSAT Ⅴ시리즈

㉠ 4/6[GHz](C 밴드)의 주파수대역과 11/14[GHz](Ku 밴드)의 주파수대를 사용한다.

㉡ 12,000개의 양방향 음성 채널과 2개의 TV 채널을 제공한다.

㉢ INTELSAT V F5~F8은 1.39~1.55[GHz](L 밴드) 부 밴드를 탑재하여 INMARSAT에서 이동통신 서비스에 이용하고 있다.

② INTELSAT Ⅵ 시리즈

㉠ 통신수요에 대비한 Ku 밴드의 Spot Beam을 사용하여 기존의 표준 지구국은 물론 소형 지구국까지도 다양한 서비스를 제공할 수 있게 한다.

㉡ Spot Beam을 이용한 SS-TDMA(Satellite Switched TDMA)와 위성탑재 교환기는 매우 짧은 시간에 사용자간 상호접속과 주파수사용의 유연성을 제공한다.

③ INTELSAT Ⅶ 시리즈

㉠ INTELSAT Ⅶ은 V시리즈를 대체할 목적으로 제작되었다.

㉡ 18,000개의 양방향 음성채널과 3개의 TV채널을 제공한다.

④ INTELSAT Ⅷ 시리즈

㉠ C 밴드 전송을 필요로 하는 환태평양지역을 위해 새롭게 제작된 위성으로 Ⅶ 보다는 고출력이다.

㉡ 광역 커버 영역을 가지는 38기의 C 밴드 중계기와 6기의 Ku 밴드 중계기를 장착하였다.

(3) 서비스 종류

① **인텔셋 VISTA 서비스**

통신기반이 취약한 지역에 국내 및 국제통신 서비스를 제공하는 서비스

② INTELNET

VSAT이나 허브 국을 이용한 데이터전송 서비스

③ CRS(Cable Restoration Service)

아날로그 케이블 채널 서비스

④ TUU(Transponder for Unrestricted Use)

지역 망을 포함한 국내 망을 확장하기 위한 서비스

⑤ IDR

국제공중 교환망에 ISDN을 제공하기 위한 통합 디지털 서비스

⑥ IBS(INTELSAT Business Service)

㉠ INTELSAT-V호에서 서비스를 개시한 IBS는 요구할당에 의한 디지털 방식의 데이터 전송 서비스로써 전 세계를 서비스지역으로 하고 있다.

㉡ 사용자의 건물 또는 인접지역에 소형 지구국을 설치하여 서비스를 제공 받을 수 있으며 사설망에서 요구하는 기능들을 수용하는 서비스로서 음성, 팩시밀리, 고속 및 저속데이터, 전자우편, 화상회의, 패킷교환, 텔렉스 등의 서비스를 주된 내용으로 하고 있다.

㉢ 구내 또는 가까운 소형 지구국으로부터 위성에 접속되므로 지상의 통신망에 관계되는 제약을 받지 않는다는 특징이 있다.

(4) INMARSAT(INternational MARitime SATellite organization)

국제 해사위성 통신 서비스로 정지궤도(GEO) 인공위성을 이용한 이동통신서비스를 위해 설립된 국제기구로 INMASAT 통신망의 구성요소는 해안 지구국, 선박 지구국, 운용관리 센터 등으로 구성된다.

시스템의 구성은 INMARSAT에 의해 제공되며 적도상 정지궤도에 10여 기의 위성으로 구성되며, 선박 지구국, 해안 지구국. 통신망 관리국 그리고 운용 관리 센터 등으로 구성된다.

① 배를 소유한 선주에 의해 소유되는 것으로 위성과 직접 연결하여 통신 기능을 발휘하는 기지국인 선박 지구국(SES, Ship Earth Station), 선박 지구국과 위성 사이는 L 밴드 (1.6[GHz])가 사용된다.

여기서 선박 지구국의 채널할당 절차를 고려하면 다음과 같다.

㉠ 선박 지구국의 트래픽은 산발적이므로 선박 지구국의 호 설정 요구 시에만 회선을 할당하는 요구할당 방식인 DAMA을 사용된다.

㉡ 선박의 요청으로 해안국이 통신망 관리국에 채널배정을 의뢰하면 통신망 관리국은 채널을 지정해서 선박 지구국과 해안 지구국에 동시 통보한다.

㉢ 해안 지구국은 통화를 종료하면 통신망 관리국에 통화종료를 고지한다.

㉣ 선박 지구국은 동시에 1회선만 허용되고 해안지구국은 동시에 타 선박과 15회선 이내로 가능하다.

② INMARSAT 회원국에 의해 소유되는 것으로 위성을 국내 및 국제 전화, 텔렉스 망 등에 연결하는 기능을 담당하는 해안 지구국(CES, Coast Earth Station), 해안 지구국과 위성 사이는 C 밴드(4[GHz])가 사용된다.

③ 각 해역에서 해안 지구국의 운용을 통제하거나 해안 및 선박 지구국 상호간에 위성을

이용하는 경우 통화로 할당을 통제하는 기능을 담당하는 통신망 관리국(NCS, Network Control Station), 통신망 관리국은 L 밴드와 C 밴드를 같이 사용한다.

④ 통신망 관리국의 시스템운용을 감시하고 통제하며 필요한 정보를 제공하기 위한 운용 관리 센터(런던의 INMARSAT 본부 내에 있다.)

한편 위성과 선박 지구국, 통신망 관리국 사이에 L 밴드를 사용하는 이유를 고려하면 다음과 같다.

㉠ 자유공간 전파손실 및 강우감쇠가 적기 때문에

㉡ 안테나 이득 면에서 불리하지만 풍랑 등으로 선박이 심하게 흔들리는 경우에도 선박의 안테나가 위성을 포착하는데 유리하게 된다. 즉, 위성에 대한 선박의 앙각이 낮으면 송신 및 수신전파의 해면반사가 통신에 미치는 영향을 무시할 수 없게 되는데 L 밴드의 특성이 비교적 양호하기 때문이다.

참고

INTERSPUTNIK(International Oraganization of Space Communications)
INTELSAT에 대응하여 만든 국제적인 위성 통신 조직을 말한다.

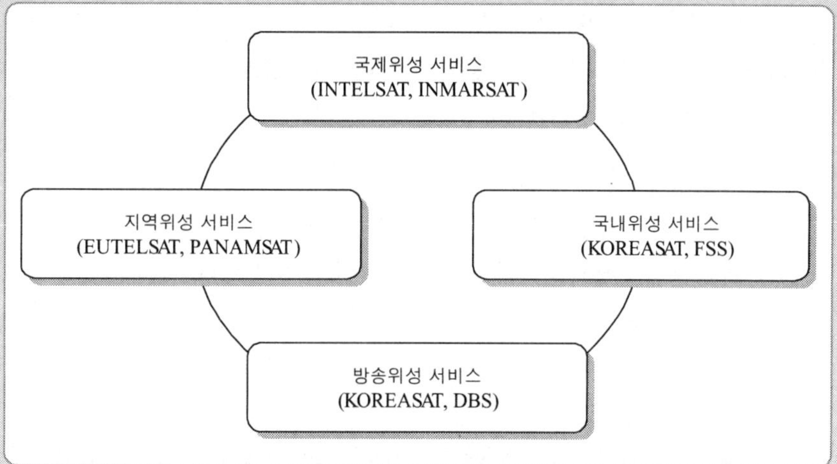

〈위성통신 서비스 영역의 분류〉

3.7 | Cellular 이동 통신

3.7.1 Cellular 이동 통신의 개요

(1) 이동통신의 개념

① 이동 통신의 탄생 배경

선박, 항공기 등과 같은 이동체에서 실행하던 개념에서 보행 중이거나 차량에 의한 육상 이동 통신의 발전으로 비롯되었다고 할 수 있다.

이와 같은 육상 이동통신의 발전 계기는 통신 기술과 반도체 및 컴퓨터 기술의 결합에 의한 것으로 초기 이동통신의 경우 이동국과 기지국에서 사용된 무선 송신기와 무선 수신기의 출력을 최대로 하고 이를 통하여 발사되는 전파가 곧 도달하는 거리까지를 통신 가능한 영역이 되었으며 이 영역을 벗어나면 통신이 곤란하게 되는 문제점이 있었지만 최근에는 통신 기술의 발전으로 인하여 이들 문제를 해결하는 새로운 통신 방안이 필요하여 등장하게 되었다. 즉, 기지국에서 아무리 멀리 떨어져 있는 곳에서도 통신이 가능하며, 부족한 주파수 자원을 효율적으로 활용할 수 있는 방안으로 Cellular 육상 이동통신이 등장하게 되었다.

② 무선 통신의 방식

무선 통신의 경우는 전파를 매체로 해서 통신하기 때문에 사용할 수 있는 주파수가 제한되며, 전파의 전파방법이 주파수의 파장에 따라서 다르게 된다. 예를 들면 단파대의 경우는 전리층을 이용하므로 전파가 전 세계적으로 전파되기 때문에 세계 각 국 상호간에 간섭으로 인하여 장애가 발생하지 않도록 주파수 사용에 대한 주파수 배분이 중요하다.

일반적으로 무선통신의 방식을 구분하는 방법으로 이용되는 기준은 시스템의 유동성이나 기술방식, 사용목적에 따라서 고정통신기술, 이동통신기술 방식, 위성통신기술 등으로 구분하고 있다.

한편 무선기술은 사용할 수 있는 주파수 스펙트럼이 공간적, 시간적으로 제한되어 있으므로 이용자 상호간에 혼신을 방지하고 적당한 전송품질을 유지하기 위해서 주파수 스펙트럼의 효율적 이용이 매우 중요한 사항이 된다.

(2) 이동 통신 서비스

① Cellular 통신 방식의 등장 배경

이동 통신 시스템에서 이용되고 있는 현재의 주파수(VHF/UHF)는 전자 특성상 송, 수신점이 보이지 않는 비 가시거리이므로 전화 환경의 경우 전송 특성의 품질이 저하된다.

특히 광역 방식의 경우 지역이 넓어지므로 전송 특성 품질을 일정한 수준 이상으로 유지하기 위해서는 반송 전력을 크게 하여 신호를 전송하고 이에 따라 이미 할당된 주파수 개수만큼 채널을 사용할 수 있다.

결국 할당된 주파수 대역은 한정되어 있으므로 사용 가능한 채널수가 적고 결국 사용자수 제한이 생기게 된다. 이와 같이 한정된 주파수를 유효하게 이용하기 위해 일정한 거리를 둔 장소에서도 같은 주파수를 반복해 사용 방법을 필요로 하게 되었다. 따라서 주파수를 재사용하는 방식의 개념이 필요하게 되었는데, 그 방식이 Cellular 방식이다.

② Cellular 기술

이동 통신 환경에서 많은 가입자가 이동 중 언제 어디서나 통화를 할 수 있도록 하기 위해 주어진 주파수 대역의 사용 효율을 높이는 방법을 이용하는 경우에 필요한 가입자를 수용할 수 있는 한계가 존재하게 된다.

여기서 가입자 수용한계를 갖게 되는 이유로

㉠ 전자파가 도달되는 거리에 대한 한계를 들 수 있으며

㉡ 많은 가입자를 수용하기 위한 채널수가 충분하지 않기 때문이다.

등을 들 수 있다.

이와 같이 서비스 지역의 제한 문제와 가입자 수용용량의 한계를 극복하기 위해 비롯된 개념이 곧 Cellular 기술이라고 할 수 있다.

③ Cellular 방식의 정의

Cellular라고 하는 것은 서비스 지역을 여러 개의 작은 구역으로 분할된 셀(Cell)로 나누고 셀 상호간을 충분히 떨어진 곳에 위치하는 셀에서 동일한 주파수대역을 사용함으로써 공간적으로 주파수를 재사용할 수 있도록 하여 공간적으로 분포하는 채널수를 증가시켜 가입자 수용할 수 있는 용량을 확대할 수 있도록 하는 이동통신 방식의 개념이라고 할 수 있는데

여기서 셀룰러 방식이 지니는 특징을 정리하면 다음과 같을 것을 들 수 있다.

㉠ 주파수의 재사용

㉡ 스펙트럼의 효율적인 이용
㉢ 서비스 영역의 소 영역화
㉣ 이동 단말의 크기 및 소모 전력의 소형화
㉤ 통화량 밀집에 대한 적응성
㉥ 다원(중) 접속 기술의 적용

④ Cellular **시스템**

유한한 자원인 무선 주파수를 재사용함으로서 급증하는 가입자에 충분히 대처할 수 있게 되었으며, 기지국간의 중계를 통하여 장거리 통신이 가능하게 되었다.

현재 사용되는 주파수는 800[MHz]~[GHz] 대역을 이용해서 통신을 하고 있는데 이와 같이 고주파를 사용할수록 대역폭이 넓어져 그만큼 많은 가입자의 수용이 가능하게 된다. 한편 고주파일수록 전파 전달거리가 짧아지게 되는데 이는 일정 거리 이상이면 신호의 세기에서 많은 감쇠가 일어난다는 것을 의미하는 것이다.

따라서 일정한 거리마다 동일한 주파수를 다시 사용하여도 혼신 등의 문제가 발생하지 않는다고 볼 수 있다.

여기서 전파가 도달하는 일정 거리를 하나의 영역으로 분할한 것을 Cell이라고 하며, 셀 영역의 크기에 따라 Mega Cell, Macro cell, Micro cell 그리고 Pico cell 등으로 구분된다.

여러 개의 셀을 사용하는 것이 가능한 주파수 대역을 펼쳐 놓은 시스템을 Cellular system이라고 하면 Cellular system을 통해서 얻게 되는 효과를 고려하기 위해서 셀 개념 적용전의 광대역 시스템에 대한 개념과 셀 개념을 도입한 경우에 대한 특성을 각각 고려하면 다음과 같다.

㉠ 광대역 시스템 : 셀 개념을 도입하지 않은 시스템을 말하는 것으로 예를 들어 12[MHz]인 주파수 대역폭을 갖는 경우 채널 간 거리가 30[kHz]라면

$$12000[kHz] \; / \; 300[kHz] = 400$$

으로 서로 다른 주파수 대역을 이용하는 400개의 채널을 필요로 한다.

〈그림 3.28〉 400개 채널

㉡ 셀 개념을 도입한 경우 : 셀의 개념을 적용하는 경우는 대역을 10개의 셀로 분할해서 이용하는데 분할 된 면 한 개의 셀 당 40개의 채널을 할당할 수 있게 되는데 이는 일정 거리를 두고 이용하면 혼신이 발생할 염려 없이 동일한 주파수의 사용이 가능하다는 것을 말한다.

따라서 셀의 크기에 따라서 1000~2000 이상의 채널을 확보할 수 있으며, 셀 개념의 확보와 셀 개념을 도입을 통하여 보다 많은 가입자의 수용이 가능하게 된다.

참고

Cellular 이동 통신

■ 셀룰러 이동 통신이란 전체 서비스 영역을 소규모로 서비스가 가능한 Cell로 분할 한 후 무선 이동 통신 교환기로 집중제어 하여 이동국이 셀 간의 이동하면서 통신할 수 있도록 하는 방식으로 주파수 이용 효율을 높게 하기 위하여 주파수 재사용을 하거나 가입자 용량을 확대하기 위하여 Cell을 분할하는 방식 등을 적용하고 있다.

⑤ 아날로그 셀룰러 시스템과 비교하는 경우 디지털 셀룰러 시스템의 특징

㉠ 통화 품질이 향상

㉡ 스펙트럼의 효율적 이용

㉢ 통신 보안이 용이

㉣ 혼신, 방해, 간섭 등에 강하다.

㉤ 전력 소모가 적어 시스템의 소형화

(3) Cell의 종류

① 반경 100[km] 정도로 하는 Umbrella Cell로 주로 위성통신에서 적용되는 셀이다.

② 반경 20[km] 정도로 하는 Hyper Cell로 도시외곽 지역을 중심으로 구성되는 셀이다.

③ 메가 셀(Mega Cell)

위성 통신망을 이용한 광역 서비스로 셀이 커버할 수 있는 영역이 수 백 [Km] 정도이다.

④ 매크로 셀(Macro Cell)

이동통신시스템에서 가입자통화량이 적은 지역에 커버리지 확장을 목적으로 교외지역이나 평활한 지역에서 사용되며 하나의 기지국에 연결하여 사용 가능한 셀의 반경이 1~20[km]으로 현재의 휴대용 전화 혹은 무선 호출에 이용한다.

⑤ **마이크로 셀**(Micro cell) (50~300[m], **도심 지역**)

㉠ 도심 등의 전파 음영지역에서 중계기나 소형 기지국을 통해서 커버할 수 있는 셀 크기로서 페이딩의 영향이 매우 큰 다중경로 특성이 나타난다.

㉡ 1[km] 이내의 반지름 내에서 송신 및 수신이 가능하도록 설계된 셀로 10[m] 이하의 기지국의 안테나와 1[W] 이하의 적은 송신 전력을 이용한다.

⑥ **피코 셀**(Pico Cell)(~100[m], **건물 내**)

도심지와 같이 건물 밀집한 지역이나 건물 내 지하층과 같은 지역을 커버할 목적으로 소형 중계기를 설치하여 서비스되는 크기로 빌딩과 같은 제한된 영역(0~200[m])에서 이용할 목적으로 설계된 셀로 현재는 PCS에서 이용하고 있다.

(4) 셀 크기에 따른 특성

① **셀의 크기가 작은 경우 얻게 되는 장점**

㉠ 한정된 주파수 채널을 다른 셀에서 다시 사용함으로서 주파수 이용 효율을 높게 할 수 있다.

㉡ 일정한 이동 통신 서비스 구역 내에서 더 많은 가입자에게 서비스 제공이 필요하다.

㉢ 주파수 재사용을 위한 셀 간 거리가 멀어져 동일 주파수, 채널간의 간섭이 적다.

㉣ 셀 간 거리가 좁아져 음영 지역이 적다.

㉤ 셀의 수가 많기 때문에 서비스 지역을 자유롭게 설정할 수 있다.

㉥ 기지국과 이동국의 출력을 작게 할 수 있다.

② **셀의 크기를 작게 하는 경우에 발생하는 단점**

㉠ 인접 셀 간의 거리가 좁아져 셀 간의 Hand off 횟수가 증가하게 된다.

㉡ 셀 당 할당되는 채널수의 제한으로 셀 당 할당되는 통신 채널수가 적어진다.

㉢ 이동 전화 사용자의 이동 반경이 큰 경우에는 통화중 수신되는 신호 세기의 변화량이 커지게 된다.

㉣ 셀 계획이 조금 복잡해진다.

참고

이동 통신에서 말하는 Cell(Zone)의 의미는 하나의 무선 기지국(Base station)이 서비스를 담당할 수 있는 무선 통신 영역을 말한다.

(5) 이동 통신 발전 단계

이동 통신의 발전 과정을 세대별(Generation) 기준을 통하여 정리하면 다음과 같다.

① 제 1세대(1G, 1st Generation)

아날로그 방식을 기반으로 하는 세대로 대표적인 아날로그 셀룰러 시스템으로는 AMPS(Advanced Mobile Phone Service), 가정용 무선 전화, 무선 호출(Paging) 등을 들 수 있다.

여기서 AMPS 이동 전화 시스템의 사용 주파수 대역은 이동국 수신에 이용되는 주파수 825~845[MHz]이며, 기지국 수신은 870~890[MHz]이며, 변조 방식(음성)은 협대역 FM 방식을 이용하며, 제어 신호로 변조 방식은 FSK 방식을 이용하며, 전송 속도는 10[kbps]이다. 그리고 다원 접속 기술로 FDMA을 이용하는 이동 통신시스템이다.

기지국 서비스 반경은 2~15[km] (cell 분할 가능)이며, 무선 채널에서의 송수신 간격은 45[MHz]이며, 채널 간격의 주파수는 30[MHz]이다.

여기서 제 1 세대의 특징을 정리하면 다음과 같다.

㉠ 두개의 25[MHz]대역이 순방향, 역방향으로 구분하여 운용된다.

㉡ 이들 대역은 사업자간 경쟁을 유발하기 위해 한 운영자에게 각각 12.5[MHz]를 할당하고 있으며 채널 상호간의 간격은 30[KHz]로서 한 운영자에게 전체 416개의 채널이 할당된다.

㉢ 할당된 채널 중에서 21개의 채널은 제어정보용으로 할당되고 395개의 채널이 호(Call)를 전송하는 경우에 이용 된다.

㉣ AMPS 서비스는 순방향, 역방향으로 각각 21개의 제어채널을 할당하고 있으며 채널당 30[KHz] 대역을 사용하고 있다. 제어채널에서 이용되는 변조방식은 디지털 변조방식인 FSK를 사용하며 데이터의 전송은 프레임(Frame) 단위로 진행된다.

② 제 2세대(2G, 2nd Generation)

음성 및 비 음성 서비스를 위한 것으로 디지털 방식을 기반으로 하는 세대로

㉠ TDMA 계열인 유럽의 GSM(Global System of Mobile Communication),

㉡ TDMA 계열인 미국의 D-AMPS(Digital AMPS)

㉢ CDMA 방식인 디지털 셀룰러(IS-54, IS-95, PDC)

등을 들 수 있다.

여기서 2G와 1G의 차이를 비교하면 2G 시스템의 경우는 고품질의 신호, 디지털 서비스를 지원하기 위해서 데이터 전송 속도를 크게 하거나 매우 큰 용량을 제공할 수 있도록 개발된 것으로 다음과 같은 특성 차이를 보이게 된다.

㉣ 디지털 트래픽 채널의 경우 : 2G 환경은 디지털 데이터를 지원하기 위한 것으로 음성 신호를 전송되기 전에 우선 디지털 형태로 부호화를 행하고 사용자 정보는 이동국과 기지국 사이를 전송하기 위하여 디지털 변조를 행한다.

㉤ 암호화 기술의 단순화 : 사용자 정보에 대한 신호를 디지털화되기 때문에 중간에서 검파되는 것을 방지를 위한 도청방지를 이용하는데 이 도청 방지에서 행하는 암호화 기술이 상대적으로 단순하게 된다.

㉥ 오류검출과 정정 가능 : 디지털 트래픽 스트림에 대해서 오류검출 및 정정 기술을 적용하기 때문에 명쾌한 음성신호를 수신하는 것이 가능하게 된다.

㉦ 동적인 채널 접속 : 채널 접속은 다수 사용자에게 동적(Dynamic)으로 공유된다.

③ 제 2.5세대(2.5nd Generation)

㉠ 2G 서비스를 보다 일반화시킨 기술로 개인 이동 통신을 강조하는 PCS(Personal Communication Service)를 들 수 있다. 2.5G인 PCS 환경은 2G 셀룰러 시스템의 채널이 포화상태에 도달하게 되는 것을 해결하기 위한 방안으로 개발 된 것이다.

㉡ 휴대기기의 소형화와 채널용량의 증대에 따른 통화품질의 향상, 저가 등으로 폭발적인 가입자의 증가를 초래하게 되었다.

㉢ 사용하는 주파수대가 IMT-2000의 주파수대에 근접하기 때문에 3G 이동전화 서비스로 발전하게 되는 전 단계라고 할 수 있다.

〈표 3.12〉 디지털 셀룰러, PCS, IMT-2000의 특성 비교

구 분	디지털 셀룰러	PCS	IMT-2000
주파수 대역	824~894[MHz] (50[MHz])	1.7~1.8[GHz] (230[MHz])	1.885~2.025[GHz] 2.1~2.2[GHz] (230[MHz])
채널 당 대역폭	1.25[MHz]	1.25[MHz]	5[MHz]
데이터 속도	9.6, 14.4[Kbps]	9.6, 14.4[Kbps]	고속 이동 시 : 384[Kbps] 저속 이동 시 : 2[Mbps]
보코더	8K, 13K	8K, 13K	32K
서비스	음성, 저속 데이터	음성, 저속 데이터	멀티미디어
로밍 범위	국내	국내	세계적
무선 접속 표준	TDMA, CDMA, 퀄컴 CDMA(IS95)	CDMA, UPband IS95	CDMA-2000, W-CDMA

④ 제 3세대(3G, 3rd Generation)

PCS의 수백 배 정도의 전송률을 갖는 차세대 멀티미디어 통신의 주체로 IMT-2000

(W-CDMA, cdma 2000) 등을 들 수 있다.

⑤ 제 3.5세대

WiBro을 대표로 하는 세대를 말한다.

⑥ 제 4세대(4G, 4th Generation)

제 4세대 이동 통신 시스템(IMT-Advanced)은 시스템의 효율성과 차별성을 위해 주파수 이용 효율의 향상, 전송률의 최적화, 셀 커버 영역의 확대 등을 고려하고 있다. 제 4세대 이동 통신 시스템은 무선 다중 접속과 다중화를 위해 이용되는 OFDM를 사용하는 WiMax(공식 명칭으로 WiBro-evolution라고 한다.)와 LTE(Long Term Evolution) 규격을 사용하여 전송 대역폭을 좁게하는 것을 내용으로 한다.

참고

4세대 이동 통신

■ 하나의 단말기를 통하여 위성 망, 무선 랜, 인터넷 등을 모두 사용할 수 있는 서비스를 말한다.

(6) 다중(원) 접속 방식(Multiple Access)

다수의 가입자들을 동시에 접속시키기 위한 기술을 다중 접속이라고 한다. 이와 같은 다중접속의 형태는 다음과 같이 구분되며 보다 자세한 내용을 다음 장에서 설명하기로 한다.

① 주파수 분할 다중 접속(FDMA)

가입자들이 주파수 대역 중 각각 일부분을 할당받아 통화 시간 전체에 걸쳐서 사용하는 방식을 말한다.

② 광대역 시분할 다중 접속(W-TDMA)

가입자가 하나의 타임 슬롯을 할당받아 시스템 주파수 대역 전체를 액세스 하는 방식을 말한다.

③ 협대역 시분할 다중 접속(N-TDMA)

광대역 시분할 다중 접속과는 달리 시스템 주파수 대역 중에서 일부분만 액세스 하는 방식을 말한다.

④ 부호 분할 다중 접속(CDMA)

시스템에서 개별 가입자가 고유의 의사 랜덤 부호(PN code)를 할당 받아 주파수와 시간 영역을 액세스하는 방식으로 CDMA는 여러 무선 통신들이 동일한 주파수를 사용하는 것을 허용하고 있다는 것이 TDMA와 다른 점이다.

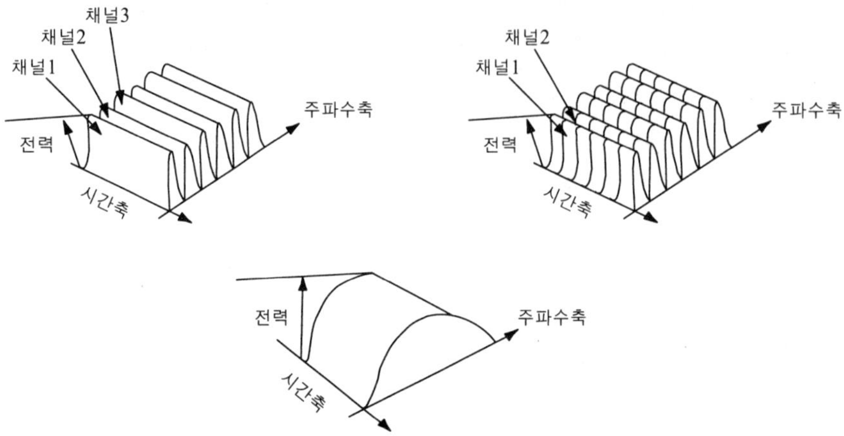

〈그림 3.29〉

참고

TDMA 방식은 2G인 GSM 방식에서 사용되는 경쟁 시스템으로 활성 무선 통신의 숫자의 제한이 없기 때문에 모든 무선 통신은 동일한 시간 대에서 작동하는 것을 말하는 것이다.

- 현재 FDMA는 주로 아날로그 이동 통신 시스템에 적용하고 있다.
- TDMA와 CDMA의 경우는 디지털 이동 통신 시스템에 적용하고 있다.

IS-95(Interim Standard 95)

미국 Qualcomm사가 개발한 초기 CDMA 기반의 디지털 셀룰러 표준을 말한다. IS-95는 대표적으로 CDMA1(CDMAone)으로 불리기도하며 TIA-EIA-95로 알려져 있다.

- IS-95A : 14.4[Kbps] 속도로 음성 중심의 서비스
- IS-95B : Down link는 56.7[Kbps], Up link는 14.4[Kbps]로 고속 무선 데이터 통신 수용이 가능하다.
- IS-95C : 최대 전송 속도 144[Kbps] : IS-95는 CDMA을 사용하는 2G 무선 통신 규격으로 이동 전화기들과 셀 영역 가의 디지털 무선 통신, 음성 통신 그리고 제어 신호(전화번호 등)를 전달하기 위해서 설계된 것이다.

〈표 3.13〉 이동 통신의 역사

방 식	형 태
미국 방식	• AMPS(Advance Mobile Phone Service) • TACS(Total Access Communication Systems) • NMT(Nordic Mobile Telephone) • NTT(Nippon Telegraphy and Telecommunication)
유럽 방식	• GSM(Global System for Mobile communication) • PDC(Personal Digital Cellular telecommunication) • ISA/ISB, DCS • PCS(Personal Communication Service) • PHS(Personal Handphone System) • GPRS(General Packet Radio Service)
세대별 이동 통신	• CDMA, WCDMA(Wideband CDMA) • HSDPA(High Speed Downlink Packet Access) • EDGE(Enhanced Data GSM Environment) • CDMA x, CDMA x EVDV, CDMA x EVDO A
무선접속 기술	• FDMA, TDMA, CDMA

참고

다원 접속(Multiple Access)의 형태와 특징

- TDMA 방식은 시간을 분할하여 프레임 내의 특정 위치를 각 지구국에 할당한다. TDD방식에서는 송수신기에서 서로 다른 송신용 주파수와 수신 주파수를 사용하는 것으로 TDMA 방식을 타임 슬롯 간 절체 시간 등으로 인한 간섭을 방지하기 위해서 보호 대역을 둔다.
- FDMA 방식은 광대역 중계기 대역을 분할하여 각 대역폭을 지구국이 할당한다. FDMA 방식은 주파수 채널 간 간섭을 방지하기 위해 보호 시간을 두며, FDMA는 초기 투자비가 저렴하고 지구국 장비가 간단하고, 상호 변조 왜곡이 생기며, 간섭에 약하다. 그리고 동기가 필요하지 않아 채널 할당이 간단하고 용이하며, 서로 다른 용량의 채널을 섞어서 사용하지 않는다.
- CDMA 방식은 대역 확산의 개념으로 복수개의 지구국이 위성 중계기를 공유한다. CDMA 방식은 단말기에서 전력 제어를 필요로 하며, 낮은 송신 출력을 사용하며, 구성이 복잡하고 광대역이 필요하다. 또한 CDMA 방식은 간섭 방해 신호의 배제 능력이 크며, SS 변조된 전파는 전력 스펙트럼 밀도가 매우 낮기 때문에 타 통신에 주는 영향이 적으며, 통화의 비화성이 있으며, 타 국간의 선택 통신이 유리하며 다원 접속이 가능하고 상호 간섭이 작으며, 선택성 페이딩이나 다중 경로 등의 페이딩의 영향이 적으며 구성이 복잡하고 광대역이 필요하고 장비를 구현하기 위한 경제성이 문제가 된다.

■ SDMA 방식은 한 개의 우주국이 있는 통신 지역을 분할하여 한정된 주파수 자원을 반복적으로 이용하는 방식을 말한다.
한편 수신 신호의 전력 밀도를 증가시키기 위한 방법으로 위성에 발사하는 빔을 좁게하여 전력을 집중시키는 프로그램을 이용하여 지구국의 수신 안테나의 크기를 줄일 수 있다.

(7) 주파수의 재사용(Frequency Reuse)

① 주파수 재사용의 개념

서비스 영역에 있어서 다수에게 서비스를 제공할 수 있는 방법을 고려하는 과정에서 기지국의 배치 문제가 부각되었으며, 주파수 이용 효율의 극대화를 목적으로 어느 기지국끼리 동일한 주파수를 반복해서 사용할 수 있는 가를 해결하는 방안으로 주파수의 재사용이라는 기술이 제안되었다. 일반적으로 기지국에서 전파의 주파수가 도달하는 범위를 구역(Zone) 혹은 셀(Cell)이라고 한다.

여기서 셀룰러 시스템에서 단위 면적당 채널수를 증가시키는 방법을 고려하면
㉠ 사용되는 셀 반경을 줄이는 방법
㉡ 주파수 재사용 계수를 조절하는 방법
등을 이용할 수 있다.

이동 통신의 탄생이 비롯되도록 한 주파수 재사용 개념에서 이용되는 주파수 재사용 계수라고 하는 것은 셀룰러 시스템에서 주파수 효율이 얼마인지를 나타내는 데 사용하는 기준으로서 전체 주파수대역을 몇 개의 셀에 나누어 주는 가를 나타내는 셀의 수를 나타내는 것이다.

주파수 재사용하는 일정한 영역을 Cell이라고 하는데 동일한 주파수를 사용하는 셀을 동일 셀이라고 하며, 이웃하는 주위의 셀을 인접 셀이라고 한다.

한정된 주파수를 다수의 이용자가 사용하기 위해서는 용량을 증가하는 방법을 이용해야 하는데, 용량을 늘리는 방안으로 셀의 크기를 줄이는 방법을 이용할 수 있지만 셀의 크기를 줄이게 되는 경우에 문제가 발생하게 되는데 그 문제로

- 셀의 모양이 획일화되지 않고 모양이 불규칙하게 되는 경우가 발생할 수 있는데 이는 전파의 불규칙한 특성으로 나타나 적용을 위한 간단한 전파의 모델에 대한 설정이 곤란하게 되며,
- 시간과 위치에 따르는 셀 당 통화량의 변화폭이 커지고,
- 기지국 주위의 환경에 따른 셀 모양의 변경이 자주 발생하며,

• 기지국의 수가 증가하는 경우에는 이동 교환국에서 호 처리를 위해 필요한 양이 증가하고, 단말기에서 통화 중에 셀 간의 이동 횟수의 증가로 Hand off량이 증가하며,

• 단말기의 이동으로 수신 신호의 크기가 작아지는 문제가 발생하므로 이에 대한 대비가 필요하게 된다.

② 주파수 재사용 계수, K

주파수 재사용은 분할된 셀 간 동일 채널 간섭 영향이 없는 범위 내에서 주파수를 재사용하는 방법으로 동일 채널 간섭 영향을 고려해서 계수 K를 산정해야 하는데 여기서 계수 K를 주파수 재사용 계수라고 하며 이는 주어진 주파수 대역을 몇 개의 셀에 할당하여 사용하고 있는지의 계수를 나타내는 것이다.

현재와 같이 셀룰러 시스템을 가능하게 만든 주파수 재사용의 개념이라는 것은 만약 어떤 특정 주파수를 반지름이 R인 영역에서 사용한다면 동일한 주파수가 이 영역 이외의 다른 영역에서도 사용될 수 있음을 의미하는데 이러한 동일한 주파수 영역들을 각각 셀(Cell)이라고 하고, 같은 반송파 주파수를 사용하는 셀을 동일 셀(Co-cell)이라고 한다. 이러한 동일 셀들은 동일 채널 간섭을 고려하여 가능하면 충분히 떨어져 있어야 한다.

이러한 새로운 개념을 사용함으로써 전통적인 이동 통신 시스템에서 한 개의 기지국에 의하여 서비스되던 영역을 몇 개의 셀로 나누어지고, 각 셀마다 자신의 사용 주파수들을 가진 기지국이 존재하도록 운용하는 방식이라고 할 수 있다. 따라서 셀룰러 개념의 실현으로 동시에 이동전화 서비스를 받을 수 있는 수가 획기적으로 증가하게 된 것이다.

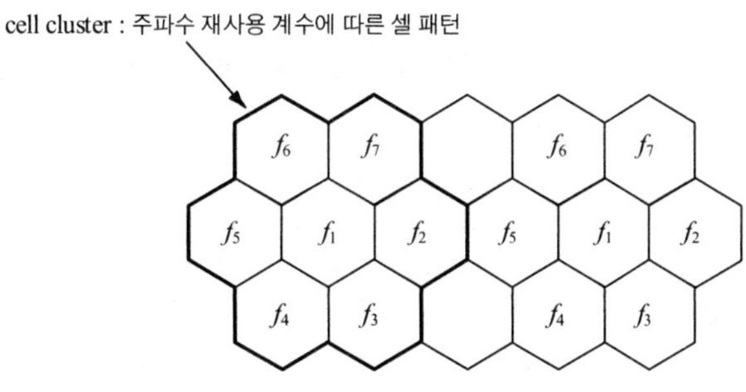

〈그림 3.30〉 $K=7$인 경우 셀 형태

③ 주파수 재사용 계수 변화 요인

주파수 재사용 계수의 크기를 결정하는 요인으로

㉠ 동일 채널 기지국의 수

㉡ 지형적 특성

㉢ 안테나의 높이

㉣ 기지국의 송신 출력

등을 고려하여 결정하게 된다.

④ **이동 통신에서의 셀 모양**

이동 통신에서 이용되는 셀의 형태를 결정하는 방법으로 전파가 도달하는 범위를 결정할 때 사용하는 무지향성 안테나를 설치한 후 주위의 환경조건이 동일한 조건하에서 동일한 수신 전계 강도를 얻을 수 있는 지점을 연결하게 되면 원의 모양을 갖게 된다.

이 때 기지국 송신기의 출력을 결정한 후 통신이 유지되기 위한 최소한의 수신 전계 강도가 얻어지는 지점을 연결한 것을 하나의 셀이라고 하는데 여기서 정의하는 셀에 대해 고려할 내용으로는 인접한 셀과 겹치는 영역이 없어야 하며, 전파가 수신되지 않는 불감지대가 없어야 한다.

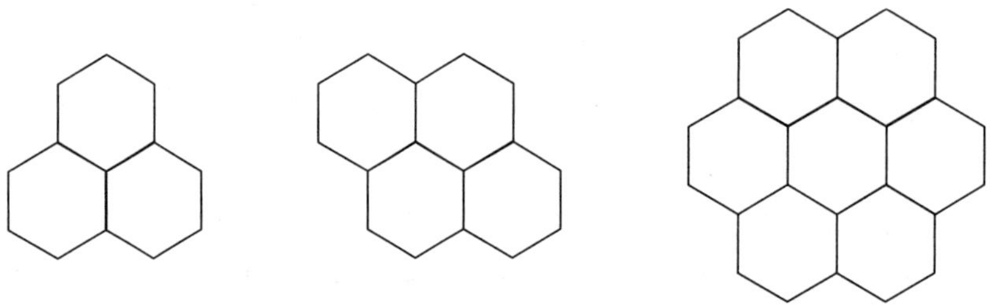

〈N=3〉 〈N=4〉 〈N=7〉

〈그림 3.31〉 셀룰러 구조의 형태

따라서 셀의 형상에서 자신의 구역과 인접 기지국 구역의 평균 수신 레벨이 동일해지는 점의 영역을 셀이라고 할 수 있다. 각 셀에서 정다각형으로 근사화 하는 경우 정 6각형의 형태가 단위 셀의 면적과 중복되는 면적이 가장 적으며, 다른 형태의 셀 보다 우수한 조건을 보이게 된다.

따라서 셀의 형태로 정 6각형을 사용하는 이유는 Cellular system에서 말하는 Cell이란 하나의 기지국에 존재하는 안테나에서 발사된 무선 전파가 도달하여 서비스가 가능한 영역이다. 평지의 경우에서는 무선 전파가 원형으로 퍼져 나가기 때문에 서비스가 되지 않는 영역이 존재할 수 있는데 이와 같은 영역을 최소화하기 위해 셀의 형태를 원으로 하면 중복이 되는 영역이 많이 발생하며 중복되는 영역을 보다 적게 하기 위한 방법으로 정 6각형 모양의 셀 형태를 이용하는데 실제의 이용에서는 건물이나 특정 지형의 간섭 현상이 나타나 이론적인 설계가 곤란한 경우가 발생한다.

따라서 정 6각형 셀을 이용함으로서

㉠ 중첩되는 부분이 적으므로 기지국의 숫자가 적어 경제적이며

㉡ 사각 지대 해소와 간섭이 감소 등의 효과를 얻게 된다.

㉢ 이동 통신 시스템에서 셀의 형태로 정 6각형을 이용하는 이유는 한 변의 길이가 동일한 경우 정 6각형의 셀이 인접 셀과의 중심 간격이 가장 크기 때문이다.

⑤ **셀룰러 시스템에서 최대 셀 반경을 결정하는 요인**

셀룰러 시스템에서 셀의 크기를 결정하는 경우에 셀의 반경의 크기를 이용하여 결정하는데 여기서 최대 셀이 되는데 필요한 반경의 결정 요인을 고려하면 다음과 같은 것을 들 수 있다.

㉠ 송신기의 출력

㉡ 사용되는 안테나의 이득과 높이

㉢ 중계기의 사용 여부

㉣ 지국의 위치

㉤ 전파의 음영 지역의 존재 유무

⑥ **주파수 재사용 거리,** D

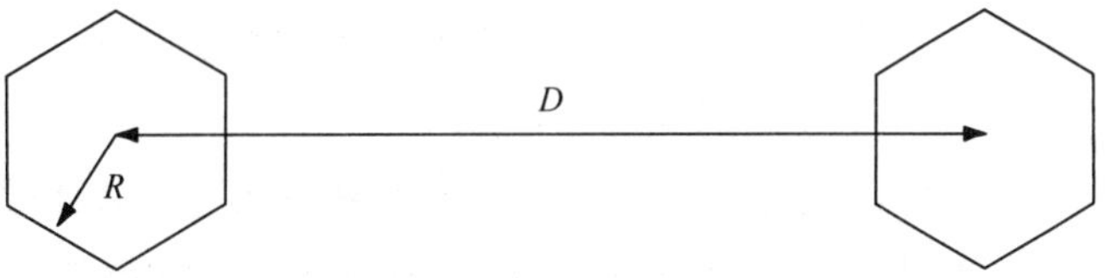

〈그림 3.32〉 주파수 재사용 거리

전파의 세기는 거리가 멀게 될수록 점점 약해지므로 일정 거리 이상 떨어진 두 셀 상호간은 간섭이 적어 동일한 주파수 채널을 사용할 수 있게 된다. 이와 같은 원리를 이용하면 하나의 주파수를 동시에 여러 지역에서 사용할 수 있게 되어 가입자의 용량을 크게 증가시킬 수 있다.

동일한 주파수를 재사용할 수 있는 기지국간의 최소 거리는 중심 기지국 근처에 존재하는 동일 채널의 기지국의 수, 기지국의 송신 출력, 안테나의 높이 그리고 지형적 특성에 따라 달라질 수가 있는데 여기서 동일 채널 재사용 비율 Q는

$$Q = \frac{D}{R} = \sqrt{3K}$$

인 관계에서 동일 채널 사이의 거리인 재사용 거리 D의 관계식으로 나타내면

$$D = \sqrt{3K}\,R$$

가 된다. 여기서 R은 셀의 반경, K는 주파수 재사용 계수(cluster size)로 만일 모든 기지국이 같은 출력을 송신하면 주파수 재사용 계수 K와 재사용 거리 D는 증가한다. 재사용 거리 D의 증가는 동일 채널 간섭이 발생할 기회가 줄어들게 된다는 것이다. 예를 들어 셀 반경이 2[km]인 셀의 주파수 재사용 계수가 7인 경우 같은 주파수를 사용하는 셀 간의 간격은

$$D = 2 \times \sqrt{21} \fallingdotseq 9.2\,[\mathrm{Km}]$$

가 된다.

따라서 이론적으로 K값이 클수록 좋지만 할당된 주파수 채널이 고정되어 있으므로 한 셀에서 사용할 수 있는 채널이 적어지게 된다.

통신에서 무지향성 안테나를 사용하는 경우 반송파 대 간섭비가 일반적으로 14~18[dB] 정도이다. 여기서 전자파의 전파 손실을 고려하는 경우 가장 널리 사용되는 주파수 재사용으로 $K=7$을 이용한다.

(8) 채널용량을 늘리는 방법

셀 분할(Cell spitting)의 목적은 일반적으로 주파수 재 사용율을 개선하기 위한 방법으로 셀 섹터(Sector Cell)의 개념이 등장하게 되었다.

현재와 같은 셀룰러 이동 전화 시스템을 개발하게 된 동기는 부족한 주파수를 사용측면에서 효율을 향상시켜 보다 많은 사람들이 이용하게 하려는 것이라고 할 수 있다. 따라서 가입자 수가 증가하여 한 셀에서 서비스 받을 수 있는 최대 가입자 수를 초과할 경우 셀을 보다 작은 크기의 셀로 분할해야 하는 개념을 낳게 되었다. 즉, 주파수 효율을 증대시키기 위하여 셀룰러 이동 전화 시스템은 주파수 재사용 개념과 함께 셀 분할 개념을 도입하게 된 것이다.

주파수 재사용 개념에 따라 각각의 셀이 다른 주파수로 운용되더라도 그 셀에서 통화하려는 가입자가 많게 되면 할당된 채널이 충분하지 못하게 된다. 이 때 셀을 더 작게 분할하면 주파수 재사용 횟수가 많아지므로 가입자가 이동 전화를 이용할 수 있게 된다.

따라서 동일 채널 간섭을 최소화하기 위해서 기지국 출력 감소가 필요하게 된다.

① 할당된 채널의 사용 종료 후에는 다른 가입자에게 주파수를 할당할 수 있는 동적 주파수 방법을 이용한다.

② 추가적인 주파수를 확보하여 많은 채널을 제공한다.

③ 기지국에서 사용할 수 있는 채널수를 증가시킨다.

④ 주파수 재사용 방법을 적용한다.

⑤ 소규모 셀을 사용한다.

⑥ 셀을 분할하여 섹터화를 통하여 통화용량을 증가한다.

(9) 셀 분할(Cell spitting)

셀 분할의 목적은 일반적으로 주파수 재 사용율을 개선하기 위한 방법으로 셀 섹터(Sector Cell)의 개념이 등장하게 되었다.

현재와 같은 셀룰러 이동 전화 시스템을 개발하게 된 동기는 부족한 주파수 사용 효율을 향상시켜 보다 많은 사람들이 이용하게 하려는 것으로, 가입자 수가 증가하여 한 셀에서 서비스 받을 수 있는 최대 가입자 수를 초과할 경우 셀을 보다 작은 크기의 셀로 분할해야 하는 개념을 낳게 되었다. 즉, 주파수 효율을 증대시키기 위하여 셀룰러 이동 전화 시스템은 주파수 재사용 개념과 함께 셀 분할 개념을 도입하게 되었다.

주파수 재사용 개념에 따라 각각의 셀이 다른 주파수로 운용되더라도 그 셀에서 통화하려는 가입자가 많게 되면 할당된 채널이 충분하지 못하게 된다. 이 때 셀을 더 작게 분할하면 주파수 재사용 횟수가 많아지므로 가입자가 이동 전화를 이용할 수 있게 된다.

CDMA 방식에서 대역 확산을 통하여 확산된 대역폭이 정해지고 이를 이용하여 필요한 음성품질을 얻기 위한 음성 코딩 속도 등이 정해지게 됫면 확산 과정에서 얻게 되는 이득은 거의 결정되며, Eb/No 값을 줄일 수 있다면 통화 품질을 낮추는 것이 된다.

따라서 CDMA방식의 경우 정해진 조건에서 채널 용량을 늘리기 위해서는 간섭의 양을 줄이는 것이 매우 중요하게 된다. 여기서 간섭을 줄이기 위해 이용되는 방법으로

- 셀을 섹터화 하거나 이중화하는 방법
- 음성 활동을 감시하여 음성이 없을 때는 전송을 하지 않는 방법

등을 사용하게 된다.

① 섹터분할(Sectorization) 방법

하나의 셀 내에서 다시 몇 개의 지역으로 나누어 주파수 채널 상호간 간섭을 배제하면서 동시에 거리를 고려하여 동일한 채널을 재사용하는 것을 의미한다. 참고적으로 안테나를 이용하여 현재 사용하고 있는 주파수 재사용 방식은 Omni, 3섹터 등이 있다. 섹터화는 일반적으로 기지국 안테나로 지향성 안테나를 사용하는 방법인데 빔 폭이 120°인 3개의 안테나를 사용하게 된다. 기지국의 섹터화는 3섹터의 경우 채널당 이용자 수 N이 1/3로 되어 채널용량이 거의 3배가 되는데 여기서 안테나 패턴이 서로 겹치고 상호 섹터 간 간섭 등을 고려하는 경우 정확하게 채널 용량을 고려하면

㉠ 3개 섹터화를 행하는 경우 채널 용량 증가는 2.55배 정도가 되며

㉡ 6개의 섹터로 분할하는 경우 채널 용량은 4.8배 정도가 된다.

여기서 알 수 있듯이 섹터화는 동일 채널 재 사용률을 높이고 사용 용량을 높일 수 있는 장점이 있지만, Trunk 효율은 감소시키게 되므로 보다 많은 채널이 필요하며, Hand-off가 증가하는 단점이 있다. 현재 CDMA 시스템에서도 섹터화 방법을 사용하고 있다.

② **이중 셀(Dual cell)**

이동 전화 기지국의 서비스 지역을 내부와 외부로 구분하여 이중화 된 셀로 구성하는 것이다. 이중 셀에서는 단말기의 위치가 셀의 내부 지역 혹은 외부 지역이냐에 따라 할당되는 채널이 달라지게 된다. 단말기로부터 수신되는 전계 강도를 지속적으로 측정하여 단말기의 위치를 판단하고 식별된 단말기에 따라 채널을 할당한다.

③ **음성 활동율에 따른 용량증가**

다양한 연구를 통해 통화시간 중에 음성 활동부분은 대부분 35~40[%] 사이에 존재한다는 결과를 얻을 수 있다. 따라서 중간 정도의 음성 활동율을 감안하면 1/0.375배의 용량 증가가 예상되지만 실제로는 섹터 내에서 동시에 통화하는 수가 평균 통화자 수보다 많게 발생할 확률이 있기 때문에 이를 고려하면 음성 활동율은 50[%] 정도로 한다.

(a) 섹터화 (b) 이중 셀

〈그림 3.33〉 셀의 섹터화와 이중 셀

이와 같이 셀을 분할하는 경우에 나타나는 특징으로

㉠ 가입자 수용 용량이 증가하고

㉡ 기지국 및 이동국의 송신 출력이 작아져 단말 및 기지국의 크기가 작아져도 된다.

㉢ 기지국의 수가 증가되어 투자비가 증가하고 Hand off가 빈번히 발생하게 되어 통화 처리가 복잡하게 된다.

3.7.2 이동 통신 전파의 특성

무선 환경에서 이용되는 이동 통신 시스템에서는 주변의 형태에 따라 전파의 반사, 회절, 산란 등이 발생하여 기존의 고정 통신과는 다른 특성을 보이게 된다.

여기서 무선 환경에서 발생하게 되는 전자파의 성질과 형태를 살펴보면 크게 종파와 횡파로 구분된다.

- 자연계에 존재하는 파동은 공기의 입자가 진동하는 음파(sound wave)와 같이 파동의 진행 방향과 입자의 진동 방향이 일치하는 파를 종파(longitudinal wave)라고 한다.
- 전자파와 같이 전계와 자계가 직각을 이루는 파를 횡파(Transveral wave)라고 한다.

한편 무선 환경에서 진행되는 이동 통신의 경우에 발생하게 되는 전파의 특성으로 페이딩(Fading), 도플러 효과(Doppler effecter), 코히런트 대역폭(Coherent Bandwidth), 지연확산(Delay spread), 동일 채널 간 간섭(Co-channel interference) 그리고 인접 채널 간섭(Adjacent channel interference) 등에 대한 현상을 고려해야 한다.

(1) 페이딩(Fading)

페이딩 현상은 전파의 전송 경로가 각기 다른 경로로 들어오는 신호들 간에 상호 간섭을 일으켜 이동체의 움직임에 따라 수신 신호 레벨(수신 전계의 크기)이 변화하는 현상을 말한다.

즉, 두 개 이상의 전파가 간섭을 일으켜 진폭과 위상이 불규칙적으로 변하는 현상이라고 할 수 있다.

전자파는 전기력선과 자력선의 진동방향이 파의 진행방향과 직각을 이루며 전파하는 파동이므로 파동의 분류상 횡파에 속하며 다중경로를 발생하게 되는 원인으로 반사, 굴절, 회절 등을 들 수 있다.

(2) 이동 통신 환경에서 발생하는 페이딩의 형태와 특징

① 느린 페이딩(Slow fading)

주로 지형, 건물 등에 의해서 발생하며 긴 구간 동안에 평균 수신 신호 세기가 느린 변화를 일으키는 페이딩 현상 즉, 이동국이 긴 거리를 이동할 때 발생하는 평균 수신 전력의 변화 형태로서 통계적 수치를 고려하면 다음과 같이 나타낼 수 있다.

㉠ Macro Cell에서는 대략 6~8[dB]의 표준편차를 보인다.

㉡ Micro Cell 혹은 옥내에서는 10[dB]정도의 표준편차를 보인다.

② **빠른 페이딩**(Fast fading)

㉠ 반사파를 이용하는 이동 통신에서는 다중 경로 전파에 의해서 발생하는 페이딩이 문제가 될 수 있는데 이 중에서 수신 전계의 변화 속도가 빠른 Fast fading이 문제가 된다.

㉡ 다중 경로 페이딩은 Rayleigh 분포를 보이므로 Rayleigh fading 라고도 한다.

㉢ 비교적 짧은 구간 동안 발생하는 수신 신호의 세기의 빠른 변화(Short term fading)로 이동 전화의 micro-cell에서 발생하는 것으로 수신기 100명 이내에 존재하는 건물 등의 반사체에 의해 발생하는 페이딩 현상 즉, 신호세기의 고속으로 변화하는 전자파가 반 파장 거리 내에서 발생하는 형태로서 진폭의 변화는 짧은 거리에서 20~30[dB]까지 나타날 수 있다. 보통 수신 전계 강도의 진폭 및 위상이 레일리 확률분포 함수 형태를 따르기 때문에 이를 Rayleigh Fading 이라고도 부른다.

③ **라이시안**(Rician)**페이딩**

직접파와 반사파가 동시에 존재할 경우에 발생하는 것으로 직접파가 없는 경우는 레일리(Rayleigh)와 동일하다. 이는 주로 위성 통신이나 Micro-cell에서 발생한다.

④ Rayleigh **페이딩**

송신기와 수신기 사이에서 간접적인 다중경로가 존재하는 경우에 발생하는 페이딩이다. 즉, 가시거리 경로 같은 직접 경로가 없을 경우에 발생하는 페이딩을 말한다.

⑤ Recian **페이딩**

다수의 다중경로와 함께 직접적인 가시거리 경로가 있는 상황을 특성화 시킨 것이다. 따라서 이동 통신 페이딩에 대한 극복 방안으로 변조 방식에 따라 다소 차이를 보이게 된다. 예를 들면

㉠ 변조 방식으로 Single carrier인 QPSK, QAM에서는 ISI가 발생하면 이는 페이딩의 역으로 보상하는 등화기를 이용하여 신호를 복원하게 된다.

㉡ CDMA 혹은 WCDMA에서는 경로 지연이 다른 페이딩 마다 상관(Correlation)을 취하는 Rake receiver 방법으로 페이딩을 극복하여 신호를 복원하게 된다.

㉢ OFDM에서는 Single carrier나 CDMA와는 달리 OFDM에서는 페이딩의 최대 지연 이후에 복조 할 수 있는 시간적으로 Guard Interval을 두어서 페이딩의 영향을 받지 않도록 하고 있다.

그리고 이동통신 페이딩은 기지국 신호의 다중 경로에 의해 발생하는 것으로 변조 방식에 따라 극복하는 방안도 다르고 페이딩 자체의 특성을 이용한 MIMO 기술은 공간 부호 방식을 이용하여 4G에서 전송 속도를 획기적으로 개선하고 있어 Smart 안테나를 도입한다면 페이딩을 보다 효과적으로 극복하는 것이 가능하게 된다.

참고

이동 통신 환경에서 다중 경로에 의해 발생하는 페이딩을 경감하는 방법

- 탭 계수를 상황에 따라 가변시켜 심벌 간 간섭을 감소시키는 적응형 등화기를 사용한다.
- 다이버시티 기술을 이용한다.
- 간섭 제거 기술을 이용한다.
- 에러 정정하는 부호와 방법을 적용한다.
- 대역 확산 기술을 이용한다.
- 레이크 수신기를 이용한다.

(3) 다이버시티(Diversity)

페이딩 현상을 개선하고 억제하는 기술로 이용되는 것을 Diversity이라고 할 수 있다.

페이딩이 발생한 수신파의 상대 진폭과 위상은 수신하는 위치, 편파, 주파수 등에 따라서 다르며, 이들 수신파의 합성한 포락선 역시 각각 다르게 나타난다.

따라서 Diversity의 형태는 위치, 편파, 주파수 Diversity 방식 등으로 구분되며 이들을 이용하여 수신하게 되며 페이딩에 의해서 야기되는 품질의 열화를 어느 정도 감소시킬 수 있다. 공간, 편파, 각도 Diversity 방식에서는 2개 이상의 안테나를 설치하여야 하고, 시간, 주파수 Diversity 방식에서는 1개의 안테나로 충분하지만 복수의 시간 또는 주파수를 사용한다.

① **주파수 다이버시티**(Frequency Diversity)

서로 다른 두 개의 주파수에서 발생하는 페이딩 상태가 다르게 되는 것을 이용한 것으로 두 개의 주파수로 동일 신호를 전송하여 수신기에서 합성시키는 방법이다.

따라서 이는 서로 다른 두 주파수에서 심한 페이딩의 상태가 동시에는 발생하지 않는 점을 이용한 것으로 두 개의 수신 전력을 적당하게 합성하거나 선택할 수 있다면 전송내용을 손상 없이 페이딩을 개선할 수 있게 된다.

㉠ 장점 : 이동체 등과 같이 공간이 좁은 곳에서도 사용이 가능하다.

㉡ 단점 : 2개 이상의 주파수가 필요하게 된다는 점이다.

② **공간 다이버시티**(Space Diversity)

수신측에 두 개 이상의 안테나를 사용함으로서 페이딩을 경감하거나 감소하는 기술로 가장 일반적으로 사용되는 방식이라고 할 수 있다.

공간 다이버시티는 동일 전파를 서로 충분히 거리를 두고 위치하는 두 지점(최소 $\lambda/2$

이상)에서 수신하게 되면 공간파는 서로 도달경로가 달라서 수신파의 전계강도와 페이딩 상태가 역시 서로 다르게 된다. 이들 두 개의 수신파를 적당히 합성하거나 선택하여 페이딩의 영향을 줄이는 방법을 말한다.

㉠ 주로 위성통신에서 강우감쇠 등의 영향을 줄이거나 대류권 산란파 통신에서 산란지점의 상태변화에 따른 페이딩 등에 대한 억제로 적용하고 있다.

㉡ 저주파 통신에서는 수신 안테나의 위치가 서로 어느 정도 이상 떨어져 존재해야 하기 때문에 설치 장소의 측면에서 불리하다.

㉢ 위상지연에 대한 대책이 있어야 한다.

③ **편파 다이버시티**(Polarity Diversity)

전파의 수직편파와 수평편파 등과 같이 편파 특성에 따라 페이딩의 형태가 다르다. 따라서 편파성 페이딩의 방지 대책으로 수평 편파용과 수직 편파용의 두 개의 안테나를 설치하여 그 출력을 합성하는 방법을 통해서 어느 정도 페이딩을 억제 할 수 있다.

도시지역에서는 흔히 발생하는 산란과 회절에 의한 페이딩의 영향으로 공간 다이버시티와 흡사한 효과를 얻을 수 있지만 교외에서는 효과가 미미하다.

④ **각도 다이버시티**(지향성 Diversity)

서로 다른 지향성을 보이는 안테나를 사용하여 출력에서 선택하거나 합성하는 것으로 다중파를 수신하는 경우 지향성의 영향으로 각 주파수의 진폭과 위상이 안테나 사이에 차이가 있으며 이들 신호를 합성하는 방법을 통해서 안테나의 수신율을 높일 수 있다.

안테나의 수를 여러 개로 하고 각각의 지향성을 예민하게 함으로써 다중경로 파의 수나 지연분산을 제한할 수 있어 고속 디지털 전송에서 다중지연에 의한 오율을 개선하는 경우에 주로 이용된다.

㉠ 이동통신에서는 안테나의 상호관계가 변화하는 이유로 지향성이 흐트러지게 되는데 이를 고려하여 안테나의 지향성과 다이버시티 효과의 관계를 정확하게 할 필요가 있다.

㉡ 다중경로 상에서 발생하는 페이딩에 대한 대책의 하나이다.

㉢ 공간 다이버시티 경우 보다는 효과가 적다.

⑤ **시간 다이버시티**

이동국(수신국 혹은 송신국)의 이동으로 수신레벨이 시간에 따라 변화하게 되는데 시간 간격을 다르게 하여 수신을 하게 되면 수신레벨의 상관계수가 낮아진다. 따라서 상관관계가 충분히 낮은 시간간격으로 수신하여 수신레벨이 높은 쪽을 선택하는 방식이라고 할 수 있다. 이 제어 기술은 전송용량을 제한하는 대신에 높은 신뢰도를 얻게 된다.

⑥ Route Diversity

수신하는 위치를 간격을 길게 두고 전파경로를 전혀 다른 경로로 수신하는 방법을 말한다.

㉠ 주로 위성통신에서 회선의 신뢰도를 중요하게 고려하는 경우에 이용되며 지구국을 이중으로 설치해야 한다는 것이 단점이다.

㉡ 일반적으로 강우감쇠의 영향에 따른 경우 이격거리는 10[km]이상이어야 한다.

⑦ 안테나 다이버시티 신호 합성 수신법

이동 통신에서 Branch 구성법을 이용하여 수신된 복수 개의 출력 신호를 합성하는 방법으로 이용되는 형태를 고려하면 다음과 같이 있다.

㉠ 선택 합성법(Selective Combining) : 안테나 Diversity 출력을 수신 레벨이 높은 것을 선택하는 선택 합성법 즉, 주어진 시간에 서로 다른 Branch에서 수신된 모든 신호를 비교하여 가장 좋은 신호를 선택하는 방식으로 여러 개의 수신기를 필요로 하게 된다. 약 2.2[dB]의 이득 개선 효과를 보인다.

㉡ 동 이득 합성법(Equal Gain Combining) : 안테나 Diversity 출력은 같은 이득이 되도록 하는 동 이득 합성법 즉, 모든 Branch에서 같은 이득을 가지도록 가중치를 부여한 정합 장치를 설치하여 합성하는 방식이다. 약 2.6[dB] 정도의 이득 개선 효과를 얻게 된다.

㉢ 최대 비 합성법(Maximum Ratio Combining) : 안테나 Diversity 출력은 수신레벨 높은 쪽에 높은 이득을 주는 최대비 합성법 즉 전체 Branch의 합성출력이 최대비가 되도록 하기 위해서 각 Branch에 다른 가중치를 갖는 정합 장치를 설치하여 여러 Branch로부터 입력된 신호를 최적의 성능을 얻기 위하여 합성하는 방식이다.

페이딩 심한 신호에 대해서는 역할을 적게 하고, 수신 신호의 크기가 클수록 기여도를 크게 하여 합성효과가 커지도록 한다. 약 3[dB]의 이득 개선 효과를 보인다.

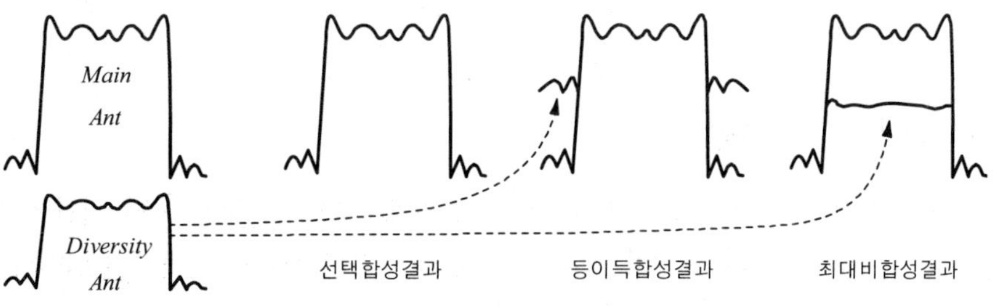

〈그림 3.34〉 안테나 Diversity 신호 합성 수신법

(4) 도플러 효과(Doppler effecter)

단말기가 이동시 수신 주파수에 Offset이 생기는 현상을 도플러 효과라고 한다. 이동통신에 이용되는 단말기는 이동 속도에 따라서 주파수의 오프 셋(Offset)이 발생하며, 단말기의 수신기는 주파수 편파에 의해서 동기를 잡아야 하는데 심한 경우에는 수신 성능 면에서 열화 특성을 보이게 되어 기지국과 LOS가 확보되지 않은 곳에서는 단말기의 이동 시 다중 경로의 주파수 편차가 모두 다르고 영향도 심각하므로 이에 대한 분석과 극복 방안을 필요로 한다.

이동체가 움직임에 따라 수신 신호 주파수가 변할 수 있는데 이것으로 인해 수신 신호에 Rumbling을 일으킨다.

즉, 도플러 효과는 이동국이 속도 v로 수신파에 대해 θ 방향으로 이동하는 경우 이동국이 수신하는 전파의 주파수 f는 $f=\frac{C}{\lambda}$에 의해서 $f=\frac{C}{\lambda}\cos\theta$으로 나타나게 된다.

참고

■ 이동 통신 시스템에서 캐리어 주파수가 900[MHz], 차량 속도가 80[Km/h]라고 하는 경우 최대 페이딩 주파수(Doppler Spread)를 구하는 경우에 대해서 설명하면 만일에 이동차량이 속도 v로 이동하는 경우라면 Doppler Spread를 구하기 위해서 먼저 파장의 크기를 구하면

$$\lambda=\frac{C}{f}=\frac{3\times 10^8}{900\times 10^6}=0.33$$

이며, 여기에 구해진 파장을 이용하여 $f\lambda=v$의 관계식에서 주파수를 구하면

$$f=\frac{v}{\lambda}=\frac{80\times 10^3}{0.33}=2.24\times 10^5$$

가 된다. 차량 속도가 80[Km/h]라고 하는 경우이므로 이를 3600으로 나누면 페이딩 주파수 f의 크기는 $f=\frac{2.4\times 10^5}{3600}\fallingdotseq 67[\text{Hz}]$가 된다.

(5) 지연확산(Delay spread)

전파 경로의 다중으로 신호가 수신기에 동시에 도달하지 않고 도달 시간의 차이를 보이는 것을 지연 확산이라고 하며, 이로 인해 수신 데이터 심벌간의 간섭이 일어나 수신측에서 신호를 정확하게 복원하는 것이 어렵다.

(6) 경로 손실(Path loss)

수신국이 기지국으로부터 거리가 멀어짐에 따른 전력손실을 경로손실이라고 한다. 즉, 전파가 수신측까지 도달하는 데 발생하는 손실로 거리가 2배가 되면 6[dB]씩 경로 손실이 발생한다.

여기서 경로손실에서 나타나는 특성을 정리하면 다음과 같다.

① 이동통신과 같이 가입자의 단말기가 이동하면서 통신하는 경우에는 직진경로뿐만 아니라 반사나 회절 등에 의해서도 전파가 수신되기 때문에 전파의 경로손실은 자유공간에서 발생하는 손실과는 많은 차이를 보이게 된다.

② Line-of-Sight 지형지물 차폐지점 혹은 첫 번째 Fresnel Zone 차폐지점인 Break point 전후에서 경로손실 기울기가 크게 다르게 된다.

(7) 동일 채널 간 간섭(Co-channel interference)

주파수를 재사용하는 경우 동일 채널 간섭이 발생하게 되며, 주파수 재사용 거리를 구하는 관계식 $D = \sqrt{3K}\,R$에서 주파수 재사용 계수 K가 적을수록 주파수 재사용 거리가 짧아져서 채널수가 증가한다.

예를 들면 CDMA의 경우 K = 1이 되어 용량이 증가하지만, 재사용 거리 D가 감소하면 K의 감소와 주파수 재사용 효율 개선, 간섭의 증가가 발생한다.

동일 채널 간섭은 서로 다른 셀 간에서 발생하는데 이는 주파수 재사용 거리(D)를 크게 하면 충분히 감소시킬 수가 있다.

통화 가능한 채널 간 간섭의 크기를 C/I(Carrier to Interference ratio)로 나타내는데 일반적으로 FDMA의 경우 C/I는 페이딩을 고려하여 18[dB] 이상이면 되며, TDMA의 경우 C/I는 95[dB] 이상이면 된다.

(8) 인접 채널 간섭(Adjacent channel interference)

인접 채널 간섭은 동일 셀 내에서 발생하는 간섭 현상을 말한다. 즉, 동일 셀 내에서 몇 개 또는 수 개 떨어진 채널 사이의 간섭을 말한다. 이와 같은 인접 채널 간섭을 개선하기 위한 방법으로는 동일 셀에 할당된 무선 주파수 그룹의 채널 사이의 간격을 5개 채널 이상 분리시키거나 채널 할당, 필터 특성, 그리고 원근 비율 감소 등을 이용하는 방법이 있다.

3.7.3 핸드오프(Hand off) 기술

(1) Hand off의 기본적인 개요

이동 통신 시스템을 구성하는 이동국은 무선 송신기와 무선 수신기를 동시에 탑재하고 있으므로 이동국의 위치 변화로 이동국과 기지국을 연결하는 무선 주파수를 이용한 통신 채널의 상태는 수시로 변화를 하게 된다.

이동국의 이동으로 통신이 절단되는 것을 방지하기 위해서 기지국은 이동국으로부터 수신되는 전파의 세기를 수시로 점검하여 이동국의 이동 방향을 감시하면서 인접 셀로 이동하는 경우 통신에 관련된 모든 제어권을 해당 기지국으로 넘겨주어야 절단 없이 통신이 가능하게 된다.

휴대 전화의 경우 복수의 셀을 겹쳐서 서비스 영역을 구성하기 때문에 셀의 경계면에서는 2개 이상의 무선 기지국에 접속할 수 있도록 되어 있는데 셀을 벗어나는 경우 한쪽의 계의 세기가 약해지면 다른 기지국의 강한 전파의 채널로 접속이 가능하도록 하는 기술이라고 할 수 있다.

여기서 Hand off의 기능 및 역할을 정리하면 다음과 같다.

① 통신에 대한 관련 제어권을 넘기기 위해서 기지국이 행하는 과정을 Hand off라고 한다.

② 즉, Hand off는 이동 중인 사용자가 셀 이동시에도 절체 즉, 끊어짐 없이 서비스를 계속 받기 위해 필요한 기술로 통화중인 이동국이 현재의 셀을 벗어나 새로운 셀로 진입하는 경우 새로운 채널을 할당하여 통화가 지속적으로 가능하도록 하는 일련의 처리 과정을 말한다.

(2) Hand off를 필요로 하는 경우

통화채널 전환(Hand off)이 필요한 경우는 기술적 측면에서 보면 신호강도 또는 반송파 대 간섭 비 C/I가 기준에 미달할 경우를 들 수 있는데 그에 대한 판단 기준은 각기 다르다.
예를 들면 Hand off에 필요한 신호강도의 기준 레벨은

① 잡음이 제한된 시스템에서는 약 −100[dBm]이고(핸드오프는 수신 세기가 −100[dBm]보다 작거나 벗어나는 지역으로 가는 경우)

② 간섭이 제한된 시스템에서는 −95[dBm] 정도이며

③ 양호한 음질을 유지하기 위한 Hand off 시 필요한 C/I 기준은 18[dB]이나 가입자 용량을 더 증가시켜서 운용하려면 이보다 낮은 C/I의 값을 허용하기도 한다.

④ 이동국이 셀 내의 수신 전계 강도가 약한 지역(Signal strength hole)으로 진행하는 경우

에 발생한다.

기지국에 있는 광대역 탐색 수신기는 기지국에 설치된 모든 수신기의 신호강도를 측정하는데 이때 수신신호의 강도(RSS)는 간섭이 포함된 값으로

$$RSS = C + I$$

으로 구해지며, 여기서 C는 반송파 전력을 I는 간섭을 나타낸다. 수신신호 강도의 세기만을 측정하여 Hand off의 기준 레벨을 설정하게 되면 반송파 전력이 약해도 간섭 레벨이 높으면 수신신호 강도가 높아져서 Hand off 기준 레벨이 높게 되므로 실제로는 Hand off의 발생이 일어나야 함에도 불구하고 실제로는 Hand off가 발생하지 않게 된다. 이와는 반대로 간섭 레벨이 낮으면 수신신호 강도도 낮아져 음질이 좋은 상태에서도 필요로 하지 않는 Hand off가 발생하게 된다.

따라서 수신신호 강도를 이용해서 Hand off의 기준을 정하는 것은 어렵지 않지만 Hand off를 결정하는 데에 있어서 신중한 방법이 못된다. 이와 같은 이유로 어떤 시스템에서는 Hand off가 일어나야 하는 기준으로 수신신호 세기와 가청 감시 톤(SAT) 정보를 동시에 고려하여 결정하게 된다.

$$\frac{C+I}{I} \approx \frac{C}{I}$$

위의 관계식에서 반송파 전력 C의 크기는 거리에 따라 달라지며, 간섭 I 는 위치에 따라 그 값이 불규칙하게 변하게 된다. 만일 C / I 의 값에 따라 Hand off가 발생한다면 전파경로가 길어져 반송파 전력 C 가 작아지거나 어떠한 원인에 의해서 간섭이 증가하게 되며 이에 대등해서 Hand off가 일어나야 한다. 그러므로 단말기는 통화 전에 간섭 레벨을 먼저 측정하고 통화 중에는 간섭이 포함된 신호 레벨 C+I를 측정하여 (C+I) / I 크기를 구하는 방식을 사용해야 한다.

참고

핸드오프가 발생하게 되거나 필요한 경우는 단말기가 기지국 서비스 영역의 경계 혹은 영역을 벗어나거나 단말기가 전파 음영 지역으로 이동하는 경우로 이에 대한 처리 기준으로 기지국 수신 전계의 세기인 RSSI(Received Signal Strength Indicator)와 C/I(Carrier to Interference)를 이용한다.

- Analog cellular system의 경우는 RSSI를 기준으로 사용한다.
- Digital cellular system의 경우는 C/I를 기준으로 사용한다.

(3) Hand off 진행 순서

이동국이 이동하여 또 다른 이동통신 교환기의 서비스 영역에서 Hand off를 제공하기 위해 발생하는 경우를 고려하면 다음과 같다.

① 기준치 이하의 수신레벨(수신 세기가 −100[dBm]이하인 경우)시에 Hand off 요청
② HLR(Home Location Register)에 가입자 정보 요청
③ 가입자 정보 제공
④ 설정된 통화로 해지 요청

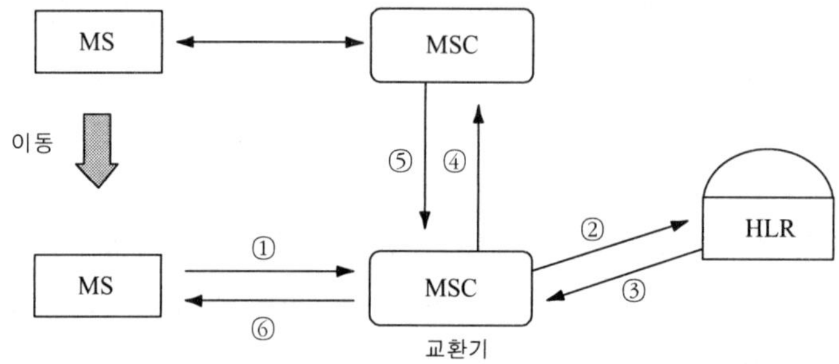

〈그림 3.35〉 Hand off가 진행되는 순서

(4) Hand off의 형태

제어 절차에 대한 제반 과정에 따른 핸드오프의 형태는 Hard hand off, Soft hand off, Softer hand off, Intersystem hand off(Roaming) 그리고 개선 등을 고려한 hand off 등의 형태로 구분된다.

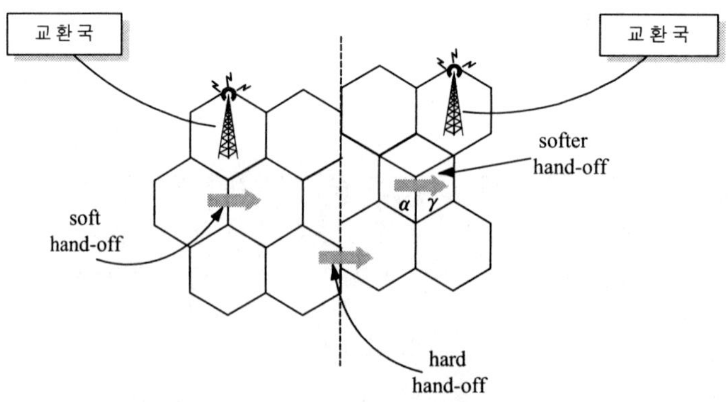

〈그림 3.36〉 핸드오프

① Hard hand off

가입자가 기지국간을 이동 중 무선채널의 교체가 이루어지는 형태(교환국과 교환국 사이)를 말한다.

주로 아날로그에서 이용하는 방식으로 FDMA, TDMA 또는 CDMA 방식 등과 같이 서로 다른 교환국 사이를 이동하는 경우에 이용하는 Hand off 기술이다.

이동국이 통화 중에 인접 셀로 이동했을 경우 통화를 절단한 후에 이웃 셀에서 재다이얼을 통하여 통화를 지속하는 방식으로 실제 Hand off에 이용되는 기술이라고 할 수 있다. 즉, Hand off 시 먼저 사용 중인 채널을 끊고 새로운 채널에 절체하여 통화를 계속하는 Break and make 방식으로 절체가 매우 짧은 시간에 진행된다.

Hard hand off는 AMPS, GSM 등과 같이 주로 아날로그 방식에 이용하던 형태로 새로운 통화 채널을 이동하면서 이동전의 채널을 먼저 끊는 break before make 방식(Hand off가 수행될 때는 무선링크의 연속성이 유지되지 않고 순간적으로 단절된다.)을 말한다.

따라서 Hard hand off가 발생하는 경우를 고려하면 다음과 같다.

㉠ 주로 이동국이 다른 교환국(MSC)에 속해 있는 기지국으로 이동하는 경우

㉡ 이동국이 불연속 활성 상태로 전환하는 경우에

㉢ CDMA의 경우 주파수 할당이 변하는 경우에(다른 주파수 채널로 통화 채널을 변경할 경우)

㉣ 프레임 오프셋(Frame Offset)이 변하는 경우에(서로 다른 프레임 옵셋(Frame Offset)을 가지는 통화 채널로 변경할 경우)

㉤ 이동국이 CDMA 채널에서 아날로그 채널로 바뀌는 경우에

한편 개선된 Hard Hand-off 기술로 이동국이 Hand off 조건을 능동적으로 선택하는 방식으로써 현재 설정되어 있는 FA 외에도 인접한 FA의 Pilot 신호를 감지하고 더 우수한 환경의 FA를 감지하면 Hand off를 수행하는 방식을 말한다.

② Soft hand off

셀 간에서 일어나는 Hand off이므로 셀 간 Hand off라고 부르며 이는 이동국(이동전화 단말국)이 통화 중에 동일한 CDMA 주파수를 갖는 다른 셀 영역 근처로 접근 이동하는 경우 이동국은 새로운 셀의 파일럿(Pilot)의 신호 세기가 충분히 높음을 감지하여 이 사실을 현재의 셀에 알린다. 그러면 새로운 셀은 이동국에게 통화 채널을 열어준다. 이때 이동국은 동시에 두 개의 셀과 통화 채널을 열어 통화를 하게 되며, 이동국은 동일한 트래픽 데이터를 두 개의 셀로부터 수신하게 되므로 이중에서 성능이 우수한 데이터를 사용하게 된다(diversity combining). 이동국이 새로운 셀로 매우 가까워지게 되면

이전의 셀에서 오는 신호는 점점 약해진다. 이 신호의 세기가 일정 레벨보다 낮으면 이동국은 이 사실을 두 셀에 알리고 이전의 셀은 그 이동국에 대한 통화 채널을 끊고 상태가 양호한 새로운 셀과 통화를 하게 되는데 이와 같은 기술을 soft Hand off이라고 한다.

이러한 Hand off는 Hand off 도중에 통화 채널이 끊어지지 않으므로 사용자는 Hand off가 된다는 사실을 모른다. 그리고 만약 이동국이 데이터통신을 하고 있었다면 통화의 절단 없이 우수한 품질의 서비스를 제공받을 수 있게 된다. 주로 디지털 통신인 CDMA에서 이용하는 방식으로 동일한 교환국 내의 한 기지국에서의 이용 채널과 이동하고자 하는 채널 등 동시에 2개의 채널을 이용하는 방식으로 채널 절체 통화를 행하는 Make and break 방식(기존의 기지국과 통신을 단절하지 않고 새로운 기지국과 통신을 개시하는 방식)을 말한다.

즉, Soft hand off는 CDMA시스템에서 이용하는 형태로 대부분의 hand off가 채널을 먼저 연결하고 이동전의 채널을 끊는 즉 2개의 연결을 유지하다가 원래 있던 곳의 연결을 끊는 make before break 방식인 Soft Hand off로 주로 디지털 방식에 이용하는 방식이다.

여기서 Soft Hand off의 특징을 정리하면 다음과 같다.

㉠ 주로 동일 주파수, 동일 프레임 옵셋, 동일 교환기에 속해 있는 기지국 또는 섹터 간에 Hand off를 행하는 경우에 사용한다.

㉡ 한 기지국에서 다른 기지국으로 이동하는 경우 양쪽의 무선 채널을 동시에 유지한 상태에서 통화 채널만 교체되는 것이다.

㉢ CDMA의 경우에는 Hard hand off가 가능하지만 Soft Hand off를 사용하고 있는 편이다.

㉣ 동일한 주파수가 할당된 CDMA 채널 사이에서만 이루어진다.

㉤ 이동국이 두 셀 간에 있을 때를 가정한 것이지만 만약 셀이 3개의 셀 경계에 있다면 그 경우에도 그대로 적용된다. 이때는 이동국이 동시에 3개의 통화 채널을 가지고 있다.

㉥ Hand off의 단점은 동시에 통화 채널을 2 혹은 3개를 필요로 한다는 것인데 이는 통화 채널의 낭비를 초래하게 되지만 CDMA는 원래 고용량 시스템이므로 채널을 희생하는 대신에 고품질의 서비스를 우선적으로 선택하는 것을 고려하고 있다. 그리고 시스템에 따라서는 Hand off를 위한 전용 채널을 별도로 운용할 수 도 있다.

한편 개선된 Soft Hand off 기술로 전력신호가 충분히 큰 Pilot 신호만을 Active set으로 설정하고 이를 무선 채널 자원을 효율적으로 활용할 수 있는 기능을 갖도록 하여 이동국은 기지국으로부터 받은 파라미터를 참조로 상대적인 Pilot 신호 세기에 따라 핸드오프 한계 값(threshold)을 동적으로 적용하는 방식을 말한다.

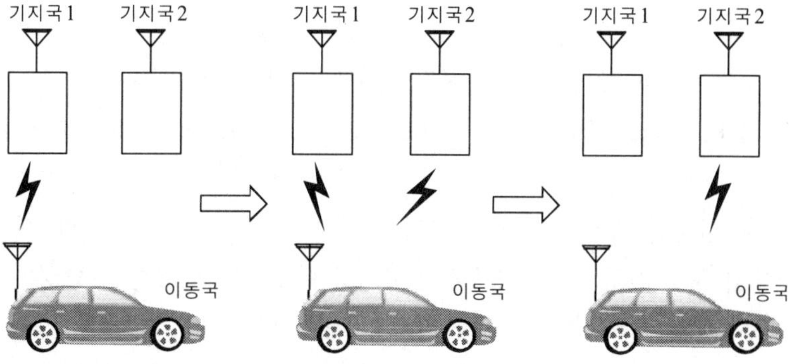

〈그림 3.37〉 soft Hand off 과정

③ Softer hand off

동일 기지국내 섹터 간 이동시 일어나는 핸드오프 즉, 기지국 설치비 축소가 목적인 sector 방식에 적용하는 방식이다. 도심의 기지국은 보통 3섹터로 되어있고 각 섹터는 주파수는 같아도 시스템은 별도로 동작한다. Sector(α, β, γ)간의 이동 경우처럼 Soft hand off가 국부적으로 발행하는 개념이라고 할 수 있다.

Softer Hand off의 처리 시 동시에 2 내지 3개의 Channel Element가 필요하나 Softer Hand off의 처리는 하나의 Channel Element에서 하므로 훨씬 더 간단하다. 그래서 Soft Hand off보다 더 좋다는 의미로 비교급을 써서 Softer Hand off라는 말을 사용한다.

즉, 한 기지국 내에서 섹터 α에서 섹터 β로 이동하는 경우의 Hand off를 말하는 것으로 레이크(RAKE) 수신기가 수행한다. 여기서 레이크 수신기는 여러 경로에서 도착하는 신호를 구별할 수 있는 능력을 가진 수신기이다.

즉, Softer hand off는 하나의 셀을 몇 개의 섹터로 분할하여 이용하는 경우 셀과 셀 사이를 보다 자연스럽게 핸드오프를 행하는 방식으로 교환기와 무관하게 기지국 자체에서 Hand off를 실행할 수 있다는 것을 특징으로 한다.

Softer Hand off는 Soft Hand off와 거의 비슷하나 발생하는 경우가 조금 다르다. 여기서 그 차이점을 고려하면 다음과 같다.

㉠ Soft Hand off는 이동국이 통화 중에 동일 CDMA 주파수를 갖는 다른 셀 영역 근처로 접근할 때 발생하는 경우

㉡ Softer Hand off는 이동국이 동일 CDMA 주파수를 갖는 셀 내의 어떤 섹터에서 통화를 하고 있다가 같은 셀 내의 다른 섹터영역으로 접근하여 한 셀 내의 두 개의 섹터

와 동시에 통화하는 경우의 핸드오프를 말한다.

④ Access Hand-off

이동국이 호를 설정하고 있는 과정 중에 다른 셀로 이동하는 경우에 발생하는 Hand off 기술로 Hand off가 실행될 때 이동국은 호 발신 메시지 또는 페이징 응답 메시지를 여러 개의 BTS(Base Transceiver System)와 BSC(Base Transceiver Controller)로 전송한다.

이때 호 설정제어는 호 설정을 초기에 시도한 BSC에서 진행되며, 이 BSC는 이동 단말기에서 보낸 무선 환경 정보를 바탕으로 단말기가 이동할 가능성이 있는 주변의 모든 셀로 채널 할당 메시지를 송출하여 호를 설정할 수 있는 확률을 높이게 된다.

⑤ PSDN간 Dormant Hand off

단말기가 휴지(dormant)상태에서 PSDN 서비스 영역으로 이동하는 경우에 실행되는 Hand off 기술로 이동국이 서비스 영역 이동을 감지하면 패킷 데이터 서비스 옵션을 재설정하여 새로운 PSDN 서비스 영역에 접속한 후 PPP 커넥션 설정 및 Mobile IP 등록을 수행하게 된다.

⑥ Inter-system hand off(Roaming)

이동국이 기지국으로부터 이동하는 경우에 이동국의 단말기에서 자동적으로 자신에 대한 정보를 새로운 기지국에 통보하여 자신에게 착신하는 호를 수신 할 수 있도록 해야 하는데 이를 위치 등록 기능이라고 한다. 반면에 다른 기지국에서 발신하고자 하는 경우에는 이동국에 관한 정보를 수신 한 후 해당 이동 통신 교환국에 조회과정을 통하여 이동국의 인증, 검색, 필요시 과금 정보 등의 처리를 위한 교환국간의 정보 처리를 수행한 후 발호 기능 상태로 돌려야 한다. 이와 같이 발호를 위한 이동국의 인증을 위하여 이동 통신 교환국 상호간에 주고받은 정보 처리 과정을 로밍(Roaming)이라고 한다. 미국과 같이 전국을 여러 개의 사업자로 분할하여 서비스를 행하는 곳에 적용하는 사업자간의 hand off로 타 사업자의 관리 지역에서도 동일한 서비스를 중단 없이 이용할 수 있으며, 다른 사업자의 MTSO와도 이동국 가입자가 통화가 가능한 기능 즉, 다른 시스템간의 hand off이다.

따라서 Roaming은 타 사업자간의 Hand off로 Roaming service는 이동 전화망에서 Hand off를 이용해야 하는 것처럼, 사용자의 이동에 따라 서비스 시스템 역시 그에 따른 서비스를 가능하도록 하는 능력을 필요로 한다. 이에 필요한 서비스를 Roaming Service라고 한다.

㉠ PSTN과 같은 일반 전화망에서 시내 교환국에 가입자 정보를 등록, 관리하고 있는 것처럼 이동 전화망의 경우에서도 가입자 정보를 저장할 필요가 있는데 이 때 최초로 가입자가 등록한 교환국을 가입자의 홈 교환국(Home Switch office)이라 하며, 홈 교환국은 등록된 가입자에 대한 각종 정보를 교환기 내에 있는 HLR(Home Location register)라는 Database에 저장해 놓는다.

㉡ 이동전화 가입자는 자신의 각종 가입정보가 저장된 홈 교환국 영역(Home Area)을 이탈하는 경우에도 이동전화 서비스를 받을 수 있는데, 이는 타 영역에 들어갈 경우에도 자신의 위치를 그 타 영역에 등록(VLR 사용)하여 자신의 위치를 알리는 작업을 수행하기 때문이다.

따라서 Roaming Service가 실행되는 과정을 살펴보면

- 먼저 이동국이 홈 교환국 영역(Home Area)을 이탈하여 타 교환국 영역(Visited Area)으로 이동하는 경우에 이동국은 그 지역의 교환국과 신호교신을 통해 자신이 위치한 지역의 교환국에 자신의 위치정보를 등록한다.
- 교환국은 자기 지역으로 들어온 이동국의 위치정보를 홈 교환국으로 통보하고, 홈 교환국으로부터 이동국에 대해서 HLR에 들어있는 각종 정보를 제공받아 VLR (Visitor Location Register)에 저장한다.
- 홈 교환국은 자기 가입자가 이동해 있는 지역 즉 상대측 교환국으로부터 통보 받은 이동국의 위치정보를 HLR에 기록한다. 이와 같은 과정을 통해 이동국이 위치한 지역의 교환국에는 이동국의 정보가 등록되고 그 지역에서도 통화가 가능하게 된다.

따라서 Roaming은 사업자간에 가입자의 인증 및 위치정보 등을 주고받으며 서비스 권을 전환하는 것으로 여기서 서비스 권 전환방식으로 자사 및 타사 망에서의 통신 처리 과정을 고려해서 정리하면 다음과 같이 구분된다.

- 자사 망에서의 통신처리 방식 : 가입자 위치등록, 인증 및 접속 호 처리, 부가 서비스 제공 등 대부분의 처리를 자사 망에서 하고 Roaming 요구가 발생하면 타사 망은 통신처리를 대행하는 방식으로 자사 망에서의 통신처리 방식은 타사 망의 입장에서 보면 단지 통화로를 열어 주는 것 뿐 이므로 처리는 간단하지만 긴 시간이 소요되며 망간에서 전송율이 커지게 되는 단점을 보인다.
- 타사 망에서의 통신처리 방식 : 자사 망은 모든 정보를 제공하고 타사 망에서 통신처리를 하는 방식으로 통신처리 과정에서 자사 망 통신처리 방식이 보이는 단점은 없지만 타 사업자가 제공하는 서비스 항목에 의존하기 때문에 사용자 인터페이스

가 바뀐다는 것과 타 사업자에 대한 신뢰성 문제가 발생할 수 있다.

그리고 타사 망 처리방식에서 이용되는 Roaming 절차에 대해서 정리하면 다음과 같다.

- 이동으로 Roaming이 필요
- 타사 망에 위치등록 및 인증획득 등의 절차를 진행
- 타사 망은 자사 망에 가입자에 관련된 데이터를 요구한다.
- 자사 망은 Roaming 중 등록, 루팅 정보 관리를 행한다.
- 자사 망은 타사 망에 Roaming 허가, 가입자 데이터 제공(위치 정보, 가입자 정보, 인증 데이터)을 행한다.
- 타사 망은 데이터 작성 위치정보 관리, Roaming 완료 통지를 행한다.

참고

Hand off와 Roaming의 차이

- Hand off : 2계층 수준의 자사 네트워크 간의 공유로서 기지국(BS)간의 이동국(MS) 제어권 교환
- Roaming : 3계층 수준의 자사 혹은 타사 네트워크 간의 공유로서 무선 교환기(MSC) 제어권 교환

3.7.4 Cellular system의 구조

(1) 광대역 셀 방식과 셀룰러 방식

① 광대역 셀 방식

존의 무선 이동 전화 방식의 이용으로 하나의 고출력 단일 기지국에서 전체 지역을 커버하는 방식을 말한다.

광대역 셀 방식은 서비스 영역에 기지국만 존재하기 때문에 전체적인 구성이 매우 간단하며, 광대역 셀 통신 방식의 경우에는 전파 음영 지역이 발생하는 경우 이를 개선하는 방법이 매우 곤란하며 또한 채널수의 한계로 부족한 용량을 극복하기가 곤란한 문제가 발생한다.

② Cellular 방식

Cellular 방식은 광대역 셀 방식에서 이용한 대역을 여러 기의 작은 서비스 지역으로

분할하여 분할된 주파수 자원을 재사용함으로써 기지국과 이동국간에 주파수 이용 효율을 극대화시킨 이동 전화 방식으로 여기서 분할된 작은 영역을 셀(Cell)이라고 하며 셀 내에서는 언제, 어디서나, 누구와도 통신이 가능한 특징을 지닌다.

여기서 셀이란 안테나에서 복사된 무선 전파 신호가 수신이 가능한 영역을 말한다. 그리고 셀룰러 방식은 각 영역의 중심에 기지국을 두고 이동체가 영역을 벗어나면 기지국도 동시에 변화를 하므로 제어가 복잡하며, 필요시 셀을 더 많이 분할하는 것이 가능하여 수요 증가에 쉽게 대응할 수 있다.

(2) Cellular System의 구성 요소와 각 부의 기능

Cellular System의 형태로 셀룰러 이동 전화를 들 수 있는데 셀룰러 이동 전화의 경우는 셀 기반으로 핸드오프, 로밍 위치 등록 기능 등을 통하여 멀리 떨어져 있는 상대방과의 음성 정보를 전달하기 위한 방식을 말하는 것으로 국내의 경우 셀룰러 이동 전화를 위한 주파수 대역은 800[MHz]대역을 이용하는데 송신 주파수의 경우는 829~894[MHz], 수신 주파수는 824~849[MHz] 범위 내에서 25[MHz]씩 사용을 하게 된다.

주파수 재사용에 입각한 셀룰러 시스템의 구성 요소로는 이동국, 기지국 그리고 이동 전화 교환국 등을 들 수 있다. 여기에 한 가지 요소를 추가하면 이동 전화국과 기지국 사이에 제어국이 추가되는데 제어국은 기지국을 관리하며 hand off가 발생하면 2개의 기지국을 관리한다.

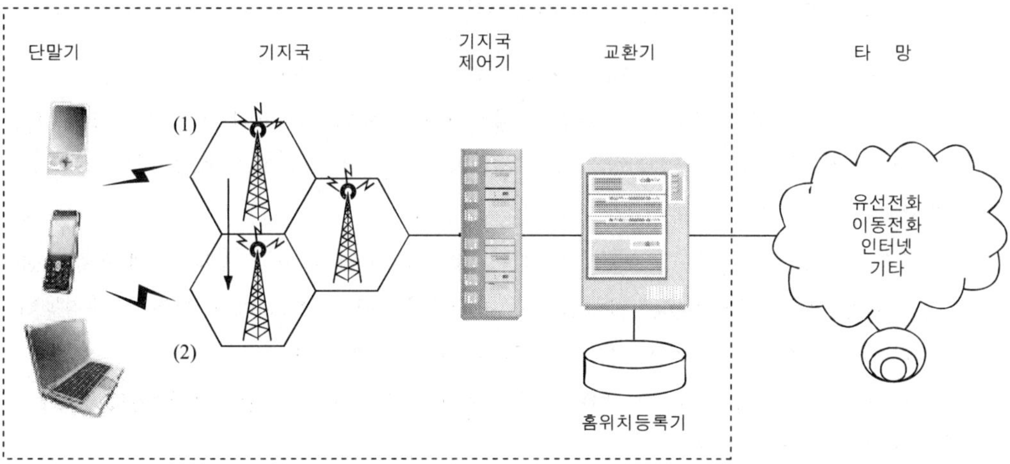

〈그림 3.38〉 Cellular System 구성도

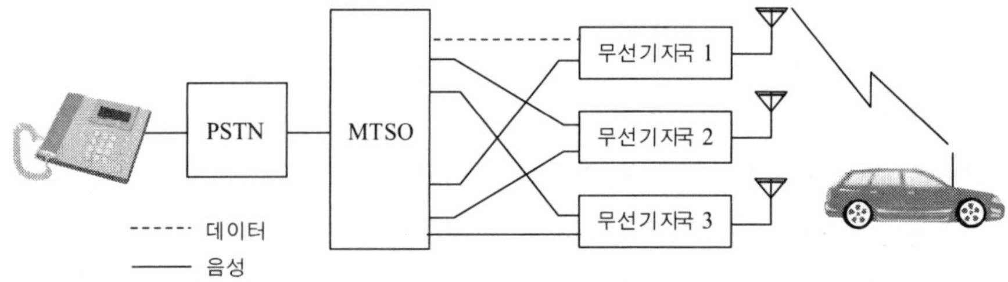

〈그림 3.39〉 셀룰러 이동통신 시스템의 구성도

① 이동국(MS, Mobile Station)

㉠ 이동국(단말기)은 서비스 영역 내에서 이동하는 가입자 단말기로서 기지국과 무선 채널을 통하여 통신을 행한다.

㉡ 이동국은 사용자를 확인 하는 인증, 정보의 보안 등의 역할을 수행하는 가입자 식별부와 신호처리 및 무선 송·수신을 담당하는 무선 통신부 등으로 구분된다.

㉢ 이동국은 제어장치(control unit), 송수신 장치(Transceiver) 및 안테나 장치(Antenna system) 등으로 구성된다.

한편 이동국이 담당하게 되는 역할에 대해서 정리하면 다음과 같다.

- 신호 처리 및 부가서비스 처리기능
- 무선 신호의 변복조 및 송·수신 기능
- 전력 제어 및 레이크 수신기능
- 무선 채널 신호세기 및 품질 측정 기능

② 기지국(BTS, Base station Transceiver Subsystem, cell site)

기지국은 이동국과 이동 전화 교환국 사이에 위치하며, 이동국과의 무선 전송과 교환국과의 유선 전송에 적합하도록 신호를 변환시켜주는 역할을 하며, 이동 전화 교환국이 이동국의 이동 상황을 파악하는 데 도움을 준다.

기지국을 Cell site라고도 불리며 제어 장치(Control Unit), 라디오 캐비넷(Radio cabinate), 전원 장치(Power plant), 데이터 단말기(Data terminal) 등으로 구성된다.

여기서 BTS(기지국장치)의 특성을 정리하면 다음과 같다.

㉠ 기저대역 신호처리, 유 무선변환, 무선신호의 송·수신 기능을 담당한다.

㉡ 단말기의 동기 유지

㉢ 시스템 다운로드 기능

㉣ RF신호 송수신 기능 및 RF 채널 품질 측정 기능

㉤ 가입자 단말기와 직접 연결되는 망 종단장치로서 RF 무선 처리부와 CDMA 신호처리를 담당하는 기저대역 처리부 등으로 구성된다.

한편 이동 통신 시스템에서 기지국 셀 반경을 확대하기 위한 방법으로 다음과 같은 방법을 이용하게 된다.

- 기지국의 송신 출력을 증가시킨다.
- 기지국의 안테나 높이를 높게 한다.
- 이득이 큰 지향성 안테나를 사용한다.
- 기지국 안테나에 다이버시티 방식을 적용한다.
- 기지국의 위치를 적절하게 선정한다.
- 중계기 등을 설치하여 전파 음영 지역을 해결한다.
- 저 잡음 수신기를 사용한다.

③ **이동 전화 교환국**(MTSO, Mobile Telephone Switching Office)

이동 전화 교환국을 이동통신 교환기(MSC, Mobile Switching Center)라고도 하며 이동전화 가입자 상호간 또는 일반전화 가입자와 이동전화 가입자 간의 통화가 이루어지도록 통화회선을 연결하며, 교환기와 기지국 간은 데이터링크를 이용하여 각종 신호정보를 주고받는다.

㉠ 단말기와 기지국간의 음성과 신호정보는 무선채널을 통해서 전송을 행한다.

㉡ 기지국과 이동전화 교환국간의 음성과 신호정보 전송을 위해서는 고정된 통화회선과 데이터 링크를 사용한다.

즉, 공중 교환 전화망과 이동 통신망 간의 인터페이스 역할을 하고 각 기지국에 할당된 채널을 관리, 통제하는 중앙 제어 역할을 수행하며, 유선통신기능과 이동통신 기능을 제공하는 유, 무선 복합 디지털 교환기로서 ASS(Access Switching Subsystem), CCS (Central Control Subsystem), INS(Interconnection Network Subsystem), VLR의 서브시스템으로 구성되어 있다. 이동 전화 교환국에서 이용되는 데이터베이스의 형태로 HLR, VLR 등을 이용한다.

- HLR(Home Locate Register) : 가입자의 상세한 프로파일과 가입자 위치 정보를 관리하는 시스템으로 가입자별로 고정되어 있는 가입자 정보를 저장하고 있다.
- VLR(Visiter Locate Register) : 현재 관할 교환기 영역에 있는 가입자에 대한 필요 정보를 관리하며 해당 가입자가 타 VLR 영역으로 이동시 관리 정보도 변경되는, 즉 가입자 정보를 일시적으로 저장하는 데이터베이스라고 할 수 있다.

여기서 이동 교환국의 역할을 정리하면 다음과 같다.

- 요금 계산 및 이동국 감시와 신호 처리 기능
- 가입자 착·발신 호 처리 기능
- 위치 갱신
- 기본 및 부가서비스 처리기능
- 위치등록절차, 핸드오프 절차 처리기능
- 이동 통신망과 타 망의 연동기능
- 각 기지국에서 발, 착신되는 호를 처리하고, 모든 기지국이 효율적으로 운용될 수 있도록 하는 중앙통제기능과 함께 공중전화망의 교환기와도 연결할 수 있는 기능을 갖고 있다.

④ **기지국 제어장치**(BSC, Base Station Controller)

Cell Site라고도 불리며 교환기와 이동 단말기를 연결시키기 위해 교환기와 기지국을 연결하는 유선망, 기지국과 단말기를 연결하는 무선망과 이러한 유/무선을 연결하기 위한 안테나, 송신기, 수신기 및 전원장치로 구성되어 있으며 이들의 상호접속이 가능하도록 정합 기능을 담당한다.

㉠ 기지국과 이동통신 교환기 사이에 위치하여 기지국에 대한 관리 및 제어를 담당하는 역할

㉡ Network interface, Vocoder, Transcoder, 호 처리 프로세서, 기지국 유지보수 장치, Gateway connection, GPS 클럭 분배기 등으로 구성되어 있다.

여기서 기지국 제어 장치의 기능을 정리하면 다음과 같은 것을 들 수 있다.

- 각 단말기에 대한 무선채널 할당 및 해제기능
- 단말기와 기지국의 송신출력 제어 기능
- Soft 및 Hard Hand off 결정기능
- 핸드오프 및 신호처리를 위한 GPS 클록 분배기능
- 기지국에 대한 운용 및 유지보수 기능
- 16[Kbps]와 64[Kbps] 상호간을 변환하는 트랜스코딩, 음성코딩(13[Kbps], 8[Kbps]) 기능

3.8 이동 통신용 Smart card

3.8.1 Smart card의 기술적 개요

(1) 기술적 개요

휴대폰용 Smart card는 교체가 가능한 구조로 되어 있으며 이동사로부터 구입하여 이용하며, 여기서 세대별에 따른 특성을 정리하면

① 2.5G인 PCS는 보안, 인증, 어플리케이션, 번역기 그리고 인터넷접속을 수행하고 Smart card 규격은 GSM의 SIM과 동기식 CDMA 방식의 UIM 규격을 사용한다.

② 3G인 IMT-2000은 인증, 보안, 어플리케이션 비 통신 영역 기능을 수행하며 Smart card 규격은 SIM과 UIM을 통합한 USIM 규격을 사용한다.

등을 들 수 있다.

(2) Smart card의 형태

① 접촉식 카드(Contact Card)

② 비접촉식 카드(Contactless Card)

③ 콤비카드(Combi Card)

④ 하이브리드 카드(Hybrid Card)

(3) Smart card와 RF card의 비교

① Smart card

프라스틱에 IC를 내장하는 구조로 기억 방식은 IC Memory 방식이고 비밀 번호는 임의의 이름 혹은 숫자를 이용한다.

② RF 카드

프라스틱 카드에 PROM에 의한 기록 매체로 기억 방식은 PROM 방식이며 비밀 번호는 없다.

3.8.2 Smart card에 이용되는 규격에 대한 특성

(1) SIM(Subscriber Identity Module)

사용자 인증과 사업자간의 로밍을 전제로 하는 가드 가입자 인증 모듈(SIM) 기능과 대용량 플래시 메모리(MMC) 기능을 하나로 묶은 대용량 Smart card IC 칩 규격을 말한다. 통신 사업자는 SIM 카드를 발급하고 사용자는 이 카드 한 장만을 이용하여 언제어디서나 무선 단말기를 구매하여 단말기에 장착하면 자유롭게 서비스를 이용할 수 있게 된다.

(2) UIM(User Identity Module)

사용자 식별 모드로 동기식 CDMA 영역에서 SIM과 동일한 기능을 하고 있으며 이동전화 가입자 정보를 포함하고 있는 이동 통신용 Smart card를 말한다.

(3) USIM(Universal Subscriber Identity Module)

SIM과 UIM을 모두 수용하는 보다 확장된 2세대용 이동 통신 카드 즉, 가입자 정보를 탑재한 SIM 카드와 UICC(universal IC card)가 융합된 구조로 사용자 인증, 글로벌 로밍, 전자상거래 등과 같은 다양한 기능을 한 장의 카드를 통해서 구현이 가능하도록 한 것으로 3세대 이동통신(WCDMA)의 단말기에 탑재된다.

연 습 문 제 (주관식)

01. 전송 선로에서의 분포 정수 및 분포 정수 회로에 대해서 설명하여라.

해설 전송선로에 고주파의 전류가 흐르는 경우 R, L, C 등의 회로정수가 한 곳에 집중적으로 분포하고 있는 집중회로의 개념을 적용할 수 없으므로 회로정수를 단위 길이 당 균일하게 분포되어 있다고 해석되는 회로를 분포정수회로라 한다.

- 집중정수는 에너지의 소모가 있지만
- 분포정수는 에너지소모는 없고 에너지를 발사하는 기능을 갖는다.

따라서 신호를 전송하는 경우에 이용되는 송전선, 급전선 등에는 미소한 저항과 인덕턴스가 직렬로 선로 사이에는 누설 저항과 정전용량이 선로 전체를 등가적으로 분포하고 있다고 보고 이들로 구성된 회로를 분포 정수회로라고 한다.

따라서 전송 선로에서의 저항 R[Ω/m], 인덕턴스 L[H/m], 정전용량 C[F/m], 그리고 누설 컨덕턴스 G[℧/m] 등을 1차 정수라고 하며, 선로에 대한 직렬 임피던스와 병렬 어드미턴스로 각각 표현하면 다음과 같다.

- 직렬 임피던스 $Z = R + j\omega L$
- 병렬 어드미턴스 $Y = G + j\omega C$

02. 선로에서의 무손실 및 무왜 선로에 대한 특성을 설명하여라.

해설
- 무 손실 선로(lossless line) : 손실이 전혀 없는 선로를 무 손실 선로 또는 이상적인 선로라고 부른다.

  이 경우 $R = G = 0$이므로

  $$Z_0 = \sqrt{\frac{Z}{Y}} = \sqrt{\frac{j\omega L}{j\omega C}} = \sqrt{\frac{L}{C}}$$

  로서 주파수와는 무관하며 실수부만 존재하므로 전압과 전류의 위상은 동상이 된다. 즉, 파동방정식을 풀면 전류가 양쪽방향으로 나가는 것을 알 수 있다.
- 무왜 선로 : 전송 선로에 있어서 L, R, C, G 사이 관계가

  $$\frac{R}{L} = \frac{G}{C}$$

  인 조건을 만족하는 경우를 말한다.

03. 동축 케이블에 대한 특징을 설명하여라.

해설
- 장점
  - ◦ 전송손실이 적으며, 평형 케이블보다 주파수 특성이 우수하며 광대역 초 다중화 전송에 이용된다.
  - ◦ 평형 케이블보다 간섭 및 누화 특성이 양호하다.

◦ 전송 특성이 양호하며 넓은 주파수 대역에 걸쳐 등화가 용이하고, 내부도체와 외부도체의 절연이 극히 좋아 전력 전송이 가능하다.

• 단점
  ◦ 선로의 중간에 임피던스 불균등점이 존재하면 반사현상이 일어나 반사와 재 반사가 되풀이되어 경음 또는 Ghost 등이 발생하게 된다.
  ◦ 저주파에서는 표피효과와 근접작용의 영향이 감소되어 누화가 발생하기 때문에 60[kHz] 이하에서는 사용하지 않는다.
  ◦ 근거리 및 소규모 회선 구간에 적합하다.

04. 부하 임피던스의 크기가 선로 임피던스의 3배가 되는 선로에서 반사 계수 및 정재파비의 크기를 구하여라.

해설 $Z_L = 3Z_0$인 관계를 이용하여 반사계수를 구하면

$$m = \frac{Z_R - Z_0}{Z_R + Z_0} = \frac{3Z_0 + Z_0}{3Z_0 + Z_0} = 0.5$$

이며, 정재파비는

$$S = \frac{1+m}{1-m} = \frac{1+0.5}{1-0.5} = 3$$

가 된다.

05. 광 섬유의 광파손실의 종류와 특징에 대해서 설명하여라.

해설 • 광파손실의 종류
  ◦ 레일리 산란손실(rayleigh 산란) : 광섬유 재료의 밀도 및 성분이 국소적으로 불균일하게 변화하는데 기인한 불가피한 손실로 레일리 산란손실은 고유손실에 해당된다. 따라서 산란되는 광파 또는 빛 파장(λ)의 4승에 반비례하므로 파장이 길수록 레일리 산란손실은 적게 된다.
  ◦ 흡수 손실 : 광섬유 속을 전파하는 광파가 광섬유의 분자, 원자의 특성에 의해 광파가 흡수되어 감쇠되는 손실로 예를 들면 OH^-기 흡수손실, 자외선 흡수손실, 적외선 흡수손실 등이 이에 해당한다.
  ◦ 마이크로 밴딩 (micro banding)에 의한 손실 : 광섬유를 케이블로 만드는 과정에서 광섬유의 측면에 어떤 힘이 가해져 광심선의 도파로 불균 등에 의해 모드분산에 의해 발생되는 손실이다.
  ◦ 구조불완전에 의한 손실 : 코어와 클래드의 경계면에 미세한 구조 불완전에 의해 산란 및 복사현상에 의한 손실을 말한다. 즉, 동심성이 유지되지 않아 발생하는 손실을 말한다.
  ◦ 만곡손실 : 광섬유가 구부러졌을 때 임계각 이하에서 입사하는 빛이 섬유 밖으로 방사하기 때문에 발생하는 손실을 말한다.

• 베이스 밴드 주파수특성(분산특성) : 광섬유를 도파하는 광 펄스의 모양이 달라지고 입사한 빛의 펄스 시간 폭보다 벌어지는 현상으로 광섬유의 전송 용량이 제한된다.

06. 광 섬유의 특성 중 분산의 종류와 분산에 대한 특성을 설명하여라.

해설 • 모드분산 : 전파모드에 의해서 전파속도가 다르기 때문에 발생하는 파형의 벌어짐으로 SI형 MM의 경우는 크다.

- 재료분산 : 재료인 클래드의 굴절률이 전파하는 빛의 파장에 따라서 변화하는 것에 기인하는 파장의 벌어짐으로 어떤 종류의 광섬유에 있어서나 생기는 성질의 것이다.
- 구조분산 : 광원에서 방출되는 빛의 파장에 폭이 있는 경우에 생기는 파장의 벌어짐이다.

여기서 분산의 특성을 고려하면 다음과 같다.

◦ 단일모드 광섬유는 색 분산만 있고 모드분산은 없으며, 단일모드에서는 색 분산이 다중 모드에서는 모드분산이 중심이 된다.

◦ 분산의 크기는 모드분산, 재료분산, 구조분산의 순이다.

◦ 모드분산은 광원에 의존하지 않고 광섬유의 형태에 따라서 결정된다.

◦ 광섬유가 전송할 수 있는 정보량은 분산이 작을수록 커진다.

07. M/W 중계방식의 형태와 그 특성에 대해서 설명하여라.

해설
- IF Heterodyne 중계방식 : 수신한 마이크로파를 중간 주파수(보통 70[MHz])로 변환하고, 중간 주파 증폭기로 증폭한 다음 다시 마이크로파로 변환하여 송신하는 방식으로 TV 중계 시 중간 주파수로 분기하는 것이 용이하다. 따라서 장거리 중계에 주로 이용한다.
- 검파 중계방식 : 수신한 마이크로파를 먼저 검파하고 원 신호로 만든 다음에 다시 주파수 변조하여 마이크로파로 송출하는 방식으로 비디오 증폭에서 잡음이 증가되는 일이 발생하며, 장치가 복잡하고 근거리 중계에 주로 이용되며, Base Band 중계방식이라고도 한다.
- 직접 중계방식 : 수신한 마이크로파를 다른 주파수대로 변환하지 않고 그대로 증폭하여서 중계하는 방식이다.
- 무 급전 중계 방식 : 마이크로파의 직선성을 이용하고 금속 반사판이나 안테나를 이용하여 전파의 진행로를 변화시키는 방법으로 중계용의 전력을 필요로 하지 않기 때문에 무급전 방식이라고 한다.

08. 위성 통신에 대한 특징을 간단히 설명하여라.

해설 위성 통신은 주로 SHF 주파수를 이용하여 통신 위성의 중계를 거쳐 먼 거리까지 통신하기 위한 것으로 여기서 위성 통신의 특징을 정리하면 다음과 같다.

- 위성 통신의 장점

◦ 많은 통신량을 전송하는 것이 가능하며,

◦ 전송 에러율이 매우 적으며, 통신비용이 감소하고 다원 접속이 가능하며,

◦ 고품질의 광대역 통신이 가능하며, 이동 통신에 적합하며,

◦ 장거리 광역 통신에 적합하며, 통신간의 거리 및 지형에 관계없이 전송 품질이 우수하며, 신뢰성이 우수하다.

- 위성 통신의 단점

◦ 전송 지역이 발생한다는 것,

◦ Point to Point 방식만 가능하다는 것이다.

09. 위성 중계기(Transponder)의 구성에서 위성에 탑재된 고 전력 증폭기 소자는?

해설 위성에 탑재된 고 전력 증폭기(HPA)로는 진행파관(TWTA)을 주로 사용한다.

10. 위성 통신에서 사용되는 다원 접속에 대해서 설명하여라.

해설 위성 통신에서 위성을 효과적으로 운용하기 위한 다자간 접속 프로토콜로 사용되는 접속 방식의 형태는 TDMA(시분할 다중 방식 접속), FDMA(주파수 분할 다중 접속), CDMA(코드 분할 다중 접속) 등을 들 수 있다.

- 주파수 분할 다원 접속(FDMA) 방식은 재래적인 아날로그 방식에서 주로 사용된다.
- 시분할 다원 접속(TDMA) 방식은 디지털 통신 방식에 사용된다.
- 코트 분할 접속(CDMA) 방식은 대역 확산 통신 방식에 이용된다.
- 스펙트럼 확산 다원 접속은 FDMA와 TDMA의 절충형으로 주파수 이용 효율이 비교적 낮다.

11. GPS 시스템에 대해서 설명하여라.

해설 위성항법장치(global positioning system)는 어느 곳에서든지 인공위성을 이용하여 자신의 위치를 정확히 알 수 있는 시스템 즉, GPS 위성에서 보내는 신호를 수신해 사용자의 현재 위치를 계산하는 위성항법시스템을 말한다.

- GPS의 측위 정밀도를 향상 시킨 DGPS(Differential GPS) 방식이 있다.
- 전 세계적으로 24시간 연속적인 서비스 제공이 가능하다.
- 위도, 경도, 고도, 시간을 정확히 측정할 수 있다.
- 최소한 4개의 위성으로부터 정보를 수신하면 위치파악이 가능하다.

12. 셀의 형태가 정 6각형이 되도록 하는 이유에 대해 설명하여라.

해설 셀의 형태로 정 6각형을 사용하는 이유는 정 6각형을 이용하는 경우가 셀의 면적이 가장 크기 때문이며, 간섭 감소 효과를 고려하기 위하여, 사각 지대 해소를 위해서 그리고 중첩되는 부분이 적어 기지국 숫자의 감소를 위해서 등을 들 수 있다.

13. 셀룰러 이동 통신 시스템의 특징을 설명하기 위해 사용되는 명칭(용어)에 대해서 설명하여라.

해설 일반적으로 셀룰러 이동 통신의 특징을 설명하는 경우에 이용되는 용어로 주파수의 재사용, 존(Zone), 핸드오프 기술, 전력 제어 등을 들 수 있다. 여기서 존(Zone)이란 한 무선 기지국이 담당하는 범위인 무선 통신 구역 즉, 이동 통신에서는 넓은 범위의 서비스 영역을 몇 개로 분할하여 각각에 기지국을 배치하는 방법을 사용하는데 이 경우에 분할된 각 영역을 존이라고 한다.
그리고 현재와 이동 통신이 발달하게 된 근본적인 원인으로 주파수의 재사용을 들 수 있는데 여기서 주파수 재사용은 주파수간의 간섭 효과를 무시될 수 있도록 충분한 거리를 두고 동일한 주파수 대역을 재사용하는 개념을 말한다.

14. 이동 통신 시스템을 구성하는 구성 요소에 대해서 간단히 설명하여라.

해설 이동 통신 시스템의 기본 구성 요소와 특징을 고려하면 다음과 같다.

- 무선 교환국(MTSO) : 일반 공중 전화망과 이동 통신망을 접속하는 역할로 통화 절체 기능, 위치 검출 및 등록 기능 그리고 통화 상대 번호, 과금 등과 관련된 정보의 기록 저장 기능을 가지며, 이동 통신 서비스에 대한 제어 및 관리를 담당한다.

- 기지국(Base Station) : 무선 교환국과 이동국간을 연결하는 역할로 안테나, 송수신기, 제어 부분으로 구성되며 발착신 신호 송출 기능, 통화 채널 지정 및 감시 기능 그리고 자기 진단 기능을 갖는다.
- 무선 전화 단말 장치(Mobile Station) : 이동체에 설치되는 통신 장비를 말한다.

15. 이동통신에서 발생하는 현상에 대해서 설명하여라.

해설 이동 통신 채널에서 발생하는 현상으로는 지연 확산, 도플러 효과 그리고 페이딩 등을 들 수 있다.

- 도플러 현상 : 육상 이동 통신에서 도플러 현상은 이동체의 속도 변이에 따른 현상이다. 즉, 이동체의 움직임에 따라 수신 주파수가 변화하는 현상을 도플러 현상이라고 한다.
- 인접 채널 및 동일 채널 간섭 : 이동 통신에서 인접 채널간의 간섭은 셀룰러 방식으로 해결할 수 있다 . 셀룰러 시스템에서는 특정 도시 지역 내에서 주파수가 재사용되므로 수신기의 선택도에 상관없이 동일 채널 간섭이 일어난다.
- 지연 확산 현상 : 길이가 다른 다중 경로 전파 현상으로 신호가 수신기에 도달하는 시간의 차이가 수신 데이터 심벌간의 간섭(ISI, Inter Symbol Interference) 을 일으킨다.
- 페이딩 : 수신점에서 발사한 전파의 도달 과정이 여러 경로를 통하여 도달하게 되어 전파 상호간에 간섭이 발생하는 수신점에서 수신 전계 강도의 세기가 변화하게 되는 현상을 간섭성 페이딩이라고 한다. 일반적으로 간섭성 페이딩을 방지하는 기술로 다이버시티 혹은 AVC 등의 회로를 사용한다.

16. 셀룰러 방식에서 주파수 재사용을 위한 셀의 반지름을 R, 재사용 계수를 K 라고 하면 주파수 재사용 거리 D와의 관계에 대해서 설명하여라.

해설 주파수 재사용을 위한 셀의 반지름을 R, 재사용 계수를 K라고 하면 주파수 재사용 거리 D와의 관계는 $D=\sqrt{3K}\,R$ 이다.

예를 들어 주파수 재사용 계수 K가 12일때 셀의 반지름이 R이면 주파수 재사용 거리 D는 $D=\sqrt{3K}\,R=6R$ 이다.

따라서 모든 기지국의 송신 출력이 같을 때는 재사용 계수 K 값이 커질수록 주파수 재사용 거리 D가 증가한다.

17. 셀룰러 시스템에서 사용되는 핸드오프(Hand-off)에 대해서 간단히 설명하여라.

해설 핸드오프는 가입자가 이동 중 소속된 셀에서 다른 셀로 이동할 때 연속적으로 서비스 받도록 변경시켜주는 기능을 말한다.

셀룰러 시스템에서 말하는 Hand-off 즉, 통화 채널 전환이란 통화자가 전화를 걸면서 한 기지국에서 인접 기지국으로 이동할 때 이 두 기지국은 서로 다른 주파수를 사용하고 있지만 통화자가 거의 인식할 수 없는 상태에서 단말기의 주파수가 자동적으로 새로운 기지국의 주파수로 변경해서 통화가 중단되지 않고 계속적인 통화가 가능하도록 하는 기술을 말한다. 여기서 이동전화 핸드오프를 실행하는 형태는 다음과 같은 것을 들 수 있다.

- 기지국과 기지국간에 발생하는 Soft hand off
- 교환기와 교환기간의 Hard hand off
- 기지국내 섹터 간에 발생하는 Softer hand off

연 습 문 제 (객관식)

01. 동축 케이블의 감쇠 정수는 주파수에 따라 어떻게 변화하는가?

㉮ 주파수의 평방근에 비례한다. ㉯ 주파수에 비례한다.
㉰ 주파수의 자승에 비례한다. ㉱ 주파수에 반비례한다.

해설 동축 케이블의 2차 정수인 감쇠 정수의 크기는 $\alpha = \frac{\sqrt{f}}{d}$ 이므로 주파수의 평방근에 비례한다.

답 ㉮

02. 전송로의 불완전성에 있어서 시스템적인 왜곡(systematic distortion)의 형태로 보기 어려운 것은?

㉮ 지연 왜곡 ㉯ 위상지터
㉰ 하모닉 왜곡 ㉱ 특성 왜곡

해설 위상 지터(phase jitter) : 통신 회선 등과 같은 전송과정에서 잡음, 누화, 중계기의 내부 요인 등으로 인하여 신호 위상이 순간적으로 흔들리는(어긋나는) 현상으로 위상 특성이 우수한 회로에서는 이와 같은 현상이 거의 나타나지 않게 된다.

답 ㉯

03. 선로의 접속점에서 상하측의 정전용량을 측정하여 서로 상쇄되도록 두 회선을 교차시키는 누화 방지책을 무엇이라고 하는가?

㉮ 압신기 ㉯ 누화보상
㉰ 시험접속 ㉱ 프로징

해설 두 회선을 교차시키는 누화 방지책으로 압신기, 누화보상 그리고 프로징 등을 이용한다.

답 ㉰

04. 동축 케이블의 내부 도체의 외경이 5[mm], 외부 도체의 내경이 10[mm]일 때 이 케이블의 특성 임피던스는? (단, 비 유전율의 크기는 $\epsilon_s = 1$이다.)

㉮ 41[Ω] ㉯ 70[Ω]
㉰ 78[Ω] ㉱ 92[Ω]

해설 동축 케이블의 특성 임피던스의 크기는 $Z_o = \frac{138}{\sqrt{\epsilon}} \log_{10} \frac{D}{d}$ 이며 이를 이용하여 특성 임피던스를 구하면 $Z_0 = 138 \log_{10} \frac{10}{5} = 138 \log_{10} 2 = 41.54[\Omega]$가 된다.

답 ㉮

05. 유전체 표면에 광이 입사할 때 광의 편파방향과 입사각도에 따라 무반사가 일어나는 현상이 발생하는 경우의 입사 각도를 나타낸 것은?

㉮ 부루우스터 각　　　　　㉯ 스넬 각
㉰ 구우스헨센 각　　　　　㉱ 임계각

해설 부루우스터 각은 유전체 표면에 광이 입사할 때 광의 편파방향과 입사각도에 따라 무반사가 일어나는 현상이 발생하는 경우의 입사 각도를 나타낸 것이다.

답 ㉮

06. 광파이버의 전송대역을 제한하는 가장 큰 원인이라고 볼 수 있는 것은?

㉮ 광의 군속도 차이　　　　　㉯ 광의 코히어런스 성질
㉰ 광의 비임 폭　　　　　㉱ 광의 파장

해설 군속도는 파장이 어떤 구간에서 연속적으로 변화하고 있는 무수한 평면파를 합성하면 파속을 구성하게 되는데 이와 같은 파군이 매질 속을 전파하는 경우 일정한 위상이 이동하는 속도를 위상속도(Phase velocity) 라 하며, 일정한 진폭이 이동하는 속도를 군속도(group velocity)라고 한다.

답 ㉮

07. 다음 중 광파이버의 전파 모드(mode)수와 관련이 없는 것은?

㉮ 코어경　　　　　㉯ 빛의 파장
㉰ 비원율　　　　　㉱ 굴절률 차

해설 규격화 주파수(V)라고 하며 그 크기는 다음과 같다

$$V=\frac{2\pi a}{\lambda}\cdot NA$$

여기서 a는 코어의 직경, NA는 개구수를 나타낸다. 즉, fiber가 단일 모드 fiber인지 다중 모드 fiber인지의 구별에 사용되는 광학 파라미터를 말한다.

답 ㉰

08. 광변조의 방법을 분류한 것으로 적합한 것은?

㉮ 직접변조와 외부변조　　　　　㉯ 내부변조와 간접변조
㉰ 내부변조와 외부변조　　　　　㉱ 직접변조와 간접변조

해설 직접변조(IM) 방식은 광통신에서 채널수를 증가시키기 위한 변조로 가장 적절한 방법이다.

답 ㉮

09. 코어의 굴절률이 연속 굴절률 분포를 가지며 모드 분산이 발생하지 않는 형태는?

㉮ step index fiber　　　　　㉯ graded index fiber
㉰ triangular index fiber　　　　　㉱ multi index fiber

해설 다중 모드의 한 형태인 언덕형 광섬유(graded index fiber)는 코어의 굴절률을 조금씩 달리하는 연속적인 굴절률 분포를 가지며 모드 분산이 발생하지 않는 형태를 말한다.

답 ㉯

10. 다음 중 마이크로파대 다중통신의 중계방식으로 이용되지 않는 것은?

㉮ 헤테로다인 중계방식　　㉯ 간접 중계방식

㉰ 직접 중계방식　　㉱ 검파 중계방식

해설 M/W 중계방식 형태에는 헤테로다인 중계방식, 직접 중계방식, 검파 중계방식, 무급전 중계방식 등이 있다.

답 ㉯

11. 스펙트럼 확산(SS, Spread Spectrum) 변조방식에 관한 설명으로 적절하지 못한 것은?

㉮ 혼신, 방해, 페이딩 등에 강하다.

㉯ 확산계수가 작을수록 비화성이 뛰어나다.

㉰ 전송중의 신호 전력 스펙트럼밀도가 낮다.

㉱ 복조는 동기 검파법을 사용한다.

해설 대역 확산(SS) 방식에서 보다 넓은 대역으로 확산하기 위해서 확산 계수를 큰 것으로 해야 한다. 여기서 확산 계수가 크다는 것은 그 만큼 대역이 넓어져 비화성을 유지하게 된다는 것이다.

답 ㉯

12. M/W 통신의 특징에 대하여 설명한 것 중 옳지 않은 것은?

㉮ 가시거리 범위 내 통신이다.　　㉯ 전파손실이 크다.

㉰ 광대역성이 가능하다.　　㉱ 전리층을 통과하여 전파한다.

해설 M/W 통신의 특징

- 가시거리 범위 내(LOS) 통신이다.
- 전파의 손실이 적다.
- 광대역성이 가능하다.
- 전리층을 통과하여 전파한다.

답 ㉯

13. 지구에서 발사된 전파가 정지궤도 위성을 거쳐 다시 지구에 도착하는데 걸리는 시간을 전파지연시간이라 한다. 다음 중 최대 전파 지연시간에 해당되는 것은?

㉮ 150[ms]　　㉯ 238[ms]

㉰ 278[ms]　　㉱ 315[ms]

해설 위성통신에서 최소 지연 시간은 238[ms]이다.

답 ㉰

14. 위성 통신방법을 분류한 것에 해당되지 않는 것은?

㉮ 임의 위성방식　　㉯ 저궤도 위성방식

㉰ 위상 위성방식　　㉱ 정지 위성방식

해설 위성 통신 방식에 대한 분류로 임의 위성방식, 위상 위성방식 그리고 정지 위성방식 들 수 있으며, 궤도에 따른 위성 분류로 저궤도 위성, 중궤도 위성 그리고 고 궤도 위성 등으로 구분된다.

답 ㉯

15. 복수 개의 지구국이 하나의 통신위성을 이용해서 동시에 지구국 상호간에 통신로를 설정하는 다원접속(회선 할당면) 방식에 해당되지 않는 것은?

㉮ 고정할당 ㉯ 시분할할당

㉰ 요구할당 ㉱ 임의할당

해설 통신위성에 접속하는 형태에는 FDMA, TDMA, CDMA등을 이용한다.

답 ㉯

16. 이동통신의 운용방식에서 송화와 수화가 동시에 이루어질 수 있는 방식은?

㉮ 단신 방식 ㉯ 반복신 방식

㉰ 반이중 방식 ㉱ 복신 방식

해설 복신 방식(duplex operation system) : 동시에 송신 및 수신을 통해 상호 통신을 하는 방식으로 이동통신 등에서 이와 같음 방식을 이용하기 위해서는 2개의 주파수를 필요로 한다.

답 ㉱

17. 접속제어용의 채널이 통화용 채널과 별도로 설정되어 있는 이동통신의 접속제어 기능은?

㉮ 반복신 채널방식 ㉯ 공 채널방식

㉰ 전용 채널방식 ㉱ 전 채널방식

해설 반복신 방식(semi-duplex operation) : 통신로의 한쪽에서는 단신 방식을 이용하고 다른 한쪽에서는 복신 방식으로 행해지는 통신 방식을 말한다.

답 ㉮

18. 이동통신 시스템의 구성요소에 해당되지 않은 것은?

㉮ 채널 제어장치 ㉯ 교환국

㉰ 단말장치 ㉱ 기지국

해설 이동 통신 시스템의 구성 요소

- 이동국(Mobile Station)
- 기지국(Base Station)
- 무선 교환국(MTSO)

답 ㉮

19. 다음 중 PCM의 특징이라고 볼 수 없는 것은?

㉮ 단말기 가격이 저렴하다. ㉯ 통신망 구성이 어렵다.

㉰ 통화 반경이 넓다. ㉱ 이동성이 보장되는 편의성이 있다.

해설 PCM의 특징으로 단말기 가격이 저렴하며, 통신망 구성이 용이하고, 통화 반경이 넓으며, 이동성이 보장되는 편의성이 있다.

답 ㉯

20. 다수의 가입자군들이 복수의 채널을 일정한 이용 질서 하에서 공동으로 사용하는 육상 이동통신은?

㉮ Cellular　　　　㉯ TRS

㉰ CT-2　　　　㉱ PCN

해설 주파수 공용통신(TRS, Trunked Radio Service) : 특정한 주파수를 전용하던 종래의 무선통신방식과는 달리 중계소에 할당된 소수의 주파수를 다수의 이용자가 공동으로 사용하는 방식을 말한다.

답 ㉯

21. 광섬유의 재료 자체(불순물)에 흡수되어 열로 변환됨으로써 발생하는 손실을 무엇이라 하는가?

㉮ 흡수손실　　　　㉯ 결합손실

㉰ 산란손실　　　　㉱ 마이크로 벤딩 손실

해설 광섬유 내에 포함되는 철(Fe)이나 구리(Cu) 등의 천이 금속이나 수분 등의 불순물 이온에 의해 발생되는 손실을 흡수 손실이라 하며 재료손실의 한 종류이다. 답 ㉮

22. 전송선로에서 감쇠왜곡의 원인으로 볼 수 있는 것은?

㉮ 진폭에 대한 감쇠 불균형　　　　㉯ 주파수에 대한 감쇠 불균형

㉰ 주파수에 대한 속도의 불균형　　　　㉱ 진폭에 대한 속도의 불균형

해설 위상왜곡은 위상정수가 주파수에 관계없이 일정할 때 발생하며, 전송선로의 감쇠왜곡은 감쇠정수가 주파수에 따라서 변동할 때 생긴다. 답 ㉯

23. 페란티(Ferranti) 현상을 설명한 것으로 옳은 것은?

㉮ 전화선의 누화현상을 말한다.

㉯ 장하 케이블에서 발생하는 현상이다.

㉰ 전송로의 특성 임피던스가 클 때 발생하는 현상이다.

㉱ 수단이 개방된 선로에서 수단전압이 송단 전압 보다 커지는 현상을 말한다.

해설 페란티 현상(Ferranti phenomenon) : 고전압 장거리 송전선에서 무 부하 또는 적은 부하를 이용하는 경우 선로의 분포 용량인 정전용량으로 선로의 충전 시에 발생하는 진상 충전 전류의 영향으로 수전단 전압이 송전단 전압보다 커지는 현상을 말한다. 답 ㉱

24. 전송선로에 있어서 사용 주파수가 높아지면 그 값 또는 작용이 감소되는 것은?

㉮ 특성 임피던스　　　　㉯ 표피작용

㉰ 근접작용　　　　㉱ 와류손실

해설 사용 주파수가 높아지면 표피작용, 근접작용 및 타 도체의 와류 손실 등에 의해서 실효저항이 증가한다. 여기서 표피효과의 표피 깊이 크기를 δ라고 하면

$\delta = \sqrt{\dfrac{1}{f\pi\mu\sigma}}$ 인 관계에서 주파수가 높아지면 δ는 감소하게 된다. 답 ㉮

25. 누화잡음 왜곡 등의 발생률이 낮고 전송특성의 질이 저하된 선로에서도 다중화를 할 수 있는 가장 이상적인 전송방식은?

㉮ AM 주파수 분할 다중 전송방식　　㉯ FM 주파수 분할 다중 전송방식

㉰ PCM 시분할 다중 전송방식　　㉱ PM 주파수 분할 다중 전송방식

해설 PCM 시분할 다중 전송방식은 비교적 전송 품질의 질이 저하된 선로에서도 다중화를 할 수 있으며, 누화잡음 왜곡 등의 발생률이 낮다.

답 ㉰

26. 다음 사항 중 일반적인 통신선로에서 선로의 길이에 관계되지 않는 것은?

㉮ 상호 임피던스　　㉯ 특성 임피던스

㉰ 절연저항　　㉱ 정전용량

해설 특성 임피던스는 선로의 종류에 따라 일정한 값(600[Ω], 50[Ω], 75[Ω])을 갖기 때문에 선로의 길이나 부하에는 관계가 없다.

답 ㉯

27. 2단자 임피던스의 허수부가 어떤 주파수에 관해서도 언제나 0이 되고 실수부도 주파수에 무관하게 항상 일정하게 되는 회로를 무엇이라고 하는가?

㉮ 정 저항 회로　　㉯ 정 리액턴스 회로

㉰ 정 인덕턴스 회로　　㉱ 정 임피던스 회로

해설 정 저항 회로는 임피던스의 허수부가 어떤 주파수에 관해서도 언제나 0이 되고 실수부도 주파수에 무관하게 항상 일정하게 되는 회로를 말한다.

답 ㉮

28. 다음 전송선로 중 케이블간의 혼선은 무시될 수 있는 정도이고 신호 세력의 감쇠나 전송 지연으로 인한 변화가 적은 매체는?

㉮ 나선(open wire)　　㉯ 와이어-페어(wire-pair)케이블

㉰ 동축 케이블　　㉱ 광케이블

해설 동축 케이블(coaxial cable) : 고주파용 1심 실드 선으로 케이블간의 혼선은 무시될 수 있는 정도이고 신호세력의 감쇠나 전송지연으로 인한 변화가 적은 매체로 고주파에서는 입출력 임피던스 매칭이 중요하기 때문에 50[Ω], 75[Ω] 등 케이블의 특성 임피던스가 규정되어 있는 기기가 많으며 크기에 맞는 케이블을 사용할 필요가 있다.

답 ㉰

29. 어느 중계 케이블의 잡음레벨을 알기 위하여 통화전압, 잡음전압을 측정하였더니 각각 45[V], 0.045[V]라고 한다. 잡음 레벨 [dB]는?

㉮ 30[dB]　　㉯ 40[dB]

㉰ 50[dB]　　㉱ 60[dB]

해설 [dB]에 대한 관계식을 이용하면 $20\log\frac{45}{0.045} = 20\log10^3 = 60$[dB]가 된다.

답 ㉱

30. 다음은 신호 대 잡음[S/N]비의 영향의 정도를 나타낸 것이다. 무 잡음 상태라고 볼 수 있는 것은 몇 [dB]인가?

㉮ 0　　㉯ 10

㉰ 30　　㉱ 60

해설 무 잡음 상태인 경우는 신호 대 잡음[S/N]비의 크기가 60[dB]인 경우로 이의 의미는 $S : N = 10^6 : 1$을 의미하게 된다.

답 ㉱

31. 전송선로의 무왜 조건이 되기 위해서 1차 정수 R, C, L, G의 관계식은?

㉮ $RL = 2CG$　　㉯ $RC = LG$

㉰ $RG = LC$　　㉱ $RG = 2LC$

해설 전송 선로에 존재하는 분포 정수의 관계가 $RC = LG$가 되는 경우를 전송선로의 무왜 조건이라고 한다.

답 ㉯

32. 다음의 손실들 중에서 동심선 케이블에 한해서 발생되는 손실은?

㉮ 레일리 산란손실　　㉯ 적외 흡수손실

㉰ 구조 불 완전손실　　㉱ 와류손실

해설 동심선 케이블에서 발생되는 손실로 여기서 와류 손실이란 동심선 케이블에 전파가 와서 닿으면 그곳에 자계가 형성되고 이 자계에 의해 전류가 생기가 되어 손실이 발생되는 것을 말한다.

답 ㉱

33. LAN에서 사용하는 UTP 케이블 등급 중 100Mbps의 통신 속도를 제공해주는 것은?

㉮ Category 2　　㉯ Category 3

㉰ Category 4　　㉱ Category 5

해설 미국 전자산업협회(EIA)는 품질에 따라 UTP 케이블의 등급을 매긴 표준을 개발했다. 품질에 따라 가장 낮은 것을 1로, 가장 높은 것을 7로 표시한다.

Category	대역폭	data rate	digital/analog	사용처
1	매우 낮음	100Kbps 이하	analog	전화
2	2MHz 이하	2Mbps	analog/digital	T1 라인
3	16MHz	10Mbps	digital	LAN
4	20MHz	20Mbps	digital	LAN
5	100MHz	100Mbps	digital	LAN
6	200MHz	200Mbps	digital	LAN
7	600MHz	600Mbps	digital	LAN

답 ㉱

34. 다음 고속 데이터 전송에 영향을 줄 수 있는 것이 아닌 것은?

㉮ 전송 선로의 접촉 저항 ㉯ 장하 케이블의 장하량

㉰ 전송 부호의 코딩 방식 ㉱ 하이브리드 코일

해설 하이브리드 코일(hybrid coil)은 동일 철심에 감겨 있는 3권선 변성기로 4선식 회선과 2선식 회선을 접속시키는 변성기라고 할 수 있다. **답** ㉱

35. 다음과 같은 2단망에서 AB 양단 간의 임피던스를 결정하여라. (사용되는 주파수 $\omega = 5000$ [rad/sec]라고 한다.)

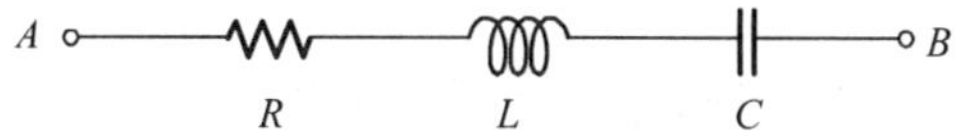

$$R = 20[\Omega], \quad L = 8[\text{mH}], \quad C = \frac{10^{-4}}{45}[\text{F}]$$

㉮ $20 + j36[\Omega]$ ㉯ $20 - j36[\Omega]$

㉰ $20 - j50[\Omega]$ ㉱ $20 + j50[\Omega]$

해설 합성임피던스 $Z = R + j\omega L + \dfrac{1}{j\omega C} = R + j\left(\omega L - \dfrac{1}{\omega C}\right)$

$$= 20 + j(5000 \times 8 \times 10^{-3} - \frac{1}{5000 \times \frac{10^{-4}}{45}})$$

$$= 20 + j(40 - 90)$$

답 ㉰

36. 다음 중 동축 케이블의 특징을 나타낸 것 중 적합하지 못한 것은?

㉮ 감쇠량은 $\sqrt{f}$ 에 비례하며 고주파 영역에서 감쇠량이 작아서 사용가능 주파수를 높게 할 수 있다.

㉯ 위상정수는 f^2에 비례한다.

㉰ 특성 임피던스는 주파수에 관계없이 일정하다.

㉱ 왜곡이 적으며 전력전송이 가능하다.

해설 감쇠정수 $\alpha = \sqrt{f}/d$, 위상정수 $\beta = \omega\sqrt{LC} = 2\pi f\sqrt{LC}$ **답** ㉯

37. 부하 임피던스가 600[Ω]인 회로에 특성 임피던스가 75[Ω]인 패드(pad)를 연결시키면, 이 때 정재파비(s) 및 반사계수(m)를 계산하여라.

㉮ $s = 0.77, m = 7.69$ ㉯ $s = 1.28, m = 6.32$

㉰ $s = 6.32, m = 1.28$ ㉱ $s = 7.69, m = 0.77$

해설 전송 선로 상에서 발생하는 반사계수는 $m = \dfrac{Z_L - Z_o}{Z_L + Z_o} = \dfrac{600 - 75}{600 + 75} = 0.77$이며 정합이 되지 않은

상태에서 보이게 되는 정재파비는 $S=\frac{1+|m|}{1-|m|}=7.69$으로 구해진다. **답** ㉱

38. 서울, 인천 간에 포설된 세심 동축 케이블의 특성 임피던스를 측정하였던바, 개방 임피던스는 25[Ω]이고, 단락 임피던스는 225[Ω]이었다. 이 케이블의 특성 임피던스(Z_0)는 얼마인가?

㉮ 225[Ω]
㉯ 250[Ω]
㉰ 25[Ω]
㉱ 75[Ω]

해설 $Z_0=\sqrt{\text{단락}\times\text{개방}}=\sqrt{225\times25}=75[\Omega]$ **답** ㉱

39. PCM 전송방식으로 가장 높은 다중화가 가능한 전송로는?

㉮ 음성 케이블
㉯ 반송 케이블
㉰ 동축 케이블
㉱ 도파관

해설 PCM 전송방식으로 가장 높은 다중화가 가능한 전송로 동축 케이블을 이용하는데 여기서 높은 다중화가 가능하게 되는 이유는 비교적 대역폭이 넓기 때문이다. **답** ㉰

40. 다음 설명은 광섬유 전송용의 전송로 부호로서 구비할 수 있는 조건을 열거한 것이다. 이 중 옳지 않은 것은?

㉮ 부호 계열 직류성분의 변동이 적을 것(광 전력의 일정성)
㉯ 광 신호에는 부의 값은 없으나 전기계와 같이 부의 신호가 사용되어야 할 것
㉰ 전송신호 열에 의존하지 않고 바른 전송이 가능할 것(BSI 조건)
㉱ 부호의 오류율의 파급 효과가 없을 것

해설 광섬유에서의 전송부호는 클록 주파수의 상승을 줄일 수 있어야 하며, 부호변환회로의 규모가 적고 그리고 특정부호의 연속을 방지하므로 비트 열의 독립적인 확보가 가능한 조건을 필요로 한다.
답 ㉯

41. 광섬유 제조 과정에서 발생하는 손실은 다음 중 어느 것인가?

㉮ 구조의 불완전성에 의한 손실
㉯ 열적 흔들림, 조성의 흔들림에 의한 레일리 산란손실
㉰ 분자진동에 기인하는 적외선 흡수손실
㉱ 전자변이에 기인하는 자외선 흡수손실

해설 전송거리를 제한하는 요소로서 자유공간의 손실 외에도 광섬유 재료 및 구조적 손실이 있으며 산란손실과 흡수손실은 광섬유 자체가 갖는 손실을 나타낸다.

- 산란 손실 : 빛이 파장크기의 알갱이에 부딪힐 때 산란되기 때문에 생기는 손실
- 흡수 손실 : 광 섬유에 포함된 여러 가지 불순물에 의한 흡수로 광 출력이 광섬유 내에서 일부가 열로 유실되는 현상

- 구조 불안정에 의한 손실 : 광 섬유 내 도파구조의 불균일에 의해서 생기는 구조 불안정이 있으면 모드변환이 발생하며 도파에너지의 일부가 코어 밖으로 나가는 방사모드로 변환되기 때문에 생기는 손실
- 마이크로밴딩 손실 : 광 섬유의 측면에서 불규칙적인 압력이 가해졌을 때 도파모드의 광 출력을 광섬유 코어 밖으로 산란 또는 복사 시키는 현상

답 ㉮

42. 진공 중에서 광속도와 전자파 속도를 비교한 설명들 중에서 맞는 것은?

㉮ 광속도와 전자파 속도는 완전히 동일하다.

㉯ 광속도가 더 빠르다.

㉰ 전자파 속도가 더 빠르다.

㉱ 광이 더 빠를 때도 있고 전자파가 더 빠를 때도 있다.

해설 진공 상태에서의 광속도와 전자파 속도는 동일하다.

답 ㉮

43. 광파이버의 기본적 성질을 표시하는 광학 파라미터는?

㉮ 외경 ㉯ 편심률

㉰ 비원율 ㉱ 개구수

해설 외경, 편심률, 비원율은 구조적 파라미터에 해당되며, 수광각, 개구수, 규격화 주파수는 광학적 파라미터에 해당한다.

답 ㉱

44. 광파이버로 입사된 광은 전달속도가 다르기 때문에 파형이 순간적으로 넓어지는 분산현상이 나타난다. 무슨 분산이라고 하는가?

㉮ 색 분산 ㉯ 모드 분산

㉰ 재료 분산 ㉱ 구조 분산

해설 광파이버의 굴절률이 전파하는 광의 파장에 의해 변화함으로써 생기는 파형의 퍼짐을 색 분산이라고 하며 색 분산에는 재료 분산과 구조 분산으로 구분된다. 전송거리에도 관계되므로 분산에 의한 전송거리가 제한된다. 여기서 분산의 형태에 대한 특징을 정리하면 다음과 같다.

- 모드 분산 : 다중 모드 전파에서 모드에 따라 전송속도가 다르기 때문에 발생하는 파형이 벌어지는 현상으로서 인접 심벌간의 간섭이 발생하므로 대역폭이 제한된다. 이를 줄이기 위해 언덕형(GI형) 광섬유를 사용한다.
- 재료 분산 : 광 섬유 재료인 유리의 굴절 율이 재료의 불균일로 인하여 다르게 나타날 때 빛의 관내파장이 다르기 때문에 장거리를 진행한 광파의 파장이 흐트러지는 현상
- 구조 분산 : 광 섬유의 구조변화로 인하여 광섬유의 축이 변함으로써 빛의 파장에 따른 반사각이 흐트러짐으로 모드 간 도착시간이 변하게 되는 현상

답 ㉯

45. 광파이버의 전송특성의 하나인 불순물 이온에 의한 것으로 생기는 광 손실은?

㉮ 흡수 손실　　　　　　　　　　　㉯ 산란 손실

㉰ 마이크로 밴딩 손실　　　　　　㉱ 굽힘 손실

해설 흡수 손실은 광섬유의 불순물에 의한 손실을 말한다. 그리고 산란 손실은 광섬유 내에 도파하는 광선이 코어 내에서 직진하지 못하고 여러 곳으로 흩어지는 현상에 의한 손실을 말한다.

답 ㉮

46. 발광 소자에서 파장이 다른 광 신호를 광 합파기로 결합하고 광분파기로 분리하여 전송하는 다중화 방식은?

㉮ FDM　　　　　　　　　　　㉯ TDM

㉰ SDM　　　　　　　　　　　㉱ WDM

해설 파장분할 다중전송방식(WDM)은 쌍방향 전송이 가능하며 아날로그와 디지털 신호 모두 동시에 전송이 가능하다.

답 ㉱

47. 광섬유 통신방식에서 사용하는 레이저 광선의 설명으로 틀린 것은?

㉮ 단색광(單色光)이다.

㉯ 파장은 약 1[μm](0.85~1.55)정도이다.

㉰ 열이 없는 냉광이다.

㉱ 우주선 영역에 속한다.

해설 광통신이 사용되는 주파수는 10^{14}~10^{16}[Hz]이고 파장은 1[μm]이며, 가시광선에서 적외선 영역에 해당되며 레이저광의 특징으로는 단색성을 갖거나, 고 휘도이며 저항성을 갖는다. 즉, 레이저광은 좁은 스펙트럼의 단색광이거나, 단일의 선스펙트럼이다.

답 ㉱

48. 다음 전송로의 특징을 서술한 내용이다. 이에 해당하는 전송로는?

- 저 손실, 장거리 전송이 용이하다.
- 광대역, 대용량 전송이 용이하다.
- 무유도성으로 외래 잡음이 적다.
- 분기 디바이스 등 미개발 부품이 많다.

㉮ 평형 케이블　　　　　　　　㉯ 무장하 케이블

㉰ 광파이버　　　　　　　　　　㉱ 동축 케이블

해설 광섬유의 특징

- 저 손실, 장거리 전송이 용이하다.
- 광대역, 대용량 전송이 용이하다.
- 무유도성으로 외래 잡음이 적다.
- 분기 디바이스 등 미개발 부품이 많다.

- 손실과 분산이 존재한다.
- 광섬유는 외부의 전자파에 의한 간섭이나 혼신이 없고 도청이 곤란하다.
- 소형 · 경량으로서 굴곡에도 강하다.
- 하나의 광섬유에 많은 통신회선을 수용할 수 있고 외부환경의 변화에도 강하다.
- 더구나 재료인 유리의 원료는 대단히 풍부하므로 효용도가 높다.

답 ㉰

49. 다음의 그림은 광선의 전반사 현상을 나타낸다. 이 때 임계각 θ_c의 식으로서 맞는 것은? (여기서 n_1과 n_2는 유전체, Ⅰ, Ⅱ의 굴절률, $n_1 \rangle n_2$이다.)

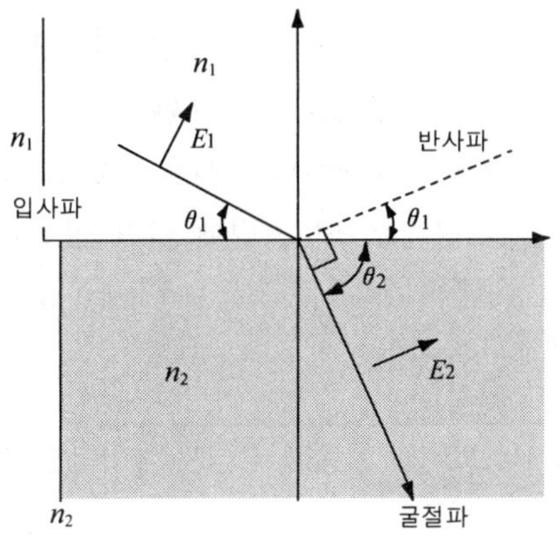

㉮ $\theta_c = \cos^{-1}\left(\dfrac{n_2}{n_1}\right)$　　　㉯ $\theta_c = \cos\left(\dfrac{n_2}{n_1}\right)$

㉰ $\theta_c = \cos^{-1}\left(\dfrac{n_1}{n_2}\right)$　　　㉱ $\theta_c = \cos\left(\dfrac{n_1}{n_2}\right)$

해설 임계각을 전반사 보각이라고 하며, $\sin^{-1}$으로 표시하는 경우 $\theta_c = \sin^{-1}\left(\dfrac{n_2}{n_1}\right)$가 된다.

답 ㉮

50. 다음 중 광통신 시스템에서 발생하는 특유의 잡음은?

㉮ 양자화 잡음　　　㉯ 열 잡음

㉰ 모드 분배 잡음　　　㉱ 오부호 잡음

해설 모드 분산은 다중 모드형 광섬유에서 각 모드의 전파 경로가 다르게 되어 출력측에 도달하는 시간이 달라서 발생하게 되는 현상을 말한다.

답 ㉰

51. 다음 중 광섬유 통신이 갖는 특징에 해당되지 않는 것은?

㉮ 전자유도의 영향을 심히 받으므로 비화통신이 불가능해 이를 위한 보완장치가 필요하다.

㉯ 광원과 광섬유의 커플링(coupling)이 용이하지 않으므로 렌즈를 사용하는 특수한 기술

등이 필요하다.

㉰ 캐리어 주파수가 높아서 광대역 전송이 가능하다.

㉱ 신호의 감쇠가 적고 소형 경량이므로 대도시의 국간중계 선로에 경제적으로 이용할 수 있다.

해설 광섬유 케이블은 저 손실, 광대역, 비전도성, 통신회선의 소형화, 자원이 풍부하다. 그리고 접속이 용이하지 않게 되는 특징을 갖는다. **답** ㉮

52. 광통신 방식에 대한 다음 설명 중 틀린 것은?

㉮ 단파장 광통신은 파장이 1[μm]보다 짧은 광을 이용한다.

㉯ 장파장 광통신은 단일모드 광케이블을 이용한다.

㉰ 다중모드 광통신은 단일모드 광통신방식보다 다중화 전송상의 장점이 있다.

㉱ SI(Step Index) 광섬유는 광 코어의 반경에 따라 굴절률의 변화를 준 것이다.

해설 광 코어의 반경에 따라 굴절률의 변화를 준 것은 GI(Graded Index)에 해당되며, 단파장은 0.85[μm]대 장파장은 1.3[μm]대이다. **답** ㉱

53. 광섬유 케이블 심선에 있어서 코어의 굴절률을 점차 높이면(증가시키면) 통화용 레이저 광선의 전파속도는 어떻게 변화되는가?

㉮ 점차 빨라진다. ㉯ 점차 늦어진다.

㉰ 전혀 불변이다. ㉱ 주기적으로 빨라졌다 늦어졌다 한다.

해설 광속도 C, 굴절률을 η로 하는 경우 전파속도 $v=\dfrac{C}{\eta}$인 관계에서 코어의 굴절률을 점차 높이면(증가시키면) 통화용 레이저 광선의 전파속도는 점차 늦어지게 된다. **답** ㉯

54. 그레디드형 다중모드 파이버의 설명 중 옳은 것은?

㉮ 광이 코어 내부를 직진한다.

㉯ 모드 분산이 생긴다.

㉰ 코어의 굴절률 분포가 2승 분포이다.

㉱ 굴절률이 다른 크래드와의 경계면에 전반사를 한다.

해설
- 코어의 지름이 수μm인 것을 단일모드 광섬유라고 한다.
- 코어의 지름이 수십μm인 것을 다중모드 광섬유라 하고, 코어의 굴절률 분포에 따라 계단형과 언덕형 광섬유 등으로 구분된다. **답** ㉱

55. 광케이블의 장점을 설명한 것 중 적합하지 못한 것은?

㉮ 광대역성이다. ㉯ 저 손실이다.

㉰ 전력유도(상시유도)를 받지 않는다.　　　㉱ 전파속도가 느리다.

해설 광섬유의 특징으로는 대역폭이 매우 넓으며, 고속 전송이 가능하면 외부에 의한 전기적인 유도 방해를 받지 않는다. 답 ㉱

56. 다음 중 광 아이솔레이터에 요구되는 성능이라고 볼 수 없는 것은?

㉮ 순방향 손실이 작은 것

㉯ 역방향 손실이 큰 것

㉰ 온도변화에 강하고 경량으로 가격이 저렴한 것

㉱ 역방향 손실이 작은 것

해설 아이솔레이터(Isolator)는 광이 한쪽 방향으로만 진행하도록 하는 소자를 말한다.
여기서 광 아이솔레이터(Optical Isolator)는 역 반사 또는 역방향으로 산란되어 광의 진행방향에 대해 반대 방향으로 진행하는 광을 차단 또는 억제시키는 소자이다. 반사되어 되돌아오는 광 신호는 광신호가 입력 단으로 되돌아가 전송 효율을 떨어지게 하거나, 광 부품을 손상시키는데 이를 막아주기 위해 사용한다. 답 ㉱

57. 디지털 광통신방식에서 레이저 광선의 변조를 위해 현재 주로 사용되는 변조방식은 어떤 것인가?

㉮ IM(Intensity Modulation)

㉯ FSK(Frequency Shift Keying)

㉰ WDM(Wave1engh Division Multiplexing)

㉱ FM(Frequency Modulation)

해설 IM/DD(Direct Detection)는 디지털 신호인 0과 1에 따라 광세기를 ON/OFF 상태로 스위칭하는 방법을 적용하는 것으로 광섬유를 통하여 신호를 전송하기 위해서는 적절한 방법으로 전기 신호를 광신호로 변환하는 광 송신기, 전송된 광 신호를 받아서 다시 원래의 신호로 재 변환하는 광 수신기를 말한다.

참고 광 코히런트(optical coherent) 전송기술은 기존의 광의 ON/OFF에 의한 강도 변조(IM)에 비해 수신감도가 10~20[dB] 정도 향상된다. 이는 IM의 경우보다도 무 중계 거리를 보다 길게 할 수 있으며, 주파수 다중도 가능하여 다 채널화를 실현할 수 있다는 장점을 지니게 된다. 답 ㉮

58. 다음 전송선로 중 대역폭이 가장 넓은 전송매체는?

㉮ twist pair cable　　　㉯ base band coaxial cable

㉰ CATV coaxial cable　　　㉱ fiber optics cable

해설 광섬유의 대표적인 특징이라면 대역폭이 매우 넓은 전송매체라는 것이다. 답 ㉱

59. 광통신 전송로의 특징이라고 볼 수 없는 것은?

㉮ 긴 중계기 간격　　㉯ 대용량 전송
㉰ 협대역　　㉱ 비전도성

해설 광통신 전송로의 대표적인 특징이라면 전송 대역폭이 매우 넓다는 것이다. 답 ㉰

60. TV 위성을 쏘아 올릴 때 위성간의 간격은 몇 도로 하여야 하는가?

㉮ 4°　　㉯ 6°
㉰ 8°　　㉱ 10°

해설 일반적으로 TV 위성을 쏘아 올릴 때 위성간의 간격은 6° 정도이다. 답 ㉯

61. 다음 중 송신선로의 레벨을 넓게 잡음신호처럼 확산시키는 다중통신 방식은?

㉮ 시분할 다중통신　　㉯ 주파수분할 다중통신
㉰ 부호분할 다중통신　　㉱ 공간분할 다중통신

해설 대역 확산처리의 장점으로는 선택적 어드레싱, 메시지의 비밀유지, 그리고 저밀도 전력 스펙트럼을 들 수 있다. 답 ㉰

62. 여러 개의 타임 슬롯(time slot)으로 하나의 프레임이 구성되며 각 타임 슬롯에 대해 채널을 할당하여 다중화하는 방법을 무엇이라고 하는가?

㉮ TDMA　　㉯ CDMA
㉰ FDMA　　㉱ CSMA/CD

해설 TDMA(time division multiple access)는 통신에서 하나의 중계기에 여러 사용자가 접속하여 동시에 데이터를 송수신 할 수 있게 해주는 기술로 동일한 주파수를 시간으로 분할하여 운용하는 방법을 말한다. 답 ㉮

63. 다음 중 동축케이블의 응용분야로 적당하지 않은 것은?

㉮ CATV 전송로　　㉯ 시내 전화 케이블
㉰ 측정 장비용 케이블　　㉱ 해저 케이블

해설 시내 전화 케이블로는 기존의 음성 케이블이 사용되며 동축케이블은 광대역이 필요한 CATV, LAN, 해저케이블 등에 사용된다. 답 ㉯

64. 다중모드 광섬유의 설명으로 틀린 것은?

㉮ 코어 내를 전파하는 모드가 여러 개다.
㉯ 모드와 모드 사이에 간섭이 있다.
㉰ 단일모드 광섬유에 비해 고속·대용량 전송에 사용한다.
㉱ 코어의 직경이 커서 단일모드 광섬유에 비해 접속이 쉽다.

해설 다중모드 광섬유는 다음과 같은 특징을 갖는다.

- 전송되는 모드가 여러 개이다.(HEli, TEmn, TMmn)
- 모드 간 간섭이 존재한다.
- 따라서 저속 단거리 광케이블로 사용된다.
- 단일모드 광섬유에 비해 직경이 크므로 제조 및 접속이 용이하다.

답 ㉰

65. 지구 전체를 커버(cover)할 수 있는 위성의 개수는?

㉮ 3개 ㉯ 4개
㉰ 5개 ㉱ 6개

해설 한 개의 위성이 120° 정도를 커버할 수 있으므로 3개면 전 세계를 커버할 수 있다. 답 ㉮

66. 우리나라 TV 방송방식과 1대당 할당 주파수를 나타낸 것은?

㉮ NTSC, 8[MHz] ㉯ NTSC, 6[MHz]
㉰ PAL, 6[MHz] ㉱ SECAN, 6[MHz]

해설 TV 방식으로 이용되는 NTSC, PAL 그리고 SECAM 방식의 특성 비교

구 분	NTSC	PAL	SECAM
개발한 나라	미국	서독	프랑스
주사선 수	525	625	625/819
초당프레임 수	30개	25개	25개
대역폭	6 [MHz]	8[MHz]	8[MHz]
사용하는 나라	미국, 한국, 일본 등	독일, 북한, 서방국가 등	프랑스, 소련 등
특 징	대역폭이 적어, 다채널이 가능하며, 영상이 정밀 하지 않음	다채널화가 곤란하며, 영상이 정밀하다.	PAL 방식과 유사

답 ㉯

67. 전송선로의 임피던스 정합조건을 바르게 설명한 것은?

㉮ 임피던스의 크기는 같고 위상도 같아야 한다.
㉯ 임피던스의 크기는 같고 위상은 반대이어야 한다.
㉰ 임피던스의 크기는 다르고 위상이 같아야 한다.
㉱ 임피던스의 크기가 다르고 위상도 반대이어야 한다.

해설 $Z_o = Z_i$일 때 임피던스 정합이 되었다고 한다. 여기서 임피던스 정합을 행하는 이유는 부하에 최대전력이 전달되도록 하기 위해서이다.
따라서 $Z_o = Z_i$에 대한 관계식을 나타내면 $Z_o + jX_o$, $Z_L = R_L + jX_L$ 관계에서 $R_o = R_L$, $X_o = -X_L$(또는 $X_L = -X_o$)일 때를 말한다. 즉, 크기가 같고 위상이 반대이어야 한다는 것을 의미한다. 이러한 관계를 서로 공액 관계에 있다고 한다. 답 ㉯

68. 동축 케이블에서 반사 현상이 생기는 주요 원인으로 가장 타당한 것은?

㉮ 케이블 접속점에 임피던스 불균등점이 발생한 경우

㉯ 내 · 외부 도체간의 절연체로 폴리에틸렌을 사용한 경우

㉰ 케이블의 외부도체를 철 테이프로 감았을 때

㉱ 케이블의 외부피복을 코팅처리 하였을 때

해설 동축케이블에서의 반사는 주로 케이블과 케이블과의 접속점이 불균일함으로써 즉, 임피던스 불균등이 생겨 발생한다. 임피던스 불균등에 의한 반사는 케이블에 정재파가 존재하게 하여 전송효율이 떨어지게 하거나 수신단에서의 신호에 찌그러짐이 나타나게 한다.

답 ㉮

69. 전송선로의 무 왜곡 전송조건에 대한 설명으로 틀린 것은?

㉮ 전송대역의 전 주파수 대역에 걸쳐서 특성 임피던스가 일정해야 한다. 위상정수가 전송채널의 주파수에 대해서 일정해야 한다.

㉰ 전송대역의 전 주파수 대역에 걸쳐서 감쇠정수가 일정해야 한다.

㉱ 감쇠량 최소 조건과 동일하다.

해설 위상 정수 β의 정의는

$$\beta = \frac{2\pi}{\lambda}$$

으로 이는 파장에 따른 각의 변화정도를 나타내는 것으로 주파수에 따라 파장이 변화하고 있음을 알 수 있다.

답 ㉯

70. 현재의 이동 통신이 발달하게 된 근본적인 원인이라고 할 수 있는 내용은?

㉮ 핸드오프의 적용

㉯ 주파수 재사용 개념의 탄생

㉰ 셀의 광역화

㉱ 대역 확산 기술의 발달

해설 일반적으로 셀룰러 이동 통신의 특징을 설명하는 경우에 이용되는 용어로 주파수의 재사용, 핸드오프 기술, 대역 확산, 전력 제어 등을 들 수 있다. 여기서 주파수 재사용은 주파수간의 간섭 효과를 무시될 수 있도록 충분한 거리를 두고 동일한 주파수 대역을 재사용하는 개념을 말한다.

답 ㉯

71. 현재 우리나라의 셀룰러 통신 차량 및 휴대용 차량과 관계없는 내용은?

㉮ AMPS 방식을 채택하고 있다.

㉯ 변조 방식으로 AM을 적용하고 있다.

㉰ 데이터 전송 속도는 10[kbps]정도이다.

㉱ 채널 간 주파수 간격은 30[kHz]이다

해설 국내에서 이용되는 셀룰러 이동 통신 시스템은 미국의 AMPS 방식을 이용하며, 우리나라에서 사용하고 있는 이동 전화의 사용 주파수대는 UHF 대역이며, 우리나라의 이동 통신용으로 할당된 주파

수 대역을 고려하면 아날로그 및 셀룰러용으로 800[MHz] 대의 24[MHz]를, PCS용으로 17～18[GHz] 대의 30[MHz]를 그리고 IMT2000용으로 18～22[GHz]대의 230[MHz]를 이용한다. 등을 들 수 있다. 아날로그 셀룰러 방식에서 디지털 셀룰러 방식으로 전환하는 경우에 필요한 내용으로 이동 전화 가입자의 증가, 한정된 주파수 대역, 주파수 재사용으로 인한 통화 품질 약화 등을 들 수 있다. 한편 아날로그 시스템과 비교한 디지털 셀룰러 시스템의 특징으로는 통화 품질 향상, 스펙트럼의 효율적 사용, 통신 보안이 용이하다. 셀(Celll)방식 자동차 전화(Car Phone)의 통신에서 문제가 되는 것으로 다중 경로 페이딩, 채널 간 간섭, 임펄스성 잡음 등을 들 수 있다. 즉, 이동 통신에서 간섭을 일으키는 가장 큰 원인은 페이딩, 간섭, 잡음 등을 들 수 있다. 답 ㉯

72. 이동통신 시스템의 한 형태인 AMPS에 대한 설명으로 틀린 것은?

㉮ 주파수 분할 다중 접속(FDMA) 방식 기반이다.

㉯ 아날로그 음성통신 방식으로 데이터 통신이 가능하다.

㉰ 잡음이 많이 발생한다.

㉱ 주파수 효율에 문자가 많다.

해설 AMPS는 FDMA 방식 기반으로 CDMA 방식 이전에 사용하던 이동통신 방법이다. 아날로그 음성통신 방식으로 데이터 통신이 불가능하며, 잡음이 많이 발생하고, 각 사용자마다 주파수를 할당해줘야 하기 때문에 주파수 효율에 문제가 많다. 답 ㉯

73. 이동 통신 시스템을 설명하는 경우에 이용되는 존(zone)에 대한 설명으로 올바른 내용은?

㉮ 한 무선 교환국이 수용할 수 있는 트래픽 범위 지역을 말한다.

㉯ 이동 통신 시스템이 제공할 수 있는 전체 서비스 영역을 말한다.

㉰ 자동차 전화 시스템 망이 일반 전화망으로 제공할 수 있는 구역을 말한다.

㉱ 한 무선 기지국이 담당하는 범위인 무선 통신 구역을 말한다.

해설 이동 통신에서는 넓은 범위의 서비스 영역을 몇 개로 분할하여 각각에 기지국을 배치하는 방법을 사용하는데 이 경우에 분할된 각 영역을 존(zone) 이라고 한다. 셀룰러 이동 통신 시스템의 특징은 주파수 재사용의 효율성, 대용량 가입자 수용, 경제적 통신 서비스 형성, 통화량 밀집에 대한 적응성, 주파수 스펙트럼 효율성 증가 등을 들 수 있다. 답 ㉱

74. 이동 통신 시스템을 구성하는 구성 요소로 이용되지 않는 것은?

㉮ 이동 단말기　　㉯ 기지국

㉰ 이동 교환기　　㉱ 데이터 처리 장치

해설 이동 통신 시스템의 기본 구성 요소로 이동국(MS, 무선 전화 단말 장치)는 이동체에 설치되는 통신 장비를 말하며, 기지국(BS)으로 무선 교환국과 이동국간을 연결하는 역할로 안테나, 송수신기, 제어 부분으로 구성되며 발착신 신호 송출 기능, 통화 채널 지정 및 감시 기능 그리고 자기 진단 기능을 갖는다.

- 이동 전화 단말기(MS) : 구성 요소로 크게 무선부(송수신부, 주파수 합성기, 안테나 공용부 안테나), 제어부(베이스 밴드부, 메인CPU부, 인터페이스부)으로 구분된다.
- 무선 교환국(MTSC) : 일반 공중 전화망과 이동 통신망을 접속하는 역할로 통화 절체 기능, 기지국의 제어, 위치 검출 및 등록 기능 그리고 통화 상대 번호, 과금 등과 관련된 정보의 기록 저장 기능을 담당하며, 감시 및 호 처리, 공중망과의 연결 그리고 HLR(Home Location Register) 등을 들 수 있다.

  여기서 HLR은 고정되어 있는 가입자 정보를 저장하는 DB로 가입자의 상세 프로파일(Profile), 위치 정보 등을 저장(이동국의 현재 위치에 대한 정보가 가장 중요한 정보)하게 된다.

답 ㉣

75. 이동 통신 시스템의 구성 요소 중 기지국의 운용상 서비스 범위를 보다 확대하는 방법과 거리가 먼 내용은?

㉮ 다이버시티 수신기를 사용한다.

㉯ 송신 출력을 보다 높게 한다.

㉰ 안테나의 높이를 높게 한다.

㉱ 고 이득 무지향성 안테나를 이용한다.

해설 이동통신 기지국에서의 서비스 범위 확대 방법으로 고 이득 안테나를 이용하거나, 중계기를 사용하거나, 저 잡음 지향성 안테나를 이용한다. 여기서 이동통신 기지국의 서비스 범위 확대 방법으로는 송신 출력을 높이거나, 안테나의 높이를 높이거나 다이버시티 수신기를 사용한다. 서비스 반경을 넓게 하는 것과는 무관하다.

답 ㉣

76. 이동통신 시스템의 구성 요소 중 무선 교환국에 대한 설명으로 적합하지 않는 것은?

㉮ Home money, Processor, Switching network로 구성되어 있다.

㉯ 일반전화망과 이동통신망을 접속하여 주는 임무를 수행한다.

㉰ 통화 절체 기능(Hand-off)을 담당한다.

㉱ 발착신 신호 송출 기능을 담당하게 된다.

해설 무선교환국에서 발, 착신 신호 송출기능은 하지 않는다. 이동 통신 시스템에서 무선 교환국은 일반 공중 전화망과 이동 통신망을 접속하는 역할을 하며 주요 기능으로는 통화 절체 기능, 위치 검출 및 등록 기능 통화 상대 번호 그리고 과금과 관련된 정보의 기록 저장 기능 등이 있다. 문제의 보기 중 발착신 신호 송출 기능은 기지국에서 담당하는 기능이다.

답 ㉣

77. 셀룰러 시스템을 최적으로 운용하기 위해서 적용되는 핸드오프 기술에 대한 설명으로 적합한 것은?

㉮ 가입자가 이동 중 소속된 셀에서 다른 셀로 이동할 때 연속적으로 서비스를 받도록 변경시키는 기능이다.

㉯ 사용자가 가입된 사업자 영역을 벗어나 타 사업자 영역에서 서비스를 받는 기능을 말한다.

㉰ 외국인이 한국에서 서비스가 가능하도록 지원하는 기능이다.

㉱ 인공위성을 이용하여 세계 전체를 한 서비스권으로 하는 기능이다.

해설 셀룰러 시스템에서 말하는 Hand-off 즉, 통화 채널 전환이란 통화자가 전화를 걸면서 한 기지국에서 인접 기지국으로 이동할 때 이 두 기지국은 서로 다른 주파수를 사용하고 있지만 통화자가 거의 인식할 수 없는 상태에서 단말기의 주파수가 자동적으로 새로운 기지국의 주파수로 변경해서 통화가 중단되지 않고 계속적인 통화가 가능하도록 하는 기술을 말한다. 이동 통신 시스템에서 핸드오프의 기능을 담당하는 곳은 이동 전화 교환국이다. 이동 전화 교환국(Mobile Switching Center)은 이동 통신망과 일반 전화망 혹은 다른 이동 통신망의 이동 전화 교환국 사이의 사용자 트래픽을 위한 접속점을 구성하는 시스템으로 고정망과 이동망을 연동하여 이동 통신 가입자에게 회선 교환 서비스를 제공하는 교환 장치로 부가적인 서비스로 이동 장소를 변경하여도 통신 서비스를 연속적으로 제공하는 핸드오프 기능을 담당한다. **답** ㉮

78. 셀룰러 방식에서 주파수 재사용 계수 K를 3으로 하는 경우 셀의 반지름이 R이면 주파수 재사용 거리 D는?

㉮ 3R　　㉯ 4R

㉰ 5R　　㉱ 6R

해설 주파수 재사용을 위한 셀의 반지름을 R, 재사용 계수를 K라고 하면 주파수 재사용 거리 D와의 관계식을 적용하면

$$D = \sqrt{3K}\, R = 3R$$

이며, 모든 기지국의 송신 출력이 같을 때는 재사용 계수 K 값이 커질수록 주파수 재사용 거리 D가 증가한다.

한편, 셀룰러 통신에서 셀 재 사용률 K=4 이며, 6 sectorizing 배치를 할 때 총 sector 수는 24개이다. **답** ㉮

79. 이동 통신 시스템을 구성하는 요소 중에서 일반적으로 사용되는 안테나의 형태는?

㉮ 롬빅(Rhombic) 안테나　　㉯ 카세그레인(Cassegrain) 안테나

㉰ 야기(Yagi) 안테나　　㉱ 무지향성 안테나

해설 일반적으로 이동 통신 시스템에서 흔히 사용되는 안테나는 무지향성 안테나이며, 이동 통신 시스템의 이동국과 기지국에서 이용되는 안테나의 형태는 이동국 안테나로 휩(whip) 안테나, 슬리브(Sleeve) 안테나 등을, 기지국 안테나로 브라운 안테나, 디스콘 안테나, 코너 리플렉터 안테나 등을 이용하고 있다. **답** ㉱

80. 이동 통신 시스템에서 이용되는 셀의 형태가 정 6각형이 되도록 하는 이유에 대한 설명으로 부적합한 내용은?

㉮ 셀의 면적을 작게 하기 위해서

㉯ 간섭 감소 효과를 고려해서

㉰ 사각 지대 해소를 위해서

㉱ 중첩되는 부분이 적어 기지국 숫자의 감소를 위해서

해설 셀의 형태로 정 6각형을 이용하는 경우가 셀의 면적이 가장 크다. **답** ㉮

81. 다음의 내용을 설명하는 것으로 적합한 것은?

> "가입 이동 전화 서비스 대상 이외의 지역을 여행할 때 여행 중인 해당 지역 시스템을 이용하여 서비스를 받을 수 있도록 무선 접속이 가능하게 하는 것"

㉮ 상호접속　　㉯ 로밍(roaming)

㉰ 핸드 오프(Hand-off)　　㉱ 주파수 재사용

해설 로밍은 서비스 관리 지역을 달리하는 시스템의 서비스 영역에서 통화를 가능하게 하는 것이다. 이 서비스가 가능하려면 우선 관련 사업자간에 협정이 체결되어야 하고 상호 동일한 방식의 시스템이어야 한다. **답** ㉯

82. 이동 통신 채널의 특징은 다양한 전송 경로에 따라 간섭이 발생하여 수신 신호 레벨의 변동이 발생하게 되는 것과 관계가 밀접한 내용은?

㉮ 도플러 현상　　㉯ 페이딩

㉰ 지연 확산 현상　　㉱ 채널 간섭 문제

해설 수신점에서 발사한 전파의 도달 과정이 여러 경로를 통하여 도달하게 되어 전파 상호간에 간섭이 발생하는 수신점에서 수신 전계 강도의 세기가 변화하게 되는 현상을 간섭성 페이딩이라고 한다. 일반적으로 간섭성 페이딩을 방지하는 기술로 공간다이버시티 및 주파수다이버시티를 사용하거나, 수신기에 레이크 수신기를 사용하거나 다수의 반송파를 사용한다. **답** ㉯

83. 다원 접속 중에서 동일 주파수 대역에서 가장 큰 접속 용량을 가지는 방식은?

㉮ CSMA　　㉯ CDMA

㉰ TDMA　　㉱ FDMA

해설 다중화와 다원 접속 방식으로 TDM은 주로 디지털 통신에 CDMA 디지털 통신에 주로 사용한다. 채널 접속 중에서 동일 주파수 대역으로 가장 용량이 큰 접속(Access) 방법은 CDMA이다. CDMA은 이동 통신 시스템으로 개발되고 있는 디지털 이동 전화 방식으로 대역 확산 통신방식을 사용하고 있다. 여기서 각각의 다원 접속 기술의 형태로 TDMA은 사용 가능한 시간 대역을 여러 개의 타임 슬롯(Time slot)으로 분할하여 다원 접속하는 방식이며, FDMA은 송신측에서 주파수 대역폭을 세분화하여 다수 가입자를 수용하는 방식이다. 그리고 CDMA은 직접 확산(DS)과 같은 대역 확산 통신 방식을 사용하여 페이딩 혹은 재밍(Jamming)의 영향을 감소시키기 위한 다원 접속 기술을 말한다. Tune-in하기 위해 BPF로 수신 신호를 여파하는 방법을 사용하는 다원 접속 기술로 FDMA을 이용하는데 FDMA 수신측에서 Tune-in(자기가 원하는 채널만 선택하는 것)하기 위해 BPF로 필터링을 행한다. 이와 같은 FDMA은 전체 망 통기를 행함으로써 성능을 향상하는 것이 가능하며, 사용 가능한 주파수 대역폭을 분할하여 다원 접속을 행하는 방식이다. 그리고 주파수 대역폭을 분할하여 사용하기 때문에 상호 변조 잡음이 존재한다. 답 ㉯

84. 이동 통신에 사용되는 TDMA 방식이 다른 다원 접속 방식에 비해 갖는 장점이라고 할 수 없는 것은?

㉮ 기지국 및 이동국 등을 소형화할 수 있다.

㉯ 상호 변조가 감소하게 된다.

㉰ 이중화(Duplexer)를 필요로 하지 않는다.

㉱ 채널을 사용하지 않을 때는 발사하지 않는다.

해설 TDMA은 시간적으로 분할된 버스트(burst)를 위성 중계기에서 서로 중첩되지 않게 사이에 삽입시켜 여러 지상국들에 의해 위성 중계기를 공유할 수 있도록 만든 위성 통신의 회선접속 방식을 말한다. 답 ㉱

85. 다음은 대역을 확산하는데 이용되는 PN 부호에 대한 설명이다. 거리가 먼 내용은?

㉮ 잡음인 것 같지만 일정한 주기를 갖는다.

㉯ 백색 잡음과 유사한 스펙트럼의 형태이다.

㉰ PN 코드를 이용해서 가입자를 구별한다.

㉱ 상호 상관 함수가 1이다

해설 대역을 확산하는데 이용되는 PN 부호는 잡음인 것 같지만 일정한 주기를 가지며, 백색 잡음과 유사한 스펙트럼을 형태로 PN 코드를 이용해서 가입자를 구별한다. 그리고 PN 부호의 상호 상관 함수가 0이다. 답 ㉱

86. 대역 확산의 한 형태인 직접 확산(DS, Direction Sequence) 방식에서 적용하고 있는 디지털 변조 방식은?

㉮ QAM　　㉯ PSK

㉰ FSK　　㉱ ASK

해설 스펙트럼 확산 통신은 전력 스펙트럼 밀도를 낮게 해서 전송하므로 간섭이나 페이딩에 강하며, 다수의 사용자에 의한 불규칙한 다원 접속이 가능하며, 무선 채널을 통해 전송되는 정보를 비우호적인 제 3자가 수신하는 것을 방지할 수 있으며, 정보의 스펙트럼을 광역의 주파수 대역으로 확산하여 전송한다. 대역 확산을 위해 이용되는 통신 방식의 형태로 DS(Direction Sequence), FH(Frequency Hopping), TH(Time Hopping), chirp, Hybrid(DS/FH 방식을 많이 이용) 등을 이용한다. CDMA에서 직접 확산(DS) 방식에 이용되는 디지털 변조 방식으로 PSK를 이용하며, 주파수 호핑(FH)의 경우는 FSK를 이용한다.

대역 확산으로 이용되는 주파수 호핑 방식에서 1차 변조 방식으로 비동기 FSK 변조 방식을 사용하는 이유는 위상의 동기 문제 등을 고려한 것이다. 답 ㉯

87. 다음은 위성 통신에 대한 특징을 설명한 내용 중에서 거리가 먼 것은?

㉮ 다량의 통신량을 전송하는 것이 가능하다.

㉯ 비교적 전송 에러율이 적게 발생한다.

㉰ SHF 주파수 대역을 이용한다.

㉱ 다원 접속이 곤란하다.

해설 위성 통신은 주로 SHF 주파수를 이용하여 통신 위성의 중계를 거쳐 먼 거리까지 통신이 가능한 방식으로 장점으로 많은 통신량을 전송하는 것이 가능하며, 전송 에러율이 매우 적고, 통신비용이 감소하고 다원 접속이 가능하며, 고품질의 광대역 통신이 가능하다. 그리고 이동 통신에 적합하다. 단점으로는 전송 지역이 발생하며, PTP(Point to Point) 방식만 가능하다. 위성 통신의 장점으로는 장거리 광역 통신에 적합하며, 통신간의 거리 및 지형에 관계없이 전송 품질이 우수하며, 신뢰성이 우수하며, 단점으로는 전송 지연이 발생한다는 것이다.
한편, TV 위성을 쏘아 올릴 때 위성간의 간격은 6도로 한다. 답 ㉱

88. 위성 중계기에 탑재된 고 전력 증폭기(HPA)로 이용되는 소자는?

㉮ MOSFET ㉯ Tunnel Diode

㉰ Parametric ㉱ TWTA

해설 위성에 탑재된 고 전력 증폭기(HPA, High Power Amplifier)로는 진행파관(TWTA)을 이용하게 된다. 답 ㉱

89. 다음은 GPS 시스템에 대한 설명이다. 설명 내용 중 옳지 않은 것은?

㉮ GPS의 측위 정밀도를 향상 시킨 DGPS(Differential GPS) 방식이 있다.

㉯ 전 세계적으로 24시간 연속적인 서비스 제공이 가능하다.

㉰ 위도, 경도, 고도, 시간을 정확히 측정할 수 있다.

㉱ 최소한 2개의 위성으로부터 정보를 수신하면 위치파악이 가능하다.

해설 GPS 시스템은 위치 및 속도, 시간 정보 등을 제공할 목적으로 GPS 위성과 GPS 수신기로 구성되며, 지상 20,200[km] 상공에서 적도면과 55도의 경사각을 가진 6개 궤도면에 4개씩 배치된 24개의 GPS 위성은 지구상 어디 곳에서 최소한 4개 이상의 위성으로부터 정보를 수신하여 위치를 파악하는 것이 가능하게 된다. 답 ㉱

90. 광전송 시스템의 구성요소 중 광섬유를 통하여 전송된 광을 수신하기 위한 수광 소자에 해당하는 것은?

㉮ 반도체 레이저(LD) ㉯ 고체 레이저

㉰ 발광다이오드(LED) ㉱ 에벌런치 광 검출기(APD)

해설 광통신에서 이용되는 광원으로
- 발광소자로는 LD, LED, 고체 레이저 등이 있으며,
- 광 검출기로 사용되는 수광 소자로는 APD, PIN 다이오드

등을 들 수 있다.

답 ㉱

91. 케이블 선로에서 장하(loading)라 함은 무엇을 의미하는가?

㉮ C를 첨가하는 것 ㉯ G를 첨가하는 것

㉰ R을 첨가하는 것 ㉱ L을 첨가하는 것

해설 선로에서 왜곡이 생기지 않게 하는 조건을 무왜 조건 또는 Heaviside Condition이라 하는데 이는 선로에서 LG=RC가 되게 한다.
이와 같이 선로에 코일 L을 삽입시키는 것을 장하(loading)라 하며, 장하를 시킨 케이블은 낮은 주파수에서는 감쇠가 작지만 높은 주파수에서는 감쇠가 크고 전파속도가 느려 반송통신 및 데이터 통신에서는 거의 사용되지 않고 주로 단거리 시내 케이블용으로만 사용된다.

답 ㉱

92. 광섬유 케이블의 레일리 산란에 대한 설명 중 잘못된 것은?

㉮ λ2에 비례한다.

㉯ 파장이 길수록 레일리 산란손실은 적다.

㉰ 입사되는 빛의 파장보다도 미소한 굴절률의 흔들림에 의해 일어나는 것이다.

㉱ 전송되는 모드 및 코어의 직경과 무관하다.

해설 광케이블에서의 레일리 산란(Rayleigh Scattering)이란 광케이블에서 발생되는 흡수손실의 일종으로
- 입사되는 광의 파장보다 미소한 굴절률의 흔들림에 의해 발생되며,
- λ4에 반비례하며,
- 전송되는 mode 및 코어의 직경과는 무관하게 되는

등의 특징을 들 수 있다.

답 ㉮

93. 다음은 동축 케이블에 대한 설명이다. 틀린 것은?

㉮ 장거리 전화 및 TV 전송에 사용된다.

㉯ 아날로그와 디지털 신호전송에 모두 이용된다.

㉰ 0전위 이상의 전위를 가지며, 동 진폭, 역위상의 신호가 전송된다.

㉱ 광대역 전송로로 사용된다.

해설 동축 케이블은 전송 매체로 이용되는 매체의 한 형태로 동축 케이블은
- 광대역 전송로로 아날로그 및 디지털 신호전송 모두에 이용된다.(즉, bandpass 전송 및 baseband 전송 모두에 이용 가능)
- 동축 케이블은 0전위 이상의 전위만 가지지는 않으며, 다양한 전위의 신호가 전송될 수 있다.

• 실용적으로는 장거리 전화 및 TV 전송 등에 사용되는 매체이다. **답** ㉰

94. 이동통신의 채널에서 일어나는 현상이 아닌 것은?

㉮ 도플러 현상 ㉯ 표피효과

㉰ 지연확산 ㉱ 페이딩

해설 문제에서 이동 통신의 채널에서 발생하는 현상과 무관한 내용은 표피효과이다.
여기서 표피효과(skin effect)란

• 도체에 교류를 흘리면 전류가 도체의 표면에서 일정깊이까지만 흐르게 되는 현상으로
• 주파수가 높을수록 전류는 더욱 표면을 따라 흐르게 된다. **답** ㉯

95. 단일모드 광섬유(single mode fiber)에 대한 다음 설명 중 틀린 것은?

㉮ 색 분산이 존재한다.

㉯ 모드가 한 개밖에 존재하지 않아 고속, 대용량 전송이 어렵다.

㉰ 제조 및 접속이 어렵다.

㉱ 모드 간 간섭이 없다.

해설 단일모드 광섬유는 코어 내에 하나의 광전자계(모드)만 존재하는 광섬유로

• 코어의 직경이 작으며
• 모드 간 간섭이 없고
• 광의 산란이 적어 고속 대용량 장거리 전송이 가능한 전송 매체이다. **답** ㉯

96. 발광 소자에서 파장이 다른 광 신호를 광 결합기로 결합하여 전송하고 광분파기로 분리하는 다중화방식은?

㉮ FDM ㉯ TDM

㉰ SDM ㉱ WDM

해설 광통신에서는 다중화 방법으로 파장분할 다중화인 WDM을 사용하는데 여기서 WDM은

• 송신측에서는 전송하고자 하는 정보를 부호화하여 디지털 신호로 만든 후 서로 다른 파장을 발생하는 광원을 사용하여 광 신호를 만든 다음 광 결합기로 결합하여 광케이블에 전송한다.
• 수신측에서는 광분파기(optical divider)를 이용해 광 신호를 파장에 따라 분리한 후 광 검출기에서 1과 0을 찾아낸 후에 복호기를 통해서 원래의 정보형태로 재생하도록 하는 다중화 방식을 말한다. **답** ㉱

97. 동축 케이블에서 가장 감쇠를 적게 하기 위해서는 내부도체의 외경(d)과 외부도체의 내경(D)과의 비(ratio) D/d의 값을 얼마로 만드는 것이 가장 좋은가?

㉮ 1.8 ㉯ 3.6

㉰ 5.8 ㉱ 7.2

해설 동축 케이블에서 가장 감쇠가 적게 하려면 내부도체의 외경(d)과 외부도체의 내경(D)과의 비 D/d의 크기를 3.6으로 하는 경우에 가장 감쇠가 적게 된다. 따라서 3.6의 크기를 최적 비(Optimum Ratio)라 한다. 답 ㉯

98. 이동통신 가입자가 자신이 가입한 서비스 지역을 벗어나 다른 지역에 가서도 자기가 가입했던 지역에서와 동일하게 통신 서비스를 받을 수 있는 기능을 무엇이라 하는가?

㉮ 헤드엔드(head end) ㉯ 로밍(roaming)

㉰ 보코딩(vocoding) ㉱ 전력제어(power control)

해설 이동통신 가입자가 자신이 가입한 서비스 지역을 벗어나 다른 지역에서도 자신이 가입한 지역에서와 똑같이 서비스를 받을 수 있는 것을 로밍이라 한다. 국내로밍은 국내 이동통신회사 상호간에 협정을 맺어 쉽게 이루어지지만 국제 로밍은 국가 간 로밍 협정을 맺어야 하므로 국가 간 로밍 협정이 이루어진 곳에서만 로밍 서비스가 가능하다.

- 보코딩 : 아날로그(음성)신호를 디지털 신호로 만들어 전송하고 수신측에서 다시 아날로그(음성) 신호로 재현하는 기술로 휴대폰에서 사용되고 있다.
- 전력제어 : 이동통신에서 발생되는 원근단 간섭을 제거하거나 가입자의 수용용량을 증가시키기 위해 기지국 또는 이동국의 송신출력을 제어하는 것을 말한다. 답 ㉯

99. 광파이버의 광학적 파라미터에 속하는 요소는?

㉮ 외경 ㉯ 편심률

㉰ 비원률 ㉱ 개구수

해설 광학적인 파라미터로 다음과 같은 것을 이용한다.

- 수광각 : 빛을 받아들이는 각도
- 개구수 (Numerical Aperture) : fiber가 광을 모을 수 있는 능력을 나타내는 숫자로 광의 입사각 조건을 표시한다.
- 비 굴절률 차 : core와 clad간의 굴절률 차
- Foos-Hanchen shift : 광이 코어 내를 진행하면서 일으키는 위상 변화
- 규격화 주파수 (V number 또는 normalized frequency) : fiber가 단일 모드 fiber인지, 다중 모드 giber인지 구분하는 데 이용하는 것으로 V〈2.405
- 모드 수 : fiber 내에 몇 개의 mode가 존재하는가를 나타내는 숫자 답 ㉱

100. 광전송 시스템의 구성 요소 중 광섬유를 통하여 전송된 광을 수신하기 위한 수광 소자에 해당하는 것은?

㉮ 반도체 레이저(LD) ㉯ 고체 레이저

㉰ 발광다이오드(LED) ㉱ 에버런치 광 검출기(APD)

해설 광통신에서 광원으로 사용되는 소자(발광 소자)로는 LD, LED, 고체 레이저 등이 있고 광 검출기로 사용되는 소자(수광 소자)로는 APD, PIN 다이오드 등이 있다. 답 ㉱

101. 동축 케이블에서 반사 현상이 생기는 주요 원인으로 가장 타당한 것은?

㉮ 케이블 접속점의 불균일
㉯ 내 · 외부 도체간의 절연 불균일
㉰ 케이블 내부 구조의 불균일
㉱ 케이블 피복 재료의 종류

해설 동축케이블에서의 반사는 주로 케이블과 케이블과의 접속점이 불균일하기 때문에 임피던스 불균등이 생겨 발생한다. 임피던스 불균등에 의한 반사는 케이블에 정재파가 존재하게 하여 전송효율이 떨어지게 하거나 수신 단에서의 신호에 찌그러짐이 나타나게 한다.

답 ㉮

102. IEEE802.x 표준으로 틀리는 것은?

㉮ 802.3 : LLC
㉯ 802.5 : Token Ring(FDDI)
㉰ 802.7 : Broadband TAG
㉱ 802.9 : Fiber Optic TAG

해설
- 802.0 : SEC(Sponsor Executive Commitee)
- 802.1 : HILI(High Level Interface)
- 802.4 : Token Bus
- 802.6 : DQDB(MAN)
- 802.8 : Fiber Optic TAG
- 802.9 : IVD(Integrated voice & Data)
- 802.10 : 무선 Security
- 802.11 : 무선 LAN

답 ㉱

제4장 | 데이터 전송방식

4.1 데이터 전송방식의 개요

4.1.1 데이터 통신 시스템의 구성

(1) 데이터 전송의 개념

데이터 전송방식은 송신측 단말과 수신측 단말 간에 정보의 전송을 위해 이용되는 동축 케이블이나 광케이블과 같은 전송 매체를 통하여 단말기(컴퓨터, TV, 전화)에 의하여 발생된 데이터를 처리하고 전송하는 일련의 과정을 데이터 전송이라 한다.

(2) 데이터 통신 시스템의 구성

- 데이터 통신 시스템
  - 데이터 전송계
    - 단말장치(DCE : Data Terminal Equipment)
    - 데이터 전송회선
      - 통신회선
      - 신호변환장치
        - MODEM
        - DSU
    - 통신제어장치
  - 데이터 처리계 — 컴퓨터
    - 중앙처리장치
      - 주기억장치
      - 연산장치
      - 제어장치
    - 주변장치
      - 입출력장치
      - 보조기억장치

① 데이터 전송계

송수신 단말간의 데이터 전송기능을 담당한다.

② 데이터 처리계

단말에서 발생한 데이터의 처리 및 보관 등의 기능을 담당한다.

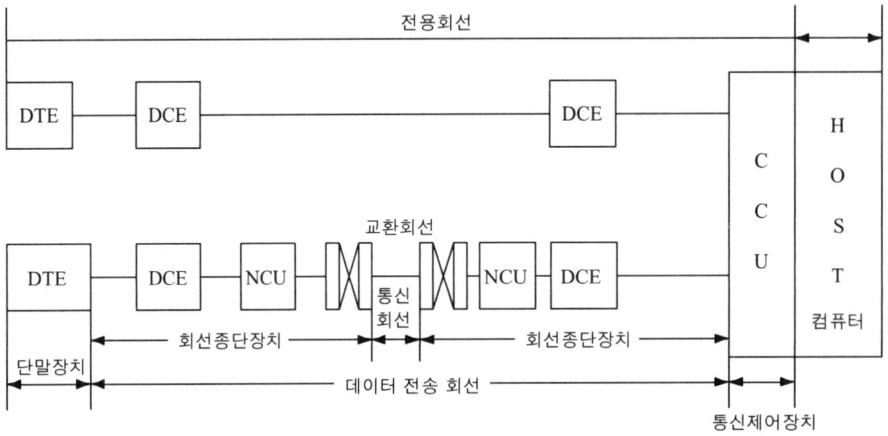

〈그림 4.1〉 정보통신 시스템의 기본 구성도

4.1.2 정보통신 시스템의 기본 요소

(1) 데이터 단말 장치(DTE, Data Terminal Equipment)

간단히 단말(장치)라고도 하며 통신회선의 단말에 있어서 각종 신호원(인간, 감각기, 계측 기기)에서 발생하는 정보를 송출하기에 적합한 형식으로 변환하는 기능 또는 전송된 정보를 인간 또는 각종 제어기기에 전달하기에 적합한 형태로 변환하는 기능을 담당하는 정보통신 시스템의 기본적인 요소이다.

(2) 데이터 회선 종단 장치(DCE, Data Circuit-termination Equipment)

DCE 장비는 데이터 단말에서의 신호를 네트워크 측의 전송 형태에 적합한 신호로 변환하거나 또는 네트워크에서의 신호를 데이터 단말의 신호형태로 변환하는 기능 등을 담당하며 일반적으로 DCE 장비에는 아날로그 회선용에서는 모뎀(MODEM)을 디지털 회선용에서는 디지털 서비스장치(DSU, Digital Service Unit) 등을 이용한다.

(3) 통신 제어 장치(CCU, Communication Control Unit)

네트워크상에 존재하는 컴퓨터와 이들 컴퓨터 간에 전송을 목적으로 이용되는 전송 매체 간에 데이터 전송 회선 결합으로 컴퓨터가 처리할 기능을 대신한다.

즉, 통신 회선과 컴퓨터의 중앙 처리 장치를 결합하는 장치로 전송제어 절차에 따라 정확한 데이터 송수신을 행한다.

이와 같은 CCU의 처리 방법으로 FEP, CCP를 이용하며, 1대의 CCU에서는 다수의 통신회선을 시분할 다중제어 방식을 이용해서 운용 한다. 여기서 CCU의 기능으로는

① 전송된 정보를 원하는 형태로 분배해 주는 능력과 저장

② 에러 발생시 에러 수정을 위한 비트의 첨가기능

③ 컴퓨터와 전송회선 부분의 접속 관계 제어

④ 전송 제어기능(전송제어는 교환기능으로 제대로 접속되어 있는지의 확인, 데이터 내용 구성과 동기를 위한 상호간의 약정, 정보의 중복, 손실, 에러 등에 대한 해결방안 등을 포함 한다)을 담당 한다.

4.1.3 전송방식

(1) 통신방향의 분류에 의한 전송방식

① 단방향 통신(simplex)

한쪽방향으로만 전송이 가능한 경우로서 반대방향으로는 전송이 불가능하다. 즉, 송신측에서 수신측으로 신호전류가 흐르고, 반대로 수신측에서 송신측에 되돌아오는 루프회선으로 흐른다. 이와 같이 전송회로로서 선로도체를 구성하는데 2개의 선이 필요한데 이와 같은 전송선로를 2선식 전송로(2W)라고 한다. 예를 들면 라디오, TV 방송, 문자다중 방송(teletext) 등을 들 수 있다.

② 반이중 통신(half duplex)

양쪽방향으로 데이터의 전송이 가능하지만, 어떤 순간에는 반드시 한쪽방향으로만 전송이 이루어져 동시에 통신할 수 없는 방식으로 2선식 또는 4선식으로 구성되는 방식으로 데이터의 흐름을 바꾸는데 전송 반전시간을 필요로 하며, 데이터의 전송량이 적고 통신회선의 사용량이 적을 때 적합하다. 따라서 반이중방식은 Earth-Return 방식으로 지구를 도체로 생각해서 지면을 이용하는 방식이다. 예를 들면 휴대용 무선 통신기기(워키토키)가 이에 해당한다.

③ 전이중 통신(full duplex)

양쪽방향으로 데이터의 전송이 가능한 방식으로 동시 통신에 사용되는 방식으로 데이터의 전송량이 많고 통신회선의 용량이 클 때 적합하다. 전이중방식은 4선의 선로도체가 필요하다. 그래서 4선식 전송로(4W)라고 하며 전화망이 이에 해당한다.

(2) 직렬 전송과 병렬 전송

① 직렬 전송

한 글자를 이루는 각 비트들이 하나의 전송선을 통하여 순차적으로 전송하는 방식으로 문자와 문자를 계속해서 전송하는 경우에는 각 문자마다 비트열의 구분을 수신측에 통보해야 한다. 장거리 전송에 적합하며 오늘날의 전송방식으로 직렬 전송방식을 이용하고 있다.

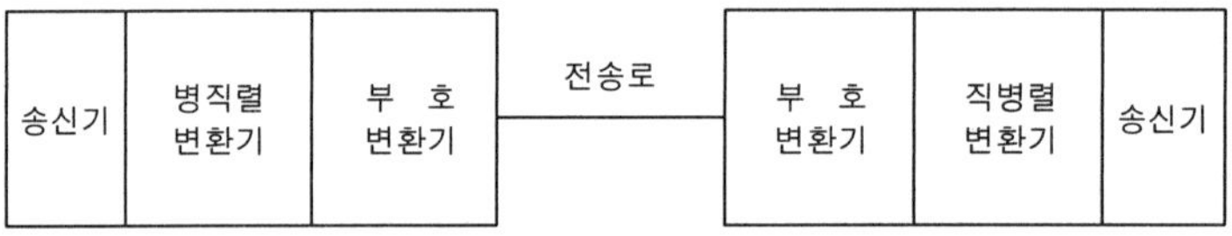

〈그림 4.2〉 직렬 전송 구성도

이와 같은 직렬 전송의 장점으로는 선로 비용이 비교적 경제적이며, 전송로가 1개이므로 원거리 전송에 적합하기 때문에 대부분의 전송방식에 이용되고 있으며, 이에 반해 송수신기가 복잡하고 전송로가 하나이므로 전송 속도가 느리게 되는 단점을 지닌다.

② 병렬 전송

한 글자를 이루는 각 비트들이 여러 개의 전송선을 따라 동시에 전송되는 방식으로 장거리인 경우에는 이용하지 않는다. 왜냐하면 거리가 멀어지면 전송로의 비용이 증가하기 때문에 동일건물, 장치내의 단거리 전송에 이용한다.

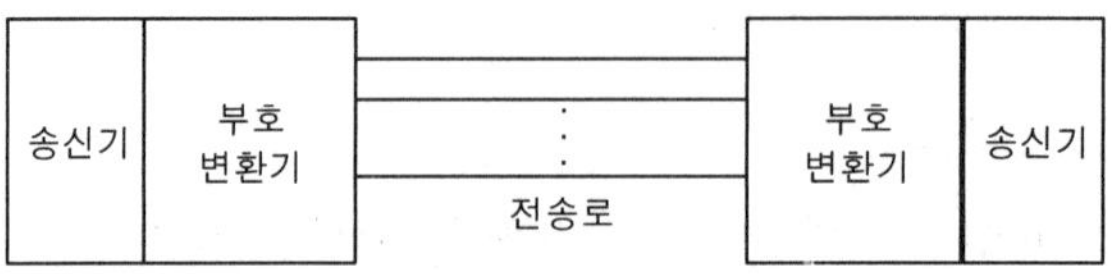

〈그림 4.3〉 병렬 전송 구성도

병렬 전송에 대한 장점으로는 전송속도가 직렬 전송보다 빠르며, 터미널의 구성이 직렬 전송보다 많은 양의 데이터를 전송할 수 있다. 동일시간에 직렬 전송보다 많은 양의 데이터를 전송할 수 있으며, Base Band 전송이 가능하고, 근거리 정보 전송에 적합하다. 이에 반해 선로비용이 비경제적이므로 원거리 전송에는 부적합하게 되는 단점을 지닌다.

〈표 4.1〉 직렬 전송과 병렬 전송의 비교

구　분	직렬 전송	병렬 전송
선로비용	고가	저가
송수신기	복잡하다	단순하다
전송속도	고속	저속

4.1.4 비동기식 전송과 동기식 전송

일반적으로 데이터 전송을 위한 직렬 전송에서 다수의 문자를 전기신호로 바꾸어 전송할 경우에 각 문자(8비트)의 비트 열 신호가 연속해서 전송될 때 수신측 에서는 한 문자의 크기가 어느 비트를 시작으로 하고, 어떤 비트에서 종료가 되는가를 확인한 후 원래의 문자로 복원해야 하는데, 이 때 한 문자의 비트 구분을 정확히 하는 것을 동기(synchronous)라고 하며 동기를 취하는 제어 방식을 타이밍 제어(Timing control)라고 한다.

즉, 동기화는 정보 통신의 중요수단 중의 하나이다. 송신측 에서는 전송 매체를 통해 수신측에 한 비트씩 메시지를 전송하고, 수신측의 수신기는 한 블록의 비트에 대한 시점과 종점을 인식해야 한다.

원거리에 정보(data)를 전송하는 데는 문자를 구성하는 정보와 각 비트를 직렬로 비트열을 차례대로 전송로에 송출하는 직렬전송 방식에서 비트 열 중 문자를 정확하게 구별하기 위해서는 송신측과 수신측의 동작 상태를 맞춰주는 동기가 필요하다. 이를 동기를 취한다고 한다.

(1) 비동기식 전송(asynchrous transmission)

한 번에 한 글자씩 글자 단위로 전송하는 방식으로 송수신기는 서로 독립된 클록에 동기를 맞추는 방식으로 조보동기방식이라고도 한다.

① 각 글자 앞쪽에 1개의 start bit와 뒤쪽에 1개 또는 2개의 stop bit를 이용하며, 보통 1200[bps] 이하에서 주로 사용된다.

② 각 글자 사이에는 일정치 않은 휴지시간이 있을 수 있으며, 각 글자 구성의 비트 길이는 통신 속도에 따라 정해지며 일정하다.

③ 전송효율이 80[%] 이하로 대량 정보 전송에는 부적합하다.

④ 각각의 비트는 각 비트의 중심에서 샘플링 된다.

⑤ 동기는 글자단위로 이루어지며 항상 동기 상태에 있을 필요는 없으며, 문자와 stop bit 사이에 parity비트를 이용해서 수신단에서 에러 유무 판별이 가능하다.

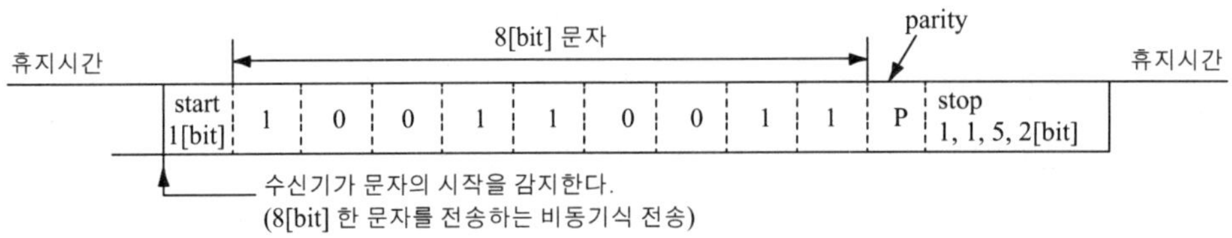

〈그림 4.4〉 8[bit] 한 문자를 전송하는 비동기식 전송기

여기서 비동기식에서의 효율에 대한 크기를 구하는 관계식을 나타내면 다음과 같다.

$$\text{code효율 } E_c = \frac{\text{정보 비트수}}{\text{전체 비트수}}$$

$$\text{전송효율 } E_T = \frac{\text{정보 펄스수}}{\text{전체 펄스수}}$$

$$\text{system 효율 } E_S = E_C \times E_T$$

【예제】 전송속도가 1000[bps]인 선로에 대해 ASCII 부호를 이용해서 비동기 방식으로 초당 100 문자를 전송하고 있다. parity를 고려하지 않는 경우의 스톱 비트를 몇 비트를 이용하고 있는가?

해설 전송방식에서 7비트로 구성되는 ASCII 부호를 이용한 한 문자의 구성은 "스타트 비트+데이터 비트+parity 비트+스톱 비트" 으로 볼 때 parity를 고려하지 않는 경우

$$\text{초당 전송되는 문자수 } 100 = \frac{1000[\text{bps}]}{n}$$

이므로 여기서 n=10 bit이다. 따라서 스톱 비트는 2bit 이어야 한다.

(2) 동기식 전송

글자 단위의 전송이 아니라 미리 정해진 수만큼의 글자 열을 한 묶음으로 만들어 동시에 전송하는 방식이다. 즉, 송신되어지는 데이터에 대해서 수신측에서는 각 bit의 위치나 데이터의 시작위치를 알 필요가 있다. 이 때 송수신측간에 동일 타이밍으로 데이터를 주고받는데 필요한 것을 동기라고 한다.

동기용의 신호를 보낸 송신측과 수신측에서 동기를 취한 후 일정한 주기로 신호를 구분하는 방법으로 동기식은 다음과 같이 각 bit마다 타이밍을 맞추는 bit동기(bit oriented)와

같은 부호의 시작 위치를 알기 위해서 부호를 나타내는 bit 열을 하나의 단위로서 타이밍을 취하는 블록동기(block oriented)로 분류할 수 있다.

① 데이터 묶음의 앞쪽에 반드시 동기문자 (SYN)가 위치하며, 동기문자는 송수신측간에 동기를 이루고자 하는 것이 목적이다.

② 한 묶음으로 구성되는 글자들 사이에는 휴지시간이 없기 때문에 전송효율이 높고 고속(2000[bps] 이상) 대량의 데이터 전송에 적합하다.

③ 터미널은 버퍼 기억장치를 내장하고 있으며, 타이밍신호는 터미널 변복조기 등에 의해 공급된다.

이와 같은 동기식 전송은 문자 지향형 방식과 비트 지향형 방식으로 구분할 수 있으며 송수신측의 동기를 위하여 데이터 묶음의 앞쪽에 반드시 동기문자(SYN)가 오는 방식을 문자 지향형 방식이라고 한다.

SYN	SYN	SOH	Heading	STX	TEXT (데이터)	제어문자

〈그림 4.5〉 문자 지향형 동기방식에 이용되는 형식

그리고 문자 동기방식의 단점을 개선한 방식으로 송수신간의 동기를 위하여 데이터 묶음의 앞뒤에 플래그(01111110)를 사용한 방식을 비트 지향형 방식이라고 한다.

Flag 시작 (01111110)	Frame 내용	Flag 종료 (01111110)

〈그림 4.6〉 bit 동기방식의 전송 형태

⑶ 혼합형 동기식 전송

혼합형 동기식 전송방식은 비동기식의 전송속도 보다 비교적 고속 전송이 가능한 방식으로 한 글자와 다음 글자사이의 휴지시간은 한 글자의 길이 만큼이거나 정수배이어야 하며, 데이터의 전송은 글자단위로 이루어지며 동기식의 경우처럼 송수신측은 동기 상태에 있어야 한다. 그리고 비동기식 전송방식의 경우처럼 start bit와 stop bit를 갖는다.

따라서 동기방식이 지니는 특징을 정리하면 다음과 같은 것을 들 수 있다.

① 디지털 신호를 전송하는 경우 송신측과 수신측에서 신호가 시작되는 시각을 일치시키는 것,

② 터미널과 컴퓨터 간에 통신이 진행되는 경우 각 문자는 2진수 8비트로 구성된다. 각 문자는 직렬로 비트를 전송하기 때문에 수신 스테이션은 메시지를 구성하는 문자열에 따라 변하는 두 개의 신호레벨 중에 하나를 수신한다.

여기서 수신 장치는 이러한 문자를 정확히 해석하기 위해서는 사용된 비트 율(즉, 각 비트의 시간), 비트나 문자의 시작과 끝, 메시지블록이나 프레임의 시작과 끝을 알기 위해 필요하다.

4.2 데이터 전송방식

4.2.1 아날로그 데이터 전송방식

전송하고자 하는 비트열을 아날로그 신호로 변조하여 기존 전화망을 이용하여 전송하는 방식으로 전송품질이 우수하지 않아 고속 데이터 전송이 곤란하며, 장거리 전송을 할 경우 증폭기가 필요하다.

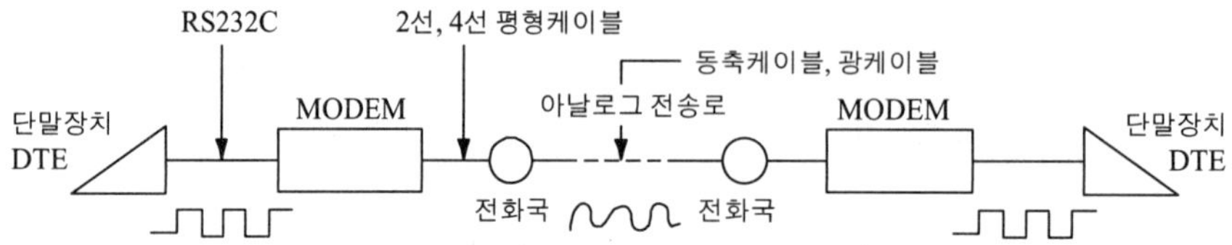

〈그림 4.7〉 아날로그 데이터 전송방식 구성도

(1) MODEM(변복조기)

디지털 신호를 아날로그 전송회선에서 전송이 용이하도록 변조하여 주고 수신측에서는 변조된 신호를 복조하여 원래의 디지털 신호로 변환하여 주는 일종의 신호 변환장치로 변복조기 선택과정에서 전송형태, 동기방법(대화형터미널에서는 동기식 변복조기를 낮은 속도의 터미널에는 비동기식 변복조기를 사용한다.), 궤환 혹은 2차 채널, 등화회로 그리고 테스트 기능 등을 고려해야 한다.

모뎀의 송신 구성도에서 스크램블러는 데이터의 패턴을 랜덤하게 하여 수신측에서 동기를 잃지 않도록 하며 채널의 대역폭 내에서 신호의 스펙트럼이 가능한 한 넓게 분포하도록 하여 수신측 등화기가 최적 상태를 유지하도록 하는 기능을 가지며, 대역 제한 여파기는 차의 주파수는 제한되고 합의 주파수만 통과하게 된다.

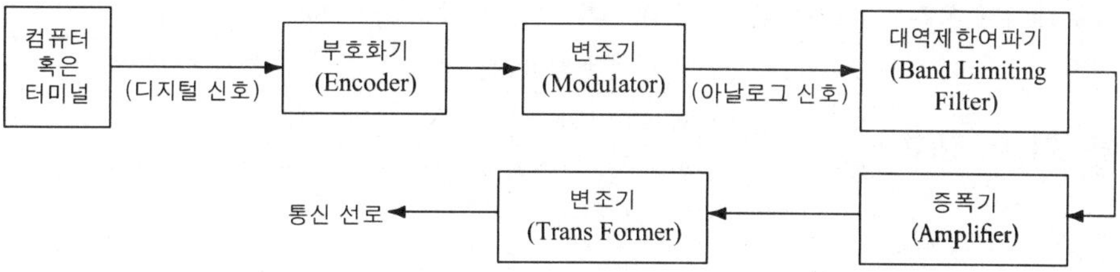

〈그림 4.8〉 모뎀의 송신부

모뎀의 수신구성도에서 등화기의 수신된 신호는 심벌 간 간섭, 다경로 확산, 첨가잡음, 페이딩에 의한 왜곡이 생겨서 수신되므로 이와 같은 왜곡을 줄이기 위하여 사용된다.

따라서 모뎀의 분류방법으로는 동기방법, 사용채널의 대역폭, 사용가능한 포트의 수, 통신속도, 사용가능 거리에 따라 분류된다.

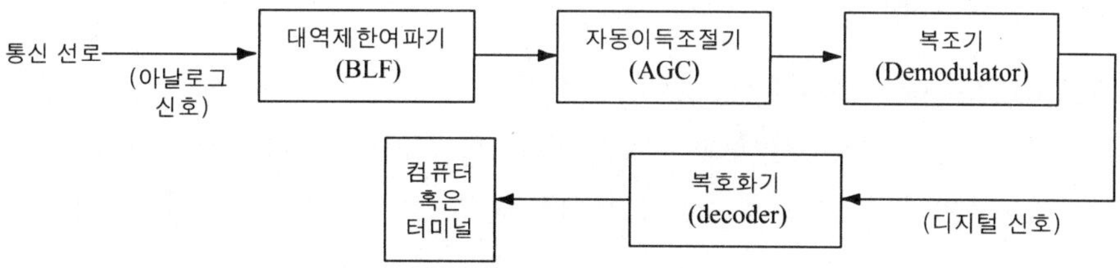

〈그림 4.9〉 모뎀의 수신부

(2) 아날로그 데이터 전송방식

아날로그 데이터 전송방식에는 Base Band 전송방식과 Band Pass 전송방식 등으로 구분할 수 있다.

① Base Band **데이터 전송방식**

모뎀을 사용하지 않고 디지털 신호를 그대로 전송하는 방식으로 50~100[bps]의 저속 데이터 전송방식에 사용되며 이 방식에 대한 종류는 DIV 방식(Data In Voice), DLV 방식(Data Low Voice) 그리고 DUV 방식(Under Voice) 등이 있다.

② Band Pass **데이터 전송방식**

모뎀을 사용하여 단말로부터의 데이터 신호를 전송 주파수 대역(300~3400[Hz])의 아날로그 신호로 변환하여 전송하는 방식으로 아날로그 데이터 전송의 대부분이 이 방법을 사용한다.

〈표 4.2〉 Band Pass 전송방식에 따른 전송속도의 비교

저속 데이터 전송	1200[bps]이하의 비동기 전송에 사용하며 FSK 방식이 사용된다.
중속 데이터 전송	2400[bps], 4800[bps], 9600[bps] 등의 동기식 전송에 사용된다.
	변조방식 : QPSK(4진 PSK), 8진 PSK, 16진 APK
	전화 1회선의 변조속도는 3000[baud]정도로 제한됨으로 4800[bps], 9600[bps]의 전송속도를 얻기 위해서는 다치 변조 방식을 사용한다.
고속 데이터 전송	전화 1회선의 데이터 전송속도는 10[kbps]가 한계이므로 기초군대역(60~108[kHz]), 기초초군대역(312~552[kHz]), 기초주군대역(812~2044[kHz])의 넓은 주파수 대역을 이용하여 다중 전송함으로써 48[kbps]의 이상을 얻는 동기식 전송 방식이다.
	고속 데이터 전송 방식에서는 잔류측파대 방식(VSB-AM)이나 단측파대 방식(SSB-AM)이 사용된다.

(3) 아날로그 다중 전송방식

① Analog Hierarchy(FDM Hierarchy)

아날로그 전송과정에서 주파수 분할 다중 방식(FDM)을 적용하여 아날로그 신호의 다중화과정을 통해 효율적으로 하기 위한 계층구조를 아날로그 하이어라키라 한다.

〈표 4.3〉 FDM 다중화 신호 계위

군	약호	통화로수 [ch]	주파수대역 [kHz]	구성	반송주파수 [kHz]	pilot 주파수 [kHz]	CCITT 권고
전군	PG	3	12~24	CH×3	12, 16, 20		
기초군	BG	12	60~108	PG×4	84, 96, 108, 120	84.08	
기초초군	SG	60	312~552	BG×5	420, 468, 516, 564, 612	411.92	G.233
기초주군	MG	300	812~2044	SG×5	1364, 1612, 1860, 2108, 2356	1552	G.233
기초초주군	SMG	900	8516~12388	MG×3	10560, 11880, 13200	11096	G.233
기초거군	JG	3600	42612~59684	SMG×4	55000, 59400, 63800, 68200	40920	G.233

② 아날로그 다중 변환장치

FDM을 이용하여 아날로그 신호를 다중화를 하기 위해 필요로 하는 장치를 말한다.

〈표 4.4〉 다중변환장치에 따른 속도 및 기능의 비교

다중변환장치	약칭	기능	비고
통화로 변환 장치	CH · TR	CH×12 ↔ G 중계 전송로	
군변환 장치	C · TR	G×5 ↔ SG	
초군 변환 장치	SG · TR	SG×16 ↔ 중계 전송로	
		SG×5 ↔ MG	60~4028[kHz](960 회선)
주군 변환 장치	MG · TR	MG×3 ↔ SMG	
초주군 변환 장치	SMG · TR	SMG×3 ↔ 중계 전송로	
		SMG×4 ↔ JG	316~12388[kHz](2700 회선)
거군 변환 장치	JG · TR	JG×3 ↔ 중계전송로	4476~59684[kHz](10800 회선)

4.2.2 디지털 데이터 전송방식

전송하고자 하는 비트열을 디지털 전송매체를 이용하여 전송하는 방식으로 보내고자 하는 데이터도 디지털 신호이고 전송로 상에도 디지털 신호가 전송되는 방식으로 신호 변환기로 DSU(Digital Service Unit)를 이용하고, 가입자와 전화국의 연결은 4선식으로 구성한다. 그리고 전화국과 전화국의 연결은 디지털전송로(DM/W, 광케이블 등) 형태를 이용하며 네트워크 내에는 공통의 클록을 공급하기 위한 클록 공급장치(DCS, Digital clock supply)가 있다.

이와 같은 디지털 데이터 전송방식의 특징으로는 아날로그 전송 방식보다 한 회선 당 수배~수십 배의 전송속도를 얻을 슬 있어 매우 효율적이며, 각종 왜곡과 잡음을 제거 할 수 있으며, 장거리 전송을 할 경우 중계기(repeater)를 설치해야한다.

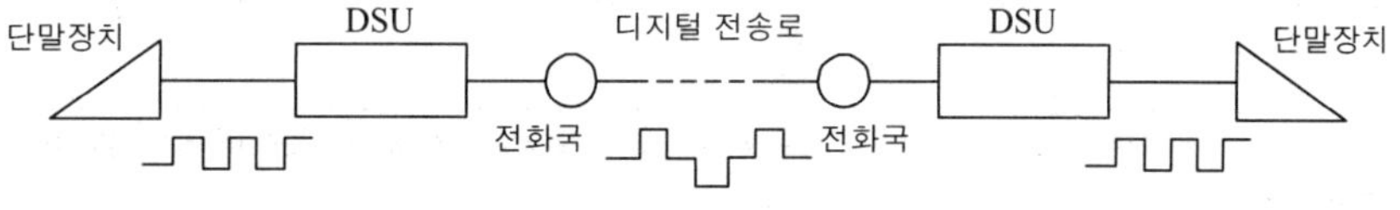

〈그림 4.10〉 디지털 데이터 전송방식의 구성도

(1) DSU(Digital Service Unit)

DCU(Data Circuit-Termination Equipment)의 한 종류로 가입자댁내에 설치되며 단말로

부터의 디지털 신호를 디지털 전송에 적합한 신호형식으로 변환하거나 그 반대를 행하는 신호 변환 장치이다.

이와 같은 DSU의 기능을 정리하면 다음과 같다.

① 단극성(unipolar)신호를 변형된 쌍극성(bipolar)신호로 바꾸어 주며 수신측에서는 반대 과정을 거쳐 원래의 신호로 만들어 준다.

② 따라서 DSU는 선로에 한쪽 극성의 전압이 실리는 것을 방지해 주며, 또한 정확한 동기의 유지가 가능하도록 하는 기능을 갖는다.

③ 데이터가 디지털 형태로 전송되며 재생기가 설치되어 원래의 형태로 만들어주고 변복조기보다는 가격이 저렴하다.

(2) 디지털 데이터 전송방식

Base Band 전송방식만 사용되며 전송과정에서 동기방식에 따라 다음과 같이 3가지로 분류할 수 있다.

① 동기 데이터 전송방식

전송 효율이 우수하여 중 · 고속의 데이터 전송에 이용되며, 단말은 네트워크 내의 클록(DCS)으로 완전 동기하여 동작한다.

② 비동기 데이터 전송방식

전송효율이 다소 떨어져 저속 데이터 전송에 이용하며 고속의 데이터 전송 효과를 얻기 위하여 다점 샘플링 방식을 채택하여 사용한다.

〈표 4.5〉 비동기 데이터 전송방식에서 이용되고 있는 형태

다점 샘플링	데이터 신호 1개를 복수 비트로 부호화하는 방식으로 고속 데이터 전송효과를 얻을 수 있다.
베어러 속도	다점 샘플링에 의해 복수 비트로 전환되어 있는 데이터 신호가 $\frac{8}{6}$의 속도로 전송로에 전송되는 속도이다.
엔벨로프 동기	수신측 회선 종단장치는 전송로에서 동기를 취해 데이터 비트를 분리한 후 베어러 속도의 $\frac{6}{8}$배로 복원하는 방식이다.

참고

데이터 신호는 6개의 데이터 비트에 2개의 제어 비트가 추가된(6+2) 엔베로프 형식을 가진다.

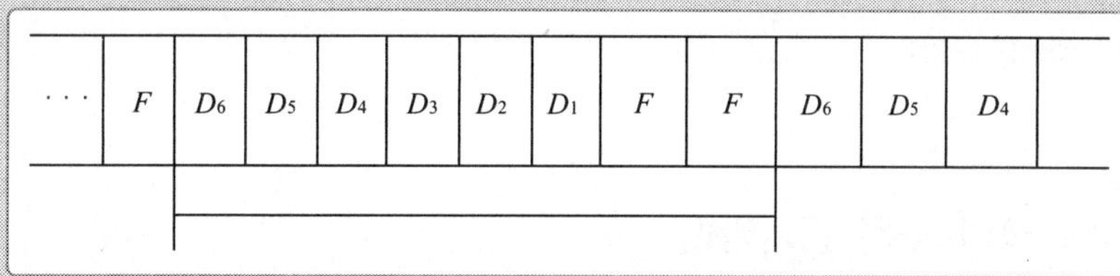

- 스테이트 비트(S) : 1[bit](통신할 때는 1, 무 통신일 때는 0)
- 프레임 비트(F) : 1[bit](1과 0을 반복하여 동기를 맞춘다)

③ Stuff 동기 데이터 전송방식

단말의 송수신 동작이 망 내 클록에 동기되어 있지 않고 데이터 전송 시 여분의 무효 펄스(stuff pulse)를 삽입시켜 단말과 망 내 클록을 동기시켜 전송하는 방식으로 일종의 비동기 데이터 전송방식이며 하드웨어가 다소 복잡하다.

(3) 디지털 다중 전송방식

시분할방식(TDM)을 사용하여 디지털 신호의 다중화를 효율적으로 하여 품질 높은 통신을 안정하게 운용하는 방식으로 디지털 계층(digital hierarchy)은 시분할 방법(TDM)을 활용하여 디지털 신호의 다중화를 효율적으로 하기 위한 구조이다.

〈표 4.6〉 디지털 다중변환장치의 기능 비교

다중 변환 장치	약칭	기능	비고
데이터 다중 변환 장치	D0-MUX	3.2[kbps]×20개 64[kbps]×10개 12.8[kbps]×5개 } → 0차군	64[kbps]는 직접 01-MUX에 수용된다.
0차군 다중 변환 장치	01-MUX	0차군×23 → 1차군	0차군 23개와 01-MUX에 바로 들어온 1개를(총24개) 1차군으로 변환
1차군 다중 변환 장치	12-MUX	1차군×4 → 2차군	1차군 4개를 2차군으로 변환
2차군 다중 변환 장치	23-MUX	2차군×5 → 3차군	2차군 5개를 3차군으로 변환
3차군 다중 변환 장치	34-MUX	3차군×3 → 4차군	3차군 3개를 4차군으로 변환
4차군 다중 변환 장치	45-MUX	4차군×4 → 5차군	4차군 4개를 5차군으로 변환

디지털 다중변환장치로는 표 4.6과 같이 시분할 다중화방식을 활용하여 디지털 신호의 다중화를 하기 위한 장치를 말하는 것으로 디지털 전송방식에서 1차군 계위 이하의 다중화는 동기 다중화방식을 사용하며, 2차군 이상의 다중화는 스터프(Stuff) 다중화방식을 사용한다. 또한 디지털 다중화 장치에서 시분할 다중화의 방법에는 비트 인터리빙과 문자 인터리빙 방법이 있다.

4.2.3 국의 클록 동기방법

디지털 통신망은 여러 가지 디지털 신호를 전송해야 하는데 이 때 1초간에 전송되는 펄스의 수가 정확하게 맞지 않으면 이를 피하기 위해서는 통신망의 모든 장치의 주파수를 정확하게 맞추어 펄스의 수가 항상 같게 하는 것을 망 동기 또는 국의 클럭 동기방법이라고 하며, 그 방식은 다음과 같은 것이 있다.

(1) 독립 동기방식

각 국에 정도가 높은 발진기를 설치하여 각국이 독립 클럭을 개별적으로 이용해서 동기시키는 방식으로 시스템 증설 등에 유연성을 갖는다.

(2) 상호 동기방식

시스템 내의 각국에 가변 클럭 신호발생기를 설치하고 각국의 상효작용에 따라 클럭을 동기시키는 방식으로 단방향 및 양방향 상호 동기방식이 있다.

(3) 종속 동기방식

중앙의 1국을 Master(주)국으로 하고 Master 국에 망의 동일 클럭원으로 하는 고정도 발진기를 설치하여 모든 종속국에 클럭 신호를 분배하여 동기시키는 방식으로 어떤 국이 주국이 되어 클럭 신호를 데이터와 함께 전송하는 방식이다.

4.3 데이터 전송에 이용되는 통신망 기술

4.3.1 통신망의 구분

(1) 신호 방식

정보 통신망에서 회선 교환망이란 통신을 시작하기 전에 발신측에서 착신측까지 통신 회선을 교환기를 통해 직접 연결한 후에 통신을 행하는 방식을 말한다.

따라서 회선 교환망을 통해 정보를 송수신간에 전송하기 위해서는 터미널과 교환기, 교환기와 교환기간에 정보전송에 필요한 여러 가지 제어 정보를 주고받아야 하는데 이와 같은 제어정보를 전송하는데 이용되는 약속을 신호방식(signalling)이라고 한다.

(2) 교환 통신망의 분류

① **회선 교환망**

통신을 원하는 두 단말기(station)간에 통신로가 처음부터 설정된 경우를 이용해서 정보의 교환동작을 행하는 망을 말한다.

② **메시지 교환망**

축적 교환방식의 한 형태로 통신을 원하는 두 스테이션 사이에 통신을 할 수 있는 경로가 미리 제공될 필요가 없는 경우로 교환기가 호출자의 메시지를 받았다가 피 호출자에게 전달하는 방식이다.

③ **패킷 교환망**

회선 교환과 메시지 교환의 장점을 이용한 방식으로 메시지를 일정한 길이로 분할한 패킷 형태로 만들어진 전송 단위 데이터를 송신측 패킷 교환기에 기억시켰다가 수신측 주소에 따라 적당한 통신경로를 선택하여 수신측 패킷 교환기에 전송하는 교환 방식이다.

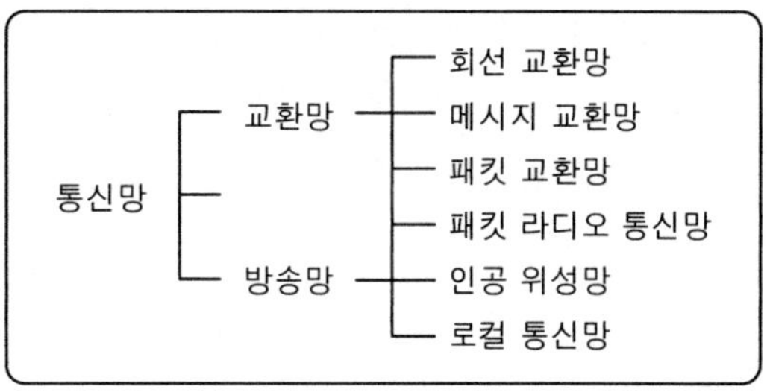

(3) 통신망 해석에 이용된 용어

① 회선(circuit)

64[kbps]와 같이 일정한 전송속도를 갖는 정보를 전송할 수 있는 통신로, 전송로를 말하는 것으로 통화로(channel)이라고 하며 일반적으로 디지털망의 경우에는 음성으로 전송할 때 매초 8비트 정보를 8000개 송출할 수 있기 때문에 전송속도가 64[kbps]이다.

여기서 음성의 경우 디지털망을 경유해서 전송할 때 8비트 단위가 회선을 나타내고 있으므로 이를 타임 슬롯(time slot)이라고 한다.

② 채널(Channel)

채널은 데이터가 흐르는 개별적인 경로를 의미하는 것으로 네트워크에서 지점 간에 상호 연결되어 있는 단일 링크 내 여러 전송 경로 중 하나를 의미한다.

4.3.2 패킷교환 망에서의 논리채널

논리채널이란 패킷교환 망에서 가입자 상호 간에 논리적인 가상의 통신로를 설정하기 위한 채널은 말하는 것으로 채널의 형태에 따라서 가상회선, 영구 가상회선 그리고 데이터 그램 등으로 분류된다.

(1) 가상회선(VC, Virtual Circuit) 방식

가상 회선은 패킷 교환 망에서 데이터 패킷을 전달하기 전에 패킷통신을 원하는 두 스테이션 간에 논리적 접속을 미리 확립하는 방식으로 이와 같은 가상회선의 특징이라고 하면 두 스테이션 간에 확정된 시간의 주기 동안 데이터를 교환하려 할 경우에 스테이션에 불필요한 기능을 갖지 않도록 하는데 있으며, 패킷이 동일한 경로를 이용해서 전송되므로 처음부터 전송된 순서대로 도착하는 패킷에 대한 순서를 결정하고 이외에 모든 패킷이 정확하게 도착함을 보장하는 에러 제어 서비스도 행한다.

따라서 다음에 설명하는 datagram과의 차이점은 각 노드가 경로 설정을 행하지 않으며, 경로 배정은 단지 경로 설정시 한 번에 이루어지는 것이다.

여기서 가상회선 방식을 통해서 제공되는 서비스의 형태를 고려하면 다음과 같은 것을 들 수 있다.

① 에러제어(error control)

패킷송출 노드와 수신 노드 간에 에러가 발생하면 송출노드에 재전송을 요구하는 제어 방법을 말한다.

② 흐름제어(flow control)

가상회선 방식에서는 통신망내의 트래픽 제어가 정상적으로 진행되지 않으면 미리 설정한 노드에서 장애가 일어나 그 회선을 사용하기가 어렵다.

따라서 이와 같은 장애요인이 발생하지 않도록 하기 위해 노드 간에 전송되는 양이나 속도를 규제하는 흐름제어가 요구된다.

③ 순서제어(sequence control)

송신측에서 전송된 데이터 패킷을 수신측에서 패킷의 순서번호가 정확하게 유지 되도록 송신측에서 순서번호에 맞게 순차적으로 전송을 행하는 제어방법을 말한다.

(2) 영구 가상회선(PVC, Permanent VC) 방식

패킷 교환 망에서 두 스테이션 간에 논리채널의 설정과 해제가 필요 없이 두 가입자 간에 논리 통신로를 설정해서 사용하는 방식을 말한다.

〈표 4.7〉 정보통신 교환방식

형 태	특 징
packet 교환방식	데이터의 교환이 많은 경우에 적합
datagram 패킷 교환방식	• 부하가 적거나 간헐적인 통신인 경우에 적합 • 회선에 융통성이 요구되거나 메시지가 짧은 경우
가상회선 패킷 교환방식	메시지 변환이 긴 경우에 적합

(3) 데이터 그램(datagram)

두 스테이션 간에 데이터 패킷 전송 시 미리 두 가입자 단말 간에 논리적인 채널을 설정하지 않고 비 연결형 방식으로 운용하는 방식을 말한다.

즉, 고정된 논리적 채널의 설정을 행하지 않고 송신 단말에서 발생한 데이터 패킷을 독립적으로 교환 망 내의 교환기의 교환처리에 의해 수신단말에 전송하는 방식이다.

데이터 그램 방식의 장점은 호출(Call)설정 단계가 없으므로 호출 설정 시간을 단축시킬 수 있다는 것이다.

또한 경로가 지정 되어 있지 않기 때문에 한쪽 통신망이 혼잡하면 그 혼잡을 피해서 다른 경로를 구성할 수 있기 때문에 융통성을 갖는다. 그리고 데이터 그램 방식은 가상회선보다 신뢰성이 우수하다. 왜냐하면 한 노드에 장애가 발생하더라도 교체된 경로를 이용해서 패킷을 전송 할 수 있기 때문이다.

〈표 4.8〉 가상회선과 데이터 그램의 차이점

	가상회선	데이터 그램
초기설정 과정	필요하다	필요하지 않다.
목적지 주소	셋 업할 때마다 필요하다	매 패킷마다 필요하다
에러제어 담당	중계교환기(subnet)에 의해 HOST가 수행	HOST에 의해 수행
end-to-end 흐름제어	통신 subnet에 의해 제공	통신 subnet에 의해 제공되지 않는다.
패킷순서	메시지들은 항상 일정하게 전송되어지는 순서대로 호스트를 통과한다. 즉, 전송순서를 우선으로 한다.	메시지들은 도착지에서 재 정렬을 한 후 호스트를 통과한다. 즉, 도착 순서를 우선으로 한다.

〈표 4.9〉 회선 교환방식과 메시지 교환방식의 비교

교환기술 / 구분	회선 교환방식	메시지 교환방식
전용 전송로 유무	있다.	없다.
대역폭 사용 형식	고정된 대역폭 전송	대역폭 동적 사용
메시지 분실에 대한 책임	사용자가 분실에 대한 책임을 가진다.	네트워크가 메시지 분실에 대한 책임을 가진다.
속도와 코드 변환 여부	보통 속도 변환, 코드 변환 없다.	속도와 코드 변환 있다.

4.3.3 패킷 교환 망의 기능

(1) 논리채널(Logical Channel)

가입자 상호간에 가상의 통신로를 설정하기 위해 이용되는 메커니즘으로 논리채널의 형태에 따라서 가상회선(VC, Virtual Circuit), 영구 가상회선(PVC, Permanent Virtual Circuit), 데이터 그램(datagram) 등이 있으며, 이들 패킷 교환 망을 구성하는 형태에 따라 패킷 통신 서비스를 제공한다.

(2) 경로배정(Routing)

송수신간에 존재하는 단말 상호간을 연결하는 논리적인 경로를 구성하는 기능으로 네트워크 사의 모든 노드들을 순서적으로 지정하며 연결한다. 여기서 패킷 교환기에서 논리적 경로를 결정하기 위한 방법으로 단말에게 경로를 배정하는 경우 전송지연 시간의 최고, 전송비용의 최소를 갖는 경로를 선택하여야 하는데 이를 최적의 경로라고 하며 이와 같은 기능을 담당한다.

(3) 패킷의 전달(Packet Transmission)

송수신 간에 설정된 경로를 통해 패킷 데이터를 목적지까지 전송하는 기능을 담당한다.

(4) 트래픽 제어(Traffic Control)

패킷 망의 패킷교환기내에 통과되는 트래픽 양을 랜덤하고 동시적인 확률 트래픽을 갖기 때문에 교환기의 효율적인 이용을 위해서는 트래픽을 안정하고 일정한 성능이 갖도록 유지해야 하는데 필요한 제어를 트래픽 제어라고 하며 이와 같은 방법에는 흐름제어(flow control), 폭주제어(congestion control), 그리고 데드락 회피(deadlock avoidance)등이 이용되고 있다.

(5) 에러 제어(Error Control)

패킷 교환 망에서 발생하는 에러를 제어하여 교환망을 이용하는 이용자에게 고품질을 제공하기 위해 필요한 제어 기능을 말한다.

4.3.4 패킷 교환 망의 트래픽 제어

패킷 교환 망에서는 교환 전송 되어야 할 트래픽 량이 노드의 버퍼수보다 많아지거나 트래픽이 한 쪽의 경로에 몰리는 경우 일시적 또는 잠정적으로 패킷 망을 사용하지 못하는 경우가 발생할 수 있는데 이와 같은 문제를 방지하기 위한 방법으로 트래픽 제어가 필요하다.

여기서 통신 망 내에 패킷 수를 적절하게 통제해서 교환 망 전체를 효율적으로 사용할 목적으로 제어하는 방법을 트래픽 제어(Traffic control)라고 한다.

(1) 흐름제어(flow control)

두 노드 간에 데이터 패킷의 양이나 속도를 제어하는 방법으로 이 방법을 수신 노드측에서 수신 데이터를 초과하지 않도록 수신율을 제어하는데 목적을 두고 제어를 행한다.

이와 같은 흐름 제어를 구현하는 방법으로 다음과 같은 방식 등을 이용한다.

① **기억장치 예약 방식**

송신 노드가 패킷을 송신하는 경우 수신 노드의 기억 장치를 사전에 정적 또는 동적으로 예약해서 전송하는 방식을 말한다.

② **window 제어 방식**

일정한 수의 데이터 패킷을 교환망을 통해 상대방 터미널에 전송한 후 이에 대한 수신확인 여부를 확인한 후에 다음 데이터 패킷을 계속 전송하는 방식을 말한다.

③ **WABT(wait and before transmission) 방식**

송신측 버퍼가 부족할 경우에 수신이 어렵다는 수신불가(receive not ready) 패킷을 통보하여 입력을 제한(규제)하는 방식을 말한다.

④ **망 관리 센터 방식**

교환 망 관리 센터를 운용하여 망 전체의 트래픽 상태를 전문적으로 관리하는 방식을 말한다.

(2) 폭주제어(congestion control)

흐름 제어가 정확히 동작하더라도 교환망의 한 경로에 일시적으로 데이터가 밀집되는 경우 교환기 내에서는 전송 데이터 패킷이 일정시간동안 머물게 되어 대기지연(Queueing)이 발생해서 그 만큼 전송지연이 심하게 발생하게 된다.

따라서 데이터 패킷의 폭주에 대한 제어를 통해 망 전체 또는 일부지역에서 대기 지연을 한계점으로 규정해서 망을 보다 효과적으로 이용하는데 필요한 제어 방법을 말한다.

(3) 데드락 방지(deadlock avoidance)

일반적으로 패킷 교환 망에서 운용되는 교환기 내에 더 이상의 버퍼가 없이 노드들이 서로 패킷을 전송할 수 없는 상태를 데드락(deadlock)이라고 하며, 이와 같은 데드락이 발생하면 임의의 노드에서는 데드락을 회피하기 위해 인접한 노드들에게 계속 패킷을 전송하다보면 역시 데드락 상태가 확대되어 결국 망 전체를 운용하지 못하는 작업(Lockup)상태에 빠지게 되는데 이를 방지하는 방법을 데드락 방지라고 한다.

4.3.5 교환망을 구성하는 회선의 형태

(1) Point-to-Point 방식

중앙의 컴퓨터(HOST)와 터미널이 일대일 독립적으로 연결되는 방식으로 전송되는 정보량이 많은 경우에 적합하며, 고장 발생 시 보수가 용이하다.

(2) Multi Point(분기) 방식

다수 개의 터미널이 하나의 통신회선에 연결되어 데이터를 주고받는 방식으로 전송지연을 최소화하기 위해 고속 Polling 방식을 이용한다.

(3) Loop 또는 Ring 방식

터미널과 컴퓨터의 연결이 서로 이웃하는 것끼리만 연결한 구성형태로 양방향 데이터 전송이 가능하며, 확장이 용이하다.

4.3.6 데이터 전송 상에서 전송량의 단위

(1) Decibel[dB]

데시벨은 어떤 양의 상대적인 크기를 나타내는 단위 즉, 전력의 이득이나 손실을 나타내는 단위라고 할 수 있다. 또는 소리의 세기를 나타내는 단위로 음원의 세기를 표준음 세기 비율의 상용대수의 10배로 나타낸다.

일반적으로 [dB]의 정의는 입력 전력, P_1과 출력 전력 P_2와의 비율의 상용대수의 10배로 나타낸다.

$$[\mathrm{dB}] = 10\log_{10}\frac{P_2}{P_1}$$

예를 들어 전력(Power) 레벨이 3[dB]라는 뜻은 기준 레벨보다 몇 배 높은 세기를 말하는 가를 고려하면 먼저 정의 식에 의해서

$$3[\text{dB}] = 10\log_{10}\frac{P_2}{P_1}$$

에서 $\frac{P_2}{P_1} = 2$ 이므로 기준 레벨보다 2배 높은 세기이며, -3[dB]는

$$-3[\text{dB}] = 10\log_{10}\frac{P_2}{P_1}$$

에서

$$\frac{P_2}{P_1} = 0.5\ \text{배}$$

가 되는 경우를 말하는 것이다.

여기서 0[dB]의 정의를 하기 위하여

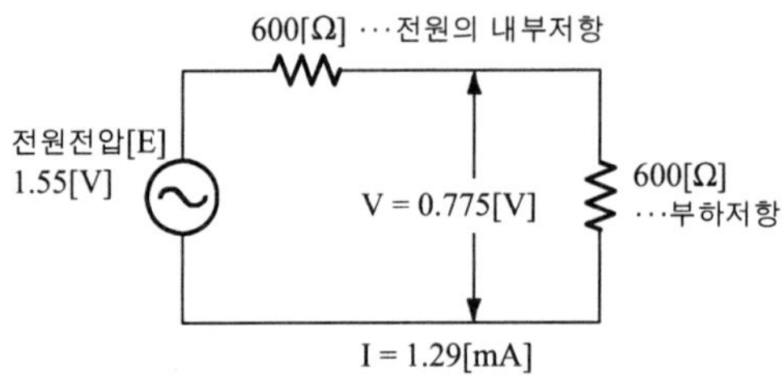

$$V = \sqrt{RP} = \sqrt{600 \times 1 \times 10^{-3}} = 0.775[\text{V}]$$

$$I = \sqrt{P/R} = \sqrt{\frac{1 \times 10^{-3}}{600}} = 1.29[\text{mA}]$$

〈그림 4.11〉 0[dB] 정의를 위한 회로

전력 $P = I^2 R = \frac{V^2}{R}$ 인 관계식을 이용하여 전압과 전류를 각각 구하면

$$V = \sqrt{P \cdot R} = \sqrt{1 \times 10^{-3} \times 600} = 0.775[\text{V}]$$

$$I = \sqrt{\frac{P}{R}} = \sqrt{\frac{1 \times 10^{-3}}{600}} = 1.29[\text{mA}]$$

이다. 즉 0[dB]의 정의는 도선 간에 나타나는 전압이 0.775[V]이고 도선에 흐르는 전류가 1.29[mA]일 때를 말한다.

한편 정의된 단위인 [dB]의 크기가 너무 크기 때문에 실제 단위를 이용하여 단위를 변환하기 위하여 단위 변환에 대한 예를 들어 보다 구체적인 관계식을 고려하면 $[\text{dB}_{\text{m}}]$은 1[mW]을 기준으로 하는 절대 레벨로

$$[\text{dB}_{\text{m}}] = 10\log_{10}\frac{\text{P}[\text{W}]}{1[\text{mW}]}$$

으로 표현되며, [dB$_{mV}$]은 1[mV]을 기준으로 하는 절대 레벨로

$$[\mathrm{dB_{mV}}] = 10\log_{10}\frac{P[\mathrm{V}]}{1[\mathrm{mV}]}$$

으로 표현되며, 잡음레벨을 측정할 때 사용되는 단위는

$$[\mathrm{dB_{rn}}] = 10\log_{10}\frac{P[\mathrm{W}]}{10^{-9}[\mathrm{mW}]}$$

으로 각각 표현된다. 따라서 [dB$_m$]에서 [dB$_{mV}$]으로 변환하는 관계는 $Z = 75[\Omega]$인 경우

$$[\mathrm{dB_{mV}}] = [\mathrm{dB_m}] + 20\log\sqrt{Z} + 30 = [\mathrm{dB_m}] + 48.75$$

이며, 예를 들어 10[dB$_{mV}$]을 [dB$_m$]으로 환산하면

$$[\mathrm{dB_m}] = [\mathrm{dB_{mV}}] - 48.75 = 10 - 48.75 = -38.75$$

가되며, 또한 −40[dB$_{mV}$]를 [dB$_m$]으로 환산하면

$$[\mathrm{dB_m}] = [\mathrm{dB_{mV}}] - 48.75 = -40 - 48.75 = -88.75$$

가 된다. 반대로 [dB$_{mV}$]에서 [dB$_m$]으로 변환하는 관계식은

$$[\mathrm{dB_m}] = [\mathrm{dB_{mV}}] - 48.75$$

으로 표현된다.

(2) Neper

Neper는 입력신호 전력과 피 측정 신호 전력의 비를 나타낸 것으로 유럽에서 많이 사용되는 것으로 Neper 단위는 자연대수이다.

$$\mathrm{Neper} = \frac{1}{2}\log\frac{P_2}{P_1}$$

여기서 P_1는 기준신호 전력, P_2는 피 측정신호 전력을 나타낸다. 따라서 Neper와 dB의 관계는 다음과 같다.

1Neper=8.686[dB]

1[dB]=0.115[Neper]

(3) dBm(절대레벨)

특정 값의 전력을 기준으로 하여 전송계의 각 지점에서의 신호 전력 값을 표시 한 것으로 600[Ω]인 크기를 갖는 전송선로에 전류 1.29[mA]가 흐르고 600[Ω] 부하 양단 전압 0.775[V]가 걸리면 부하의 전력은 1[mW]가 되도록 한 크기를 0[dB_m]이라고 한다. 이것을 절대레벨이라 한다.

따라서 [dB_m]의 정의는 다음과 같다.

$$[dB_m] = 10\log_{10}\frac{P}{1[mW]}$$

여기서 P는 피 측정 신호 전력을 나타낸다.

참고

전송 레벨의 레벨 교정치

$$600[\Omega]\text{계에서는}\quad V = \sqrt{1\times10^{-3}+600} = 0.775[V]$$

$$75[\Omega]\text{계에서는}\quad V = \sqrt{1\times10^{-3}+75} = 0.274[V]$$

따라서 600[Ω]계와 75[Ω]계의 레벨 교정치는 다음과 같이 구해진다.

$$10\log_{10}\frac{600}{75} = 9[dB_m]$$

【예제】 어떤 전압이 10[mV]일 때 이를 dB[mV]로 나타내면? (단, 1[mV]는 0[dB_{mV}]이다.)

해설 1[mV]가 0[dB_{mV}]라는 것은 $dB_{mV} = 20\log\frac{V}{1[mV]}$를 이용하라는 의미이다.

이 관계식에서 전압 V에 1[mV]를 대입하면 0[dB_{mV}]가 얻어진다.

따라서 V=10[mV]인 경우는 $20\log\frac{10[mV]}{1[mV]} = 20[dB_{mV}]$가 된다.

4.4 ISDN

4.4.1 ISDN의 정의

(1) ISDN의 개발 단계

ISDN은 기존의 전화망(Analog)이 기본(4[kHz] 주파수 대역)으로 하는 음성 정보를 전송하도록 된 통신망을 전송로의 디지털화, 디지털 교환기를 도입해서 고도의 서비스 기능을 실현시키기 위해 기존 전화망을 개조하는 기술로 접근되었다.

그래서 초기의 ISDN은 기존 전화망 일부를 디지털화하고, No.7 신호방식의 기능을 부가하여 기존 망과 ISDN 사이의 망간 접속을 통해 패킷 교환 데이터 등이 ISDN 내로 흡수되어 종국에는 기존 망이 모두 ISDN화 될 것이다.

(2) ISDN과 기존 망과의 차이점

먼저 기존 망(전화망, 데이터망)은 특정한 서비스를 제공하는 전용 서비스망인 반면 ISDN은 하나의 사용자선을 통해 원하는 통신 서비스를 필요한 단말을 접속해서 다양한 통신 서비스를 이용할 수 있다.

① PSTN(public switched telephone network)

전 세계적으로 가장 널리 이용되고 있는 광역 서비스 형태인 전화망(PSTN)은 64[Kbps] 전송 속도를 갖는 음성 정보 전송 서비스 형태로 설계되었다.

② PSDN(Packet switched data network)

X.25 패킷 통신 프로토콜을 기반으로 하는 패킷 데이터 교환망을 말한다.

③ ISDN

음성 전화, 데이터 통신, 영상 통신 등의 다양한 서비스를 종합적으로 제공하기 위한 설계된 망으로 IS(Integrated Service)는 음성, 데이터, 영상 통신 등의 서비스를 종합하여 멀티미디어 통신 서비스를 제공하는 개념이며 DN(Digital Network)는 송신 단말에서 수신 단말 전 구간에 대한 디지털 통신이 가능하도록 한다는 개념이다.

참고

X.25

공중 데이터망(PSDN)을 통한 WAN의 접속에 대한 요구가 증가하게 되면서 접속에 위한 프로토콜의 표준화를 필요로 하고 있으며, 여기서 표준화 절차(연결 설정, 데이터 교환, 확인응답, 흐름제어, 데이터 제어 등)로 패킷 교환의 가상 회선 방식을 이용한다. 여기서 X.25의 프로토콜의 구조와 특징을 고려하면 다음과 같다.

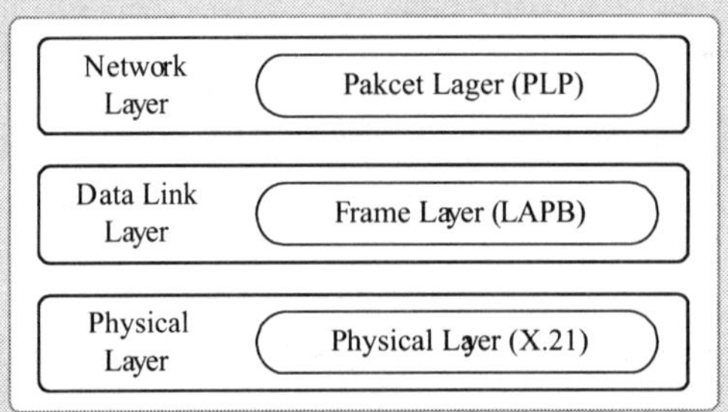

〈X.25 protocol 구조〉

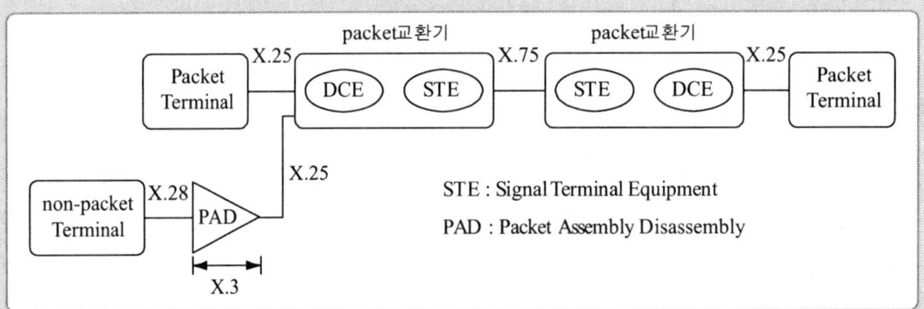

〈물리층〉

- 물리 계층(X.21) : ITU-T에서 규정하는 권고안 X.21, X.21bis, X.35 등의 프로토콜을 이용한다. 여기서 X.21는 DTE와 DCE 사이의 물리적인 상호 접속에 대해서만 규정하고 있으며 인터페이스로 아날로그에서는 MODEM을, 디지털에서는 DSU를 이용한다.
- 프레임 계층(LAPB) : 비트 지향형 프로토콜인 HDLC와 같은 유형인 LAPB(Linkage Access Procedure Balanced)을 이용한다. 기본적으로 LAPB는 데이터 링크 계층에 속하는 전송 제어 절차를 규정하는 것이다.
  - I-Frame : 정보 형식으로서 흐름제어와 같은 상위 계층의 정보를 취급하며 일련이 변호조합을 통해서 흐름제어와 에러 복구를 수행하게 된다.
  - S-Frame : 제어정보를 제공하고 상태 보고서와 정보 프레임을 잘 받았는지의 여부를 확인하는 메시지를 담게 된다.
  - U-Frame : 프로토콜에 대한 에러에 대한 보고서와 링크 종료 등과 같은 제어 목적을 위해서 이용된다.

여기서 프레임 계층의 3단계 과정을 고려하면 다음과 같다.

◦ 패킷 전달을 위한 링크 설정(Link setup)

◦ I-Frame, S-Frame을 이용 패킷 송수신 위한 패킷 전송(Packet transfer)

◦ 연결 종료인 연결 해제(Link disconnect)

■ 패킷 계층(PLP, Packet Layer Protocol)

• PLP은 단말간의 연결 설정, 데이터 전송, 연결 해제 등을 담당하게 된다.

• DTE 상호간에 가상회선 설정하거나 네트워크상에서의 흐름제어와 에러 제어를 수행하게 된다.

• 가상 회선 서비스로 패킷 단위 교환을 수행하게 된다.

4.4.2 ISDN 수용능력에 따라

(1) 협대역 ISDN(N-ISDN)

기존의 64[kbps] 전화망과 X.25 패킷 데이터 통신망으로 구성되는 망으로 망이 지원하는 속도는 64[kbps]~1.92[Mbps] 정도이다.

(2) 광대역 ISDN(B-ISDN)

BISDN은 차세대 ISDN-서비스로 NISDN을 수용하면서 1.544[Mbps]이상의 속도를 지원하는 디지털 서비스이다.

여기서 정보의 고속도로 화를 위해서는 다양한 어플리케이션을 지원할 수 있는 더 고속인 속도를 필요로 한다.

이들 고속 서비스를 제공하기 위한 범위로는 25[Mbps]에서 수[Gbps]이지만 논의되는 속도는 155[Mbps](OC 1)과 622[Mbps](OC 3)이다.

따라서 BISDN에서 제공할 수 있는 속도를 모두 수용하기 위해서는 디지털시설의 고품질화가 따라야 하며, 초기의 데이터 프로토콜(X.25)에서는 확실한 정보의 전송을 위해서는 오버헤드의 확장이 필요하게 된다.

즉, 기존 방식에서는 전송과정에 필요한 흐름 제어나 에러제어를 접속 방식의 중간에서 실행되던 것을 완전 디지털 시설과 광섬유라는 전송 매체를 적용하게 되면 중간에서의 흐름 제어, 에러 제어를 필요로 하지 않는다.

4.4.3 UNI 접속 규격에 따라

ISDN은 새로운 유형의 통신 방법으로 기존 전화 서비스는 아날로그 방식이고 ISDN은 디지털 통신방식이다.

여기서 기존의 전화 서비스는 전송 매체로 구리선을 이용해서 아날로그 신호를 음파로 전송하는 방법으로 전송 매체의 이용거리가 길게 되면 잡음, 왜곡을 심하게 받게 되어 일정 거리에 Repeater(중계기)를 설치한다.

그러나 ISDN은 전송 신호로 디지털 0, 1을 펄스 형태로 전달되기 때문에 잡음, 왜곡에 강하다. 그리고 전송 과정에서 발생하는 에러의 검출 및 정정 등이 용이하다.

협대역 ISDN에서는 기본 속도 접속(BRI)과 1차군 속도 접속(PRI) 두 가지의 UNI 접속 규격이 있다.

여기서 BRI(2B+D)와 PRI(23B+D)의 대역폭에는 상당한 차이를 갖기 때문에 다양한 어플리케이션 서비스를 제공하는 공급업체에서는 PRI에 가까운 중간급 정도의 서비스를 제공하고 있다.

(1) BRI(Basic Rate Interface)

ISDN의 대표적인 특징은 아날로그의 경우와 같이 정해진 대역폭을 이용하는 것이 아니라 다양한 대역폭으로 설치할 수 있다는 것이다.

BRI는 개인이나 사무실에서 기존에 설치된 시설을 이용하여 즉 트위스트 페어 선을 통해 직접 통신하는 서비스로써 PC 접속, OA 등에 적용한다.

BRI는 전화선을 3개의 디지털 채널(2B+D)로 나누어서 사용하기 때문에 각 채널의 동시 사용이 가능하여 여러 통신 작업을 동시에 실행할 수 있다. 즉, BRI는 Multitask용으로 이용되고 있다.

따라서 전화회사에서는 BRI 전송을 3개의 Local pipe(64[kbps] B채널 2개와 16[kbps] D채널 1개)와 오버헤드(가정에 설치되어 있는 전화망으로 데이터 프레임의 관리, 제어 등과 같은 통신 업무에 필요한 오버헤드를 처리한 것을 말함)로 16[kbps]를 분리해서 별도로 이용하고 있다.

(2) PRI(Primary Rate Interface)

PRI는 대용량 데이터 전송용으로 이를 위해 독립적으로 시스템을 설치하여 이용하는 업무용 전송으로 설계된 것이다.

즉, 대량의 데이터를 전송할 목적으로 LAN 상호간의 접속, PBX, 화상 회의 등의 강력한 주문형 대역폭(bandwidth-on-demand) 어플리케이션을 위해 설계된 것이다.

여기서 주문형 대역폭 어플리케이션은 데이터가 전송되게 되면 접속이 개방되지만, 데이터 전송로를 사용하지 않게 되면 접속은 자동적으로 해제된다.

따라서 PRI는 다수의 B채널(23개의 B채널)과 D채널로 구성되는 것으로 여기서 B채널은 사용자 음성, 데이터 이미지, 사운드 등을 서비스하고, D채널은 통화신호, 셋업, 사용자의 패킷 데이터 서비스를 담당한다.

한편 PRI는 PBX 중계선의 접속에 소요되는 인터페이스 카드의 수를 감소시키는 효과를 가져다주기 때문에 비용의 절감이나 기술적인 향상을 얻을 수 있다.

즉, 단일 라인을 제공하는 다수개의 DS0 채널 대신에 하나의 인터페이스 카드를 이용하면 24개의 DS0 채널에 대한 지원이 가능하다.

ISDN의 PRI에서는 1.544[Mbps] 또는 2.048[Mbps]의 데이터 전송 속도의 자원이 가능한데 이와 같은 PRI는 이용자의 단말에 직접 접속되는 경우보다는 주로 PBX와 ISDN 교환기 사이의 링크를 위한 전송로를 이용한다.

4.4.4 기반기술 관점에 따라

ISDN은 기반기술 관점에 따라서 NISDN은 동기식 시분할 다중화 방법을 BISDN은 통계적 다중화 방법을 각각 이용한다.

여기서 다중화 시키는 방법으로는 각 채널의 비트를 교대로 다중화 하는 방법인 비트 인터리빙과 8비트의 PCM 워드 단위로 배열하는 워드 인터리빙이 있으며, 디지털 다중화의 경우 1차군에서는 워드 인터리빙이 있으며, 디지털 다중화의 경우 1차군에서는 워드 인터리빙을 더 높은 계위에 대해서는 비트 인터리빙을 각각 적용한다.

(1) 동기시분할다중화(synchronous TDM)

동기 TDM은 전송과정이 동기적이다. 즉, 타임 슬롯이 source를 미리 할당 고정된 것이라 하며 동기적이라고 한다.

여기서 각 source에 대한 타임 슬롯은 source가 데이터를 전송하는 것과 무관하게 전송이 일어나며, STDM은 전송매체의 데이터 전송률이 전송 디지털 신호의 데이터 전송률을 초과하는 경우에 적합하며, 이때 다중화 된 디지털 신호는 각 신호들을 시간적으로 인터리빙 시켜서 단일 전송로에 전송된다.

STDM에서는 인터리빙 시켜서 단일 전송로에 전송되며 STDM에서는 인터리빙은 비트 인터리빙, 워드 인터리빙 그리고 그 이상의 크기로도 수행이 가능하다.

(2) 통계(statistical) 시분할 다중화

통계 시분할 다중화를 비동기 TDM 또는 지능 TDM이라고도 하며 전송요구에 따라서 타임 슬롯을 동적으로 할당하여 전송하는 방법으로 연결된 장치들이 항상 계속해서 전송되지 않는 특성을 이용한 것으로 다중화 된 회선의 데이터 전송률은 접속 장치들의 데이터 전송률의 합보다 작게 된다. 따라서 통계 다중화는 동기다중화와 같은 정도의 장치들은 더 낮은 데이터 전송에 필요한 링크에 사용한다면 통계 다중화가 더 많은 장치들을 처리할 수 있다.

즉, 다수의 터미널을 하나의 고유 컴퓨터 포트에 접속할 경우에 채널의 낭비를 막기 위해 사용한다.

〈표 4.10〉 다중화기와 집중화기의 비교

	다중화기	집중화기
타임 슬롯 할당 방법	통계적 다중화	동적인 다중화
단말의 전송속도(S)와 고속 채널의 속도(H)의 관계	S = H	S 〉 H
다중화 방법	동기식	비동기식

4.4.5 ISDN의 기능 그룹

ISDN은 디지털 전화망의 기본 기능인 64[kbps]의 디지털 교환 접속기능을 원칙(기본)으로 다양한 통신 서비스(음성이나 비 음성)을 제공하는 것이기 때문에 표준화된 인터페이스(UNI)가 필요하다.

ISDN UNI는 가입자선 교환기나 다중화 장치 등에 의해 실현되는 기능에 해당하는 것으로 할당 기능을 가지며, ISDN에서는 1회선의 가입자선으로 다수의 서비스 즉, 전화, 비전화의 통신 서비스를 제공받을 수 있도록 다목적으로 사용되는 UNI(I-Interface)를 갖고 있다.

UNI는 회선(packet)교환 서비스를 통해 다수의 단말로 복수의 서비스의 제공을 하고 있으며, 복수의 단말을 동시에 사용할 수도 있다.

ISDN UNI는 ISDN가 가입자선 위에서 사용되는 인터페이스로 UNI를 통해 전화는 물론 패킷 통신 G4FAX 전송(64[kbps])이나 TV 전화 등과 같은 고도의 정보교환을 할 수 있다.

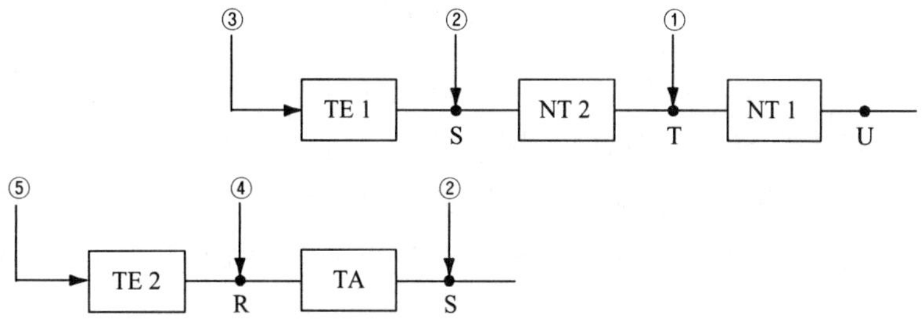

〈그림 4.12〉 ISDN 기기의 구성

- ISO 참조모델에서 계층 1~3까지의 Bearer 서비스를 규정하는 접속점은?
  ①, ②, ④
- ISO 참조모델에서 계층 4~7까지에서 일어나는 Teleservice를 규정하는 접속점은?
  ③, ⑤

〈표 4.11〉 ISDN 기능 그룹

명칭	기 능	구체적인 예
NT 1	• 전송로 단말 등의 Layer 1 기능을 갖는다. • 사용자선 종단 • Layer 1로의 다중화 • 인터페이스 종단 • timing	DSU/CSU
NT 2	• Layer 2, 3의 프로토콜 처리 • Layer 2, 3에서의 다중화 • 교환 및 집선 등의 Layer 1, 2 및 고위 Layer의 기능을 갖는다. • 인터페이스 종단	• Switching HUB • PABX, LAN, 단말제어장치 • ISDN 집선장치 • 다중화 장비
TE 1	내장 ISDN 인터페이스를 가진 장비	Digital 전화기 등
TE 2	ISDN 자원이 없는 장비	기존의 단말장치 등
TA	TE 2를 현 UNI에 접속하기 위한 adaptor • protocol 변환기능 • 속도변환 기능	protocol 변환장치 등

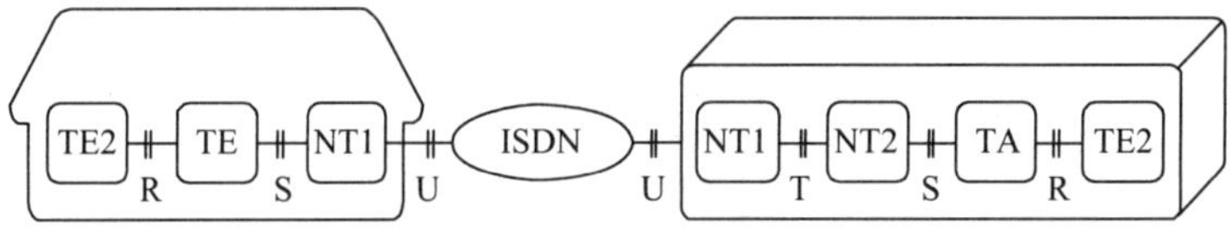

〈그림 4.13〉 ISDN 물리적 구조

- NT 1(Network Terminal 1) : OSI 기준 모델의 계층 1과 동등한 기능으로 ISDN은 NT1을 필요로 하는데 ISDN U-라인의 사용자 단말측에 있는 부품으로 가입자 선에서 전송방식과 사용자 측의 정보를 정합하는 부분으로 NT1은 공중망과 네트워크 가입자의 경계지점에 위치하면서 사용자측으로 들어오는 라인코드를 AMI 또는 2BIQ를 바이폴라 신호로 변환하는 역할을 담당한다. 그리고 NT1 장치는 사용자측에서 관리하며 사용자와의 약속된 ISDN은 물리적, 전기적 종단 장치에 관련된 기능(보수, 다중화 기능)을 담당하며, NT1은 전화 네트워크의 일부 기능으로 NT1의 출력은 T-인터페이스로 규정하고 있다.

  일반적으로 건물 내에 존재하는 NT 1은 2선으로 구성된 twist pair connection 형태를 8선 분배 장치로 변환할 수 있으며 표준화된 ISDN 단말에 대한 인터페이스를 제공하는 것으로 표준화된 ISDN을 만족하는 모든 단말장비에 대해서는 8핀 RJ 4S 커넥터를 사용해서 인터페이스에 플러그인(plug in) 할 수 있도록 되어 있다.

  따라서 NT1은 단말을 이용하는 사용자와 전화회사의 Local-Loop와 물리적으로 접속하는 장치로 BRI 접근에서는 NT1이라고 부르며 PRI 접근에서는 NT1 장비로는 CSU(Channel Service Unit), DSU(디지털 Service Unit) 장치를 말한다.

- NT 2(Network Terminal 2) : OSI 계층 1과 상위 계층에 광범위하게 동등한 기능을 포함하며, NT2는 ISDN라인 상에서 다중 ISDN 인터페이스를 공급하기 위한 장치로 PBX, LAN 그리고 단말 장치들에 대한 망 제어 기능을 담당하며 댁내 회선 교환이나 집선 기능을 행한다.

  즉, NT2는 NT1에 접속되는 간단한 브리지용 장치 또는 PBX 등을 말하며, Switching HUB, PBX와 같은 ISDN 집선 장치 옥내 스위칭, 다중화를 취급하는 장비를 지칭한다.

  ISDN PRI는 NT2를 통해 옥내(사용자 건물)로 직접 접속할 수 있으며, ISDN BRI의 경우에는 다른 성격의 종단 장치를 필요로 한다. 따라서 NT2는 TE 장비를 분배하는 기능으로 최대 8대까지의 접속과 이에 대한 지원이 가능하다.

- TE 1(Terminal Equipment 1) : ISDN 표준 단말(디지털 전화기, G4 FAX)에 해당하는 단말 장비로 ISDN 인터페이스 성능을 제공하며, TE1이 담당하는 역할은 네트워크로부터 들어오는 바이폴라 디지털 신호를 수신하고 처리하는 일을 담당한다.
- TE 2(Terminal Equipment 2) : 이 단말장치에는 ISDN 인터페이스가 없으며 기존의 인

터페이스 단말 즉 현재 사용되고 있는 ISDN 비표준 단말을 나타내는 것으로 표준화된 단말과의 접속을 위해서는 TA 장치가 필요하다.

- TA(Terminal Adaptor) : 비 표준화된 ISDN 단말과 표준화된 ISDN 단말과는 신호 방식이 다르기 때문에 즉, 공중망에서 사용자 네트워크 내에 있는 단말 상호간의 프로토콜 변환(Bipolar 신호를 unipolar 신호로의 변환) 또는 속도 변환을 행하여 작동 가능하도록 하는 단말기 어댑터이다.

4.4.6 ISDN 기준점

(1) R점(Rate Access Point)

모뎀을 통해서 연결되는 Non-ISDN 표준에 액세스 할 수 있도록 TA 장치를 이용하여 19.2[kbps]이하의 저속 데이터 정보를 64[kbps]로 속도변환(Rate Change)을 정의한 규격 즉, 비ISDN 단말과 TA 사이의 인터페이스로서 ITU-T의 X, V계열 권고안에 따른다.

① 사용자(user)와 망(network)과의 경계점

② 모뎀을 통하여 연결되는 기존 단말(비 ISDN 단말)이 ISDN을 액세스 할 수 있도록 TA장치를 이용하여 저속의 데이터 정보(19.2[Kbps])를 64[Kbps]로 속도 변환하는 규격을 정의

(2) S점(System Access Point)

ISDN 단말에 제공되는 인터페이스로 사용자의 단말기와 네트워크에 관련된 통신 장비를 구분하는 기준점으로 S점 인터페이스는 8선 인터페이스로 이 가운데 4선은 필수적이다.

즉, TA와 NT2, 그리고 TE1과 NT2 사이를 4선식으로 이용해서 디지털 정보 전송, 단말의 제어를 위한 신호를 규정하는 것으로 정보 프레임 길이는 48비트이며, 동작 주파수는 4[kHz], 전송 속도는 192[kbps]이다. 따라서 S점 인터페이스는 최고 2000피트 정도의 단말 장치(PBX)인 사용자 스위칭 장비에 접속할 수 있는 수동 버스(passive BUS)로 동일한 배선을 이용하는 브리지에서는 TE 장비를 최대 8대까지 지원이 가능하다.

① ISDN 단말기들에게 제공되는 인터페이스

② 사용자의 단말기와 네트워크와 관련된 장비를 구분하는 기준점

③ TA와 NT2, NT2와 TE1 사이에서 4선으로 디지털 정보 전송 및 단말을 제어하기 위한 신호를 규정하는 기준점

④ 정보프레임 길이는 48비트, 동작 주파수는 4[kHz], 전송 속도는 192[kbps]이다.

(3) T점(Terminal Access Point)

NT1과 NT2 사이의 기준점으로 UNI 경계점이다. 즉, NT2와 NT1 사이에 정보 전송을 위한 신호규정으로 인터페이스 구조에 따라 기본 인터페이스와 1차군 B채널 인터페이스 등 상위 인터페이스에 호환성을 주기 위한 기준점이다.

따라서 S점과 T점 접속 기준점은 8선 인터페이스로서 4선은 사용자측에 있는 NT2 스위칭 장비와 Local Loop 종단 장치인 NT1을 접속하는데 이용한다.

즉, 4선은 발신용으로, 나머지 4선은 전원용으로 사용된다. S와 T점 접속 기준점은 동일하지만 위치가 다르다.

PTP(point-to-point) 어플리케이션에서 S/T 인터페이스는 최대 0.5마일에 떨어져 위치한 장비까지 접속할 수 있으며, TE 단말기를 최대 8개를 접속하는 수동 버스 형태를 이용하는 경우에는 최대 1800피트까지 접속 거리의 연장이 가능하다.

그래서 ISDN BRI에서는 S/T 인터페이스(접속기준점)이라고 하며 이는 ISDN 단말을 직접 수용하는 위치이며, 이에 대해 R점은 비 표준화된 ISDN 단말을 수용하는 위치를 나타낸다.

① NT1과 NT2의 경계점으로 이들 간에 정보전송을 위한 신호 규정을 위한 UNI 경계 지점을 나타낸다.
② 인터페이스 구조에 따라 기본 인터페이스(2B+D)와 1차군 B채널 인터페이스(23B+D/30B+D)등 상위 인터페이스에 호환성을 주기 위해 채택되었다.

(4) U점(User Access Point)

가입자선(subscribe line)상의 전이중 전송 인터페이스를 규정하는 것으로 NT1과 교환국의 가입자 국내 회선 종단 장치(ET, Exchange Terminator) 사이에 2선식 가입자선을 통해 양방향으로 디지털 정보를 송신하는 기준점이다.

NT1과 교환국의 가입자국내 회선 종단 장치(ET) 사이에 가입자 선로(2선)을 통하여 양방향으로 디지털 신호를 송수신하는 구성이다.

NT와 ET(LE, Local Exchange)간의 2선식 전송 선로에서 사용되는 전송 부호로 기존에는 AT&T의 AMI(Alternate Mark Inversion) 라인 코드를 이용했지만 최근에는 ANSI의 2B1Q(two Binary one Quaternary) 방식을 사용한다.

여기서 2B1Q 전송 부호는 전송데이터 2비트를 4레벨 전송부호로 나타내는 방식으로 전송 데이터 중 처음 비트는 비트의 극성을, 두 번째 비트는 전압 레벨을 각각 나타내며 ISDN 서비스에 사용되는 표준 코드이다.

(5) V-Access Point

교환기 측 디지털 가입자 모듈과 가입자 장치와의 정보를 송수신하기 위한 것이다.

4.4.7 ISDN 액세스 채널

ISDN 액세스 채널에서 채널이란 인터페이스간의 정보전달 용량을 나타내며 그 형태로는 비 ISDN채널(A채널 : 4[kHz]의 아날로그 신호채널, C채널 : 아날로그와 디지털 신호의 합성채널)과 ISDN채널(B, D, E, H 채널) 등이 있다.

ISDN에서는 다양한 서비스 제공을 위해 사용자 네트워크간의 표준화된 인터페이스를 제공하는데 여기에 전송 파이프로 운반(Bearer) 채널이라고 하는 B채널과 델타(Delta) 채널이라고 불리는 D채널 그리고 이들보다 고속 채널인 H채널로 분류된다.

(1) B 채널

타이밍이 동반된 64[kbps]채널로 다양한 이용자 정보 전달로 ISDN에서는 정보채널이라고 한다. ISDN 내에서 회선교환, 패킷교환을 반영구적인 연결을 갖는 선로 등에 액세스 제공을 위해 이용되는 채널이다.

B채널의 기능은 전송 시스템이므로 운반 채널이라고 하며 사용자의 정보(음성, 비디오, 데이터용으로 설계)를 동기, 비동기 동기식(isochronous) 서비스로 전송 속도는 최대 64[kbps]이며, B채널은 최대 64[kbps]까지 지원할 수 있기 때문에 사용자의 단말(PC)간에 고속 파일의 전송이나 다중 채널 및 압축이라는 개념을 적용함으로써 LAN 정도의 파일 전송 속도를 지원할 수 있다. ISDN에서는 회선 교환일 경우에는 B채널을 통해 정보를 전달하지 못하며 주로 패킷 교환 방식, 디지털 전용 회선 방식을 이용한다.

따라서 B채널을 통해 전달되는 이용자의 정보형태는 FAX, 저속 주사 비디오 신호, 64[kbps]로 된 PCM 정보 또는 광대역 음성 그리고 원격 LAN 접속 등에 이용된다.

〈표 4.12〉 각 채널에 대한 이용 방법

채 널		기 능
운반채널	B1	음성신호만을 위한 음성 전송 채널
	B2	음성/고속 packet 신호를 위한 정보전송 채널
신호채널 D		신호/저속 packet 신호를 위한 신호전송 채널

(2) D 채널

가입자 상호간에 신호처리, 패킷 데이터에 대한 계층, 프로토콜을 뒷받침하는 신호 채널로 이용된다.

D채널은 제어를 위한 신호용(signaling) 채널로 스위치와 ISDN 서비스 간에서 통신을 지원하는 16[kbps], 64[kbps] 속도를 갖는다. 즉, D채널은 사용자와 네트워크 사이의 제어 정보를 교환할 경우에 사용되는 채널로 ISDN에서 회선교환용 신호 처리 정보를 전달하는데 이용되는 것으로 사용자와 네트워크 사이에 제어 정보를 교환하는데 이용된다.

한편 D채널에서는 제어를 위한 시그널링 이외에 동시에 사용자 단말(PC)간에 파일 전송에 적합한 패킷 교환 서비스도 지원되며, X.25(단일 채널 상에서 다중 논리 세션을 처리하는데 이용되는 프로토콜)도 제공이 가능하여 ISDN 라인을 공통으로 이용하는 다수자의 단말 이용자에게 경제적이며 효과적인 호스트 접속의 기회를 제공할 수 있으며, D채널은 신호 채널로서 호출 제어, 가입자대 가입자 신호처리 프로토콜에 의한 OAM(Operation, Administration, Mainterance) 메시지 전송, 저속 데이터(Videotex, Teletex), Telemetry(긴급 서비스, 에너지 관리) 등과 같은 정보를 전달하며, PC 직렬 포트에서 공통으로 이용되는 형태인 패킷 데이터의 제공도 가능하다.

D채널은 제어 신호(Signaling, Messaging, Voice, 트래픽 전송)의 역할을 하는 하나의 시스템으로서 DSS1(디지털 Subscriber Signaling System), SS7(Signaling System 7)인 2가지 유형 Signaling을 지원한다.

(3) H채널

H채널은 이용자에서 고속의 정보를 전송하기 위한 정보용 채널로 주로 고속 팩시밀리, 동화상 등을 H0(384[kbps]), H11(153[kbps]), H12(1920[kbps])의 속도로 고속 정보 채널로 이용한다.

고속의 사용자 정보를 전송하기 위한 채널로 ISDN에 의해 회선 교환되는 신호 처리 정보는 전달되지 않는다.

또한 H채널을 통해 전달되는 이용자 정보 형태로 고속 FAX, 화상 회의용 영상, 패킷 교환용 정보 그리고 고품위 음성 등을 들 수 있다.

(4) E채널

64[kbps]로 ISDN에 의해 회선 교환되는 경우에 신호처리를 위한 정보를 전달하기 위한

것으로 주로 UNI에서 1차군 인터페이스로 다중화 된 채널 구조에서만 사용이 가능하다.

〈표 4.13〉 채널 종별

<table>
<tr><th colspan="3">채 널 종 별</th><th>채 널 속 도</th><th>용 도</th></tr>
<tr><td colspan="3">B</td><td>64[Kbps]</td><td>• 사용자 정보전송용 채널 사용
• 사용자 정보속도 : 8/16/32/64[Kbps]
• 회선교환/패킷교환/전용선
• 회선교환 시의 신호채널에는 이용하지 않는다.</td></tr>
<tr><td colspan="3">D</td><td>16[Kbps]
64[Kbps]</td><td>• 제1순위는 회선교환 제어용 신호의 전송채널로 사용
• 그밖에 user의 packet 정보채널로 사용</td></tr>
<tr><td rowspan="5">H</td><td colspan="2">H0</td><td>38[Kbps]</td><td rowspan="5">• User의 통신용 채널
• 회선교환/packet 교환/전용선
• 회선교환 신호채널은 사용하지 않는다.</td></tr>
<tr><td rowspan="2">H1</td><td>H11</td><td>1536[Kbps]</td></tr>
<tr><td>H12</td><td>1920[Kbps]</td></tr>
<tr><td colspan="2">H2*</td><td>30 ~ 44[Mbps]</td></tr>
<tr><td colspan="2">H4*</td><td>90 ~ 138[Mbps]</td></tr>
</table>

4.4.8 ISDN 신호방식(Signalling)

임의의 단말에서 발생하는 하나의 호(call)를 전송하기 위해 전화기와 교환기, 교환기와 교환기간에 정보 전송을 위한 회선의 설정, 회선의 유지 및 해제 등과 같은 일련의 기능을 관리하고 제어하기 위해 정보를 교환하는데 필요한 것을 신호 방식(signaling)이라고 한다.

이와 같은 신호 방식에는 통화로의 구성방법에 따라 end-to-end, link-by-link 방법이 있으며, 구간에 따른 신호 방식의 분류를 가입자선 신호 방식과 국간 신호 방식이 있다.

그리고 신호의 용도에 따라 감시(line)신호, 선택(Register)신호, 운용신호 등으로 분류할 수 있다.

(1) 대역 내 신호제어(In-Band Signaling)

기존의 전화 장비는 아날로그 데이터 전송용으로 일반적으로 전화는 1개의 전화 가입자선에 통화 상대의 통화 정보와 신호 정보(전화번호)를 동일 전송로 상에 흐르도록 하는 신호 제어 방식을 말하는 것으로 대역 내 신호 제어라고 한다.

여기서 대역 내 신호 제어 방식은 정보 전송에 주로 사용되는 주파수 범위 내에서의 주파수를 이용하는 방법을 말한다.

(2) 대역 외 신호 제어(Out-Band Signaling)

대역의 신호 제어를 정보 전송 주파수의 정규 범위 밖에 있는 주파수를 이용하는 방법으로 정보 전송에 사용 주파수 범위 전부를 이용할 수 있어 주파수 사용 효율이 우수하다.

ISDN의 경우 가장 큰 특징으로 ISDN 전화 서비스에서는 신호 정보와 통화 정보를 다른 선을 통해 흐르게 한다.

즉, B채널(64[kbps])상에는 통화 정보를, D채널에는 신호 정보를 흐르도록 신호 정보를 다른 회선으로 by-pass하고 있다.

따라서 ISDN에서는 음성, 비 음성(패킷) 통신 등과 같이 동시에 복수의 통신을 행하는데 필요한 복잡한 제어를 하기에 편리하다.

4.4.9 ISDN 서비스

ISDN에서 제공되는 서비스는 기본 서비스, 부가 서비스, 응용 서비스로 구분되며, 여기서 기본 서비스는 다시 OSI 계층 1에서 계층 3까지의 베어러 서비스(Bearer Service)와 OSI 계층 4에서 계층 7까지의 텔레서비스(Teleservice)로 분류된다.

ISDN 서비스의 기능 ISDN이 이용자에게 다양한 서비스를 종합적으로 제공하는 통신 능력을 말하는 것으로 제공할 수 있는 통신 서비스는 음성 서비스, 비 음성 서비스, ISDN 부가 서비스, 통신처리 서비스 등이 있으며 특히 이중에서 ISDN(부가) 서비스를 UNI에 제공하는 서비스 특성에 따라 Bearer service, Teleservice, 부가 서비스 등으로 분류할 수 있다. 즉, ISDN이 제공하는 서비스를 Telecommunication Service로 지칭하기도 한다.

따라서 크게 Telecommunication을 분류하면 다음과 같다.

〈표 4.14〉 텔레커뮤니케이션 서비스의 형태

텔레커뮤니케이션 서비스			
베어러 서비스		텔레 서비스	
기본 베어러 서비스	기본 베어러 서비스 +부가 서비스	기본 텔레 서비스	기본 텔레 서비스 +부가 서비스

〈표 4.15〉 베어러 서비스와 텔레 서비스의 경계

Teleservice	제7층	(축적처리) 메시지 통신과 파일 전송 등 업무에 필요한 프로토콜
	제6층	(부호화 방식) 부호 등 데이터 구조를 관리
	제5층	(송신권 제어) 전이중/반이중, 동기 등 다이알로그 관리
	제4층	(End-End간 error 제어) 앤드 프로세스 간에서의 데이터 전송을 보증
Bearer service	제3층	(경로제어) 앤드 프로세스 간에서 통신경로를 확립(중계, 루팅)
	제2층	(교환기간, Terminal과 교환기간 Link 설정) 단말교환기, 교환기 사이 등 인접 노드 간의 데이터 전송을 보증
	제1층	(connection) 전기적 · 기계적 · 물리적 조건을 관리

NISDN의 부가 서비스는 기본 서비스(베어러, 텔레 서비스)의 편의를 위해 서비스의 일부를 변경하거나 추가하는 서비스를 말하며, 부가 서비스는 독립적인 서비스 형태를 갖지 못한다.

(1) Bearer service

ISDN 전달기능으로 망에 접속되는 단말(UNI)에서 송출된 정보를 전송하는 전기통신 서비스로 회선교환 서비스나 packet 교환 서비스가 Bearer 서비스이다.

즉, 통신망이 제공할 수 있는 서비스(회선교환 서비스, packet 교환 서비스)로 S/T 점에 접속되는 통신 관점에서 본 ISDN 정보전송 서비스를 말한다.

(2) Tele service

ISDN 전달 기능뿐만 아니라 단말이 갖는 고위층 통신 protocol도 포함되어 있으며 Bearer Service의 기능 위에 고도의 기능을 부가한 서비스로 FAX service나 Teletex service 등이 Teleservice에 해당된다. 즉, 가입자를 중심으로 볼 때 제공될 수 있는 서비스에서 고품질의 음성방송, 화상회의, 화상전화 등 광대역 서비스를 의미한다.

연 습 문 제 (주관식)

01. DSU(Digital Service Unit)에 대한 역할에 대해서 설명하여라.

해설 디지털 신호를 디지털 신호로 변환하는 장치로 신호의 속도 변화, 입력된 직렬 Unipolar 신호를 변형된 Bipolar 신호로 바꾸어 주며, 신호의 축적 다중화, 신호를 송수신의 제어, 프로토콜의 변환 그리고 단말기에 대한 전원배급의 기능 등을 담당한다.

이와 같은 DSU의 설치가 필요한 서비스는

- 종합 디지털 통신망(ISDN)
- 디지털 전용선 서비스
- 디지털 전송서비스

등을 들 수 있다.

모뎀이 아날로그 전송장비로서 아날로그 신호를 변복조 해야 하므로 기술적으로 어렵고 속도 향상에 한계를 보이게 되는 반면에 DSU, CSU, FDSU, T3모뎀, HSM 등은 디지털 전송장비로 최대 전송속도 64[kbps] 이하를 지원하는 DS0급 전송로에 사용된다.

02. 회선 교환 방식의 특징에 대해서 설명하여라.

해설
- 회선이 설정되어 통신이 완료될 때까지 회선을 물리적으로 접속시켜준다
- 매번 통신할 때마다 다른 회선이 선택된다.
- 통신 중에는 이미 설정된 회선을 사용하기 때문에 전송제어에 필요한 신호를 필요로 하지 않는다.
- 실시간(real time) 대화용에 적합하다.
- 전송속도나 코드의 변환이 불가능하다.
- 일단 경로가 설정되면 데이터 전송은 효율적으로 이루어진다.

03. 데이터 그램(datagram) 방식에 대해서 설명하여라.

해설 두 스테이션 간에 데이터 패킷 전송 시 미리 두 가입자 단말 간에 논리적인 채널을 설정하지 않고 비 연결형 방식으로 운용하는 방식을 말한다.

즉, 고정된 논리적 채널의 설정을 행하지 않고 송신 단말에서 발생한 데이터 패킷을 독립적으로 교환 망 내의 교환기의 교환처리에 의해 수신단말에 전송하는 방식이다.

데이터 그램 방식의 장점은 호출(Call)설정 단계가 없으므로 호출 설정 시간을 단축시킬 수 있다는 것이다. 또한 경로가 지정되어 있지 않기 때문에 한쪽 통신망이 혼잡하면 그 혼잡을 피해서 다른 경로를 구성할 수 있기 때문에 융통성을 갖는다.

이와 같은 데이터 그램 방식은 가상회선보다 신뢰성이 우수하다. 왜냐하면 한 노드에 장애가 발생하더라도 교체된 경로를 이용해서 패킷을 전송 할 수 있기 때문이다.

04. 패킷 교환방식의 장점에 대해서 설명하여라.

해설
- 중계회선을 서로 다른 이용자가 공동으로 이용할 수가 있어서 회선의 사용률이 우수하다.
- 축적교환 방식을 이용하기 때문에 이용자가 지정된 시간에 정보를 전송하거나 동시에 여러 곳의 단말에 정보의 전송이 가능하다.
- 정보처리기능으로 송수신 간에 이용되는 단말간의 속도나 프로토콜이 서로 상이하여도 통신 가능한 방식이다.
- 디지털 전송에 주로 이용되기 때문에 전송품질과 신뢰도가 우수하다.
- 패킷 단위로 축적 전송되므로 메시지 교환방식보다 빠른 응답시간이 요구되는 통신에 주로 이용한다.

05. 흐름제어(flow control)를 구현하는 방식에 대해서 설명하여라.

해설 두 노드 간에 데이터 패킷의 양이나 속도를 제어하는 방법으로 이 방법을 수신 노드 측에서 수신 데이터를 초과하지 않도록 수신율을 제어하는데 목적을 두고 제어를 행한다.

이와 같은 흐름 제어를 구현하는 방법으로 다음과 같은 방식 등을 이용한다.

- 기억장치 예약 방식 : 송신 노드가 패킷을 송신하는 경우 수신 노드의 기억 장치를 사전에 정적 또는 동적으로 예약해서 전송하는 방식을 말한다.
- window 제어 방식 : 일정한 수의 데이터 패킷을 교환망을 통해 상대방 터미널에 전송한 후 이에 대한 수신확인 여부를 확인한 후에 다음 데이터 패킷을 계속 전송하는 방식을 말한다.
- WABT(wait and before transmission) 방식 : 송신측 버퍼가 부족할 경우에 수신이 어렵다는 수신불가(receive not ready) 패킷을 통보하여 입력을 제한(규제)하는 방식을 말한다.

06. 협대역 및 광대역 ISDN에 대해서 설명하여라.

해설
- 협대역 ISDN(N-ISDN) : 기존의 64[kbps] 전화망과 X.25 패킷 데이터 통신망으로 구성되는 망으로 망이 지원하는 속도는 64[kbps] ~ 1.92[Mbps] 정도이다.
- 광대역 ISDN(B-ISDN) : BISDN은 차세대 ISDN-서비스로 NISDN을 수용하면서 1.544[Mbps]이상의 속도를 지원하는 디지털 서비스이다.

  여기서 정보의 고속도로 화를 위해서는 다양한 어플리케이션을 지원할 수 있도록 더 고속인 속도를 필요로 한다.

  이들 고속 서비스를 제공하기 위한 범위로는 25[Mbps]에서 수[Gbps]이지만 논의되는 속도는 155[Mbps](OC 1)과 622[Mbps](OC 3)이다.

연 습 문 제 (객관식)

01. 디지털 데이터 전송방식에 이용되지 않는 방식은?

㉮ 혼합 데이터 전송방식　　㉯ stuff 동기 데이터 전송방식

㉰ 동기 데이터 전송방식　　㉱ 비동기 데이터 전송방식

해설 stuff 동기데이터 전송방식은 단말의 송수신 동작이 망 내 클록에 동기되어 있지 않고 데이터 전송 시 여분의 무효 펄스를 삽입시켜 단말과 망 내 클록을 동기시켜 전송하는 방식을 말한다.

답 ㉮

02. 디지털 신호의 다중화에 있어 2차군 이상의 계위에서 사용되는 시분할 다중화 방법은?

㉮ block interleaving　　㉯ character interleaving

㉰ bit interleaving　　㉱ word interleaving

해설 2차군 이상에서 사용되는 다중화 방식으로 start 다중화방식을 이용한다.

답 ㉰

03. 모든 디지털 전송 회선을 2400[bit/s]의 데이터 전송에 사용했을 경우 다중화 구간에 있어서의 디지털 데이터 전송 회선의 최대 다중도는?

㉮ 8600 회선　　㉯ 9200 회선

㉰ 110400 회선　　㉱ 130000 회선

해설 디지털 전송 회선을 2400[bit/s]의 데이터 전송에 사용했을 경우 다중화 구간에 있어서의 디지털 데이터 전송 회선의 최대 다중도는 110400 회선이며 현재 우리나라의 동기식 디지털 다중화 계위의 표준 전송 속도 1계위는 155.52[Mbps]이며, 2계위는 622.08[Mbps]인 속도를 취하고 있다.

답 ㉰

04. 다음 중 데이터 통신 시스템의 전송계를 구성하는 요소가 아닌 것은?

㉮ 단말장치　　㉯ 주변장치

㉰ 통신제어장치　　㉱ 데이터 전송회선

해설 주변장치는 데이터 처리계에 포함된다.

답 ㉯

05. STM-1 신호는 기존의 비동기식 디지털 계위들을 동기식 다중화 과정을 거쳐 만들게 되는데 여기에 포함되지 않는 디지털 계위는?

㉮ DS-1　　㉯ DS-2E

㉰ DS-3　　　　　　　　　　　　　㉱ DS-4

해설 STM-1 신호는 기존의 비동기식 디지털 계위 신호인 DS-1, DS-2, DS-3, DS-1E, DS-2E, DS-3E, DS-4E로부터 동기식 다중화 과정을 거쳐 만들어지며, STM-1 신호의 기본 전송속도는 155.5[Mbps]를 나타낸다. 답 ㉱

06. 직렬전송의 장점이라고 볼 수 없는 것은?

㉮ 선로비용이 경제적이다.

㉯ 송수신기가 복잡하다.

㉰ 대부분의 데이터 전송에 사용한다.

㉱ 전송로가 1개이므로 원거리 전송에 적합하다.

해설 직렬 전송의 단점은 직병렬 변환회로를 필요로 하기 때문에 회로가 복잡하다는 것이다. 답 ㉯

07. 데이터 전송품질에 있어서 디지털 전송이 아날로그 전송보다 우수한 것이 아닌 것은?

㉮ 다중화의 용이성　　　　　　　　㉯ 신호의 재현성

㉰ 비트 착오율　　　　　　　　　　㉱ 광대역의 필요성

해설 일반적으로 광대역 성질은 아날로그 전송의 단점에 해당된다. 답 ㉱

08. 전송 특성 열화요인 중 정상열화 요인이 아닌 것은?

㉮ 감쇠 왜곡　　　　　　　　　　　㉯ 군 지연 왜곡

㉰ 펄스성 잡음　　　　　　　　　　㉱ 랜덤 잡음

해설 정상열화 요인으로는 위상지터, 반향, 누화, 주파수 잡음, 고주파 왜곡, 군 지연 왜곡 등이 있으며, 비정상 열화 요인으로는 위상히트, 순간적 단절, 펄스성 잡음, 단시간 레벨 등을 들 수 있다. 답 ㉰

09. 다음 중 전송 품질을 약화시키는 원인으로써 전송되는 파형의 위상 관계가 틀리기 때문에 발생하는 것은?

㉮ 감쇠 왜곡　　　　　　　　　　　㉯ 군 지연 왜곡

㉰ 임펄스성 잡음　　　　　　　　　㉱ 순간적 단절

해설 군 지연 왜곡(group delay distortion) : 군 지연 주파수 특성으로부터 일정한 지연을 빼내어 얻는 편차를 말하는 것으로 이와 같은 군 지연 왜곡은 전송되는 파형의 위상 관계가 틀리기 때문에 발생하게 된다. 그리고 필터, 전송 회로, 전송로 등에서 그 전파 시간이 신호의 주파수에 따라 달라 출력 신호 파형에서 왜곡을 요인이 된다. 답 ㉯

10. 공통선 신호 방식(CCS)에 대한 설명으로 적합하지 않은 것은?

㉮ 공통선 신호 방식을 사용하면 호 설정 시간이 짧아지고 통신망의 효율이 높아진다.

㉯ 공통선 신호는 패킷 방식으로 전송되며 CCITT NO. 6, No. 7 신호 방식으로 표준화 되어 있다.

㉰ 공통선 신호는 신호의 종류가 많고 통신 중에도 신호를 전달할 수 있다.

㉱ 공통선 신호는 음성 대역폭 4[kHz] 중의 일정 대역을 신호 전용 주파수대로 할당하여 사용한다.

해설 CCS(Common Channel Signaling)는 신호와 트래픽을 분리하여 통신망을 운용되는 신호 방식을 말한다.

답 ㉱

11. 시스템의 동적인 불완전성에 해당되지 않는 것은?

㉮ 백색 잡음　　㉯ 상호변조 잡음

㉰ 지연의 곡　　㉱ 충격성 잡음

해설 왜곡의 형태와 특징

- 동적인 불완전성 왜곡으로 예측할 수 없이 무작위로 발생하며 제어가 불가능하다. 이와 같은 형태는 백색 잡음, 상호변조 잡음, 충격성 잡음, 페이딩, 위상지터, 에코, 혼선, 위상변화 등의 변화를 들 수 있다.
- 정적인 불완전성 왜곡(시스템적인 왜곡)은 어느 때 어떤 채널에서도 일어날 수 있는 왜곡으로 상쇄 및 보상이 가능하며, 이와 같은 형태로는 지연 왜곡, 특성 왜곡, 손실, 주파수 편이, 하모닉 왜곡, 진폭감쇠 왜곡 등을 들 수 있다.

답 ㉰

12. 어떤 시스템이 송단 전압이 46[V]이고 수단전압이 0.046[V]일 경우에 시스템 전체 감쇠량을 계산하여라.

㉮ 40[dB]　　㉯ 50[dB]

㉰ 60[dB]　　㉱ 70[dB]

해설 시스템에서의 크기는 $20\log\frac{0.046}{46}=20\log10^{-3}=-60[\text{dB}]$이며 여기서 (−)는 감쇠량을 나타내는 것이다.

답 ㉰

13. 수신 신호의 레벨이 비교적 짧은 시간에 크게 저하하는 현상을 무엇이라 하는가?

㉮ 순단　　㉯ 임피던스 부정합

㉰ 군 지연 왜곡　　㉱ 임펄스 성 잡음

해설 순단 현상은 순간적으로 끊기는 현상으로 수신 신호의 레벨이 비교적 짧은 시간에 크게 저하하는 현상을 말한다.

답 ㉮

14. 다음 설명 중에서 그 설명이 적합하지 못한 것은?

㉮ 반이중(half-duplex) 통신모드는 정보를 교대로 전송하며 두 회선이 필요하다.

㉯ 전이중(full-duplex) 통신모드는 비용 면에서 가장 경제적이다.

㉰ 단방향(simplex) 통신모드의 경우 송수신을 동시에 할 수 없다.

㉱ 단방향 통신모드에서는 정보전송이 한쪽으로만 이루어진다.

해설 전이중(full-duplex) 통신모드의 경우를 4선식이라고 하는데 이는 통신 선로의 소요가 많아 비용 면에서는 경제적이지 못하다.

답 ㉯

15. 데이터 전송 시스템에 있어서 통신방식의 종류가 아닌 것은?

㉮ 단향 통신방식 ㉯ 우회 통신방식

㉰ 반 2중 통신방식 ㉱ 전 2중 통신방식

해설 데이터 전송 시스템에 있어서 통신방식의 종류로 단일방향 방식, 반이중 방식 그리고 전이중 방식 등을 이용하고 있다.

답 ㉯

16. 클록 펄스발생기의 동기를 송수단에서 같게 하기 위한 동기는 다음 중 어느 것인가?

㉮ 프레임 동기 ㉯ 비트 동기

㉰ 강제 동기 ㉱ 제어 동기

해설 Frame 동기는 데이터 연결 프로토콜에서 특수 비트 조합을 사용하여 프레임의 시작과 종료를 나타내는 방식으로 송수신기 간에 동기를 맞추는 것으로 이는 동기를 송수단에서 같게 하기 위한 동기 방식을 말한다.

답 ㉮

17. 4선식 회선에 가장 효율적인 통신방식은?

㉮ 단향통신 ㉯ 반 2중 통신

㉰ 전 2중 통신 ㉱ 4중 통신

해설 데이터 통신에서 전 2중 통신방식을 4선식 회선이라고 하는데 이 방식의 가장 큰 장점은 송수신이 동시에 가능하다는 것이다.

답 ㉰

18. 다음 전송방식 중 양쪽방향으로 전송이 가능하나 어떤 한 순간에는 한 방향으로만 통신이 가능한 것은?

㉮ SIMPLEX ㉯ TELEX

㉰ HALF-DUPLEX ㉱ FULL-DUPLEX

해설 반 이중 방식(HALF-DUPLEX)은 양쪽 방향으로 전송이 가능하나 어느 한 순간에는 한 방향으로만 통신이 가능한 통신 방식을 말한다.

답 ㉰

19. 데이터 통신 시스템의 부호 전송방식 설명 중 직렬 전송 방식은?

㉮ 직병렬 변화회로가 필요하다.

㉯ 근거리 데이터 전송에 적합하다.

㉰ 동일 시간 내에 많은 정보를 보낼 수 있다.

㉱ 비트수에 대응한 전송로 및 변복조 회로 수가 필요하다.

해설 ㉯, ㉰, ㉱는 병렬 전송에 대한 설명이며, 직렬 전송방식의 특징으로 회선의 전송대역을 넓게 사용할 수 있으며, 송신측이나 수신측에 변환회로가 필요하다. 그리고 송수신간의 동기가 필요하며, 직병렬 변환회로가 필요하므로 단말장치의 기능이 복잡하다. **답** ㉮

20. 스트로브(strobe) 신호와 비지(busy) 신호를 이용하여 전송하는 형태는?

㉮ 병렬 전송　　㉯ 직렬 전송

㉰ 동기식 전송　　㉱ 비동기식 전송

해설 병렬 전송에서 문자를 연속적으로 전송하면 문자와 문자의 간격을 구분할 수 없어 busy 신호와 strobe 신호를 이용하여 데이터를 송수신한다. **답** ㉮

21. 다음은 동기방식들에 관한 설명이다. 잘못된 것은?

㉮ 비동기식방식(ASYNCHRONOUS)은 주로 저속통신에 많이 이용된다.

㉯ 플래그(FLAG) 동기방식은 HDLC 전송제어에 이용되고 있다.

㉰ 캐릭터(CHARACTER) 동기방식에서는 스타트와 스톱비트로 문자를 구분한다.

㉱ 망 동기방식으로서 독립동기와 종속 동기, 상호동기방식이 사용될 수 있다.

해설 캐릭터(문자) 동기방식은 동기방식에 해당되며 스타트와 스톱비트로 문자를 구분하는 것은 비동기식방식이다. **답** ㉰

22. 정보 전송 방식 중 전송반전(turn around) 지연이 발생하는 것은?

㉮ 단일방향방식　　㉯ 반이중방식

㉰ 전이중방식　　㉱ 직렬전송방식

해설 반이중방식(Half duplex)은 양쪽 방향으로 송수신 가능한 양방향 통신이지만, 한 번에 하나의 전송만 이루어지도록 설정된 통신으로 송수신 과정에서 전송반전(turn around) 지연이 발생하게 된다. **답** ㉯

23. 다음은 동기식 전송과 비동기식 전송방식을 비교한 것에서 동기식 전송의 장점이라고 볼 수 있는 것은?

㉮ 비동기식보다 비용이 적게 든다.　　㉯ 통신채널을 효율적으로 이용한다.

㉰ 낮은 속도의 전송에 사용될 수 있다.　　㉱ 기계적으로 별로 복잡하지 않다.

해설 비동기식 전송과 비교하는 경우에 얻게 되는 장점으로는 전송효율이 높다는 것이며 단점으로는 수신측에서 비트 계산을 해야 한다는 것 그리고 문자를 조립하는 별도의 기억 장치가 필요하므로 고가이면서 복잡하다. **답** ㉱

24. 데이터 단말을 조보식으로 운용할 경우 1캐릭터 그룹은 몇 비트로 전송되는가?

㉮ 4 ㉯ 8

㉰ 11 ㉱ 16

해설 조보식(비동기식) 전송방식에서 이용되는 1캐릭터 그룹은 "start 1[bit]+데이터 8[bit]+패리티 1[bit]+stop 1~2[bit]=11 1[bit]"로 구성된다. **답** ㉰

25. 디지털 통신 시스템이 아날로그 통신 시스템에 비해 갖는 장점을 나열한 것 중 틀린 것은?

㉮ 에러(error)를 복구할 수 있다. ㉯ 비화(encryption)가 용이하다.

㉰ 전송 대역폭이 좁다. ㉱ 잡음에 강하다.

해설 디지털 통신 시스템을 아날로그 통신 시스템과 비교하는 경우에 얻게 되는 특징으로 에러(error)의 복구가 용이하며, 비화(encryption)성이 우수하며, 비교적 전송 대역폭이 넓으며, 잡음에 강하다. **답** ㉰

26. 정보통신 전송 하이어라키가 64[kbps]와 2048[Mbps]일 때 두 가지를 비교 설명한 내용 중 가장 알맞은 것은?

㉮ 2048[Mbps]는 결국 64[kbps] 단위로 32개 프레임 직렬로 전송된다.

㉯ 전송정보량은 동일하지만 2048[Mbps]가 빨리 전달된다.

㉰ 전송속도는 같지만 2048[Mbps]는 64[kbps]보다 광대역을 차지한다.

㉱ 2048[Mbps]는 64[kbps]보다 빠른 속력으로 상대방에 도달한다.

해설 초 당 전송량이므로 전송속도는 같으나, 정보 전송량은 2048[Mbps]가 많다. **답** ㉮

27. 데이터 전송을 위한 주요 회선 구성방식에 해당되지 않는 것은?

㉮ 2점간 직통방식 ㉯ 중신회선방식

㉰ 분기방식 ㉱ 루프방식

해설 중신 회선방식은 유선통신의 케이블 유효 이용방식에 해당된다. **답** ㉯

28. 전기통신망에서 정보를 교환하는 방식에 해당되지 않는 것은?

㉮ 망 교환(network switching) ㉯ 전문교환(message switching)

㉰ 회선교환(circuit switching) ㉱ 패킷교환(packet switching)

해설 전기통신망에서 정보를 교환하는 방식으로 회선 교환 방식과 축적 교환 방식(메시지 교환 방식, 패킷 교환 방식)등으로 구분된다. **답** ㉮

29. 패킷교환의 일반적인 특징이라고 볼 수 없는 것은?

㉮ 회선 교환이기 때문에 송신기, 수신기와 망과의 사이에 통신 속도가 달라져도 통신이

가능하다.

㉯ 통신회선의 사용효율이 매우 높고 비어 있는 중계선이 계속해서 사용되기 때문에 통신 비용이 싸진다.

㉰ 중계선이나 노드의 하나에 고장이 생겨도 자동적으로 우회중계가 되어 원칙적으로 통신이 중단되지 않는다.

㉱ 일정한 길이를 가진 패킷형태로 통신이 행해지므로 정도가 높은 전송제어절차를 적용하는 것이 쉽고 망 내에서 전송에러를 매우 낮게 유지할 수가 있다.

해설 패킷 스위칭방식은 패킷 단위로 데이터 전송이 일어나며, 여기서 메시지를 일정크기로 자른 것을 패킷이라고 한다. 그리고 store-and-forward 방식을 이용한다. 그러나 많은 양의 정보를 연속적으로 보내고자 할 경우 메시지 교환방식이 유효하다. **답** ㉮

30. 메시지교환과 패킷교환을 옳게 비교한 것은?

㉮ 회선교환의 경우 각 호에 대해 전용회선이 할당되나 메시지 교환은 전용회선이 필요 없다.

㉯ 메시지교환에서 목적지에 도달하는 메시지의 순서는 일정하다.

㉰ 회선교환과 같이 메시지교환도 블록킹 현상이 존재한다.

㉱ 메시지 교환망의 가장 대표적인 예로 전화를 들 수 있다.

해설 메시지 교환은 실시간 전송이 어려워 전화에는 사용할 수가 없으며 전용회선은 장기간 많은 데이터의 전송 시 유리하고 교환회선은 짧은 기간 동안 적은 데이터를 전송하는 경우에 유리하다. **답** ㉱

31. 데이터 교환방식 중에서 전송지연 시간이 가장 긴 것은?

㉮ 패킷교환방식 ㉯ 데이터 전용회선 교환방식

㉰ 음성 교환용 회선 교환방식 ㉱ 메시지 교환방식

해설 데이터 교환방식 중에서 전송지연 시간이 가장 긴 것은 메시지 교환방식이다. 여기서 전송 지연이 발생하게 이유는 긴 메시지를 버퍼에서 해석하는데 소용되는 시간이 길기 때문이다. **답** ㉱

32. 패킷 교환망과 메시지 교환망의 가장 큰 차이점은?

㉮ 블로킹현상의 존재유무 ㉯ 메시지 단위

㉰ 목적지에 도착하는 메시지 순서 ㉱ 속도 및 코드변환기능

해설 패킷 교환은 데이터 단위의 길이에 제한이 있으나 메시지 교환은 길이에 제한이 없다. 즉, 패킷 교환망과 메시지 교환망의 가장 큰 차이점은 메시지 단위 혹은 길이이다. **답** ㉯

33. 다음 중 데이터 통신에서 전송속도가 저속이어서 교환방식에 이용하지 않는 방식은?

㉮ 회선 교환방식 ㉯ 메시지 교환방식
㉰ 데이터 그램 패킷 교환방식 ㉱ 가상회선 패킷 교환방식

해설 메시지 교환방식은 축적 교환 방식의 한 형태로 긴 메시지 데이터를 버퍼에서 해석하는데 소요되는 시간이 길기 때문에 실시간 전송에는 부적합하다. 답 ㉯

34. 데이터 통신 시스템이 제공하는 서비스로 기존의 공중 통신 사업자로부터 회선을 빌려서 이것을 컴퓨터로 조합하여 네트워크를 제공하고 있지 않는 새로운 기능을 제 3자에 서비스하는 것을 무엇이라 하는가?

㉮ ON-LINE ㉯ MULTIPLEXER
㉰ LAN ㉱ VAN

해설 주어진 문제의 내용은 부가 가치망(VAN, Value Added Network)에 대한 설명이다. 답 ㉱

35. DS0급의 데이터 다중장치(MUX)가 통신선로로 송출하는 신호 속도는 몇[kbps]인가?

㉮ 9.6 ㉯ 32
㉰ 64 ㉱ 96

해설 DS-0급은 비동기식 디지털 계위(PDH)에서의 계위신호 중 비동기식 다중화의 가장 기본이 되는 64[Kbps] 전송속도를 갖는 디지털 음성 1회선을 말한다. 답 ㉰

36. ISDN의 기본 인터페이스 채널 구조를 나타낸 것은?

㉮ 23B+D ㉯ 30B+D
㉰ 2B+D ㉱ 8B+D

해설 종합정보통신망(ISDN)의 통신 채널별 전송용량은 B=64[kbps], D=16[kbps], H_0=384[kbps]을 나타낸다. 여기서 채널 용량에 따라
- BRI(기본 인터페이스) : 2B+D
- PRI(1차군 인터페이스) : 23B+D, 30B+D

인 구조를 지닌다. 답 ㉰

37. 비동기 전송방식에서 단말기가 문자를 해독하여 처리하고 다음 문자를 수신할 수 있도록 준비시간을 제공하기 위해 사용하는 비트는?

㉮ 시작 비트(start bit) ㉯ 데이터 비트(data bit)
㉰ 패리티 비트(parity bit) ㉱ 정지 비트(stop bit)

해설 비동기식 전송은 송수신측간에 동기를 맞추지 않고 데이터를 전송하는 방식으로 문자 단위로 데이터를 전송한다. 하나의 문자는 문자 앞에 하나의 start bit를 붙은 다음 문자를 구성하는 8비트를 보내고 문자 전송이 완료된 다음에는 하나의 stop bit를 붙여 전송하게 된다. 이 stop bit는 단말기가 문자를 해동해 처리하고 다음 문자를 수신할 수 있도록 준비시간을 제공하기 위하여 사용한다. 답 ㉱

38. 수신 신호전력의 측정값이 20[dBm]으로 나타났다. 몇 [mW]인가?

㉮ 100[mW] ㉯ 150[mW]

㉰ 200[mW] ㉱ 250[mW]

해설 $20[\mathrm{dB_m}] = 10\log\frac{x}{1[\mathrm{mW}]}$ 관계식을 이용하면 $\frac{x}{1[\mathrm{mW}]} = 10^2$이며

여기서 $x = 1\times10^{-3}\times10^{2} = 10^{-1} = 0.1[\mathrm{W}] = 100[\mathrm{mW}]$

가 된다.

답 ㉮

39. 연결된 두 장치 간에 한 번씩 교대로 데이터를 전송하는 방식을 무엇이라 하는가?

㉮ 단방향 전송방식 ㉯ 전방향 전송방식

㉰ 반이중 전송방식 ㉱ 전이중 전송방식

해설 전송 방향에 따른 분류

- 단방향 전송(Simplex) : 한쪽 방향으로만 데이터의 전송이 이루어지는 방식으로 TV 및 teletext (문자 다중 방송), telemetering(원격 측정), 라디오 등을 예로 들 수 있다.
- 반이중 방식(Half-duplex) : 양쪽의 교신자가 모두 전송할 수 있으나, 어떤 일정 시각에는 한 방향으로만 전송이 가능한 방식이다.
- 전이중 방식(Full-duplex) : 양쪽의 교신자가 동시에 데이터 전송을 행할 수 있는 방식으로 Videotex나 일반 전화를 예로 들 수 있다.

답 ㉰

40. 흔히 DS1이라고 불리는 다중화 채널 프레임은 국내와 북미에서 사용하는 초당 1.544[Mbit]의 전송속도를 가진 채널구조이다. 이 DS1의 채널구조를 설명한 것 중 올바른 것은?

㉮ 프레임 당 음성 슬롯 수 : 24, 초당 프레임 수 : 4000

㉯ 프레임 당 음성 슬롯 수 : 48, 초당 프레임 수 : 4000

㉰ 프레임 당 음성 슬롯 수 : 24, 초당 프레임 수 : 8000

㉱ 프레임 당 음성 슬롯 수 : 48, 초당 프레임 수 : 8000

해설 DS1은 비동기식 디지털 계위(PDH)의 신호계위 중 하나로 다음과 같은 디지털 신호를 말한다.

- T1=1.544 Mbps=24 채널 다중화=DS1
- E1=2.048 Mbps=30 채널 다중화=DSIE

답 ㉰

41. Start-Stop 전송방식이라고 하며 데이터 전송 시 한 번에 한 글자씩 전송하는 방법은?

㉮ 동기식 전송방식 ㉯ 비동기식 전송방식

㉰ 직렬 전송방식 ㉱ 병렬 전송방식

해설 동기 방법에 따른 분류

- 비동기식 전송 : 데이터 통신에서 정보의 송신 및 수신을 위해 사용되는 clock이 상대측과 서로 독립적으로 운용되면서, 송신될 정보가 있을 때마다 정보의 시작, 정지(start/ stop)를 수신측에 알려주는

데이터 전송 형태로 한 문자씩 전송한다.

- 동기식 전송 : 수신 장치와 송신 장치가 계속 같은 clock 주파수(또는 timing)로 동작하며 일정 시간 간격으로 위상을 조절 또는 보완하는 데이터 전송 형태로 한 block씩 전송한다.
- 혼합형 동기식 전송 : 비동기식 전송의 특성과 동기식 전송의 특성을 혼합한 방식으로 한 문자씩 전송한다. 혼합형 동기식 전송은 비동기식 전송의 경우보다 전송 속도가 빠르다는 점과 송수신측이 동기 상태에 있어야 한다는 점을 제외하고는 비동기식 전송과 동일하다.

답 ㉯

42. 데이터 전송에 있어서 베이스 밴드(baseband) 전송방식의 장점이 아닌 것은?

㉮ 통화와 데이터를 혼합 사용할 수 있다.

㉯ 시내 구간에서는 모뎀이 필요 없어 회선 가격이 싸다.

㉰ PCM 방식과의 정합이 용이하다.

㉱ 전화국 등에 설치된 단국 장치는 복수의 가입자가 이용할 수 있다.

해설 베이스밴드(Baseband) 전송 방식의 장점

- Bus Topology 케이블링에 소용되는 비용이 최소이다.
- 각 노드의 고장이 네트워크의 다른 부분에 전혀 영향을 미치지 않는다.
- 신뢰성과 확장성이 우수하다.

한편 단점으로는 거리에 민감하며, 노드의 증가 시 속도가 떨어지며, 음성전송에 곤란하다는 것이다.

답 ㉮

43. 주파수 분할다중방식(FDM)과 비교했을 때의 시분할 다중방식(TDM)의 특징으로서 맞지 않는 것은?

㉮ 단국장치가 간단하다.

㉯ 통화코딩의 점유주파수 대역폭이 넓다.

㉰ 통화회선을 많게 할 수 없다.

㉱ 불완전한 대역통과 필터링과 비선형 상호변조에 의해 영향을 심하게 받는다.

해설 TDM의 특징이라면 단국장치가 간단하며, 통화코딩의 점유주파수 대역폭이 넓으며, 통화회선을 많게 할 수 없다는 것이다

답 ㉱

44. 다음은 주파수 분할 멀티플렉스(FDM) 방식에 대한 설명이다. 맞지 않은 것은?

㉮ 전송되는 각 신호의 반송주파수는 동시에 전송된다.

㉯ 전송하려는 신호의 필요 대역폭보다 전송 매체의 유효 대역폭이 작을 때 사용한다.

㉰ 반송 주파수는 각 신호의 대역폭이 겹치지 않도록 충분히 분리되어야 한다.

㉱ 전송매체를 지나는 혼성신호는 아날로그 신호이다.

해설 FDM은 전송하려는 신호의 필요 대역폭보다 전송매체의 유효 대역폭이 클 때 사용하는 방식으로 다음과 같은 특징을 갖는다.

- 주파수 대역폭을 작은 대역폭으로 나누어 사용한다.
- 보호 대역(Guard band)의 이용으로 채널의 이용률이 낮아진다.
- 시분할 다중화 장비에 비해 가격이 싸다. **답** ㉯

45. 기존 아날로그 전송로를 이용하여 디지털 신호를 전송하는 방식 즉, 기존 FDM 전송대역의 일부를 이용하여 디지털 신호를 전송하는 데이터 방식이 아닌 것은?

㉮ DUV(Data Under Voice)방식 ㉯ DIV(Data In Voice)방식

㉰ DOV(Data Over Voice)방식 ㉱ DLV(Data Low Voice)방식

해설 DOV(data over voice) : 2심으로 구성된 연동 선상에 데이터와 음성을 동시에 전송하는 방식으로 FDM 기술을 사용하여 이용하지 않은 대역폭의 일부를 데이터용으로 할당함으로써 데이터와 음성을 동시 전송한다. **답** ㉰

46. 북미표준 방식의 TDM 신호규격에 맞지 않는 것은 어느 것인가?

㉮ DS1은 24회선이며 전송속도는 1.544[Mb/s]이다.

㉯ DS2은 4 DS1이며 전송속도는 6.312[Mb/s]이다.

㉰ DS3은 7 DS2이며 전송속도는 32.064[Mb/s]이다.

㉱ DS4은 6 DS3이며 전송속도는 274[Mb/s]이다.

해설 DS-3급 신호는 데이터 전송장치 사이에서 송수신되는 비동기식 디지털 계위(PDH) 신호계위로 44.736[Mbps] 용량의 속도를 의미한다. **답** ㉰

〈북미 방식의 다중화 계위 예〉

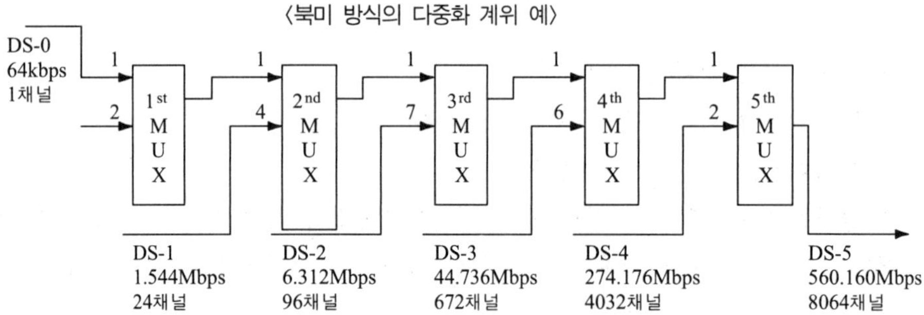

47. 다음 중 시분할 다중(multiplex)방식에 관한 설명 중 틀린 것은?

㉮ 신호들이 겹치지 않기 위해서는 표본화 속도가 커야한다.

㉯ 송신측과 수신측에서 동기를 맞추어야 한다.

㉰ 주파수 분할 다중방식에 비해 특성이 나쁘며, 장치도 복잡하다.

㉱ 장거리 전화 통신에도 이용된다.

해설 TDM은 송신측과 수신측에서 동기를 맞추어야 하며, 장점이라면 융통성이다. **답** ㉰

제5장 | 전송제어

5.1 | 프로토콜(Protocol)

5.1.1 전송 제어

(1) 전송제어 역할

통신회선을 이용하는 컴퓨터, 단말장치 등의 장치 상호간에 데이터 전송을 정확하게 수행하기 위해서는 정보를 전송하기 전에 상대와의 접속 또는 확인하는 절차가 필요하며, 목적한 데이터의 전송이 종료된 위치에서 올바른 데이터의 전송이 이루어졌는가를 상호간에 확인 절차를 통해 회선을 복구하는 등의 순서를 전송제어라고 한다.

(2) 전송제어 대상

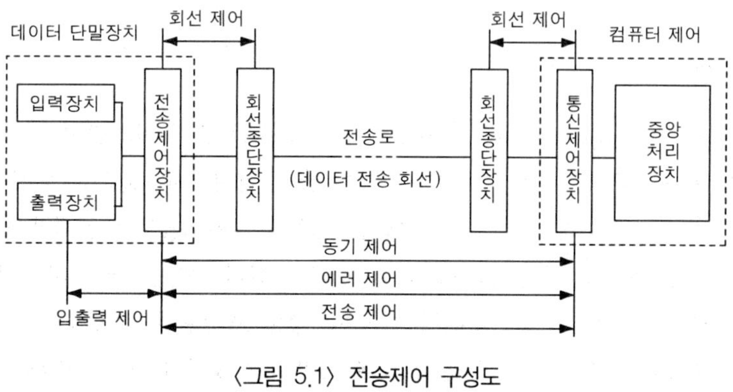

〈그림 5.1〉 전송제어 구성도

전송 제어는 전송구간에서 행해지는 것으로 현재 데이터 통신에서 정보를 고속으로 전송하거나, 전송 구간에서 발생하는 에러 제어 그리고 높은 신뢰성 등을 보이게 되는 것은 다음에서 설명하고 있는 다양한 제어의 역할이라고 할 수 있다.

① 동기제어

동기는 연속적으로 보내지는 비트열 중 시작 비트와 종료 비트까지의 한 문자를 나타내는데 필요한 것으로 송수신 간에 타이밍을 일치시키는 기술이다.

② 에러(Error)제어

전송로 상에서 발생될 수 있는 잡음에 의해 발생하는 에러를 검출, 수정하는 제어기술의 송신측과 수신측 간에는 논리적 링크를 설정하여, 미리 정해진 절차에 따라 데이터 전송을 수행한다.

③ 회선제어

DCE(회선종단장치)를 잠시 제어하는 것으로 정보를 정확하게 상대측에 전송하기 위해서는 상대측과의 회선을 연결, 접속 후에 데이터의 송수신을 제어하는 것으로 회선제어에서는 회선의 접속인지 또는 정보의 송수신 요구인지 등의 약속을 정할 필요가 있다. 예를 들어 모뎀과 전송하기 전에 회선의 접속, 데이터 전후 회선의 절단 등을 제어한다.

④ 전송제어

데이터 전송과정에서 데이터 자체의 송수신, 회선접속의 확인, 상대의 확인 그리고 데이터가 정확하게 전송되었는가에 대한 확인 등과 같은 일련의 절차를 전송제어가 담당하는 역할이다.

5.1.2 통신규약(Protocol)

(1) 프로토콜의 정의

통신 시스템을 구성하는 하나의 실체(Entity)와 또 다른 통신 시스템상의 실체 간에 정확하고 효율적인 전송을 위한 일련의 약속, 절차 등을 의미한다. 통신을 원하는 두 시스템 간에 효율적이고 정확한 정보 전송을 위해 두 시스템 내에 있는 각 실체간에 미리 약속한 통신에 대한 제반 규정을 프로토콜(Protocol)이라고 한다. 프로토콜은 하드웨어 인터페이스 조건뿐만 아니라 통신 소프트웨어적인 프로그램도 포함된다. 프로토콜은 "의정서"라는 뜻을 가지고 있으나 통신에서는 "통신규약"의 의미로 효율적이면서 정확한 정보의 전송을 위한 통신 시스템의 필요충분조건들에 대한 규약의 집합이라 볼 수 있다. 또한 프로토콜은 계층화된 프로세서 내의 두 실체간에 정확한 정보전송을 위한 약속된 절차, 규범, 협정이라고 할 수 있다.

(2) 프로토콜의 기본요소

① 구문(Syntax)

코딩, 신호레벨, 데이터의 형식, 부호화, 신호크기 등을 규정하는 것이다.

② 의미(Semantic)

송출해야할 메시지, 실행되어야할 제어 메시지, 시행되어야할 처리 및 반송 되어야할 응답의 집합 즉, 효율적이며 정확한 전송을 위한 실체간의 협조 내용, 에러제어를 위한 항목 등을 가리키는 것으로 전송 과정에서 필요한 제어와 에러 복원을 위한 제어 정보 등을 규정한 것이다.

③ 순서(Timing)

접속되는 실체간의 통신 속도, 메시지 순서 제어 즉 속도의 정합 또는 사상이 실행되는 순서를 규정하는 것으로 정확한 정보전송을 위한 실체간의 에러제어 및 협조 항목을 말한다.

(3) 프로토콜의 표현

① 형식(Format)

에러제어 의미를 포함하는 전송제어 내용이나 처리내용을 포맷이라 한다.

② 파라미터(Parameter)

프로토콜을 실행하는데 필요한 요소로 Timing, Counter 등을 포함한다.

③ 상태(Status)

동일한 입력에 대해서도 시스템의 상태에 따라 동작이 달라질 수 있는데 이와 같은 상태를 프로토콜을 이용해서 표현한다.

④ 절차(Procedure)

어떤 상태에서 어떤 입력을 받았을 때 하는 일의 내용을 procedure라고 한다.

(4) 프로토콜의 이용목적

① 호출의 확립 및 연결 그리고 터미널 회선 접속
② 메시지의 블록킹(Blocking)과 포맷(Format) 구조
③ 에러 메시지의 재전송
④ 회선 반전 절차 및 터미널 간의 문자동기
⑤ 의미변경, 인터럽트(Interrupt)와 절단

(5) 프로토콜에서 정해져야 할 항목

① 전송되는 정보 즉, 데이터의 길이
② 에러 수정 방법
③ 사용자의 구분

5.1.3 OSI 계층모델의 개요

7계층의 기능은 송신측에서 전송 매체를 통해서 수신측으로 정보를 전송하는 과정에서 운용되는 동작이 나라마다 적용하는 형태가 다르게 되어 표준화가 곤란하였다. 이와 같은 내용을 조금 완화하기 위해서 국제적인 기관인 ISO에서 OSI(Open System Interconnection)이라는 틀을 만들어 모든 국가가 이 틀을 기준으로 통신을 행함으로서 표준화를 꾀할 수 있게 되었다. 여기서 제정된 틀의 형태를 OSI 7 Layer라고 한다.

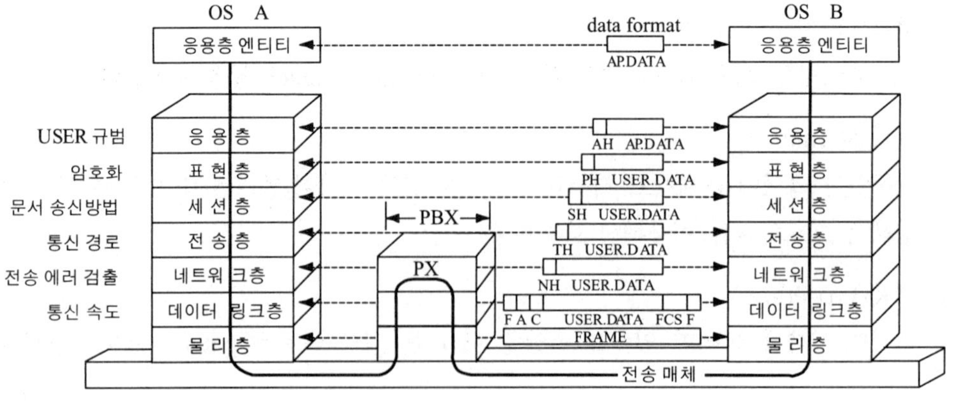

〈그림 5.2〉 OSI 7 Layer

여기서 OSI 7 계층에 대한 역할과 주요 기능을 정리하면 다음과 같다.

(1) 1계층(Physical Layer)

물리매체 상에서 "0", "1"의 비트 열을 나타내는 전기적 신호를 DTE와 DCE 사이에 전송하기 위한 규범(X.25 레벨 1)으로 예를 들면 모뎀 신호의 관리를 들 수 있다.

〈표 5.1〉 DTE와 DCE간의 인터페이스 조건

조 건	내 용
물리적 조건	DTE와 DCE에서 취급되는 커넥터 및 DTE와 DCE 간을 연결하는 통신 회선에 접속되는 커넥터에 대하여 형태와 규격, 신호 핀 배열 등에 내용을 규정
전기적 조건	DTE와 DCE 간의 접속에 이용되는 접속회로의 임피던스와 신호레벨 등에 대한 내용을 규정
논리적 조건	DTE와 DCE 상호접속회로의 기능과 명칭, 시간 조건을 규정
절차적 조건	데이터 전송을 위한 DTE와 DCE 간의 상호 접속회로의 동작 순서를 규정

(2) 2계층(Data Link Layer)

① 데이터 링크 계층의 역할

비트 열에서 에러 없는 단위 데이터를 취해서 보내고 인접 시스템 간에 전송.

즉, 에러 체크와 에러 정정에 관한 규범(X.25 레벨 2)으로 상대 시스템에 비트 열에서 구성된 프레임이라는 데이터 묶음을 정확하게 전송하는 것을 보증하는 층을 말한다.

② Protocol의 분류

데이터 링크 계층에서 이용되는 Protocol의 종류는 연결 유무와 동기 제공 방법에 따라 다음과 같이 분류 할 수 있다.

㉠ 연결 유무에 따른 분류

- connection oriented : 데이터를 전송하기 전에 링크를 형성하여 데이터를 전송하는 방법으로 주로 WAN에서 많이 이용되며 그 형태는 HDLC, SDLC, LAP-B, LAP-D, LAP-F(Frame Relay)이다.
- connectionless oriented : 링크를 설정하지 않고 송수신 주소를 부가하여 데이터를 사용하는 방법으로 주로 LAN에서 이용되며 그 형태는 Ethernet, Token ring, FDDI 이다.

㉡ 동기 제공에 따른 분류

- 비동기 방식 : 한 문자씩 전송하는 방법으로 Start-stop 방식이 이에 해당하며, 서비스의 종류는 실시간 전송을 필요로 하지 않는 E-Mail, Voice Message, FAX Message 등이다.
- 동기 방식 : Buffer를 이용하여 데이터를 저장한 후 Flag를 사용하여 송수신 간 동기를 제공해서 한꺼번에 Frame 단위로 전송하는 방식으로 HDLC, LAP-B, LAP-D 등이 이에 해당하며 서비스의 종류는 실시간 전송이 요구되는 음성 전화, 화상 전화 등을 들 수 있다.

③ Link connection의 확립(Hand shaking)

㉠ Contention 방식 : PTP 방식에서 수신 가능 여부를 확인 후 송신하는 방식

㉡ Polling 방식 : Multipoint 방식에서 Master가 Slave에게 송신을 권유하는 방식으로 2단계 동작으로 진행된다.(송신 가능 ? - Send)

㉢ Selection 방식 : Multipoint 방식에서 Master가 Slave에게 수신 할 수 있는지 확인하는 방식으로 3단계 동작으로 진행된다. (수신 가능 ? - ACK - 응답)

④ Link의 접속 형태

㉠ 전용선 : 은행, 보험회사 등과 같이 통신 수요가 많은 경우 일정 단위로 임대료를 지불하고 전용으로 사용하는 방식으로 그 종류는 PTP, Multidrop 등을 들 수 있다.

㉡ 공중 패킷 망 : 패킷 망에 접속하여 전송된 패킷 수 만큼 사용료를 지불하는 방식으로 LAP-B, LAP-D등을 들 수 있다.

㉢ 사설 패킷 망 L LAN과 같이 초기 설치비용은 필요하나 설치 후 회선 비용이 불필요한 방식으로 Ethernet, Token-ring, FDDI 등이 이에 해당한다.

⑤ 데이터 링크의 주요 기능

㉠ 정보의 프레임 화 : 일정한 길이로 분할한 프레임 단위로 전송

㉡ 프레임의 순서제어 : 순차적인 전송을 위해 프레임 번호를 부여

㉢ 프레임 전송확인과 흐름제어 : 전송되는 프레임이 정확하게 수신측에 수신되었는지의 여부를 확인하는 흐름제어

㉣ 에러검출 및 복구 : 프레임 전송 과정에서 발생하는 에러의 검출과 에러검출 된 프레임을 재전송하도록 통보하는 기능

㉤ 데이터 링크 접속과 단절 : 정보전송 전에 수신측이 통신 가능한 상태에 있는지를 확인하여 데이터 링크가 가능한 상태가 되도록 한다.

(3) 3계층(Network Layer)

① 네트워크 계층의 역할

데이터 전송의 중계나 경로선택을 관리하고 복수의 단말구간과 중계 시스템을 경유해서 종단 시스템 간에 데이터의 전송을 보증한다. 즉 PTP에서의 라우팅(Routing)과 폭주(Congestion)에 관한 규범(X.25 레벨 3)이다.

여기서 네트워크 계층의 기능은 하나 또는 복수 개의 통신망을 통하여 통신을 담당하는 개체가 존재하는 시스템 간의 데이터 전송을 수행하는 경우에는 중계기능을 필요로 하며, Contention의 다중화, 전송데이터의 분할 및 조립 그리고 결합 및 분배 기능을 담당한다. 그리고 개방 시스템 상호간의 네트워크를 설정, 유지, 해제하는 기능을 수행한다.

② 네트워크 계층의 주요 기능

네트워크 계층의 특징으로는 데이터 링크 계층의 기능을 이용하여 하나 또는 여러 개의 통신망(회선 교환 망, 메시지 교환 망, 패킷 교환 망)을 통하여 시스템 상호간에 투과적인 데이터 전송을 할 수 있도록 통신 망 내 및 통신망 사이의 경로설정(Routing)과 중계기능(Relay)을 수행한다. 즉 개방형 시스템이 하나 또는 복수의 통신망을 통해 데이터를 전달하고자 할 경우에 중계 및 경로설정의 기능을 제공하는 계층으로 ITU-T의 X.25의 가상 회선 서비스가 대표적이다. 한편 No.7 신호방식을 기능레벨 구조로 볼 때 신호 접속 제어부(SCCP)는 네트워크 계층과 관련 있다.

따라서 Network Layer의 주요 기능으로는 Routing / Addressing, 호의 설정과 해제, 다중화, Flow / Error / Congestion control, 망 동기 등의 기능을 담당한다. 여기서 망 동기(Network layer 동기)는 교환기간 동기를 말하며, 그 형태는 독립, 상호, 종속 동기가 있다. 동기란 공간적으로 떨어져 있는 곳에서 발생한 2개의 신호가 동일한 주파수와 위상을 가질 수 있도록 주기적으로 처리, 조정하는 것을 말한다.

참고

동기 이탈 시 발생하는 현상

- Slip : 동기 이탈로 발생하는 정보의 누락이나 중복 현상
- Jitter : 신호 파형의 위상 변화 즉, 파형의 편이를 말한다.
- Wonder : 온도 변화에 의해 발생하는 10[Hz] 미만의 Jitter
- Hit 현상 : 위상의 변화 중에서 일시적으로 파형이 단절되는 현상을 말한다.

(4) 4계층(Transport Layer)

① 전송 계층의 역할

종단 시스템 간에서 데이터의 전달확인 등을 행한다. 다양한 통신망, 회선에서 발생하는 전송 에러 회복이나 throughput 보완 등을 행한다. 즉, 호스트 컴퓨터에 관한 규범의 예를 들면 전송 상에서 에러가 발생할 확률이 높은 경우에는 에러 검출, 회복 절차 등에 의해 데이터 전송의 신뢰성을 향상시키는 경우나 저렴한 통신요금으로 데이터를 전송하기 위해 하나의 네트워크 커넥션에 다수의 트랜스포트 커넥션을 다중화 하는 등의 기능을 들 수 있다.

② 전송 계층의 주요 기능

㉠ 세션의 하위계층으로 세션층에서 제공하는 미흡한 서비스를 보완하며 경제적, 품질적으로 전이중, 투과적 데이터의 전송 서비스를 위한 End-to-End 제어와 밀접한 관계를 갖는다.

㉡ 종단간의 에러검출과 복구, 최종 이용자 단말의 주소설정 기능을 수행한다.

㉢ 네트워크의 최소 경비를 위한 경로(Routing) 선택 기능을 수행한다.

㉣ TC와 네트워크 접속(NC)을 공동으로 이용하는 기능인 다중화와 역 다중화 기능을 수행한다.

㉤ 하나의 TC가 여러 개의 NC를 사용하는 기능인 분류와 합류(Splitting / Recombining)

㉥ 송신측에서 복수의 TPDU(Transport PDU)를 결합하여 하나의 NSDU(Network SDU)로서 송신하고 수신측에서 각 TPDU로 분리하여 처리하는 기능인 연결과 분리 기능을 담당 한다.

㉦ 우선 데이터 전송

(5) 5계층(Session Layer)

응용 프로세서 간에서 합의된 내용을 정확하게 데이터의 송수신을 행하고 여러 형식의 회화를 가능하게 한다.

즉, 프로세서 간 통신에 있어서 상호간에 동기를 취하면서 의미를 가진 정보를 전송하는 것으로 반(전)이중 관리, 송신권 관리 등과 같은 프로세서가 필요로 하는 정보를 보내는 방법과 프로세서간의 동기, 비동기의 관리를 한다.

(6) 6계층(Presentation Layer)

① **표현 계층의 역할**

응용 프로세서간의 송수신 데이터 표현형식(부호 전송, 데이터 압축, 암호 등)을 변환한다.

② **표현 계층의 주요 기능**

㉠ 코드 변환(code conversion)
㉡ 데이터의 암호화(data encryption)
㉢ 텍스트 압축(text compression)
㉣ 가상터미널 프로토콜(virtual terminal protocol)
㉤ 파일 전송 프로토콜(file transfer protocol)

(7) 7계층(Application Layer)

업무내용에 대응한 데이터 내용 의미를 해석, 처리를 행하고, 파일, 데이터 패스, 단말 등의 자원에의 액세스나 정보 네트워크의 장애나 접속 구성 등의 관리 기능을 분담한다. 즉, 이용자(user)에 관한 규범이다.

〈표 5.2〉 OSI 7계층에서 각 계층에 대한 엔티티

계층	기능 및 내용
응용계층	• 사용자가 다양한 응용프로그램을 이용할 수 있도록 하는 계층 • 응용 프로그램으로는 FTP(File Transfer Protocol), 가상터미널, E-mail, 항공예약 서비스 등이 있다.
표현계층	• 응용 프로세서들이 사용하는 다양한 표현구문을 하나의 공통된 전송구문으로 변환하거나 역 변환하는 기능을 제공하는 계층. 즉, 전송 데이터의 syntax 변환 기능을 수행한다. • 데이터의 압축이나 암호화 등의 기능을 제공한다.
세션계층	• 정보전달 방법(전이중, 반이중 방식)을 결정 • 응용 프로세서 간에 필요한 통신제어를 행한다. 즉, 응용 프로세서간의 대화를 유지시키기 위하여 동기를 맞추거나 송신권을 제어하는 기능을 제공한다. 즉 응용 프로세서 간 동기점을 이용하여 회화 단위의 제어를 수행하는 계층
트랜스포트 계층	• 송수신간에 투명하고 균일한 전송 서비스를 제공하는 계층 • 전송 데이터의 다중화 및 중복 데이터의 검출, 누락 데이터의 재전송 등을 세부 기능으로 갖는다. • TCP가 대표적이다.

네트워크계층	상위서브 레이어	datagram, VC 서비스기능 수행	• Routing(중계기능) • network connection • ITU-T의 X.25의 가상회선 서비스가 대표적이다. • 메시지를 packet으로 분할
	하위서브 레이어	Routing 역할 수행	
데이터 링크 계층	상위서브 레이어	LLC(Logical Link Control)기능 : 데이터 전송	• 에러제어(에러검출 및 복구) • frame 순서제어 • frame 전송확인 • IBM(BSC, SDLC)와 ISO(HDLC)가 대표적이다.
	하위서브 레이어	MAC 기능 : LLC와 MAU의 인터페이스 역할	
물리계층	상위서브 레이어	MAU(Media Access Unit) 기능, signalling, encoding 기능과 매체를 다루는 기능을 수행	• 물리매체의 설정, 해제 • 물리 층의 관리기능 • 미국 EIA의 RS-232C • ITU-T(V.24/28, X.20, X.21)
	하위서브 레이어	cable(신호 전달 매체역할)	

5.1.4 TCP/IP

(1) TCP / IP의 개요

TCP / IP는 네트워크 상에서 정보의 전송에 관련된 프로토콜이라고 할 수 있다.

즉, 서로 다른 운영체제(OS)를 사용하는 컴퓨터 간에도 데이터의 전송이 가능하여 인터넷에서 정보전송을 위해 이용되는 표준 프로토콜이다. 여기서 프로토콜(Protocol)은 한 컴퓨터에서 다른 컴퓨터로 데이터를 완전하게 보내기 위한 일종의 장치 개념이라고 할 수 있다.

① TCP(Transmission Control Protocol)

전송 데이터를 일정 단위로 분할하고 포장하는 것에 관련된 규약을 말한다.

② IP(Internet Protocol)

직접 데이터를 주고받는 것에 관련된 규약이다.

(2) TCP / IP의 동작

① 처음에 IP는 Header(출발과 도착 주소를 포함)를 참조해 네트워크를 통해 데이터를 목적지에 전달한다.

② 전달과정에서 데이터의 장애(잘못 전달되거나 파손될 수도 있고, 보내진 순서대로 데이터를 전송하지 못할 수도 있다.)가 발생하는 경우 이를 개선하고 보완하기 위한 기술이 TCP이다.

즉, IP가 데이터 패킷의 분실 및 파손이 발생하는 경우 TCP는 문제가 발생했음을 통보하고 데이터를 알맞게 재전송하는 역할을 담당하게 된다.

〈표 5.3〉 OSI와 TCP/IP 비교

OSI	TCP/IP
응용 계층	응용 계층
표현 계층	
세션 계층	
전송 계층	TCP 계층
네트워크 계층	IP 계층
데이터 링크 계층	물리 계층
물리 계층	

(3) TCP/IP 각 계층의 역할

① 물리 계층

㉠ 전송 매체, 전송률, 신호의 Encoding 방식에 대한 특성을 정의

㉡ 전송 매체에 프레임을 송수신하는 역할

㉢ 특정한 규정을 정의하고 있지 않으므로 Frame relay, Ethernet, ATM 등과 자유롭게 적용이 가능하다.

② IP 계층

Non connection 서비스 데이터 그램(Datagram)으로 Host 상호간에 IP를 전달하는 기능과 Routing 기능을 수행하게 된다.

여기서 Non connection은 정보를 전송하는 과정에서 오직 정보를 전송하기만 하고 송수신이 제대로 이루어졌는가는 확인하지 않는 것으로 비 신뢰성의 의미를 말하다.

③ TCP 계층

㉠ 종단 간 통신 서비스 제공을 담당한다.

㉡ TCP, UDP 등의 프로토콜이 이용된다.

- TCP : Connection 서비스로 정확하게 데이터를 전송하는 경우에 이용되는 프로토

콜로 주로 FTP, HTTP, SMTP, DNS를 IP로 연결해 주는 역할을 수행한다.

• UDP : Non connection 형태로 데이터의 전송 만 고려되고 정확한 정보 전송에는 무관하다. 즉, ACK가 없는 프로토콜이다. 그리고 헤더가 짧아 속도가 고속이며 반 이중 통신 지원이 가능하다.

④ 응용 계층

응용 프로그램이 네트워크에 접근 가능하도록 인터페이스 기능을 수행한다.

참고

IPv6(IPng, IP next generation)

IPng의 개념은 인터넷의 출현 초기에는 제한 된 영역(대학, 연구소, 정부 기관 등)에서 사용되었으나 인터넷을 이용하는 수요자의 급증과 필요성의 증가로 인터넷 사용자와 접속 호스트는 점증하는 추세이다. 또한 이동 단말기를 통한 인터넷 사용 빈도의 확대와 더불어 다양한 형태(일반 가전제품이나 생활 용품 등)의 시스템들이 인터넷을 통한 활용이 확산되고 있는 경향이다. 그래서 새로운 형식의 주소 체계를 필요로 하여 구성된 것이 IPv6이다. 여기서 기존의 IPv4와 새로운 형태의 IPv6에 대한 비교는 다음과 같다.

■ IPv4의 경우
  • 32 비트 인터넷 주소 체계
  • 주소의 표현은 10진수를 이용해서 4단위로 점(Dot)으로 구분한다.
  • 주소는 약 43억개의 주소를 갖는다.
  • 주로 네트워크와 호스트에 ID를 부여해서 운용된 방식 : 현재 주소의 고갈 상태에 있으며 또한 시스템 성능과 응용 프로그램이 비약적으로 발전함과 더불어 인터넷을 사용하는 서비스가 다양화되고 있다. 서비스 이용의 증가에 따라 보안에 취약한 IPv4로는 한계를 보이고 있다.

■ IPv6의 경우
  • IPv4의 주소 제한 요인을 해결하는 방안
  • IPv6주소는 16바이트(128비트)로 구성된 주소 체계를 지닌다.

    AD67 : AACD : 4234 : 59D2 : ED23 : 5687 : E3A8 : FFFF

  • 네트워크, 호스트 이외에 모든 전자 제품에 주소를 부여하기 위한 방식이다.
  • 멀티미디어와 같은 새로운 서비스에 따른 실시간 및 QoS 지원이 가능하며 보다 향상된 보안과 암호 체계를 지원할 수 있는 IPv6(IPng)가 등장하게 배경을 만들고 있다.
  • 주소의 표현은 16진수이며, 8단위로 콜론(:)을 이용해서 구분한다.
  • IPng는 128비트의 길이로 약 43억의 4승에 비례하는 갯 수 만큼의 주소를 갖는다.

한편 IPv4와 비교하는 경우 IPv6의 장점에 대해서 정리하면 다음과 같다.

■ 주소 공간의 확대 : IPv6 주소는 128비트 길이로 이는 기존의 32비트의 IPv4 경우보다 늘어난 것이다.

- 향상 된 헤더 형식 : IPv6는 새로운 헤더 형식을 사용하는 이유로 옵션이 기본 헤더에서 분리 되어 운용하기 때문에 필요 시 기본 헤더와 데이터 부분 사이에 추가될 수 있다. 이와 같은 이유로 대부분의 옵션이 라우터에서 검사가 되지 않기 때문에 단순하게 되며 라우팅을 처리하는 것이 고속화 되는 것이 가능하게 되었다.
- 새로운 옵션의 추가 : IPv6는 추가적인 기능을 가능하게 하는 새로운 옵션의 추가를 이용하고 있다.
- 확장성이 가능하게 되었다. : IPv6에서는 신기술이나 응용 프로그램에 의해 요구가 발생하는 경우 프로토콜 확장 운용이 가능하게 되었다.
- 자원 할당 지원(support for resource allocation) : IPv6에서는 IPv4의 type-of- service 필드가 없어지고 새로운 메커니즘(flow label)이 추가되어 특정 패킷에 대한 요구가 있는 경우에 제어를 가능하게 한다.
- 높은 레벨의 암호화 향상 : IPv6에서는 암호와 인증 옵션이 제공되어 패킷의 비밀과 안전 수준을 보다 한 단계 높이는 결과를 준다.

IPv6에 적용되는 연동 기술

기존의 주소 체계인 IPv4를 새로운 주소 체계인 IPv6으로 변환하는 방법으로 다음과 같은 방법을 고려하고 있다.

- Dual stack : IPv4와 IPv6을 동시에 지원하는 듀얼구조로 노드를 구현하여 두 가지 주소 모두 설정이 가능하도록 하는 방법
- Tunneling : IPv6망에서 IPv4를 걸쳐서 IPv6망으로 이동하는 경우 IPv4 망에 터널을 만들어 IPv6 패킷이 통과하도록 하는 방법
- Head Translation : IPv4와 IPv6의 주소 체계를 게이트웨이 등을 이용하여 상호간에 호환이 일어나도록 하는 방법

(4) DHCP

동적 호스트 설정 통신 규약(DHCP, Dynamic Host Configuration Protocol)은 가입자의 Host에 대해서 IP를 고정으로 할당하는 것이 아니라 동적으로 IP를 서버에서 부여하는 주는 프로그램을 말한다.

(5) NAT(Network Address Translation)

① OSI 3계층인 네트워크 계층에서 사설 IP 주소를 공인 IP 주소로 변환하는 경우에 이용되는 IP 주소 변화기이다.

② 내부에서는 사설 IP를 사용하고 외부로 나가는 경우에는 공인 IP를 사용한다.
여기서 NAT를 사용하는 목적을 고려하면 다음과 같다

㉠ 인터넷의 공인 IP주소를 절약할 수 있다는 점이다.

즉, 인터넷에서 이용되는 공인 IP주소는 한정되어 있기 때문에 공유하는 방법을 필요로 하는데 NAT를 이용하면 사설 IP주소를 사용하면서 이를 공인 IP주소와 상호 변환할 수 있어 마치 공인 IP주소를 다수가 함께 사용할 수 있는 효과를 얻게 되어 공인 IP 주소를 절약할 수 있게 되는 것이다.

㉡ 공공망인 인터넷과 연결되는 사용자들의 고유한 사설망을 침입자들로부터 보호할 수 있다는 점이다.

즉, 방화벽(Firewall)은 외부에 공개된 인터넷과 사설망 사이에 설치하여 외부 해킹 등으로 사용자의 통신망을 보호하는 수단으로 이용되는데 이때 인터넷 망과 연동하는 장비인 Router에 NAT를 설정할 경우 Router는 자신에게 할당된 공인 IP 주소에 대해서만 외부로 알려지게 하고, 내부에서는 사설 IP주소를 사용하도록 하며 필요시에는 이들을 서로 변환시켜 줄 수 있게 된다.

여기서 외부 침입자가 공격하기 위해서는 사설망의 내부 사설 IP주소를 먼저 알아야 하는데 이것을 알기가 곤란하므로 공격이 불가능하며 이는 마치 내부 네트워크를 보호하게 되는 효과를 주는 것이다.

따라서 NAT의 장점으로는 공용 주소의 절약, 네트워크 관리의 유연성 그리고 개인 사설망의 보호 등을 들 수 있다.

(6) Mobile IPv6(MIPv6)

MIPv6는 인터넷에서 이동 노드가 자신의 지역을 벗어나 새로운 지역으로 옮겨 가는 경우 논리적인 연결이 단절 없이 연속적으로 전송이 이루어지도록 하는 프로토콜을 말한다. 여기서 이동 후에도 IP 주소가 변화하지 않도록 하는 것은 단절 없는 연결을 의미하는 것이다.

5.1.5 Internetworking 기기

<table>
<tr><td>OSI 7계층</td><td></td><td colspan="3">LAN system</td></tr>
<tr><td>Application</td><td rowspan="5"></td><td colspan="3" rowspan="5">IEEE 802.1
상위 계층</td></tr>
<tr><td>Presentation</td></tr>
<tr><td>Session</td></tr>
<tr><td>Transport</td></tr>
<tr><td>Network</td></tr>
<tr><td rowspan="2">Data Link</td><td rowspan="2"></td><td colspan="3">IEEE 802.2 LLC</td></tr>
<tr><td>IEEE 802.3
CSMA/CD</td><td>IEEE 802.4
Token Bus</td><td>IEEE 802.5
Token Ring</td></tr>
<tr><td>물리계층</td><td></td><td colspan="3">물리계층</td></tr>
</table>

〈그림 5.3〉 OSI 7계층과 LAN 시스템의 계층 비교

〈표 5.4〉

<table>
<tr><td colspan="8">802.2 LLC</td><td>LLC</td><td rowspan="2"></td><td rowspan="2">데이터 링크
계층</td></tr>
<tr><td>802.3
CSMA-
CD</td><td>802.4
token
bus</td><td>802.5
token
ring</td><td>802.6
DQDB</td><td>802.7
broad
band</td><td>802.8
fiber</td><td>802.9
integrated</td><td>802.10
security</td><td>MAC</td></tr>
</table>

- 802.1 : LAN 상호 접속 위한 planning tree bridge와 프로토콜
- 802.2 : LLC를 위한 프로토콜
- 802.3 : CSMA/CD 방식의 프로토콜
- 802.4 : Token bus 방식의 프로토콜
- 802.5 : Token ring 방식의 프로토콜
- 802.6 : MAN에서 DQDB
- 802.7 : Broadband 전송방식
- 802.8 : 광 fiber 사용한 전송방식
- 802.9 : IVD(Integrated Voice Data) LAN : 멀티미디어 수용 가능한 LAN
- 802.10 : Security
- 802.11 : 무선 LAN
- 802.12 : (100VG-Any LAN) Fast LAN
- 802.14 : 케이블 모뎀(CATV)에서 10[Mbps]까지 데이터 통신 가능하고 인터넷 접속 가능

이 기종 LAN 접속을 위한 기기를 말하는 것으로 두 개의 서로 다른 네트워크 구조를 갖는 컴퓨터끼리 데이터 송수신을 할 경우 OSI의 7계층을 서로 맞추어야 한다.

(1) 리피터(Repeater)

신호를 받아서 그 신호를 재생하고 강하게 하는 것으로 리피터를 이용할 때 그것은 같은 구조(같은 프로토콜과 매체접근 방법과 전송 기술이 이용되어야 한다.)의 통신망에 연결해야 한다.

따라서 리피터는 연동장비의 분류상 물리계층에서 연동하여 물리계층을 연결하기 위한 것으로 인터네트워킹 장비라기보다는 네트워크를 확장하는데 사용된다.

즉, 물리층을 연장하는 방법으로 상호 스테이션(station) 혹은 노드(node)간의 데이터 링크 계층의 프로토콜이 동일해야만 송수신이 이루어지게 된다. 여기서 리피터의 기능을 고려하면 다음을 들 수 있다.

- 물리층의 상호 연결
- 전송 데이터 신호의 단순한 증폭 및 재생
- 네트워크 확장에 이용

이와 같은 리피터의 형태는 2가지 방식으로 운용된다.

① 비트 리피터(Bit Repeater)

케이블에 흐르는 신호를 재생하고 중계하는 장치로 Ethernet(10Base5)의 표준 최대 길이를 500[m]로 규정하고 있다. 이는 500[m]를 넘는 케이블에서 파형이 왜곡되어 Tranceiver가 데이터를 정확하게 송·수신할 수 없기 때문이다.

따라서 500[m]이내인 케이블 하나를 세그먼트(segment)라고 부르며, 대개의 경우 3대 이상의 세그먼트를 다단 접속하면 통신이 어렵게 되는데, 이는 전기적으로 재생된 파형이 다소 변형되어 다단접속을 행하면 트랜시버가 파형의 인식이 어렵게 되는 다단 접속의 제한을 받는다. 따라서 비트 리피터를 3단 이상 접속하면 Ethernet의 충돌 검사 기능이 작동하지 않게 된다.

② 버퍼 리피터 (Buffer Repeater)

비트 리피터 운용 방식과는 다르게 Ethernet에 존재하는 신호를 패킷으로 인식하여 축적한 후, 접속된 상대방의 세그먼트에 새로운 패킷을 전송한다.

즉, 전기적 파형이 아니라 전기신호로 인식한다.

따라서 버퍼형 리피터는 비트 리피터 처럼 다단접속에 제한요인을 받지 않는다. 또한 버퍼형 리피터는 신호 파형을 전기신호가 아니라 패킷으로 인식되어 에러 패킷에 대해서는 폐기하기 때문에 네트워크의 전송효율이 우수하며, 리피터 내부에서의 처리과정이 단순하기 때문에 접속과정에서 발생하는 지연 등에 대해서는 그다지 문제가 되지 않는다. 또한 버퍼 리피터 형태를 전송속도가 서로 다른 동일 전송방식의 매체를 접속할 수 있는 가장 큰 장점을 지닌다.

(2) 브리지(Bridge)

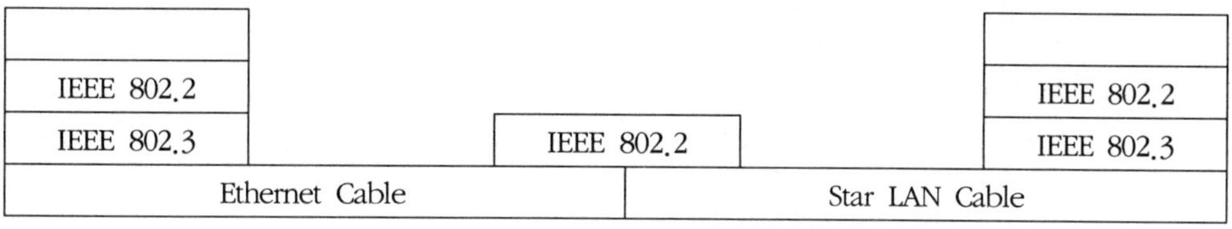

〈그림 5.4〉

물리층과 데이터 링크 층의 부 계층인 MAC 층만 서로 다른 경우에 이용되는 연동장치로 리피터는 기본적으로 세그먼트에 흐르는 패킷을 투명하게 운반한다.

즉, 모든 데이터를 인접한 네트워크 세그먼트에 전송하지만, 브리지는 주소를 보고 패킷을 인접 세그먼트에 흘려보낼 지 여부를 판단하는 기능을 가지고 있다.

여기서 말하는 주소(Address)란?

하드웨어 주소 또는 MAC 주소라고 불리우는 것으로 네트워크에 포함된 모든 장치가 반드시 가지고 있는 물리적 주소이다. 따라서 브리지 방식은 버퍼형 리피터의 기능 외에 패킷의 하드웨어 주소를 알아내어 전송 여부를 판단하는 것이다.

- 같은 종류의 패킷형 LAN을 연결하는 장치이다.
- 즉, 거리가 이격 되어 있는 네트워크의 물리계층과 데이터 링크계층 간을 연결하는 장치이다.
- 중계기(Repeater)보다 우수한 Intelligent 기능과 데이터 링크계층의 기능을 갖는다.
- 프레임 생성, 분석 및 송수신 프레임의 주소체크

① 지역 브리지(Local Bridge)

같은 지리상의 영역에 있는 두 개의 비슷한 통신망을 연결한다.

② Source 경로 브리지

토큰 링 LAN에 접속하는 경우에는 어느 경로를 경유하여 통신할 것인지 판단하기 위한 정보를 패킷에 첨부한다. Source 경로 브리지는 첨부된 정보를 보고 최적의 경로를 판단하므로 접속형태가 Loop로 되어 있어야 확실히 작동한다.

Source 경로 브리지의 접속 형태로는 링간 접속형태, 한 링에서 서로 다른 매체를 경유해서 또 다른 링에 접속하는 형태 등이 있다.

③ **투명 브리지**

Ethernet과 Ethernet 또는 FDDI와 FDDI처럼 같은 종류의 세그먼트나 매체를 접속하는 브리지이다.

투명 브리지는 수신한 프레임을 그대로 다른 세그먼트에 보낸다. 그 역할은 하드웨어 주소에 따라 패킷을 선별(filter)하는 것이다.

④ **캡슐화 브리지**

캡슐화 브리지는 같은 종류(매체)의 세그먼트를 서로 다른 매체로 접속할 경우에 사용한다.

예를 들면, FDDI를 중간에 두고 Ethernet과 Ethernet을 연결하거나 전용선을 두고 Ethernet과 Ethernet을 연결하는 경우 등에 해당된다.

Ethernet에서 온 프레임을 전용선에 보낼 때는 매체의 프레임에 전용선 통과용 Header를 붙인다.

- 즉, 전용선을 통과하기 위해 Header로 encapsulation 하는 것이다.
- 수신측에 존재하는 브리지는 그 Header를 제거한 후 Ethernet에 보낸다.
- 일반적으로 캡슐화 브리지는 Ethernet과 Token-Ring 사이와 같이 서로 다른 매체 간의 브리지 통신은 할 수 없다.

⑤ **변환 브리지**

매체의 종류가 서로 다른 여러 세그먼트를 접속하는 브리지이다.

예를 들면 Ethernet과 FDDI 또는 Ethernet과 Token-Ring이라는 식의 조합으로 브리지 통신할 수 있다.

(3) 라우터(Router)

LAN과 WAN을 연결하는 라우터를 나타낸 경우로 네트워크 계층, 전송계층에서 TCP/IP를 공통으로 사용하고 있으며 그 상위계층의 프로토콜 또한 동일한 경우이다.

상이한 망을 연결해 주고 OSI 계층 3에서 운용되는 장치로 네트워크간의 다양한 차이점을 극복한다.

① 유사한 구조의 네트워크(상위계층은 같고, 하위계층은 다른 네트워크)를 연결하는 장치

이다.

② 즉, 동일한 트랜스포트 프로토콜을 가진 다른 구조의 네트워크 계층을 연결하는 장치이다.

③ 기능 : Addressing과 Routing

④ Routing Table에 따라 다른 네트워크를 인식하여 최적의 경로를 설정하고 패킷을 진행시킨다.

브리지 기능 외에 OSI 모델에서 네트워크 계층이나 트랜스포트 계층의 일부 프로토콜을 해석하여 전송한다.

- 이것은 네트워크 계층에서 규정되는 주소로 판단한다.
- 이때 라우터가 대응하는 프로토콜 이외의 패킷을 폐기한다.
- 또한 불필요한 방송 패킷이나 다중 방송 패킷과 같은 일괄 통신적 패킷에 대해서도 다른 세그먼트에 전송할 지 여부를 판단한다.

따라서 브리지에서는 세그먼트에 흐르는 패킷을 수집하여 흘려보낼 지의 여부를 판단하는데 이 방법에서 불필요하다고 판단되는 패킷을 제외하고는 그냥 통과시킨다. 또한 일괄 통신 등은 다른 세그먼트로 통과시킨다.

이 방법보다 능률적으로 데이터를 전송하는 수단으로 제공된 것이 라우터이다.

즉, 네트워크 계층의 주소를 관리함으로써 다른 세그먼트에 전송해야 할 지 여부를 판단하는 것으로 다시 말해서 별도의 네트워크 통신을 할 때에만 별도의 네트워크에 보낸다.

따라서 자기 네트워크에서 폐쇄적으로 이루어지는 통신량은 다른 네트워크에 영향을 주지 않는다.

여기서 라우터를 사용할 때의 제한 요인으로는 라우터에서 결정된 프로토콜에 대응하는 패킷 외에는 라우터를 통과할 수 없으며 네트워크 계층의 주소가 정확하지 않으면 통과할 수 없다. 여기서 경로 선택을 하는 라우터의 운용 형태를 고려하면 먼저 라우터 쪽 에서는 어느 경로를 통해 전송해야 할 지를 인식해야 한다.

이와 같이 정보를 경로 설정 또는 경로 선택 정보라고 한다.

따라서 경로 설정 방법에는 첫째, 장치가 자동으로 인식하는 방법(동적 경로 설정)

자동인식을 위한 protocol이 별도의 장치와 일치해야 하며 둘째로는 관리자가 정의하는 방법(정적 경로 설정)등을 들 수 있다.

그러므로 라우터는 사용되는 프로토콜에 따라 설정 정보가 서로 다르지만 TCP/IP 프로토콜의 동적 경로 설정에는 다양한 방법이 이용되기 때문에 여러 라우터 사이에 자동으로 경로 설정 정보를 주고받을 경우에는 프로토콜을 일치시켜야 한다.

<table>
<tr><td>TCP</td><td>Transport</td><td colspan="2"></td><td>Transport</td><td>TCP</td></tr>
<tr><td>IP</td><td>network</td><td colspan="2">IP</td><td>network</td><td>IP</td></tr>
<tr><td rowspan="2">Ethernet</td><td>Data Link</td><td rowspan="2">Ethernet</td><td>X.25</td><td>Data Link</td><td>X.25</td></tr>
<tr><td>물리계층</td><td>RS-232</td><td>물리계층</td><td>RS-232</td></tr>
<tr><td colspan="3">Ethernet cable</td><td colspan="3">RS-232 cable</td></tr>
</table>

〈그림 5.5〉

(4) 브라우터(Brouter, Bridging Router)

브라우터는 라우터 기능에 브리지 기능을 추가한 제품으로 세그먼트에서 수신된 패킷을 조사하여 라우터의 기능으로 처리할 수 없는 프로토콜이면 브리지 기능이 나서서 다른 세그먼트로 보낸다.

중요 프로토콜은 라우터 기능으로 제어하고 나머지 패킷은 브리지 기능으로 전송할 수 있다.

브리지 기능에 filter를 적용할 수 있으므로 전송하는 패킷을 선택할 수 있다.

따라서 브라우터의 가장 큰 장점은 중요하지 않은 프로토콜이나 새 프로토콜이 갑자기 나타나는 통신이 보증된다는 것이다.

(5) 게이트웨이(Gateway)

사용하는 매체나 프로토콜이 일치하지 않을 경우에도 게이트웨이의 기능을 통해 변환하여 통신을 할 수 있게 된다.

따라서 게이트웨이는 단순히 네트워크의 중계기 기능을 하는 것이 아니라 변환기와 같은 역할을 하게 되는 것이다.

현재로 널리 사용되는 형태로는 HOST 컴퓨터와 다른 네트워크를 접속하는 경우가 있다.

IBM의 네트워크 체계를 SNA(System Network Architecture)라 하는데 여러 워크스테이션이나 컴퓨터 업체는 자사의 네트워크에서 IBM 메인 프레임을 사용할 수 있도록 하기 위해서 SNA 게이트웨이를 출시하고 있다.

이 경우는 가상 단말기나 파일 전송을 주로 하는 서비스이지만 통신매체나 전송방식 또는 사용되는 코드 체계까지 서로 다른 기종 기계들을 서로 접속하고 있다.

Ethernet 프로토콜 중에는 X.25 회선에서 이용할 수 있는 것도 있다.

따라서 게이트웨이는 프로토콜이 전혀 다른 네트워크 사이를 연결하는 장비이다.

여기서 게이트웨이의 기능을 정리하면 다음과 같은 것을 들 수 있다.

① 상이한 구조의 네트워크를 연결하는 장치이다.
② Gateway의 프로토콜 변환은 높은 계층의 프로토콜부터 수행된다.
③ ISO 계층 4 이상의 프로토콜 처리
④ 각 계층별 프로토콜 변환 기능 수행

5.2 전송제어 및 전송제어 절차의 형태

5.2.1 전송제어 절차의 5단계

(1) 1단계(회선접속)

교환회선의 경우 정보 전송에 앞서 상대방과의 회선접속이 필요한 단계로 MODEM, DSU까지 데이터 전송이 가능한 상태에 있어 동작되는 단계를 포함한다. 예를 들어 데이터에 의해 상대를 호출하는 경우가 이에 해당한다.

(2) 2단계(데이터 링크확립)

송수신측간에 데이터 송수신을 행하기 위한 논리적 경로를 구성하는 단계이다.

(3) 3단계(데이터의 전송)

데이터 링크가 확립되면 정보의 전송이 시작된다. 이 때 전송로 상에서 발생하는 정보에 대한 에러(비트 변화나 동기 어긋남)을 검출 및 정정하는 제어를 받으면서 전송이 일어난다.

(4) 4단계(링크절단)

일반적으로 통신을 행한 상호간의 각각 자기의 송신이 종료된 것을 상대에게 통지하고 서로 확인함으로써 데이터 링크가 확인된 이전의 상태로 복귀가 이루어지며 데이터 링크를 해방한 것이 된다.

(5) 5단계(회선절단)

일반 교환망에서의 회선절단이다.

5.2.2 데이터 링크의 확인 방법

다수의 터미널을 포함하는 네트워크에서 회선에 액세스하기 위한 통제나 송신권 제어를 말하는 것으로 확립절차에서는 회선에 액세스한 송신권 우선을 누가 가지고 있느냐에 따라 다음과 같이 분류한다.

(1) 회선경쟁(contention)방식

송신 요구를 먼저 한쪽이 송신권을 갖는 방식으로 Point-to-Point 네트워크에서 사용되는 방식으로 직통회선(PTP)으로 대등한 관계에 있는 단말기(DTE) 사이에서 주로 이용된다. 즉, 데이터를 송신할 필요가 있는 상대 단말을 확인한 후 먼저 우선적으로 송신을 요구하는 방식을 말한다.

(2) 폴링(Polling) / 셀렉팅(Selecting)방식

제어국에 의하여 통신이 이루어지는 방식으로 분기회선(Multipoint, Multidrop)에서 사용된다.

① 폴링(Polling)

종속국으로부터 제어국으로 데이터를 전송하는 방식으로 모국과 자국의 관계에 있는 단말상호간에 모국에서 자국들에게 송신할 데이터가 있는가를 물어본 후 송신요구가 있는 자국에서 모국에게 데이터를 전송하는 것을 말하며 예를 들어 이 방법에는 Roll-Call Polling, Hub-Go-Ahead Polling 방법 등이 이용되고 있다.

㉠ Roll Call Polling : 하나의 주국이 일정한 순서에 따라 각 부국에게 전송할 데이터가

있는지 없는지를 물어보는 방식으로 만약 전송할 데이터가 없으면 NAK 신호를 송출하고 전송할 데이터가 있으면 다음 국을 poll 하기 전에 주국으로 데이터를 전송한 것으로 overhead가 많게 되는 단점을 갖는다.

ⓛ Hub-Go-Ahead Polling : Roll Call Polling 방식의 대안으로 사용하는 방식으로 주국은 가장 멀리 있는 부국에게 poll을 보낸다.

그 부국은 전송할 데이터가 있으면 주국에게 데이터를 보낸 다음 중앙에 더 가까운 다음 번 부국으로 poll을 보낸다. 이 때 회선에 연결된 마지막 부국이 주국으로 poll을 돌려주면 다시 새로운 poll cycle이 시작되는 방식으로 다음과 같은 특징을 갖는다.

- 제어문자를 더 적게 사용하고 overhead가 감소된다.
- 여러 station들이 하나의 회선을 경유하므로 경비가 절감된다.
- 제어 Loop의 신뢰도가 높아야 하며, 사용자 쪽에 특별한 하드웨어의 보안이 필요하기 때문에 복잡하다.

② **셀렉팅**(Selecting)

제어국으로 부터 종속국으로 데이터를 전송하는 방식으로 모국에서 임의로 자국을 지정하여 데이터를 받을 수 있는가를 물어본 후 자국에게 데이터를 전송하는 방법을 말한다. 이와 같은 방법에는 Select Hold, Fast Select Hold 등이 있다.

5.3 전송제어 절차의 종류

전송 제어 절차의 형태는 BASIC, BSC 전송 제어절차, HDLC, SDLC 전송 제어절차, 비동기 전송 제어절차 그리고 무순서 등으로 구분된다.

5.3.1 BASIC 제어절차

(1) BASIC 제어절차에서 사용되는 부호

BASIC 제어절차에 있어서 정보전송에 대한 특징으로 수직 패리티와 수평 패리티는

CRC(Cyclic Redundancy Code)에 의한 ARQ 방식으로 에러가 제어되고, 상호감시 방식을 이용하고 있으며, 컴퓨터 간에 10개의 전송제어 문자를 사용하여 에러 없이 일정한 형식의 메시지를 전송하는 방식이다. 따라서 BASIC 제어절차는 데이터 링크계층에 해당하는 프로토콜이고, 데이터 링크형태는 Point-to-Point, Multi Point만 가능하며, 이 제어절차는 문자 및 문자열을 전송 단위로 한다.

〈표 5.5〉 전송 제어문자로 이용되는 부호

부호	명 칭	내 용
SYN	Synchronous Idle	문자 동기 유지
SOH	Start of Heading	헤딩의 시작을 표시
STX	Start of Text	헤딩의 종료 및 텍스트의 개시
ETX	End of Text	텍스트의 종료를 표시
ETB	End of Transmission Block	전송블록의 종료를 표시
EOT	End of Transmission	전송의 종료 및 데이터 링크의 초기화 표시
ENQ	Enquiry	상대국에 데이터 링크 설정 요구
DLE	Data Link Escape	둘 이상의 문자들의 의미를 변경하거나 전송제어 기능을 추가할 때 사용
ACK	Acknowledge	수신한 정보 메시지에 대한 긍정 응답
NAK	Negative Acknowledge	수신한 정보 메시지에 대한 부정 응답

(2) 전송 메시지 형식

① 정보 메시지는 데이터 전송의 대상이며, 텍스트(Text)는 정리된 내용이다.

② 헤딩(heading)은 텍스트를 전송하기 위한 보조 정보이며, 정보 메시지가 길 경우 분할하고 전송제어 문자를 붙여 블록으로 전송한다.

③ 헤딩이 있는 정보 메시지는 SOH로 시작 ETB로 종결하며, BCC(Block Check Character)를 이용해서 정보 메시지 또는 블록의 에러를 체크한다.

여기서 E는 전송제어문자 + 에러검출코드(BCC)를 나타낸다.

〈그림 5.6〉 정보 메시지의 구성도

(3) 송신권 우선에 의한 국의 종류

① 주국

정보전송을 수행할 책임을 가진 송신권을 가진 국을 말한다.

② 종국

주국으로부터 정보를 수행할 상태에 있는 수신권을 갖는 국을 말한다.

③ 제어국

데이터 정보 시스템에 접속되어 있는 모든 국의 메시지 전송 및 감시, 이상 유무 등의 상태로부터 원래대로 회복을 제어하는 국을 말한다.

(4) BASIC 프로토콜 제한 조건

① 전송효율이 비교적 떨어지며, 동시에 다수의 데이터 링크의 확립이 가능하다.
② 8비트의 정수 배의 데이터밖에는 취급할 수 없다.
③ 전송 제어의 독립성이 없다.
④ 프로그램 제어방식과의 친화성이 적고, 신뢰성이 떨어진다.

5.3.2 BSC 전송 제어절차

(1) BSC 전송의 구조

BSC(Binary Synchronous Communication)은 IBM에서 발표한 프로토콜로 동일 회선의 터미널은 동일한 코드를 사용해야 하며, 에러제어 방식은 stop-and-wait ARQ 방식을 이용하고 있다. 또한 투명모드(transparency mode)인 경우는 비효율적이며, 제어 및 메시지 정보전송에 대한 완전한 에러 검사가 어렵게 되는 제한조건을 갖는다. 그리고 동일 회선의 단말기는 동일한 코드를 사용해야 하는 제한을 지니며, 불완전한 에러 점검 및 전송효율이 나쁘다.

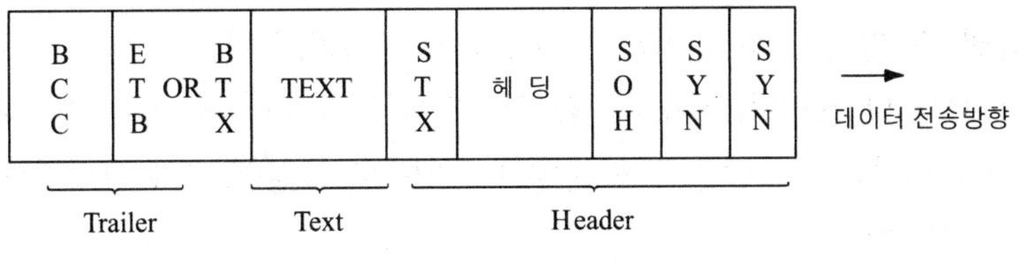

〈그림 5.7〉 BSC 기본모드의 블록형식

BSC의 블록형식은 전송구간에 발생하는 오류를 감소시키기 위하여 작은 단위의 블록으로 나누어 전송하며, 이 때 한 개의 블록은 헤딩과 본문으로 구성되며, 경우에 따라 헤딩은 생략 가능하며 여기서 헤딩의 내용은 사용자측이 결정하며 송수신측 식별코드, 발생시간 메시지 우선순위, 보안 분류 등을 표시하며, 2개 이상의 제어문자(SYN)가 오고 BCC로 끝난다.

한편 BSC에 사용되는 전송코드로는 EBCDIC코드(256자), ASCII코드(128자) 그리고 6비트 전송코드(64자) 등을 이용한다.

(2) BSC의 특징

① IBM에서 발표한 문자방식의 프로토콜이다.
② 전이중 통신 방식은 불가능하며 사용코드에 제한을 받는다.
③ 루프형태의 데이터 링크에서 적용할 수 없다.
④ 에러제어 방법으로 연속적 ARQ 방식은 사용할 수 없다.
⑤ BSC 전송제어 절차에 이용되는 형식에는 기본 모드 형식과 투명 모드형식으로 분류되며 비교적 투명모드 전송인 경우가 효율적이지 못하다.

5.3.3 SDLC(Synchronous Data Line Control)

SDLC는 BSC가 갖는 제한점을 해결한 비트방식의 프로토콜로서 네트워크의 구조나 기기종류와 무관하게 독립적으로 운용이 가능하며 Link 형태는 PTP, Multipoint 및 Loop방식 모두가 가능하다.

① BSC의 제한조건을 해결하기 위해 개발된 비트 방식의 프로토콜로 PTP, Multipoint, Loop 방식 등에 적용이 가능하다.
② 단방향, 반이중, 전이중 통신방식 모두의 적용이 가능하다.
③ 에러 제어방법으로는 연속적(Go-back-N) ARQ 방식을 이용한다.
④ 정보 메시지에 시작과 종료를 나타내는 Flag(01111110)를 이용하기 때문에 프레임 단위로 나타낼 수 있는 연속 데이터의 전송에 매우 효과적이다.
⑤ I-frame(정보전달 프레임), S-frame(감시용 프레임), U-frame(비번호제 프레임) 등과 같이 세 가지 형태의 프레임을 두고 운영하기 때문에 상황에 따라 선택해서 전송할 수가 있어 효율적이다.

5.3.4 HDLC 전송 제어절차

(1) HDLC의 개요

SDLC 절차를 근거로 하여 ISO에서 발표한 비트방식의 프로토콜 형태로 BASIC 절차의 미묘한 제한을 극복하기 위한 방식으로

- 첫째, BASIC 절차는 메시지 송신 후 즉시 수신응답을 하는 반이중통신을 하고 있는 것에 비해 HDLC는 양방향으로 동시에 메시지를 일정 범위까지는 응답 없이 연속적으로 전송이 가능하기 때문에 회선의 전송효율을 향상시킬 수 있으며,
- 둘째, BASIC 절차에서는 순서 자체에 에러가 일어나면 에러 검출이 어렵다.

그러나 HDLC에서는 모든 frame에 전송 에러 검사를 하기 위한 에러 검출부호가 부가되기 때문에 전송상의 높은 신뢰성을 갖는다.

즉 HDLC 순서는 임의의 Bit 길이의 정보를 프레임(전송 단위이다)으로 분할해서 프레임 내의 제어정보에 따라 구별되는 명령(command)과 응답(response)을 사용해서 부호의 제한 없이 연속해서 정보를 전송하는 순서이다.

- 명령(Command) : 프레임 내의 상대방 정보에서 지정된 상대국에 대해서 정보를 전송하기 위한 준비(데이터 링크확립, 데이터 전송, 데이터 종료)를 지정하는 것을 말한다.
- 응답(Response) : 명령에 대한 응답으로 실행한 동작(상태)을 보고하는 것을 말한다.

(2) HDLC의 제한조건

① 비트방식의 프로토콜 형태로 단방향, 반이중, 전이중 방식이 모두 사용가능하다.

② Point-to-Point, Multipoint, 루프방식 모두 가능하며 에러 제어방식으로 Go-Back-N ARQ 방식을 이용하고 있다.

(3) HDLC의 특징

① 수신 응답이 없어도 어느 범위까지는 정보 메시지를 연속적으로 전송할 수 있는 전송효율의 향상이 가능하다.

② 전송제어상의 제한을 받지 않기 때문에 자유롭게 비트정보를 전송할 수 있는 비트의 투과성을 지닌다.

③ 전송 에러검사를 위한 에러검출부호가 부가되기 때문에 신뢰성이 우수하다.

④ 데이터 링크 형태를 다양하게 적용할 수 있다.

(4) 국의 구성

국이란 개방 시스템 내에서 HDLC 절차를 수행하는 기능을 갖는 부분을 '국'이라 하며, 데이터 링크의 실체(Entity)라고 볼 수 있다.

① 1차국(명령을 송출하는 국)

데이터 링크를 제어하는 국으로 에러제어 및 회복에 대해 모든 책임을 지며 명령 프레임을 송신하고 응답 프레임을 수신한다.

② 2차국(응답을 송출하는 국)

1차국 지시에 따라 데이터 링크 제어기능을 실현하는 국, 즉 1차국에서 명령 프레임을 수신하고 응답 프레임을 송신하는 국을 말한다.

③ 복합국

1차국과 2차국이 데이터 링크 제어에 관해 대등한 책임을 가지는 국으로 명령 프레임과 응답 프레임 양쪽을 송출하는 국이다.

〈표 5.6〉 HDLC에서 이용되는 국의 형태와 국의 역할

형태	특 징
1차국	데이터링크 제어에 대한 모든 책임을 갖는 국으로 PTP나 Multipoint 방식에 무관하게 하나의 회선 상에서 교환되는 정보의 송수신 제어나 에러와 같은 상태에서 복구를 책임지는 국을 말한다.
2차국	1차국에 의해 제어대상이 되는 국으로 1차국에서 송출된 명령프레임을 수신하고 응답 프레임을 송출하는 국을 말한다.
복합국	데이터 링크 제어에 필요한 책임을 대등하게 갖는 국을 말하며, 명령 프레임과 응답 프레임 양쪽을 송수신할 수 있다.

(5) HDLC 전송 프레임 구성형식과 내용

프레임이란 HDLC 국 상호간에 주고받는 정보의 기본 전송단위를 말하는 것으로 데이터 링크계층의 PDU(Protocol Data Unit)이다.

플래그(F)	주소부(A)	제어부(C)	정보부(1)	프레임 검사순서(FCS)	플래그(F)
01111110	8비트	8비트	임의비트	16비트	01111110

〈그림 5.8〉 HDLC 전송 프레임 형식

① **플래그**(flag sequence)

프레임의 시작과 끝을 나타내는 비트 패턴 (01111110)으로 프레임의 동기를 위해 사용되며 정보의 앞뒤에 존재한다.

따라서 정보 중 1이 5개 연속인 경우에는 강제로 5개의 1 다음 위치에 0을 삽입하고 수신측에서는 이를 제거하는 방법을 이용한다.

② **주소부**(address field)

명령 프레임을 수신하는 2차국 또는 상대 복합국의 번지를 지정하며, 혹은 응답을 송신한 2차국 또는 상대 복합국의 번지를 지정하는 역할을 한다.

㉠ 명령 프레임의 경우 : 명령을 수신할 2차국(복합국)의 주소가 수록

㉡ 응답 프레임의 경우 : 응답 프레임을 보낼 2차국(복합국)의 주소가 수록

〈표 5.7〉 주소 값의 2진 표현

global 주소 값	2진수로 11111111 이므로 Hexa로 FF이다
no station 주소 값	2진수로 00000000 이므로 Hexa로 00이다

③ **제어부**(control field)

1차국 또는 복합국이 번지부에서 지정하는 2차국에 대한 동작을 명령으로 지정하고 2차국 또는 복합국이 명령에 대한 응답으로 사용하는 것으로 정보부를 갖는 정보 전송용의 프레임에 이용하는 정보 전송 형식(information frame), 데이터 링크의 감시제어를 수행하는 데 사용(정보부가 없음)하는 감시 형식(supervision frame) 그리고 링크상태의 초기설정, 데이터 링크의 확립과 절단, 데이터 전송 동작모드 설정요구 또는 응답 등에 이용하는 비번호제 형식 (unnumbered frame)으로 구성된다.

④ **정보부**(information field)

사용자 사이에서 교환되는 정보 메시지와 제어 정보가 들어 있는 영역으로써 비트열 및 비트수의 제한을 갖지 않는다.

⑤ **프레임 검사순서**(frame check sequence)

주소부, 제어부, 정보부에서 에러가 발생하지 않고 수신측에 정확히 전송되는가를 확인하기 위해 에러 검출용 다항식인 CRC방식을 채택하고 있다.

(6) HDLC의 전송 모드 종류

① **초기모드**(Initial Mode)

HDLC를 제어하는 프로그램을 Load 또는 파라미터의 교환기능을 갖는 모드이다.

② 동작모드

데이터 링크 레벨에 의해 접속되어 데이터를 전송할 수 있는 상태이다.

㉠ 정규 응답모드(Normal Response Mode) : 2차국은 1차국으로 부터 송신허가를 받았을 때에만 1차국에 응답하여 프레임을 송신할 수 있는 모드이다.

㉡ 비동기 응답모드(Asynchronous Response Mode) : 2차국은 1차국으로 부터 송신허가를 받지 않아도 1차국에 대해 응답 프레임을 송신할 수 있는 모드이다.

㉢ 비동기 평형 응답모드(Asynchronous Balanced Mode) : 복합국은 상대 복합국의 송신허가를 받지 않아도 프레임을 송신할 수 있는 모드이다.

③ 절단모드(Disconnect Mode)

데이터 링크에서 논리적으로 절단된 2차국(복합국) 모드이다.

〈표 5.8〉 HDLC 프레임 링크 상태에서 발생하는 현상

형 태	내 용
타임필터 (Time filter)	프레임 전송 시 한 프레임과 다음 프레임 사이에 약간의 시간적인 공백이 발생할 때 한 프레임의 종료 플래그와 다음 프레임의 시작 플래그 사이에 1을 연속해서 6개 집어넣어 채널을 보호하는데 여기서 6개의 1을 타임필터라고 한다.
포기순서 (Abort)	현재 전송중인 프레임에 잘못된 프레임이나 수신측에서 파기하라는 의미가 담긴 채널상태로 프레임 구조 내에 연속해서 1을 7 이상 14 이하를 송출하면 된다.
휴지상태 (Idle status)	현재 전송중인 프레임이 잘못된 프레임이고 송신권은 포기한다는 의미를 수신측에 전달하고자 할 때 사용되는 채널 상태로 프레임 구조 내에 연속해서 1을 15개 송출하면 된다.

【예제】 HDLC에서 비트 스터핑(Bit Stuffing)을 행하는 목적에 대해서 설명하여라.

해설 전송하려는 데이터 중에 5개 연속된 1이 나타나면, 그 다음에 0을 삽입시켜 전송하는 zero insertion technique(또는 Bit Stuffing)을 행하는 목적은 어떤 형태의 데이터 전송도 가능하게 하기 위해서이며 이를 데이터 투명성(또는 비트의 투명성)을 확보한다고 한다.

5.4 에러 제어(Error Control)

5.4.1 에러 제어방식의 분류

두 단말장치간의 데이터 전송에서 공급 전원의 순간적인 변화나 주파수의 간섭, 감쇠, 잡음 등에 의해서 전송 상에서 발생하는 에러 유무를 검출하고 정정하는 제어방식으로 에러 무시, 루프 또는 Echo에 의한 점검, 에러 검출 후 재전송(ARQ), 전진 에러 수정(FEC)방식 등으로 구분된다.

(1) 정보에 용장성을 부가하는 방식

① **에러 검출부호 사용**

수신측에서 부가 비트를 체크하고 그 응답에 따라 송신측으로부터 재전송하는 방법으로

㉠ 수평 패리티 체크방식은 문자 또는 블록 단위의 1의 수가 짝수 또는 홀수가 되도록 각 행에 검사 비트를 부가하는 방식이다.

㉡ 수직 패리티 체크방식은 문자 또는 블록 단위의 1의 수가 짝수 또는 홀수가 되도록 각 열에 검사 비트를 부가하는 방식이다.

㉢ 그리고 정 마크, 정 스페이스 방식은 문자를 부호화할 때 1(정) 또는 0(스페이스)의 수가 항상 일정하도록 조립하여 송출하고 수신측에서 에러를 검출하는 방식으로 예를 들면 2out of 5부호, Biquinary 부호가 이에 해당한다.

㉣ 또한 군 계수 체크방식은 블록내의 각 행의 1의 수를 2진으로 계수하고 아래 2자리의 결과를 체크부호로 부가하는 방식이다.

㉤ SQD방식은 각 변조방식에서 어느 한도 이상의 레벨을 검출하여 에러를 검사하는 방식 등이 이용된다.

② **에러 정정부호 사용**

수신측에서 부가비트를 체크하고 자기 정정이 가능한 부호로 해밍코드, BCH 코드 그리고 CRC로드 등이 이에 해당되며, 일반적으로 입출력 장치와 전송제어 장치 간 및 통신제어 장치에서 발생한 에러는 수직 패리티 검사를, 전송계에서 발생한 착오는 수평 패리티 검사를 행한다.

(2) 전송 방법에 용장성을 부가하는 방식

① **반송 대조 방식**

송신측에서 에러를 체크하여 송신측에서부터 재송하는 방식, 즉 수신된 데이터를 송신측에 반송하여 송신측에서 송신한 데이터와 일치하는가를 검사해서 에러를 검출하는 방식이다.

② **연속 전송 방식**

송신측에서 동일한 데이터를 연속해서 2번 송신하고 수신측에서 처음과 나중정보를 비교하여 에러를 검사하는 방식이다.

(3) 후진 에러 수정(BEC)

에러 검출 후 재전송(ARQ)하는 방식으로 주로 데이터 통신에서 에러 검출은 수신측에서 행하고 에러 정정은 송신측에서 행하는 방식이다

(4) 전진 에러 수정(FEC)방식

증후군(Syndrome) 방식을 이용하는 것으로 주로 위성 통신에서 에러 검출 및 정정을 수신측에서만 행한다.

5.4.2 에러 제어를 평가하는 파라미터

(1) 비트 에러율 $= \dfrac{\text{에러 발생 비트수}}{\text{총 전송 비트수}}$

(2) 블록 에러율 $= \dfrac{\text{에러 발생 블록수}}{\text{총 전송 블록수}}$

(3) 문자 에러율 $= \dfrac{\text{잘못 수신된 문자수}}{\text{총 전송 문자수}}$

5.4.3 에러 검출 방식

(1) 검출 후 재전송 방식(Automatic Repeat reQuest)

통신회선에서 에러가 발생하면 수신측은 에러의 발생을 송신측에 통보하고, 송신측에서는 에러가 발생한 블록을 재전송하는 방식을 말한다.

① **정지조회 ARQ 방식**(stop-and-wait ARQ)

송신측은 한 개의 블록을 전송한 후 수신측에서 에러의 발생유무를 점검한 후 ACK나 NAK를 보내올 때까지 기다리는 방식으로 가장 간단한 형태의 ARQ 방식이다.

따라서 에러 검출 능력이 우수한 부호를 사용해야 하며, 블록을 재전송할 역 채널이 필요하다. 정지조회 ARQ 방식에는 BSC 프로토콜에 사용되며, 전송 효율이 나쁘기 때문에 전송속도가 빠른 경우에는 적합하지 않다.

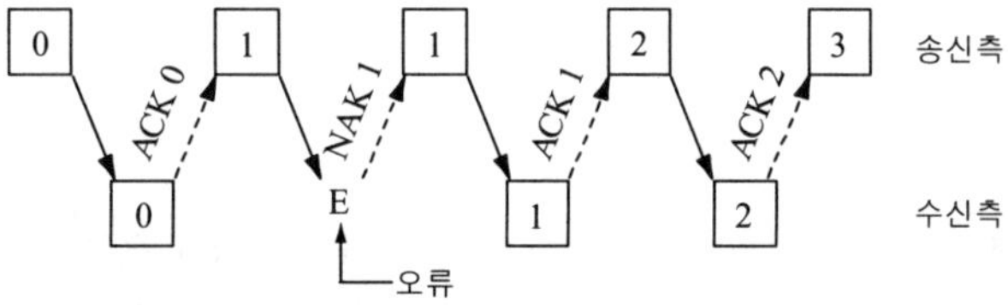

〈그림 5.9〉 정지조회 ARQ 방식

② **연속적 ARQ 방식**(continuous ARQ)

stop-and-wait ARQ에서 발생하는 오버헤드를 줄이기 위해 연속적으로 데이터 블록을 전송하는 방식으로 다음과 같은 방법을 이용한다.

㉠ Go-back-N ARQ : 송신측이 NAK를 받게 되면 NAK가 접수되는 시점에서부터 전송되고 있던 블록 모두를 전부 재전송하는 방식으로 HDLC 프로토콜에 사용된다.

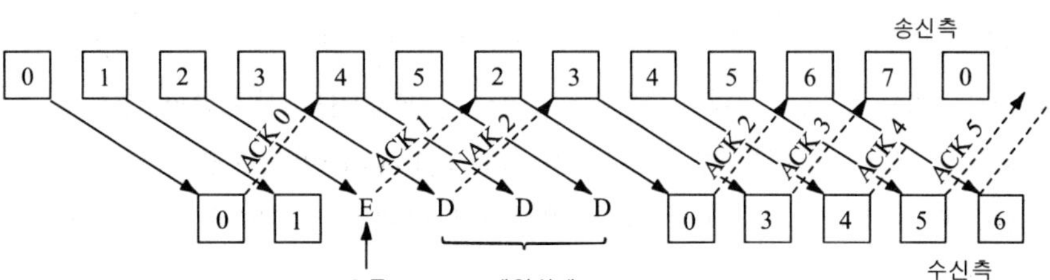

〈그림 5.10〉 Go-back-N ARQ 방식

㉡ 선택적 ARQ(Selective ARQ) : 에러가 검출된 해당 블록만을 재전송하는 방식으로 SDLC 프로토콜에 사용된다.

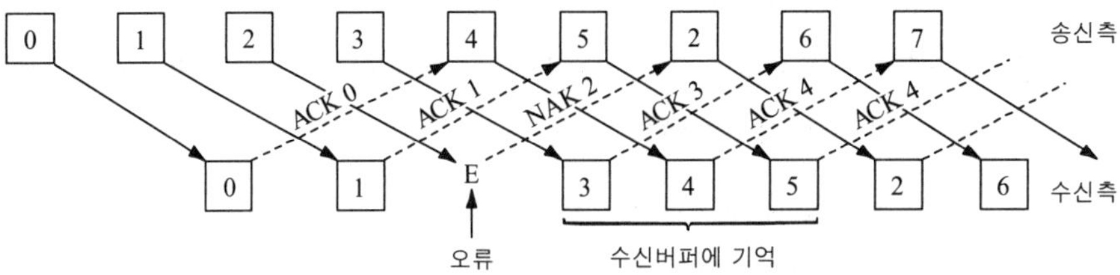

〈그림 5.11〉 선택적 재전송 ARQ 방식

㉢ 적응적 ARQ(Adaptive ARQ) : 채널 효율을 최대로 하기 위하여 블록의 길이를 동적(dynamic)으로 적용하는 방식으로 ARQ의 효율은 우수하지만 제어회로 구성이 복잡하다.

참고

송신측에서 연속적으로 전송한 데이터 블록에 대해 에러가 검출되면 에러가 발생한 블록 이후의 모든 블록을 재전송하는 에러제어 방식으로 반송-N 블록(go-back-N)을 이용한다. 여기서 ARQ 중 반송-N 블록 ARQ란 수신측에서 에러가 검출되었다고 연락이 왔을 때 송신측은 에러가 발생한 블록을 포함해 그 이후의 모든 블록을 전송하는 방식을 말한다. N을 붙이는 이유는 재전송해야 하는 블록이 몇 개일지 모르기 때문이다.

(2) 전진 에러 수정(FEC, Forward Error Correction)

송신측은 전송할 문자나 프레임에 부가적으로 정보를 첨가하여 전송하고, 수신측은 부가적 정보로부터 에러 검출과 정정을 수행하는 방식을 에러 정정부호(error correction code)라고 하며, 이 방법으로 블록부호(block code)의 정보계열은 k비트씩 일정한 길이의 블록 단위로 자른 블록정보를 길이가 동일한 n비트의 부호어로 부호화한 것으로 선형부호와 순회부호를 이용하며, 컨블루션 부호(convolutional code)방식으로 일정 길이의 부호화는 블록단위로 이루어지고, 각 블록에서의 부호화가 현재의 블록뿐만 아니라, 과거의 블록에도 의존하는 방식 등이 있다.

① ARQ 방식의 경우는 데이터 전송 시 에러를 검출하고 재전송을 요구하는 방식이라면

② FEC 방식은 데이터 비트 프레임에 잉여 비트를 추가해 에러를 검출, 수정하는 방식 이다.

FEC 방식에서의 에러 정정 코드에는 정보 k개의 심볼 비트에 m개의 잉여 비트를 더해 $n(=m+k)$개의 비트가 되도록 하는 블록 코드(Block Code) 방식과 심벌 비트 1개를 v개의 비트 열로 확장시켜 전송해서 $\frac{1}{v}$로 심벌 레이트를 갖도록 하는 언블록 코드(unblock code) 방식이 있다.

언 블록 코드 방식은 블록 코드 방식에 비해 encoding/decoding이 복잡하지만 에러를 수정하는 데는 훨씬 유리하다.

일반적으로 전송 에러 방식은 연속적인 데이터의 흐름이 필요하고, 역의 제공이 어려울 때 많이 쓰이며, 에러 율이 낮은 경우에는 효과적이나 잉여 비트를 첨가하므로 전송 효율이 다소 떨어지는 단점이 있다.

단일 에러 정정을 위한 패리티 체크 코드에 대한 에러 제어에 대해 생각할 경우 일반 코드를 다음과 같은 형태로 고려하면

$$a_1\ a_2\ a_3 \cdots a_k\ c_1\ c_2 \cdots c_{c-k}$$

여기서 a_i는 i번째 정보 비트로 c_j는 j번째 체크 비트(잉여 비트)라고 하면 이때 c_i비트를 다음과 같은 선형식을 만족하도록 선택하여 전송한다.

$$\begin{aligned}
0 &= h_{11}\ a_1\ \oplus \cdots\cdots \oplus h_{2k}\ a_k\ \oplus\ c_1 \\
0 &= h_{21}\ a_1\ \oplus \cdots\cdots \oplus h_{2k}\ a_k\ \oplus\ c_2 \\
&\ \ \vdots \\
&\ \ \vdots \\
0 &= h_{n-k}\ a_1\ \oplus\ h_{k-k}\ a_2\ \oplus \cdots\cdots h_{n-k}\ a_k\ \oplus\ c_{n-k}
\end{aligned}$$

이 식을 다시 쓰면

$$[H][T]=0$$

이고 여기서 다음과 같이 놓으면

$$[H] = \begin{bmatrix} h_{11} & h_{12} & \cdots & h_{1k} & 1 & 0 & 0 & \cdots & 0 \\ h_{21} & h_{22} & \cdots & h_{2k} & 0 & 1 & 0 & \cdots & 0 \\ h_{(n-k)} & h_{(k-k)} & \cdots & h_{(n-k)} & 0 & 0 & 0 & \cdots & 1 \end{bmatrix},$$

$$[T] = \begin{bmatrix} a_1 \\ a_2 \\ \vdots \\ a_k \\ c_1 \\ \vdots \\ c_{n-k} \end{bmatrix}$$

이때 코드 [T]가 송신측에 의해 전송되고 수신측에 잡음과 함께 전달된 코드가 [R]이라 하면 [H][R]≠0일 경우 적어도 1개 이상의 에러가 검출됨을 알 수 있다. 만일 [H][R]=0이라면 [R]은 [T]와 거의 같은 코드라고 볼 수 있다. 다시 말하면 [R]은 수신측에서 받은 코드이므로 [R]=[T]⊕[E]로 표현할 수 있다.

여기서 [H][R]을 [S]라 하여 계산하면

$$[S]=[H][R]=[H][T] \oplus [H][E]$$
$$=0 \oplus [H][E]=[H][E]$$

이때 계산된 [S]는 에러 수정을 위한 정보를 제공하므로 신드롬 코드라고 한다.

k=3, n−k=3인 코드 110011을 전송해서 111011이 수신측에 도달했을 때 에러를 검출하는 FEC 방법은

$$[T] = \begin{bmatrix} 1 \\ 1 \\ 0 \\ 0 \\ 1 \\ 1 \end{bmatrix} \qquad [R] = \begin{bmatrix} 1 \\ 1 \\ 1 \\ 0 \\ 1 \\ 1 \end{bmatrix}$$

이며, 잉여 비트는 n−k=3이므로 패리티 체크 행렬(parity check matrix)(=odd parity)[H]를 다음과 같다고 하면

$$[H] = \begin{bmatrix} 1\,1\,0\,1\,0\,0 \\ 0\,1\,1\,0\,1\,0 \\ 1\,0\,1\,0\,0\,1 \end{bmatrix}$$

에러 판정을 위한 신드롬 코드 [S]는 다음과 같이 결정된다.

$$[S] = [H][R] = \begin{bmatrix} 1\,1\,0\,1\,0\,0 \\ 0\,1\,1\,0\,1\,0 \\ 1\,0\,1\,0\,0\,1 \end{bmatrix} \begin{bmatrix} 1 \\ 1 \\ 1 \\ 0 \\ 1 \\ 1 \end{bmatrix} = \begin{bmatrix} 0 \\ 1 \\ 1 \end{bmatrix}$$

따라서 3번째 비트(011)가 잘못되었음을 [S]를 통해 알 수 있으므로 올바른 코드(110011)로 [R]을 바꿀 수 있다.

참고

FEC(Forward Error Correction) 코드

- 에러정정 부호로 hamming 코드, CRC 코드, BCH 코드, convolution 코드 등이 여기에 해당된다. Hamming, CRC, BCH 코드를 block code라 한다.

5.4.4 에러 검출부호(Error detecting)

(1) 패리티 검사

에러 발생률이 낮고 정보 비트가 적은 경우에 적합한 에러 검출방식으로 일반적으로 사용되는 검출부호 방식이며, 이에 대해 프레임의 각 문자마다 패리티 비트를 할당하여 모든 문자의 각 비트 위치에서 생성된 잉여 패리티들을 사용하는 것을 블록 합 검사(block sum check)라 한다.

(2) 에러 제어용 코드를 부가하는 방식

수평 패리티, 수직 패리티, 수평 수직 패리티, 정 마크 부호방식, 군 계수 체크방식이 있다.

(3) 순환 중복 검사(CRC, Cyclic Redundancy Check)

다항식 코드를 사용하여 에러 검사를 하는 방식으로 패리티 검사 또는 블록 검사방식은 집단 에러에 대한 에러 검출기능이 없으나 CRC방식은 어떤 조건에서도 자기 정성이 가능한 부호로

- Gauss Noise 등에 의해 비트가 불규칙하게 일어나는 Random Noise 등에 의해 발생하는 에러
- 에러 비트가 연속적으로 존재하는 Burst Error

등과 같은 원인에 의해서 발생하는 에러에 대한 검출률에 대해서 효과적이다.

따라서 생성다항식 $G(X)$는 BCC를 계산하기 위해 다음과 같이 정해져 있다.

$$CRC-12 = X^{12}+X^{11}+X^3+X^2+X+1$$
$$CRC-16 = X^{16}+X^{15}+X^2+1$$
$$CRC-32 = X^{32}+X^{26}+X^{23}+X^{22}+X^{16}+X^{11}+X^{10}+ X^8+X^7+X^5+X^4+X^2+X+1$$

CRC 방식에서는 패리티 검사처럼 각 문자마다 검사 비트를 붙일 필요가 없으며, 체크를 위한 체크비트를 FCS(Frame Check Sequence)를 BCC(Block Check Character)라고도 한다.

예를 들어 FCS의 계산을 보기로 들면 먼저 입력 데이터가 "10010101"이고 생성 다항식 $G(X)=X^6+X^4+X^2+1$일 경우 체크 비트를 만드는 과정에 대해 생각해 보자.

① $P(X)=X^7+X^4+X^2+1(10010101)$

② $G(X)=X^6+X^4+X^2+1$

③ $M(X)$에 $G(X)$의 최고차 항을 곱한다.(X^6)

$$F(X)=[M(X)] \cdot X^6 = X^{13}+X^{10}+X^8+X^6$$

④ $F(X)$를 $G(X)$로 나눈다.

$$\frac{P(X)}{G(X)}=\frac{X^{13}+X^{10}+X^8+X^6}{X^6+X^4+X^2+1} = (X^7+X^5+X^4)+\frac{X^5+X^4}{X^6+X^4+X^2+1}$$

따라서 $Q(X)=X^7+X^5+X^4$로 몫이 되고, $P(X)=X^5+X^4$로 나머지가 FCS에 해당된다.

⑤ 송신 데이터는 $F(X)$에 체크 비트(FCS)인 X^5+X^4가 부가된 것이다.

따라서 $T(X)=F(X)+R(X)=X^{13}+X^{10}+X^8+X^6+X^5+X^4$가 되며 비트열로 나타내면

$$(10010101\underbrace{110000}_{\text{FCS에 해당된다}})$$

⑥ 에러 검출은 수신측에서 $T(X)$를 생성다항식 $G(X)$로 나눈다.

$$\frac{T(X)}{G(X)}=\frac{X^{13}+X^{10}+X^8+X^6+X^5+X^4}{X^6+X^4+X^2+1}$$

$$
\begin{array}{r}
X^6+X^4+X^2+1\ \overline{)\,X^{13}+\qquad X^{10}+\qquad X^8+\qquad X^6+X^5+X^4} \\
X^{13}+X^{11}\qquad +X^9\qquad +X^7\qquad\qquad\qquad \\
\hline
X^{11}+X^{10}+X^9+X^8+X^7+X^6+X^5+X^4 \\
X^{11}+\qquad X^9+\qquad X^7+\qquad X^5\qquad \\
\hline
X^{10}+\qquad X^8+\qquad X^6+\qquad X^4 \\
X^{10}+\qquad X^8+\qquad X^6+\qquad X^4 \\
\hline
0
\end{array}
$$

나누어 나머지가 없으면 에러가 없고 나머지가 있으면 에러가 있는 것으로 간주한다.

여기서 에러가 발생하는 경우의 대처방법으로는 데이터 블록의 재송, 수신측에서의 자기 정정 방법 등을 이용한다.

【예제】 CRC 에러 체크방식 수신기에서 다음과 같은 메시지를 수신하였다. 계산 후 에러 개수를 평가하여라.

메시지 다항식=1100111001 제너 레이터 다항식=11001

해설 수신한 메시지 다항식

$$R(X) = X^9+X^8+X^5+X^4+X^3+1$$
$$G(X) = X^4+X^3+1$$

$$
\begin{array}{r}
X^4+X^3+1\ \overline{)\,X^9+X^8+X^5+X^4+X^3+1} \\
X^9+X^8+X^5\qquad\qquad\qquad \\
\hline
X^4+X^3+1 \\
X^4+X^3+1 \\
\hline
0
\end{array}
$$

따라서 나머지가 0이므로 에러가 발생하지 않았다.

(4) 해밍부호(Hamming Code)

$(n,\ k)$ 선형부호 방식으로 n비트인 부호어중 k개는 정보비트로 $(n-k)$개는 검사 비트로 하여 단일 에러를 정정할 수 있는 부호(이중 에러는 검출만 가능)로 에러 검출과 정정이 함께 가능한 부호이다.

① 해밍거리(Hamming Distance)

같은 비트수를 갖는 2진 부호어에 관하여 대응되는 비트 값이 일치되지 않는 것의 개수를 부호어 사이의 최소 해밍거리 $d_{\min}$이라 한다.

검출 가능한 에러 개수	$d_{\min}-1$
정정 가능한 에러 개수	$d_{\min}$이 짝수이면 $(d_{\min}-2)/2$개의 에러 정정
	$d_{\min}$이 홀수이면 $(d_{\min}-1)/2$개의 에러 정정

② Hamming Bit의 개수를 구하는 방법

Hamming 부호의 조건을 고려하면 1 문자를 구성하는 데이터 비트수를 일반적으로 k, 검사 비트수를 m으로 한다면 k와 m의 관계는

$$2m \geq k+m+1$$

이며, 여기서 n(블록길이)=m+k 이므로 블록길이 즉 n는 전송할 총 비트 수라고 하면

$$n \leq 2m-1$$

가 된다. 따라서 검사 비트의 수 $m=n-k$이며 최소거리 $d_{\min}=3$이 된다.

일반적으로 해밍(7.4) 선형 부호라고 하는 경우 4비트 데이터를 전송하기 위해서 3비트(=7−4 bit)의 검사비트를 추가한 것을 의미하는 것이다. 이 부호는 1비트 오류를 정정할 수 있고 2비트 오류를 검출할 수 있기 때문에 산발적으로 발생하는 오류가 일어나는 경우에 매우 효과적이다.

③ Hamming 부호화 방법 및 에러 검출 방법

㉠ 해밍 비트 생성법 : 정보 비트가 "1"인 위치 번호를 2진수로 변환한 후 모두 Exclusive-OR 함으로써 계산된다.

비트번호	12	11	10	9	8	7	6	5	4	3	2	1
비트	1	1	0	0	P_3	1	1	0	P_2	1	P_1	P_0

$$P_0\{1,3,5,7,9,11\}=1,\ P_0=1$$

$$P_1\{2,3,6,7,10,11\}=0,\ P_1=0$$

$$P_2\{4,5,6,7,12\}=1,\ P_1=1$$

$$P_3\{8,9,10,11,12\}=0,\ P_3=0$$

따라서 전송되는 비트열은 1 1 0 0 $\boxed{0}$ 1 1 0 $\boxed{1}$ 0 $\boxed{0}$ $\boxed{1}$이 된다.

㉡ 에러 수정 : 수신된 정보 비트가 "1"인 위치 번호와 해밍 비트를 Exclusive-OR하여 나온 비트의 10진 값이 에러가 난 비트의 위치이다.

비트번호	12	11	10	9	8	7	6	5	4	3	2	1
송신비트	1	1	0	0	0	1	1	0	1	1	0	1
수신비트	1	1	0	0	0	1	1	0	1	0	0	1

$$C_0 = \{1 \oplus 3 \oplus 5 \oplus 7 \oplus 9 \oplus 11\} = 1$$

$$C_1 = \{3 \oplus 3 \oplus 6 \oplus 7 \oplus 11\} = 1$$

$$C_2 = \{4 \oplus 5 \oplus 6 \oplus 7 \oplus 12\} = 0$$

$$C_3 = \{8 \oplus 9 \oplus 10 \oplus 11 \oplus 12\} = 0$$

따라서 $(0011)_2 = (3)_{10}$에서 3번째 비트에서 에러가 발생했다.

【예제】 우수 패리티를 가진 해밍 코드에서 착오는 몇 번 행에서 발생하였는가?

항	1	2	3	4	5	6	7
수신코드	1	1	0	0	0	1	0

해설 1을 수신한 행의 번호를 적으면(hamming bit는 제외하고) 6번이며 이를 8421 BCD 코드로 나타내면 0110이다.
이제 이것과 hamming bit(8421의 자리에 있는 비트)를 exclusive OR를 수행하면 0101이며 이는 십진수로 5이므로 5번째 행이 잘못되었음을 알 수 있다.

구분	8	4	2	1
6번	0	1	1	0
hamming bit	0	0	1	1
EX-OR	0	1	0	1

(5) BCH(Bose-Chaudhuri-Hocquenghen) Code

대표적인 랜덤 에러 정정부호로 임의개의 에러가 정정 가능한 부호방식이다. 대표적인 부호로 Reed solomon 부호를 들 수 있다.

연 습 문 제 (주관식)

01. 정보량의 단위에 대해서 설명하여라.

해설 정보량을 나타내는 기준은 어떤 사건이 발생함으로써 얻는 정보량(I)은 그 사건이 발생할 확률(P)과 역비례($I \propto \log \frac{1}{P}$)의 관계에 있다.

즉, 전송할 양이 P이면 정보량은 $-\log P$이다. 대수의 밑이 2인 경우 정보량의 단위는 bit이며, 정보량은 정보가 가지는 양을 확률이라는 수단을 이용해서 나타낸 것을 말한다. 따라서 정보량의 나타내는데 이용되는 단위를 고려하면 다음과 같다.

- 자연 대수인 경우 [nat]를 이용한다.
- 밑이 10인 경우에는 [Hartley]를 이용한다.(1[Hartley]$=\log_2 10$)
- 밑이 2인 경우에는 [bit]를 이용한다.

02. 통신 프로토콜에 대한 정의를 간단히 정리하여라.

해설 두 개체간의 데이터 교환을 하기 위한 통신 규약을 말한다. 즉, 통신 프로토콜은 계층화된 프로세서 내에 존재하는 두 개체(entity)간에 정확한 정보 전송을 위한 약속된 절차, 규범, 협정을 말한다. 참고적으로 OSI 모델에서 계층 구조상 기본 구성요소는 실체(entity, 개방형 시스템간의 통신을 가능하게 하는 능동적 요소), 프로토콜(protocol, 두 실체 상호간 데이터 전송 시 그 데이터가 정확히 도달되었는지의 여부를 확인하는 등의 제어 정보), 서비스(service), 접속(connection) 그리고 데이터 단위(data unit) 등을 들 수 있다.

03. OSI 7계층과 연관해서 TCP/IP 계층을 비교해서 설명하여라.

해설

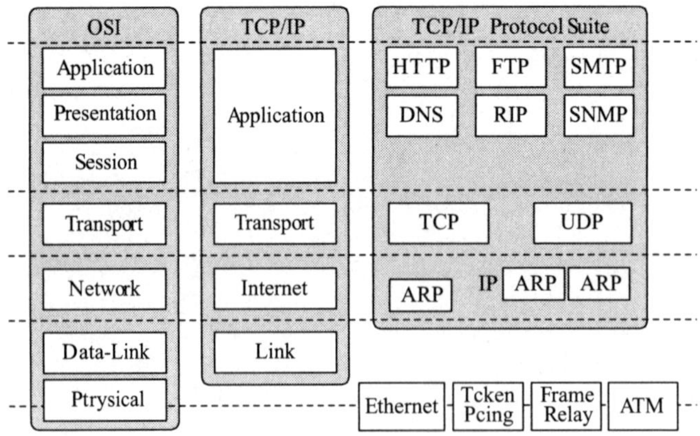

- 물리계층 (Physical Layer)
  - 전송 매체를 접속한 상태에 대한 전기적, 물리적, 기계적 그리고 절차적 세부사항에 대한 정의를 행한다.
  - 물리적인 정보 전달 매체에 대한 연결의 성립 및 종료
  - 다수의 사용자들 간의 통신 지원을 효율적으로 분배하는 역할
  - 데이터 교환 방식인 회선, 메시지, 패킷교환 등에 관련된 역할을 행한다.
  - Hub, Repeater 등과 관련된 계층이다.
- 데이터 링크 계층(Data Link Layer)
  - Point 사이를 신뢰성 있는 전송 보장을 위한 계층
  - CRC 기반의 Flow control, Error control 등을 담당한다.
  - MAC 주소를 통한 인접한 시스템으로의 안전한 데이터 전송 기능을 담당한다.
  - Bridge, Switch 등과 관련된 계층이다.
- 네트워크 계층(Network Layer)
  - 경로 설정, 서비스 품질(QoS) 제공을 위한 기능을 담당한다.
  - 절차적 수단을 제공하거나, Routing, Flow control, Error control, 인터네트워킹 등을 수행한다.
  - IP주소를 통한 데이터 전송경로 설정
  - Router와 관련된 계층이다.
- 전송 계층(Transport Layer)
  - End To End 사용자들이 신뢰성 있는 데이터 전송을 책임지는 역할을 하게 된다.
  - 시퀀스 넘버 기반의 오류제어 방식 사용으로 오류검출 및 복구 흐름제어를 행한다.
  - Gateway와 관련된 계층이다.
- 세션 계층(Session Layer)
  - End To End의 정보 전송 방식을 결정하는 역할을 한다.
  - 사용자 간의 동기화, 복호화 등을 실행한다.
- 표현 계층(Presentation Layer)
  - 정보를 표현하거나 코드 간의 번역을 담당한다.
  - 사용자 시스템에서 데이터의 형식상 차이를 제거하는 역할을 한다.
  - 정보의 압축, 암호화, 복호화 등을 실행한다.
- 응용 계층(Application Layer) : 사용자가 이용할 수 있도록 응용 프로세스와 관계하여 응용 서비스를 제공한다.

04. Data Link 계층의 역할에 대해 설명하여라.

해설
- Encoding : 물리적으로 접속된 상태에서 컴퓨터의 출력 0과 1의 신호를 실제적으로 Encoding하여 데이터로 만든다.
- Framing : Encoding 된 데이터에 대해서 시작과 끝을 맞춰 하나의 Frame을 형성한다.
- Error detection : 전송 과정에서 발생하는 오류를 검출한다. 이 때 이용되는 CRC 방식의 경우는 에러 검출율이 우수하지만 효율이 떨어져 인터넷에서는 checksum 방식을 이용하게 된다.
- Flow control : point 사이의 속도차를 극복하기 위해서 흐름을 제어한다.

- Link 관리 : Network Entity 간에 데이터 링크의 설정, 유지 데이터 전송을 제어하는 역할을 한다.
- 물리적 주소지정 : MAC Address(LAN Card 주소)를 Frame의 Header에 추가시켜서 수신자의 주소에 도달하도록 한다.

05. HDLC(High-level Data Link Control)에 대해서 설명하여라.

해설 HDLC는 정보 전송을 위한 bit 중심의 데이터 통신 프로토콜로 컴퓨터 사이의 데이터 통신에서 데이터 링크 계층에 대한 비트 단위의 동기전송 방식이라고 할 수 있다.

OSI의 2계층과 관련된 것으로 데이터 프레이밍, 흐름제어(Flow Control), 에러검출 정정 등의 역할을 행하며 X.25 패킷 스위칭 네트워크 내에서 사용된다.

HDLC에서 데이터는 Frame 단위로 이루어지며, 데이터 프레임 내에 데이터 흐름을 제어하고 에러를 보정할 수 있도록 하기 위한 정보를 삽입한다.

06. 에러 제어의 필요성과 에러를 제어하는 기술에 대해서 설명하여라.

해설 송신과 수신 사이에 정확한 정보를 주고받기 위해서는 어떤 제어를 필요로 한다. 즉, 전송매체를 통해 전송된 데이터가 잡음, 감쇠 등의 원인으로 실제 전송된 내용이 수신측에서 변질되어 나타날 수 있다. 이와 같은 정보의 변질 요인을 에러라고 할 수 있는데 이 에러를 검출하고 정정하는 일련의 행위를 에러 제어라고 한다. 여기서 에러 제어 방식을 분류하면 다음과 같이 분류할 수 있다.

- 에러를 무시하는 방법 : 그다지 중요하지 않은 정보를 처리하는 시스템에서 적용하고 있다.
- Loop 혹은 Echo에 의한 점검 : 저속 터미널에서 입력된 정보를 전송한 후 수신측으로부터 되받아 에러를 제어하는 방식으로, 전송량의 낭비를 초래하기 때문에 전송 채널의 효율이 떨어진다.
- ARQ(Automatic Repeat reQuest) : 역 채널을 이용해서 ACK, NAK신호를 전송하며, 수신측에서 에러를 검출하고 에러 정정은 송신측에서 행한다.
- FEC(Forward Error Correction) : 역 채널을 이용하지 않고 수신측에서 잉여 비트를 이용하여 에러 검출과 정정을 행하는 제어 방식이다.

07. ARQ(Automatic Repeat reQuest)방식에 대해서 설명하여라.

해설 검출 후 재전송 방식(ARQ)은 수신측에서 에러가 발생하는 경우 송신측에 에러 발생을 통지하고 에러가 발생한 정보를 재전송하는 방식으로, 송신측은 전송중인 프레임을 기억해야 할 버퍼(Buffer)가 필요하며, ARQ 방식의 형태는 정지 대기(Stop-and-wait) ARQ, 연속적 ARQ, 그리고 적응적 ARQ 등으로 구분 된다.

- Stop-and-wait ARQ 방식 : 송신측이 하나의 데이터 프레임을 전송한 후 수신측에서는 올바른 경우에는 ACK(ACKnowledge)를, 에러가 발생한 경우에는 NAK(Not AcKnowldge)를 각각 송신측에서 전송하는 방식으로 여기서 Stop-and-wait ARQ방식의 특징을 고려하면 송신측은 ACK를 수신한 후 다음 블록을 Encoding하여 수신측에 전송하며, 동시에 Encoding된 데이터 블록을 송신측의 버퍼에 저장해야 한다. 왜냐하면 NAK를 수신하면 버퍼 내의 정보를 재전송해야 하기 때문이다. 에러 검출 후 제어 신호가 올 때까지 대기해야 하는 Overhead 시간이 많이 걸리기 때문에 시스템 효율이 다소 떨어진다. IBM의 2진 동기 통신(BSC) 프로토콜이 한 예이다.

- Continuous ARQ 방식 : 연속적인(Continuous) ARQ는 블록간의 Overhead를 감소시키는 방법으로, 전송 결과에 대한 응답 제어 신호가 역 채널을 통해 송신측에 전달되고 있는 도중에도 주 채널을 통하여 데이터 블록을 계속하여 전송하므로 데이터와 제어 신호를 시간적으로 중복시키는 방식을 말한다. 이 방식은 블록 에러 확률이 낮은 경우에 적용한다. 연속적인 ARQ의 형태는 GBN ARQ와 선택적 ARQ로 구분된다. 여기서 GBN(Go-back-N) ARQ 방식은 송신단에서 코드 워드를 전송한 후 그 코드 워드에 대한 응답 신호를 기다리지 않고 다음 코드를 연속적으로 전송하는 방식으로 코드 워드를 연속적으로 전송, 재전송하기 때문에 Stop and wait ARQ 방식에 비해 효율적이며, 주로 SDLC와 ADCCP 등의 통신 프로토콜에 이용한다.
  그리고 선택적 ARQ(SR(Selective Repeat) ARQ) 방식은 코드 워드를 GBN ARQ 시스템과 동일하게 연속적으로 전송하지만 NAK가 발생하는 경우에 송신측에서는 에러가 발생한 코드 워드만 전송하는 방식으로 에러가 검출된 순간에 전송 동작이 진행되고 있던 블록들은 버퍼에 유지 되어야 하는 단점이 있으며, 전송 시간과 응답 제어 신호에 소요되는 시간이 클 경우에 효과적이다.

08. BCH 코드를 이용한 에러 정정 방법과 특징에 대해서 설명하여라.

해설 BCH 코드는 다중 불규칙한 에러 정정 순회 부호로서, 복수개의 에러 정정이 가능한 코드이다.

- 에러 정정 방법
  - n bit 부호어 중에서 $2^m-1 \le n$이라는 조건을 이용해서 양의 정수 m을 정한다.
  - m으로 검사 비트수를 나눈 값이 에러 정정 가능한 수(t)가 된다. t개의 에러를 정정하기 위해서는 mt개의 검사 bit의 부가가 필요하다.
  - 한 부호어 당 t개의 에러를 정정하기 위해서는 부호어 사이의 최소 거리 $d_{\min} > 2t+1$을 만족해야 한다.
- BCH 코드의 특징
  - 구조가 비교적 간단하면서 다중 에러를 정정할 수 있다.
  - 대표적인 예로 RS(Reed-Solomon) 부호가 있으며, 이 부호는 주로 연집 에러(Burst error) 정정에 유용하다.

09. 메시지가 "1000101"에 대한 신호를 CRC 부호화를 위해 필요한 패리티 비트의 형태로 바꾸면? (단, 생성 다항식 $G(x)=x^5+x^4+x+1$이다.)

해설
- 메시지를 하나의 다항식 $P(x)$으로 표현하면

$$P(x)=x^7+x^3+x^2+1=10001101$$

- $P(x)$와 $G(x)$의 최고차항을 곱한다.

$$x^5 \cdot P(x)=x^{12}+x^8+x^7+x^5=1000110100000$$

- 이 결과를 $G(x)$로 나눈 나머지를 구하면

$$\frac{x \cdot P(x)}{G(x)}=x^4+x^3+x+1=11011$$

- 송신 데이터는 $P(x)+BCC$이다.

  10001101 11011

10. 해밍 코드(Hamming code)에 대해서 설명하여라.

해설 (n, k) 선형 부호는 n개의 부호어 중에서 k개의 정보 비트, $(n-k)$개는 검사 비트(Hamming bit)로 운용되는 단일 에러 정정 부호로, Hamming bit를 구하는 방법은

$$2^k \geq k+n+1$$

이며, 여기서 해밍 중(Hamming weight)은 어떤 부호 어에서 1의 개수를 의미한다. 그리고 해밍 거리(Hamming distance, d)는 어떤 부호 어 중에서 같은 비트 수를 갖는 2진 부호 사이에 대응하는 비트 값이 일치되지 않는 개수를 해밍 거리라고 한다. 예를 들어 2개의 기호 열 A, B가

$$A = \{10001\}$$

$$B = \{11010\}$$

인 경우 두 점 A, B 간의 해밍 거리는 $d=3$이다.

여기서 해밍 부호를 이용하여 검출된 에러와 정정 가능한 수를 고려하면 해밍 거리가 최소인 $d_{\min}$인 경우에 검출 가능한 에러의 수는 $(d_{\min}-1)$개 이며, 정정 가능한 에러의 수는 d가 홀수인 경우에는 $\frac{d_{\min}-1}{2}$개를, d가 짝수인 경우에는 $\frac{d_{\min}-2}{2}$개를 정정하는 것이 가능하게 된다.

11. 리드 솔로몬(Read-Solomon) 코드에 대해서 설명하여라.

해설 RS 코드는 연집 에러(Burst error)를 검출하고 정정하는 데 가장 효과적인 부호이다.

여기서 연집 에러란 비트 에러가 거의 한꺼번에 한 곳으로 몰려 발생하는 경우로 고속 전송에서 짧은 잡음일지라도 다수의 비트에 영향을 미쳐 발생하는 집중적 형태의 에러를 말한다. 따라서 연집 에러를 방지하기 위해서 인터리버를 사용하게 된다. 여기서 인터리버는 버스트 에러를 가끔 에러가 발생하는 랜덤에러로 변환하는 기술을 말한다.

이와 같은 RS 코드의 특징을 정리하면 다음과 같다.

- 선형 블록 코드이다.
- 길이 n의 선형 부호에서 길이 b이하의 연집 에러를 검출하는 데 필요 충분한 패리티 검사 비트의 수는 b이다
- 정정을 하기 위해서는 적어도 2개 이상의 패리티 검사 비트를 필요로 한다.
- DMB, 디지털 이동 통신, 패킷 스위칭 시스템 등에 이용된다.

연 습 문 제 (객관식)

01. 다음 중 프로토콜의 구성요소에 해당되지 않는 것은?

㉮ 구문　　㉯ 코드

㉰ 타이밍　　㉱ 의미

해설 일반적으로 프로토콜은 구문(syntax), 타이밍(timing), 의미(semantic)를 구성요소로 하며, 프로토콜 7계층 중에서 전송제어기능을 수행하는 계층은 데이터 링크계층이며, 트랜스포트계층은 end-to-end 구간에서 데이터의 투명적인 양방향 전송기능을 제공하는 계층을 말한다. **답** ㉯

02. 다음 중 전송제어에 해당되지 않는 제어 형식은?

㉮ 입출력제어　　㉯ 회선제어

㉰ 동기제어　　㉱ 주소제어

해설 입출력제어, 회선제어, 동기제어, 에러제어, 전송제어 등이 있으며, 전송과정에서 필요로 하는 전송제어 절차의 5단계는 다음과 같다.

- 1단계 : 회선 접속
- 2단계 : 데이터 링크확립
- 3단계 : 데이터의 전송
- 4단계 : 링크 절단
- 5단계 : 회선 절단

답 ㉱

03. 데이터의 구문, 표현형태, 포맷 등이 대화하는 상대방과 서로 다른 경우 이러한 문제를 해결하여, 각 응용 프로세스 간에 통신을 가능하게 해주는 계층은?

㉮ 프리젠테이션층　　㉯ 세션층

㉰ 트랜스포트층　　㉱ 네트워크층

해설 표현 계층(Presentation Layer)은 한 시스템의 응용프로그램에서 보낸 데이터를 다른 시스템의 응용프로그램에서 읽을 수 있도록 하는 역할을 담당하게 된다. **답** ㉮

04. 데이터 링크의 확립절차에 해당되지 않는 방식은?

㉮ Contention 방식　　㉯ Point-to-Point 방식

㉰ Polling 방식　　㉱ Selection 방식

해설 종속국으로부터 제어국으로 데이터를 전송하는 방식을 폴링방식이라고 한다. **답** ㉯

05. 전송 제어절차의 종류에 해당되지 않는 절차는?

㉮ BSC 전송 제어절차 ㉯ HDLC 전송 제어절차

㉰ BCD 제어절차 ㉱ 비동기 전송 제어절차

해설 전송 제어절차에는 BSC, BASIC, HDLC, SDLC, 무순서, 비동기 전송제어절차 등이 이용된다.

답 ㉰

06. 전송 메시지 형식에 대한 설명 중 틀린 것은?

㉮ 정보 메시지 : 데이터 전송의 대상 ㉯ 텍스트(text) : 정리된 내용

㉰ 헤딩 : 텍스트의 일부분 ㉱ 정보 메시지가 길 경우 분할한다.

해설 전송 메시지에서 헤딩(Heading)은 텍스트를 전송하기 위한 보조정보이다. **답** ㉰

07. 베이직 전송 제어절차에서 사용되는 전송제어 문자부호의 수는 몇 개인가?

㉮ 40 ㉯ 30

㉰ 20 ㉱ 10

해설 BASIC 전송 제어절차에서 사용되는 전송제어 문자부호의 수는 10개를 이용하게 된다. **답** ㉱

08. PTP(Point to Point) 네트워크에서 사용되며 동시에 양방향의 데이터 전송을 행할 수 있는 방식은?

㉮ 회화모드 ㉯ 전이중모드

㉰ 복수종국 선택모드 ㉱ 부호독립모드

해설 신호를 양방향으로 동시에 송수신할 수 있는 방식을 전이중 방식이라고 한다. 즉 전이중 방식은 두 대의 단말기가 데이터를 송수신하기 위해 동시에 각각 독립된 회선을 사용하는 통신 방식을 말한다. 대표적인 예로 전화망, 고속 데이터 통신 등을 들 수 있다. **답** ㉯

09. 회선 경쟁 선택방식의 프로토콜에 대한 설명으로 적합한 것은?

㉮ 터미널의 통신량, 사용 빈도에 따라 경쟁 선택의 기회를 차등적으로 부여할 수 있다.

㉯ 경쟁 선택이 동시에 일어나도 데이터가 충돌하여 유실되는 경우는 없다.

㉰ 트래픽이 많은 멀티 포인트 회선에 사용할 경우에 효율적이다.

㉱ 이 방식의 프로토콜에는 토큰링, 토큰버스와 같은 방식이 있다.

해설 회선 경쟁 선택 방식은 송신 권한을 터미널이 갖는 방식이며 전송로에 접근하는데 필요한 제어 방법(MAC)으로 토큰링, 토큰버스 등의 방식이 이용된다. **답** ㉱

10. 모든 종속국들이 제어국의 Poll에 의하여 데이터를 송신하게 되는 방식은?

㉮ Roll-Call Polling ㉯ Select-Hold

㉰ Fast-Select　　　　　　　　　　　　㉱ Hub-Go-Ahead-Polling

해설 Polling의 동작은 주 스테이션에서 부 스테이션으로 폴링 메시지(전송할 데이터가 있는냐?)를 전달하는 것으로 Polling 방법에는

- Roll-Call Polling : 미리 정해진 순서대로 폴링 메시지 전달 즉, Host에 가까운 터미널에 폴링 메시지를 전송하는 방법을 말한다.
- Hub Polling : 가장 먼 곳에 있는 터미널에 먼저 폴링 메시지 전달하고 Host 쪽으로 차례로 폴링 메시지를 전송하는 방식을 말한다.

그리고 Selection은 특정 부 스테이션을 선택하여 폴링 메시지를 전달하는 것을 말하며, 고속 셀렉션(Fast-Selection)은 셀렉션 기법에 대해서 효율을 개선하고 고속화한 것으로 폴링 메시지와 데이터를 같이 전송하게 된다.

답 ㉮

11. 문자방식 protocol의 frame 구조를 바르게 나타낸 것은?

㉮

heading	SOH	STX	text	ETB	BCC

㉯

heading	STX	SOH	text	ETB	BCC

㉰

SOH	heading	STX	text	ETX	BCC

㉱

STX	heading	SOH	text	ETX	BCC

답 ㉰

12. 다음 중 비트방식 프로토콜이 아닌 것은?

㉮ SDLC　　　　　　　　　　　　㉯ HDLC

㉰ ADCCP　　　　　　　　　　　㉱ DDCMP

해설 프로토콜의 분류

- 문자방식 프로토콜 : BSC
- 바이트 방식 프로토콜 : DDCMP
- 비트방식 프로토콜 : SDLC, HDLC, ADCCP, LAP-B, BOLD

답 ㉱

13. HDLC 전송 제어절차에서의 국의 구성에 해당되지 않는 것은?

㉮ 1차국　　　　　　　　　　　　㉯ 제어국

㉰ 2차국　　　　　　　　　　　　㉱ 복합국

해설 HDLC 전송 제어절차에서의 국의 구성은 1차국, 2차국 그리고 복합국으로 구성되며 HDLC 프로토콜의 프레임 구조에서 주소부의 모든 bit가 0인 경우를 글로벌 주소(global address)라고 하며, 주소부의 모든 bit가 0인 경우로 수신해야 하는 국이 존재하지 않는 통신에 이용되는 주소를 노 스테이션 주소(no station address)라고 한다.

답 ㉯

14. 다음 중 HDLC의 특징이 아닌 것은?

㉮ Start-Stop 방식에 비해 전송효율이 향상된다.

㉯ Start-Stop 방식에 비해 신뢰성이 높다.

㉰ 문자 동기방식이다.

㉱ 비트의 투명성이 있다.

해설 HDLC Protocol의 특징

- bit 방식 프로토콜이다.
- 동기를 맞추기 위해 flag를 사용한다.
- 전송효율이 우수하다.
- 고속 데이터 전송이 가능하다.
- simplex, half-duplex, full-duplex 전송이 모두 가능하다.

답 ㉰

15. 비트방식 프로토콜의 정보부는 비트 투명성을 갖기 위해 zero 삽입법을 사용한다. 이에 대한 설명으로 맞는 것은?

㉮ 데이터 중에 5개의 연속된 1이 나타나면 그 다음에 0을 삽입시켜 전송하고 수신측에서 이것을 제거한다.

㉯ 데이터 중에 6개의 연속된 1이 나타나면 그 다음에 0을 삽입시켜 전송하고 수신측에서 이것을 제거한다.

㉰ 데이터 중에 3개의 연속된 1이 나타나면 그 다음에 0을 삽입시켜 전송하고 수신측에서 이것을 제거한다.

㉱ 데이터 중에 4개의 연속된 1이 나타나면 그 다음에 0을 삽입시켜 전송하고 수신측에서 이것을 제거한다.

해설 송신 데이터(001111110) → 0삽입(0011111010) → 수신측에서는 강제로 0을 제거한다. (001111110).

답 ㉮

16. 1200 보오의 변조속도로 10분간 전송을 계속하였다. 15분간 전송된 비트 중 만일 비트 에러율의 한계치인 5×10^{-5}으로 비트 에러가 발생하였다고 하면 이 때 최대 블록 에러율은 얼마인가? (여기서 한 블록의 크기는 420[bit]라고 한다.)

㉮ 0.05[%] ㉯ 0.5[%]

㉰ 2.1[%] ㉱ 5.2[%]

해설 총 전송 bit 수는 1200×10×60=720,000[bit]이며, 이를 한 블록의 크기인 420[bit]로 나누면 720,000÷420=1714(개)가 된다. 여기서

$$\text{비트에러율} = \frac{\text{에러비트수}}{\text{총전송비트수}}$$

관계를 이용하면 에러 bit수=$5 \times 10^{-5} \times 720,000$=36개 가 된다.
따라서 최대 및 최소 블록 에러율의 크기를 구하면 다음과 같다.

- 최대블록 에러율은 36/1714=2.1[%]
- 최소블록 에러율은 1/1714=0.06[%]

답 ㉰

17. 에러 제어방식에서 정보에 용장성을 부가하는 방식이 아닌 것은?

㉮ 수평 패리티 체크방식 ㉯ 정 마크, 정 스페이스방식
㉰ 반송방식 ㉱ SQD 방식

해설 반송방식은 전송방법에 용장성을 부가하는 방법이며, 여기서 1블록내의 각행의 1의 수를 2진으로 계수하고 아래 2자리의 결과를 체크부호로 부가하는 방식을 군 계수 체크방식이라고 한다. 또한 입출력장치와 전송제어장치 및 통신제어장치와 중앙처리장치 사이에서 발생한 에러를 검사하는 방식을 수직 패리티방식이라고 한다.

답 ㉰

18. 통신 속도가 2400[bps]인 회선에서 40분간 전송했을 때 에러 비트가 24[bit]였다면 이 회선의 평균 비트오율은?

㉮ 4.18×10^{-6} ㉯ 4.18×10^{-5}
㉰ 0.25×10^{-3} ㉱ 0.25×10^{-4}

해설 $비트에러율 = \frac{에러발생비트수}{총전송비트수} = \frac{24}{2400 \times 40 \times 60} = 4.18 \times 10^{-6}$이다.

예를 들어 2400[bps]의 신호 속도로 40분간 데이터를 전송하였을 경우 최대 비트 에러율이 3×10^{-6}이었다면 최대 블록 에러율 및 최소블록 에러율의 크기는

$$비트\ 에러율 = \frac{에러발생비트수}{총전송비트수}$$

이므로
에러 발생 비트수=비트 에러율×총 전송 비트수=$3 \times 10^{-6} \times 2400 \times 40 \times 60$=17.26[bit]=18[bit]
가 된다. 여기서 최대블록 에러율은 에러 bit가 각 블록마다 하나씩 발생하는 경우이므로 18 블록이 되며, 최소블록 에러율은 에러 bit가 한 개의 블록에서 발생하는 경우이므로 1블록이 된다.

답 ㉮

19. 다항식 코드를 사용하여 에러 검사를 하는 방식으로 집단 에러에 대한 에러 검출이 가능한 방식은?

㉮ 패리티 검사 ㉯ 블록 합 검사
㉰ 해밍 코드 ㉱ 순환 중복 검사(CRC)

해설 자기 정정부호 발생은 에러 유무를 수신측에서 검출하여 자동정정하는 방식이며, 자동 연속방식은 다수결 원칙으로 에러를 검출·정정하는 방식이다. 그리고 판정 귀환 방식은 수신측에서 에러 유무를 판정하여 송신측에 통보하는 방식을 말한다.

답 ㉱

20. 에러 검출 후 에러가 있을 경우의 대처방법으로 적합하지 못한 것은?

㉮ 데이터 블록의 재송 ㉯ 데이터 블록의 검사

㉰ 수신측에서 자기 정정 ㉱ 에러 무시

해설 데이터 통신 과정에서 발생하는 에러 유무를 검출하고 정정하는 과정을 에어 제어방식이라고 하며 이와 같은 에러 제어 방식에는 간단한 에러의 경우는 에러를 무시, Loop 또는 Echo에 의한 점검, 에러 검출 후 재전송(ARQ), 전진에러 수정(FEC) 등을 이용한다. 답 ㉱

21. 통신회선에서 착오가 발생하면 수신측은 착오의 발생을 송신측에 알리고 송신측은 착오가 발생한 블록을 재전송하는 방식은?

㉮ 전진 에러 수정 ㉯ 해밍부호

㉰ 검출 후 재전송방식 ㉱ BCH

해설 검출 후 재전송(ARQ) 방식으로는 정지조회 ARQ, 연속적 ARQ 그리고 적응적 ARQ 등이 있다. 여기서 송신측에 NAK를 받으면 NAK가 접수되는 시점에서부터 전송되고 있던 블록 모두를 전부 재전송하는 방식을 Go-back-N ARQ 방식이라고 한다. 답 ㉰

22. 채널효율을 최대로 하기 위하여 블록의 길이를 동적(dynamic)으로 변경할 수 있는 방식은?

㉮ 정지 조회 ARQ ㉯ Go-back-N ARQ

㉰ 선별적 ARQ ㉱ 적응적 ARQ

해설 적응적 ARQ(adaptive ARQ) : ARQ 방식의 한 형태로 통신 회선의 오류 발생 빈도에 따라 프레임 길이를 동적으로 조절할 수 있어 전송 효율을 최대로 하기 위해 프레임의 길이를 동적(dynamic)으로 변경시킬 수 있는 방식이라고 할 수 있다. 적응적 ARQ 방식을 적용하는 경우 수신 측에서는 통신 회선에서의 오류 발생을 감지하여 송신 측에 통보하게 되면 이 정보에 의해 송신 측은 가장 적절한 프레임의 길이를 결정하여 프레임을 전송하게 된다. 답 ㉱

23. 해밍 거리가 7일 때 정정 가능한 에러 개수는?

㉮ 3개 ㉯ 4개

㉰ 5개 ㉱ 6개

해설 해밍거리(Hamming distance) : 같은 비트수를 갖는 2진 부호 사이에 대응되는 비트 값이 일치하지 않는 것의 개수를 해밍거리라 한다.

예를 들면 v1=0 1 1 0 1 1, v2=1 1 0 0 0 1 일 때 d(v1,v2)=3 이다.

일반적으로 해밍거리 d≥2t+1이면 t개의 오류를 정정할 수 있으며 최소한 1개의 오류를 정정할 수 있는 최소 해밍거리(d_{min})=3이다.

- $d_{min} \geq t+1$일 경우, t개까지의 오류를 검출할 수 있으며 그 역도 성립한다.
- $d_{min} \geq 2t+1$일 경우, t개까지의 오류를 정정할 수 있으며 그 역도 성립한다.
- $d_{min} \geq 2tc+1$이고 $d_{min} \geq t_c+t_d+1$이면 t_c개의 오류를 정정할 수 있고 $t_d > t_c$개까지의 오류

를 검출할 수 있으며 그 역 과정도 성립한다.

검출 가능한 에러 개수	$d_{min}-1$ 개의 에러 정정
정정 가능한 에러 개수	d_{min}이 짝수이면$(d_{min}-2)/2$개의 에러 정정
	d_{min}이 홀수이면$(d_{min}-1)/2$개의 에러 정정

답 ㉮

24. 다음 중 블록 코드에 포함되지 않는 코드는?

㉮ BCH Code ㉯ Hamming Code
㉰ Convolution Code ㉱ CRC Code

해설 Block Code는 고정된 길이의 부호 또는 이러한 부호 어들의 집합으로 블록 부호화는 데이터를 일정 블록 단위로 묶어서 부호화와 복호화를 수행하는 방식으로 오류정정 부호화를 위한 채널부호화 시에 많이 사용된다. 이와 같은 Block Code에 대한 구분은 다음과 같다.

- Linear Coding (선형 부호 방식) : 선형 블록 부호로 어떤 선형조건이 블록부호의 구조에 가해지어 선형 블록 부호가 되는 것으로 Hamming Code, Hadamard Code 등이 이에 해당한다.
- Cyclic Coding (순환 부호 방식) : 선형 블록 부호의 부분 집합임. 아주 단순하고도 효율적이고 용이하게 구현하는 것이 가능하며 BCH 부호, RS 부호 등이 이에 해당한다. 답 ㉰

25. 해밍 비트의 개수를 구하는 방법으로 맞는 것은? (여기서 p : 해밍비트수, k : 정보비트수)

㉮ $2^p \geq k+p+2$ ㉯ $2^p \geq k+p+1$
㉰ $2^p \leq k+p+1$ ㉱ $2^p \leq k+p+2$

해설 예를 들어 전송할 비트수가 총 30개일 때 정보 bit수와 해밍 bit수는 $2^p \geq n+1=k+p+1$ 관계에서 $n=30$이고 p는 5이므로 $2^5 \geq k+5+1$ 관계에서 $k=25$가 된다. 답 ㉯

26. 다음 사항 중에서 비트 동기(또는 클록동기)방식과 블록 동기방식의 양쪽을 동시에 겸비하고 있다고 말할 수 있는 방식은?

㉮ 캐릭터(character) 동기방식 ㉯ 플래그(flag) 동기방식
㉰ 조보 동기방식 ㉱ 상호 동기방식

해설 플래그 동기 방식은 신호 유닛마다 동기를 취하는 방식으로 비트 동기(또는 클록동기)방식과 블록 동기방식의 양쪽을 동시에 겸비하고 있다고 말할 수 있는 방식이다. 답 ㉯

27. 전진에러 수정 코드 중 집단 에러를 검출하는데 사용되는 코드는?

㉮ BCH Code ㉯ Hamming Code
㉰ CRC Code ㉱ BCD Code

해설 집단 에러를 정정할 수 있는 방식으로 BCH 부호를 이용한다. 답 ㉮

28. 다음 경로설정(routing)기능을 담당하는 계층은?

㉮ 물리계층(physical layer) ㉯ 세션계층(session layer)

㉰ 망계층(network layer) ㉱ 전달계층(transport layer)

해설 7계층 중에서 네트워크계층은 경로선택과 교환기능을 제공하는 역할을 담당한다. **답** ㉰

29. 다음 중 에러 검출 능력이 가장 우수한 순환 잉여검사(CRC)는?

㉮ CRC-CCITT ㉯ CRC-32

㉰ CRC-14 ㉱ CRC-12

해설 에러 검출 능력이 가장 우수한 순환 잉여검사(CRC)로는 CRC-CCITT을 들 수 있는데 여기서 이용되는 생성 다항식은 $G(X) = X^{16} + X^{12} + X^5 + 1$을 이용하게 된다. **답** ㉮

30. 데이터 전송제어 순서 중 옳은 것은?

㉮ 회선의 접속－데이터 링크의 확립－정보의 전송－종결－회선의 절단

㉯ 데이터 링크의 확립－회선의 접속－정보의 전송－종결－회선의 절단

㉰ 회선의 접속－데이터 링크의 확립－정보의 전송－회선의 절단－종결

㉱ 데이터 링크의 확립－회선의 접속－정보의 전송－회선의 절단－종결

해설 전송제어란 입출력제어, 동기제어, 회선제어, 착오제어를 총칭하는 것으로 이러한 전송제어는 다음과 같은 5단계 과정에 의해 이루어진다.

- 제 1단계 : 회선 접속
- 제 2단계 : 링크 확립
- 제 3단계 : 정보 전송
- 제 4단계 : 링크 해제
- 제 5단계 : 회선 절단

답 ㉮

31. 베이직 모드의 전송제어 수준에서 사용하는 전송제어 캐릭터에서 전송제어 기능을 추가하는 경우를 표시하는 약칭은?

㉮ SYN ㉯ NAK

㉰ ENQ ㉱ DLE

해설 DLE(Data Link Escape)는 하나 또는 둘 이상의 문자들의 의미를 바꾸거나 추가적인 제어를 제공하는 기능이며, 기본형 데이터 전송제어 순서에서 사용되어지는 제어 캐릭터 중 최종 블록의 최후에만 부가되는 약칭으로는 ETB이다. **답** ㉱

32. 일반적인 메시지 블록의 형태 중 BCC(Block Check Character)의 체크 범위가 아닌 것은?

㉮ STX ㉯ TEXT

㉰ ETX ㉱ SOH

해설 BCC(Block Check Character)의 체크 범위는 "STX+Data TEXT+ETX"에 BCC를 붙여서 전달한다. SOH는 Header의 시작을 알리는 부호로 BCC의 체크 범위에 해당하지 않는다. **답** ㉱

33. 다음 중 HDLC 프로토콜의 설명으로 맞는 것은?

㉮ 네트워크계층의 정보전송을 위한 아키텍쳐이다.

㉯ 캐릭터방식의 프로토콜이다.

㉰ 에러제어방식은 연속적 ARQ 방식을 사용한다.

㉱ Full Duplex 방식에서는 사용할 수 없다.

해설 HDLC 프로토콜

- 컴퓨터 사이를 연결하는 컴퓨터 네트워크의 경우에 적합한 전송제어방식을 말한다.
- 비트 지향형 프로토콜로 하는 범용의 데이터링크 전송 제어절차이다.
- 임의의 비트 패턴 전송이 가능하다.
- 데이터 투명성을 위해 비트 스터핑의 적용을 통하여 회선제어 등을 위해 특정한 코드에 의존하지 않는다.
- 에러 발생 시 ARQ 방식을 이용하고 CRC 방식 사용으로 오류 정정을 행한다.
- 수신측으로부터의 응답을 기다리지 않고 연속하여 데이터를 전송할 수 있는데 이는 버퍼를 두어서 흐름을 제어하기 때문이다.
- 반이중, 전이중 모두의 지원이 가능하다.
- 고속 데이터 전송에 적합하다.

답 ㉰

34. HDLC(High Level Data Link Control) Sequence는?

㉮

FLAG	ADDRESS	제어부	DATA	FRAME검사	FLAG

㉯

PHASE A	PHASE B	PHASE C	PHASE D

㉰

SOH	STX	ETX	BCC

㉱

START	DATA	STOP	STOP

해설 HDLC frame format

Flag	Address	Control	Information	FCS	Flag
8	8 또는 더 크게	8/16	가변	16/32	8 bits

답 ㉮

35. HDLC 전송제어 절차가 사용하는 동작모드에 해당하지 않는 것은?

㉮ 정규 응답모드(NRM) ㉯ 비동기 평형모드(ABM)

㉰ 비동기 응답모드(ARM) ㉱ 절단모드(DCM)

해설 HDLC 전송제어에 필요한 모드로 초기 모드, 동작 모드 그리고 차단 모드를 들 수 있는데 여기서 동작 모드는 정규 응답모드(NRM), 비동기 평형모드(ABM) 그리고 비동기 응답모드(ARM)등으로 구분된다. **답** ㉱

36. HDLC 프로토콜에서 개시 및 종결을 나타내는 것은?

㉮ $11111111_2(FF_{16})$ ㉯ $00110010_2(32_{16})$

㉰ $01111110_2(7E_{16})$ ㉱ $01111111_2(7F_{16})$

해설 HDLC 프로토콜에서 개시 및 종결을 나타내는 부호로 Flag를 이용하며 이 때 이용되는 Flag의 비트 패턴은 $01111110_2(7E_{16})$이다. **답** ㉰

37. 동일한 데이터를 2회 송출하여 수신측에서 2개의 데이터를 비교 체크함으로서 에러를 검출하는 에러제어 방식은?

㉮ 연속송출방식 ㉯ 반송조회방식

㉰ 캐릭터 패리티 체크방식 ㉱ 사이클리크 부호방식

해설 연속 송출 방식은 동일한 데이터를 2회 송출하여 수신측에서 2개의 데이터를 비교 체크함으로서 에러를 검출하는 에러제어방식으로 현재는 거의 사용하지 않는다. **답** ㉮

38. 패리티 체크를 하는 이유는 무엇인가?

㉮ 중계선로의 중계용량 측정 ㉯ 전송되는 부호용량 검사

㉰ 컴퓨터의 기억용량 산정 ㉱ 전송된 부호의 오자 검출

해설 패리티 체크(parity check)를 하는 이유는 전송된 부호의 에러를 검출하기 위해서이다. **답** ㉱

39. 캐릭터를 부호화할 때에 1의 비트수가 어느 일정한 개수가 되도록 검정하고 수신측에서 1을 체크하여 미리 결정한 개수와 비교함으로써 에러를 검출하는 방식은?

㉮ 수평 패리티 체크방식 ㉯ 수직 패리티 체크방식

㉰ CRC 방식 ㉱ 일정마크 체크방식

해설 일정마크 체크방식은 1의 비트수가 어느 일정한 개수가 되도록 검정하고 수신측에서 1을 체크하여 미리 결정한 개수와 비교함으로써 에러를 검출하는 방식을 말한다. **답** ㉱

40. 데이터 비트 프레임에 잉여비트를 추가하여 에러를 검출 수정하는 에러제어 방식은?

㉮ 순환잉여검사(CRC)

㉯ 검출 후 재전송(ARQ)

㉰ 전진 에러수정(Forward error correction)

㉱ 블록종합검사(Block sum check)

해설 동기전송방식의 블록 에러검출에 사용되고, 재송정정방식이 채택되는 에러제어 방식을 CRC 방식이라고 한다.

- 문자단위의 전송에서 응용하기 적당하다.
- 패리티 검사코드의 일종인 순환코드를 이용한다.
- CRC-16은 $X^{16}+X^{15}+X^{12}+1$의 다항식을 이용한다.

답 ㉮

41. 데이터 통신에서 에러(error) 검출방식으로 적합하지 못한 것은?

㉮ 정보 귀환 방식　　㉯ 수직 패리티 방식

㉰ 수평 패리티 방식　　㉱ 정 마크부호 방식

해설 수신된 데이터를 모두 송신측에 반송하여 원래 데이터와 비교하는 방식을 정보 귀환 방식이라고 한다.

답 ㉮

42. 다음 코드 중 자기 에러 비트(error bit) 수정을 할 수 없는 것은?

㉮ 컨블루션(convolution) 코드　　㉯ 해밍(hamming) 코드

㉰ EBCDIC 코드　　㉱ BCH 코드

해설 EBCDIC(Extended Binary coded Decimal Interchange Code)는 IBM에서 개발한 8비트 코드로 256가지의 정보를 표현하는 부호를 말한다. 따라서 에러 비트(error bit) 수정은 할 수 없다.

답 ㉰

43. 다음은 데이터 전송선로의 수평, 수직 우수패리티 체크방식이다. 정확히 수신했을 때 나온 데이터의 XXX에 들어가야 할 비트열은?

10101010	0
00110001	1
01000110	1
10001101	0
110010*xx*	*x*

㉮ 001　　㉯ 011

㉰ 100　　㉱ 110

해설 패리티 검사는 한 블록의 데이터 끝에 한 비트를 추가하는 가장 간단한 에러 검출 방법으로 그 방법으로 짝수(우수)패리티 체크방식은 1의 전체 개수가 짝수가 되도록 하는 방법이며, 홀수(기수) 체크방식은 1의 전체 개수가 홀수가 되도록 하는 방법을 말한다.

답 ㉰

44. ARQ 방식을 설명한 것으로 적당한 것은?

㉮ 에러를 정정하는 방식　　㉯ 부호를 전송하는 방식

㉰ 에러를 검출하는 방식　　㉱ 에러를 검출하여 재전송을 요구하는 방식

해설 ARQ 방식의 특징은 다음과 같다.

- 송신측은 항시 수신측으로부터 프레임에 에러가 발생했다는 신호를 받아들일 수 있는 상태에 있어야 한다.
- 에러 발생 시 송신측은 다음 프레임의 전송 대신에 에러가 발생한 프레임을 재전송해야 한다.
- 송신측은 버퍼(buffer)가 필요하다.
- 에러 유·무를 검출하여 재전송을 요구할 수 있는 역 채널이 있어야 한다. 답 ㉱

45. 데이터 통신에서 에러의 검출 및 교정까지 할 수 있는 부호는?

㉮ 2 out of 5 code　　㉯ Hamming code

㉰ Excess-3code　　㉱ 2진 parity

해설 Hamming code는 데이터 통신에서 에러의 검출 및 교정을 모두 할 수 있는 부호이다. 답 ㉯

46. 다음의 에러제어방식 중에서 복수의 에러를 정정할 수 있는 방식은?

㉮ BCH 부호　　㉯ Hamming 부호

㉰ CRC 부호　　㉱ 수평, 수직 Parity

해설 BCH 에러 정정 코드의 특징은 다음과 같다.

- Convolution 부호방식 중의 하나이다.
- t개의 에러 정정을 위해서는 mt개의 검사 비트를 부가하여야 가능하다.
- 해밍부호와는 달리 1개의 에러만을 정정할 수 있다. 답 ㉮

47. 전송하려는 부호어들의 최소 해밍거리가 6일 때 수신시 정정할 수 있는 최대 에러의 수는?

㉮ 1　　㉯ 2

㉰ 3　　㉱ 6

해설 $d_{\min}$(짝수)인 경우 정정할 수 있는 최대 에러의 수는

$$\frac{(d_{\min}-2)}{2}=\frac{6-2}{2}=2\text{개}$$

이다. 답 ㉯

48. ARQ(Automatic Repeat reQuest) 방식에 대한 설명 중 가장 적합한 것은?

㉮ 에러가 발생한 프레임(블록)을 검출 후 재전송

㉯ 에러가 발생한 프레임(블록)을 검출

㉰ 에러가 발생한 프레임(블록)을 정정

㉱ 부호로 전송하는 방식

해설 ARQ(Automatic Repeat reQuest)란 수신측에서 에러를 검출 후 송신측에 재전송을 요구하고 이에 대해 송신측에서 재전송하는 것을 말한다. 답 ㉮

49. 다음의 12개의 bit에는 4bit의 오류정정 부호(Hamming Code)가 포함되어 있다. Hamming Code의 순서는?

㉮ 1001 ㉯ 1101

㉰ 1010 ㉱ 0001

해설 1001 1000 0000에 번호를 붙이면 1 2 3 4 5 6 7 8 9 10 11 12가 되며, 이 중 1, 2, 4, 8(parity bit)의 자리에 있는 것이 패리티 비트 즉, 해밍 비트이므로 1010이 된다. **답** ㉰

50. 전송효율을 최대로 하기 위해서 프레임의 길이를 동적으로 변경시킬 수 있는 ARQ 방식은?

㉮ 정지-대기 ARQ ㉯ Go-back-N ARQ

㉰ Selective-Repeat ARQ ㉱ Adaptive ARQ

해설 Adaptive ARQ란 적응적 ARQ로 수신측에서의 재전송 요청비율에 따라 송신측에서 전송하는 프레임의 길이를 동적으로 가변시킴으로써 전송효율을 높이는 ARQ방식을 말한다. **답** ㉱

51. 정보전송 중 오류가 발생한 데이터 프레임만을 재전송하는 방식은?

㉮ Go-back-N ARQ ㉯ Stop-and-Wait

㉰ Selective-Repeat ARQ ㉱ Point-to-Point Protocol

해설 정보를 전송하는 과정에서 발생하는 에러를 제어하는 방법으로

- 수신측에서 어떤 프레임에 에러가 발생했다는 연락이 올 때 송신측에서 오류가 발생한 프레임만 재전송하는 것을 Selective-Repeat ARQ(선택적 ARQ)라 하며,
- 에러가 발생한 이후의 모든 프레임을 재전송하는 것을 Go-back-N ARQ(반송-N 블록 ARQ)라고 한다. **답** ㉰

52. 송신측에서 연속적으로 전송한 데이터 블록에 대해 에러가 검출되면 에러가 발생한 블록 이후의 모든 블록을 재전송하는 에러제어 방식은?

㉮ 반송-N 블록(Go-back-N) ARQ 방식 ㉯ 선택적(Selective) 재전송 ARQ 방식

㉰ 정지-대기(Stop-and-wait) ARQ 방식 ㉱ 적응적(Adaptive) ARQ 방식

해설 에러 제어를 위해서 이용되는 ARQ 방식 가운데 go-back-N(반송 N 블록 ARQ)는 수신측에서 에러가 검출되었다고 연락이 왔을 때 송신측은 에러가 발생한 블록을 포함해 그 이후의 모든 블록을 재전송하는 방식을 말한다.
여기서 N을 붙이는 이유는 재전송해야 하는 블록이 몇 개일지 모르기 때문이다. **답** ㉮

53. 데이터전송 중 각종 잡음에 의해 부호가 오류(error)를 발생할 때 이를 검출하여 정정하는 오류 제어방식 중 수신측에서 오류를 체크하여 정정하는 방식의 종류는?

㉮ 패리티체크방식, 정 Mark-Space 방식

㉯ 반송조합방식, 체크부호반송방식

㉰ 병렬전송방식, 반복전송방식

㉱ 해밍(Hamming)부호방식, BCH부호 방식

해설 에러 제어 중 수신측에서 에러를 검출하고 정정할 수 있는 방법으로 FEC를 이용하는데 여기서 FEC 부호로 Hamming code, BCH code 등을 들 수 있다. **답** ㉱

54. 멀티드롭(multi-drop)형 네트워크에서 컴퓨터로 구성된 제어국이 여러 대의 단말기로 구성된 종속국에 차례로 데이터 송신요구가 있는지 묻는 송신권 제어방식은?

㉮ 셀렉팅(Selecting) 방식　　㉯ 회선쟁탈(Contention) 방식

㉰ 폴링(Polling) 방식　　㉱ 라우팅(Routing) 방식

해설 Multidrop(Multipoint)형 네트워크에서는 하나의 제어국이 종속국에 돌아가면서 데이터 송신요구가 있는지를 물어보는데 이를 Poll을 보낸다고 하고 Poll을 가진(받은) 종속국은 전송할 데이터가 있는 경우에는 제어국으로 데이터를 전송하는 방식을 Polling 방식이라고 한다. 즉 송신권 우선에 의해서 정보를 송신하는 방법이라고 할 수 있다. **답** ㉰

55. 이동 통신 채널의 특징 중 여러 가지 전송 경로에 따라 간섭을 일으켜 수신 신호 레벨의 변동이 발생하는 것과 가장 관계가 깊은 것은?

㉮ 페이딩　　㉯ 채널간섭

㉰ 지역 확산　　㉱ 도플러 현상

해설 수신점에서 발사한 전파가 여러 전파통로를 거쳐 수신점에 도달하게 되면 이들 전파끼리 간섭현상을 일으켜 수신점에서의 수신 전계강도가 시간에 따라 변화하게 되는데 이를 간섭성 페이딩이라 한다. 페이딩을 방지하기 위해서는 다이버시티, AGC등의 기술 및 회로를 사용해야한다. **답** ㉮

56. 데이터 링크의 초기설정, 데이터 전송 동작모드의 설정요구 및 그에 대한 응답용으로 사용하기 위해서는 HDLC 프로토콜의 제어부를 다음 중 어떤 형식으로 만들어야 하는가?

㉮ 정보전송형식　　㉯ 감시형식

㉰ 비번호제형식　　㉱ 절단형식

해설 HDLC 전송 프레임 중에서 비번호제형식은 링크 연결 설정이나 해제하는 경우에 사용하는 프레임을 말한다. **답** ㉰

57. 직류 및 저주파 성분이 감소하여 전송로에서 발생하는 저주파 차단 영향을 받지 않는 신호 방식은?

㉮ 복류 RZ 방식　　㉯ 복류 NRZ 방식

㉰ 바이폴라 방식　　㉱ 양극방식

해설 바이폴라는 AMI라고도 하며 1이 계속 상반되는 정, 부 펄스로 바뀌게 되므로 전체파형의 평균값이 0이 되어 저주파 차단 영향을 받지 않는다. **답** ㉰

58. 2×10^6비트가 전송될 때 20개의 비트 에러가 발생한 경우 비트 오율(BER)은?

㉮ 1×10^5 ㉯ 40×10^6

㉰ 10×10^{-6} ㉱ 10×10^{-5}

해설 비트 에러가 발생한 경우의 비트 오율의 크기는

비트 오율(BER)$=\frac{\text{에러 비트의 수}}{\text{전송된 데이터}}=\frac{20}{2\times10^6}=10\times10^{-6}$가 된다. 답 ㉰

59. 인접한 다음 선로와 전자기적 유도현상에 의해 발생하는 잡음은?

㉮ 열잡음 ㉯ 신호감쇠

㉰ 누화잡음 ㉱ 지연왜곡

해설 누화라고 하는 것은 유도선로에서 피 유도선로로 에너지가 넘어가는 현상으로 전자기적 유도현상 중 정전결합에 의해 발생된다. 누화가 일어나면 피 유도회선에 에너지가 넘어 들어와 잡음이 발생된다. 답 ㉰

60. 다음 중 나머지 세 정수와 관계가 없는 것은?

㉮ 감쇠정수 ㉯ 위상정수

㉰ 진폭정수 ㉱ 전파정수

해설 전송 선로에서 전자파의 전달을 나타내는 전파 상수 γ는

$$\gamma=\alpha+j\beta$$

이며, 여기서 α는 감쇠정수를 β는 위상정수를 나타낸다. 답 ㉰

61. 데이터 모뎀의 변조방식으로 적당하지 않는 것은?

㉮ FSK ㉯ DPSK

㉰ SSB ㉱ QAM

해설 데이터 모뎀의 변조방식으로는 ASK, FSK, PSK(DPSK 포함), QAM과 같은 digital 변조방식이 사용된다.(SSB는 아날로그 진폭변조방식 중의 하나로 단측파대 진폭변조방식이라 한다.) 답 ㉰

62. 다음 중 광 통신 시스템이 갖고 있는 특성으로 볼 수 없는 것은?

㉮ 장거리 중계 ㉯ 대용량 전송

㉰ 누화방지 ㉱ 접속용이

해설 광 통신 시스템을 설명하는 과정에서 광 섬유의 접속이 곤란하다는 것이다. 답 ㉱

63. 복수의 위상에 각각 특정의 데이터 신호를 할당함으로써 동일 주파수에서 고능률의 전송을 할 수 있는 변조방식은?

㉮ 진폭위상 변조방식　　㉯ 차분위상 변조방식

㉰ 다중위상 변조방식　　㉱ 잔류측파대 진폭변조방식

해설 변조신호에 따라 반송파의 위상을 변화시켜 전송하는 PSK 중 한 번에 하나의 비트를 전송하면 2진 PSK, 두 개의 비트를 전송하면 4진 PSK, n개의 비트를 전송하면 M진 PSK가 된다. **답** ㉰

64. ISO가 표준화한 OSI의 7개 계층 중 하위 1, 2, 3계층은?

㉮ 물리계층, 데이터링크계층, 네트워크계층

㉯ 물리계층, 데이터링크계층, 트랜스포트계층

㉰ 물리계층, 데이터링크계층, 응용계층

㉱ 물리계층, 네트워크계층, 트랜스포트계층

해설 OSI의 7개 계층 중 하위 1, 2, 3계층은 물리계층, 데이터링크계층, 네트워크계층이다. **답** ㉮

65. 다음 중 광통신용 발광 소자는?

㉮ LD　　㉯ PD

㉰ APD　　㉱ LAP

해설 광통신에서 광원으로 사용되는 발광 소자로 LD, LED, 고체 레이저 등이 있고 광 검출기로 사용되는 수광 소자로는 APD, PIN 다이오드 등이 있다. **답** ㉮

66. 대역 확산 통신방식의 장점이 아닌 것은?

㉮ 시스템이 간단하다.　　㉯ 비밀보호가 더 잘된다.

㉰ 선택적 어드레싱이 가능하다.　　㉱ 저밀도 전력 스펙트럼을 갖는다.

해설 대역 확산 통신 방식은 대역을 원 신호 보다 넓게 해서 통신하는 방식으로 여기서 대역을 확산하는 데 이용되는 것으로 PN부호를 이용하게 된다.

대역 확선 통신 방식의 특징을 고려하면

- 저밀도 스펙트럼으로 통신 보안(비밀 통신)이 가능하다.
- 대역 확산 방식으로 직접 확산, 주파수 도약, 시간 도약, 첩 방식 등이 존재한다.
- 시스템의 구성이 매우 복잡하다.
- 선택적 어드레싱이 가능하다.

답 ㉮

67. 복합국과 복합국이 통신할 때 사용되는 데이터 전송 동작모드를 바르게 나타낸 것은?

㉮ 정규응답모드(NRM)　　㉯ 비동기응답모드(ARM)

㉰ 정규기본모드(NBM)　　㉱ 비동기평형모드(ABM)

해설 HDLC에서 국을 이용하는 방법 중 비동기평형모드(ABM)는 복합국과 복합국이 통신할 때 사용되는 데이터 전송 동작모드를 나타내는 것이다 **답** ㉱

68. 어떤 전압이 1[V]일 때 이것이 몇 $[dB_{mV}]$ 인지 구하시오. (단, 전압이 1[mV]일 때 $0[dB_{mV}]$이다.)

㉮ $20[dB_{mV}]$ ㉯ $40[dB_{mV}]$

㉰ $60[dB_{mV}]$ ㉱ $80[dB_{mV}]$

해설 $[dB_{mV}] = 20\log\frac{1[V]}{1[mV]} = 20\log 10^3 = 60$

답 ㉰

69. 비트 동기 방식에서 사용되는 플래그 비트열 "01111110" 중에서 1이 6번 반복되는 데이터가 있는 것을 방지하기 위한 조치를 무엇이라 하는가?

㉮ 비트 동기화 ㉯ 정보 분리

㉰ 비트 스터핑 ㉱ 디스크램블

해설 HDLC 프로토콜에서 사용되는 정보부는 임의의 형태를 가진 비트도 다 전송할 수 있도록 하기 위해 bit stuffing 기술을 사용하게 된다. bit stuffing이란 플래그 다음에 나오는 정보부가 플래그와 같은 01111110인 경우 플래그와의 혼란을 피하기 위해 정보내용 중 5개의 연속된 1이 나타나면 그 다음에 0을 삽입시켜 전송하고(즉, 0111111010을 전송) 수신측에서는 플래그 다음에 들어오는 정보부의 내용에서 5개의 연속된 1 다음에 들어있는 0을 제거시킨 다음 정보로 받아들이는 기술이다.

답 ㉰

70. 부호화 된 디지털 신호를 아날로그 전송신호로 변조하는 이유가 아닌 것은?

㉮ 광전송을 하기 위해서

㉯ 위성을 이용한 무선 전송을 위해서

㉰ 기존의 아날로그 장비를 사용하기 위해서

㉱ 디지털 전송 방식보다 아날로그 전송방식이 좋기 때문에

해설 디지털 신호를 아날로그 전송신호로 변조하는 이유로 기존의 아날로그 장비를 사용하기 위해서라고 할 수 있다.

답 ㉱

71. 동축 케이블의 특징이 아닌 것은?

㉮ 내부 도체와 외부 도체의 사이에는 절연 물질로 되어 있다.

㉯ 사용 주파수가 높아지면 누화가 감소한다.

㉰ 전기적인 잡음에 영향을 받지 않는다.

㉱ 전력전송이 가능하다.

해설 동축 케이블의 경우는 외부에서의 전기적인 유도 현상을 받게 된다. 그래서 전기적인 영향을 최소화하기 위해서 차폐(Shield) 등을 이용하게 된다.

답 ㉰

72. 데이터 링크 제어절차(HDLC)에 대한 설명 중 잘못된 것은?

㉮ 고속 데이터 전송이 가능하다.

㉯ 전송 효율이 우수하다.

㉰ 단향, 반이중, 전이중 전송 방식이 모두 가능하다.

㉱ Byte 방식 프로토콜로서 시스템의 변경 및 확대가 어렵다.

해설 HDLC Protocol의 특징

- bit 방식 프로토콜이다.
- 동기를 맞추기 위해 flag를 사용한다.
- 전송효율이 우수하다.
- 고속 데이터 전송이 가능하다.
- simplex, half-duplex, full-duplex 전송이 모두 가능하다.

답 ㉱

73. HDLC 프레임 중 프레임검사 시퀀스(FCS)는 몇 비트로 구성되는가?

㉮ 4　　㉯ 8

㉰ 16　　㉱ 24

해설 HDLC 프로토콜에서는 프레임이 잘 전송되었는지를 알아보기 위해 FCS(Frame Check Sequence)가 사용되는데 이것은 16bit로 구성되어 있으며 에러 검출을 위해 CRC 기법을 사용한다.

답 ㉰

74. OSI-7 프로토콜 중 네트워크계층이 하는 역할을 바르게 나타낸 것은?

㉮ 회선의 제어규칙　　㉯ 회선의 전기규칙

㉰ 오류의 감지와 제어　　㉱ 데이터의 전송과 교환

해설 OSI-7 layer 중 network layer는 교환(교환과 전송)과 관련되는 기능을 수행한다. 좀더 구체적으로 경로설정(routing), 주소부여(addressing), 혼잡제어 등의 기능을 수행한다.

답 ㉱

제6장 | 정보 보안

6.1 | 보안 기술의 개요

6.1.1 보안의 필요성

(1) 보안의 개념

보안(Security)은 다양한 정보 혹은 관련 데이터에 대해서 고의적 또는 실수 등으로 인하여 원하지 않은 정보의 불법적인 노출, 변조, 파괴 등에 대해서 보호하거나 전자적으로 정보를 처리하는 과정 그리고 정보를 전송 단계에서 정보를 보호하는 것이라고 할 수 있다.

(2) 정보 보안의 특성

정보 보안의 주요 목표는 정보에 대해 위협을 받거나 허락되지 않은 접근, 수정, 노출, 훼손, 파괴 등으로부터 정보를 보호하고 유지하는 것을 목적으로 한다.

여기서 정보 보안이 지니게 되는 특성 등을 살펴보면 다음과 같은 것을 들 수 있다.

① 비밀성(Confidentiality)

허가 받지 않은 자가 정보를 보거나 취급할 수 없도록 하는 특성 즉, 허락 되지 않은 사용자 또는 객체가 정보의 내용을 알 수 없도록 하는 것으로 이는 원하지 않는 정보의 공개를 막는다는 의미에서 개인에 대한 프라이버시 보호와 밀접한 관계가 있다.

② 무결성(Integrity)

정보가 의도하지 않은 방법으로 변경되거나 파괴되지 않도록 보존하는 특성 즉, 허락되지 않은 사용자 또는 객체가 정보를 함부로 수정할 수 없도록 하는 특성을 말한다.

③ **가용성(Availability)**

정보, 네트워크, 기타 시스템 등의 동작으로 자원을 언제나 사용할 수 있도록 하는 특성 즉, 사용이 허락된 사용자 또는 객체가 정보에 접근하는 경우 방해받지 않도록 하는 것이다. 최근에 네트워크의 고도화로 대중에 많이 알려진 서비스 거부 공격인 DoS 공격(Denial of Service Attack)이 가용성을 해치는 공격의 한 형태이다.

(3) 보안의 형태

① **제도적 보안**

정보에 대한 보호 및 관리를 위해서 관련된 보안 정책을 수립하고 인원 관리, 정보 시스템 사용에 대한 절차 관리, 사고 대책 관리 등을 수행하는 것을 말한다.

② **물리적 보안**

보안이 필요한 곳에 인가 받지 못한 자에 대한 출입을 통제하는 것을 말한다.

③ **기술적 보안**

정보 시스템, 서버, 네트워크 등에 대한 위험 요소와 취약점을 분석하고 필요한 보안 정책을 수립하여 접근 통제, 암호화 등을 통해 보안을 수립하는 것을 말한다.

(4) 보안 기술의 형태

① **데이터 보안**

컴퓨터 시스템 내에 존재하는 정보 및 데이터를 보호하는 것으로 관련기술로 암호화 기술, 안티 바이러스 등을 이용한다.

② **시스템 보안**

컴퓨터 시스템의 운용체제, 응용 프로그램, 서버 등을 해커로부터 보호하는 것으로 관련 기술로 침입 차단 기술, 침입 탐지 기술 등을 이용한다.

③ **네트워크 보안**

네트워크에서 정보를 전송하는 과정에서 정보를 가로 채거나 수정되는 해킹으로부터 망을 보호하는 것으로 관련된 기술로 침입 차단 기술, 침입 탐지 기술, Web 보안 기술, 암호화 기술 등을 이용한다.

6.1.2 보안 공격의 유형과 특징

(1) 방해(Interruption)

① 시스템의 일부 혹은 전부를 파괴하거나 사용할 수 없게 되는 경우
② 하드웨어, 통신 회선 등을 절단하거나, 파일 관리 시스템을 무력화 시키는 경우

(2) 가로채기(Interception)

비인가자들이 불법적인 접근을 통하여 데이터를 도중에 검파하거나 파일, 프로그램 등을 불법으로 복사하는 경우

(3) 불법 수정(Modification)

비인가자들이 불법적인 접근을 통하여 데이터 파일 내의 값을 변경하거나 프로그램의 다른 기능을 수행하기 위해 변조하거나 현재 전송 중에 있는 데이터에 대해서 메시지를 수정하는 경우

(4) 위조(Gabrication)

비인가자들의 시스템에 대해서 고의적으로 변형된 정보를 삽입하거나 파일의 레코드를 추가하는 경우

6.2 데이터 보안 기술

6.2.1 Virus 종류와 특징

(1) Virus의 개요

컴퓨터 바이러스는 컴퓨터에서 실행되는 일종의 프로그램으로서 다른 유용한 프로그램

과는 달리 자기 복제가 가능하며, 컴퓨터 시스템을 파괴 하거나 작업을 방해하는 악성 프로그램의 한 형태라고 할 수 있다.

그리고 컴퓨터 바이러스를 컴퓨터 바이러스 프로그램 혹은 바이러스 코드라고 하는데 이는 바이러스가 컴퓨터에서 하나의 명령어의 집합으로 사용자 몰래 자신을 다른 곳에 복사하는 명령어를 가지고 있다고 하여 붙여진 명칭이다.

이와 같은 컴퓨터 바이러스가 발생하게 되는 전파 경로를 고려하면 다음과 같은 경우들을 들 수 있다.

① CD 등의 불법 복사 혹은 E-mail의 첨부 파일 등으로 이들은 실제 감염 원인의 70[%] 이상을 차지하고 있다.
② 네트워크의 공유 LAN 혹은 유틸리티 프로그램의 다운로드를 이용하는 경우
③ 불법 Home page를 이용하는 경우

(2) 컴퓨터 바이러스의 형태

① Boot sector를 감염시키는 Boot Virus
② File에 기생하는 File Virus
③ Macro에 붙어서 실행되는 Macro Virus
④ 네트워크 등에 상주하는 독립 프로그램, 웜 자체 처리의 경우 가능한 한 많은 시스템 자원을 이용하기 위해 필요하다면 자신을 복제하는 Worm Virus
⑤ 스스로 복제 증력은 없지만 고의적인 부작용의 능력을 보이는 프로그램으로 컴퓨터 사용자의 정보를 빼가는 악성 프로그램인 트로이 목마(Trojan horse)

참고

트로이목마(Trojan horse)

사이버 테러(자료를 삭제하거나 정보 등의 탈취 등)를 목적으로 사용되는 일종의 악성 프로그램이라고 할 수 있으며 트로이목마가 지니는 특성을 고려하면 다음과 같다.

- 해킹 기능을 지니고 있어 감염된 컴퓨터의 정보를 인터넷을 통해서 외부로 유출할 수 있다.
- 그러나 컴퓨터 바이러스의 경우처럼 다른 파일을 전염시키지 않기 때문에 감염된 파일만 삭제하면 치료가 가능하게 된다.
- 이것은 인터넷에서 파일을 다운로드하는 경우에 전파될 수 있다.

(3) Anti Virus 프로그램 요구 사항

일반적으로 컴퓨터 바이러스는 유해한 악성 코드, 파일, 프로그램 등을 말하는 것으로 이와 같은 바이러스를 제거하는 것을 Anti Virus 혹은 바이러스 백신이라고 한다.

여기서 유해 성분으로 바이러스 외에 스파이웨어(Spyware)를 들 수 있는데 스파이웨어는 사용자의 동의 없이 또는 사용자를 속이거나 광고나 마케팅용 정보를 수집하여 주요 개인 정보를 빼내는 악의적 프로그램으로서 이를 제거하는 것을 안티 스파이웨어 프로그램이라고 한다. 스파이웨어의 경우 악성인 것은 정보를 유출할 수도 있지만 단순히 트래킹 쿠키(Tracking Cookie)와 같은 경우에는 위험도가 낮을 수도 있다.

여기서 Anti Virus 프로그램을 실현하는 경우에 필요로 하게 되는 요구 사항 등을 고려하면 다음과 같은 것들을 들 수 있다.

① 컴퓨터 바이러스 전파 속도 보다 빠른 치료법을 제공할 수 있어야 한다.

② 치료에 이용되는 백신 기술에 대한 안정성 및 신뢰성이 보장되어야 한다.

③ 새로운 형태의 바이러스에 대응할 수 있는 유연성을 지닌 기술을 필요로 한다.

④ 보안 정책에 적합한 보호 정책과 유지 기능 등 다양한 바이러스 백신 관련 기술 요구에 대체할 수 있어야 한다.

6.2.2 대칭키와 비 대칭키

(1) 대칭키와 비 대칭키의 개요

정보 보안(Information Security)은 정보를 여러 가지 위협으로부터 보호하는 것으로 컴퓨터 시스템 내에 저장된 프로그램과 데이터에 대해서 내부 또는 외부적인 문제로 부터 시스템을 보호하거나 방어에 적절하게 대처하는 것을 의미한다.

여기서 정보 보호라고 하는 것은 정보의 수집, 가공, 저장, 검색, 송신, 수신 도중에 정보의 훼손, 변조, 유출 등으로 부터 방지를 목적으로 하는 관리적, 기술적 방법을 의미하는 것이다.

이와 같이 정보 보호를 위해 이용되는 기술을 고려하면 다음과 같은 내용을 들 수 있다.

① 일반적으로 이용되는 정보 보안 방법으로 흔히 이용되는 것으로 의미를 알 수 없는 형태로 변환하여 암호를 사용하게 된다.

② 특정한 비트인 암호키를 이용해서 정보를 암호문으로 변환하거나 변환된 정보를 복호키를 이용하여 복호하여 정확한 정보를 얻게 된다.

③ 암호화 시스템의 형태

데이터를 암호화하는 방법은 크게 공개키(비 대칭키)와 비밀키(대칭키) 방식으로 구분할 수 있다. 비밀키 암호 시스템이 송수신자 양측에서 동일한 비밀키를 공유하는데 비해 공개키는 암호화와 복호화키가 다르다.

따라서 공개키 방식은 데이터를 암호화하고 이를 다시 풀 수 있는 키가 다르기 때문에 데이터 보안이 매우 우수하다. 그래서 정보 유출의 가능성 역시 감소하게 된다.

㉠ 암호화와 복호화에 동일한 키를 사용하게 되는 대칭키(비밀키) 암호화 시스템

㉡ 암호화와 복호화에 다른 키를 이용하는 비 대칭키(공개키) 암호화 시스템

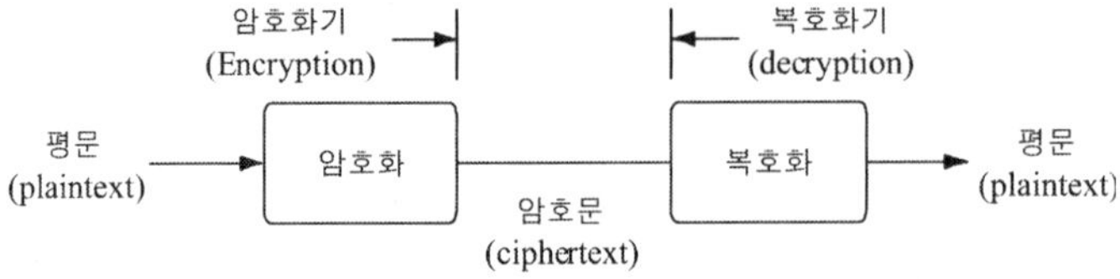

〈그림 6.1〉 암호화의 개념도

(2) 대칭키(Symmetric Key) 암호화

① 암호화와 복호화에 동일한 키(비밀키, Private key)를 사용하게 되는 암호화 기술로 대칭키를 비밀키, 공유키라고 불리며, 대칭키를 암호화 방식에 이용되는 것으로 DES, 3DES, AES 등이 해당한다.

② 여기서 대칭키 암호화의 핵심 기술을 고려하기 위해서 다음과 같은 정수 집합 A가 A = {1, 2, 3}인 경우 이 집합 A를 암호화하기 위해서 각각 4를 더한 정수 집합 B는 B = {5, 6, 7}가 되며, 암호화된 집합 B로 부터 원래의 집합 A를 추출하기 위해서는 집합 B에 각각 −4의 연산을 행하면 집합 A를 추출할 수 있게 된다.

즉, 평문에 키 값을 바탕으로 정수 연산을 수행하여 암호화를 수행하고, 암호화된 결과 집합에 키 값을 바탕으로 정수 연산을 수행함으로 복호화가 가능한 암호화 방법이 대칭키 암호화 기술이라고 할 수 있다.

이러한 대칭키 암호화는 크게 다음과 같이 두 가지 방법으로 구분된다.

㉠ stream cipher : 한 바이트씩 암호화와 복호화를 수행하는 방법

㉡ block cipher : 블록 단위(32, 64, 128, 256 비트)로 암호화와 복호화를 수행하는 방법

③ 사용자 수가 많을수록 문제점이 커지며, 비밀 키가 유출되는 경우 정보에 문제가 발생한다.

④ 통신망의 가입자 수가 n이라면 상호 교환해야 할 키의 수는 ${}_nC_2 = \frac{n(n-1)}{2}$개가 필요

하며 인터넷과 같이 불특정 다수를 대상으로 하는 경우에는 사용하기가 곤란하다.

(3) 비 대칭키(Asymmetric Key) 암호화

① 비 대칭키 암호화 방식은 평문을 암호화하는 공개키와 복호화에 이용되는 비밀키를 달리하는 경우를 비 대칭키 암호화 방식이라고 한다.

즉, 송신자가 사용자의 공개키로 암호화해서 전송하면 수신자는 자신의 개인키로 복호화 하는 등의 방식을 말한다.

여기서 공개키는 모든 사람에게 공개가 되더라도 개인키가 노출되지 않으면 해당 암호문을 복호화 할 수 없으므로 보안에는 문제가 없게 된다.

② 따라서 공개키 암호화 시스템에서는 필요로 하는 안전한 키 분배를 필요로 하지 않게 된다.

③ 암호화 연산 과정으로 시스템 속도가 감소하기 때문에 긴 평서문을 암호화하는 경우에는 적합하지 않게 된다. 따라서 전자 서명의 경우는 공개키 암호화 시스템을 이용하고 평문의 암호화의 경우는 대칭키 암호화 시스템을 사용하는 복합 암호화 시스템을 이용하게 된다.

④ 비 대칭키 방식의 대표적인 것으로 RSA를 들 수 있다.

⑤ 주로 데이터의 암호화에는 대칭키를 많이 사용하며 대칭키에 사용되는 키를 비대칭키로 암호화하여 전송을 주로 하게 된다.

⑥ 또한 비 대칭키는 개인키로 암호화하거나 복호화하여 부인방지의 기능이 있어 인터넷 공인 인증서에도 사용되고 있다.

참고

- 대칭키(비밀키) : 암호화키 = 복호화키
- 비 대칭키(공개키) : 암호화키 $\neq$ 복호화키

6.2.3 Digital Watermarking

(1) 개요

Digital Watermarking은 멀티미디어 콘텐츠 보호를 위한 기술이다. 즉, 디지털 인쇄물에 대한 저작권을 보호할 목적으로 특별한 형태의 워터마크를 디지털 멀티미디어 콘텐츠에는

영향을 주지 않으면서 보호를 위한 마크를 삽입하거나 추출하는 기술이라고 할 수 있다.

따라서 Watermarking은 인터넷을 매체로 관련 정보(전자문서의 텍스트, 그림, 동영상, 음악파일 등)의 송수신 과정에서 정보에 대한 위조 혹은 변조 여부를 확인할 수 있는 기술을 말한다.

즉, 멀티미디어 저작물(텍스트, 그래픽, 비디오, 오디오 등)의 불법 복제를 막고 저작권자 보호를 위한 디지털 콘텐츠 저작권 보호기술이라고 할 수 있다.

이와 같이 Digital Watermarking의 기본적인 특성을 고려하면 다음과 같은 내용을 들 수 있다.

① 원천 데이터에 워터마킹으로 인해 어떠한 형태의 인식할 만한 손상이 일어나서는 안 되는 비인지성

② 허가 받은 상태에서만 워터마크에 대한 접근이 가능해야만 하는 안정성

③ 워터마크를 제거하려는 공격에도 보호 기능을 유지할 수 있는 강인성

(2) 워터마킹 삽입 기법

① 공간 영역에서의 삽입

㉠ 변환 방법을 이용하지 않고 영상의 LSB(Least Significient Bit) 등 특정 화소값을 직접적으로 변화시켜 워터마크를 삽입하는 방법

㉡ 확률적인 라벨링 방법

㉢ 디지털 이미지 크기가 동일한 두 집합으로 분류한 것에 대해 한 집합의 값들에 대해서 일정한 값을 더하거나 삽입한 다음 삽입된 워터마크를 검출하기 위해서 두 집합에 속한 화소들의 평균값 차이를 이용하는 방법

㉣ 특정 위치의 화소 정보를 변화시켜 인접 화소와의 비교를 통하여 신호를 검출하는 방법

등을 들 수 있는데 이와 같은 공간 영역의 방법들은 영상 처리나 잡음, 압축 등의 공격 등에 매우 취약한 단점을 보이게 된다.

② 주파수 영역에서의 삽입

㉠ 주파수 변환을 통한 주파수 계수를 변화시켜서 워터마크를 삽입하는 방법

㉡ DFT(Discrete Fourier Transform), DCT(Discrete Cosine Transform), WT(Discrete Wavelet Transform) 등의 변환 방법 등을 이용하여 영상을 주파수 영역으로 변환한 후에 손실 압축과정을 수행하여도 워터마크가 존재할 수 있도록 중간 주파수 대역에 워터마크를 삽입하는 방법

㉢ DFT를 이용하여 위상에 워터마크를 삽입하는 방법

㉣ 이미지를 분할하고 DCT 후 워터마킹하는 방법

㉤ 이미지 전체를 분할하지 않고 이미지 전체를 DCT 변환 시킨 후 이미지에서 C 성분을 제외한 중요한 주파수 계수를 선택하여 워터마크 하는 방법

등을 들 수 있으며, 이와 같은 주파수 영역에서의 삽입 방법은 공간 영역의 삽입 방법보다 공격에 강한 특징을 보이게 된다.

따라서 디지털 저작물에 시각적으로 식별이 불가능한 저작권자의 로고나 상표, 인감 등과 같은 디지털 마크를 삽입하여 타인이 저작권자의 허락 없이 무단으로 복사 하거나 배포하는 행위를 추적할 수 있도록 하여 멀티미디어 분야에서 각종 영상물이 불법으로 복제되거나 유통되는 것을 막을 수 있다.

③ **성 키 값에 의한 방법**

(3) 워터마킹의 분류

① **인지 여부에 따른 구분**

㉠ 가시적 : 워터마킹(로고, 심벌 등)한 이미지, 영상 등에 중첩시켜 한 눈에 식별이 가능하도록하는 방법을 말한다.

㉡ 비가시적 : 사람의 육안으로 확인 할 수 없는 워터마킹 기술을 디지털 콘텐츠에 삽입하는 것으로 특별한 과정을 통하지 않고는 저작권의 소유를 판별하기가 곤란하다.

② **활용 용도에 따른 구분**

㉠ 연성 워터마킹 : 원 저작물에 대해서 약간의 변형을 인가하는 경우에 워터마크가 쉽게 사라지도록하여 무결성 확보 혹은 변조를 방지하기 위해 사용하는 기술을 말한다.

㉡ 강성 워터마킹 : 원 저작물의 데이터를 파괴하지 않고서는 삽입된 워터마크를 없앨 수 없도록 하는 것으로 저작물의 원 소유자 확인 및 불법 제공자의 신원 확인 등에 이용되고 있다.

(4) 워터마킹의 응용 분야

① 저작권 정보를 나타내는 워터마크를 삽입하여 저작권 침해에 대한 저작권 보호
② 불법 복제의 근원을 추적하기 위해 핑거프린팅 기술을 이용한 불법 복제 추적
③ 워터마크 내에 저장된 정보를 이용하여 불법 복제 방지
④ 광고 내에 워터마크를 삽입하여 자동적으로 모니터링되는 방송 모니터링
⑤ 위조 및 변조 적발, 방지 및 데이터 은닉

6.2.4 Digital fingerprinting

(1) 개요

Digital Watermarking은 인간의 의식 및 감지 능력으로는 검출할 수 없도록 저작권자, 판매권자의 정보를 멀티미디어 콘텐츠 내에 기밀 정보를 삽입하여 차후에 발생하게 되는 지적 재산권 분쟁에서 정당함을 주장할 수 있는 기술이라고 할 수 있다.

여기서 Digital fingerprinting은 기밀 정보를 디지털 콘텐츠에 삽입하는 기술면에서는 Digital watermarking과 비슷하지만 저작권자나 판매권자의 정보가 아닌 콘텐츠를 구매한 사용자의 정보를 삽입함으로서 콘텐츠를 불법적으로 배포하는 자를 추적할 수 있다는 점이 다소 차이가 난다.

① Digital watermarking을 사용하는 경우에는 판매되는 모든 콘텐츠에 삽입되는 정보가 모두 동일하다.

② Digital fingerprinting의 경우는 판매되는 콘텐츠가 구매한 사용자들 마다 조금씩 다른 정보를 가지도록 하여 콘텐츠를 불법으로 재배포하는 경우에 해당 콘텐츠 내에서 Digital fingerprinting정보를 추출하여 어떤 구매자에게 판매된 콘텐츠임을 식별할 수 있게 된다.

(2) fingerprinting 요구 사항

① 비가시성(Imperceptibility)

콘텐츠의 지능을 그대로 유지하면서 인간의 지적 체제 등으로 기밀 정보를 시각, 감각적으로 감지할 수 없어야 한다.

② 견고성(Robisness)

콘텐츠에 대해서 변환, 압축, 기하학적 변화에도 기밀 정보를 그대로 유지할 수 있어야 한다.

③ 유일성(Uniqueness)

검출된 삽입 정보는 정확하게 저작권자가 구분할 수 있어야 한다.

④ 공모 허용(Collusion Tolerance)

삽입되는 기밀 정보가 구매자 마다 조금씩 다르기 때문에 구매자들이 자신의 저작권 내용을 위조하는 것을 방지할 수 있어야 한다.

⑤ **비대칭성(Asymmetry)**

핑거프린팅 콘텐츠에 대한 내용을 판매자만 알고 구매자는 알지 못하도록 해야 한다.

⑥ **익명성(Anonymity)**

구매자의 익명을 보장해야 한다.

⑦ **조건부 추적성(Condition traceability)**

구매자는 익명으로 보장되어야 하고 불법 배포자를 추적할 수 있어야 한다.

(3) fingerprinting의 종류

① **대칭형 핑거프린팅**

콘텐츠를 구매하는 경우 삽입된 핑거프린팅을 판매자 및 구매자 모두가 알고 있어야 하는 것으로 초기 방식에 적용된 기술이다.

② **비대칭형 핑거프린팅**

콘텐츠를 구매하는 경우 삽입된 핑거프린팅 정보를 판매자가 알지 못하도록 하는 기술을 말한다.

③ **익명 핑거프린팅**

비대칭형 방식을 구입한 이후 구매자의 익명을 보장하기 위한 것을 말한다.

6.2.5 DRM(Digital Rights Management)

(1) DRM의개요

① 디지털 저작권 관리(DRM, Digital Rights Management)는 음악, 동영상 파일들을 구입자만이 사용 가능하도록 만든 불법복사 및 배포 방지 장치를 말한다.

② 즉, 디지털 콘텐츠의 무단 사용을 막아 콘텐츠 제공자의 권리와 이익을 안전하게 보호하며 불법복제를 방지하고 사용료 부과와 결제대행 등 콘텐츠의 생성에서 유통 및 관리까지를 일괄적으로 지원하는 기술을 말한다.

③ DRM은 디지털 콘텐츠에 부여하는 식별번호인 디지털 객체 식별자(DOI, Digital Object Identifier), 전자상거래에 필요한 데이터를 기록하는 인덱스(INDECS, (Interoperability of Data in E-Commerce System), 불법복제와 변조방지를 위한 워터마킹 기술 등을 기반으로 한다.

(2) DRM의 과정

① 생성

콘텐츠를 암호화하여 콘텐츠를 보호하는데 필요한 패키지를 필요로 한다.

② 유통 관계

Licence 발급 혹은 금융을 각각 담당하는 DTM 센터를 필요로 한다.

③ 소비 단계

콘텐츠를 복호화하고 사용 권리에 따라 재생을 제어하는 장치를 필요로 한다.

(3) DRM 기술 적용 대상

① 기업 내의 비밀 정보의 유출이나 불법 출력을 막기 위해 도입된 기업용 DRM
② 멀티미디어 콘텐츠(영화, 성인용 콘텐츠 등)의 유료화를 위해 도입된 상업용 DRM

6.2.6 DOI(Digital Object Identifier)

(1) DOI의 개요

대량의 디지털 콘텐츠를 인터넷을 통해서 유통하는 과정에서 효과적으로 인식하고 유통할 수 있도록 체계적인 관리를 필요로 하게 된다. 이를 위해서 Web site 주소를 통해 콘텐츠를 인식할 수 있는 URL(Uniform Resource Locator) 등이 개발·운용되고 있지만 주소가 변경되는 경우에는 콘텐츠를 인식하지 못하게 되는 문제가 발생하게 된다. 이와 같은 문제를 개선하기 위한 것으로 URN(Uniform Resource Name)이 개발되었으며 여기서 URN의 한 형태로 DOI를 들 수 있다.

디지털 콘텐츠 식별자(DOI)는 상품의 Bar code와 같이 디지털 콘텐츠에 부과되는 고유 식별 번호이다. 즉, DOI는 전자 상거래에 필요한 데이터를 기록하는 인덱스(INDECS), 불법 복제와 변조방지를 위한 워터마킹 기술을 뒷받침으로 하고 있다. 콘텐츠마다 보안인증 시스템을 장착하여 일정한 사용료를 지불하지 않는 경우에는 콘텐츠 이용할 수 없게 된다.

DOI가 디지털 콘텐츠에 부여하는 국제표준 도서번호(ISBN)가 일종의 바코드와 같다면, Digital watermarking은 디지털 콘텐츠에 저작권자의 고유마크(fingerprint)를 삽입하는 기술이라고 할 수 있다.

① DOI는 디지털 콘텐츠에 부여하는 식별번호이다.

② Digital watermarking은 기밀정보를 디지털 데이터에 숨긴 후 저작권 분쟁이 발생하는 경우 디지털 저작권자가 누구인가를 확인할 수 있는 기술이다.

(2) 구조

DOI의 구조는 Prefix와 Suffix로 구성된다.

① Prefix

등록관리 기관 번호와 등록 기관 번호

② Suffix

등록 기관이 자율적으로 부여하는 번호

참고

홀로그램(hologram)

물체에서 방출하는 빛이 파면에 대한 정보를 기록한 필름이다.

- 홀로그램은 영상이 3차원이고, 실물처럼 입체적으로 보이는 사진이라고 할 수 있다.
- 홀로 그램은 홀로그래피의 원리를 이용하여 만들어진다.
- 3차원 영상뿐만 아니라 위조 방지 기능에도 이용한다. 즉, 진품과 모조품을 구분할 수 있으며 저작권 보호에 이용하거나, 불법 유통 방지법 등에 이용할 수 있다.

6.3 네트워크 시스템 보안 기술

6.3.1 네트워크 해킹의 유형과 특징

(1) 개요

그 동안은 시스템의 안정성을 유지하는 경우에 대해서만 집중적이었던 반면에 보안에 대한 투자가 상대적으로 적었으며, 고도화된 해커들의 방법에 대처하는 것이 쉽지만은 않은 상황이다.

네트워크 해킹 유형인 DoS, DDOS는 프로토콜의 설계상 취약점을 이용한 공격 해킹 방법이다.

(2) DoS(Denial of Service)

① 서비스 거부 공격(DoS)은 관리자 권한 없이도 특정 서버에 처리할 수 없을 정도로 대량의 접속 신호를 한꺼번에 보내 해당 서버가 마비되도록 하는 해킹 기법을 말한다.

② 공격 대상이 수용할 수 있는 능력 이상의 정보나 사용자 혹은 네트워크의 용량을 초과시켜 정상적으로 동작하지 못하도록 한다.

③ 주된 공격 대상은 시각적인 서비스를 하는 Web server나 Router, Network 같은 기반 시설이다.

④ DoS는 한 사용자가 시스템의 Resource를 독점하거나 파괴함으로써 다른 사용자들이 이 시스템의 서비스를 올바르게 사용할 수 없도록 만든다.

(3) DDOS(Distributed Denial of Service)

① DoS 공격이 짧은 시간에 여러 곳에서 발생하게 하는 공격이다.

㉠ Attacter : 공격자로 공격을 주도하는 해커의 컴퓨터

㉡ Master : Agent를 관리하는 시스템으로 공격자에게서 직접 명령을 받는 시스템

㉢ Agent : 공격 대상에 직접적인 공격을 가하는 시스템

② 여러 대의 공격자를 분산 배치하여 동시에 DoS을 함으로써 시스템이 더 이상 정상적 서비스를 제공할 수 없도록 만드는 것을 말한다.

③ 컴퓨터에 침투 흔적을 남기지 않으며 피해 양상이 심각하며 이에 대한 확실한 대책이 준비되어 있지 않다.

④ DoS/DDOS 예방 대책

㉠ 방화벽의 설치와 운용 : 윈도 운영체계에 최신 보안패치를 적용한다.

㉡ 메신저 프로그램에 첨부된 URL이나 첨부파일에 대하여 메시지를 보낸 이를 반드시 확인한다.

㉢ IDS설치와 운용한다.

㉣ 인터넷 로그인 계정의 패스워드를 자주 변경하고 영문 / 숫자 / 특수문자를 조합하여 6자리 이상 되도록 설정한다.

㉤ 정품 소프트웨어를 사용한다.

㉥ 서비스별 대역폭의 제한을 둔다.

6.3.2 침입 차단 기술

(1) 방화벽(Firewall)의 개요

① 방화벽은 외부 통신 시스템인 인터넷을 보호하기 위한 하드웨어나 소프트웨어 체제를 말한다.

즉, 방화벽은 신뢰하는 내부 네트워크와 신뢰할 수 없는 외부 네트워크 사이를 지나는 패킷을 미리 정해진 규칙에 의해서 통과하거나 차단하는 기능 프로그램이라고 할 수 있다.

② 허가받지 않은 컴퓨터통신 사용자가 기업이나 개인의 통신망에 침입하는 것을 막기 위해 설치해 둔 소프트웨어나 장비라고 할 수 있다.

(2) 방화벽의 기능

① 접근제어(Access control)

㉠ 관리자가 방화벽에 통과시킬 것인지 안인지를 명시하면 방화벽은 이들 지시를 행하게 되는 것을 말한다.

㉡ 이를 구현하는 방법으로 Packet filtering 방식과 Proxy 방식으로 구분된다.

② 로킹(Logging)과 감시 추적(Auditing)

허가 혹은 거부된 접근에 대한 기록을 유지하는 것

③ 인증(Authentication)

방화벽은 메시지 인증, 사용자 인증, 클라이언트 인증을 할 수 있다.

④ 데이터의 암호화(Encryption)

방화벽에서 다른 방화벽으로 데이터를 보내는 경우 암호화하여 전송을 하게 되는데 이 때 VPN의 기능을 이용하게 된다.

(3) 방화벽 기술

① Packet Filtering

② Application Gateway 방식

③ Stateful Inspection
④ Deep Packet Inspection

6.3.3 침입 탐지 시스템(IDS)

(1) 개요

① 침입 탐지 시스템(Intrusion Detection System, IDS)은 해킹 공격을 하지 못하도록 하는 내부 감시자와 같은 역할을 수행하는 것을 말한다. 즉, 시스템에 대하여 원하지 않는 조작을 탐지하는 것을 말한다.
② 컴퓨터가 사용하는 자원의 무결성, 비밀성, 가용성 등을 방해하는 요인을 실시간으로 탐지하는 시스템이라고 할 수 있다.

(2) IDS의 구성 요소

① 센서
보안 이벤트를 발생시킨다.

② 콘솔
이벤트의 감시, 센서를 제어 그리고 경계시킨다.(alert)

③ 중앙 엔진
센서를 통해 기록된 이벤트를 기억 장치에 기록하거나, 시스템 규칙을 사용하여 수신된 보안 이벤트로부터 경고를 생성한다.

(3) 침입 탐지 기법

① 오용 탐지(Misuse detection)
발견되고 정립된 공격 형태를 미리 입력하고 이에 해당하는 패턴을 탐지하는 경우 이을 통보하는 것을 말한다.

② 이상 탐지(Anomaly detection)
기준으로 정상적이면서 평균적인 상태를 정해놓고 상대적으로 급격한 변화를 발생하거나 확률이 기준 보다 낮게 되는 일이 발생하는 경우 침입 탐지를 알리는 것을 말한다.

6.3.4 침입 방지 시스템(IPS, Instruction Prevention System)

(1) 개요

① 기본적으로 침입을 통보하는 시스템으로 침입에 대한 능동적인 기능을 지니지 않는다.
② 능동적인 기능이 많이 포함한 IDS를 IPS라고 한다.

(2) 특징

① 공격에 대해서 피해를 보기 전에 능동적으로 공격을 차단하여 피해를 최소화하는 능동적인 보안대칙이다.
② 외부에서 내부 네트워크로 침입하는 것을 원천적으로 차단하는 것을 말한다.

6.3.5 종합 보안 관리(ESM, Enterprise Security Management)

(1) 개요

① 방화벽(firewall), 침입탐지 시스템(IDS) 그리고 가상 사설망(VPN) 등과 같은 보안 솔루션을 하나로 통합한 보안관리 시스템을 말한다.
② 최근에는 ESM이 단지 통합관리 수준에서 벗어나 시스템 자원관리(SMS), 네트워크 자원관리(NMS) 등과 같은 전사적 자원관리 시스템까지 확대, 개발되고 있다.
③ ESM은 기업들이 이 기종의 보안 솔루션 설치에 필요로 하게 되는 중복투자, 자원낭비를 줄일 수 있다.
④ 솔루션 상호간의 연동을 통해 전체 정보통신 시스템에 대한 보안 정책도 수립할 수 있다는 장점이 있다.

(2) 특징

① 통합망 관리 해결책으로 보안 시스템 등의 개별적인 보안 장비들의 모니터링과 다양한 종류의 보안 솔루션을 하나로 통합 관리하는 것이 특징이다.
② 점차 도입되고 있는 ESM 시스템은 통합관리 시스템보다 대용량 네트워크와 이 기종간의 보안 시스템, 서버 장비를 보유하고 기업을 대상으로 적용되고 있다는 것이다.
③ 최근까지 서버를 주요 대상으로 하는 통합 보안 관리 기능을 집중적으로 제공하고 있으

나 대상 규모의 확장에 따라 차후에는 일반적인 PC까지 통합 보안 관리 대상 범위로 확장될 것이다.

6.4 인증 기술

6.4.1 인증 기술의 개요

(1) 개요

전자 상거래에서 소비자가 가상 상점을 통하여 물건을 주문하는 경우 사용자가 주문을 했음을 보장하는 내용을 필요로 하게 된다.

이와 같이 인터넷 전자 공간에서 비대면 특성을 보완하고 상거래 행위의 신뢰성 보장을 위해서 거래 당사자 상호간에 신분 확인을 위한 기술을 요구하게 되는데 여기서 인증 기술이란 네트워크 환경에서 본인의 신분을 상대방에게 증명하는 기술을 의미하는 것으로 이를 위해서 전자 서명과 암호화 기술을 기반으로 한다.

(2) 전자 서명

인증 기술의 핵심적인 기술이라고 하면 전자 상거래의 안전성과 신뢰성을 확보하기 위한 것이라고 할 수 있다. 전자 문서를 작성한 작성자의 신원과 전자 문서가 그 작성자에 의해 작성되었음을 나타내는 전자적 형태의 서명을 전자 서명이라고 할 수 있다. 즉, 전자 서명이란 전자 문서를 작성한 사람의 신원 확인 및 전자 문서의 변경 여부를 확인할 수 있도록 전자 서명 생성키로 만들어진 파일 형태의 전자 문서에 대한 작성자의 고유한 정보라고 할 수 있다.

일반적으로 전자 서명 기술은 공개키 암호 알고리즘을 기반으로 한다.

(3) 인증 과정

① 사용자가 인증서 발급 신청

② 인증기관에서 인증서 발급

③ 사용자 A와 사용자 B 간의 전자 서명 생성 및 전송(전자 문서+전자 서명+인증서)

④ 사용자 B는 인증 기관에 인증 기관 인증서 및 인증서 취소 리스트 요구

⑤ 인증기관에서는 사용자 B에게 인증서 및 인증서 취소 리스트 전송

⑥ 사용자 B는 취소 리스트 검출

⑦ 사용자 A의 인증서 발급

⑧ 전자 서명 검증

6.4.2 PKI(Public Key Infrastructure)

(1) PKI의 개요

① 공개키 기반구조(PKI)는 공개키 알고리즘을 통한 암호화 및 전자서명을 제공하기 위한 복합적인 보안 시스템 환경으로 공개키를 이용해 송수신 데이터를 암호화하고 디지털 인증서를 통해 사용자를 인증하는 시스템을 말한다.

② 공개키 암호의 상용화를 위해서는 무엇보다 키의 생성과 인증이 필요하며 이들에 대한 안전한 관리를 위한 체계를 필요로 하는데 이 체계를 PKI라고 한다.

여기서 PKI을 운용하는데 필요한 구성 요소를 고려하면 다음과 같은 것을 들 수 있다.

㉠ 공개키에 대한 인증서를 발급하는 인증기관(CA, Certification Authority)

㉡ 사용자들의 인증서 신청 시 인증기관 대신 그들의 신분과 소속을 확인하는 등록기관(RA, Registration Authority)

㉢ 전자 거래에 필요한 개인 및 법인 신원 확인을 공인 인증기관에서 발생한 문서인 인증서(Certificate)

㉣ 인증서와 사용자 관련 정보, 상호 인증서 및 인증서 취소 목록 등을 저장 · 검색하는 장소인 디렉토리(Directory)

㉤ 다양한 응용에서 공개키를 이용하여 전자서명을 생성하고 검증하며 데이터에 대한 암호, 복호를 수행하는 사용자

등이 포함된다.

(2) PKI의 응용

① PKI는 광범위한 기업 응용프로그램에 보안 솔루션을 제공할 수 있는데 여기서 솔루션의

형태로 웹 보안, 전자우편 보안, 원격접속, 전자문서, 전자상거래 애플리케이션 등 매우 다양한 분야에서 사용될 수 있다.

② PKI를 도입하여 전자상거래를 하는 경우를 고려하면

㉠ 전자상거래를 위해서 먼저 전자서명을 한다.

㉡ 공인인증 기관으로부터 인증을 받아 상대에게 제시한다.

㉢ 거래가 이루어지게 된다.

등의 과정을 통하게 된다. 따라서 이와 같은 과정을 통하기 때문에 개인정보나 거래정보가 외부에 노출되지 않아 안전하게 거래할 수 있다.

6.4.3 WPKI(Wireless Public Key Infrastructure)

(1) 개요

① 무선 PKI(WPKI)는 모바일 특성을 고려한 일종의 솔루션이다.

② WPKI 기술이란 기존의 유선 PKI에 이용하고 있던 구성 요소를 그대로 이용하고 일부 무선 환경에 적합하도록 기능을 최소한 범위 내에서 변환시킨 것이라고 할 수 있다.

③ 무선 인터넷 보안은 무선 인터넷 기기와 송수신하는 데이터나 응용에 보안을 지원하며 프라이버시 매니저는 WAP 기기를 통해 전송되는 고객정보에 대한 보안기능을 제공하게 된다.

(2) WPKI 방식

① WAP(Wireless Application Protocol) 방식

모든 무선 네트워크(GSM, TDMA, CDMA 등)에 연결할 수 있는 모바일 컴퓨터용 아키텍처를 말한다.

② ME(Mobile Explorer) 방식

무선 인터넷 서비스 방식으로 WAP 방식에서는 무선망과 기존의 유선 인터넷 망의 연동을 위한 방법으로 WAP 게이트웨이를 이용하지만 ME 방식에서는 별도의 게이트웨이를 이용하지 않고 무선 단말기 내의 브라우져가 대신 처리 하도록 하고 있다는 차이를 보이게 된다.

6.4.4 EAM(Extranet Access Management)

(1) 개요

① EAM은 Extranet에서 사용자가 접근하는 것을 판단해 인증하는 솔루션으로 사용자 인증과 데이터 또는 응용 프로그램 접근 등을 관리하는 총체적인 솔루션이라고 할 수 있다.

② 대부분의 업무가 전산화되고 각종 정보가 디지털 파일로 변모하는 경향에서 각 구성원의 데이터 접근 권한을 정하고 업무 변화에 따라 권한을 재조정해야하는 상황이다. 이와 같은 상황에 보다 효과적으로 해결하기 위한 접근 방식이 곧 EAM이라고 할 수 있다.

참고

인트라넷(Intranet)과 엑스트라넷(Extranet)

■ 인트라넷(Intranet)
- 인터넷 내의 또 다른 작은 인터넷이라고 할 수 있다.
- 기업 내에서 정보전달을 목적으로 이용한 전용선을 인터넷으로 대체한 사내 정보 전달 시스템을 말한다.
- 사회의 기본적인 인프라라고 할 수 있는 인터넷 기술을 기업, 공공기관, 연구하는 그룹웨어 환경이라고 할 수 있다.
- 기업 내부에서 정보교환에 응용하는 인터넷 상의 LAN이라고 할 수 있다.

■ 엑스트라넷(Extranet).
- 기관 내에서 정보교류를 목적으로 구성된 전산망인 인트라넷을 외부 보안을 고려하여 보다 넓게 확대한 개념이라고 할 수 있다.
- 인터넷을 사용하는 인트라넷을 연결하여 사용하기 때문에 전용선이나 VAN을 사용하는 기업 사설망에 비해 적은 비용으로 구축하는 것이 가능하다.
- 주로 기업체을 운용하는 공급업체와 일반 고객과의 정보교류, 전자상거래등에 이용되는 시스템이다.

(2) 특징

① EAM은 한 번 Log in으로 여러 서버에 접근할 수 있는 single sign on 기능과 권한에 따라 차등적으로 자원에 접근하게 해주는 보안성을 제공하는 솔루션이다.

② 공개키를 기반 기술로 하기 때문에 철저한 보안성을 유지하게 된다.

③ EAM은 금융권과 대기업 계열사를 중심으로 수요가 급증하고 있다.

6.5 VPN 기술

6.5.1 VPN(Virtual Private Network) 개념

(1) 개요

가상 사설망(VPN) 기술이라는 것은 기업 상호 간에 기존의 전용선이나 VAN 등을 이용하여 정보 제공을 위한 통신망을 구축하는 것이 아니라 일반 공중망을 이용하여 외부 기업의 직원이 기업망으로 접근하거나 공중망을 이용하여 본사와 지사 간의 통신망을 구축하는 기술이라고 할 수 있다.

① VPN은 회사들이 각각이 개별적으로 회선을 대여하여 이용하는 것보다는 공중망을 공유할 수 있어 비용은 적게 하면서 거의 전용회선과 거의 동등한 서비스를 제공하기 위한 개념으로부터 비롯되었다고 할 수 있다.

② VPN은 공중 통신망 기반시설에 대해서 터널링 프로토콜과 보안 절차 등을 적용하여 개별기업의 목적에 적합하도록 구성한 데이터 네트워크라고 할 수 있다.

③ VPN은 공중망을 이용하여 데이터를 전송하는 경우 송신하기 전에 데이터를 암호화하고, 수신측에서 복호화를 통하여 이루어진다.

(2) VPN 기본적인 요소

① 사용자의 신원을 확인하고 권한을 지닌 자만이 VPN에 접근을 허용하는 것과 정보에 접근한 내역에 대한 기록을 행하는 사용자 인증

② 클라이언트의 주소를 비 공개망에 부여함으로서 주소의 비공개성을 보호하기 위한 주소 관리

③ 공용망을 통과하는 데이터는 망의 접근 권한이 없는 클라이언트가 읽을 수 없도록 변환을 행하는 데이터 암호화

④ 서버와 클라이언트 상호간에 사용될 암호화 키를 생성하거나 갱신하는 키 관리

⑤ 일반 공용망에서 이용되는 각종 프로토콜을 처리할 수 있는 복수 프로토콜 지원

(3) VPN 제공 기술

① CPE(Customer Premise Equipment) 기반 VPN

㉠ 댁내 장비로 통신의 End to End 간에 터널링 프로토콜을 탑재하여 가상 통신 선로를 구축하는 경우에 주로 사용되고 있다.

㉡ 서비스 제공자와 사설망 혹은 사용자와의 분계점을 형성하며 LAN에 연결된다.

② Network 기반 VPN

CPE 기반 VPN 기술의 경우는 공중 인터넷망을 수정하지 않고 VPN을 제공할 수 있다는 것이 장점이지만 최근에는 인터넷이 최선형(Best effect) 서비스만 제공하는 경향이므로 보다 사용자에게 차별화된 VPN을 제공할 수 없게 된다.

그리고 망의 상태나 가입자의 요구사항에 따라 동적으로 VPN을 적절하게 구성하는 것을 어렵게 하는 요인을 지니게 되는데 이와 같은 제한 요인을 개선하기 위해 백본망 측면에서 VPN을 구성하는 것을 Network 기반 VPN이라고 할 수 있다.

6.5.2 VPN 터널링 프로토콜

(1) VPN 터널링 프로토콜 개요

VPN은 터널링이라는 기법을 통하여 데이터에 대한 보안을 하고 있으며 여기서 터널링은 서로 다른 연결 기반의 네트워크에서 네트워크 간에 연결을 지향하기 위한 방식이라고 할 수 있다. 여기서 Tunneling이라고 하는 것은 한 네트워크에서 임의의 다른 네트워크를 경유하여 목적지 네트워크로 데이터를 전송하는 기술을 말한다. 이 때 데이터는 다른 네트워크 프로토콜에 의해서 캡슐화되어 전송하게 된다.

터널링에 이용되는 주요 터널링 프로토콜의 형태로 PPTP, L2T, IPsec 등을 들 수 있다.

① PPTP, L2T는 주로 원격 사용자가 다이얼 업을 통해 기업 망에 접근하는 액세스 VPN 서비스에 사용된다.

② IPsec는 원격 사용자 VPN 서비스와 망간 연결 VPN 서비스 모두에 사용할 수 있다.

(2) 터널을 생성하기 위한 프로토콜

① PPP(Point-to-Point Protocol)

㉠ 다이얼 업이나 전용선 점대점 연결로 데이터를 전송하기 위한 것이다.

㉡ 인터넷을 접속하는 경우 패킷 전송을 허용하는 전화통신 상호 프로토콜이다

㉢ 컴퓨터가 TCP/IP에 접속할 수 있도록 하는 가장 일반적인 인터넷의 프로토콜이다.

㉣ SLIP와 유사하지만 에러 검출, 데이터 압축 등과 같은 통신 프로토콜 요소를 갖고 있어서 SLIP 보다는 우수한 성능을 발휘한다.

② PPTP(Point-to-Point-Tunneling Protocol)

㉠ PPTP는 컴퓨터를 1 : 1 방식으로 통하여 데이터를 전송하여, 다른 시스템이나 인터넷으로 보안을 유지하면서 가상 사설망(VPN)을 지원해주는 프로토콜이다.

㉡ PPTP는 PPP의 확장한 개념으로 IP기반 네트워크를 이용하기 위한 터널링 프로토콜로서 GRE(Generic Routing Encapsulation) 헤더와 IP 헤더를 추가하여 IP 인터넷을 경유하여 전송될 수 있도록 패킷을 재구성하는 프로토콜이라고 할 수 있다.

㉢ 보안적인 측면에서 PPTP는 MPPE(Microsoft Point-to-Point Encryption)라는 암호화 기법을 사용하는데 이는 PPP 기반의 암호화 기술과 동일하다. 여기서 MPPE는 PPP와 VPN 상호간을 링크하는데 필요한 보안용 프로토콜이라고 할 수 있다.

㉣ PPTP의 단점은 암호화가 약하다는 것이다.

③ L2F(Layer 2 Forwarding Protocol)

㉠ PPTP, L2TP의 경우처럼 클라이언트에 특별한 소프트웨어를 요구하지 않으며, 하부구조로 IP뿐만 아니라 ATM과 FR(Frame Relay)을 지원하게 된다.

㉡ PPTP는 하나의 터널에 하나만의 연결을 지원하는데 비해 L2F는 하나의 터널에서 다수 개를 지원하고 L2F는 IP 헤더가 아니라 전용 헤더로 캡슐화하며 특별한 인증 절차를 규정하지 않는 특징을 지닌다.

④ L2TP(Layer 2 Tunneling Protocol)

㉠ L2F라는 터널링 프로토콜이 지니는 장점과 PPTP의 장점을 합성한 기술이라고 할 수 있다.

㉡ PPTP의 경우는 IP기반 인터넷 망을 반드시 필요로 하지만 L2TP의 경우는 패킷 중심의 네트워크이기 때문에 어디서나 사용이 가능하여 그 만큼 확장성이 우수하다.

㉢ L2TP는 IP, X.25, Frame Relay, ATM(Asynchronous Transfer Mode) 네트워크를 통해 전송할 PPP 프레임을 캡슐화하는 네트워크 프로토콜이다.

㉣ IP를 Datagram 전송에 사용할 경우 L2TP는 인터넷에서의 터널링 프로토콜로 사용할 수 있다.

⑤ IPsec(IP security protocol)

㉠ IP 보안 프로토콜(IPsec)은 IP망에서 정보를 안전하게 전송하는데 표준화된 3계층

프로토콜이다.

㉡ IPsec은 비교적 안전이 취약한 인터넷을 안전한 통신을 실현하기 위해 이용되는 프로토콜이라고 할 수 있다. 즉, 인터넷상에 전용 회선과 같이 이용 가능한 가상적인 전용 회선을 구축하여 데이터를 도청당하는 것을 방지하는데 이용되는 프로토콜이라고 할 수 있다.

㉢ 이용되는 프로토콜은 사용자 측 단말기에 탑재할 수 있으며, 인터넷을 거쳐 특정 클라이언트와 서버만이 IPsec으로 데이터를 주고받을 수 있게 된다. 암호화나 인증 방식은 규정되어 있지 않지만 규정을 통지하기 위한 틀을 제공하고 있는데, 이 틀을 보안 연관(SA, security associations)이라고 한다. SA에 관련된 정보는 SA 데이터베이스에 저장해 두고 있으며 몇 개의 SA가 등록되어 있다. 여기서 보안 연관은 IPsec로 통신하는 송수신자 간에 인증 및 암호화 알고리즘과 암호 키를 공유하는 관계라고 보면 된다.

㉣ IPSEC 이용상 주의 사항으로는 사설 IP 주소를 공인 IP 주소로 변환하는 경우에 이용하는 통신망의 주소 변환기인 NAT(Network Address Translation)기능을 구비한 침입 차단 장치 등과의 공존 방법이 있다. 원칙적으로는 대향하는 2개의 NAT 장치 상호간에 IPsec gateway를 설치해야 하는데 이때 NAT 장치는 IPsec gateway보다 사내 LAN에 설치하는 것이 바람직하다.

㉤ 주로 인증서 기반의 IPsec을 사용하여 암호화를 처리하기 때문에 보안이 매우 우수한 장점을 지닌다.

⑥ SOCKS5

㉠ SOCKS는 Server-Client간의 TCP나 UDP 통신을 Proxy server를 통해 진행하도록 하는데 이용되는 프로토콜로 버전 4a와 5가 주로 사용되고 있다.

㉡ SOCKS은 LAN으로 연결된 기업의 내부 네트워크 사용자들이 외부의 인터넷과의 접속을 요청하는 경우 요청을 받아 인터넷으로 전달할 수 있도록 하기 위해 Proxy server가 사용할 수 있는 프로토콜이다.

㉢ SOCKS는 내부 네트워크 구성원 각각의 접속에 대한 정보를 표현하고, 추적하기 위해 소켓(Sockets)을 사용한다. SOCKS의 Client 측은 웹브라우저 내에 포함되며, Server측은 Proxy server 내에 추가될 수 있다.

〈표 6.1〉 터널 생성 프로토콜에 이용되는 형태 비교

	PPTP	L2TP	IPsec	SOCKS5
표준	MS	RFC	RFC	RFC
계층	2계층(Link)	2계층(Link)	3계층(Network)	5계층(session)
보안	PPP	IPSEC	IPSEC	SSL
WAN	IP	IP, FR, ATM	IP	IP
구성	Remote Access	Remote Access	Intranet, extranet	Extranet

6.5.3 MPLS VPN

(1) MPLS의 개념

기존의 패킷 헤더를 이용한 라우팅의 경우에는 경로를 발견하기 위해서 필요 이상의 다량의 정보를 요구하기 때문에 전송속도가 감소하게 되는 원인이 되었다.

여기서 이와 같은 제한 요인을 개선하기 위한 방법으로 전송에 필요한 절차를 단순화시키는 방법으로 통합 라우팅 방식을 기반으로 하는 MPLS(Multi Protocol Label Switching)이 나타나게 된 것이다. MPLS는 데이터 패킷에 IP 주소 대신 별도의 라벨을 붙여 스위칭하며 기존 IP 주소 대신 Lable로 라우팅을 하는 것과 계층 3 Packet을 계층 2에서 처리하는 기술이라고 할 수 있다.

한편 전송 용량을 증가시키는 방법으로

① **다중 파장을 이용하는** DWDM(Dense Wavelength Division Multiplexing)

여기서 DWDM은 파장분할 다중화(WDM) 기술이 발전함에 따라 분할되는 파장간 사이 밀도가 좁아져 용량과 채널을 대폭 늘어나게 한 기술을 말한다.

② **전송 절차를 간소화한** MPLS(Multi protocol Label Switching)

등을 들 수 있는데 이들 두 방법을 통합한 것을 GMPLS(Generalized MPLS)라고 한다.

(2) MPLS VPN

가상사설망(VPN)은 통신망을 제공하는 사업자(KT, LG데이콤 등)의 공중망이나 인터넷망을 자사의 WAN(Wide Area Network) 백본(Back bone)처럼 사용하는 네트워크를 말한다. 그리고 MPLS VPN은 VPN 유형 중 한 형태이다.

① 여기서 MPLS는 ATM과 같은 접속형 통신망에서는 패킷 전송 처리와 경로 계산 처리를 분리함에 따라 패킷의 고속 전송을 실현할 수 있는데 이를 VPN에 적용한 것이다.
② MPLS는 기존의 Hop-by-hop 라우팅에 의해 전달되는 IP 패킷을 망 입출력에 고속 스위칭을 하며 IP 라우팅의 성능을 개선한 기술이라고 할 수 있다.

6.6 기타 보안 기술

6.6.1 재난 복구 시스템(DRS)

(1) 개요

업무를 처리하는 과정에서 정보 시스템 의존도가 점차적으로 높게 차지하고 있으며, 아울러 해킹 등의 위협적인 요인도 증가하게 되어 정보시스템의 장애 및 신뢰성이 감소하게 되거나, CPU, 네트워크 장비 등의 솔루션의 비용 하락 등의 문제가 발생하는 경향으로 외부에서 재난 복구 서비스를 위한 공급업체가 이들 영향으로부터 정보 시스템을 수리, 교체 등을 행하는 복구 수행 시스템 역할을 담당하는 것이 DRS라고 할 수 있다. 이와 같은 DRS의 대표적인 역할은 메인 시스템에 정보를 입력하면 즉시 그 내용이 DRS에도 저장되어 외부요인으로 인하여 전산 시스템에 손상을 입는 경우에 메인 시스템 역할을 하게 된다.

(2) DRS의 필요성

① 손실 예방과 손실의 최소화와 최단 기간에 정상적인 업무 복구를 실현하는 것이 가능하게 된다.
② 복구 과정의 효과적인 통제와 관리 그리고 재난 복구의 극복을 통하여 정보 자산을 보호할 수 있게 된다.

(3) DRS의 구성 기술

① Data Backup 기술

㉠ 데이터 손실과 데이터 복구 기간이 길어지는 경우를 고려하여 Disk Backup

㉡ 데이터를 리모트 사이트의 다른 파일 서버로 전송 저장하는 일종의 전자 저장고인 Electronic Vault

㉢ DBMS(database management system, 데이터를 효과적으로 이용할 수 있도록 정리, 보관하기 위한 기본 소프트웨어) 기능을 이용하여 테이프를 이중화하는 기법인 Replication

㉣ 데이터를 여러 디스크에 분산 저장, 하나의 디스크에서 이상한 현상이 발생하는 경우 다른 디스크로부터 데이터를 재생하는 RAID

② System Backup 기술

㉠ 모든 네트워크, 시스템, 저장 장치 등을 이중체제로 구축하는 Clustering 기술

㉡ Multi point 기법, Active 기법 등의 Standby 기법

6.6.2 RAID(Redundant Array of Inexpensive Disks)

(1) 개요

RAID는 데이터를 분할해서 복수의 자기 디스크 장치에 대해 병렬로 데이터를 읽는 장치 또는 읽는 방식을 말한다.

(2) RAID의 형태

① 하드웨어 RAID

RAID 시스템을 Host의 하나의 독립적인 디스크로 동작하도록 하며, Host는 RAID를 알리거나 관리할 필요가 없다. 여기서 디스크에 저장하는 방법으로는 디스크 컨트롤러에 기반하는 방법과 외장 하드웨어에 의한 방법을 이용한다.

② 소프트웨어 RAID

시스템을 지원하는 운용체제에 의존하여 RAID 기능을 제공한다.

(3) RAID 시스템의 특성

① **장점**

㉠ 제한된 용량으로 디스크의 제약을 극복하고 가용성을 높일 수 있다.

㉡ 하나의 입출력 요구를 다수의 디스크로 분산된 병렬 처리 형태이기 때문에 특정한 상황에서의 효율성을 증가시키는 것이 가능하게 된다.

㉢ 저가의 비용으로 대용량을 구현하는 것이 가능하게 된다.

② **단점**

㉠ 발생하는 에러에 대처하기 위한 시스템을 필요로 하게 된다.

㉡ 단일 데이터에 대한 분산의 적용으로 입력이 경우에 따라서는 불필요한 오버헤드가 발생할 수 있다.

㉢ 사용되는 디스크 수의 증가로 일부 디스크에서 에러가 발생하는 경우에 대한 대처 기술을 필요로 한다.

(4) RAID 레벨

① RAID 0

Striping data가 모든 disk에 분산되어 저장되는 기능을 말한다.

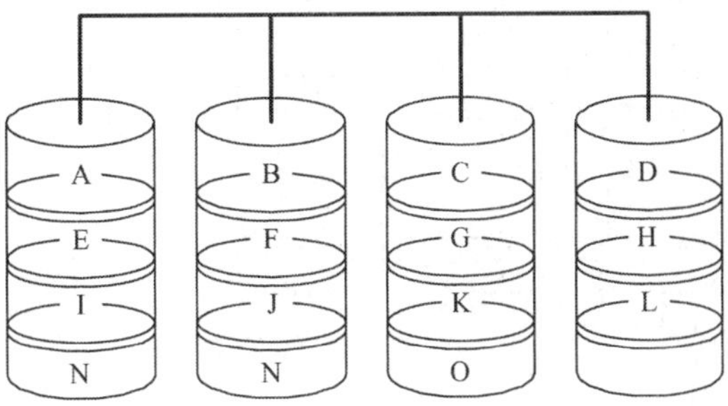

〈그림 6.2〉 RAID 0

즉, 디스크에 분산하여 기록하며 데이터를 Parity 없이 구성한다.

㉠ RAID 0(Stripe)은 충분한 성능 향상의 효과를 보이지만 에러 발생 시 데이터 복구가 불가능하기 때문에 수시로 백업을 해야 한다.

㉡ Striping 방식으로 다수 개의 디스크에 분할하여 기록

㉢ 성능이 우수하고 속도가 고속이다. 그러나 하드에 장애가 발생하는 경우에는 중간에 데이터를 읽어올 수 없게 된다.

② RAID 1 : Mirroring

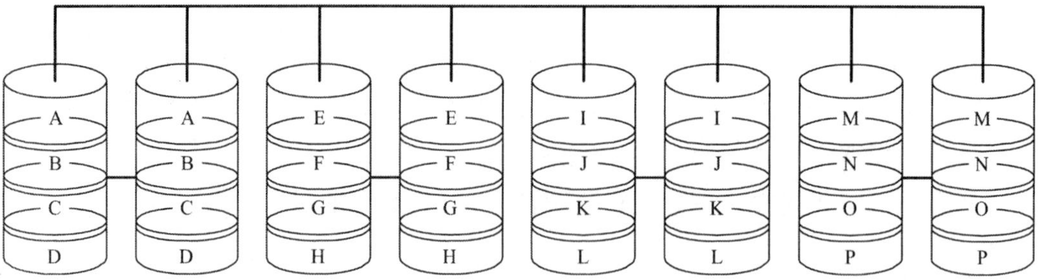

〈그림 6.3〉 RAID 1

Mirroring 방식으로 두개의 디스크에 동시에 데이터를 기록하는 기술

㉠ 중복되어 저장되기 때문에 하드 디스크의 낭비를 초래하게 된다.

㉡ 내결함성을 허용하기 때문에 매우 안정적이다.

③ RAID 3

복제된 Parity를 갖는 데이터 Striping 방식으로 데이터를 비트 단위로 분할기록하면 Parity 디스크에는 Parity만 기록하며 현재는 거의 사용하지 않고 있는 레벨이다.

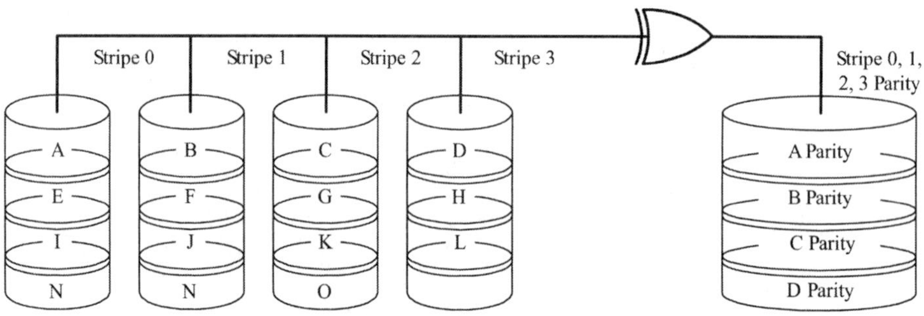

〈그림 6.4〉 RAID 3

④ RAID 5

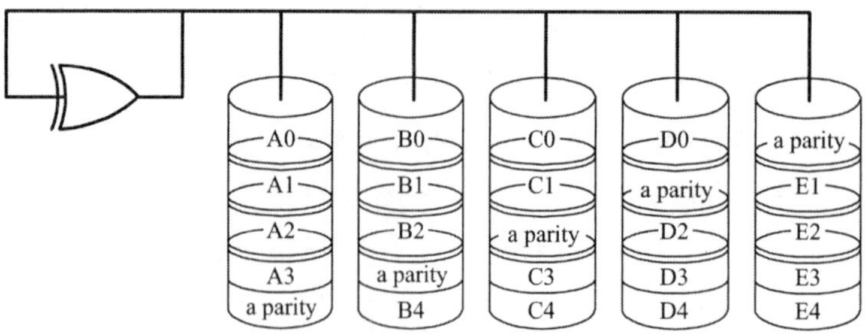

〈그림 6.5〉 RAID 5

㉠ Striping 방식으로 패리티 비트로 오류를 검출할 수 있다.

㉡ HDD 3개 중 2개는 실제 서버이며 나머지 한개는 hot spare이다. 만일에 spare HDD에서 오류가 발생하면 심각한 문제를 초래하게 된다.

㉢ 하나의 HDD가 에러가 발생하면 나머지 HDD를 이용하여 복원하는 것이 가능하지만 동시에 2개 이상의 HDD에서 장애가 발생하게 되면 복원이 불가능하게 된다.

㉣ 한편 HDD에서 오류가 발생하게 되면 Raid card가 자동으로 오류나지 않은 하드로 교체해 준다. 여기서 Raid card는 데이터를 분산시키는 역할로 패리티 비트 정보를 포함하게 된다.

㉤ RAID 5를 일반적으로 주로 사용하고 있으며 보다 디스크 수량을 효율적으로 사용하는 것이 가능하며, 읽기 성능이 높게 되는 특성을 갖는다.

⑤ RAID 6

Striping 방식으로 Parity 비트로 오류를 검출하면, 중복 Parity 정보 사용하기 때문에 동시에 오류가 발생하는 경우에도 복원이 가능하게 된다.

⑥ RAID 0+1

RAID 0 방식의 빠른속도와 RAID 1 방식의 Mirroring 방식을 합친 방식이다. 데이터의 안전성을 고려 RAID-0은 제외하며, 레벨 1은 단일 디스크의 경우에만 가능하면 다수개의 디스크인 경우에는 0+1로 구성해야 한다.

RAID 0+1의 경우 안정성이 우수하고 매우 높은 성능을 나타내지만 디스크의 수가 필요한 용량의 2배 이상이 필요하게 되어 낭비적인 요소가 있을 수 있다.

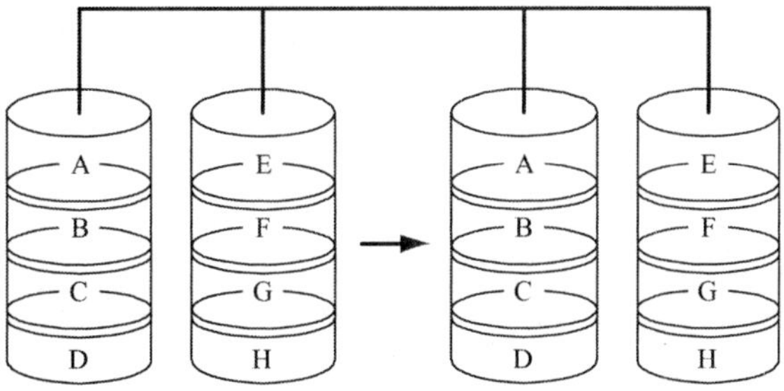

〈그림 6.6〉 RAID 0+1

참고

RAID 1+0과 RAID 0+1의 차이점

■ 공통점으로는 가용량이 동일하며, 속도가 같다는 것이며 다른 점이라면 볼륨이 깨지는 조건과 볼륨을 재구성하는 방법을 들 수 있다. 즉, RAID 1+0은 각각 mirroring 한 볼륨을 striping 한 것이고 RAID 0+1은 striping한 볼륨 두개를 서로 mirroring 한 것이다. 따라서 0+1 보다는 1+0이 우수하다.

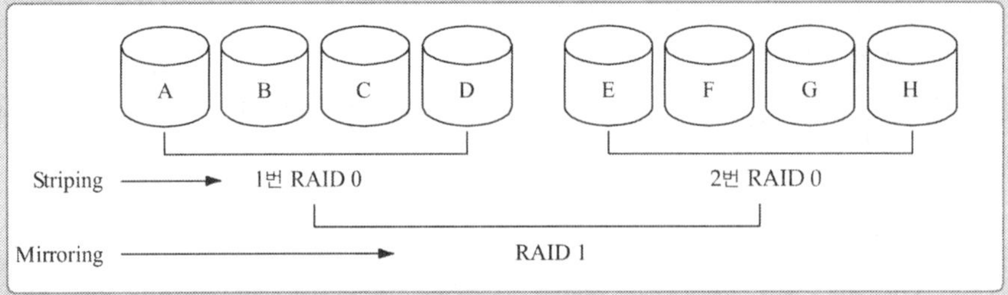

〈RAID 0+1 구조〉

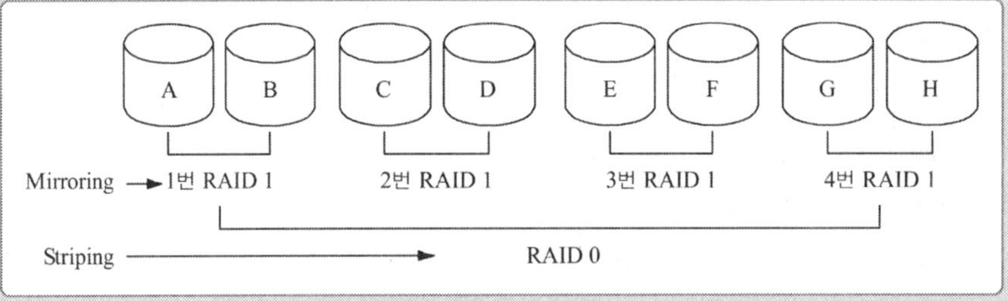

〈RAID 1+0 구조〉

연 습 문 제 (주관식)

01. 다음과 같은 방화벽, IDS, IPS를 각각 비교 설명하여라.

해설
- 방화벽 : 외부 트래픽을 차단하는 것으로 단순 차단 능력 기능, 알려진 공격 패턴 감시는 하지만 새로운 공격을 막지는 못하게 된다.
- IDS : 외부 침입을 방지하는 것으로 알려 지지 않은 공격에 대한 탐지가 곤란하며, 내부 공격자를 막기에도 곤란하다.
- IPS : 외부 침입을 방지하는 것으로 알려 지지 않은 공격에 대해서 적절하게 대응을 하며 명백한 공격에 대해서는 사전에 방어를 하게 된다.

02. Web 보안 기법에 대해서 설명하여라.

해설 Web이 다양한 응용 서비스로 이용이 증대되면서 서비스를 이용하는 경우에 서비스의 안정성과 신뢰성 등을 고려하는 보안성 문제가 필요하게 된다. Web의 보안 기능을 제공하기 위해 대부분 전송 프로토콜인 HTTP에 기존의 암호 메커니즘에 어떻게 적용할 것인가에 관심이 맞추어지고 있다. HTTP는 정보를 가진 Web server의 접근 프로토콜과 HTML 문서 교환을 위한 전송 메시지 형식 제공 기능을 가지고 있으며, 이 두 기능을 기반으로 Web 보안 기술은 일반적으로 다음과 같은 방법으로 분류할 수 있다.

- Kerberos(분산 컴퓨팅 환경에서 대칭키를 사용하여 사용자 인증을 제공하는 중앙 집중형 인증 방식)나 PGP(Pretty Good Privacy, 인터넷에서 전달하는 전자우편을 다른 사람이 받아 볼 수 없도록 암호화를 하거나 받은 전자우편의 암호를 해석하는 경우에 이용되는 프로그램을 말한다.)와 같이 안정성이 검증되고 기존 암호 시스템과의 연계를 통하여 HTTP의 상위계층에서 보안 기능을 구현해 주는 내용기반(Content-Based) 방식을 들 수 있다. 이 방식은 HTTP 메시지의 전체를 암호화한다.
- 메시지 기반(Message-based) 방식을 들 수 있는데 이 방식은 HTTP와는 독립적으로 존재하여 HTTP 메시지의 Body 영역만을 암호화하는 방식이라고 할 수 있다.
- HTTP계층과 TCP계층 사이에서 HTTP 메시지가 전달될 TCP 연결에 대한 암호화 기술을 적용하는 방식으로 이 방식은 동일한 TCP 연결 상에 모든 HTTP 메시지에 대해 동일한 암호화 서비스를 제공하게 되는데 이를 채널 기반(Channel-based)방식이라고 하며 SSL(Secure Socket Layer)를 대표적인 프로토콜로 들 수 있다. 여기서 보안 소켓 계층(SSL)은 사이버 공간에서 전달되는 정보의 안전한 거래를 보장하는 목적으로 넷스케이프사가 정한 인터넷 프로토콜이라고 할 수 있다.

03. 무선 네트워크 보안(WLAN 중심)에 대해서 설명하여라.

해설 신호를 전송하는 경우에 케이블 대신에 무선(전파)을 이용하는 통신 네트워크을 무선 네트워크(Wireless Network)라고 하면 PC나 PDA 등과 같은 단말기를 인터넷에 접속하여 이용되는 경우가 대부분이다. Wireless Internet Protocol에 의해 사용하는 WAP과 Nespot 등의 무선 LAN을 사용하는 방법이 대표적이다.

여기서 네트워크 보안의 대상은 권한 밖의 네트워크와 네트워크로 접속 가능한 자원에 접근하는 경우 네트워크 관리자가 사용하는 컴퓨터 네트워크 하부 구조에서의 기본적인 설비 또는 방지책을 말한다.

04. ESM을 도입하는 경우에 얻게 되는 효과에 대해서 설명하여라.

해설
- 소수의 특정 관리 인원을 할당하여 관리를 담당하게 할 수 있어 비용 효율적인 보안 관리가 가능하게 된다.
- 각종 로그 정보에 대한 통합 관리를 통해서 사전 예방 대책을 마련하는 것이 가능하게 된다.
- 통계 처리 기능을 이용하여 주기적인 시스템 상태 분석이 가능하게 된다.
- 보안 관리자의 교육 시간과 숙달 시간을 최소화하는 것이 가능하게 된다.

05. PKI(Public key infrastructure)에 대해서 간단히 설명하여라.

해설 공개키 방식으로 암호와 모듈 방식에는 암호화 및 해독과정이 존재하는데 운용되는 과정에 따라 비밀키와 공개키로 구분이 되며, 여기서 비밀키는 암호화하는 방식과 해독하는 방식이 동일한 것을 말한다. 따라서 암호화를 하는 프로그램이 공개되면 해킹의 위험이 커지게 되므로 공개키에서는 암호화 프로그램과 해독 프로그램이 다른 방식을 사용하게 된다. 여기서 공개키라고 할 수 있는 경우에 대한 예를 고려하면 다음과 같은 것을 들 수 있다.

- 인터넷에서 접근을 위해 로그인하거나 ActiveX를 다운받아서 설치하고 암호화 과정을 거치는 경우
- 암호화하는 프로그램을 사용자가 다운받아서 설치하는 방식

즉, 암호화하는 프로그램을 공개해도 여는 프로그램은 다르기 때문에 암호화하는 프로그램을 공개를 하는 것이라고 해서 공개키라고 하는 것이다. 따라서 비밀 키는 잠그는 키와 여는 키가 동일하며 공개키는 잠그는 키와 여는 키가 서로 다르다. 예를 들어 공인인증서 등을 다운받는 경우에 NPKI, GPKI 폴더가 만들어지면 전부 공개키라고 할 수 있다. 현재 은행권에서 는 PKI기반의 암호화 통신을 이용한다.

06. VPN 터널링과 암호화 통신(SSL 암호화통신, PKI기반의 암호화 통신)의 차이점에 대해서 설명하여라.

해설 VPN 터널링하는 경우 암호화하는 방식이 프로토콜과 계층만 차이가 날 뿐 사실 일반적인 암호화 통신과 거의 유사하다. 즉, Client와 Server간에 통신을 하는 경우 암호화통신을 하게 되면 VPN을 사용하지 않더라도 VPN의 사설망과 동일한 효과가 있게 된다.

먼저 VPN과 암호화통신에 대한 개념을 고려하는 경우 VPN의 배경에는 암호화 통신을 고려해야 하는데 VPN의 개념은 일반 공중망에서 사설망을 구성하여 운영하려는 목적이기 때문에 공중망에 존재하는 보안의 취약성 부분을 해결하고자 암호화 통신 기술이 필요하게 된다.

그리고 Tunneling이라는 용어를 사용하는 이유는 실제 VPN을 사용하게 되면 단순 보안이 아닌 외부 PC와 VPN 장비 간에 각종 트래픽이 이동하게 되는데 여기서 이동되는 각종 트래픽에 대해서 암호화하여 전송되기 때문에 Tunneling이라는 용어를 사용하게 된 것이다.

07. 데이터나 Application에 대한 사용자의 접근을 중앙에서 모니터링하거나 제어하는 통합 인증 관리 시스템을 설명하는 내용에 대해서 설명하여라.

해설 EAM(Extranet Access Management)은 한 번 로그인으로 여러 서버에 접근할 수 있는 싱글사인온 기능과 권한에 따라 차등적으로 자원에 접근하게 해 주는 보안성을 제공하는 솔루션. 최근 금융권과 대기업을 중심으로 수요가 일고 있다.

EAM(Extranet Access Management)의 주요기능 및 특징을 고려하면 다음과 같다.

- SSO(Single sign on) : 한 번의 인증으로 여러 시스템이 접근 가능
- Directory service : 사용자 통합 DB 관리
- 보안 기능 : 보안 정책 수립 및 수행

08. PPTP와 L2TP를 비교 설명하여라.

해설 PPTP와 L2TP 모두 PPP를 이용하여 전송할 데이터에 추가적인 헤더를 첨부하여 인터넷을 통해 전송하게 된다. 이 때 사용되는 두 프로토콜은 매우 유사하지만 다음과 같은 차이점을 보이게 된다.

- PPTP에서는 internet이 IP internet이어야 하지만 L2TP의 경우는 단지 터널 기반이 패킷 중심의 지점간 연결이면 된다. 이와 같은 L2TP는 IP(UDP 사용), 프레임 릴레이 PVC(permanent virtual circuit), X.25 VC(virtual circuit), ATM VC 등에서 사용할 수 있다.
- PPTP로는 두 종점 사이에 하나의 터널만 가능하지만 L2TP로는 두 종점 사이에 다수 개의 터널을 사용할 수 있으며, 이 때 L2TP를 사용하는 터널은 서비스의 품질에 따라 터널이 다르게 사용할 수 있다.
- L2TP는 헤더 압축을 제공하는데 헤더 압축을 사용하는 경우 L2TP는 4바이트의 Overhead로 수행하며, PPTP의 경우는 6바이트를 이용한다.

연 습 문 제 (객관식)

01. 정보 보안의 주요 목표는 정보에 대한 위협이란 허락되지 않은 접근, 수정, 노출, 훼손, 파괴 등으로부터 정보를 보호하는 것을 목적으로 한다. 여기서 정보 보안의 특성으로 거리가 먼 내용은?

㉮ 비밀성(Confidentiality) ㉯ 무결성(Integrity)

㉰ 이용성(availability) ㉱ 가용성(Availability)

해설
- 비밀성(Confidentiality) : 허락 되지 않은 사용자 또는 객체가 정보의 내용을 알 수 없도록 하는 것이다.
- 무결성(Integrity) : 허락 되지 않은 사용자 또는 객체가 정보를 함부로 수정할 수 없도록 하는 것을 말한다.
- 가용성(Availability) : 허락된 사용자 또는 객체가 정보에 접근하려 하고자 하는 경우 방해받지 않도록 하는 것이다.

답 ㉰

02. 디지털 워터마킹은 멀티미디어 콘텐츠 보호를 위한 것으로 기본적인 특성이라고 할 수 없는 것은?

㉮ 강인성 ㉯ 안전성

㉰ 비인지성 ㉱ 신뢰성

해설
- 원천 데이터에 워터마킹으로 인해 어떠한 형태의 인식할 만한 손상이 일어나서는 안 되는 비인지성
- 허가 받은 상태에서만 워터마크에 대한 접근이 가능해야만 하는 안정성
- 워터마크를 제거하려는 공격에도 보호 기능을 유지할 수 있는 강인성

답 ㉱

03. Web 해킹이 방법 중 공격자가 웹 응용을 이용해서 다른 최종 사용자에게 자바스크립트와 같은 악성 데이터를 전송하는 경우 발생하는 경우에 필요한 내용을 설명하는 것에 해당하는 것은?

㉮ DDOS ㉯ Dead Lock state

㉰ Cross Site Scripting(XSS) ㉱ Buffer overflow

해설 XSS(Cross Site Scripting)는 게시판, 웹 메일 등에 삽입된 악의적인 스크립트에 의해 페이지가 깨지거나 다른 사용자의 사용을 방해하거나 쿠키 및 기타 개인 정보를 특정 사이트로 전송시키는 공격을 말한다.

답 ㉰

04. 다음의 설명 중에서 그 내용이 틀리는 것은?

㉮ 대칭키(비밀 키)는 암호화키와 복호화키가 동일하다.

㉯ 대표적인 대칭키 암호화 시스템으로 DES을 들 수 있다.

㉰ 비대칭 공개키 방식으로 RSA를 들 수 있다.

㉱ 비대칭 암호화에는 비밀키를 복호화에는 공개키를 사용한다.

해설 비대칭 암호화에는 공개키를 복호화에는 비밀키를 사용한다. 답 ㉱

05. 다음에서 설명하는 내용이 틀린 것은?

㉮ DOI가 디지털 콘텐츠에 부여하는 국제표준 도서번호(ISBN)나 일종의 바코드와 같다.

㉯ Digital watermarking은 디지털 콘텐츠에 저작권자의 고유마크(fingerprint)를 삽입하는 기술을 말한다.

㉰ DOI의 구조는 Prefix와 Suffix로 구성된다.

㉱ Suffix는 등록관리 기관 번호와 등록 기관 번호

해설
- Prefix는 등록관리 기관 번호와 등록 기관 번호
- Suffix : 등록 기관이 자율적으로 부여하는 번호

답 ㉱

06. 다음 중 VPN의 요소 기술에 대한 설명으로 거리가 먼 것은?

㉮ Layer 2 터널링 프로토콜은 Client to LAN 환경에 적합하다.

㉯ VPN 통신 주체 상호간에 암호화, 복호화를 위해 ISAKMP 프로토콜을 이용한다.

㉰ 데이터 암호화, 캡슐화를 통해 전송 데이터의 내용을 외부로부터 보호하는 기술을 터널링이라고 한다.

㉱ Layer 2 터널링 프로토콜은 PPTP, L2TP, IPsec 등이 해당한다.

해설 가상 사설망(VPN, virtual private network) : VPN은 공중 통신망 기반시설을 터널링 프로토콜과 보안 절차 등을 사용하여 개별기업의 목적에 맞게 구성한 데이터 망으로 VPN은 오직 한 회사에 의해서만 사용될 수 있는 자체 망이나 전용회선과 대비되는 개념으로 VPN을 모든 회사들이 개별적으로 회선을 임대하는 것보다는 공중망을 공유함으로써 비용은 감소하면서 마치 전용회선과 같은 서비스를 제공하려는 생각에서 비롯된 것이라고 할 수 있다.

VPN을 원하는 회사들은 주로 Extranet이나 넓은 지역에 퍼져있는 지사들 간의 Intranet에 이를 이용한다.

VPN은 공중망을 통해 데이터를 송신하기 전에 데이터를 암호화하고, 수신측에서 복호화 한다. 암호화는 데이터 뿐 아니라, 부가적인 차원의 보안으로서 송수신지의 네트워크 주소도 포함하게 된다. 답 ㉯

07. IPS(Intrusion Prevention System)에 대한 설명이 틀린 것은?

㉮ 침입을 실시간으로 탐지 및 차단으로, 알려지지 않은 유형의 침입을 자체 학습기능을 통해 차단 하고자 하는 보안 시스템이다.

㉯ 호스트 기반 IPS는 네트워크 상의 Line에서 침입방지 기능을 구현한다.

㉰ 실시간 침입차단이 불가능한 IDS의 한계를 극복하기 위해 등장

㉱ Worm 트래픽의 실시간 차단에 많이 활용된다.

해설 침입 방지 시스템(IPS, intrusion prevention system)은 잠재적 위협을 인지한 후 이에 즉각적인 대응을 하기 위한 네트워크 보안 기술 중 예방적 차원의 접근방식에 해당한다. IPS 역시, 침입 탐지 시스템인 IDS와 마찬가지로 네트워크 트래픽을 감시한다. 공격자가 일단 액세스 권한을 획득하고 나면 시스템의 악의적인 이용이 매우 빠르게 진행될 수 있기 때문에, IPS 역시 네트워크 관리자가 설정해 놓은 일련의 규칙에 기반을 두고 즉각적인 행동을 취할 수 있는 능력을 가지고 있어야 한다. 이를 위하여, IPS는 어떤 한 패킷을 검사하여 그것이 부당한 패킷이라고 판단되면, 해당 IP주소 또는 포트에서 들어오는 모든 트래픽을 봉쇄하는 한편, 합법적인 트래픽에 대해서는 아무런 방해나 서비스 지연 없이 수신측에 전달한다.

따라서 문제의 보기 ㉯ 내용은 네트워크 기반 IPS에 대한 설명을 나타내는 것이다. **답** ㉯

08. Digital Watermarking을 적용하기 위한 기법 중 영상 데이터의 공간 영역에 대해서 Watermarking을 삽입하는 기법에 해당하는 것은?

㉮ MPEG domain watermarking

㉯ DCT(Discrete Cosine Transform)

㉰ FFT(Fast Fourier Transform)

㉱ LBS(Least Significant Bit) Coding

해설 디지털 워터마킹 기법

- 영상 워터마킹 기법
  - 공간 영역
  - 주파수 영역
- 비디오 워터마킹 기법
  - MPEG 도메인 워터마킹 : MPEG 압축 비디오에 워터마크 삽입
  - Scene 기반 워터마킹 : 동영상을 Scene로 구분한 후 Scene 단위로 워터마크 삽입
- 텍스트 워터마킹 기법
  - Open Space : 텍스트 내의 Space의 개수를 조절하여 워터마크 삽입
  - Syntatic 방식 : Encoding하는 정보의 비슷한 단어를 사용

답 ㉱

09. 다음 중 IPsec 보안 프로토콜에 대한 설명으로 거리가 먼 내용은?

㉮ AH는 IP datagram에 대한 인증, 무결성, 재전송 공격 방지 기능을 제공하게 된다.

㉯ 터널 모드는 ESP 헤더 내 IP datagram 전체를 캡슐화한다.

㉰ 트랜스포트 모드는 데이터 링크 프레임에 대한 캡슐화 기능을 제공하게 된다.

㉱ ESP는 IP datagram에 대한 기밀성, 인증, 무결성, 재전송 공격 방지 기능을 제공하게 된다.

해설 IPsec 보안 프로토콜

- AH : IP datagram에 대한 인증, 무결성, 재전송 공격 방지 기능을 제공
- ESP(Encapsulation Security Payload) : ESP는 기본적으로 암호화를 위한 것이지만 인증도 사용

하려면 Trailer를 붙여서 사용하면 이와 같은 암호화에는 대칭키 방식을 이용하게 된다.
IP datagram에 대한 기밀성, 인증, 무결성, 재전송 공격 방지 기능을 제공하며 이용되는 모드의 형태는 다음과 같다.

◦ Tunnel Mode : ESP 헤더 내 IP datagram 전체를 캡슐화
◦ Transport Mode : ESP 내이 상위 계층(TCP, UDP)에 대한 캡슐화

답 ㉰

10. 생체 인식기술을 특징으로 분류하는 경우 신체적 특징에 해당되지 않는 것은?

㉮ 망막인시 ㉯ 음성인식
㉰ 지문인식 ㉱ 정맥인식

해설 생체인식 기술의 특징

- 신체적 특징 : 지문인식, 얼굴인식, 망막인식, 홍채인식, 정맥인식
- 행동적 특징 : 서명인식, 음성인식

답 ㉯

11. 국가가 인정하는 공인인증 기관(NPKI, Nation PKI)이라고 할 수 없는 것은?

㉮ 금융결재원 ㉯ 한국정보인증
㉰ 한국전산원 ㉱ 정부전산 정보 관리소

해설 공개키 기반구조(PKI, Public Key Infrastructure)는 공개키 알고리즘을 통한 암호화 및 전자서명을 제공하기 위한 복합적인 보안 시스템 환경을 말한다. 즉, 암호화와 복호화키로 구성된 공개키를 이용해 송수신 데이터를 암호화하고 디지털 인증서를 통해 사용자를 인증하는 시스템을 말한다. 공개키 암호의 상용화를 위해서는 무엇보다 키의 생성과 인증이 필요하며 이런 것들의 분배와 안전한 관리를 위한 체계를 PKI라고 하는데 PKI의 구성요소로

- 여기에는 공개키에 대한 인증서를 발급하는 인증기관
- 사용자들의 인증서 신청 시 인증기관 대신 그들의 신분과 소속을 확인하는 등록기관
- 인증서와 사용자 관련 정보, 상호 인증서 및 인증서 취소 목록 등을 저장 · 검색하는 장소인 디렉토리
- 다양한 응용에서 공개키를 이용하여 전자서명을 생성하고 검증하며 데이터에 대한 암호, 복호를 수행하는 사용자

등이 포함하게 된다.

여기서 PKI에 대한 국내 인증기반의 구조는 다음과 같은 것을 들 수 있다.

- NPKI(Nation PKI, 국가 공개키 기반구조)
  ◦ 한국 정보보호 진흥원(KISA)에서 일반 국민의 전자상거래(EC)를 운영하는 전자인증 체제
  ◦ 국가가 인정하는 공인인증 기관은 금융결재원, 한국정보인증, 한국증권전상, 한국 전자인증, 한국전산원, 한국무역 정보통신 등의 6대 공인 인증기관
- GPKI(Government PKI, 정부 공개키 기반구조)
  ◦ 행정자치부(GCC,정부전산 정보 관리소)에서 공무원의 행정업무를 위해 운영하는 전자인증 체제
  ◦ 전자정부 구현을 위한 민원서비스 혁신(G4C)일환으로 추진한 것으로 여기서 G4C는 정부의

민원서비스 혁신을 위해 주민, 부동산, 자동차, 기업, 세금 등 5대 민원분야에 대해 민원인이 직접 행정기관을 방문하지 않고 Online을 통해 처리 하도록 하는 대국민 서비스를 말한다.

답 ㉱

12. IPsec(IP secutity protocol)에 대한 설명 중 그 내용이 적합하지 못한 것은?

㉮ IP 보안 프로토콜(IPsec)은 IP망에서 정보를 안전하게 전송하는데 표준화된 3계층 프로토콜이다.

㉯ 주로 인증서 기반의 IPsec을 사용하여 암호화를 처리하기 때문에 보안이 매우 우수한 장점을 지닌다.

㉰ IPsec 이용상 주의 사항으로는 사설 IP 주소를 공인 IP 주소로 변환하는 경우에 이용하는 통신망의 주소 변환기인 NAT(Network Address Translation) 기능을 구비한 침입 차단 장치 등과의 공존 방법이 있다.

㉱ IPsec은 정보 보안이 우수한 인터넷을 안전한 통신을 실현하기 위해 이용되는 프로토콜이라고 할 수 있다.

해설 IPsec은 비교적 안전이 취약한 인터넷을 안전한 통신을 실현하기 위해 이용되는 프로토콜 즉, 인터넷상에서 전용 회선과 같이 이용 가능한 가상적인 전용회선을 구축하여 데이터를 도청당하는 것을 방지하는데 이용되는 프로토콜이라고 할 수 있다.

답 ㉱

13. 다음은 RAID에 대한 설명이다. 설명 중 거리가 먼 것은?

㉮ RAID는 데이터를 분할해서 복수의 자기 디스크 장치에 대해 병렬로 데이터를 읽는 장치 또는 읽는 방식을 말한다.

㉯ RAID의 형태는 크게 하드웨어 RAID와 소프트웨어 RAID로 구분된다.

㉰ RAID의 장점이라면 제한된 용량으로 디스크의 제약을 극복하고 신뢰성을 높일 수 있다.

㉱ RAID 0은 디스크에 분산하여 기록하며 데이터를 Parity없이 구성한다.

해설 RAID의 장점

- 제한된 용량으로 디스크의 제약을 극복하고 가용성을 높일 수 있다.
- 하나의 입출력 요구를 다수의 디스크로 분산된 병렬 처리 형태이기 때문에 특정한 상황에서 효율성을 증가시키는 것이 가능하게 된다.

답 ㉰

제7장 | Ubiquitous 신기술

7.1 | Ubiquitous 기술

7.1.1 Ubiquitous computing

(1) 개요

Ubiquitous computing은 사용자가 네트워크나 컴퓨터를 의식하지 않고 언제, 어디서나 무슨 기기를 통해서도 컴퓨팅이 가능한 것을 의미하는 용어이다. 즉, 언제 어디서든지 어떤 사물을 통해서도 컴퓨터를 활용할 수 있음을 가리키는 말이라고 할 수 있다.

그리고 Ubiquitous 개념은 차세대 컴퓨팅 비전으로 제시한 인간 중심의 컴퓨팅 기술 즉, 사용하기 쉬운 컴퓨터 개념에서 비롯되었다.

따라서 네트워크와의 연결, 이동성, 그리고 사용자인 인간중심이 핵심요소가 된다.

(2) 기반 기술

① Embedded 기술 및 개인 인증, 보안 기술을 지닌 컴퓨터
② IPv6, 무선 LAM등의 Seamless한 네트워크
③ 인간 중심의 인터페이스 기술
④ WWW, WAP, XML 등의 응용 망 기반

(3) 특징

① 인간화된 인터페이스로 눈에 보이지 않아야 한다.

② 가상공간이 아닌 현실 세계의 어디서나 컴퓨터의 사용이 가능해야 한다.

③ 사용자 상황에 따라서 서비스가 변해야 한다.

7.1.2 U-city

(1) 개요

① U-city는 도시기능과 관리의 효율화를 위해 기존 정보인프라를 혁신하고 Ubiquitous 기술을 기간시설에 접목시켜 차별화된 산업 전략을 통하여 경제성을 추구하고, 도시 내에 발생하는 모든 업무를 실시간으로 대처하고 정보통신 서비스를 제공하여, 거주민도시 생활을 편리하고 안전하며 안락한 생활을 제공하기 위한 새로운 개념의 도시라고 할 수 있다.

② 기존의 도시 공간에 첨단 IT 인프라 시스템과 Ubiquitous 정보 서비스를 적용하여 보다 도시 생활의 편의 증대, 삶의 질적인 향상, 체계적인 도시 관리를 통한 안전보장, 시민복지 향상 그리고 새로운 산업 등을 창출하여 도시의 제반 기능을 혁신시키는 차세대 정보화 도시를 말한다.

③ 한편 IT 기술의 발전으로 유비쿼터스(Ubiquitous)와 생태계(Ecosystem)의 합성어로 U-ECO CITY라고도 한다.

7.2 IT 관련 서비스

7.2.1 8대 신규 서비스

IT 839 전략에 관련해서 8대 신규 서비스의 형태는 WiBro, DMB/DTV, U-Home, Telemetric, RFID, W-CDMA, IT service, IPTV 등으로 구분된다.

(1) 와이브로(WiBro, Wireless Broadband Internet)

이동하면서도 초고속 인터넷을 이용할 수 있는 무선 휴대 인터넷으로 외국에서는 모바일 와이맥스(Mobile WiMAX)라고 하며, 보통은 무선광대역 인터넷, 무선초고속 인터넷, 2.3[GHz] 휴대 인터넷 등으로 불린다.

(2) DMB(Digital Multimedia Broadcasting)

이동통신과 방송이 결합된 새로운 방송서비스이다. 휴대폰이나 PDA에서 다채널 멀티미디어 방송을 시청할 수 있으며, DMB는 방송과 통신이 결합된 새로운 개념의 이동 멀티미디어 방송 서비스로, 전송 방식과 네트워크 구성에 따라 지상파 DMB와 위성 DMB로 구분된다.

(3) U-Home

시간과 장소 등에 제한을 받지 않고 언제 어디서나 인터넷 접속이 가능한 유비쿼터스 기술을 기반으로 하는 미래형 첨단형 주택을 말한다.

(4) Telemeteric

전파를 이용하여 원격 지점에 있는 측정기의 측정 결과를 자동적으로 표시하거나 기록할 수 있게 한 통신 설비를 말한다.

(5) RFID(Radio-Frequency IDentification)

전파를 이용해 먼 거리에서 정보를 인식하는 기술을 말한다.

(6) W-CDMA

W-CDMA은 3세대 이동통신 IMT-2000의 비동기식 기술을 말한다.

① **IMT-2000에서 취급하는 형태인 북미식의 동기식 방식**(CDMA2000)

㉠ 동기식은 GPS 위성을 이용해 음성이나 데이터를 전송한다.

㉡ 휴대폰을 이용하여 통화하는 경우 송화자와 수화자 측의 신호 주기가 일치해야 하는데, 동기식은 GPS 인공위성을 이용해 지상에 있는 이동통신 기지국의 신호 주기를 언제나 동일하게 만들어(동기화)주며, 비동기식의 경우는 통화할 때만 인위적으로

동기를 취하는 방법을 채택하고 있다.

② **유럽식인 비동기식 방식(W-CDMA)으로 구분된다.**

비동기식(W-CDMA, DS)은 기지국이나 중계국을 통해 서비스를 행하게 된다. 비동기식의 경우 가입자 수용능력에서 동기식에 다소 앞서지만 전송속도나 통화품질 등에서는 큰 차이가 없는 것으로 알려져 있다.

이들은 모두 CDMA 기술을 기반으로 하며, 음성 및 화상 서비스는 교환기를 통해서 처리하고 데이터 서비스는 인터넷망(IP)을 통해 처리하는 원리는 동일하다. 그러나 무선 주파수 및 데이터를 처리하는 과정이 달라 어떤 방식을 채택하느냐에 따라 단말기와 기지국, 시스템 등의 장비와 모뎀 칩 셋 및 무선 칩 등 내부 부품이 달라지고 방식이 다르면 호환이 불가능하게 된다.

(7) IT service

버스 정류장 곳곳에 BIS 시스템의 도입으로 편리하게 버스를 이용할 수 있는 서비스를 예로 들 수 있다.

(8) IPTV(Internet Protocol Television)

① IPTV의 개요

인터넷과 TV의 융합된 디지털 컨버전스(Convergence)의 한 유형으로 초고속 인터넷을 이용하여 정보 서비스, 동영상 콘텐츠 및 방송 등을 TV 수상기를 통해서 제공받는 서비스를 말한다.

IPTV는 초고속 인터넷망을 이용하여 제공되는 양방향 TV 서비스로 시청자가 자신이 편리한 시간에 보고 싶은 프로그램만 볼 수 있다는 점이 일반 케이블 방송과 다른 점이다. 따라서 TV 방송의 주도권이 방송사나 중계업자로 부터 시청자 중심으로 넘어가는 추세라고 할 수 있으며, 기존의 인터넷 TV와 다른 점이라면 컴퓨터 모니터 대신 TV 수상기를 이용하고, 마우스 대신 리모콘을 사용한다는 점이다.

㉠ IPTV를 이용하기 위해서는 TV수상기와 셋톱박스(Set top box), 인터넷 회선만 연결되어 있으면 된다.

㉡ IPTV는 비디오를 비롯한 방송 콘텐츠를 제공한다는 점에서는 일반 케이블 방송이나 위성 방송과 큰 차이점이 없지만, 양방향성이 추가된다는 것을 들 수 있다. 그리고 일반 공중파 방송이나 케이블방송 또는 위성방송과는 달리 시청자가 자신이 편리한

시간에 원하는 프로그램만 볼 수 있다는 것이다.

② IPTV의 특징

IPTV는 초기 투자비용이 많이 소요되며, IP망을 기반으로 초고속 인터넷, VoIP, IPTV가 종합된 TPS(Triple Play Service)로 발전하고 있다. 기존의 TV에 MEPG-2 및 MPEG-4로 압축된 디지털 정보를 전송, 전용 모뎀과 셋톱 박스를 연결하여 인터넷 검색, 영화감상, 예약 서비스 등과 같은 다양한 부가 서비스의 활용이 TV를 통해서 가능하게 된다.

㉠ IP 통신망 기반 서비스는 기존 IP 통신망을 기반으로 하여 방송 서비스를 제공하고 있다.

㉡ 쌍방향 서비스가 가능하며 소비자가 원하는 비디오 서비스(VOD) 뿐만 아니라 T 커머스(T-Commerce) 구현이 용이하다.

㉢ 개인화 서비스가 가능한 것으로 PTP(Point to Point) 전달 방식으로 개인화 된 채널을 볼 수 있으며, 개인화 된 TV 포탈 등장이 가능하게 된다는 것이다.

㉣ 번들 서비스가 용이하다. 즉 초고속 인터넷, VoIP와의 결합을 통해 번들 서비스가 용이하여 TPS 제공이 가능하며, 번들 서비스를 통하여 강력한 소비자 Lock-in 효과를 제공하게 된다.

③ 응용 분야

향후 IPTV는 지상파, 케이블 방송, 위성 방송 뒤를 잇는 제 4의 방송 매체로 양방향으로 고화질 TV 방송 서비스를 기본으로 다음과 같은 서비스가 가능하게 될 것이다.

㉠ 기존에 운용되는 유료 서비스와 유사한 형태의 다채널 방송 서비스인 방송 채널 서비스

㉡ 헤드엔드에 저장된 동영상 관련 정보를 이용자의 요구에 따라서 제공되는 서비스인 VOD

㉢ TV를 통한 정보 서비스인 데이터 방송의 양방향 서비스 인프라를 이용하며 기존 인터넷에 가능한 전자 상거래인 e-Commerce를 접목시킨 것을 말한다. 즉 TV의 장점과 e-Commerce의 장점을 모두 포함하는 서비스라고 할 수 있는 T-commerce

㉣ 인터넷의 다양한 정보를 TV에 적합하도록 다시 가공하여 On-demand 방식 및 방송 형태로 제공되는 서비스인 Walled Garden 서비스

㉤ 양방향 특성을 활용한 SMS(Short Message Service), TV 화상 회의 등의 응용 서비스인 Communication 서비스

④ IPTV Multicasting

IPTV 서비스를 위해서는 인터넷 프로토콜의 Multicast 개념을 이용하게 되는데 여기

서 Multicast는 한 번의 전송으로 수신자 그룹에 전송하는 One to Many 전송 방법을 말하는 것으로 IP Multicast는 다른 경쟁 기술에 비해서 최소의 대역폭을 이용하여 송·수신측에 추가적인 부담 없이 정보를 전송하는 것이 가능하게 된다. 특히 대역폭 점유가 큰 MPEG 동영상의 동시 전송 응용에서 Multicast가 유일한 전송 방법이 된다.

여기서 IP Multicasting의 장점을 고려하면 다음과 같다.

㉠ 네트워크 트래픽 제어, 서버 및 CPU의 부하 경감 등을 통하여 효율이 증가하게 된다.

㉡ 트래픽 낭비에 대한 배제로 성능의 최적화가 가능하다.

㉢ 분산된 어플리케이션으로 다수의 어플리케이션이 가능하게 된다.

그리고 단점을 고려하면 다음과 같다.

㉣ 기본적인 단방향 서비스라는 것과 신뢰성을 보장하기 위해서 설계 및 적합한 조건을 고려해야 하는 방법을 필요로 하게 된다.

㉤ 루핑에 의한 패킷 복제의 발생 가능성이 존재하게 된다는 것이다.

7.2.2 3대 첨단 인프라

3대 첨단 인프라의 형태는 BcN(Broadband convergence Network), USN(Ubiquitous Sensor Network), Soft infraware 등이 해당한다.

(1) BcN(broadband convergence network)

통신, 방송, 인터넷 등을 통합한 광대역 멀티미디어 서비스를 안전하게 제공할 수 있는 품질 보장형(QoS) 통합 네트워크를 뜻하는 것으로 BcN의 적용으로 보다 고속으로 인터넷을 이용하는 것과 함께 통신 및 방송 서비스의 질이 보다 크게 개선될 수 있다는 것이다.

BcN을 차세대 통합 네트워크(NGcN, Next Generation convergence Network)에 확대해 나가는 것을 목표로 하고 있으며, 차세대 네트워크(NGN, Next Generation Network)라고 할 수 있는 광대역 통합망은 서비스 계층을 비롯해 제어, 전송망·가입자망 등의 계층으로 구분하고, 표준 인터페이스에 의해 서로 접속된다.

(2) USN(Ubiquitous Sensor Network)

USN이란 필요로 하는 내용에 관련된 모든 것 혹은 어느 곳에서든지 RFID Tag를 장착하고 이를 통하여 사물에 대한 인식 정보는 물론 주변의 환경 정보까지 탐색하여 실시간으로 네트워크에 연결하여 정보를 관리하는 것을 말한다.

USN은 Ubiquitous Computing구현을 위한 기반 네트워크로 초경량, 저 전력 등과 같은 다수의 센서들로 구성된 무선 네트워크라고 할 수 있다. 하나의 네트워크로 연결되어 있는 수많은 센서들이 Field의 지리적, 환경적 변화를 감지하여 기지국(Base station)으로 그 정보를 전달한 후 Sensor Network Server를 통해 사용자에게 전달되는 방식으로 정보수집이 이루어진다.

USN을 통해서 시스템이 인간과 같이 다른 사물을 인식하고 주변 환경을 감지하게 하여 네트워크를 통해서 언제, 어느 곳에서 편리하게 정보를 확인하고 활용할 수 있게 한다. 이런 시스템은 생산, 유통, 물류와 같은 경제 활동, 의료서비스, 복지 서비스, 환경감시 시스템 등에 적용되어 인류의 삶을 더욱 윤택하게 하는 기술이라고 할 수 있다.

Sensor Network은 센서를 네트워크로 구성하는 것으로 무선 센서 네트워크(WSN, Wireless Sensor Network), USN으로 불리며, USN 기술을 실현하는 경우에 필요한 기술로 RFID, WSN 등의 내용을 포함하고 있으며, 모든 사물에 적용되는 임베디드(Embedded) 무선 네트워크 기술이라고 할 수 있다.

USN 실현을 위한 소프트웨어 플랫폼으로는 TinyOS, Nano Qplus, Contiki, LiteOS 등을 들 수 있으며, 다양한 표준과 프로토콜을 지원하는 것이 가능하다. 그리고 USN 관련 표준으로는 IETF의 6LoWPAN, ROLL과 함께 ZigBee, Wireless HART, ISA 등을 들 수 있으며, 향후 IPv6를 적용하는 USN 기술이 출현될 것이다.

여기서 USN에 대한 핵심기술을 고려하면 다음과 같은 것들을 들 수 있다.

① 외부의 정보나 환경을 인지하는 Sensing 기술
② 센서를 통해 얻은 정보를 분석하는 기술인 Processing 기술
③ 객체 상호간의 의사소통을 위한 통신 기술
④ 사용자와 제한된 입력 장치간의 의사소통을 위한 Interface 기술
⑤ 정보의 왜곡, 도청, 분식 등을 방지하기 위한 보안 기술
⑥ 타 시스템과의 연동을 위한 제어 소프트웨어인 Middleware 기술

(3) Soft infraware

Soft infraware는 IT의 융합과 복합을 보다 효과적으로 실현하여 신뢰성 있고 편리한 이용 환경을 제공하는 공통 기반의 소프트웨어 기반을 말한다.

7.2.3 9대 신 성장 동력

(1) 차세대 이동통신 / 텔레매틱스

UMTS(Universal Mobile Telecommunications System)은 유럽의 차세대 이동통신의 명칭으로 유럽에서 IMT-2000을 부르는 차세대 이동통신으로, 국제 이동전화 방식을 바탕으로 비동기식, 기술방식을 이용하는 개인 통신 서비스를 말한다. 비동기식은 유럽의 국제 이동전화 방식에 CDMA 기술을 일부 결합시켜 개발한 표준이라고 할 수 있다. 그리고 텔레매틱스(Telematics)는 자동차와 무선 통신을 결합한 새로운 개념의 차량 무선 인터넷 서비스로 다양한 이동통신 서비스 제공을 의미한다.

(2) 디지털 TV / 방송기기

디지털 TV/방송기기는 대형화면과 고화질, 입체음향 등의 고품질 방송을 제공할 수 있는 서비스를 말하는 것으로 지상파 DMB 송수신 단말은 음성, 영상, 데이터 서비스 등을 이동환경에서도 제공하기 적합한 기술로 언제 어디서나 통신과 방송의 융합 서비스를 제공하기 위한 DMB 전송 시스템 및 단말기 등을 이용하고 있다.

(3) 브로드밴드 / 홈 네트워크 기기

브로드 밴드는 초고속 인터넷으로 브로드밴드 네트워크는 FDM 기법을 이용해 하나의 전송매체에 여러 개의 데이터 채널을 제공하는 것을 의미하며, 홈 네트워크 기기는 가정내의 정보 가전제품을 하나의 네트워크로 연결하여 시간 및 장소에 영향을 받지 않고 자유롭게 사용할 수 있도록 하는 물리적 네트워크 기술을 말하는 것이다.

(4) IT SOC / 융합부품

SOC는 사용자가 요구하는 IT 시스템과 반도체가 결합된 기술로 마이크로프로세서, 디지털 신호처리(DSP), Embedded S/W등을 하나의 칩으로 하여 칩 자체가 하나의 시스템으로 동작하도록 만든 칩을 말한다.

(5) 차세대 컴퓨팅 / 주변기기

차세대 컴퓨팅은 필요로 하는 IT 자원에 대해서 인위적인 추가적 개입 없이 원하는 만큼의 IT 인프라를 언제 어디서나 용이하게 확장할 수 있는 소프트웨어 플랫폼을 추구하는데 있으며, 컴퓨팅 자체보다는 일의 본질에 더 많은 노력을 할 수 있는 인간 중심의 생활에 기여하기 위한 기술을 말한다.

(6) 임베디드 SW

Embedded 시스템은 컴퓨터의 경우처럼 연산을 하는 시스템이 아니고 각종 기기를 제어하는 것을 목적으로 하는 시스템으로 예를 들면 핸드폰, MP3, PMP 등과 같은 모바일 제품 및 가정용 기기나 차량에 내장되는 제어 시스템 등이 이에 해당하게 된다. 현재의 기기들은 복잡한 프로그램들이 필요로 하게 되는 상황에서 다양한 프로그램들에 대한 제어 및 각종 리소스를 운용하는 것이 Embedded OS라고 할 수 있는데 이와 같은 운용체제(OS)에서 운용되는 각종 프로그램들을 Embedded S/W라고 한다.

(7) 디지털콘텐츠 / SW 솔루션

디지털콘텐츠 제작 · 이용 · 유통 시스템, 문화콘텐츠, Embedded SW, 지능형 종합물류 시스템 등을 말한다.

(8) RFID / USN 기기

RFID/USN 기기는 사물을 인식하고 상황을 감지하여 유용한 정보로 처리하는 기기로서, RFID 칩, 태그, 리더 및 USN 센서, 노드 등을 포함하는 기술을 말하는 것으로 RFID 기기의 경우 기본 기능으로는 태그 및 리더 등을 이용하며, USN 기기는 개별 소자의 기능 구현을 위한 것이다.

(9) 지능형 로봇

지능형 로봇(Intelligent Robots)은 외부환경에 대해서 스스로 인식(Perception)하고, 상황을 판단(Cognition)하여, 자율적으로 동작(Manipulation)하는 로봇을 의미하는 것으로 기존에 이용되는 로봇과는 차별화된 것으로 기존의 로봇에 상황 판단 기능과 자율 동작 기능이 추가 된 것이다. 여기서 상황판단 기능은 환경인식 기능과 위치인식 기능 등으로 구분되며, 자율동작 기능 역시 조작제어 기능과 자율이동 기능 등으로 구분된다. 따라서 이와 같은 4가지 기능을 가능하게 하는 기술을 지능형 로봇의 4대 중점 기술이라고 할 수 있다.

7.3 | RFID

7.3.1 RFID의 개념

(1) RFID(Radio Frequency IDentification) 기술

RFID 기술은 전파를 이용해 먼 거리에서 정보를 인식하는 것으로 RFID를 운용하기 위해서는 RFID Reader와 Tag와 RFID 판독기를 필요로 하게 된다. 여기서 RFID Reader와 Tag는 안테나와 집적회로로 구성되며, 집적회로 내에 정보를 기록하고 안테나를 통해서 판독기에 정보를 송신하도록 한다. 이들 정보는 RFID Reader와 Tag가 부착된 대상(물체)을 식별하는데 이용된다.

RFID Reader와 Tag는 제품의 생산 및 유통 과정의 모든 정보를 저장, 안테나와 리더기는 정보수집기능을 수행하고, 이는 유무선 통신망과 연결된다.

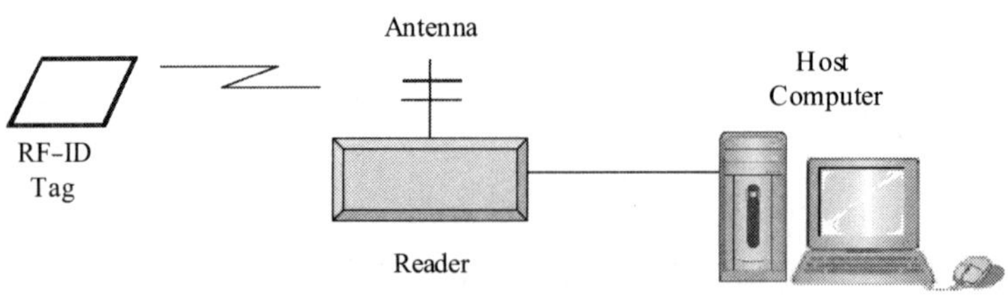

〈그림 7.1〉 RFID 시스템 구성도

① RFID는 기존에 이용하고 있는 바코드(Bar code)와 비슷한 기능을 하는 것으로 RFID가 바코드 시스템과 다른 점이라면 바코드의 경우는 빛을 이용하여 판독을 행한다면 RFID의 경우는 빛 대신 전파를 이용한다는 것이다.

따라서 RFID는 바코드 판독기의 경우처럼 짧은 거리에서만 작동하지 않고 먼 거리에서도 Reader와 Tag를 읽을 수 있으며, 사이에 있는 물체를 통과하는 경우에도 정보를 수신하는 것이 가능하게 된다.

② RFID는 바코드의 대체품으로서 주목을 받고 있는데 RFID Reader와 Tag는 메모리로 집적회로를 사용하기 때문에 단순한 음영으로 정보를 기록하는 바코드보다 더 다양한 정보를 수록할 수 있다는 것이다. 따라서 RFID는 바코드의 경우처럼 단순히 물건의 종류만 식별하

는 것이 아니라 개개의 사물에 대해서 일련번호를 부여할 수 있게 된다는 것이다. 이와 같은 기능을 통하여 상품에 대한 재고현황 등을 관리하는 경우에 효과적이라고 할 수 있다.

(2) RFID 개념

마이크로 칩을 내장하여 주파수 변조(RF, Radio Frequency)방식으로 안테나와의 교신을 통하여 근거리 및 원거리에서 읽고 쓰기가 가능한 무선 인식 기술을 적용한 인식표(Memory Label), 제조 과정이나 유통 과정의 물품에 부착하거나, 사람이 소지하고 있는 RF 안테나에 접근하면 비접촉식으로 식별하여 필요한 정보를 저장, 변경할 수 있는 Read/write 기능을 가지고 있다.

RFID의 서비스는 사물에 RFID 물체에 Reader와 Tag를 부착하고 부착된 사물에 대한 정보(Identification) 및 주변 환경 정보를 자동으로 수집하여 활용하는 것으로 USN(Ubiquitous Sensor Network) 인프라를 기반으로 일상생활에 적용하여 정보화를 침투, 확산시켜 유비쿼터스 서비스를 제공하게 된다.

참고

EPC(Electronic Product Code)

국제표준화기구인 EAN.UCC System 산하의 EPC global이 표준을 관리하고 있는 것으로 차세대 바코드라고 할 수 있다. 이는 각 제품마다 고유의 일련번호를 부여하는 새로운 제품 번호 표준이다. RFID Reader와 Tag에 내장되어 있는 코드로서 비트 크기에 따라 EPC-64, EPC-96, EPC-256 버전 등으로 구분되며, EPC-96의 경우는 96비트로 구성되어 있다.

- 코드의 종류를 구분하는 버전헤더 8비트
- 제조업체 번호 28비트, 제품번호 24비트, 일련번호 36비트

기존 Bar code는 제품군에 따라 동일한 Bar code 번호를 갖고 있지만, EPC는 제품 하나하나 마다 고유한 번호가 부여되며, 각종 정보가 저장된 데이터베이스와 연계되어 가격이나 제조업체, 제품의 위치정보까지 알 수 있다. 현재 이용되고 있는 UPC(Universal Product Code)코드의 차세대 버전이라 할 수 있다.

7.3.2 RFID의 분류

RFID의 형태는 Reader와 Tag의 Read/Write 능력, Reader와 Tag의 전원 유무 그리고 무선 주파수 대역에 따라 다음과 같이 구분된다.

(1) Read / Write 능력에 의해서

① 읽기 전용(Read Only)

제조하는 과정에서 프로그램 및 관련 정보 내용을 변경하는 것이 불가능한 것으로 비교적 저가로 단순하게 물체를 인식하는 경우에 이용하게 된다.

② 한번 쓰고 여러 번 읽기(WORM)

사용자가 필요한 데이터 및 정보를 기록 한 후에 이용하는 것으로 변경이 불가능한 형태이다.

③ 읽기 쓰기형(Read / Write)

여러 번 기록 및 데이터 변경이 가능하며, 고가로 다양한 분야에서 활용되는 형태이다.

(2) 태그의 전원 유무에 따라서

사용하는 동력에 따른 구분으로 사용되는 Tag는 각 개체에 대한 정보를 담고 있는 것으로 각각의 Reader와 Tag에는 RFID 칩이 탑재되어 있으며, 그리고 Reader와 Tag에는 RFID 칩이 동작하는데 필요한 전원과 Reader와 Tag의 안테나를 통해서 무선 신호를 송신하는데 전원이 공급되도록 안테나와 칩이 연결되어 있다. 이 때 Reader와 Tag에서 사용되는 동력에 따라서 다음과 같이 구분된다.

① 수동형 RFID 태그(Passive RFID Tag)

자체적인 전력 공급원이 없는 형태로 RF 시그널에 접근하면 안테나로 미세 전류가 흘러와 Reader와 Tag의 CMOS IC를 구동하는 형태이다. 수동형 RFID 칩은 비휘발성 기억 장치인 EEPROM을 장착하여 데이터를 저장한다. 즉 오직 판독기의 동력만으로 칩의 정보를 읽고 통신하는 RFID를 수동형(Passive) RFID라고 한다.

㉠ Reader와 Tag내에 전원(배터리)가 없으며, 상호 유도 방식으로 1[m]이내의 근거리 통신으로 코일 안테나를 이용하여 Reader와 Tag의 IC chip이 동작하는데 모든 에너지를 Reader에 의해서 공급 받게 되는 형태이며 반 이중 통신 방식을 적용하며, 셀 반경이 작다는 것이 특징이다.

㉡ 자체적인 전력 공급원이 없으므로 크기가 매우 작다.

㉢ 피부 밑에 삽입하는 형태의 Reader와 Tag도 상용화되어 있다.

㉣ 수동형 RFID Reader와 Tag는 수명이 반영구적이다

② 반 수동형(Semi-passive) RFID Tag

수동형 Reader와 Tag와 매우 유사하나 작은 배터리를 장착하고 있는 것이 특징이다.

자체적으로 IC에 전력을 공급하므로 외부로부터 전원을 취하기 위한 별도장치가 필요없다. 따라서 안테나도 후방산란 신호를 방출하는 것에만 최적화되도록 설계되어 있다.

즉, Reader와 Tag에 건전지가 내장되어 있어 칩의 대한 정보를 읽는 경우에 그 동력을 사용하고, 일부는 통신에 이용되는 판독기의 동력을 사용하는 형태를 말한다.

금속 및 액체가 많은 환경에서는 수동형보다 반수동형 Reader와 Tag가 적합하며 금속 및 액체는 일반적으로 RF를 산란시키는 효과가 있어 자체적으로 에너지원을 갖춘 반수동형에서 읽기효율이 높다.

③ 능동형 RFID 태그(Active RFID Tag)

자체적인 전력원을 가지고 있어, IC의 구동 및 시그널 방출에 사용된다. 일반적으로 능동형 Reader와 Tag는 수동형에 비해 에러 율이 적다. 또한, 상대적으로 많은 전력에너지를 활용하기 때문에 RF가 산란되기 쉬운 환경에도 적합하며 비교적 먼 거리에서도 데이터 송·수신이 가능하다.

즉, 칩의 정보를 읽고 그 정보를 통신하는 경우 모두 Reader와 Tag의 동력을 사용하는 것으로 즉, Reader와 Tag에 배터리가 부착 된 것으로 전자기파 방식이며, 장거리 전송이 가능하지만 Reader와 Tag 가격이 고가로 전원의 수명에 따라 사용 기간이 제한 받으며, 전 이중 방식을 적용하며, 수동형에 비해서 셀의 반경이 크며, 그리고 이론적으로 Tag의 안테나를 크게 하고 Reader의 송신 출력을 크게 하면 Reader와 Tag와 Reader 사이의 통신 거리를 보다 멀어질 수가 있게 된다.

㉠ 능동형 Reader와 Tag 배터리의 수명은 대체로 1년 이상이다.

㉡ 최근에 출시되는 능동형 Reader와 Tag에는 센서가 장착되어 있어 온도, 습도, 진동, 충격, 공전장애 등을 감지하고 경고신호를 보낼 수도 있다.

〈표 7.1〉 능동형과 수동형 RFID Reader와 Tag의 비교

구 분	능동형 태그	수동형 태그
전원(배터리)	내장(수명 : 1년 이상)	없음
범위	10~30[m]	0.3~2[m]
크기	크다	작다
통신형태	지속적인 송신	리더기에 의한 작동
외부 간섭 및 에러	적다	많다

(3) 사용되는 무선 주파수 대역에 따라서

RFID를 사용되는 동력 대신 실제 통신에 사용하는 전파의 주파수에 따른 구분으로

Reader와 Tag 사이에 통신을 위해서 이용되는 주파수의 형태에 따라서 분류하게 된다. 여기서 이용되는 각 대역에 대한 특성을 살펴보면 다음과 같다.

① 135[KHz] 이하

공장 자동화(FA), 동물 인식 등을 인식하기 위한 근거리 용도로 사용하는 것으로 시스템이 비교적 저가이다.

② 13.56[MHz]

㉠ 주로 IC카드, 신분증 등을 인식하는 경우에 이용되는 것으로 1[m]이내에서 활용하는 것이 가능하며 비교적 데이터 전송에서 신뢰성이 우수하다.

㉡ 주파수대역 중 보건의료 등 산업용으로 사용되는 주파수는 13.56[MHz]이다. 이는 HF (High Frequency)주파수대가 금속 및 수분에 견디는 성질이 강하고 관리가 용이하다.

③ UHF 대

㉠ 433[MHz](Active), 860~950[MHz] 대역을 이용하며, 마이크로파 대역에 비해서 무선 인식 성능이 우수하다.

㉡ 물류, 교통 분야에서는 900[MHz]대의 주파수를 주로 이용하는데 이는 읽기 거리가 길고 다중 인식 태그 기능 등과 같은 Reader와 Tag 성능이 우수하기 때문이다.

④ **마이크로파 대**

㉠ ISM 대역인 2.5[GHz]를 이용하는 것으로 UHF 대역에 비해서 금속 적용 환경 분야에서 인식이 다소 감소하게 된다.

㉡ 2.4[GHz]대의 RFID는 무선 LAN의 주파수대와 겹치므로 사용이 제한되고 있지만 무선 LAN 인프라를 이용한 실시간 위치추적 시스템에 이용되고 있다.

참고

RFID를 동력 대신 통신에 사용하는 전파의 주파수에 따른 구분

- LFID(Low Frequency IDentification) : 낮은 주파수를 이용하는 RFID를 LFID(Low-Frequency IDentification)이라 하는데, 120~140[kHz]의 전파를 사용한다.
- HFID(High Frequency IDentification) : 13.56[MHz]를 사용하며, 그보다 한층 높은 주파수를 이용하는 장비이다.
- UHFID(Ultra High Frequency IDentification) : 868 ~ 956[MHz] 대역의 전파를 이용한다.

〈표 7.2〉 RFID 사용주파수 대역별 특징

주파수 대역	범위	특 징
125~134[KHz] (LF)	~0.5[m]	• 환경에 의한 성능저하 적다. • 읽기거리가 짧다. • 인식 속도가 저속이다
13.56[MHz] (HF)	~1.0[m]	• 환경에 의한 성능저하 적다. • EPC표준
433.9[MHz] (UHF)	~100[m]	• 환경에 의한 성능저하 적다. • 전파성능이 우수하다.
860~960[MHz] (UHF)	~10[m]	• 금속 및 액체제품에서 성능이 떨어진다. • 읽기거리가 길다 • EPC표준
2.4[GHz] (Micro Wave)	~30[m]	• 금속제품에서 성능이 우수하다. • 읽기거리가 길다 • 인식 속도가 고속이다. • 가장 고가이다.

7.3.3 RFID 시스템

(1) RFID 시스템의 구성 요소

RFID 시스템을 도입하여 운용하는 목적은 RFID Reader와 Tag를 이용하여 수집된 정보를 활용하여 보다 효율적인 관리 및 제품의 이력 등을 체계적으로 관리하는데 있다고 할 수 있다. 여기서 RFID 시스템을 구성하는 요소와 특징을 정리하면 다음과 같다.

① **안테나(Antenna)**

RFID 안테나는 Reader와 Tag 각각에 설치하여 Reader와 Tag 사이의 무선 신호를 전송하는 경우에 이용되는 역할을 담당하게 된다. 일반적으로 안테나의 형태는 저주파 및 고주파의 경우는 원형 코일로 제작하며, 초고주파 및 마이크로파용으로 이용되는 안테나의 경우는 평면형으로 제작된 것을 이용하게 된다.

② **판독기(Reader)**

트랜시버(Transceiver)로 송수신기를 말한다.

③ **트랜스폰더(Transponder)**

일종의 Tag로 중계기(Repeater) 역할을 하게 된다.

(2) RFID 동작 원리

RFID는 사람, 차량, 상품 등에 대해서 비접촉식 Tag를 이용하여 인식하는 기술로 여기서 비 접촉식 Tag란 마그네틱 혹은 IC카드 처럼 접촉 없이 RF 신호만으로 인식하는 것을 말한다. RFID 동작에 대한 기본적인 동작 원리는 주로 사용되는 수동형 Tag를 이용하는데 여기서 수동형 Tag에 대한 경우를 살펴보면 다음과 같다.

① RF 캐리어 신호를 Tag에 송신하게 되면 해당 Reader와 Tag는 그 신호를 먼저 진폭 변조(AM) 혹은 위상 변조(PM)를 행한 후 Tag에 저장된 데이터를 특정 캐리어 주파수 신호로 리더에 되돌려 준다.

② Tag로부터 신호를 되돌려 받은 Reader는 이 변조 신호에 대해서 검파 및 복호화 과정을 통하여 Tag의 정보를 해독하게 된다.

현재 RFID 기술은 다양한 분야에 활용할 수 있는 것은 사실이지만 RFID의 활용에 있어서는 발생할 수 있는 문제점과 부작용에 관련된 정해진 국제적 규격이 없다. 즉, 각 국가에서 사용하는 주파수가 달라 서로 호환성이 없다는 것이다.

참고

EMI(Electro Magnetic Interference)

■ 전자파 장해를 설명하는 것으로 전자기기로부터 부수적으로 발생된 전자파가 그 자체의 기기 또는 타 기기의 동작에 영향을 미치는 것을 말한다. 예를 들면 전자 회로에서 이용되는 클록 펄스 발생기는 수많은 고조파(Harmonics) 성분을 포함하고, 이러한 고조파 성분은 공간으로 방사되거나 전력선을 통해 전도되어 근처 TV 수상기의 화면이나 음성의 질을 떨어뜨릴 수 있다. 전자파 잡음(무선주파수 잡음)은 원하지 않는 전자파 에너지로서 무선 주파수 범위는 10[KHz]~3,000[GHz]로 전파법에서 정의하고 있다. 대부분의 전자기기는 정도의 차이는 있지만 전자파 잡음을 발생하며, 발생된 전자 에너지는 어떠한 매질의 경로를 통해 타 기기에 방해를 주게 된다. 이와 같이 타 기기에 전자파 장해를 끼치는 것을 능동적 장해라 한다. 이에 반하여 대부분의 전자기기는 외부로부터 침입한 전자파 잡음에 의해 장해를 받는데 이러한 장해를 수동적 장해라 한다.

EMS(Electro Magnetic Susceptibility)

■ 전자파 내성을 설명하는 것으로 일정한 정도의 전자파 장해(EMI)가 일어나도 전자기기가 정상적으로 작동될 수 있는 전자파 내성. 전자파 장해로부터 보호받을 수 있는 전자기기의 보호기준을 정하기 위한 개념이다. 갈수록 다양한 전기, 전자제품의 이용이 증가함에 따라 유해 전파환경이 문제가 되고 있어 전자파 간섭에 대한 내성을 강화하고 있다.

EMC(Electro Magnetic Compatibility)

■ 전자파 적합성을 설명하는 것으로 EMI와 EMS에 대해서 양립성을 지니는 것으로 주변 환경에 대한 전자파 간섭의 허용 범위를 준수하면서도 기능은 완벽하게 수행하는 능력, 즉 전자기적 주위환경에 영향을 받지 않고 다른 것에 영향을 주지도 않는 것들을 총칭하는 것이다. 모든 전자기기들은 기기 본래의 기능을 최대한 발휘시키는 동시에 자체에서 발생하는 전자파 방해를 억제하여 다른 시스템에 나쁜 영향을 주지 않도록 할 필요가 있으나, 그 때문에 전자파 방사를 극도로 줄이거나 전자파 방해에 대한 내성을 과다하게 설계하는 것은 많은 경제적 부담을 수반하게 되므로 전자파 장해(EMI)와 전자파 내성(EMS)의 적절한 조화와 균형이 필요하다.

7.3.4 RFID 검색 서비스(MDS)

(1) MDS(Multi-code Decding Module)의 개요

RFID 검색 서비스는 사물 상호간의 통신(Internet of things)을 실현하는 경우에 필요한 유비쿼터스 네트워크의 핵심 기반 기술로 RFID Tag에 삽입된 RFID 코드와 관련된 물품정보가 있는 서버의 위치(URL, Uniform Resource Location)를 알려주는 서비스로서 이는 DNS(Domain Name System)을 입력 값으로 받아 그 도메인 명칭에 해당하는 IP 주소를 알려주는 기능과 유사하며 실제로도 DNS 기술을 기반으로 하고 있다.

(2) RF 시스템의 검색 처리 과정

① RFID 태그(RFID 코드가 삽입된)를 다양한 응용환경에 부착하면 여기의 RFID 코드는 주변의 Reader에 의해 읽혀진 정보를 미들웨어로 전송하면,

② 미들웨어는 필터링 과정을 통해 RFID 코드에서 필요한 부분만을 판별하여 RFID 검색 시스템으로 전송하면,

③ RFID 검색 시스템은 전송 받은 RFID 코드와 관련된 정보를 제공하게 된다.

7.4 BcN(Broadband Convergence Network)

7.4.1 BcN의 개념

(1) BcN의 정의

BcN은 광대역 통합 망에 있어서 통신기반 구조의 변화를 가리키는 일반적인 의미이기도 하지만 현재 이용되는 PSTN, ISDN, GSM 방식 등에 이어 새롭게 개발되는 차세대 네트워크와 서비스를 가리키는 것이다.

BcN은 국내에서는 BcN로 국제표준인 NGN(New Generation Network)으로 불리며 이는 통신과 방송의 융합(Convergence)이라는 개념이라고 할 수 있다. 즉 음성, 데이터, 유·무선 등 통신, 방송, 인터넷이 융합된 품질보장형 광대역 멀티미디어 서비스를 언제 어디서나 끊김 없이 안전하게 이용할 수 있는 차세대 통합 네트워크라고 할 수 있다.

현재의 운용되는 개별 망들이 갖게 되는 한계들을 극복하고 미래에 발생하게 되는 유·무선 등에 대한 다양한 접속환경에서 고품질의 음성, 데이터 및 방송이 융합된 광대역 멀티미디어 서비스를 언제 어디서나 이용이 가능하도록 하는 차세대 통합 네트워크를 말한다.

여기서 BcN의 필요성의 탄생을 고려하면 다음과 같다.

① 현재의 PSTN, IP, ATM, CDMA, CATV 등과 같은 개별적인 통신망은 폐쇄형 통신망 구조로 특정 서비스마다 개별적인 통신망과 서비스 제어 구축을 위한 솔루션을 각각 구축하고 운용해야 하므로 유·무선 및 통신, 방송이 융합된 다양한 서비스를 실현하는 경우에 곤란하다.

② 서비스 이용의 제약 및 서비스 사이의 이용이 단절되는 등 이용자가 요구하는 다양한 서비스를 보다 유연하게 제공하는데 한계가 있게 된다. 그리고 통신 사업자들 또한 이용자 중심의 서비스 환경 요구와 기존 핵심 사업의 성장이 정체됨에 따라 새로운 수익 모델 구조를 발굴 및 운영 효율성 제고를 위해 이를 통합 수용할 수 있는 BcN 구축을 필요로 하고 있다.

③ **통신수요와 환경의 변화**

㉠ 정보처리 및 정보 관련 기술의 향상으로 음성, 데이터, 영상, 멀티미디어 등과 같은 다양한 형태의 정보를 하나의 전달매체로 통합, 응용되고 있으며 그 적용범위가 가

전, 자동차, 에너지, 환경 등 넓은 분야로 확대되고 있다.

㉡ Ubiquitous 환경의 적용으로 정보의 형태가 다양하게 변모하고 있다. 예를 들면 사람과 사람, 기업과 기업 간 통신 외에도 사물과 사물, 기계와 기계 간 통신으로 확대되고 있다.

④ **통신망의 구조변화**

㉠ 통신 및 방송에 이용되는 망의 변화 즉 유선 및 무선 통합 서비스와 통신, 방송의 융합형 서비스가 확대되고 있다. 따라서 지속적으로 다양한 형태의 정보를 언제 어디서나 끊김없이 제공될 수 있도록 통신망의 고도화, 고속화의 요구가 급증하게 될 것이다.

㉡ 통신망의 구조가 수평적인 망 형태로 변화되고 있다. 즉 자신이 이용자가 되면서 누군가에게는 원하는 정보를 제공하는 제공자가 될 수 있다는 것이며, 이는 정보의 확대 재생산, 전문화가 촉진되고 있다. 따라서 통신망에서 새로운 서비스의 신속한 수용능력이 요구되고 있다.

㉢ BcN에서 제공되는 서비스의 특징은 정보의 통합, 고 품질, 다 기능화된 것을 다양한 서비스를 용이하게 개발하거나 제공할 수 있는 개방형 플랫폼(Open API)기반의 보안(Security), 품질보장(QoS) 그리고 IPv6 등이 지원될 수 있어야 한다.

⑤ **서비스의 변화**

㉠ 맞춤형 서비스 형태로 이용자 제어형 서비스가 요구되며 필요한 서비스 플랫폼이 응용서버, 미디어 서버, 통합 메시징 시스템, 웹서버 등으로 다양화 되고 있다.

㉡ 개방형 플랫폼(Open API) 제공을 통한 통신망의 개방화, 지능화가 요구되고 있다.

㉢ 고품질의 인터넷 서비스 요구의 확대로 인터넷을 이용하는 경우에 이동성이 보장되어야 하며 아울러 증가하는 트래픽과 네트워크 확장성을 보장하여야 한다.

㉣ 복합형 서비스(영상게임, Click to Dial, E-commerce Communication 그리고 위치기반 서비스 등)의 증대로 통합서비스의 제어 및 관리를 필요로 하게 된다.

(2) BcN의 실현을 통하여 얻게 되는 내용

① 통신, 방송, 인터넷의 대통합 광대역 통합망을 BcN이라고 하면 BcN에서는 IP를 중심으로 통합망을 구성하고 전달망을 서비스 제어와 분리시켜 보다 유연한 서비스 제공 인프라를 제공하게 된다.

② BcN은 음성, 데이터, 유무선 등 통신, 방송 · 인터넷이 융합된 품질 보장형(QoS) 광대역 멀티미디어 서비스를 언제 어디서나 끊김 없이(Seamleass) 안전하게 이용할 수 있는

차세대 통합 네트워크로 유비쿼터스 서비스 환경을 지원하는 통신망 등을 지향한다. 그리고 BcN의 실현을 통하여 얻게 되는 내용 구체적으로 정리하면 다음과 같다.

㉠ 현재의 특정 서비스, 독자 기술 방식, 재사용이 불가한 솔루션의 비효율성을 제거할 수 있다.

㉡ 가입자망 및 전달망의 대역폭 확충으로 광대역 멀티미디어 서비스의 실시간 전송이 가능하게 된다.

㉢ 서비스별 QoS 보장으로 서비스 품질 차별화와 체계적인 망과 트래픽 관리가 가능하다.

참고

현재의 통신망별 개별적인 서비스제공으로 다양한 서비스 창출이 어렵고 서비스 이용이 단절된다면 BcN의 경우는 다음을 가능하게 한다.

- 음성, 데이터 통합 : 유선 전화 수준의 IP기반 서비스 제공
- 유무선 통합 : 유·무선간 끊김 없는 멀티미디어 서비스 제공
- 통신, 방송융합 : QoS가 보장되는 양방향 멀티미디어 서비스 제공

7.4.2 BcN 기술의 구성

(1) 서비스 및 제어 기술

① Open API 기술(Open Application Programmer Interface)

Open API는 누구나 사용할 수 있도록 공개된 API를 말하는 것으로 Open API에 대한 기술에 대해서 정리하면 다음과 같다.

㉠ 유·무선 및 통신 방송 융합을 위한 API 표준화 기술 및 상호 운용성 기술

㉡ XML 기반의 웹 서비스 기술, 네트워크와의 연동을 위한 시그널링 프로토콜 매핑 기술

㉢ 통합 망 관리 시스템인 OSS(Open Source), BSS의 주요 기술로는 망 관리 서비스 및 인터페이스 기술

㉣ 사업자 상호간 연동을 위한 망 관리 기술, 관리구조 프레임워크 정의

② 소프트 스위치 기술

유·무선 통합형 소프트 스위치는 IP 기반 통합망에서 다양한 유·무선 액세스 망

상호간의 호, 연결을 제어하고 IP 기반의 멀티미디어 서비스를 제공하는 BcN의 핵심 장비이다.

음성과 멀티미디어 호 처리 및 게이트웨이 제어를 관할하는 소프트 스위치에서는 개방형 프로토콜 및 유·무선 통합 호 제어 기술, 개방형 서비스 게이트웨이와의 연동 기술, 망 관리 시스템과의 연동 기술, 신호 게이트웨이 제어 기술을 말한다.

(2) 전달 망 기술

전달 망 기술은 교환 기술로서 다음에 설명하는 기술들을 말한다.

① 이동성 연동 기술 및 VPN 서비스 등을 위한 IPv6 라우터 기반 기술
② End-to-End QoS 보장을 위한 ATM-MPLS(Multi Protocol Label Switching) 기술
③ 고품질 서비스를 위한 DSP 기술 및 고품질 초대용량 게이트웨이 시스템 기술
④ 40G 광 트랜스폰더 및 광 수신 모듈 기술, Digital Wrapper 기술

참고

MPLS(Multi Protocol Label Switching)

■ IETF가 표준화 작업 중인 cut and through 방식의 패킷 전송의 계층 3 레벨 스위칭 기술을 말한다. ATM과 같은 접속형 통신망에서는 패킷 전송 처리와 경로 계산 처리를 분리함에 따라 패킷의 고속 전송을 실현할 수 있다.
여기서 cut and through 방식은 끝까지 기다리지 않고 먼저 도착된 앞 부분 부터 우선적으로 잘라 통과시키는 것을 의미하는 것으로 이더넷 스위치에서 MAC 어드레스를 확인해 패킷을 해당 목적지 포트로 전송하는 기법은 Cut-Through 방식과 Store-and-Forward 방식이 대표적이다. 따라서 cut and through 방식은 중계 시간 지연의 최소화가 목적으로서 수신된 패킷의 목적지 어드레스만 확인되면 곧 목적지 포트로 패킷을 전송해 버리므로 오류 제거 등은 고려할 수 없는 방식이다. 수신된 패킷에 에러가 발생하면 이를 폐기하고 재전송을 기다리며, 전송 시에 충돌이 발생하면 잠시 대기했다가 재전송을 행한다.

(3) 전송 기술

전송 기술로는 송수신 모듈 패키징 기술, 수십 테라급 WDM 기반의 광통신 기술과 패킷 기반 전용선과 고품질의 음성 및 IP 서비스를 제공할 수 있는 NG-SDH 기반의 패킷, TDM 통합 스위치 등의 기술을 이용한다.

(4) 광대역 통합 전달 기술

광대역 통합 전달 기술로 VideoCast, 실시간 사설 방송 등 새로운 BcN 융합 서비스를 제공할 수 있는 End-to-End 맞춤형 품질 네트워크 안전성을 보장하거나 차세대 인터넷 구조 진화 개념을 도입한 고유의 네트워크 구조와 프로토콜 및 스위칭 방식에 기반하는 통합 미디어 전달 기술을 말한다.

(5) 유선 가입자망 기술

① 가입자에게 100[Mbps]급 광대역 멀티미디어 서비스를 보장할 수 있는 FTTH(Fiber to the Home)기술

FTTH은 각 가정에 개별적으로 광섬유를 부설하는 가입자망으로 2심 연동선(Twisted pair copper wire)으로 되어 있는 현재의 전화 가입자선 대신에 각 가정에 개별적으로 광섬유를 부설하면 전화, 팩스, 데이터, TV 영상까지 한 줄의 광섬유로 전송할 수 있게 된다.

② FTTH의 실현은 광대역 종합 통신망(B-ISDN)을 가정까지 보급하는 것을 목표로 하고 있다.

③ FTTH는 각 가정에 개별적으로 광섬유를 부설하므로, 광망 종단 장치(ONU)도 개별적으로 설치해야 하는 등 경제성에 문제가 있어 FTTC 방식이 제안되었다.

④ 구내 망을 위한 10G Ethernet 기술, VDSL 핵심 칩셋, 광대역 케이블 모뎀 칩셋 기술 등을 필요로 한다.

7.4.3 BcN의 서비스 계층

BcN 방식을 논리적으로 구분하면 크게 서비스 계층, 가입자망 계층, 전달망 계층 그리고 홈 단말 계층 등으로 구분된다.

(1) 서비스 제어 및 관리 계층

서비스 계층은 다양한 서비스를 생산하고 관리하기 위한 것으로 유무선 통합 소프트스위치 플랫폼과 신호 제어 계층, 물리적인 네트워크들에 대한 관리 및 제어정보 수집 등 논리적 service를 수행하는 OAM(Operation, Administration, Management)망과 수집된 관리 및 제어정보들을 응용 프로그램에 적용하는 창구인 API Gateway 그리고 관리 및 제어

주체인 OSS(Operation Support System)의 사업자별 망 관리 및 서비스 기능을 포함한다.

(2) 전달 망 계층

대용량의 정보를 전달하기 위한 장치로 정보를 교환하고, 정보의 전송을 위한 라우터, ATM, 게이트웨이 등의 교환 장비와 WDM, OXC(Optical cross-connect), 고속 디지털 통신을 위한 광전송 방식의 국제 표준(SDH, Synchronous Digital Hierarchy)과 같은 광전송 장비 그리고 보안장비 등의 장치로 구성된다.

현재의 PSTN, ISDN, GSM망, 3GPP의 UMTS망을 수용하며 Access-Gateway, Trunk-Gateway, Signaling-Gateway를 통한 통합 패킷 망 계층을 말한다.

참고

UMTS(Universal Mobile Telecommunications Systems)

- 유럽 전기통신 표준협회(ETSI)가 추진 중인 셀룰러 방식의 이동통신 시스템으로서 코드 없는 전화, 텔레 포인트, 무선 LAN 및 무선호출 등과 같은 모든 형태의 이동통신을 융합한 통합적인 이동통신 시스템이라고 할 수 있다. 차세대 이동통신을 목표로 하는 이 시스템의 기본적인 개념은 이용자의 위치 혹은 환경 그리고 시스템의 용량에 따라서 데이터 전송속도에 대해서만 제한을 두고 장소에는 무관하게 동일한 종류의 서비스를 제공할 수 있도록 하는 것이다. 기존의 CDMA, 멀티미디어 등과 같은 결합하고 혼합한 셀 구조를 실현하여 최고 2[Mbps]의 전송속도를 제공하는 범용 이동통신 시스템이라고 할 수 있다.

(3) 가입자 망

가입자의 유·무선 접속 처리를 지원하기 위한 망을 말한다.

(4) 액세스 망 계층

IAD를 이용한 패킷화 된 가입자망, WiFi를 이용한 통합 무선망, 광대역 광 가입자망, RFID를 이용한 USN(Ubiquitous Sensor Network)을 포함한다.

(5) 홈 단말 계층

유선 형태인 xDSL, Ethernet, FTTx, 무선형태인 이동통신, 휴대 인터넷, WLAN, 방송 형태인 HFC, DMB, u-센서 네트워크 형태인 UWB, 스마트 태그 그리고 통합단말 형태인 Access Mediator(통합 단말)등과 같은 다양한 형태의 가입자 접속장치로 구성되는 망을 말한다.

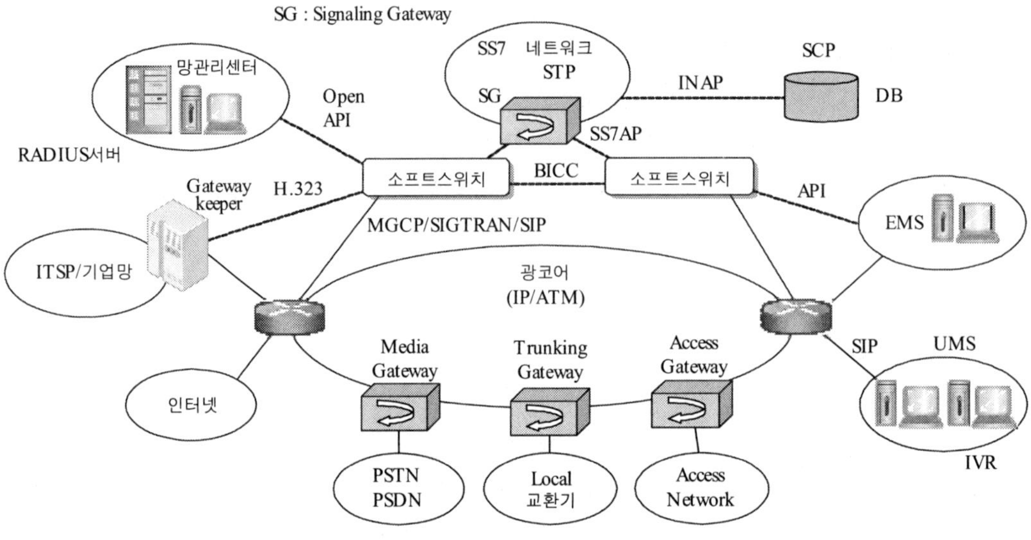

〈그림 7.2〉 BcN 망 구조

7.4.4 BcN 특성

(1) BcN의 역할

BcN의 실현과 구축을 통하여 금융거래, 전자상거래, 고화질 TV(HDTV)급 방송 등의 제공이 가능하게 되며, 고도의 통신망관리 및 보안기능을 보유하게 되어 안전한 IT 서비스 제공이 가능하게 된다. 정보 기술(IT)과 함께 바이오 기술(BT), 나노 기술(NT), 환경 기술(ET), 문화 산업(CT) 등의 산업과 전자 정부 서비스(M-Gov, T-Gov, u-Gov 등), 포스트 PC, 이동통신, 텔레매틱스, 홈 네트워크 등과 같은 신 성장 동력의 핵심 인프라 역할을 하게 된다.

(2) BcN의 특성

① 음성과 데이터 통합을 IP 기반으로 유선전화 또는 그 이상의 품질을 보이는 음성 서비스 및 멀티미디어 서비스를 경제적으로 제공하는 것이 가능하게 된다.

② 유선과 무선의 통합으로 단일 식별번호, 인증 및 통합 단말 등을 통하여 유선과 무선망 상호간에 최적의 접속 조건으로 끊김없는(Seamless) 광대역 멀티미디어 서비스 제공이 가능하게 된다.

③ 통신 및 방송의 융합을 통해서 차세대 광대역 통신망인 FTTH, 4G 등에 대한 기반으로 개인화 및 주문화 된 고품질 양방향 방송 서비스를 제공하는 것이 가능하게 된다.

④ End-to-End 고품질 서비스가 제공 가능하도록 QoS가 보장되고 SLA(Service Level Agreement, 서비스 수준 협약 서비스)에 따른 고객의 서비스 품질 차별화가 가능해지며, 네트워크 전체 계층에서 안정성(Security)이 보장된다.

⑤ 표준 Open API(Open Application Programmer Interface) 도입에 의하여 망을 소유하지 않은 제 3자라도 용이하게 새로운 서비스를 창출 제공할 수 있는 개방된 망이면서 품질이 보장된 광대역 멀티미디어 서비스를 안심하고 사용할 수 있다.

⑥ 홈 네트워크, 정보가전 등의 광범위한 IP 주소 수요를 충족하기 위해 가입자 이용환경부터 통합 전달 망에 이르기까지 네트워크 전체에 IPv6를 적용하게 된다.

⑦ 특정 네트워크나 단말 종류에 종속되지 않고 다양한 접속환경에서 다기능 통합 단말 등을 통해 시간과 공간의 제약을 받지 않고 언제 어디서나 안심하고 사용할 수 있는 유비쿼터스 서비스 환경을 지원한다.

(3) 네트워크를 통한 각종 융합현상

현재의 통신환경을 통해서 미래의 융합에 대한 경향을 고려할 수 있게 된다. 여기서 미래의 통합 환경에 대한 형태를 살펴보면 다음과 같다.

① 정보 서비스의 융합화

음성, 영상, 텍스트 등의 정보가 디지털화되면서 정보 상호간의 융합이 용이하게 이루어지며 PC 성능의 향상으로 정보처리 전문가의 범위가 일반 이용자 수준으로 이전될 수 있게 된다. 이와 같은 현상은 향후 휴대 인터넷, 디지털 TV, DMB, 대화형 TV, VOD 등과 같은 광대역 멀티미디어 서비스가 보급되면 미디어 상호간의 융합이 보다 가속화될 것이다.

② 음성과 데이터의 통합화

통신 기술의 근간인 음성통신 서비스(유선전화 서비스 등) 트래픽보다 컴퓨터 등에 의해 발생되는 데이터 트래픽 규모가 점차적으로 증가하고 있다. 음성정보를 데이터로 전송하는 VoIP 기술이 보편화되면 데이터를 중심으로 한 통신체제로의 변화는 더욱 가속화될 것이다. 통신사업의 형태 측면도 IP 중심의 데이터 서비스 사업이 주가 되면서 보다 고품질 및 다양한 멀티미디어 서비스를 지향하는 통신사업으로 변환될 것이다.

③ 유·무선 서비스의 통합화

각 서비스 시스템이 제공할 수 있는 대역폭의 한계로 새로운 서비스 도입이 곤란하였는데 최근에는 대역폭이 향상된 무선 네트워크와 성능을 개선한 유선 네트워크와의 연동으로 유·무선 연동 및 통합 서비스 개발이 재성장할 기회를 제공하게 될 것이다.

④ 통신 서비스와 방송 서비스의 융합

기존에는 통신 서비스와 방송 서비스가 구분되어 운용되던 상황에서 새로운 서비스에 대한 요구와 국제적인 통신·방송 시장의 개방화 추세에 의해서 융합될 수 밖에 없게 된다. 현재와 같이 위성 및 지상파 DMB가 상용화되고, VoD, 데이터 방송, 광대역 무선 통신, 디지털 광대역 케이블 방송 시장이 전개되는 시점에서 통신·방송 융합 서비스 시대는 더욱더 가속화 될 것이다.

(4) 통신, 방송, 인터넷의 BcN 형태

① 정부

전자정부, 전자투표, 집에서의 민원 처리

② 기업

전자상거래, 인터넷 뱅킹, ERP, CRM, SCM

③ 개인

E-Health, E-Learning, 홈 네트워크, VOD, P2P

④ 첨단 산업개발

IT, 신 성장 동력 BT, NT, 유비쿼터스 Grid

⑤ 통신망

유·무선 전화, 위성

⑥ 인터넷망

FTTC XDSL / LAN, FTTH/HFC

⑦ 방송망

지상파, 위성, 케이블

⑧ **디지털 기술 발전**

모든 형태의 정보가 디지털 형태로 통합

⑨ **네트워크 기술 및 성능 향상**

네트워크 적용범위의 확대

⑩ **컴퓨팅 파워의 향상**

저렴하고 대용량 정보의 처리가 가능

(5) BcN의 특징

① **All Packet 망으로의 전환**

다양한 압축 기술과 망 보안, 실시간 응용 프로토콜의 개발은 End-to-end 전 구간을 All Packet 망으로 전환할 수 있도록 하였으며 All Packet 화의 실현을 통해서 전송효율을 극대화 할 수 있고 경제적인 망 구성이 용이하게 되었다. 그리고 기존에 네트워크에 관련된 장비에 대해 패킷 망으로의 통합을 촉진하게 하였다.

② **고속, 대용량화**

㉠ 가입자 망에 xDSL, 고속 이더넷, 광 가입자망 적용, IAD(Integrated Access Device) 등을 통하여 가입자망의 고도화 및 고속화를 얻게 된다.

㉡ ATM/IP 기반 액세스 망과 WDM 기반 전달 망이 가능하게 된다.

③ **개방화 실현**

㉠ Open API를 통한 서비스 접근 및 제어를 도입하여 개방형 서비스 인터페이스와 표준화된 개발 tool을 이용한다. 여기서 Open API는 응용 서비스 계층과 전달망 계층 사이의 표준화된 인터페이스이다. 즉, Open API는 인터넷 이용자가 일방적으로 웹 검색 결과 및 사용자 인터페이스(UI) 등을 제공받는 것 이외에 직접 응용 프로그램과 서비스를 개발할 수 있도록 공개된 응용 프로그램을 말한다.

㉡ 모듈화 되고 계층화 된 구조 및 개방형 인터페이스 구조를 통하여 이 기종 망간의 연동 및 기존 망과 차세대망의 인터페이스 통합기능 제공

④ **네트워크의 융합**

㉠ 음성과 데이터망, 유선 및 무선망의 융합 실현

㉡ 방송과 통신의 융합 및 광 네트워크 중심의 통합 망(SDH over WDM, ATM over WDM, IP over WDM) 실현

⑤ NGN은 MSF(Multi service Switching Forum) 등에서 정의하는 개방형 멀티미디어 서비스 교환기술을 채택하는 네트워크를 말하며 음성과 데이터가 통합된 개방형 멀티미디어 서비스 교환을 위한 패킷 기반의 액세스, 전달 및 제어 환경을 유연하게 경제적으로 제공하는 광대역 통합망이다.

(6) BcN 응용서비스

① 기본서비스

㉠ 기본 호 서비스 : 이용자, 미디어 게이트웨이, 미디어 서버 간 호 연결 서비스

㉡ 데이터 전달 서비스 : Bearer 채널 전달서비스, 실시간 스트리밍 오디오, 비디오 서비스

② 기본 호 부가서비스

㉠ 멀티미디어 호 전환, 호 대기, 3자 통화서비스

㉡ 멀티미디어 CID(Caller ID : 발신자 확인번호)서비스, 링 백 서비스 : 수신단말에서 영상화면과 함께 CID가 나타나면서 발신단말에서는 링 백 신호와 함께 상대방의 영상이 나타남.

㉢ 맞춤형 통화관리 서비스 : 가입자의 상황에 따라 맞춤형으로 호 전환, 수신거부, 영상사서함 기능을 제공해 주는 서비스. 필요한 서비스 플랫폼으로써 응용서버, 미디어서버, 통합메시징서버, 웹 서버 등이 있다.

㉣ 멀티미디어 메시징 서비스 : 멀티미디어 단말 간에 문자, 음성, 이미지, 오디오 및 동영상 등을 포함한 멀티미디어 메시지를 송·수신할 수 있는 서비스

㉤ 통합 메시징 서비스 : 언제 어디서나 E-mail, Voice-mail, FAX 등을 확인할 수 있는 서비스

③ 복합형 서비스

㉠ 영상 콘텐츠 서비스

㉡ 게임 서비스

㉢ Clock to Dial, E-commerce Communication

㉣ 위치기반 서비스

(7) BcN이 추구하는 네트워크 참조모델

① SIP서버

RFC2543에 정의된 Register, Location server, Proxy server 역할을 수행하는 시스템으

로 SIP기반 호 처리를 수행하며, Unix기반의 상용 플랫폼 상에서 운영된다.

② SIP-H.323 Signaling Gateway

SIP망과 H.323망의 연동을 제공하기 위해 SIP 패밀리 프로토콜과 H.323 프로토콜간의 프로토콜 변환을 수행

③ IP-SS7 Signaling Gateway

IP 망과 SS7 회선망 간의 시그널링 프로토콜 연동을 위한 프로토콜 변환기능을 수행

④ Media Gateway Controller(MGC)

SIP망과 ISUP/SS7망 간의 시그널링 프로토콜 연동을 위한 프로토콜 변환기능과 MGCP/H.248을 통해 Media Gateway(MG)를 제어하는 기능제공

⑤ Media Gateway(MG)

IP기반의 패킷망과 회선 교환망 간의 트래픽을 연동시켜주기 위한 교환 장비로서 IP 상의 RTP패킷과 PSTN간의 변환기능을 수행하며 향후 Codec 변환기능이 포함될 것이다.

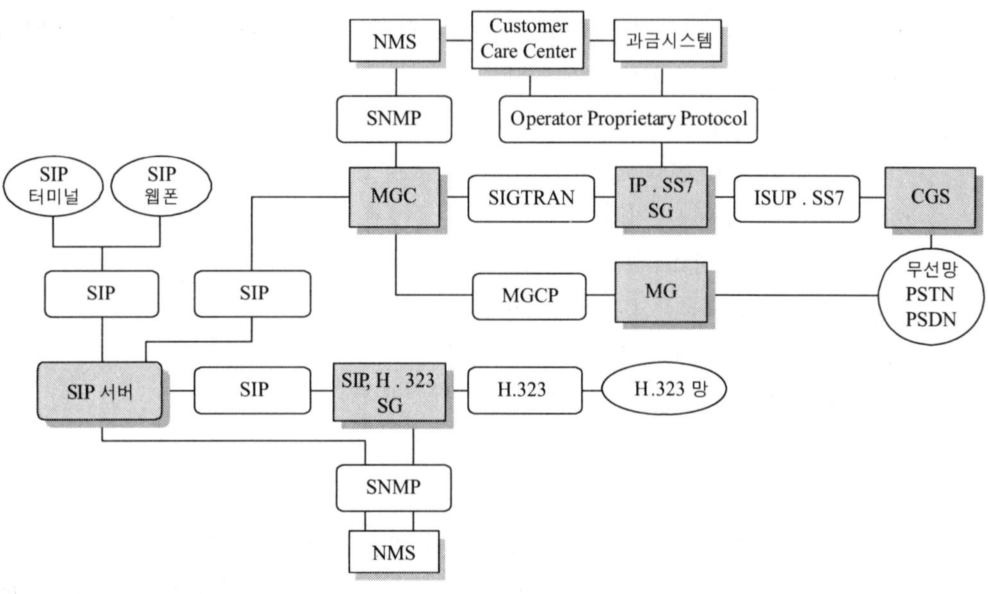

〈그림 7.3〉 BcN 네트워크 참조모델

- CGS : Celluar Gateway System
- MGC : Media Gateway Controller
- SIP : Session Initiation Protocol
- SNMP : Simple Network Management Protocol
- MG : Media Gateway
- SG : Signaling Gateway
- ISUP : ISDN User Part

7.5 와이브로(WiBro)

7.5.1 와이브로의 개요

(1) WiBro의 기본적인 개념

WiBro는 Wireless(무선)와 Broadband Internet의 합성어로 국제적으로 Mobile WiMAX (IEEE 802.16)로 불리는데 IEEE 802.16은 광대역 무선접속 장비의 호환성과 상호 운용성을 향상시키고 인증 등을 위해 설립된 WiMAX의 이름을 따라 WiMAX라고 불린다. 즉, 국제적으로 Mobile WiMAX(IEEE 802.16)로 불린다. 이동 중에도 광대역 인터넷 접속을 가능 하게 하는 새로운 정보통신 서비스를 말한다.

IEEE 802.16 표준형은 기존의 무선 LAN을 WMAN(Wireless Metropolitan Network)으로 발전시킨 것이다. 즉, 건물 밖으로 인터넷 사용 반경을 대폭 넓힐 수 있도록 기존의 무선 LAN(802.11a/b/g)기술을 보완한 것이다.

그리고 802.16 표준 전반에 대한 내용을 정리하면

- 사용 주파수는 10~66[GHz]이며,
- 전송속도는 134[Mbps]이며,
- 채널 대역폭은 28[MHz]이며,
- 평균 셀 커버리지는 45[Km](LoS)이다.

그리고 표준 내용을 정리하면 다음과 같다.

- 고정무선 액세스 MAC/PHY 정의
- LoS 필요, 점대 점 어플리케이션
- 20, 25, 28[MHz] 광대역전송
- 적응변조, 부호화기법을 사용 가입자 채널 맞춤형 변조 및 부호화

한편 802.16 표준 종류인 802.16a, 802.16e 그리고 802.16m에 대한 특징을 정리하면 다음과 같다.

① **가시거리**(LoS, Line of Sight)**가 필요 없는 저 주파수**(11[GHz]**이하**)**를 사용한** 802.16a

여기서 802.16a는 2~11[GHz]의 주파수대를 이용하므로 5~6[GHz]대(비 인가대역)의 간섭문제와 다른 시스템과의 공존문제를 고려한 표준이 제정되고 있다.

전송 속도는 75[Mbps]이며, 전송 대역폭은 20[MHz]이며, 평균 셀 커버리지는 45[Km](LoS), 1~2[Km](Indoor) 표준 내용을 정리하면 다음과 같다.

㉠ 고정무선 엑세스 MAC/PHY 정의

㉡ LoS 불필요, 점대 다점 접속

㉢ 1.5~14[MHz] 광대역전송

㉣ OFDM 채용으로 다중경로 지연, 간섭에 강하다.

② 제한된 이동성 및 로밍 기능이 추가된 802.16e

여기서 802.16e의 경우는 국내에서 개발된 WiBro가 채택되어 시속 100[Km]이하의 저속에서 3[Mbps]의 속도를 보장하는 휴대· 인터넷 서비스로 발전되었다. 사용 주파수 대역은 2~6[GHz]이며, 전송 속도는 15[Mbps]이며, 전송 대역폭은 10[MHz]15Km(LoS)이며, 평균 셀 커버리지는 1[Km] (Indoor)이다. 그리고 표준화 내용을 정리하면 다음과 같다.

㉠ 802.16a에 저속 이동성 추가

㉡ LoS불필요, 점대 다점 접속

③ 광대역 고속 전송율과 다른 무선접속 시스템과 연동을 강화하여 차세대 무선접속 시스템으로 인식되고 있는 802.16m

여기서 802.16m에서 주파수 대역은 2~6[GHz]이며, 전송 속도는 1[Gbps]이며, 전송 대역폭은 15[MHz]이며, 평균 셀 커버리지는 0.5[Km]이다. 그리고 표준 내용을 정리하면 다음과 같다.

- 802.16e에 고속 전송율 개선
- 타 무선접속 시스템과의 연동

여기서 IEEE 802.16 표준형의 특징을 고려하면 다음과 같다.

- IEEE 802.16 표준이 갖게 되는 가장 큰 특징은 통일된 물리계층 규격만을 지원하는 것이 아니라 다양한 물리계층 접속규격을 지원할 수 있다는 것이다.
- MAC 규격은 상 · 하향 Link 모두에 고속의 전송률을 지원하며 대용량 광대역 환경을 지원한다.
- Connection 및 Non-Connection 지향 트래픽을 모두 지원하는 것이 가능하며 서비스 맞춤형 QoS를 제공하면서 ATM, IP, Ethernet과 같은 망에 연결될 수 있다.

참고

IEEE 802.16m 표준화 동향

- 차세대 WiMAX 버전으로 이용되는 IEEE802.16m는 기존 IEEE802.16 표준을 기반으로 하는 단말기 그리고 기지국 장비 등과 호환성을 유지하면서 ITU-R에서 정의된 IMT-Advanced의 시스템 요구 사항을 만족시키는 표준규격이라고 할 수 있다.

  여기서 IMT-Advanced는 4세대 이동통신 기술의 공식명칭으로 IMT-2000 시스템의 이후를 위한 규격이라고 할 수 있다. IMT-Advanced 시스템에 대한 특징을 고려하면 IMT-2000시스템의 기능과 성능을 그대로 유지하면서 새로운 기능의 수용과 고속의 전송율을 달성하고 기존의 WiMAX와 HSDPA 등의 3.5G 시스템들을 통합하는 시스템이라고 할 수 있다.

  • 고속의 이동성 환경에서 최대 100[Mbps] 전송율을 유지
  • 정지 상태 또는 제한된 이동성 환경에서 최고 1[Gbps] 전송율을 유지

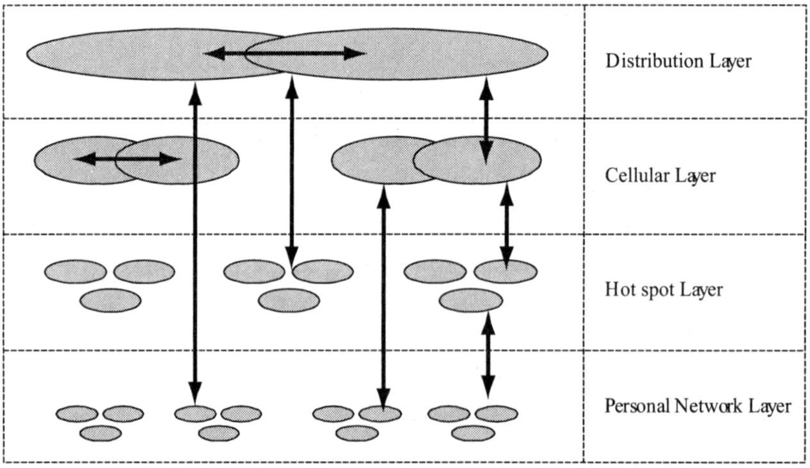

〈그림 7.4〉 무선접속 시스템의 계층적 구조

각 무선접속 시스템과의 구조는 계층적 형태로 구성할 수 있으며 IMT-Advanced 시스템의 방식은 계층 구조에서 Hot Spot Layer에 해당되며 서로 다른 계층, 영역의 무선접속 시스템들의 상호 연동은 수직적인 Hand off로 실현된다.

WiMAX의 경우는 실외 고정무선 통신망에 대한 표준 규격인 IEEE 802.16a에서 출발하여 이동성을 제공하는 802.16e로 발전하였으며 IEEE 802.16m 표준 형식은 802.16e의 차세대 표준으로 적용되고 있다. 802.16 TGm 회의에서는 시스템 요구사항으로 위치정보서비스(LBS), 다중 홉 릴레이기술(Multi hop relay) 등 타 무선접속 시스템과의 연동을 요구조건으로 규정하고 있다.

〈표 7.3〉 IEEE 802.16m 요구사항

요구항목	요 구 사 항
대역폭	• 5~20[MHz] Scalable Bandwidth 지원 • 서비스 운영자와 ITU 요구사항에 따라 다른 대역폭도 고려함
Duplex	Full Duplex : FDD, Half Duplex : FDD/TDD
안테나 기술	MIMO와 Beam forming 기술지원
최대 데이터 전송율	• 하향 링크 : 6.5[bps/Hz] 이상 • 상향 링크 : 2.8[bps/Hz] 이상
데이터 지연율	하향/상향 링크 : max 10[ms]
상태전송 지연율	Idle state to Active state : max 100[ms]
Hand off Interrupt time	• Intra Frequency : max 50[ms] • Inter Frequency : max 150[ms]
사용자 Throughput	하향/상향 링크 : 802.16e 대비 2배 이상
섹터 Throughput	• 하향링크 : 802.16e 대비 2배 이상 • 상향링크 : 802.16e 대비 1.5배 이상
VoIP Capacity	• 상대수치 : 802.16e 대비 1.5배 이상 • 절대수치(FDD) : 60(active users/MHz/Sector)
이동성	• 0~15[Km/h] : 최적화된 성능 • 15~120[Km/h] : 미세한 성능저하 • 120~350[Km/h] : 통신채널 유지
MBS Spectral Efficiency	• Inter BS distance 0.5[Km] : min spectral efficiency 4[bps/Hz] • Inter BS distance 1.5[Km] : min spectral efficiency 2[bps/Hz]

(2) WiBro의 기술

2.3[GHz]의 주파수 대역을 사용하는 휴대 인터넷(Portable Internet)서비스로 불리는 WiBro는 휴대형 무선 단말기를 이용해서 정지 및 보행 또는 시속 60[km]로 이동하는 상태에서도 고속의 전송속도로 인터넷에 접속하여 다양한 정보와 콘텐츠를 이용하는 것이 가능하다.

여기서 기존에 이용되던 2.4[GHz] 무선 LAN 방식의 경우에 대한 특징을 고려하면

• 저가의 요금으로 무선 초고속 인터넷을 이용할 수 있는 장점이 있다.

• 이동성에 한계가 있고 기지국 당 가입자가 수십 명으로 한정되는 단점이 있다.

등을 들 수 있다.

그러나 2.3[GHz] 휴대 인터넷의 경우는 중저가 이용요금으로 보행 중에도 데이터 송수신

가능, 고속의 서비스 등이 가능한 특성을 갖고 있어 2.4[GHz] 무선 LAN과 cdma2000-1x EVDO의 중간적인 특성을 지니게 된다.

여기서 cdma2000-1x EVDO는 전국망을 통해 고속 이동 시에도 서비스가 가능하지만 요금이 고가이면서 상대적으로 속도가 느리다는 것이 단점이다.

여기서 WiBro에 관련된 기술적 특징을 정리하면 다음과 같다.

① Wireless Broadband 서비스로 정지 및 이동 중에도 언제, 어디서나 고속으로 무선 인터넷 접속이 가능한 휴대 인터넷 서비스로 광대역 무선 인터넷 혹은 휴대 인터넷이다.

② 기존 무선 LAN의 환경은 하나의 무선 중계기(AP, Access Point)에만 결합되어 이 AP의 전파 영역 내에서만 이동이 가능하였다. 이와 같은 기존의 무선 LAN 환경에 대해서 고속의 이동성을 갖도록 한 무선 LAN 시스템 기술이 곧 WiBro 기술이라고 할 수 있다.

③ IP 기반의 데이터전송 기술을 기반으로 하는 WiBro는 10[MHz]에 이르는 대역폭을 기반으로 고속의 데이터전송을 지원하고 있으며, OFDM이나 MIMO, Smart와 같은 차세대 통신기술을 접목하여 기존에 볼 수 없었던 대용량 데이터 무선전송에 매우 효율적인 특징을 보인다.

반면에 WiBro는 HSDPA에 비해 상대적으로 적은 커버리지와 이동성, 음성 서비스 제공 여부 등이 WiBro 서비스의 단점이었지만 추가 커버리지 확보 및 기술 진보 등의 개선으로 단점을 보안하고 있다. 따라서 WiBro는 이와 같은 전송속도와 효율면의 장점을 바탕으로 인터넷 접속과 대용량 멀티미디어 서비스 이용에 효과적이다.

(3) WiBro의 성질

WiBro는 2.3[GHz] 주파수 대역을 이용하여 셀 반경 1[Km]이내, 이동 시 최소 60[Km/h] 이상에서도 끊김 없는(Seamless) 무선 인터넷 서비스를 보장하고, 보다 저렴하게 무선 인터넷을 이용할 수 있는 새로운 서비스이다.

현재 WiBro는 도심지역에서 대중교통 주행속도 이상(120[Km/h])의 이동성을 보장하고 높은 수준의 전송속도(상향 1[Mbps] 이상, 하향 3[Mbps] 이상)로 무선 초고속 인터넷과 멀티미디어 이용이 가능하다.

WiBro 서비스를 통하여 노트북용 무선 LAN 카드나, USB 무선 LAN 카드처럼 생긴 장치를 연결하면 언제 어디서나 영화를 즐기고, 온라인 게임을 그리고 사무실에서 웹 서핑을 할 수 있게 된다.

7.5.2 WiBro 시스템의 구성 요소

WiBro 시스템을 구성하는 요소는 크게 Terminal, RAS(Radio Access Station), ACR(Access Control Router) 그리고 HA(Home Agent) 등을 들 수 있다.

(1) Terminal

IEEE 802.16e에 의한 무선 접속 기능을 지니며, 이동 IP 기능을 지원하며, 사용자의 인증 및 암호화 기능을 지니고 있다.

① 휴대 인터넷 무선 접속 기능
② IP 기반 서비스 접속 기능
③ 기지국과 Hand off 조정, 멀티캐스트 서비스 수신

(2) RAS(Radio Access Station)

무선 접속 기지국 혹은 휴대인터넷 기지국 즉, 일종의 기지국으로 단말과 IEEE 802.16e 무선 접속 기능을 제공하며, RAS 당 3개의 중계기를 접속할 수 있으며, 각 중계기에는 3개의 섹터(Sector)로 구분하며, 각 섹터 마다 100개의 사용자를 수용한다.

① 휴대 인터넷 무선 접속, 관리 및 제어 기능
② Hand off, 인증, 보안, QoS제공
③ 하향 링크 멀티캐스트, 채널 다중화
④ 패킷 스켈쥴링 및 트래픽 제어

참고

WiBro는 무선 인터넷 혹은 인터넷 음성통화를 동일한 주파수 대역을 사용하는 것으로 이는 단말과 기지국(RAS) 간에는 어떠한 WiBro 응용 서비스라 할지라도 모두 동일한 주파수 대역과 동일한 프로토콜을 사용한다는 것이다.

(3) ACR(Access Control Router)

접속 제어 라우터 혹은 휴대 인터넷 제어국 즉, 일종의 라우터로 최대 125대의 RAS을 연결하여 코어망인 일반 라우터에 연결을 하는 라우터(Router)라고 할 수 있다. ACR의

기능으로는 RAS 사이의 Hard Hand-off 제어를 지원하거나 단말에 IP를 할당해 주는 DHCP 서버 및 사용자 인증을 대행하는 AAA Proxy 기능을 수행하며, ACR 사이를 이동하는 단말에 대한 이동 IP 기능을 지원한다. 그리고 ACR과 RAS의 연결은 Gigabit ethernet가 이용된다.

① 휴대용 단말(노트 북, PDA, smart phone)
② IP 라우팅 및 이동성 관리 기능
③ ACR 내의 RAS간 이동성 제어 기능

(4) HA(Home Agent)

기존의 인터넷 접속 서비스는 유선 초고속 인터넷, 이동전화 무선 인터넷, 무선 LAN 초고속 인터넷으로 구분되었으나 유선 초고속 인터넷은 접속 장소의 고정, 이동전화 무선 인터넷은 늦은 속도와 비싼 사용요금, 무선 LAN 초고속 인터넷은 이용할 수 있는 커버 영역의 제약 등 단점이 있다.

7.5.3 WiBro의 특성

(1) WiBro 기술적 특성

① 표준화 단체

무선 구간에서 IEEE802.16e 표준을 적용한다. 여기서 첨자 e는 이동성이 부가된 무선 LAN 기술을 의미하는 것이다.

여기서 기존의 16e Mobile WiMAX(IEEE 802.16e)는 시속 120[km] 이상 고속으로 이동 중인 차량이나 기차 안에서도 유선 인터넷 속도 이상으로 제공되는 무선 인터넷 서비스 기술로 Mobile WiMAX를 이용하면 신문 36 페이지 정도는 약 0.7초 정도에 다운로드가 가능하게 된다.

참고

BWA(Broadband Wireless Access)를 지향하는 IEEE802.16 WMAN(Wireless MAN)은 단말기의 이동성을 제공하는 표준문서인 IEEE802.16e의 개발로서 기존의 3G 이동통신 시스템과는 다른 형태의 차세대 이동 통신시스템으로 발전하고 있다. CDMA 기술을 바탕으로 하는 3G 이동통신 시스템과 달리 OFDM(A) 기술을 바탕으로 하는 광대역 무선 통신시스템은 3.5G(Pre-4G) 이동통신 기술로 발전할 것으로 기대되고 있다.

② **사용 주파수 대역**

2.3[GHz] 무선 주파수를 활용하여 9[MHz] 이상의 채널 대역폭을 사용

③ **사용 가능한 이동 속도** : 60[Km/h] 이상

④ **음성 및 데이터** : 동시 지원(패킷 기반)

⑤ **기반 기술**

상향 및 하향 채널의 이중화 방식은 5[msec]의 사이클로 분할하여 사용하는 TDD를 사용한다. 여기서 TDD(Time Division Duplexing)는 하나의 주파수에 대해서 시간적으로 나누어서 사용하는 방식을 말한다.

⑥ **대역폭** : 10[MHz]

⑦ **다중 접근 방식** : OFDM

참고

이중 채널 기술

양방향 통신을 위해서는 2개의 링크를 필요로 한다. 여기서 상향 및 하향 전송을 위한 방식을 전이중(Full duplex)라고 한다. 정보를 양방향으로 전송하기 위한 통신 시스템에서 송신 및 수신 신호를 전송할 주파수를 이용하는 방법에 따라서 FDD와 TDD로 구분된다.

■ FDD 방식

- 상향 및 하향을 위해서 주파수를 2개의 링크를 만드는 방식을 말한다.
- 송신 및 수신용으로 두개의 주파수가 필요하며 주파수가 상호 간섭을 피하기 위하여 송·수신 주파수간의 보호대역이 필요한데 TDD방식은 보호대역(guide band)이 필요하지 않으며 하나의 주파수 대역으로 송신 및 수신 하므로 주파수 이용측면에서는 FDD방식에 비하여 효율이 높다. 그러나 송·수신 신호의 충돌을 피할 수 있는 보호시간(Guide Time)이 필요하고 이는 전체 이용 율의 5[%]정도에 해당된다.

■ TDD 방식

- 하나의 주파수에 대해서 상향 및 하향을 위해 시간을 2개의 링크를 만드는 방식을 말한다.
- 하나의 주파수를 이용하여 시간영역을 나누어서 송·수신하는 방식이다. 따라서 송·수신의 절체를 위하여 RF스위치가 사용되는 구조를 갖는다.
- TDD방식은 FDD에 비해 두 배의 주파수대역으로 송·수신하므로 주파수 효율측면에서 장점이 있다.
- 이미 할당되어 있는 주파수 대역 내에서 새로운 주파수를 할당할 때 FDD방식은 듀플렉스 보호대역 만큼 떨어진 곳에 송·수신대역이 쌍으로 있어야 하는 반면 TDD방식은 이러한 제약사항이 없으므로 주파수할당에 유연성 및 활용도를 높일 수 있다.

참고

- OFDM(Orthogonal FDM) : 하나의 정보를 여러 개의 반송파로 분할하고 분할된 반송파 사이의 주파수 간격을 최소화하기 위해 직교 다중화해서 전송하는 통신 방식이다. 즉 OFDM은 직교 다중화 분할 기술이라고 하며 높은 주파수 효율과 전송 용량을 가지고 있는 부반송파 병렬 전송 시스템을 말한다. 이동 환경에서도 고속 정보 전송이 가능해 지상파 DMB, WiBro 및 디지털 멀티미디어 방송에 이용되는 통신 시스템이다.
- DMB는 COFDM(Coded OFDM) 방식을 사용하며, WiBro는 OFDM/TDD 방식을 사용한다.

〈표 7.4〉 WiBro 주요 규격

기능항목	내 용	
기반기술과 전개 방향	• 유선 백본망과 무선 가입자망의 결합 • 고속 데이터전송에 효율적인 IP기반 전송기술 채택 • 무선구간에 OFDM, MIMO, 스마트 안테나기술 채택으로 효율성 제고	
QoS	보장 어려움	
음성	VoIP 또는 듀얼모드 단말기를 통해 가능	
데이터 서비스	중간 정도의 품질을 유지하는 대용량의 멀티미디어 • 인터넷, MMS, M-Commerce • 주문형 서비스, 게임	
시스템 파라미터	전송방식	TDD/OFDMA
	주파수 대역	2.3~2.4[GHz](100[MHz])
	채널 대역폭	10[MHz]×2(상, 하)
	전송속도	하향 최대/최소 : 3[Mbps]/512[Kbps] 상향 최대/최소 : 1[Mbps]/128[Kbps]
	주파수 재사용 계수	1
	핸드 오프	셀 간/섹터 간/주파수 간 : 150[ms]이내
	셀 커버 영역	1[Km]
	단말기 이동성	60[Km] (최대 100[Km]까지)

(2) WiBro의 특징

① 높은 전송속도

기존의 ADSL의 약 1[Mbps] 정도의 전송속도로 이동 통신사의 무선 인터넷이나 3.5G HSDPA 보다 데이터 전송에 적합하다.

② 이동성

현재 유선 사업자가 제공하는 무선 LAN(넷스팟)이나 기존 CDMA을 이용해 무선 인터넷을 할 수 있지만 무선 LAN은 도달거리가 짧아서 이동 중 일 때나 AP(Access Point)가 멀어지는 실외에서는 서비스가 되지 않는다.

③ 저렴한 요금

휴대 전화상에서 사용 가능한 EV-DO 무선 인터넷은 사용 범위도 넓고 접속도 비교적 잘 되지만 요금이 지나치게 고가이다. 그러나 WiBro는 현재의 유선 인터넷보다 저렴하게 인터넷을 마음대로 사용할 수 있기 때문에 유선 인터넷과 이용료 차이를 많이 좁힐 수 있다.

④ 다양한 컨텐츠

현재 CDMA 무선 인터넷은 네이트(닷컴)에 관련된 콘텐츠만 주로 볼 수 있지만 WiBro 단말기에서는 유선 초고속 인터넷에서처럼 자유롭게 인터넷의 검색이 가능하게 된다.

(3) 휴대폰과 WiBro 단말기의 차이점

① 휴대폰

2세대용인 휴대폰은 기존의 음성 전화 서비스를 위한 전화망을 기반으로 하는 회선(Circuit) 교환망용이라고 할 수 있다.

② WiBro 단말기

기존의 무선 LAN을 기반으로 하는 IP 기반의 무선 데이터 전송용으로 개발된 것으로 따라서 WiBro는 기본적으로 기지국과 단말에 할당된 대역을 여러 단말이 공유하는 패킷(Packet) 통신 방식이라고 할 수 있다.

(4) WiBro 방식이 표준화 기술로 채택되는 경우 지니게 되는 의의

① 국내에서 독자적인 기술을 통하여 개발한 것으로 이동통신 기술의 최초 국제표준 채택으로 국내 독자개발 기술을 국제 표준화함으로써 선진국을 따라가던 과거 방식에서 탈피, 세계흐름을 선도하는 IT 강국으로 등장하게 될 것이다.

② WiBro는 기획 초기 단계부터 세계시장 진출을 목표로 기술개발, 상용화, 해외 진출, 표준화에 관련된 일련의 과정을 정부, 연구기관, 제조업체, 사업자 등이 유기적으로 협

조를 통하여 완성된 결과물이다.

③ WiBro의 3G 주파수 대역 활용이 가능해짐에 따라 세계 각국은 3G 대역(특히 2.5[GHz] 대역)에 WiBro 기술을 도입하도록 하는 계기가 되는 역할을 담당하게 될 것이다.

④ 3G 표준 채택으로 WiBro Evolution이 타 4G 후보기술과 대등한 위치에 도달하여 4G 표준채택에 유리한 위치 확보로 WiBro 후속기술의 4G(IMT-Advanced)에서 표준 채택의 가능성이 기대된다.

참고

세대(Generation)별에 따른 특성 비교

- 1세대(1G) : 아날로그 통신(AMPS, TSCS, NMT), 10[kbs]이하, 음성 서비스
- 2세대(2G) : TDMA, CDMA, GSM, PDC, 14.4~64[kbps], 음성, 단문 메시지, 저속 인터넷 서비스
- 2.5 세대(2.5G) : PCS
- 3세대(3G) : WCDMA, CDMA2000, 144[Kbps]~2[Mbps], 음성, 고속 인터넷, 동영상 통화 서비스
- 4세대(4G) : 100[Mbps] 이상, 멀티미디어 서비스

(5) WiBro와 타 이동통신 서비스의 상호비교

① HSDPA는 CDMA의 개념을 진화시킨 것이고 WiBro는 무선 인터넷인 Wi-Pi(근거리 무선 중계기)를 진화시킨 것이라고 할 수 있는데 왜냐하면 HSDPA나 WiBro는 기존 통신기술과는 상당 부분 다른 기술을 채택하여 구현되었기 때문이라고 할 수 있다.

② WiBro와 Wi-Pi의 공통점은 무선 망을 이용하여 IP 기반 통신을 하는 것이고 가장 큰 차이점이라면 WiBro는 IP계층 아래에 있는 물리적 계층에서는 OFDMA 기술을 사용하고 MAC 계층에서는 Hand-off와 같은 이동성 지원 기능을 포함하고 있다는 것을 들 수 있다.

③ OFDMA 기술은 FDMA의 대역을 SAVE한 것으로 주파수 효율이 매우 우수하며, OFDMA는 FDMA보다는 협대역이다. 따라서 OFDMA의 경우는 선택성 페이딩에 매우 강하게 되어 이동 환경에 유리하다. 즉 이동하면서 이용 효율이 우수하다는 것은 초고속 멀티미디어 정보 전송에 적합하다는 것을 말하는 것이다.

④ HSDPA의 주파수 관련 부분을 이해하기 위해서는 먼저 WCDMA의 특성을 알아야 하는데 여기서 HSDPA와 WCDMA에 대한 통신 기술 또는 서비스 간의 가장 큰 차이점은

WCDMA의 경우는 IP기반이 아닌 무선 음성 통화망이고 HSDPA는 패킷 데이터전용 망이라고 보면 된다.

⑤ 사용하는 주파수 대역은 모두 동일하다. 여기서 어떻게 해서 동일한 주파수 대역에서 동시에 HSDPA와 WCDMA 통신을 같이 할 수 있는가는 무선 구간에서 다른 통신 프로토콜을 사용하기 때문이라고 할 수 있다.

⑥ WCDMA 방식에서 HSDPA으로 진화되어 탄생하였듯이 CDMA 1x 망에서 EVDO가 나온 것과 동일한 개념이라고 할 수 있다. 즉 HSPDA는 WCDMA를 확장한 고속 패킷 통신 규약으로 WCDMA, CDMA 보다 훨씬 고속으로 데이터를 주고받을 수 있어서 WiBro와 함께 3.5G 이동 통신 방식이라고 할 수 있다.

참고

■ WiBro와 HSDPA : WiBro와 HSDPA는 이동 환경에서 서비스의 제공을 목적으로 하는 것으로 이들과 관련된 기술과 서비스 경쟁이 가속화 되고 있다.

- WiBro의 통신 요금은 정액제 무제한 Packet 서비스로 제공되는 것이므로 이용 가격 면에서 유리하다.
- HSDPA는 이동통신에서 진화한 기술로서 통신요금이 상대적으로 비싼 반면에 음성통화 서비스, 이동성, 서비스 품질에서 약간 유리한 위치에 있다.
- 전송속도 면에서는 HSDPA는 사용대역을 가입자가 공유하는 형태이므로 통화량 변화에 따라 전송속도가 저하될 수 있으며, 비대칭 채널 서비스이므로 Up Load에는 약하다.
- WiBro는 향후 이동성을 강화하고 m-VoIP를 통해 음성 및 화상 서비스가 가능하며 Up Load에서 강한 채널 특성을 보여 UCC 등의 사용자 서비스에 적합하다.

(6) WiBro와 WiBro Evolution의 상호 특성 비교

① WiBro

㉠ 채널 대역폭 : 10[MHz]

㉡ 이동속도 : 60[Km/h] 이하

㉢ 서비스 커버리지 : 1[Km] 이하

㉣ 가입자당 최대 전송속도 : 하향(20[Mbps] 이하), 상향(6[Mbps] 이하)

㉤ Hand over 절단시간 : 150[msec] 이하

㉥ IP 프로토콜 : IPv4

② WiBro Evolution

㉠ 채널 대역폭 : 10/20/40[MHz]

㉡ 이동속도 : 120[Km/h] 이상

㉢ 서비스 커버리지 : 1[Km] 이상

㉣ 가입자당 최대 전송속도 : 하향(20[Mbps] 이상), 상향(6[Mbps] 이상)

㉤ Hand over 절단시간 : 100[msec] 이하

㉥ IP 프로토콜 : IPv4 또는 IPv6

참고

LTE(Long Term Evolution)

■ 개요 : LTE는 데이터 전송 효율 향상, 효율적인 주파수 자원 이용, 이동성 제공, 낮은 지연, 패킷 데이터 전송에 최적화 되고, 서비스 품질 보장 등을 제공하는 차세대 이동 통신 기술을 의미한다. 차세대 이동 통신 기술은 LTE와 WiBro Evolution으로 양분될 것으로 전망되며, GSM/WCDMA를 기반으로 한 LTE 기술이 우위를 보일 것으로 전망된다.
4G기술로 LTE-Adavanced, 802.16m 기술이 경쟁할 것으로 전망되며 국내에서는 WiBro를 기반으로 하는 802.16m 기술이 우위를 보이고 있으며 전략적 결정이 중요하다.

■ LTE 기술적 특징
- 하향 링크 : OFDMA
- 상향 링크 : SC(Single Carrier)-FDMA
- FDD와 TDD를 동시에 지원
- 변조 방식 : QPSK, 16QAM, 64QAM
- 접속 망에서 노드 수를 최소화하기 위해서 RNC 제거

■ LTE 시스템 요구 사항 : LTE 시스템은 효율적인 패킷 데이터 전송에 적합하고 방송서비스 등 멀티미디어 서비스 최적화를 추구하며, 효율적인 주파수 자원의 이용, 이동성, 서비스 품질 보장 등을 목표로 한다.
여기서 LTE 주요 규격에 대해서 정리하면 다음과 같다.
- 피크 데이터율(120[MHz 대역에서)
  - 하향 링크 : 100[Mbps](5[bps/Hz])
  - 상향 링크 : 50[Mbps](2.5[bps/Hz])
- 사용량
  - 하향 링크 평균값 : HSDPA의 3~4배
  - 상향 링크 평균값 : HSUPA의 2~3배
- 셀 당 스펙트럼 효율
  - 하향 링크 평균값 : HSDPA의 3~4배
  - 상향 링크 평균값 : HSUPA의 2~3배

- 이동성(Mobility) : 15[Km/h]이하에서 최적화, 120[Km/h]까지 고성능 유지, 350[Km/h]까지 연결 지원(주파수에 따라 500[Km/h]까지 지원)
- 커버리지(Coverage) : 반경 5[Km]까지 성능 만족, 30[Km]까지 다소 저하
- 망구조 및 진화 : 단일 망 구조, 실시간 서비스용 패킷 망, 고장 감내력, QoS, Backhaul 최적화
- 복잡도 : 옵션의 최소화, 불필요한 필수 기능 배제

■ LTE의 핵심기술

- OFDMA : 주파수 대역을 수백 개로 분할하고 주파수 간 간섭을 최소화하여 대용량 데이터를 동시에 고속으로 전송하는 기술로 각 반송파 주파수 성분은 상호 중첩되어도 상관없기 때문에 더 많은 방송파의 다중화가 가능해 주파수 이용효율을 높일 수 있다. 그리고 시간과 주파수 영역의 2차원으로 자원을 할당할 수 있어 자원 할당의 자유도가 증가해 Burst성향을 갖는 데이터 통신에 적합하다.
- MIMO(Multi input Multi output) : 차세대 이동 통신에서는 고속으로 다량의 정보를 송수신하기 위해서 기존의 단일 송수신 안테나 대신에 MIMO 시스템을 적용해야 하는데 여기서 MIMO 시스템은 다중 입출력 특성을 지니는 다중 안테나 시스템을 말하며, MIMO에 대한 특징은 다음과 같다.
  - 각 전송 안테나 마다 서로 다른 정보를 전송하여 전송량을 높일 수 있다.
  - MIMO에서 사용되는 전송 코드로 STC(Space Time Code)의 사용으로 전송 정보에 다이버시티 효과를 주며 코딩 이득을 가질 수 있도록 하여 전송 정보에 대한 신뢰도를 향상시킬 수 있다.
  - 이동 통신 환경에서 다수의 안테나를 사용, 데이터를 송수신하는 다중 안테나 기술로 LTE의 요구 사항인 최대 전송 속도 향상에 핵심이 되는 기술이다.
  - 여러 개의 안테나를 사용해 동일한 무선 채널에서 두 개 이상의 데이터 신호를 전송함으로서 무선 통신의 범위를 넓히고 속도도 크게 향상시킨다.
  - 송신단과 수신단에 N개의 안테나를 배열해 신호를 보내면 N배의 전송률이 증가하게 된다.

■ SC(Single Carrier)-FDMA : LTE 상향링크에서 PAR(Peak To Average Ratio)을 줄임으로서 휴대 단말기의 전력 소모를 줄일 수 있는 SC-FDMA를 사용하게 된다.

■ Femto Cell : 이동 통신 기지국(AP)을 댁내 사용가능한 수준으로 소형화하고 가격을 무선 LAN AP 수준으로 낮춘 시스템으로 셀 용량 증대 측면에서 4G의 핵심 기술로 저렴한 비용으로 실내 환경에서 사용되는 셀룰러 이동통신 기지국을 말한다. 이동통신사는 Femto Cell을 이용, 데이터 서비스 제공을 통해 가입자들을 완전히 3G에 적응시킬 수 있을 것이다.

7.6 HSDPA(High-Speed Downlink Packet Access)

7.6.1 HSDPA의 기본적인 개념

3세대 비동기식 이동통신기술 표준화 기구인 3GPP(3rd Generation Partnership Project)에서 핵심기술로 설명하고 있는 HSDPA는 WCDMA 표준에서 패킷기반의 데이터 서비스를 가리킨다. 차 후 HSDPA는 3G 서비스인 WCDMA가 진화된 방식으로 WiBro와 함께 비동기식 3.5G의 이동통신 서비스를 제공하는 방식이라고 할 수 있다.

향후 이동통신 기술은 보다 고속이고, 고 품질의 이동통신 서비스를 제공하기 위해서 WCDMA 방식보다 고속의 전송이 가능한 기술로써 HSDPA 방식을 채택하여 적용하는 것을 들 수 있는데 현재 무선(휴대) 인터넷 기술(국제적으로는 HPi라고 부른다.)은 IEEE 802.16e의 표준 규격위원회에서 국제표준화 작업을 하고 있다. HSDPA 방식은 이동통신 기술이고 국내에서는 무선 인터넷 서비스를 WiBro라고 부르고 있다.

따라서 HSDPA는 비동기식 W-CDMA 시스템을 향상 및 개선한 셀룰러 시스템으로 전송방식을 CDMA/FDD을 적용한 방식이라고 할 수 있다.

여기서 1xEV-DO rev.A는 현재 상용 서비스 중인 동기식 EV-DO의 업그레이드 시스템으로 전송 방식으로 CDMA/FDD을 적용한 방식이다.

참고

EV-DO(Evolution-Data Optimized, CDMA 1x EV-DO)

- CDMA 기반의 무선 데이터 통신 기술로 CDMA 기술은 IS-95A 방식부터 시작되어 IS-95B, IS-95C(CDMA 1x-2000)를 거쳐 현재는 EV-DO 방식이 많이 사용되고 있으며, 현재 W-CDMA 방식 역시 서비스되고 있다. 이들 방식간의 차이는 통신 속도를 들 수 있는데 무선 인터넷을 사용하는 초기 95A 방식의 경우 최대 64[Kbps]로 사용이 가능했지만, EV-DO 방식의 경우 최대 2.4[Mbps]의 속도로 사용이 가능하다. 이와 같이 사용할 수 있는 무선 인터넷의 속도가 증가함에 따라 제공되는 서비스의 종류와 성격도 많이 변하게 된다.

7.6.2 HSDPA의 기술적인 개요

기존의 WCDMA(Release 99 및 4)와 동일한 주파수 대역에서 사용 가능한 고속의 하향 패킷 서비스를 제공하기 위한 시스템으로 전송 효율을 극대화하기 위해서 AMC(Adaptive Modulation and Coding)와 H-ARQ(Hybrid Automatic Repeat reQuest)기법을 채택하고 있다. 따라서 HSDPA는 하향 고속 패킷 데이터 전송을 가능하게 하기 위해서 기존의 WCDMA 시스템에는 그다지 영향을 주지 않는 범위에서 다음과 같은 하향과 상향 링크 등을 추가하여 운용하고 있다.

(1) 하향 링크 HS-DSCH(High Speed Downlink Shared Channel)

고속 패킷 데이터 전송을 위한 하향 링크 전송

① HS-PDSCH(High Speed Physical Downlink Shared Channel)

HS-DSCH 데이터를 전송하기 위해 사용되는 하향 물리 채널로 각 기지국은 최대 15개의 HS-PDSCH를 운용하는 것이 가능하다.

② HS-SCCH(High Speed Shared Control Channel)

HS-DSCH로 전송되는 패킷 데이터를 단말기가 수신하는데 필요한 제어 정보와 기타 용도의 제어 정보를 기지국이 전송하는데 사용하는 하향 채널이다.

(2) 상향 링크 HS-DPCCH(High Speed Dedicated Physical Control Channel)

각 단말이 하향 파일럿 채널(이동국이 순방향 CDMA 채널의 타이밍을 포착하도록 하며, 코히런트 변조를 위한 기준 위상을 제공하거나, Hand-off의 발생 필요시점을 결정하기 위해 기지국 간 신호 강도를 비교하는 수단을 제공한다.)상황이 가장 양호한 기지국을 선택하여 해당 채널 상항에 적합한 변조 및 부호화 정보를 피드백하는 경우에 이용되는 상향 채널을 말한다. 그리고 기지국으로부터 패킷 데이터를 수신한 단말은 ACK/NAK 정보를 HS-DPCCH를 통해서 전송한다.

7.6.3 HSDPA의 특징

(1) 기지국에 대해서 투자 없이 W-CDMA 시스템을 개량하는 방식으로 서비스를 제공할 수 있다.

(2) 전파 상태에 따라 데이터율이 변하는데 전파상태가 우수한 경우 하향 14[Mbps], 전파 상태가 양호한 경우 7~8[Mbps], 셀 경계지역에서는 전파 상태에 따라 2[ms]마다 변조방식이나 부호화율을 제어하기 때문에 2[Mbps] 정도의 통신 속도를 보이게 된다.

(3) 셀 내에서는 모든 사용자가 속도를 공유하기 때문에 사용자가 많아지면 속도가 떨어져 평균속도가 2~4[Mbps]로 된다.

(4) 여기서 HSDPA의 적용기술을 고려하면 다음과 같다.

① Up/Down 비대칭 전송율
② 적응형 변복조 및 부호화 방식(Adaptive Modulation & Cording)
③ MIMO(Multi Input Multi Output) 안테나방식 사용
④ H-ARQ(Hybrid ARQ)방식 에러제어

〈표 7.5〉 EV-DO, HSDPA 그리고 WiBro의 특성 비교

구　분	1X EV_DO	HSDPA(R5)	Wibro
FA당 대역폭	1.25[MHz]	5[MHz]	10[MHz]
제공서비스	DATA ONLY	음성+데이터	DATA ONLY
하향 최고 전송속도	2.4[Mbps]	14[Mbps]	3[Mbps]
상향 최고 전송속도	153.6[Kbps]	2[Mbps]	1[Mbps]
이동성	250[Km/h]		100[Km/h]
셀 반경	4[Km]		1[Km]
주파수 대역	2.0[GHz]		2.3[GHz]
상·하향 Duplex	FDD		TDD
다중화	TDM, CDM		OFDM
변조방식	QPSK, 16QAM		

참고

WiBro-TETRA 연동

■ WiBro는 2.3[GHz]에서 중속(60~120[Km/h]) 정도의 이동을 지원하는 휴대 인터넷 서비스이며, TETRA(TErrestial Trunk RAdio)는 디지털 TRS의 유럽형 방식으로 국내의 재난통신용으로 선택하고 있다.
기존의 아날로그 TRS방식의 경우는 음성 서비스만이 가능하였지만 디지털 TRS인 TETRA은 WAP의 기능을 지원하면서 TRS상에서 음성과 함께 데이터 서비스를 제공하는 것이 가능하게 되었다.

WiBro-HSDPA 연동

■ 고속의 전송 속도를 제공하는 WiBro 망은 도심 위주로 네트워크 인프라가 투자되고 저속의 HSDPA망은 전국망이 구축되어 시스템 간 연계의 필요성을 고려한 것으로 무선 데이터 통신 기술이 높은 이동성과 낮은 전송 속도 그리고 낮은 이동성과 높은 전송 속도 형태로 발전하고 있다. 따라서 WiBro-HSDPA 연동 망이 구축되는 경우에는 서비스 제공 영역, 데이터 전송 속도 그리고 구축 비용 등에서 커다란 효과를 주게 된다.

7.7 블루투스(Bluetooth)

7.7.1 Bluetooth의 기본 개요

(1) Bluetooth의 출현 배경

유비쿼터스(Ubiquitous)는 주거환경을 개선할 목적으로 외부에서 집안의 가전제품(에어콘, 보일러, 전기밥솥 등) 동작시키거나 조절할 수 있는 기술로 설명되는데 이는 곧 근거리 개인 통신 네트워크(PAN, Personal Area Network)을 위한 것이라고 할 수 있다.

여기서 PAN은 생활환경을 기준으로 정의된 근거리 개인 통신 네트워크를 통칭하는 것으로 PAN에 속하는 대표적인 형태로 Bluetooth, UWB, Zigbee 등을 들 수 있으며 점차적으로 망 형태가 개인 중심의 형태로 진화하고 있는 경향이라고 할 수 있다.

Bluetooth의 탄생의 배경에는 이동형 소형 장치들 상호간에 필요한 복잡한 연결선들을 제거하는 개념에서 출발하였으며, 이는 On line 시대를 No line 시대로 변화를 가져온 Home Networking(PAN)과 무선 컴퓨터 핵심 기술의 발전으로 가능하게 되었다.

① Bluetooth의 출현은 PC와 관련된 주변장치 그리고 주변 장치간의 케이블을 제거하는 구상과 휴대폰을 이용하여 PC등을 셀룰러 망에 접속하기 위한 것에서 비롯된 것으로 즉, 이동 소형 장치(PC, PDA, 이동전화, 노트 북 등과 같은)간의 정보 단말기와 이동전화 사이를 케이블을 사용하지 않고 연결해주기 위한 동기화(Synchronization) 기술로서

Bluetooth 기술의 출현은 일종의 데이터 통신의 혁명이라고 할 수 있다.

② Bluetooth는 선 없는 LAN으로 유선에서 무선으로의 전환에 필요한 기술로 무선 인터넷과 더불어 차세대 무선 데이터 통신 기술로 새롭게 제공하고 있는 무선 인터넷 시장에서 경쟁 분야의 사업이 될 것이며, Bluetooth는 저가, 저 전력 무선장치를 통하여 장치 상호간을 연결하여 WPAN(Wireless PAN)을 구성하는 것에 목적을 두고 있다.

③ Bluetooth는 현재 근거리 무선 데이터 기술로 이용되는 IrDA(Infrared Data Association)나 SWAP(Shared Wireless Access Protocol) 등 보다 우수한 기술로 평가받고 있다. Bluetooth는 Bluetooth SIG의 표준안을 기준으로 제품을 구현 중에 있으나 Bluetooth의 성능 및 상호접속 기술, 다른 무선기기와의 전파간섭에 대한 대책기술 등을 추가로 필요로 한다.

(2) Bluetooth 기술의 이용

Bluetooth는 10~100[m]정도 내에 위치하는 휴대폰, 유선전화, PC, TV, 냉장고 등을 무선으로 연결하기 위한 기술규격을 가리킨다.

① Bluetooth의 등장은 PC 카드, Serial port 등과 같은 번거로운 접속장치들을 필요로 하지 않으며, 휴대용 단말기 등은 무선 통신이라는 특징을 지니기 때문에 장소 등에 구애받지 않는 자유로움은 갖지만 휴대용 단말기들을 다른 기기들과 연결해서 이용하는 경우에 그다지 자유롭지는 못한 형편에 있다. 예를 들면 현재 이용하고 있는 방법은 휴대폰을 이용해서 데이터를 다운(Down) 받은 후 노트북에 저장하기 위해서는 휴대폰과 노트북을 연결하기 위한 장치나 기기를 필요로 하기 때문에 기기들 상호간을 연결하는 것이 자유롭지 못하게 되는데 Bluetooth는 근거리에서 데이터 통신을 무선으로 가능하게 해주는 기술이므로 Bluetooth에는 서로 다른 기기들을 선 없이 연결하는 것이 가능하게 된다.

② Bluetooth는 다양한 형태의 휴대 장비인 이동 PC, 이동 전화, PDA 등과 고정 장치들을 저 비용의 단거리 무선 링크를 통해 연결하여 통신이 가능하도록 하는 기술 표준으로 이와 같은 표준을 이용하여 각 단말이 자동으로 상호 무선 연결되어 통신할 수 있으며, 인터넷과 같은 기존 네트워크와의 연동이 가능하도록 하는 새로운 네트워크의 구축을 목표로 하고 있다. 따라서 Bluetooth 기술의 적용으로 제한 요인을 극복할 수 있게 된다.

③ 현재 휴대용 PC 사용자가 인터넷을 사용하는 경우 휴대용 PC를 이용해서 주변의 ISDN, xDSL 등과 같은 유선망, 10 Base T 형태의 유선 LAN, Cellular, PCS, Satellite 등의 무선망 그리고 IEEE802.11, WAP 등의 무선 LAN을 접속할 수 있는 외부 통로만 존재한다면 언제든지 접속이 가능하며 이를 통해 E-Mail의 이용도 가능하다.

④ Bluetooth는 자체 보안 기능을 가지고 있기 때문에 전자상거래와 같이 보안을 필요로 하는 통신 매체로도 활용이 가능하다.

⑤ 휴대전화 사용의 경우 무선 전화를 이용해서 언제든지 전화할 수도 있고, 전화 하나를 이용해서 무선 인터넷폰으로 전화를 사용할 수 있으며 일반전화 기능, Cellular, PCS와 같은 휴대 전화 기능으로 사용할 수 있다.

⑥ Bluetooth 기술을 적용하는 경우에는 한 개의 전화기를 이용해서 어디에 있든 같은 전화를 사용할 수 있다. 예를 들면 사무실에 있을 때는 인터콤 기능을 하며, 집에 있을 때는 무선전화기로써 사용할 수 있으며, 이동 중일 때는 이동 전화기로 사용할 수 있다.

⑦ 다량의 보급을 위해서는 가격상의 문제도 중요하므로 대량의 상용화 기술 등이 소요되며, Bluetooth 상호간의 간섭이나 전자레인지 등과의 간섭 등의 중요 기술 사항에 해당한다. 또한 서비스도 동영상 등을 수용 가능한 고속을 요구하는 경우가 많으므로 추가적인 소요 기술이 필요할 것으로 예상된다.

(3) 블루투스에서 이용되는 주파수 환경

각종 기기(정보, 통신, 가전제품 등)간에 새로운 무선 접속기술로 주목받고 있는 Bluetooth의 이용 주파수 대역은 2.4~2.4835[GHz]이며, 폭을 83.5[MHz]로 결정하였다.

특히 기존에 무선 LAN용으로 분배해서 사용하던 주파수 대역인 2.4~2.480[GHz]에서 폭을 80[MHz] 영역을 무선 LAN과 Bluetooth에 모두 적용 가능하도록 한다는 의미에서 주파수 용도의 명칭을 무선 데이터 통신 시스템으로 변경하는 한편 기존의 대역을 국제 Bluetooth SIG가 Bluetooth용으로 지정한 주파수 대역인 2.4~2.4835[GHz] 대역을 근거로 하고 있는 것이다.

여기서 Bluetooth SIG(Bluetooth Special Interest Group)은 근거리 무선통신의 세계 표준인 Bluetooth 기술의 다국적 연합체를 Bluetooth SIG라고 부르며, 블루투스에 관련된 기술 및 제품 확산을 지원할 목적으로 하는 비영리 조직으로 직접 기술이나 제품 개발을 목적으로 하고 있다.

7.7.2 Bluetooth의 기술적인 특징

Bluetooth는 근거리 통신을 하기 위한 국제 표준으로 2.4[GHz] 대역에서 대역폭 1[MHz]의 채널을 79개로 분할해서 각 전송 채널마다 1초당 1600번씩 채널을 바꾸는 주파수 호핑(Frequency Hopping)방식 기술로 전파를 송수신하여 잡음이 많은 무선 주파수에서도 성능이 고르게 유지되며, 보안성이 우수하며, 무선 LAN에 비해 저가이며, 전력 소모도 매우 적으며, 신호를 모든 방향으로 전송할 수 있어 각 장치들 간에 지향을 맞출 필요가 없게 되는 장점을 지닌다. 그리고 음성 신호의 전송이나 인터넷과 같은 데이터 전송장치 등에 지원이 가능하여 응용할 수 있는 범위가 넓다.

(1) 사용 주파수 대역

FCC에서 별도의 면허가 없이 무료로 사용할 수 있는 2.4[GHz]의 ISM(Industrial Scientific & Medical)대역을 이용하고 있으며, 높은 무선 주파수를 이용하고 있기 때문에 방해물이 있을 경우에도 금속이 아니면 투과하여 통신이 가능하다.

(2) 전송거리

Bluetooth에서 이용 가능한 데이터 전송 거리를 고려하는 경우 Bluetooth는 사무실, 회의실, 가정 그리고 사용자의 주변 공간 내에서 지원하도록 개발되었다. Bluetooth 장치는 사용요구에 따라 다양한 거리를 지원하는 장치들과 10[m] 반경 내외의 거리에서 각종 가전기기들을 무선 접속해서 정보교환이 가능하며, 개방된 공간에서 증폭기가 있으면 전송거리를 최대 100[m] 범위로 확장된다. 전송거리가 길면 소비 전력이 매우 크게 된다.

(3) 전송방식 및 데이터 전송 속도

① 전송 방식으로는 대역 확산 통신 기술에서 간섭 방지를 위한 주파수 호핑(FH)을 적용하고 있다.

② 간섭이나 페이딩 등에 강하도록 설계되었으며 Bluetooth의 기본은 패킷 통신으로 데이터와 음성 통신 모두를 지원한다.

③ 데이터 전송속도를 고려하면 동기(Synchronous)방식의 경우에는 1[Mbps] 정도이며, 비동기(Asynchronous)의 경우에는 두 개의 기기를 1대 1로 연결하면 단방향 최대 723[kbps]의 데이터 전송을 할 수 있다. 한편 2[Mbps]급 정도를 갖는 규격이 나올 예정

이며 동영상 전송이 가능한 10[Mbps]급 정도의 차세대 Bluetooth 기술이 현재 연구 중에 있다.

④ 디지털 변조 방식으로 GFSK 방식을 적용하고 있다.

⑤ 저소비 전력으로 대기 상태는 0.3[mA], 송수신 상태에서는 30[mA]이다.

⑥ PCM의 A-Law, μ-Law, CVSD 등의 3채널의 Voice 지원

⑦ 전송 거리는 10[m] 이며, 부가적인 장치를 적용하면 100[m]까지 가능하다.

(4) 기저 대역 기술

동기식 연결(SCO, Synchronous Connection Oriented)과 비동기 연결(ACL, Asynchronous Connectionless)로 구분되는 2가지 형태의 링크를 제공하게 된다.

① SCO는 기본적으로 음성 서비스를 위한 것이다.

② ACL은 데이터 서비스를 위한 것이다.

(5) 집적화와 접속률이 우수하다

사용되는 고성능 집적회로 라디오 수신기가 9×9[mm] 마이크로 칩에 장착 가능하여 극소형이며, 짧은 데이터 패킷을 사용할 뿐 아니라 유연성이 좋은 패킷을 사용하기 때문에 접속의 경우 접속률을 극대화할 수 있다.

(6) 기존의 단거리 무선데이터 통신에 비해 전력사용이 매우 낮게 되는 장점을 갖는다. 즉 소비전력이 매우 적다

즉, Sleep power의 경우는 30[mA], Standby power의 경우는 300[mA] 그리고 데이터 전송 시의 경우는 30[mA]이다.

(7) 무선 통신의 집합

노트북, 디지털 카메라, 프린터, MP3 그리고 가정 내 네트워크 장비 등을 무선으로 집합하여 통신이 가능하도록 할 수 있다.

(8) 기타 특징

① 무선 접속으로는 주파수 도약(FH) 방식, TDMA을 적용한다.

② 보안은 고속 주파수 도약(1초당 1600번 도약) 방식의 링크 계층 구조이다.

③ 신호 대 간섭 비 요구 사항은 11[dB](0.1 BER 기준)이다.

④ IrDA에 비해 장거리 전송이 가능하며, 음성통신 지원이 가능하다.

⑤ TDD(Time Division Duplex) 기술을 사용한다.

⑥ 비동기 데이터 채널과 동기 음성 채널이 동시에 제공 가능하다.

⑦ 전 세계 수많은 국가가 블루투스 표준 규격을 준수하기 때문에 세계 어느 곳에서나 같은 기술을 이용 할 수 있다.

⑧ IrDA에 비해 장거리 전송이 가능하며, 음성통신 지원이 가능하다.

여기서 적외선 통신규격(IrDA, Infrared Data Association)(버전 1.1)방식의 경우는 최대 데이터 전송속도가 4[Mbps]로 Blueteooth 보다는 빠르지만 최대 전송거리는 1[m]로 짧다는 것이 특징이다.

7.8 디지털 통신 시스템의 응용

7.8.1 UWB(Ultra Wideband Band) 통신

(1) UWB의 기본적인 개념

UWB는 무선 통신 기술로 매우 낮은 전력을 사용하여 초 광대역의 주파수 대역으로 많은 디지털 데이터를 전송하게 되는 차세대 무선 전송 기술을 의미하는 것으로 무선 디지털 펄스, 임펄스 라디오, 무 반송파 무선 통신(Zero Radio communication)이라고도 불린다.

① UWB 무선 통신 기술은 매우 낮은 전력으로 초고속, 고성능의 무선 네트워크 구축을 통한 신뢰성 있는 통신 기술이다. 현재 미연방 통신 위원회(FCC)에서는 1.5[GHz] 이상의 대역폭을 사용하는 기기를 UWB 통신 기기로 정의하고 있다.

② 단거리 구간에서 낮은 전력으로 넓은 스펙트럼 주파수를 통해서 보다 많은 양의 디지털 데이터를 전송하기 위한 무선 기술로 [GHz]대역의 주파수를 사용하면서도 초당 수천~수백만 회의 저출력 펄스로 이루어진 것이 커다란 특징이라고 할 수 있다.

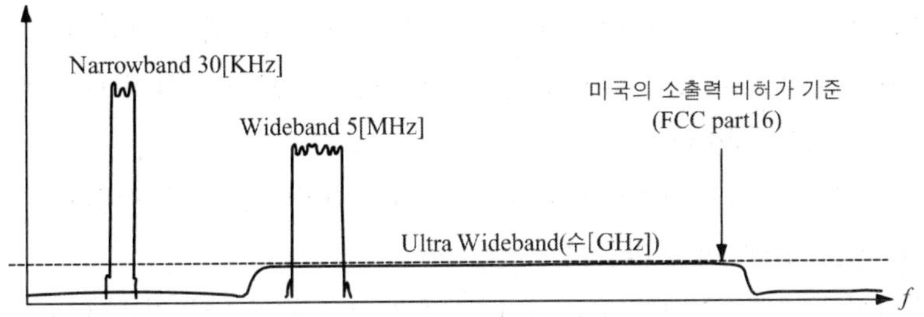

〈그림 7.5〉 UWB의 주파수 특성

(2) UWB의 특징

기존의 협 대역을 이용하는 전통적인 무선 통신과는 다르게 UWB 무선 시스템은 저 전력으로 매우 좁은 폭(초당 10~1000번에 해당)의 연속적인 펄스를 전송함으로서 매우 넓은 대역을 사용하게 된다.

① 대용량의 데이터를 0.5[m/W] 정도의 저 전력으로 70[m]의 거리까지 전송이 가능하다.
② 지표면 혹은 벽면 뒤까지 투과할 수 있다.
③ 초 광대역은 매우 넓은 스펙트럼에 걸쳐 디지털 펄스를 동시에 퍼뜨리는 특징을 가진다.
④ 일반적인 경우보다 전력이 적게 소모된다.
⑤ 예측 가능한 배경 잡음이 적어서 이론적으로 아무런 간섭현상이 없는 초 광대역 신호를 만드는 것이 가능하다.
⑥ 최근에는 가전제품 상호간의 접속을 위한 통신 기술로 활용하려고 한다.

(3) UWB의 응용

초고속 인터넷 접속은 물론 레이더 기능으로 특정 지역을 감시할 수 있으며, 지진 등 재해가 발생하는 경우 전파탐지기 기능으로 인명구조를 할 수 있다.

① 초고속 인터넷 접속, 레이더 기능, 전파 탐지기 기능 등의 응용 범위가 넓다.
② 인터셉트(Intercept)와 검파 확률이 낮은 장비, 비행기 등에서 충돌 방지 방비 혹은 비행기와 다른 항공 시설에서 지상으로부터 고도를 측정하는 고도계 등으로 이용할 수 있다.
③ 사람의 건강 상태를 검진하는 경우에 응용하는 것이 가능하다.

(4) UWB을 통해 얻게 되는 효과

기존 무선통신 기술의 주축인 IEEE 802.11과 포켓용 무선장치 등을 데스크톱 컴퓨터와 접속시켜 주는 또 다른 표준 단거리 무선 기술인 Bluetooth와 비교될 수 있는데 Bluetooth 등에 비해 속도와 전력소모 등에서 비교가 안 될 정도로 우수하기 때문에 상업적 성공을 기대할 수 있다는 것이다.

① 속도의 경우도 10~20배 앞서고 필요로 하는 전력량은 휴대폰이나 무선 LAN에 비해 1/100 정도 밖에 되지 않는다.

② 사무실이나 가정에서 10[m] 내외의 거리에 위치한 퍼스널 컴퓨터(PC)와 주변기기 및 가전제품 등을 초고속 무선 인터페이스로 연결하는 근거리 개인통신망(PAN, Personal Area Network)에 적합하여 가전부문에 적용할 수 있는 획기적인 무선 통신기술의 활용이 가능하게 된다.

참고

개인 통신망(PAN)은 한 사람의 범위 내에서 전화나 PDA 등의 프로세서를 가진 형태인 컴퓨터 기기들 사이의 통신을 위한 컴퓨터 네트워크를 의미하는 것으로 유선을 통한 연결은 보통 USB나 FireWire 등의 인터페이스를 통하여 연결되고, 무선 연결은 IrDA나 Bluetooth, UWB, ZigBee 등의 무선 네트워크 기술을 이용하여 연결된다.

일반적으로 PAN은 Bluetooth나 UWB를 통한 연결망을 주로 의미하므로, 표준으로 이용되는 Bluetooth나 UWB에 의하여 속도가 결정되는데 Bluetooth을 통해서 연결하는 경우 2~54[Mbps] 정도의 속도를 보여주고, UWB의 경우에는 675[Mbps] 정도의 속도를 갖게 된다.

(5) UWB의 시스템의 기술

UWB는 전송 측면에서 수[ns] 이하의 매우 좁은 펄스 폭의 기저 대역 가우시안 모노(Gaussian Mono) 사이클 펄스를 그대로 전송하는 수단으로서 간단한 기저 대역 상관기(Correlator) 등을 이용하여 검파하는 것이 가능하다.

다중 접속 측면에서 각 사용자가 사용하는 고유의 시간 도약(TH) 패턴을 사용하므로 임펄스 무선 통신 시스템은 PPM(Pulse Position Modulation) 및 시간 도약에 의해 평탄화되고 0~수[GHz] 이상의 주파수 대역을 점유하므로 초 광대역 스펙트럼을 가지게 된다.

(6) UWB 기술적 특성

UWB에서는 초 광대역을 이용하므로 GPS와 이동 통신망에서 이용하는 무선 주파수와 간섭을 우려하여 초기에는 상업적으로 이용하는 것을 금지하였으나 현재는 상업적 이용하는 것을 허용하고 있다.

RF 반송파를 사용하는 기존 무선 통신 시스템과는 달리 거의 전 주파수 대역(0~수[GHz])에 걸쳐서 전력 스펙트럼이 존재하는 폭이 매우 좁은 모노 펄스(Mono Pulse)를 이용하므로 신호의 전력 스펙트럼이 마치 기저 대역 잡음과 같이 존재하여 타 통신 시스템에 영향을 주지 않으면서 통신이 가능하게 되며, 그리고 송수신기에서 반송파를 사용하지 않기 때문에 소비 전력을 감소할 수 있어 헤테로다인 방식을 사용하지 않고 기저 대역 신호를 상향 변조 없이 직접 안테나를 통해 송수신하는 것이 가능하여 비교적 송수신기를 간략화 시킬 수 있는 장점을 지닌다.

여기서 예상 되는 다양한 응용을 가능하게 되는 신기술로 이용된다.

① UWB의 기술적 특징

㉠ 최초의 신호 발생을 위해서 0.2~1.5[ns] 정도의 초단 펄스 폭을 필요로 하며, 매우 낮은 전력 스펙트럼 밀도를 가지게 된다.

㉡ 수[mW]의 전력으로 수[Km]의 전송이 가능하다.

㉢ 타 무선 시스템으로부터의 간섭에 대한 대처 능력이 우수하며, 그리고 현재 사용중인 대역의 사용자에게 간섭을 일으키지 않는다.

② UWB의 기술적인 장점

㉠ 광대역화와 저 전력을 통해서 UWB의 기술은 협대역 무선 기술 보다는 낮은 간섭이 일어나며, 이와 같은 특성을 통하여 데이터의 도청 확률이 감소하고 다중 경로에 의해서 발생하는 페이딩에 대해서 강하다. 이와 같은 광대역을 기반으로 하는 서명(Signature) 신호는 고 정밀 거리 정보를 제공하는 장점을 갖게 된다. 이을 통해 다른 협대역 장치로부터 발생하는 높은 간섭에 대응할 수 있다.

㉡ 광대역을 기반 기술로 하는 UWB 신호는 고 정밀 거리를 제공하는 장점이 있으며, 이를 통해서 다른 협대역 장치로부터 높은 간섭에 대응하는 것이 가능하며, WLAN(Wireless Local Area Network), WPAN(Wireless Personal Area Network) 환경 등에서 보안 기능을 제공하는 것이 가능하게 된다.

㉢ UWB 시스템에서는 기존의 무선 시스템에서 공통적으로 필요한 RF-IF(Radio Frequency-Intermediate Frequency)변화 단계, 국부 발진기, 혼합기, 고가의 SAW 필터를 사용하지 않기 때문에 간단하고 저가 및 소형화가 가능하게 된다.

㉣ 무선 통신에서 발생하게 되는 페이딩 현상에 대한 대처 능력이 우수하며, 기존에 이용되는 대역 확산 시스템보다 비교적 시스템이 간단하고 저가이다.

㉤ 현재 운용되고 있는 무선 통신 시스템에 비해서 매우 적은 전력을 소비하게 되며,

초단 펄스(Ulta Pulse)를 사용하기 때문에 인터셉트(Intercept)하는 것이 곤란하다.

ⓗ 매우 낮은 RF 신호와 Noise-Like 신호 때문에 안전한 통신이 가능하며, 하나의 칩셋에 통신, 레이더, 위치 추적 등과 같은 다기능이 가능하게 된다.

참고

- WPAN의 대표적인 예는 산업체 표준 규격인 Bluetooth이며, 또 다른 예는 Spike와 HomeRF 등을 들 수 있다.
- 그리고 WLAN의 경우는 IEEE802.11과 HiperLAN 등을 들 수 있다.

③ UWB 기술적 단점

신호의 주파수가 광대역이 되는 경우 특성상 주파수에 따른 신호 대 잡음비가 감소하게 되기 때문에 이를 개선하고 향상시키기 위한 방법 혹은 기술로 정보 신호에 여러 개의 모노 펄스를 규칙적인 간격으로 전송하여 통신에 필요한 평균 전력 레벨을 유지하는 것이 가능하게 된다. 여기서 개선을 위해서 여러 개의 모노 펄스를 규칙적인 간격으로 전송하게 되는 경우에 주파수 대역에서 에너지 스파크(Comb Line) 현상이 나타나게 되어 정보 신호를 효율적으로 전송하는 것이 곤란하며, 기존 통신 시스템에서의 간섭 원인이 될 수 있는 단점을 지니며 이외의 단점을 고려하면 다음과 같다.

ⓐ 비교적 제한된 거리로 인하여 광대역 무선 액세스와 같은 광대역 망을 구축하는 경우에는 부적합하다.

ⓑ 여러 대역에 걸쳐서 허가 대역 및 비허가 대역의 사용자간의 상호 간섭을 받지 않고 공존해야 하므로 전력을 제한해야 한다.

ⓒ 방향성과 무관하게 전력 제한이 존재하므로 전송 거리를 확장하기 위해서 사용되는 안테나의 이득을 높게 할 수 없게 된다.

ⓓ 사용되는 변조 방식에 따라서 어떤 UWB 시스템의 경우는 첨두 대 평균 전력비가 높게 나타나게 되어 결국 저 전력 CMOS 기술로 구현하는 것이 부적합하다.

ⓔ 엄격한 지터(Jitter)요구 사항은 변조 방식으로 PPM을 사용하는 UWB 시스템에서는 문제로 발생할 수가 있다.

(7) UWB의 한계

① 큰 대역폭을 가지고 있으므로 송수신에는 적합하지 않다.

② 100[Mbps]이상의 전송 속도를 유지하기 위해서는 전송 거리가 10[m]내로 짧아야 한다.

③ UWB를 작용하는 경우에 Bluetooth 보다 20배 이상의 많은 전력을 사용한다.

7.8.2 지그 비(ZigBee)

(1) ZigBee 기술의 개요

IEEE 802.15.4(PHY, MAC)을 토대로 하는 무선 기술 스펙(ZigBee 기술을 ZigBee 스펙에서 상세하게 정의)을 기반으로 하는 프로토콜의 상위 레벨에서 규정하고 있다.

즉, IEEE802.15.4 표준중 하나인 ZigBee는 가정, 사무실 등의 무선 네트워킹 분야에서 반경 30[m] 내외의 근거리통신과 유비쿼터스 컴퓨팅을 위한 기술이라고 할 수 있다.

① ZigBee는 무선 헤드폰 등과 같은 무선 개인 통신망(WPAN)을 위해 IEEE 802.15.4 저전력 디지털 라디오를 사용하도록 되어 있다. Bluetooth와 같은 다른 무선 개인 통신망(WPANs)들과 달리, ZigBee는 비교적 저가이면서 간단한 기술이라고 할 수 있다.

② ZigBee는 적은 데이터 전송량, 적은 전력 소모량, 그리고 보안성(Secure)을 갖춘 네트워킹 등에 최적화되어 있다.

③ ZigBee는 자주 전송이 일어나지 않는 전등의 점멸, 가전제품의 원격 제어, 공장 자동화, 센서 망 등에 이용된다.

(2) ZigBee의 기술적인 특성

Bluetooth와 같은 개인 통신망의 사용으로 ZigBee는 Bluetooth 등과 같이 기존 무선 개인 통신망보다 비교적 저가이므로 무선 제어 및 모니터링 응용 분야에 광범위하게 배치될 수 있다.

① 저 속도 통신망이면서 저 전력이기 때문에 배터리 하나로 1~2년 정도 동작이 가능한 통신방식이다.

② 각 통신망은 10[m]정도를 기준으로 통신이 가능하도록 규정되어 있으며, 주파수 출력과 통신특성에 따라 보다 더 넓은 영역까지 통신이 가능하다.

③ 메쉬(Mesh) 네트워킹 기능을 하기 때문에 광역에서 높은 신뢰성을 제공할 수 있다.

④ ISM 밴드 내에서 작동하는 것으로 유럽에서는 868[MHz], 북미에서는 915[MHz] 그리고 범세계적으로는 2.4[GHz] 무선 주파수를 사용한다.

⑤ ZigBee 칩 벤더들의 경우 대부분 ZigBee 칩에 무선 기능, 60K 내지 128K의 플래시 메모리, 마이크로 컨트롤러 등을 통합 내장하여 판매하고 있다.

(3) Bluetooth와 ZigBee의 비교

① Bluetooth의 전송 속도는 723[kbps]에 비해서 ZigBee의 경우는 전송속도가 1/2도 안 되며, Bluetooth가 저가 제품이며, ZigBee는 이 보다는 더 저가이다. 전력 소모량의 경우 Bluetooth가 저 전력이라고 하지만 지그비의 경우는 이 보다 더 저 전력으로 건전지로만 이용할 경우에도 수 개월 사용이 가능하며, Bluetooth는 5개 정도의 네트워크 구성이 가능하다면 ZigBee의 경우는 255개의 네트워크 구성이 가능하게 된다.

② Bluetooth는 100[m] 정도 전송이 가능하다면 ZigBee의 경우는 100[m] 전송이 가능하게 되는데 여기에 보조 장치를 적용하는 경우에는 수[km] 까지도 전송이 가능하게 된다. 따라서 Bluetooth와 ZigBee는 기술적 비교를 해하면 전송 속도를 제외하고는 거의 비슷한 특성을 보이게 된다.

③ Bluetooth는 서버 또는 중계기와 단말기 형태로 하나의 서버와 여러 개의 단말기 형태로 합쳐진 형태로 Bluetooth의 경우 충전식 배터리로 전력을 소비하는데도 불구하고 7개 정도의 단말기를 지원한다면 ZigBee는 소량의 전력으로 수 천개의 장치를 지원하는 것이 가능하다는 것이다.

④ Bluetooth는 개인 휴대기기를 연결하고자 하는 목적으로 하는 통신방식이라면, UWB는 군사용 레이더의 펄스형태의 기술을 이용한 통신방식으로 고속 전송이 가능해 동영상과 같은 멀티미디어 데이터 전송에 접합한 방식이다. 그리고 ZigBee의 가장 큰 특징으로는 초소형 저 전력 저가 시장에 적합하다는 것이다.

〈표 7.6〉 WPAN 기술의 상호 특성 비교

	WLAN	Bluetooth	Zigbee	UWB
표준	802.11	802.15.1	802.15.4	802.15.3a
주파수	2.4[GHz]	2.4[GHz]	2.4[GHz]	4.1 ~ 10.6[GHz]
변조	DS-SS	FH-SS	DS-SS	Baseband
속도	1[Mbps]이상	1 ~ 10[Mbps]	20 ~ 250[Mbps]	100 ~ 500[Mbps]
거리	50 ~ 100[m]	10[m]	10 ~ 100[m]	20[m]

7.9 | 제 4세대 이동 통신 시스템

7.9.1 개요

(1) 개요

4세대 이동 통신에 대한 정의는 하나의 단말기로 인터넷, 무선 LAN, 위성 네트워크를 모두 사용할 수 있는 서비스라고 할 수 있다.

3G 이동 통신 기술인 IMT-2000은 전송 속도가 2[Mbps] 정도로 급증하는 지금의 멀티미디어에 관련된 서비스를 수용하는 것이 불가능하고 선명한 영상을 제공하는 것이 미흡하다.

3G는 WCDMA와 cdma2000 등과 같이 두 가지 계열로 분리되어 서로 다른 기술을 사용함으로 가입자 간 음성 및 데이터 통신 연결이 원활하지 못하였다.

4G는 기존 유선 초고속 인터넷 서비스 속도를 이동통신에서 구현하고 무선 LAN, DAB, DMB 등을 모두 통합하는 복합적인 망의 형태로 이들 망이 유기적으로 연동되어 사용자 단말은 매 순간 환경을 자동으로 파악해 최선의 서비스를 받도록 해야 한다.

4G는 공중파 상에서 100[Mbps]보다 높은 전송률, 서비스 통합 네트워크, 완벽한 글로벌 로밍이 구현되며, ALL IP 기반의 이동 통신 네트워크를 말한다.

(2) 핵심 기술

① OFDM(Orthogonal Frequency Division Multiplexing) 기술

OFDM 전송 방식 기술은 주파수 사이에서 발생하는 간섭을 최소화하기 위해서 중심 주파수가 직교하는 부 채널로 분할하고 각 부 채널을 이용하여 병렬로 전송함으로서 고속으로 신호를 전송하는 기술이다.

즉, OFDM은 상호 직교성을 갖는 여러 개의 반송파를 사용하여 주파수 이용 효율을 높이고 고속의 전송 속도를 구현하는 변조 기술을 말한다.

OFDM은 FDM과 유사하지만 각 부 채널 주파수가 서로 겹치게 되어 대역폭을 크게 절약할 수 있다는 것이 특징이다.

간단한 단일 탭 등화기로 고속 전송 시 급격히 증가하는 심벌 간 간섭의 보상이 가능하며 FFT를 이용하여 고속으로 구현할 수 있기 때문에 고속 데이터 무선 통신에 적합하다.

② SDR(Software Defined Radio) 기술

SDR은 하나의 공통 하드웨어 플랫폼에 응용 소프트웨어적인 재구성이 가능하도록 한 개방형 이동통신 기술로 무선 기지국과 단말기에서 하드웨어로 고주파(RF)를 지원하던 방식을 소프트웨어 형태로 바꿔주면 무선 장치 및 서비스를 제공하는 기술이라고 할 수 있다.

휴대 단말기(이동 전화, PDA, 노트북 등)에 SDR 모듈을 탑재하면 하나의 단말기에서로 다른 주파수 대역과 2개 이상의 시스템을 동시에 지원하는 것이 가능하게 된다.

이는 차세대 4G 통신에서 다양한 무선 네트워크, 다양한 무선 통신 방식, 국가마다 다르게 사용되는 주파수 대역 그리고 고속 데이터 통신을 위한 새로운 통신 방식을 제공할 수 있는 기술이다.

그리고 통신 기술적으로는 주파수 이용을 효율화하는 방법으로 이동 통신망에서는 Smart Antenna와 SDR 등을 통해 주파수를 효율적으로 이용할 수 있다. 또한 Femto cell과 Wi-Fi 트래픽이 집중된 이동통신용 주파수 대역을 우회할 수 있는 기술로 활용될 수 있다.

SDR은 수신 신호의 디지털화가 안테나 단 이후에서 이루어지는 무선기술로서 다중 대역과 다중 모드를 소프트웨어적으로 Reconfigurable 할 수 있는 기술이다.

필요한 소프트웨어를 다운로드 받아서 원하는 기능을 수행하거나 성능을 변경하는 것이 가능하다.

③ Smart Antenna 기술

배열된 안테나의 위상을 제어하여 원하는 방향으로 특정 신호를 송수신하는 안테나로 필요한 이상으로 기지국을 증설하지 않고 진보된 안테나 기술을 적용해 통신용량을 대폭 증가시키고 통화 품질을 향상시키기 위한 기술이라고 할 수 있다.

Smart Antenna 기술은 전 방향(Omni direction)으로 방사 Beam을 형성하는 대신 해당 가입자에게만 지향성의 Beam을 방사하도록 하여 섹터에서 활동하고 있는 모든 가입자에게 신호에서의 간섭을 최소화하여 통신품질과 시스템 채널 용량을 높일 수 있도록 한다.

즉, 원하는 가입자의 방향으로 전파를 집중시키고 타 가입자의 간섭 신호를 저하시켜 송수신함으로서 기존의 이동 통신 시스템의 성능을 크게 향상시킬 수 있는 기술이다.

안테나 배열과 전파 방향을 제어할 수 있는 디지털 신호 처리 기술을 복합적으로 활용하여 구현되는 Beam Forming 기술이다.

이와 같은 Beam 형성 기술은 기지국에 Array Antenna를 설치하고 각 가입자에게

적합한 최적의 가중치를 독립적으로 계산하여 최적의 Beam을 제공하는데 사용된다.

Smart Antenna 기술은 배열 Antenna와 첨단 고성능 Digital 신호처리 기술을 이용하여 RF 신호 환경의 변화에 따라 적응 안테나 Beam Pattern을 제어하는 송·수신의 성능 및 용량의 극대화를 가능하게 하는 첨단 신호처리 및 안테나 기술이다.

여기서 Smart Antenna를 이용하는 경우에 얻게 되는 효과를 고려하면

- 송수신 간에 독립된 Beam을 제공할 수 있어 전파의 세기를 원하는 방향으로 극대화하고 원하지 않은 방향에는 극소화하여 수신 신호의 잡음을 크게 감쇠하여 통화 품질 향상 및 통신 용량의 극대화를 꾀할 수 있다.
- 저 전력 통화로 인한 배터리의 수명을 연장 할 수 있게 된다.

등을 들 수 있다.

한편 기존의 기지국 시스템의 경우 하나의 휴대폰 또는 단말기 가입자에게 있어 기지국에서 송출한 전체 송신 전력 대 단말기의 유효 수신 전력비가 매우 작은 반면에 Smart 기지국 시스템은 Beam 지향 제어를 수신 신호를 적응적으로 작용하도록 하여 최적 상태가 되는 결합을 통하여 간섭신호 레벨을 크게 줄일 수 있어 가입자에게 보다 최적의 수신 신호전력을 제공하는 시스템을 말한다.

여기서 Smart 안테나의 적용 및 응용분야에 대해서 고려하면 다음과 같다.

- IMT-2000의 경우 : 지상, 위성에서 음성, 고속 데이터, 영상 등의 멀티미디어 서비스를 제공하고, 글로벌 로밍 서비스를 제공하는 유무선 통합 차세대 통신서비스를 말한다.

  즉, 동기식, 비동기식 구분 없이 적용가능하며, 본격적 서비스가 가능하게 된다.

  그리고 기술 표준화로 유럽의 GSM 기반의 비동기 방식(W-CDMA)과 미국을 중심으로 하는 동기방식(cdma2000)으로 구분되고 있다.
- Bluetooth의 경우 : Mobile PC, Mobile Phone, 기타 휴대장치들 간에 최소형, 저비용, Short-Range Link 기술 Spec에 관한 것으로 장치 상호간에 근거리 통신을 행하는 경우에 Smart Antenna을 이용 Cable을 사용하지 않고 저가로 구현하기 위한 근거리 무선통신 기술 표준 혹은 관련된 제품을 Bluetooth라고 한다.
- Wireless LAN의 경우 : Cable을 사용하지 않고 어디서나 무선으로 컴퓨터 망에 연결시킬 수 있는 무선 LAN으로 기존의 유선 LAN 기술보다는 이동성, 유연성, 휴대성 그리고 간편성을 얻게 된다.
- WLL(Wireless Local Loop)의 경우 : 무선 가입자망(WLL)은 전화국과 일반가정 사무실을 무선으로 연결하여 음성 ISDN, FAX, 데이터 서비스 등을 제공하는 시스템

즉, 가입자와 국선 교환기 사이의 전송 경로인 가입자 망의 일부 또는 전체가 무선 시스템으로 되어 있는 경우를 말하는 것으로 낮은 비용으로 현재보다 고품질의 서비스를 제공하게 된다.

참고

■ WLL은 CDMA, GSM, Wi-Fi 주파수 방식 등을 사용하고 있다.
CDMA 기술은 휴대 전화와 WLL로 구분되는데 우리나라의 경우는 이동통신 사업자를 보호하는 방편으로 WLL은 사용할 수 없으며 Wi-Fi 주파수 방식은 전 세계 어디서든지 기술적 문제이지, 법적인 제약이 없으며 우리나라에서도 Wi-Fi 주파수 방식으로 쓰는 WLL 전화(통신 기기를 전화국, 기지국과 무선으로 연결하여 사용하는 단말기)가 상용화 되고 있다.

- GPS(Global Pointing System)의 경우 : 비행기, 선박, 자동차 등과 같은 이동체에서 인공위성을 이용하여 임의의 장소에서 자신의 위치를 정확히 알 수 있는 시스템을 말한다.
- GSM(Global System for Mobile Communications) : 유럽 전기 통신 표준 협회(ETSI)에서 제정한 디지털 셀룰러 이동 통신 시스템의 표준 규격을 말한다. 즉, ISDN과 연결되므로 모뎀을 사용하지 않고 전화 단말기와 팩시밀리, 랩톱 등에 직접 접속하여 이동 데이터 서비스를 받을 수 있는 유럽식 디지털 이동통신 방식을 말한다.
- DECT(digital cordless telephone) : 디지털 유럽형으로 코드 없는 전화 시스템(DECT)을 말한다.

④ All IP 기술

All IP는 IP을 기반으로 하는 다른 망 상호간을 통합한 구조를 보이는 망으로 All IP망에서는 기존의 PSTN, IMT-2000망, 무선망, 패킷 데이터망 등과 같은 통신망 모두를 하나의 IP 기반 망으로 통합되어 음성, 데이터 그리고 멀티미디어 등을 처리할 수 있도록 하는 패킷 망과 인터넷 전화 방식(IP Telephony)을 기반으로 하는 망 구조를 말한다.

기존의 32 비트인 IPv4의 경우 사용되는 주소가 부족하여 DHCP, CIDR, NAT와 사설 IP 기술 등으로 해결하였으나 근본적인 해결방법이 될 수 없었다.

여기서 DHCP(Dynamic Host Configuration Protocol)는 Host IP 구성 관리를 단순화하는 IP 표준을 말하며, CID(classless inter-domain routing)은 IP 주소 할당 방법으로 한정된 자원인 IP 주소를 쓸데없이 사용하는 것을 방지하거나 라우터의 처리 부하를 경감시킬 목적으로 개발된 것이며, NAT(Network Address Translation)는 사설 IP주소를 공인 IP주소로 바꿔주는데 사용하는 통신망의 주소 변환기를 말한다.

IPv6에서는 128 비트를 이용한 주소로 거의 무한대로 표현하는 것이 가능하며 모든 유·무선망에 IP 기술을 도입하는 것이 가능하게 된다.

참고

MVNO(mobile virtual network operator)

■ 가상 이동통신 망 사업자 즉, 기존의 이동통신망을 이용하여 부가 가치를 창출하고 있는 사업자로부터 망의 일부를 임대하여 이동통신 서비스를 제공하는 사업자를 말하는 것으로, 신규로 많은 설비 투자 없이도 신규 사업자들이 이동통신 시장에 진입하는 것이 가능하게 된다. 여기서 기간 통신 사업자(MNO)는 망의 관리 및 유지를 위해서 비용이 소요된다면 MVNO는 유지비와는 무관하게 망 임대료만 제공하면 된다.

7.9.2 핵심 무선 접속망 기술

(1) 다중 접속(Multiple Access)

시간, 주파수, 부호 등 제한된 무선 자원을 다수의 사용자가 공유, 분할하여 사용하는 개념으로서 고려해야할 사항으로는 Duplexing 방법(TDD, FDD), MAC 계층, 물리계층 기술 등을 들 수 있다.

3G에서는 대칭적인 FDD 방식 사용, 4G에서는 상향, 하향 비대칭 데이터 전송을 위하여 유연한 구조의 TDD 방식을 선호하고 있다.

(2) 안테나 기술

4G시스템에서는 높은 주파수 효율성을 위한 다중 안테나 기술이 필수적이다. 3G에서 사용하였던 전송 다이버시티, 빔 포밍 기술을 보다 발전시킨 것으로 MIMO 방식의 기술을 도입한 형태라고 할 수 있다.

다중 안테나 사용으로 배열 이득, 간섭 제거 이득, 다이버시티 이득, 다중화 이득을 얻을 수 있어 고속 데이터 전송이 가능하게 된다.

(3) 코딩 및 변조 기술

기존의 디지털 무선 전송시스템에서는 주로 사용하는 PSK방식을 적용함으로서 일정한 진폭을 보이는 변조 특성으로 전력 효율이 우수하고 비선형 증폭기를 사용하는 것이 가능하게 된다. QAM 방식의 경우는 PSK보다 주파수 효율이 높지만 선형 증폭기가 필요하게 되며, 위상과 진폭에서 왜곡을 보이는 다중 경로 페이딩 채널에서 신호 처리가 복잡해지기 때문에 3G에서는 사용하지 않는다.

그러나 회로 성능의 발전, RF Transceiver의 소형화, 고속 데이터 전송의 요구를 필요로 하는 4G에서는 사용하게 된다.

실제 채널 코딩으로 이용되는 것으로 Turbo code, LDPC(Low density parity check), Trellis coded modulation, space time coding 등을 들 수 있다.

(4) 무선 자원 관리 기술

시스템 측면에서 보면 주파수 효율과 시스템 용량의 증가를 들 수 있으며, 사용자 측면에서 보면 원하는 서비스를 최적의 상태가 되도록 하는 것이다. 따라서 한정된 자원을 효율적으로 운용하면서 QoS의 보장을 위해서는 트래픽의 종류나 사용자 내력 그리고 현재의 트래픽, 움직임 등의 상황에 효과적으로 적응해야 한다.

무선 자원 관리 기술의 대상은 무선 채널 할당, 무선 접속 제어, 전력 제어, Hand off자원 관리, 다중 접속 방식 등을 들 수 있다.

(5) Link adaptation

채널 상태의 변화에 적합하게 전송 파라미터를 변화시키는 기술로 전송률과 주파수 이용 효율을 증가시키는 것을 목적으로 한다.

연 습 문 제 (주관식)

01. IT 839 전략의 세부 항목을 구분하여라.

해설
- 8대 신규 서비스 : WiBro, DMB/DTV, U-Home, Telemetric, RFID, W-CDMA, IT service, IPTV
- 3대 첨단 인프라 : BcN(Broadband convergence Network), USN(Ubiquitous Sensor Network), Soft infraware
- 9대 신 성장 동력 : 차세대 이동통신/텔레매틱스, 디지털TV/방송기기, 브로드밴드/홈 네트워크 기기, IT SOC/융합부품, 차세대 컴퓨팅/주변기기, 임베디드 SW, 디지털콘텐츠/SW 솔루션, RFID/USN 기기, 지능형 로봇

02. IPTV(Internet Protocol Television)에 대해서 간단히 설명하여라.

해설 인터넷과 TV의 융합된 Digital Convergence의 한 유형으로 초고속 인터넷을 이용하여 정보 서비스, 동영상 콘텐츠 및 방송 등을 TV 수상기를 통해서 제공받는 서비스를 말한다.
IPTV는 초고속 인터넷망을 이용하여 제공되는 양방향 TV 서비스로 시청자가 자신이 편리한 시간에 보고 싶은 프로그램만 볼 수 있다는 점이 일반 케이블 방송과 다른 점이다.

03. BcN(Broadband convergence Network)에 대해서 간단히 설명하여라.

해설 통신, 방송, 인터넷 등을 통합한 광대역 멀티미디어 서비스를 안전하게 제공할 수 있는 품질 보장형(QoS) 통합 네트워크를 뜻하는 것으로 BcN의 적용으로 보다 고속으로 인터넷을 이용하는 것과 함께 통신 및 방송 서비스의 질이 보다 크게 개선될 수 있다는 것이다.

04. Embedded SW에 대한 개념을 간단히 설명하여라.

해설 Embedded 시스템은 컴퓨터의 경우처럼 연산을 하는 시스템이 아니고 각종 기기를 제어하는 것을 목적으로 하는 시스템으로 예를 들면 핸드폰, MP3, PMP 등과 같은 모바일 제품 및 가정용 기기나 차량에 내장되는 제어 시스템 등이 이에 해당하게 된다. 현재의 기기들은 복잡한 프로그램들이 필요로 하게 되는 상황에서 다양한 프로그램들에 대한 제어 및 각종 리소스를 운용하는 것이 Embedded OS라고 할 수 있는데 이와 같은 운용체제(OS)에서 운용되는 각종 프로그램들을 Embedded S/W라고 한다.

05. RFID 개념에 대해서 간단히 설명하여라.

해설 전파를 이용해 먼 거리에서 정보를 인식하는 기술로 RFID를 운용하기 위해서는 RFID 태그와 RFID 판독기를 필요로 하게 된다. 여기서 RFID 태그는 안테나와 집적회로로 구성되며, 집적회로 내에 정보를 기록하고 안테나를 통해서 판독기에 정보를 송신하도록 한다. 이들 정보는 RFID 태그가 부착된 대상을 식별하는데 이용되며, 마이크로 칩을 내장하여 주파수 변조방식으로 안테나와 교신

을 통하여 근거리 및 원거리에서 읽고 쓰기가 가능한 무선 인식 기술을 적용한 인식표(Memory Label), 제조 과정이나 유통 과정의 물품에 부착하거나, 사람이 소지하고 RF안테나에 접근하면 비접촉식으로 식별하여 필요한 정보를 저장, 변경할 수 있는 Read/write 기능을 가지고 있다.

07. WiBro에 대한 개요와 기술적인 측면에 대해서 설명하여라.

해설 WiBro는 Wireless(무선)와 Broadband Internet의 합성어로 국제적으로 Mobile WiMAX로 불리며, 이동 중에도 광대역 인터넷 접속을 가능하게 하는 새로운 정보통신 서비스를 말한다.

2.3[GHz]의 주파수 대역을 사용하는 휴대 인터넷(Portable Internet)서비스로 불리는 WiBro는 휴대형 무선 단말기를 이용해 정지 및 보행 또는 시속 60[km]로 이동하는 상태에서도 고속의 전송속도로 인터넷에 접속, 다양한 정보와 콘텐츠를 이용할 수 있다.

즉, WiBro는 2.3[GHz] 주파수 대역을 이용하여 셀 반경 1[Km]이내, 이동 시 최소 60[Km/h] 이상에서도 끊김 없는(Seamless) 무선 인터넷 서비스를 보장하고, 보다 저렴하게 무선 인터넷을 이용할 수 있는 새로운 서비스이다.

08. Bluetooth의 개념과 기술적 이용에 대해서 설명하여라.

해설 Bluetooth는 10~100[m]정도 내에 위치하는 휴대폰, 유선전화, PC, TV, 냉장고 등을 무선으로 연결하기 위한 기술규격을 가리킨다. Bluetooth는 선 없는 LAN으로 유선에서 무선으로의 전환에 필요한 기술로 무선 인터넷과 더불어 차세대 무선 데이터 통신 기술로 새롭게 제공하고 있는 무선 인터넷 시장에서 경쟁 분야의 사업이 될 것이며, Bluetooth는 저가, 저 전력 무선장치를 통하여 장치 상호간을 연결하여 WPAN(Wireless PAN)을 구성하는 것에 목적을 두고 있다.

현재 휴대용 PC 사용자가 인터넷을 사용하는 경우면 휴대용 PC를 이용해서 주변의 ISDN, xDSL 등과 같은 유선망, 10Base T형태의 유선 LAN, Cellular, PCS, Satellite 등의 무선망 그리고 IEEE802.11, WAP 등의 무선 LAN을 접속할 수 있는 외부 통로만 존재한다면 언제든지 접속이 가능하며 이를 통해 E-Mail의 이용도 가능하다.

09. UWB에 대해서 간단히 설명하여라.

해설 UWB 무선 통신 기술은 매우 낮은 전력을 사용하여 초 광대역의 주파수 대역으로 디지털 데이터를 전송하게 되는 차세대 무선 전송 기술로 무선 디지털 펄스, 임펄스 라디오, 무 반송파 무선 통신(Zero Radio communication)이라고도 한다. UWB 무선 통신 기술은 매우 낮은 전력으로 초고속, 고성능의 무선 네트워크 구축을 통한 신뢰성 있는 통신 기술이라고 할 수 있다. 현재 미연방 통신위원회(FCC)에서는 1.5[GHz] 이상의 대역폭을 사용하는 기기를 UWB통신 기기로 정의하고 있다. 단거리 구간에서 낮은 전력으로 넓은 스펙트럼 주파수를 통해서 보다 많은 양의 디지털 데이터를 전송하기 위한 무선기술로 [GHz]대역의 주파수를 사용하면서도 초당 수천~수백만 회의 저출력 펄스로 이루어진 것이 커다란 특징이라고 할 수 있다.

연 습 문 제 (객관식)

01. IT-839에서 3대 인프라가 아닌 것은?

㉮ BcN　　㉯ 홈 네트워크

㉰ USN　　㉱ 소프트 인프라 웨어

해설 IT-839로 Wibro, DMB, DTV, U-Home, Telemetric, RFID, W-CDMA, IT service, IPTV 등을 8대 신규 서비스, BcN, USN, Soft infraware 등을 3대 첨단 인프라 그리고 차세대 이동통신, 홈 네트워크, 디지털 TV, 디지털 컨텐츠, 임베디드 SW, 차세대 PC, 지능형 로봇, RFID/USN, IT SOC 등을 9대 신 성장 동력으로 한다.

답 ㉯

02. 다음에 설명하는 RFID의 태그 형태로 적합한 것은?

> "상호 유도 방식으로 근거리(1m이내) 송·수신용으로 Tag의 IC Chip이 동작하는데 필요한 모든 에너지를 Reader에 의해 공급을 받는 형태"

㉮ 능동형 Tag　　㉯ 수동형 Tag

㉰ Chipness Tag　　㉱ Chip Tag

해설 수동형 Tags는 상호 유도 방식으로 근거리(1m이내) 송·수신용으로 코일 안테나를 이용하여 리더와 통신을 수행하며, 반 이중 통신이며, 셀 반경이 적다. 그리고 능동형 Tag는 전자기파 방식으로 전송이 가능하며, 자체 전원이 있는 것도 있다. 주로 전이중 통신을 수행하며, 수동형에 비해서 셀 반경이 크다.

답 ㉯

03. 다음에서 설명하는 무선 이동 통신 기술은?

> "휴대용 장치간의 양방향 근거리 통신을 복잡한 케이블 없이 저가격으로 구현하기 위한 근거리 무선 통신 기술, 표준, 제품을 총칭하는 용어이다. 2.4[GHz], ISM(Indusrial Science Medical) 대역의 라디오 주파수를 사용함으로서 장애물이 있는 경우에도 무선 데이터 통신이 가능하다. 최대 전송 속도는 1[Mbps] 이지만 실제 효과 속도는 721[Kbps]로서 반경 10m 내외로 출력측에 증폭기가 있는 경우에는 100[m]까지 전송 거리를 확대할 수 있다. 그리고 2.4[GHz] 대역에서 대역폭 1[MHz]의 채널 79개를 설정, 1초당 1600회씩 채널을 바꾸는 주파수 호핑(Frequency Hopping) 방식의 스펙트럼 확산 기술로 전파를 송수신하기 때문에 기기간의 간섭을 방지할 수 있다."

㉮ UEB　　㉯ Zigbee

㉰ Bluetooth　　㉱ RFID

답 ㉰

04. 다음은 RFID의 특징에 대한 설명이다. 설명 중 옳지 않은 것은?

㉮ 인식 속도가 바코드에 비해서 느리다.

㉯ 사실상 유지비가 필요없다.

㉰ 태그는 비 접촉식이므로 리더의 오동작에 의한 장애가 없기 때문에 반 영구적이다.

㉱ 태그는 데이터의 위조 및 변조가 불가능해 보안을 유지할 수 있다.

답 ㉮

05. 다음 내용에서 와이브로(WiBro) 스펙에 대한 것으로 (A)와 (B)에 적합한 내용은?

- 표준화 단체 : IEEE 802.16e
- 주파수 대역 : (A)
- 사용 가능한 이동 속도 : 60Km/h 이상
- 음성, 데이터 : 동시 지원(패킷 기반)
- 기반 기술 : (B)
- 대역폭 : 10MHz

㉮ A : 1.4GHz　B : QPSK　　㉯ A : 2.4GHz　B : OFDMA/TDD

㉰ A : 2.8GHz　B : WCDMA/TDD　　㉱ A : 3.2GHz　B : CDMA/FDD

답 ㉯

06. 다음 중 UWB(Ultra WideBand)에 대한 설명으로 틀린 것은?

㉮ 전력 소모가 많지만 벽을 통과할 수 있다.

㉯ 별도의 캐리어를 사용하지 않고 디지털 신호를 [nsec] 단위의 극히 짧은 펄스로 전송한다.

㉰ 10m이내에서 10[Gbps]의 고속 전송으로 디지털 오디오, 비디오 장치를 무선으로 연결하는 기술이다.

㉱ 시간 축에서 임펄스 신호가 주파수 축에서 넓은 대역폭을 차지한다.

해설 UWB는 전력 소모가 극히 작으며, 최대 1[Gbps] 까지 전송할 수 있으며, 전송 거리가 10m로 제한되며, 벽을 통과하지 못하는 단점이 있다.

답 ㉮

정보전송개론공학

초판 발행 2012년 3월 1일
2 판 발행 2015년 2월 26일

편저자 정현기 · 김일진
발행인 임영철
발행처 도서출판 신화전산기획
주소 / 서울특별시 성동구 행당동 19-55
전화 / (02) 833-5145~6
팩스 / (02) 848-2498
등록 / 301-2010-034
홈페이지 / www.shj.co.kr

값 23,000원 ISBN 978-89-5534-123-2